专业审定

齐　硕　两栖爬行动物研究者

王建赟　中国热带农业科学院环境与植物保护研究所研究员

王钧杰　中国科学院植物研究所植物学博士

张　帆《中国国家地理》特约摄影师

张劲硕　国家动物博物馆副馆长、研究馆员

张彤彤　科普撰稿人

赵亚辉　中国科学院动物研究所副研究员

朱　磊　生态学博士，成都观鸟会副理事长

朱笑愚　科普作者，曾参与自然纪录片拍摄和自然博物馆建设

DK自然运转的秘密

英国DK公司 编著
韩魏 许佳 译
齐硕 王建赟 王钧杰 张帆 张劲硕 张彤彤 赵亚辉 朱磊 朱笑愚 审定

中信出版集团 | 北京

DK自然运转的秘密

DK | Penguin Random House

图书在版编目（CIP）数据

DK自然运转的秘密 / 英国DK公司编著；韩魏，许佳译. -- 北京：中信出版社，2021.1（2024.1重印）
书名原文：Explanatorium of Nature
ISBN 978-7-5217-2289-5

Ⅰ.①D… Ⅱ.①英… ②韩… ③许… Ⅲ.①自然科学—儿童读物 Ⅳ.①N49

中国版本图书馆CIP数据核字（2020）第183002号

DK自然运转的秘密

编　著：英国DK公司
译　者：韩魏　许佳
出版发行：中信出版集团股份有限公司
（北京市朝阳区东三环北路27号嘉铭中心　邮编　100020）
承 印 者：惠州市金宣发智能包装科技有限公司

开　本：889mm × 1194mm　1/16
印　张：22.5　　字　数：1300千字
版　次：2021年1月第1版　　印　次：2024年1月第7次印刷
京权图字：01-2019-4173
审 图 号：GS（2020）6249号（本书地图为原文插附地图）
书　号：ISBN 978-7-5217-2289-5
定　价：188.00元

出品　中信儿童书店
策划　红披风
策划编辑　刘杨
责任编辑　刘杨
营销编辑　金慧霖　王沛
装帧设计　棱角视觉

出版发行　中信出版集团股份有限公司
服务热线：400-600-8099　网上订购：zxcbs.tmall.com
官方微博：weibo.com/citicpub　官方微信：中信出版集团
官方网站：www.press.citic

生命的基础知识

微生物与可见菌物

植物

无脊椎动物

目录

鱼类

两栖动物

爬行动物

鸟类

哺乳动物

生境

地球上的生命诞生于 37 亿年前，从最初简单的有机体，历经岁月演化发展出令人难以置信的、**种类繁多的生命形态**，从真菌、植物到动物（如鱼类、两栖动物，乃至哺乳动物）。所有的生命形态都有一个**共同特点**：它们都是由**细胞**这种基本功能单位构成的，都会消耗储存在食物中的能量，都会在繁殖过程中**繁衍后代**。

生命的

基础知识

成长

菲缘蝽若虫必须蜕皮才能成长。在成年前，它们会蜕皮五次。

繁殖

菲缘蝽通过产卵繁殖，但是其他生命可能通过种子、孢子或直接胎生幼崽等方式繁殖。

生命怎样运转

地球上的生命诞生于37亿年前，最初的有机体是微小的单细胞生物，但历经岁月演化，如今有了多种多样的生命形态。今天的生物，小到只有针头百万分之一大小的细菌，大到现存已知最大的动物——体重可达180吨的蓝鲸，这些生物都具备与非生物相区别的关键特征。

▲生命特征

菲缘蝽从卵中孵化出来，就可以移动、感知环境、觅食、排泄，并能够使用氧气分解食物释放能量。最终，它们会长为成虫，产下自己的卵。这7个特征——运动、感知、获得营养、排泄、呼吸、成长以及繁殖——是所有生命的共同特征。

生命诸界

地球上有约300万不同种类（物种）的有机体，它们被划分为7个主要群体——界，比如植物界、动物界。

动物

所有动物都以其他有机体为食。大多数动物具有神经、肌肉以及感觉器官。

植物

大多数植物生活在陆地上，利用阳光进行光合作用来制造食物。

真菌

蘑菇属于真菌。许多真菌从死去的有机体上获取食物。

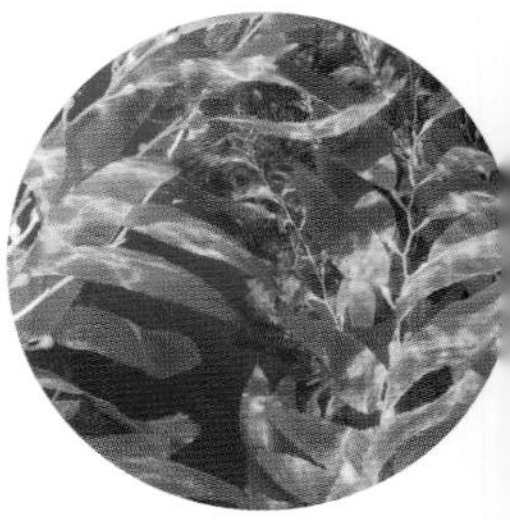

藻类

藻类像植物一样利用光来制造食物，但是藻类的结构更简单，它们大多数生活在水里。

生命与水

维持生命的化学反应在水中进行，水对于一切生物都至关重要。生命或许起源于水中，起源于海底。最古老的化石中有一类叫作叠层石，它是由低等藻类或菌类在生长和生活过程中，分泌或沉积碳酸盐形成的。

感知

与大多数昆虫一样，菲缘蝽使用触角（感受器官）去感知、品尝。

呼吸

所有生物都会分解营养物，释放能量，这个呼吸运动的过程在它们的细胞内发生。

排泄

所有生物都会在细胞内产生化学废物。昆虫能从身体尾部排出废物。

运动

所有的生命都能运动，其中动物比起植物运动得快得多。菲缘蝽的若虫能够行走，成虫还可以飞行。

获得营养

菲缘蝽使用刺吸式口器从植物中吮吸含糖汁液。

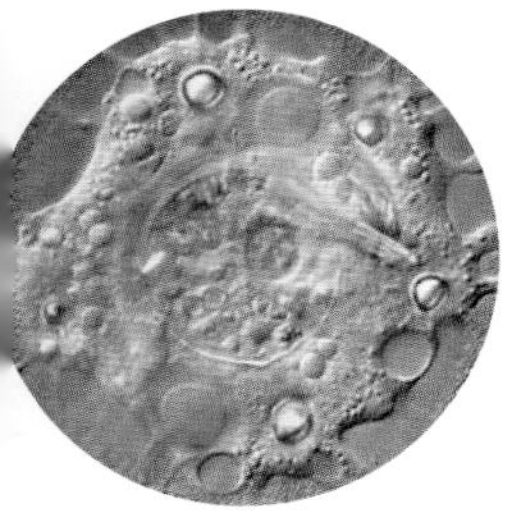

原生生物

原生生物都是单细胞或简单多细胞有机体，但是比起细菌，它们的细胞更大、更复杂。

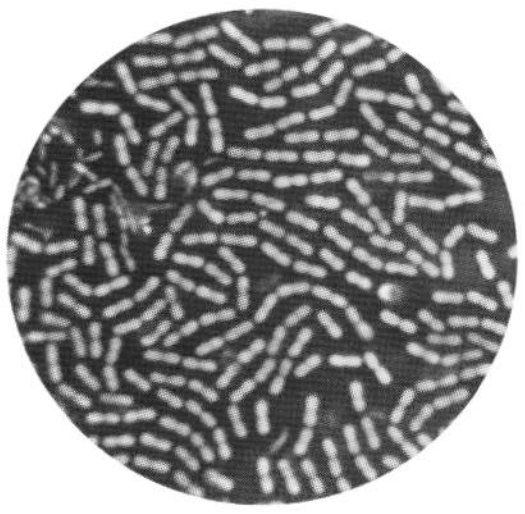

细菌

这种单细胞有机体在地球上数量最多，分布最广。

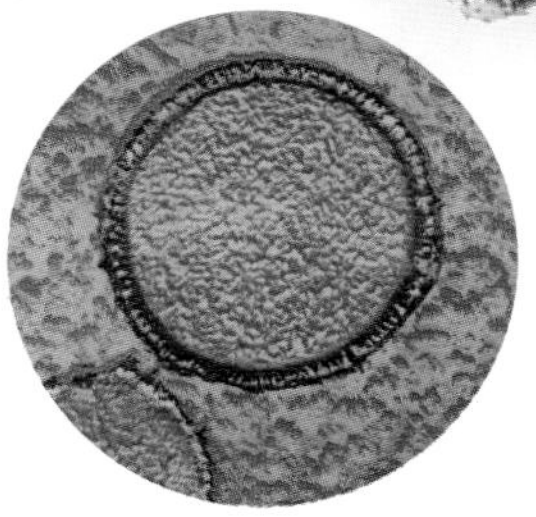

古生菌

古生菌的基因组与细菌有相似之处。它们通常生活在高温等恶劣的环境中。

繁殖怎样进行

所有生命都会努力生育后代。如果没有繁殖，生命就绝迹了。不同物种的生育率千差万别。一头母象一生只能产下5头幼崽，但是一些蛙每年能够产下2万只蝌蚪。能够大量生育的物种面临着更激烈的生存竞争，其中只有一小部分能够成年。生物繁殖主要有两种方式：有性繁殖和无性繁殖。

非洲刺毛鼠为提高刚出生的幼崽的存活率会照顾它们。

非洲刺毛鼠的幼崽出生时，眼睛睁开，身上有毛皮。

▶有性繁殖

与所有哺乳动物一样，非洲刺毛鼠只进行有性繁殖。有性繁殖通常需要雌雄各异的父母双方。它们会产生特殊的生殖细胞，这些细胞会结合并成长为新的有机体。生殖细胞结合，能够保障每一个后代都具有父母双方基因的独特组合。这样的结果是每一个后代都会有一些差别，这可以提升后代的存活率。

蜜蜂在采集花蜜时传播花粉。

植物如何繁殖

大多数植物通过花朵产生生殖细胞，许多花朵色泽鲜艳，能够吸引蜜蜂等动物。蜜蜂会在无意间携带着雄性生殖细胞来往于植物之间，帮助它们完成繁殖。这些生殖细胞隐藏在花粉中，在蜜蜂搜寻花蜜时，花粉会沾到蜜蜂身上。

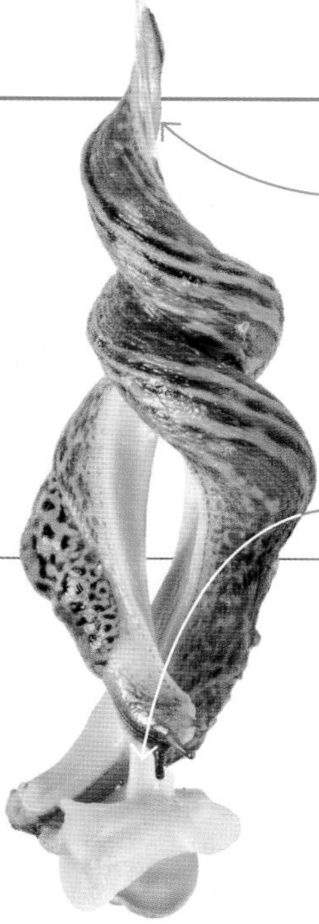

交配的蛞蝓悬挂在一串黏液下。
蛞蝓将彼此的生殖器官缠绕在一起，交换生殖细胞。

雌雄同体

大多数植物和许多种动物是雌雄同体的，没有性别区分。这意味着生物个体可以独自产生雄性生殖细胞和雌性生殖细胞。蛞蝓就是雌雄同体，它们在交配的时候，身体倒悬着扭在一起，彼此交换生殖细胞。

无性繁殖

无性繁殖只需要父母一方，这会导致后代的基因与上一代完全一样。比起有性繁殖，无性繁殖速度更快，但是后代与亲代受到疾病或其他问题影响的概率是相同的。

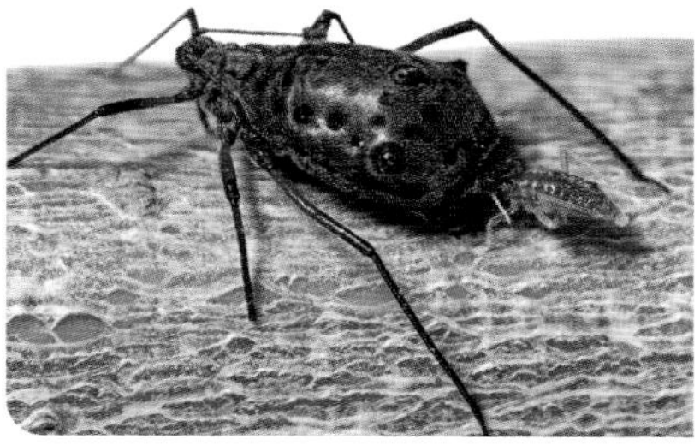

孤雌繁殖

蚜虫这种昆虫，不经交配就可以繁殖，这种无性繁殖叫作孤雌繁殖。由于幼虫是成虫自己孕育出来的，因此蚜虫能够以惊人的速度成倍繁殖。

断裂繁殖

许多植物及某些动物能够裂成碎片进行无性繁殖，每个碎片都会变为新的个体。比如海绵就能够断裂出成千上万个碎片，甚至还能够将碎片重新聚合。

分裂繁殖

海葵能够通过一分为二的方式进行无性繁殖。这种繁殖形式同细菌等微生物一样。一些细菌每 20 分钟就会分裂一次，仅仅一天，一个细胞就能繁殖出上百万个后代。

细胞

细胞是生命体的结构和功能的基本单位。小的有机体可能只有一个细胞，大的植物、动物可能是由上万亿个细胞构成的。它们的细胞不是随机混合的，而是像用砖块砌墙一样，形成片状或块状的组织。最终，不同的组织组成了器官以及整个身体。

▶显微镜下的细胞

大多数细胞的直径只有 1 毫米的几百分之一那么长，因为太小，我们的肉眼看不到。但是，通过显微镜放大细胞，它们就犹如照片所显示的这样，变得可见了。水生植物伊乐藻的细胞，就特别容易用显微镜观察到。

叶尖

在放大 40 倍的显微镜下，可以看见叶尖的细胞。这些细胞像砖块一样排列，构成了片状组织。

伊乐藻的叶子水分含量高，面积小，非常娇嫩。
放大 40 倍

叶子

叶子是植物的器官之一。其功能是从阳光中获取能量，并储存在葡萄糖等食物分子中（这个过程就是光合作用）。

细胞内部

所有细胞都有最外层的细胞膜，它能够控制进出细胞的物质。细胞的控制中心是细胞核，细胞核掌握了操纵细胞的脱氧核糖核酸（DNA）分子编码指令。细胞的能量由线粒体这个微小组织提供。与动物细胞不同，植物细胞还具有坚硬的细胞壁和充满液体的液泡，两者都有助于植物细胞保持外形。许多植物细胞还包含叶绿体，叶绿体能从阳光中吸收并储存能量。

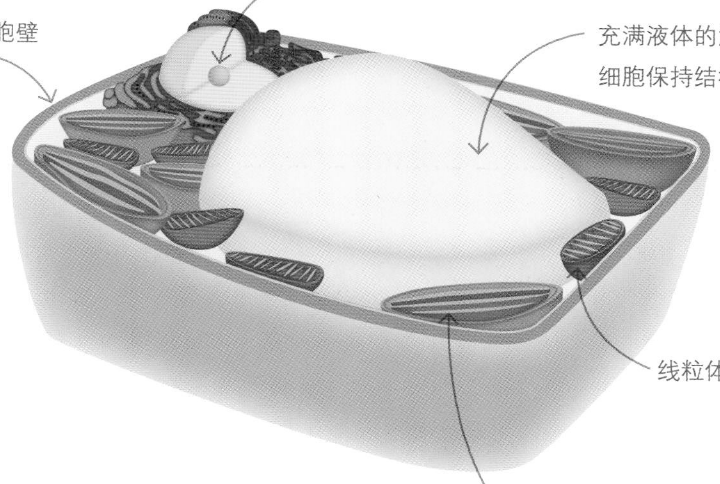
细胞核
坚硬的细胞壁
充满液体的液泡让植物细胞保持结构紧凑。
线粒体
叶绿体从阳光中获得能源。

植物细胞

动物细胞

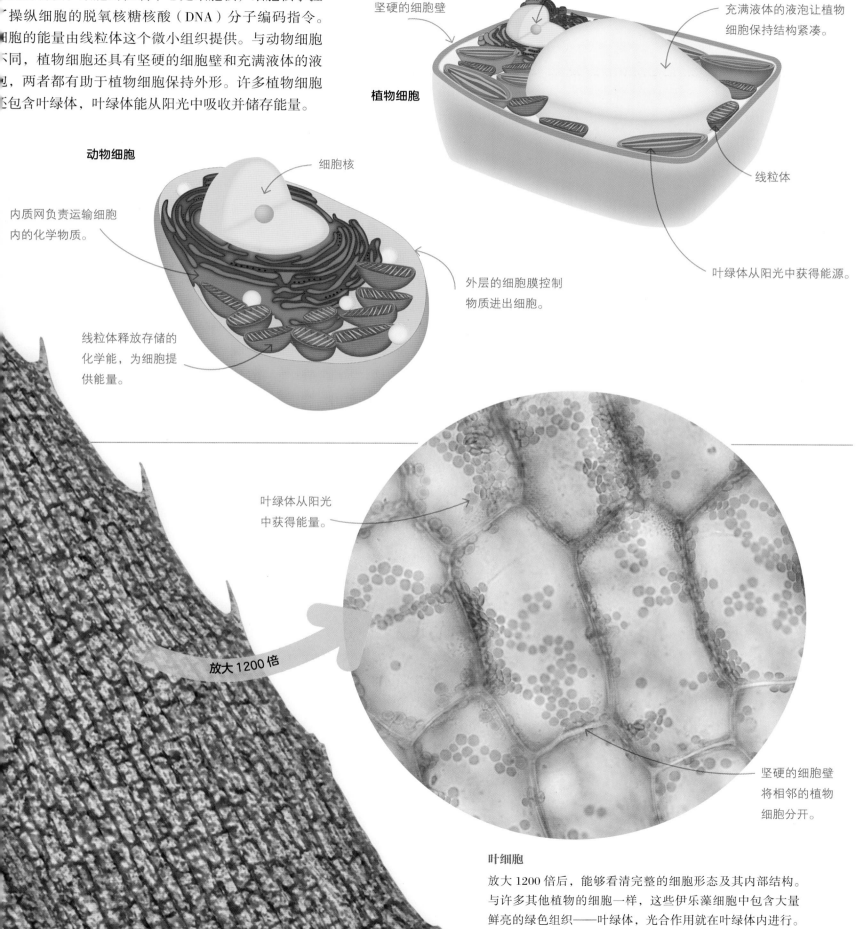

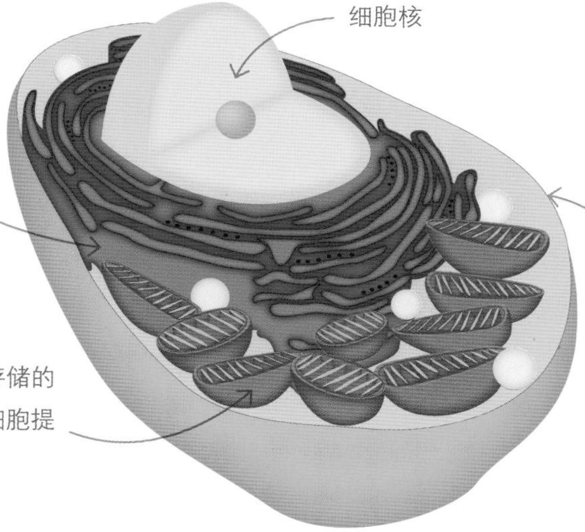
细胞核
内质网负责运输细胞内的化学物质。
外层的细胞膜控制物质进出细胞。
线粒体释放存储的化学能，为细胞提供能量。

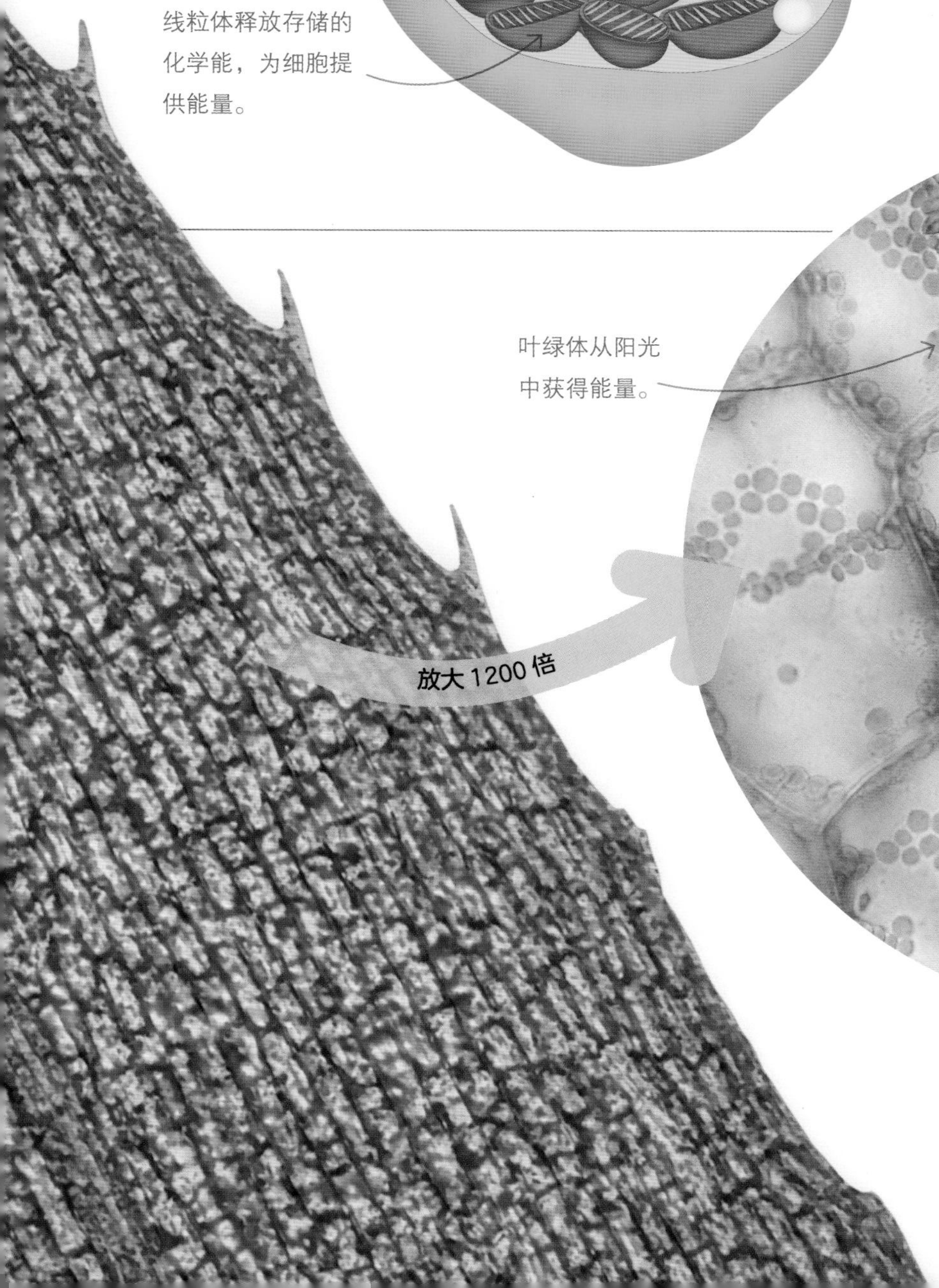
放大 1200 倍

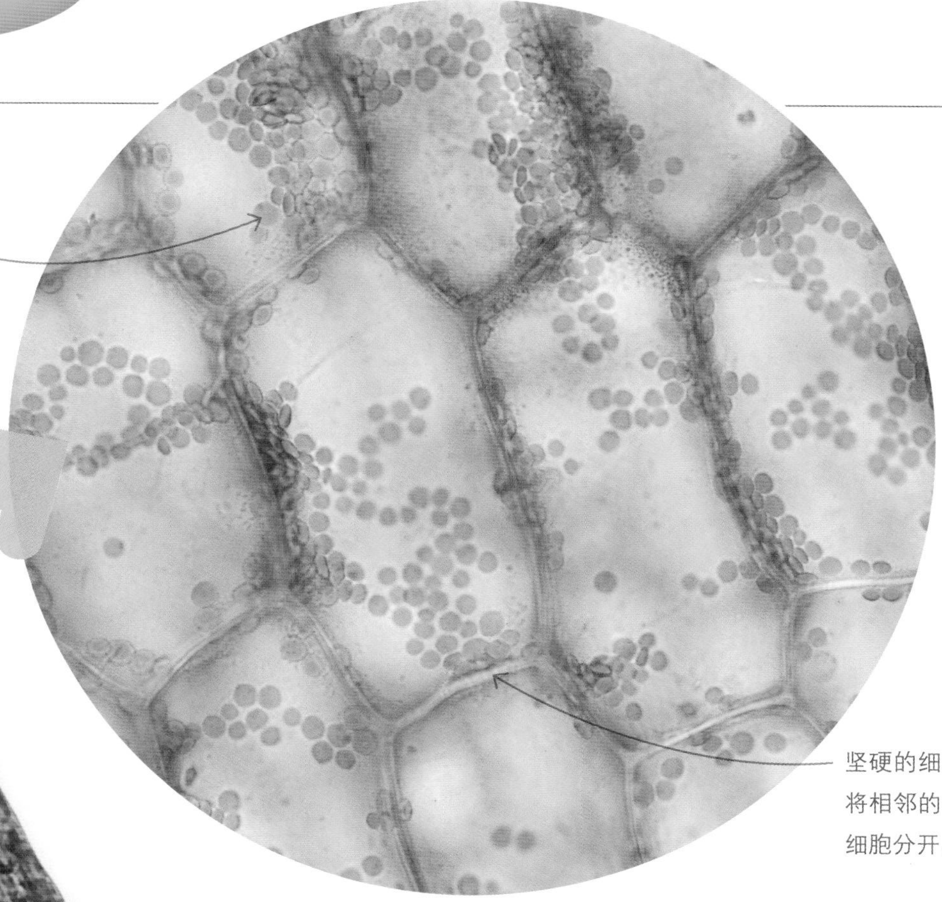
叶绿体从阳光中获得能量。
坚硬的细胞壁将相邻的植物细胞分开。

叶细胞

放大 1200 倍后，能够看清完整的细胞形态及其内部结构。与许多其他植物的细胞一样，这些伊乐藻细胞中包含大量鲜亮的绿色组织——叶绿体，光合作用就在叶绿体内进行。

DNA 怎样发挥作用

地球上大部分生命形态都以 DNA 分子为基础，DNA 具有以化学密码储存信息的特殊功能。这种密码携带了构造、维持生命有机体所需要的全部指令。几乎在动物和植物的每一个细胞中都能找到至少一整套这样的指令。

这两条长链彼此盘旋，形成双螺旋结构。

每一条长链的主干就是一串单糖（黑色）链接着磷酸基团（灰色）。

正常刺猬的刺为褐色，因为其中含有黑色素。

白化刺猬的眼睛是粉红色的，因为它们的眼睛缺乏色素，可以看见血色。

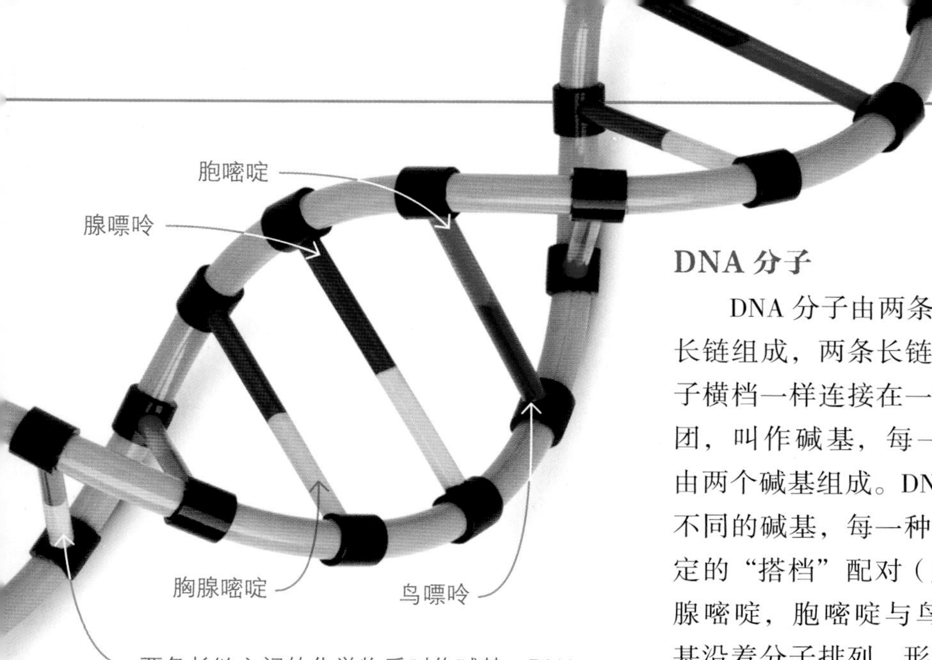

两条长链之间的化学物质叫作碱基，DNA的四种碱基在这里用四种颜色表示。

DNA 分子

DNA 分子由两条互相缠绕的长链组成，两条长链之间，像梯子横档一样连接在一起的化学基团，叫作碱基，每一条“横档”由两个碱基组成。DNA 中有四种不同的碱基，每一种碱基总与固定的“搭档”配对（腺嘌呤与胸腺嘧啶，胞嘧啶与鸟嘌呤）。碱基沿着分子排列，形成了携带基因信息的遗传密码。

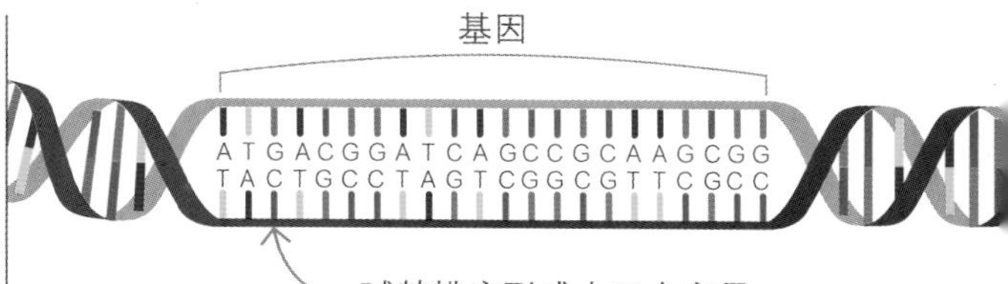

碱基排序形成由四个字母组成的遗传密码。

基因

基因是执行特殊功能的一段 DNA 编码。最小的基因只有几十组碱基对，最长的基因包含几百万组碱基对。大多数基因携带了细胞如何构造蛋白质分子的指令。最终，蛋白质控制着发生在细胞内的化学反应。一些基因作为控制器，启动或关闭其他基因。

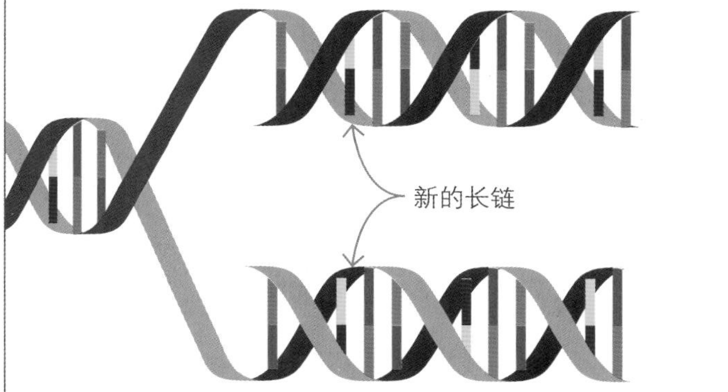

复制

与其他分子不同，DNA 能够复制自身。它可以从中间拆成单独长链，每一条长链作为新的配对长链的模板。因为每个碱基总是与固定的拍档配对，所以两条新的 DNA 分子相同。这种自我复制能力让有机体能够繁殖并将基因副本传递给后代。地球上生命的最初形式很可能就像是 DNA 一样，以自我复制分子作为基础。

白化刺猬长着白色的刺，因为它们的身体不能制造深色的色素。

◀编码错误

有时候，DNA 携带的编码也会出错，这种错误叫作突变。突变在多数情况下是无害的，但是如果突变发生在生殖细胞中，就可能影响生殖细胞发育而成的幼崽的每一个细胞，有时会带来极端结果。比如说，制造黑色素（能够让动物肤色变深）的基因发生变异，就会改变动物的颜色。如果突变阻止这种基因工作，动物体内就不会有黑色素，生下来就是身体呈白色、眼睛呈粉红色的白化动物。

演化怎样进行

数百万年前的动植物物种与现存的不一样。经历了岁月，物种在适应世界的过程中发生了变化，这个过程就叫演化。大多数曾经生活在地球上的物种如今已经灭绝了，只有其中一小部分变为化石，留下了痕迹。这些史前遗迹为我们提供了探索生命的窗口，允许我们在历经沧海桑田后，看见物种身上发生了哪些变化。

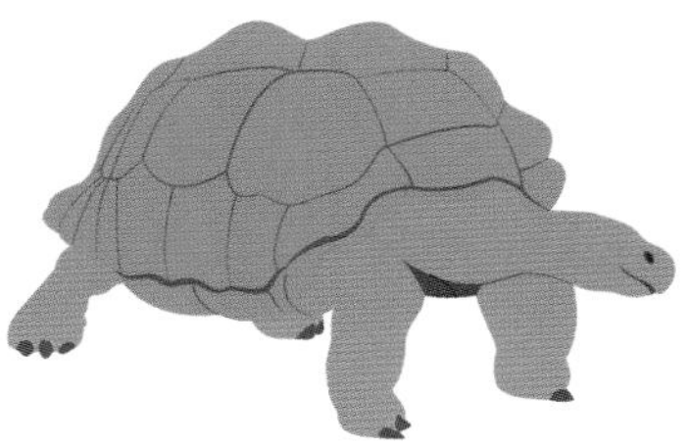

短脖子

青草郁郁葱葱生长的伊莎贝拉岛上，这里的象龟长着短脖子，便于吃草。

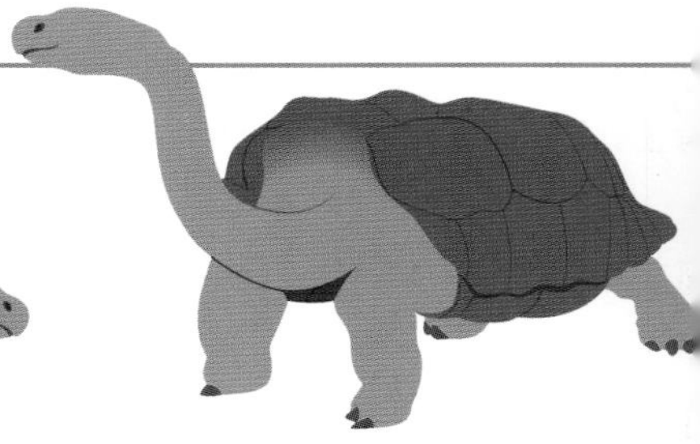

长脖子

胡德岛的气候比较干燥，几乎没有草生长，因此这里的象龟长着长脖子以便吃灌木。

自然选择

动植物繁殖时，它们的后代会产生轻微的差别，人类中小朋友也是如此。正是因为这种变化，所以其中一些后代能够活，并将有用的特质传递到下一代。这个过程就是自然选择，历很多代后，物种就能够适应环境。比如说，在科隆群岛的气更干燥的岛屿上，象龟进化出更长的脖子，以便够得到灌木。

▶象的演化

化石表明，象经历了约6000万年才演化出长鼻子与长牙。如今的象是哺乳纲长鼻目最后幸存的成员。最早的长鼻哺乳动物具有灵活的口鼻，能够用口鼻抓住柔软的植物。随着它们的躯体演化得越来越大，它们的牙齿也演化为长牙，鼻子变得更长，能够卷取植物（从草到树顶的叶子）当作食物。

蓬松的皮毛保护着毛猛犸抵御冰河时期的严寒。
与现代象不同的是，恐象的长牙长在下颌。
柱子般的粗腿，可以支撑它们的体重。

始祖象

早期长鼻类的块头并不比猪大。它们灵活的上唇能够抓住柔软的植物。

恐象

恐象的鼻子短，长牙向下弯曲，我们还不清楚它们发挥什么作用——也许是武器，也许是挖掘工具。

嵌齿象

这种短鼻象的上颌、下颌各长有一对长牙。

毛猛犸

这种史前象在几千年前还未灭绝。它们的鼻子末端有两根指状物，可以用来拔草。

草原猛犸

草原猛犸的块头是现代象的两倍，它们漫步在寒冷开阔的草原上。

人工选择

几个世纪以来，人类已经可以通过养育、挑选饲养动植物特定的后代，来改变物种。这种人工选择机制与自然选择类似，但是速度更快。比如说，野生甘蓝菜从第一次收获以来，已经产生了至少六种不同的蔬菜作物。如果农民一直选择花蕾最肥厚的进行培育，就会得到花椰菜；如果一直选择叶子最卷曲的进行培育，就会得到羽衣甘蓝；以此类推。不同种类的作物，最初可能来自相同的植物。

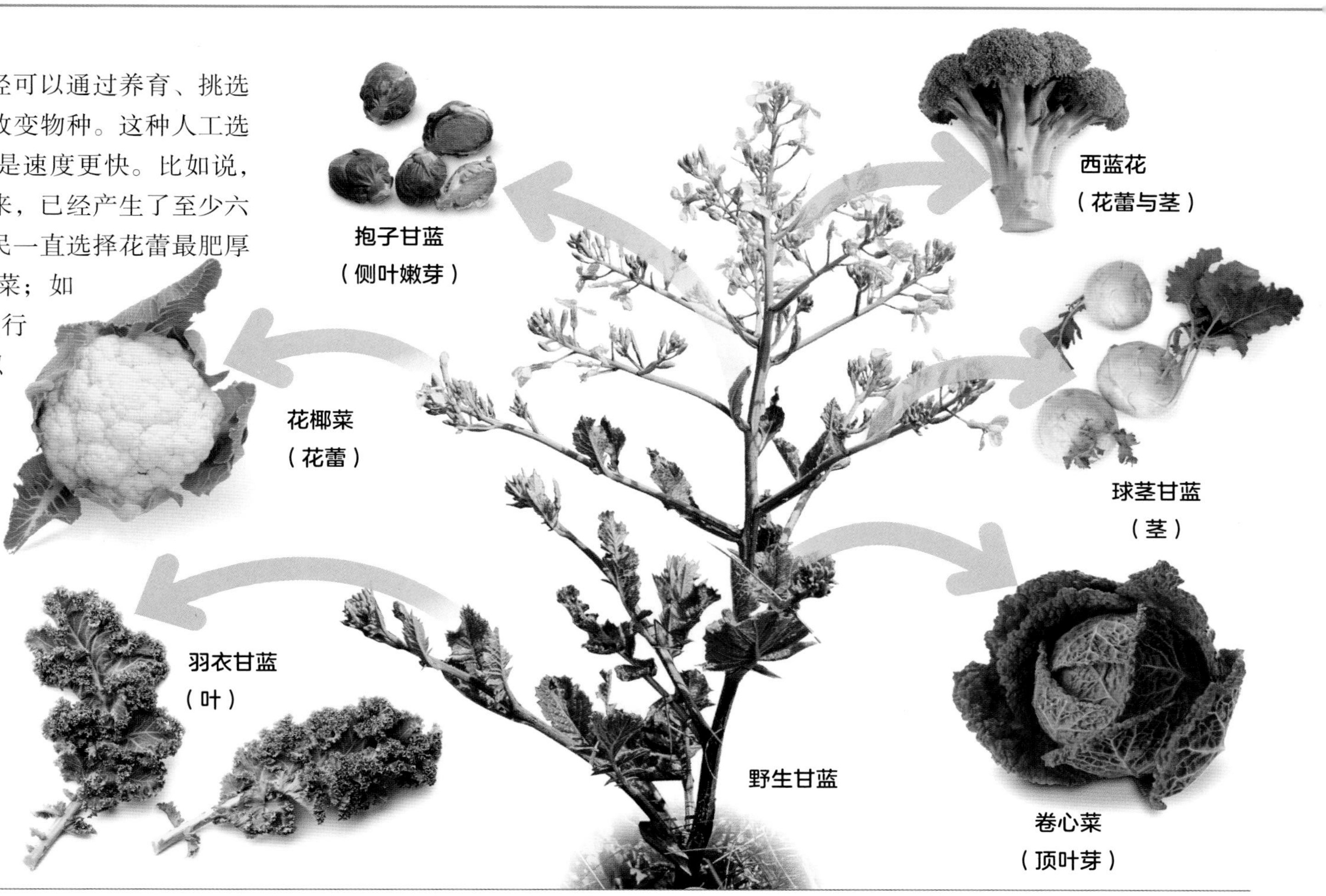

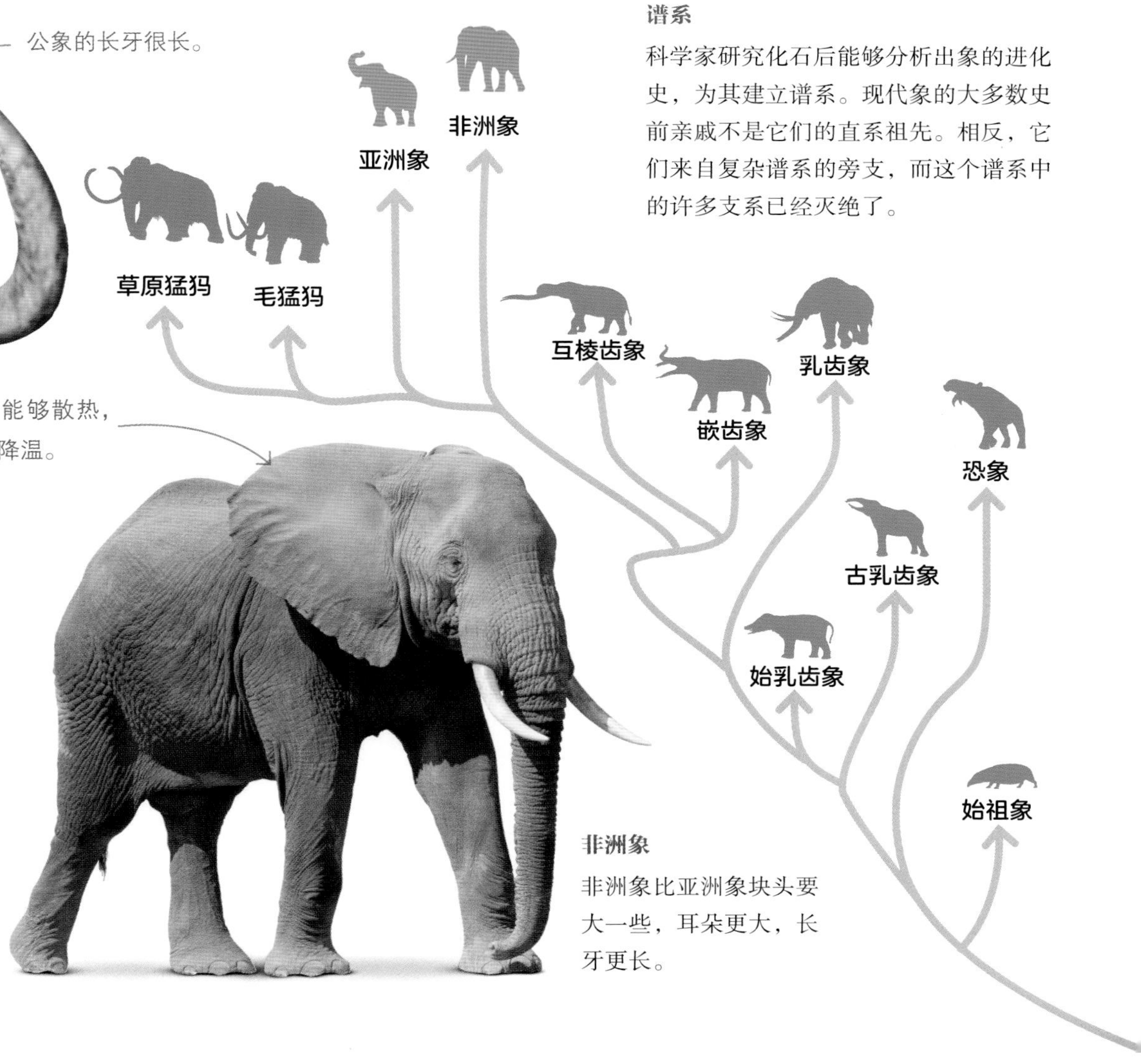

谱系

科学家研究化石后能够分析出象的进化史，为其建立谱系。现代象的大多数史前亲戚不是它们的直系祖先。相反，它们来自复杂谱系的旁支，而这个谱系中的许多支系已经灭绝了。

亚洲象

现代象使用长鼻子作为第五肢体完成很多任务，比如采集食物和喷水。

非洲象

非洲象比亚洲象块头要大一些，耳朵更大，长牙更长。

生物怎样分类

特定种类的有机体，比如长颈鹿、猎豹，被称为“种”。地球上已知有300多万种生物，可能还有更多的物种有待探索。所有已知物种都被科学命名，以表明它们在地球生命谱系当中的分类。

▶生命谱系

现代分类体系基于进化论，从同一个祖先演化而来的物种群落被有序排列。这里显示的谱系只是从完整生命谱系的群落中节选的一部分。

科学命名

每一个物种的拉丁学名都分为两部分，比如北极狐的拉丁学名 *Vulpes lagopus*。第二部分名字专属于种。第一部分名字标明它的属——包含其近亲在内的群体，比如说，狐属有超过10个种。每一个属都隶属于更高的层级，比如狐属隶属于哺乳纲食肉目犬科。

哺乳动物

现存哺乳动物分类众多，包括产卵的单孔目、长袋的有袋类，以及吃肉的食肉目（占大多数）。所有哺乳动物都有从共同祖先处继承来的特征，比如产奶、喂养幼崽。

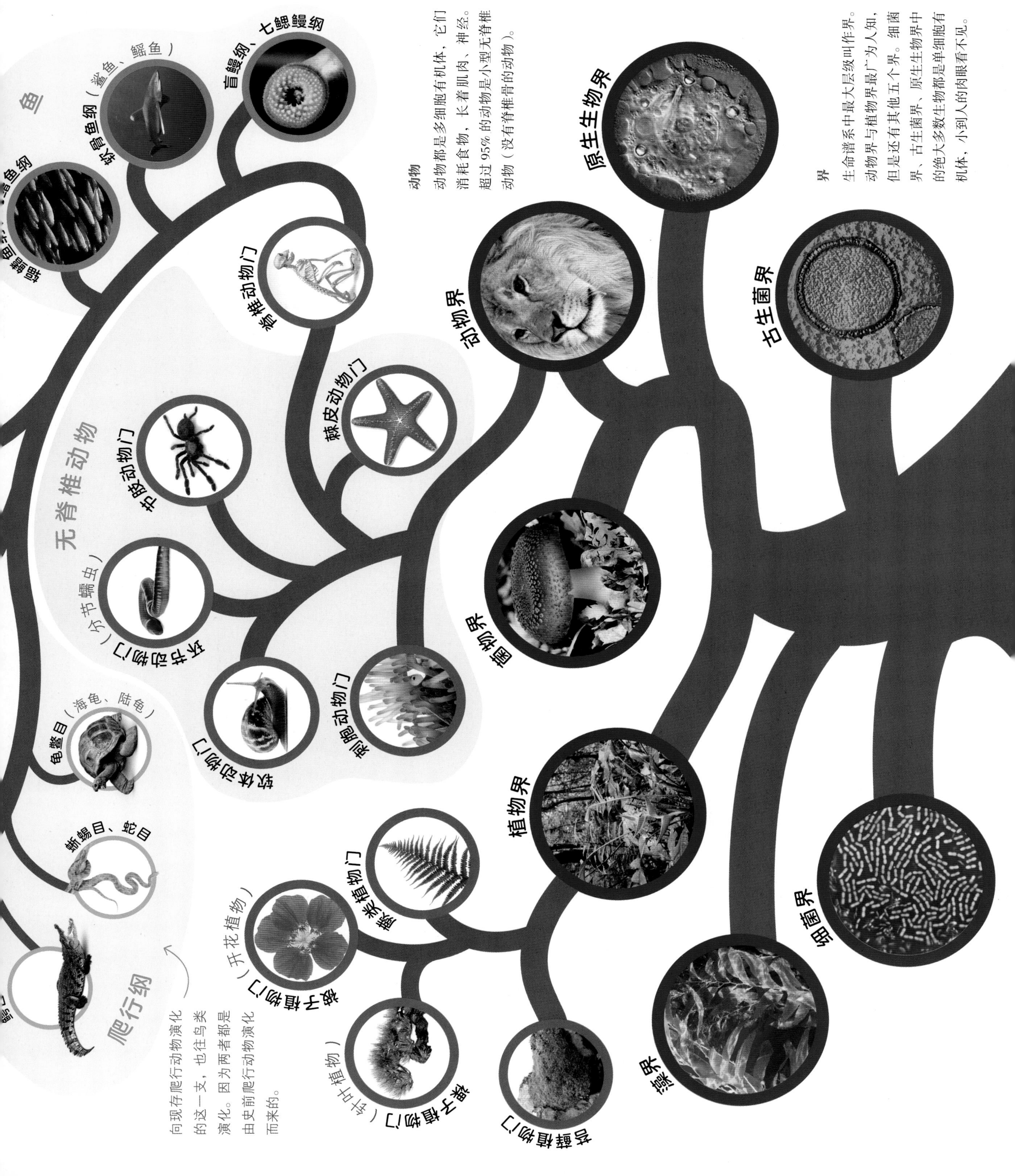

界

生命谱系中最大层级叫作界。动物界与植物界最广为人知，但是还有其他五个界。细菌界、古生菌界、原生生物界中的绝大多数生物都是单细胞有机体，小到人的肉眼看不见。

动物

动物都是多细胞有机体，它们消耗食物，长着肌肉、神经。超过95%的动物是小型无脊椎动物（没有脊椎骨的动物）。

向现存爬行动物演化的这一支，也往鸟类演化。因为两者都是由史前爬行动物演化而来的。

我们在身边见到的大多数**生物**是动物或植物，但是还有更多有机体不属于这两类。其中一些是非常小的**微生物**，它们几乎分布于所有地方，但只有在显微镜下才看得见。一些比较大的**真菌**，包括从土地里生长出来的**蘑菇**，它们看起来很像植物，但是却与动物之间的关系更紧密。

微生物与可见菌物

微生物

一些有机体小到需要通过显微镜才能看到。这些微小的生命形式被称为微生物。微生物遍布我们所在的这个星球。一小撮土壤或一滴池水中就包含了成千上万的细菌。大多数微生物仅由单一细胞构成。它们尽管没有大脑、感知器官、肢体，但还是可以四处移动，对环境做出反应，互相捕食。

困在食物泡里的猎物被消化。
游仆虫使用一串纤毛将猎物赶进胞咽里吞掉。
大多数细胞里充满了叫作细胞质的液态物质。

▶微小的捕食者

游仆虫的身体直径只相当于人类头发的半径，这种单细胞捕食者生活在池塘等小型淡水区域。它们的猎物，比如会在池塘中形成一块块绿斑的藻类等更小的微生物，会被它们从漏斗状的胞咽里生吞下去进行消化。

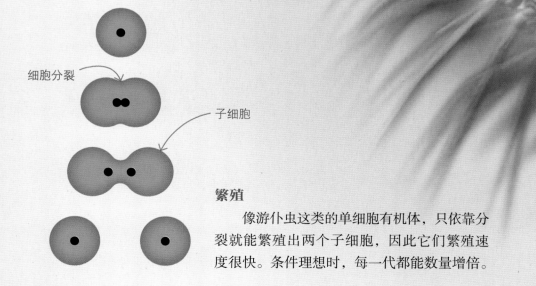

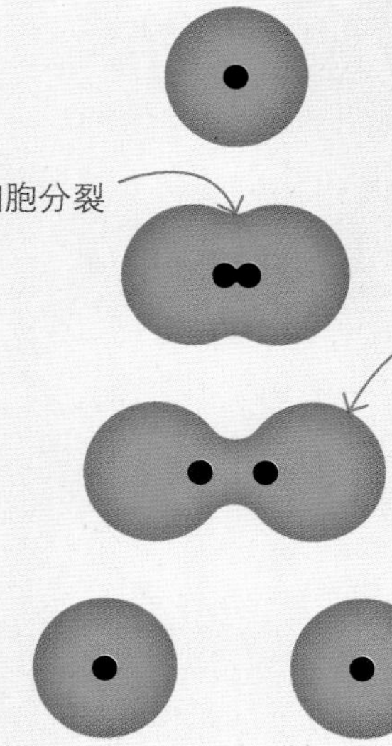

繁殖

像游仆虫这类的单细胞有机体，只依靠分裂就能繁殖出两个子细胞，因此它们繁殖速度很快。条件理想时，每一代都能数量增倍。

食物泡中含有已被消化的部分猎物。
微生物把不需要的水储存在名为伸缩泡的小室内，随后排出细胞外。
游仆虫把纤毛当作腿使用，其他微生物使用鞭毛等在水中游动，还有一些会像黏液状物质一样，向前缓慢移动。
细胞膜形成了游仆虫的外层屏障，它只允许特定物质进出细胞。
游仆虫长着长漏斗状的胞咽，能够吞下猎物。

进食

许多微生物会将猎物拖入细胞内部，将猎物困在食物泡中。然后它们分泌消化酶进入食物泡中，将猎物转化为细胞能够吸收的营养液。未消化的残渣就被排除出细胞。

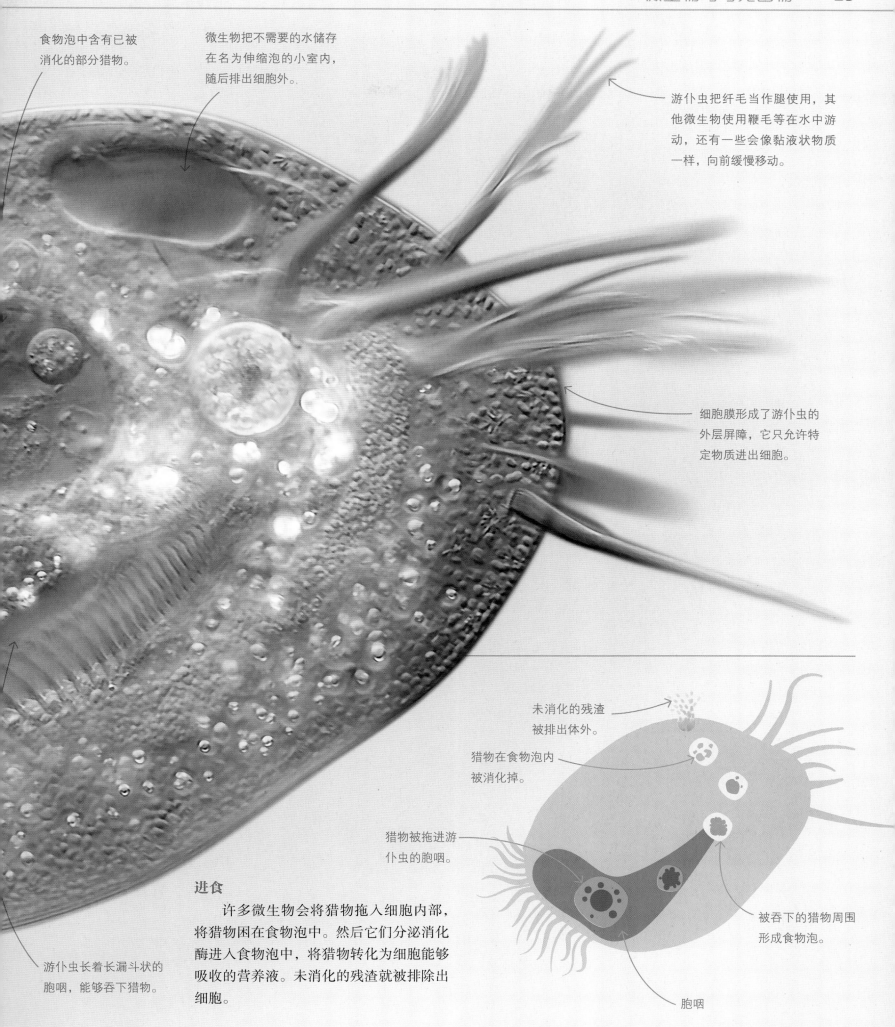

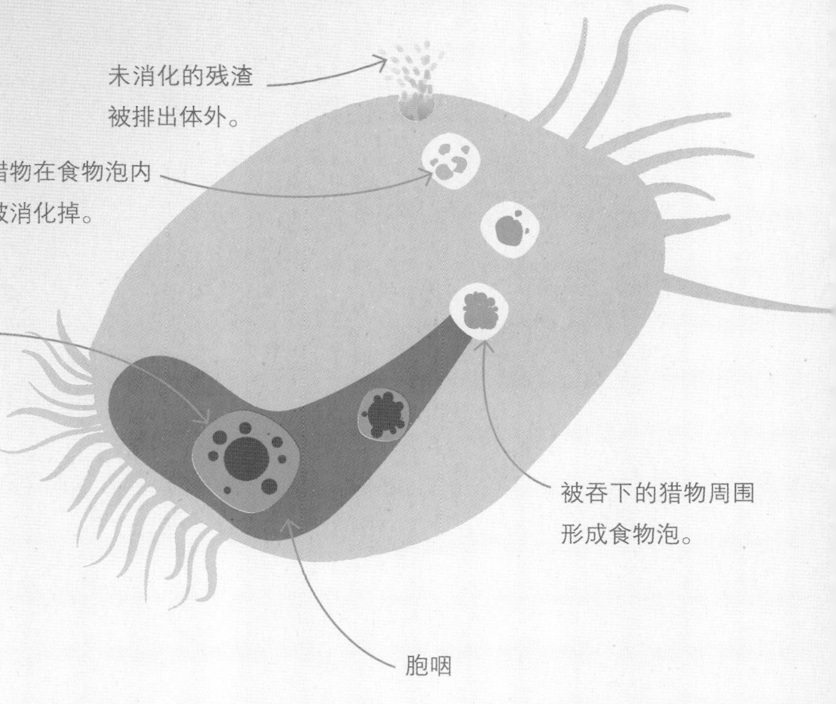

未消化的残渣被排出体外。
猎物在食物泡内被消化掉。
猎物被拖进游仆虫的胞咽。
被吞下的猎物周围形成食物泡。
胞咽

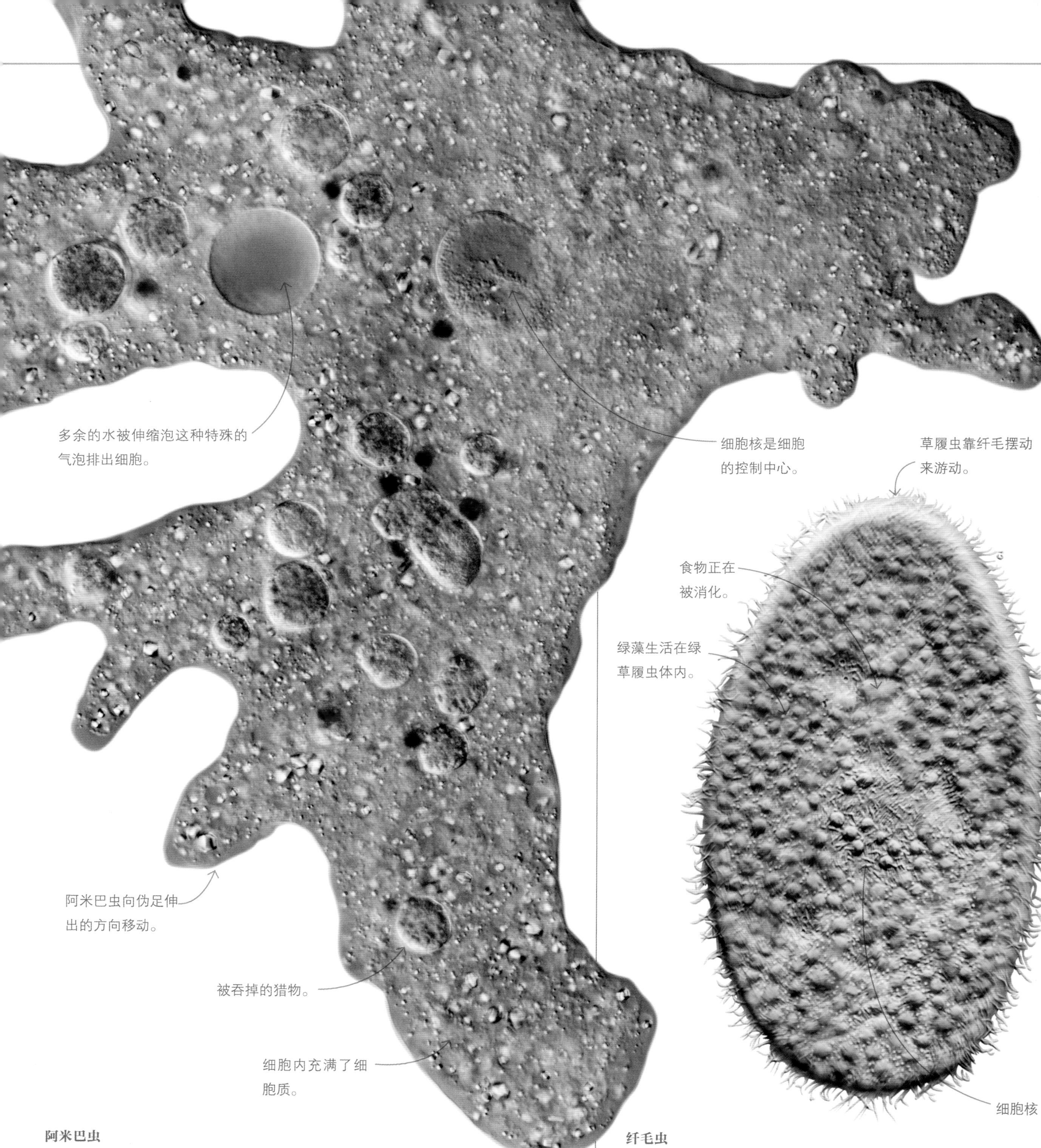

多余的水被伸缩泡这种特殊的气泡排出细胞。
细胞核是细胞的控制中心。
草履虫靠纤毛摆动来游动。
食物正在被消化。
绿藻生活在绿草履虫体内。
阿米巴虫向伪足伸出的方向移动。
被吞掉的猎物。
细胞内充满了细胞质。
细胞核

阿米巴虫

阿米巴虫长到最后，会成为最大的单细胞有机体。它们栖息在淡水池塘等有水的栖息地，通过改变形状、像黏液般流动的方式，向着伪足伸出的方向缓慢移动。伪足能够使阿米巴虫移动到其他微生物周围，把它们完全包裹起来，然后消化掉它们。

纤毛虫

纤毛虫是游泳健将，能够快速游动。它们的体表覆盖着微小的纤毛，能够划水，并将食物颗粒赶进“口”中。绿草履虫会在体内养绿藻，这些有机体会通过光合作用帮助绿草履虫获得食物。

单细胞有机体的种类

我们周围能够见到的大多数生命体，如植物、动物，都是由数百万以上的细胞组成的。但是单细胞有机体在数量上，远远超过这些多细胞有机体。这些单细胞有机体不论在什么样的水域和营养条件下——从水洼到池塘、海洋乃至人体内部——都能大量繁殖。下面的图片，都是按照实际尺寸放大 700 倍左右后的效果。

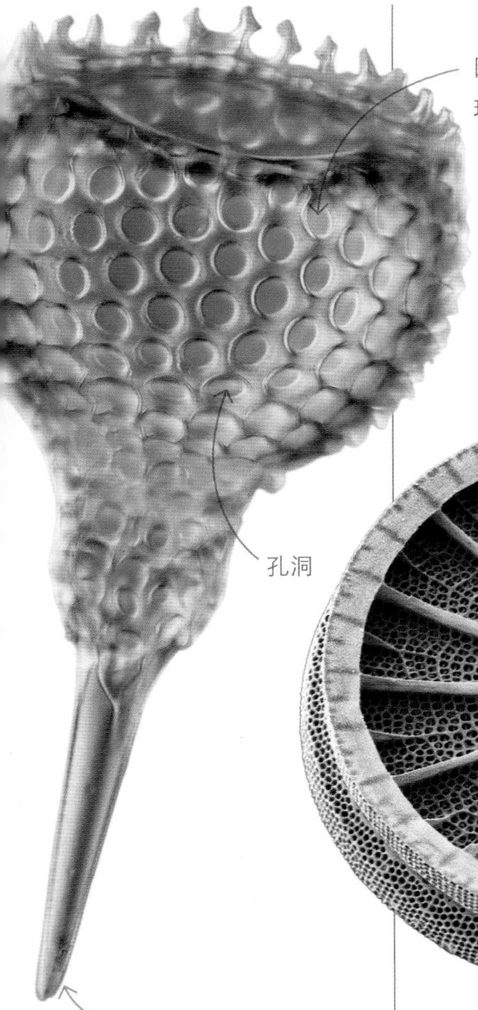

放射虫

像钉子般的二氧化硅（可用于制作玻璃的矿物质）外壳保护着这种海洋微生物。它像阿米巴虫一样使用伪足来捕食，即从外壳上的孔洞伸出伪足将食物抓住。

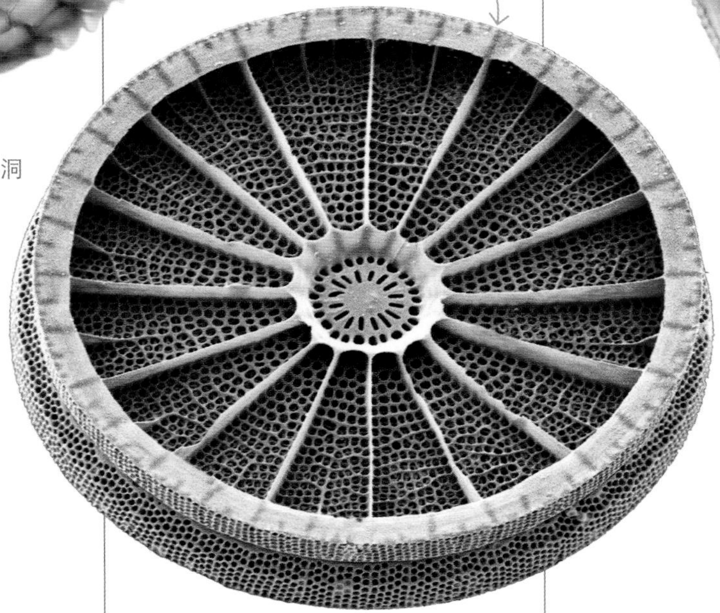

硅藻具有由两部分构成的二氧化硅外壳，恰好如同容器与盖子拼在一起。

硅藻

地球大气中的氧气大约三分之一来自硅藻，它们漂浮在海洋、湖泊中生存。与植物一样，它们能使用阳光来制造食物。

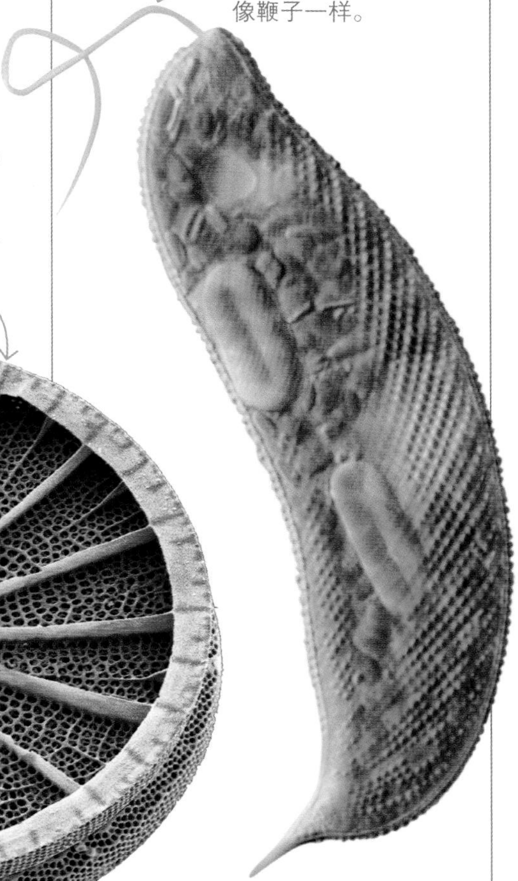

鞭毛四处摆动，好像鞭子一样。

鞭毛虫

这种微生物通过摆动鞭毛来游动。有的裸藻（属于鞭毛藻）能够像植物一样利用阳光制造食物，有的以其他有机体为食。

酵母

酵母是以糖为食的单细胞真菌，在许多水果中也能够发现它们。烘焙师用酵母做面包。烘焙酵母以面粉中的糖分为食，并会产生二氧化碳气泡，发酵面团。

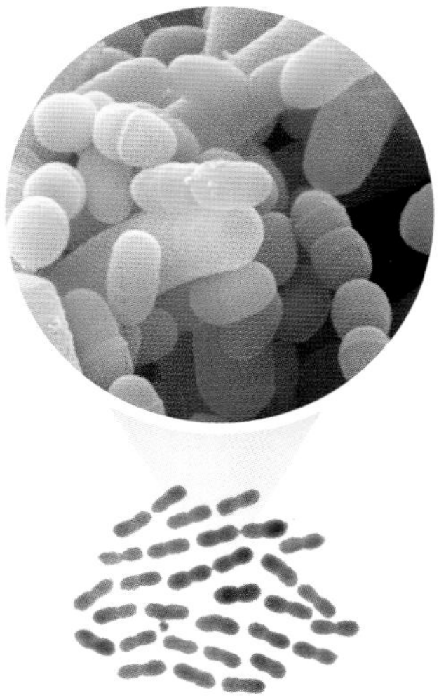

细菌

这种简单有机体几乎存在于地球上的所有地方，它们已经在世界上存活了几十亿年，比大多数其他生命形式都久远。一些细菌会致病，但是大多数细菌对于地球生命有重要的作用。比如乳酸菌，正是它将牛奶转化为酸奶。

致病菌

数以万亿计的微生物生活在人类的体表和体内。大多数都是无害或有益的，但有一些会使人生病。包括某些细菌、真菌在内的有害微生物，都属于致病菌。病毒体形微小，结构简单，因此不被认为是活的有机体。

蕈状芽孢杆菌

这种土壤细菌很容易沾到手上。某些芽孢杆菌也能够在食物中繁殖，如果人吃下未煮熟的食物，这些芽孢杆菌会导致人食物中毒。

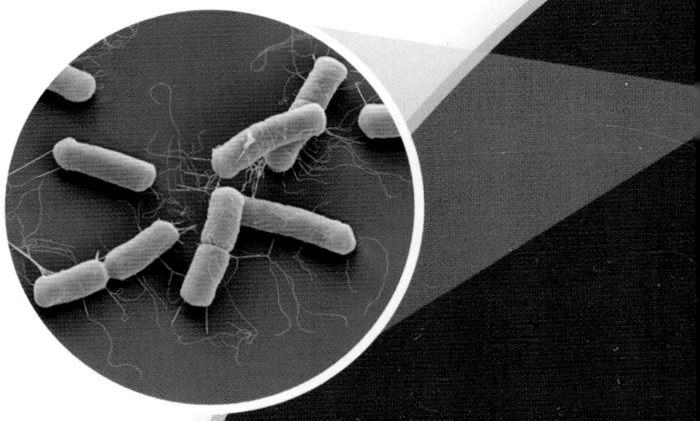

机体防御

致病菌具有传染性，这意味着它们可以从一个人身上传到另一个人身上。人类机体本身有很多方式防御病菌。

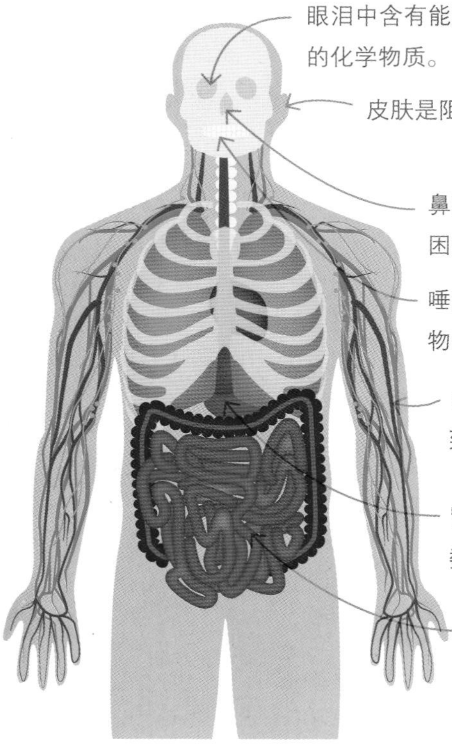

眼泪中含有能消灭细菌的化学物质。
皮肤是阻挡致病菌的物理屏障。
鼻腔、喉咙中的黏液能够困住致病菌。
唾液中含有抗菌的化学物质。
白细胞能吞噬、杀死致病菌。
胃酸能杀死食物中大多数致病菌。
肠道中的有益菌能抑制有害菌。

▶皮肤菌群

画面中每一点都是由数千个微生物组成的菌落，它们都是从一个人的手印中培养出来的。每一个菌落都由一个细胞长成。人的皮肤表面存在大约1000种细菌和超过60种真菌，它们以死皮细胞、油脂、汗水为食。它们通常无害，除非进入伤口，大量繁殖并造成感染，才会对人体有害。我们的皮肤偶然也会从触碰的物品上接触更危险的微生物。

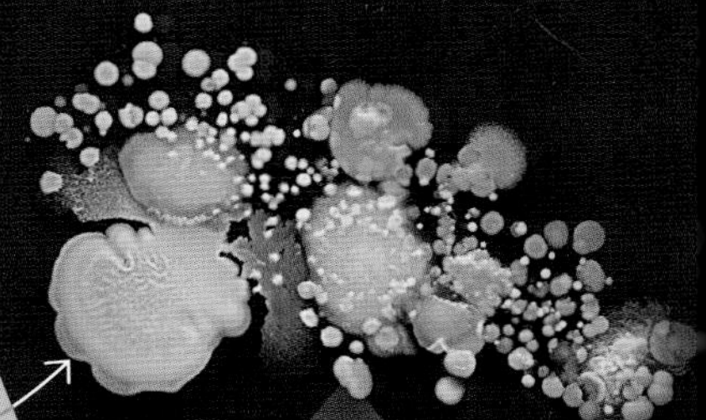

迅速分裂的微生物形成巨大菌落。

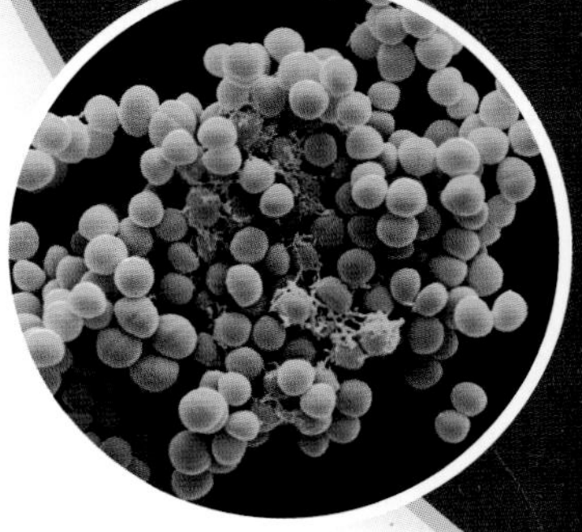

巴氏葡萄球菌

巴氏葡萄球菌是生活在人类皮肤表面的最常见的微生物。这个物种通常对人类是无害的。

病毒

与细菌或真菌不一样，这些微小的病原体不是由细胞构成的，它们大多由保护性外壳内的一系列基因组成。为了繁殖，病毒侵入并劫持活的细胞。一般的感冒病毒，会通过感染人类细胞让人打喷嚏来传播。噬菌体是攻击细菌的病毒。

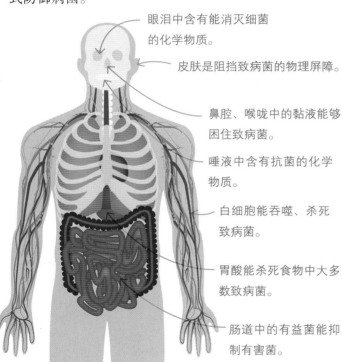

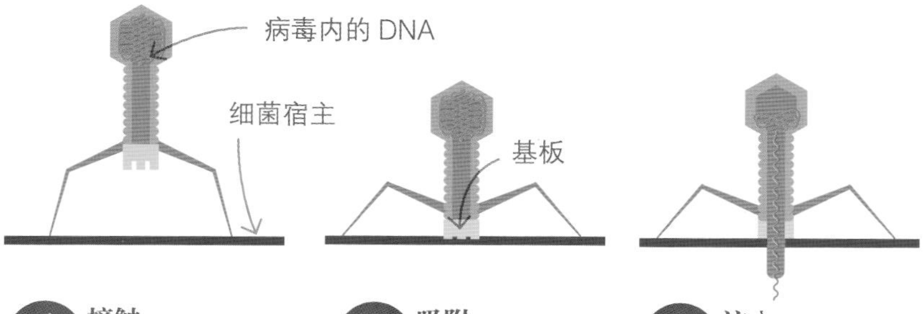

1 接触 噬菌体通过尾丝接触来确认合适的目标细胞。

2 吸附 尾丝屈曲，将病毒的基板固定在细胞膜上。

3 注入 病毒将DNA注入细胞，DNA占据整个细胞，利用细胞复制新的病毒。

巨大芽孢杆菌是一种土壤细菌。
巴氏葡萄球菌是一种皮肤细菌。

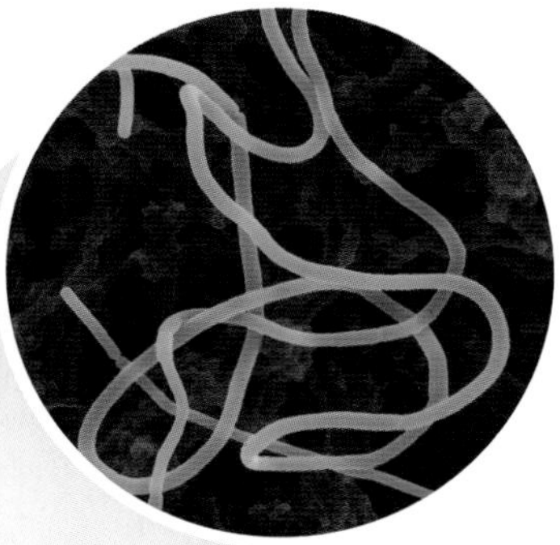

巨大芽孢杆菌

这种常见的土壤细菌以腐败的有机物为食。它能够在多种栖息环境生存，也存在于皮肤、纸张、皮革、蜂蜜甚至毛虫的粪便中。

溶血性葡萄球菌

不同种类的溶血性葡萄球菌在人体的不同部位茁壮成长。它们是细菌中最无害的种类之一，常见于阴暗、潮湿的部位，比如腋窝。

藻的种类

藻有许多种类，包括从单细胞有机体到形成海底森林的巨藻。藻类并不是一个单一的类群，它们的演化历史复杂。因此它们通常只按照颜色分类。

某些红藻能够在冰雪里生长。

褐藻类包括很多海藻，比如巨藻。

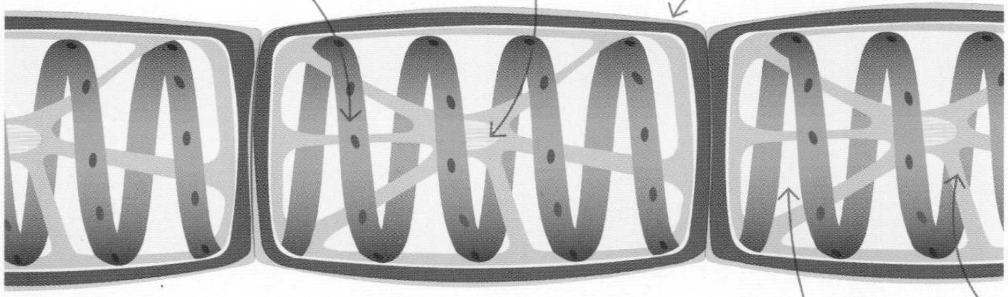

叶绿体捕获光能。
细胞核
一层保护性黏液（藻胶）覆盖着细胞壁。
细胞质
液泡存储水。

▼水绵

一些淡水藻类，比如水绵，看起来、摸起来都像黏液，透过显微镜能看到它们内在构造的美。水绵细胞内有一条至多条呈螺旋形盘绕的带状叶绿体。叶绿体中充满了叶绿素，叶绿素能够吸收阳光的能量来制造食物。

细胞内部

像水绵这样的绿藻，它的细胞很像植物细胞，长着细胞壁、叶绿体及液泡。但是，线状的细胞质丝将它的细胞核悬在细胞中心，其叶绿体具有陆地植物见不到的独特外形。

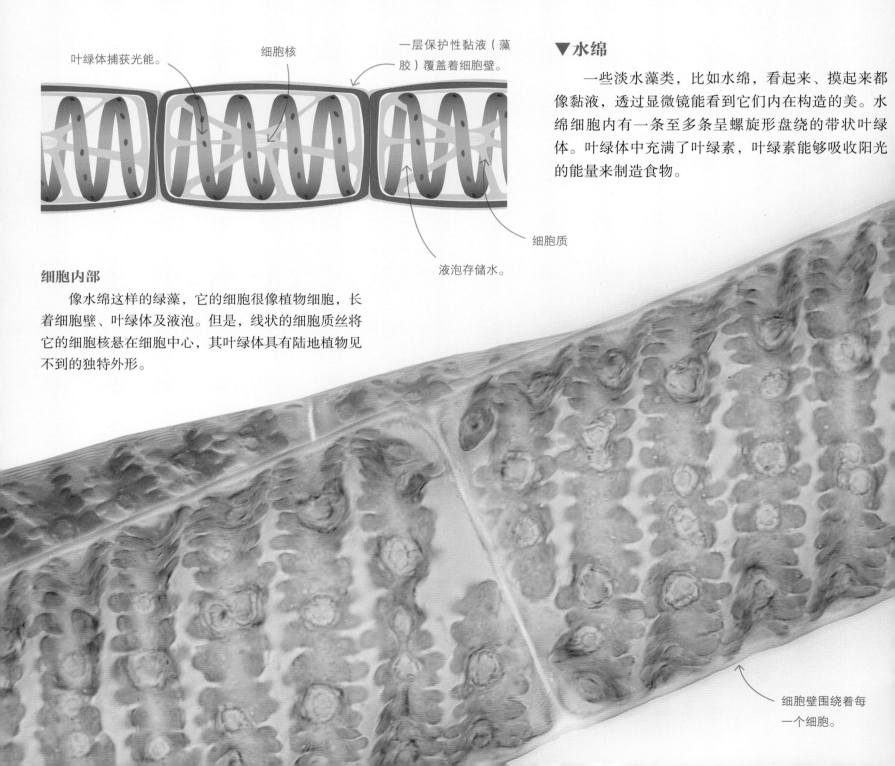

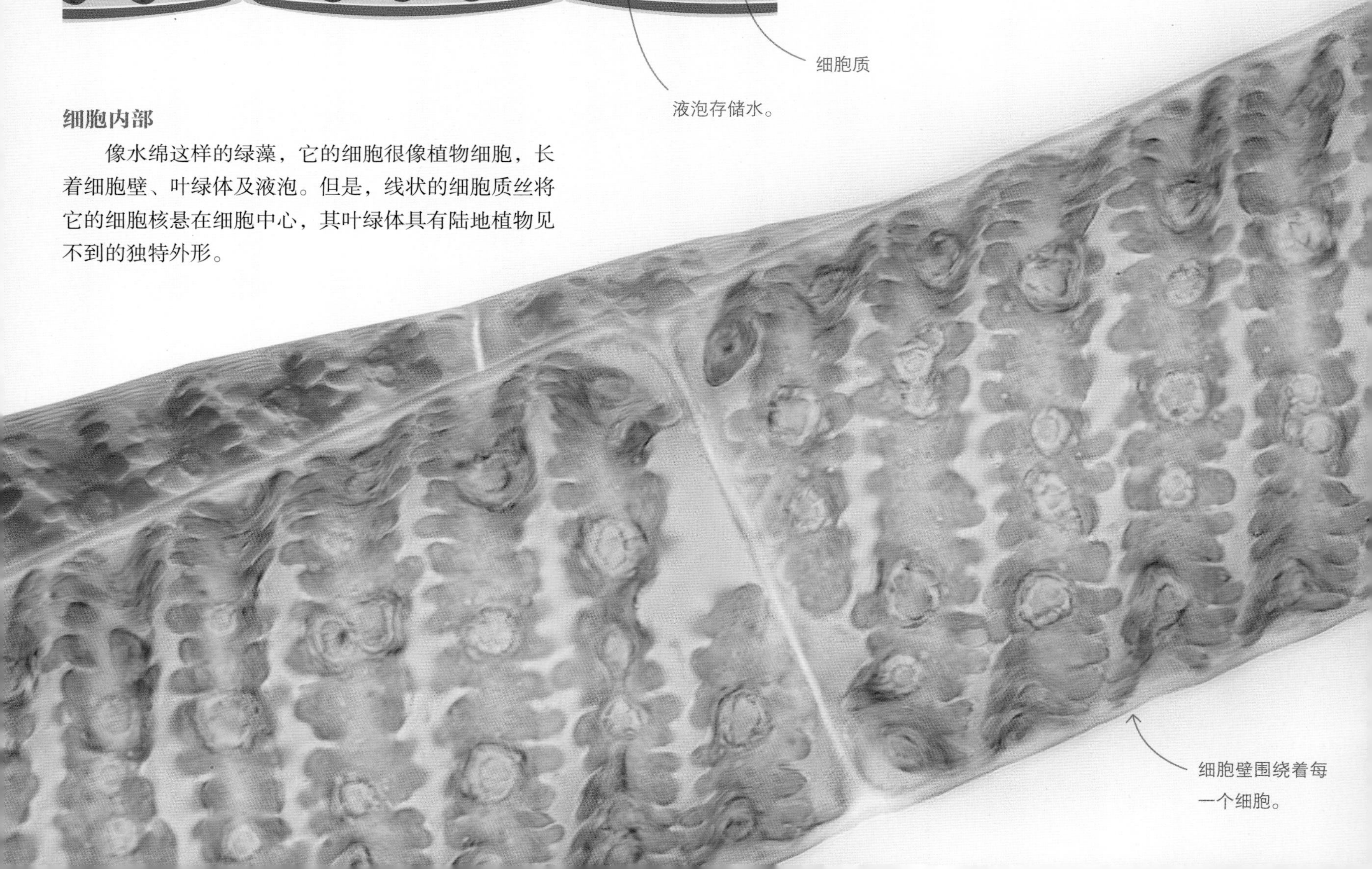

细胞壁围绕着每一个细胞。

树懒用爪子将自己挂在树枝上。

树懒的皮毛被藻染成绿色。

绿藻长在树懒的潮湿皮毛里。

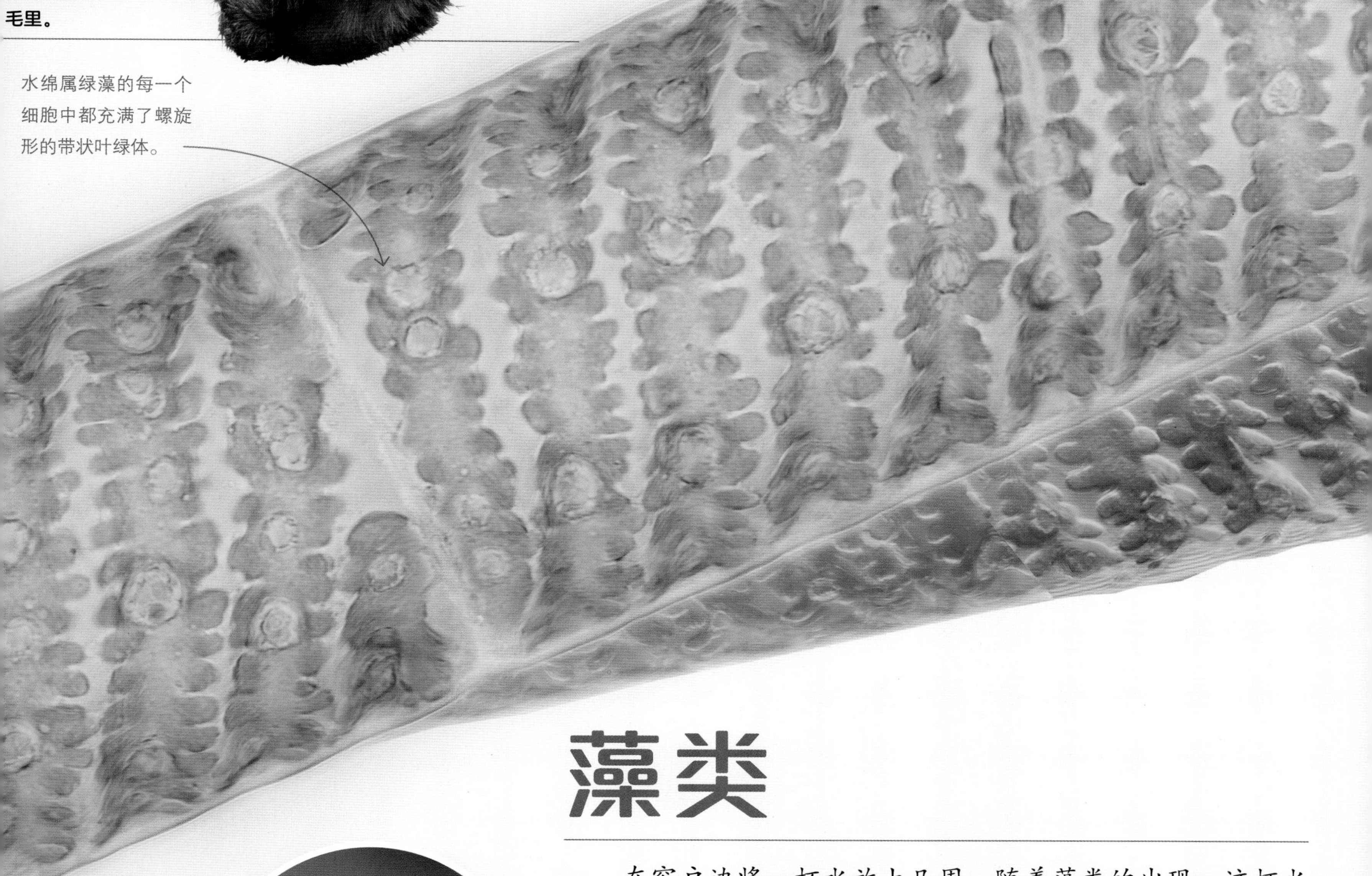

水绵属绿藻的每一个细胞中都充满了螺旋形的带状叶绿体。

藻类

在窗户边将一杯水放上几周，随着藻类的出现，这杯水就会变绿。单细胞藻类是类似植物的单细胞有机体，能够在有光有水的任何地方大量繁殖。和真正的植物一样，它们能够利用阳光中的能量，但是它们没有茎、叶、根，大都体形微小。藻类几乎分布在地球上每一处有阳光照耀的地方，它们制造的氧气比世界上所有树木制造的还要多。

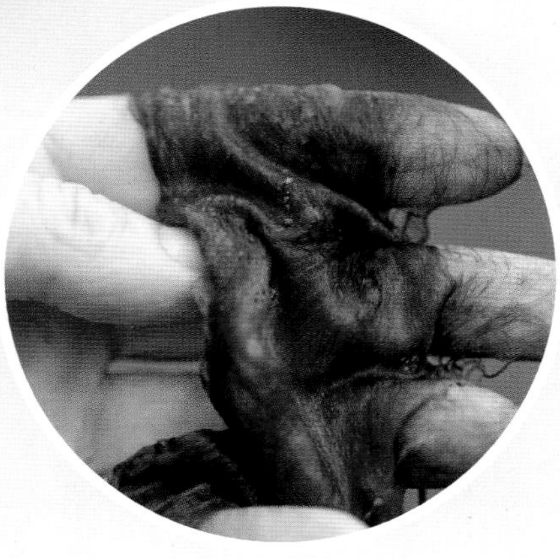

状水藻

像水绵这样的丝水藻外形如同细，如果水域富于营，阳光充足，它就够覆盖池塘、江河。

海藻

当海水波动时，某些海藻会闪烁出蓝光，这是一种惊吓小动物的防御手段。就像澳大利亚南部海滩发生过的那样，海浪偶然会触发这种生物发光。微小的藻类构成整个海洋食物链的基础，支持了从珊瑚虫到蓝鲸的所有海洋生命形态的生存。它们对于陆地生命也至关重要，正是因为它们制造了大气中超过半数的氧气，陆地生命才得以呼吸。

蕈菌

蕈菌不是植物，它属于真菌。大多数蕈菌以腐败的有机物为食，比如土壤、腐烂的木头或者死去的动物。大多数时候，它们隐藏起来，在腐败的有机物中成长为菌丝网络，只有繁殖的时候才变得可见。许多蕈菌会从子实体中释放上百万个叫作孢子的细小颗粒来繁殖，子实体就是冒出地面被我们看见的部分。

▼毒蝇鹅膏菌

毒蝇鹅膏菌独特的红白色，让它成为容易辨认的蕈菌之一。它鲜艳的色泽警告动物自己有毒。只要是在北半球的森林中，它都可以生长。

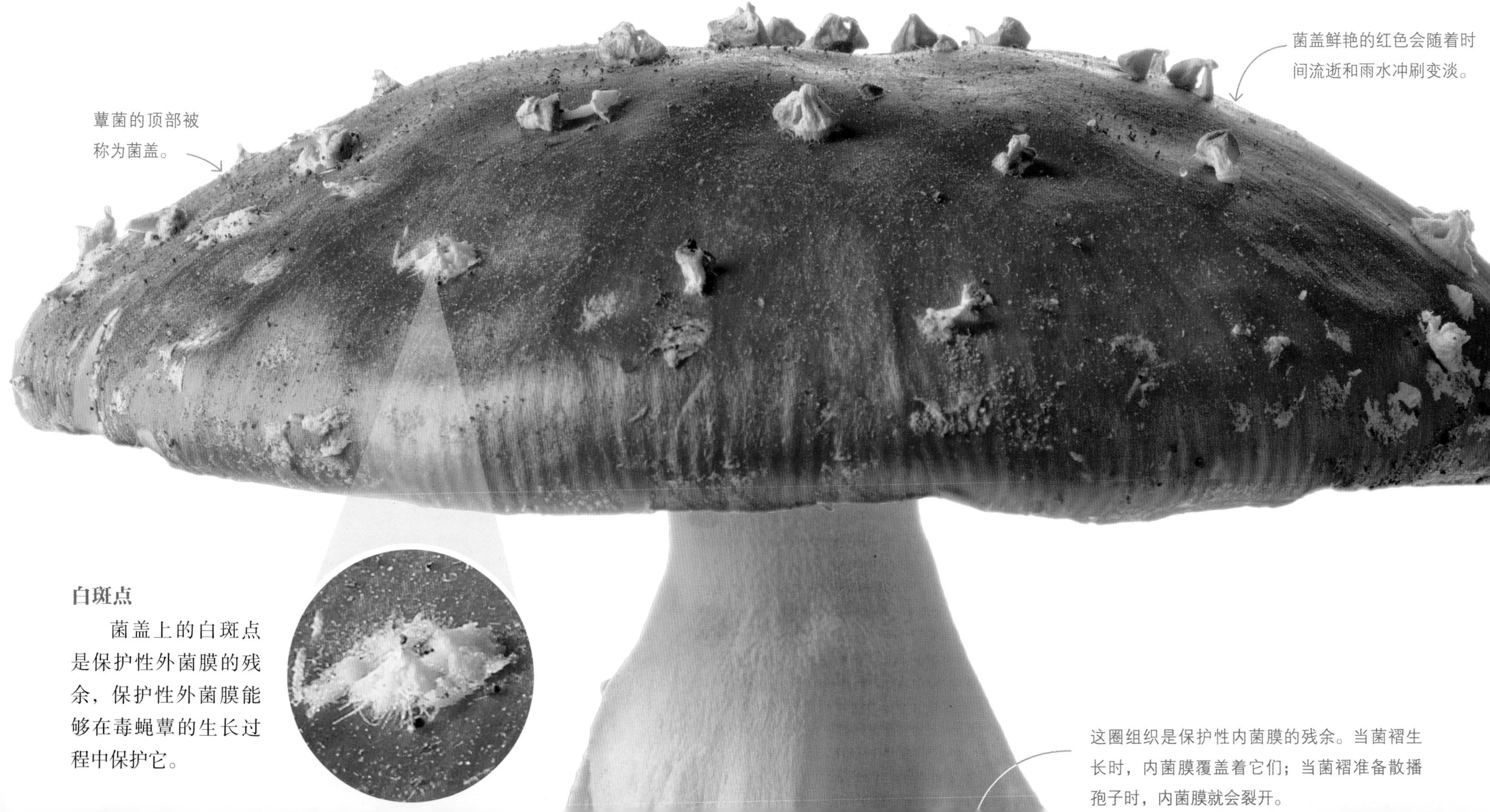

蕈菌的顶部被称为菌盖。
菌盖鲜艳的红色会随着时间流逝和雨水冲刷变淡。
这圈组织是保护性内菌膜的残余。当菌褶生长时，内菌膜覆盖着它们；当菌褶准备散播孢子时，内菌膜就会裂开。

白斑点

菌盖上的白斑点是保护性外菌膜的残余，保护性外菌膜能够在毒蝇蕈的生长过程中保护它。

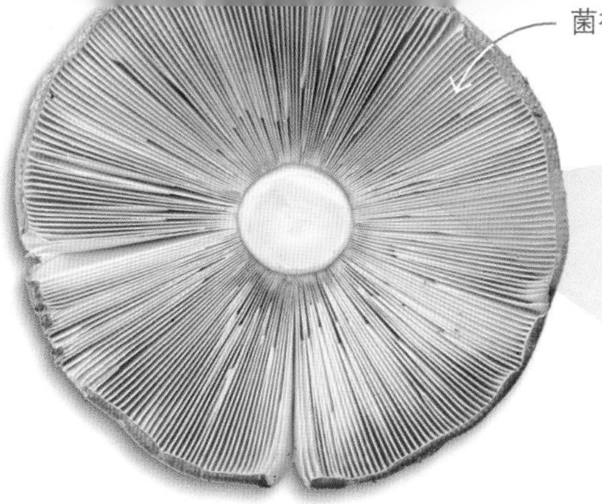
菌褶

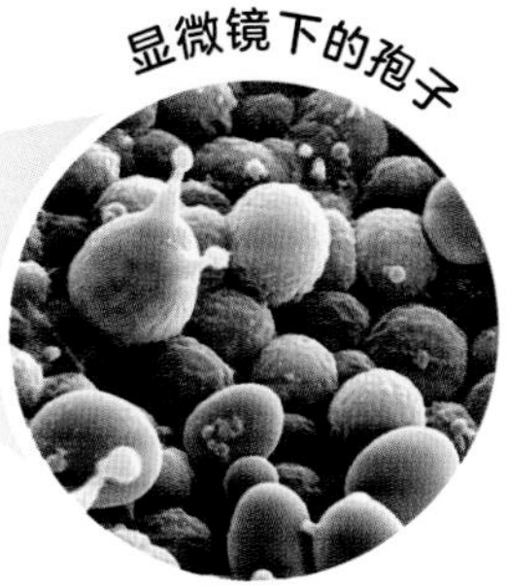
显微镜下的孢子

孢子繁殖

菌盖底下，有成百个细小菌褶生产孢子——微小的、像种子一样的部分，蕈菌成熟的时候，孢子就会落下来。

隐藏的网络

菌丝体是真菌的主要部位，由丝状结构的菌丝组成。它分泌出化合物酶将土壤及其他物质分解为食物，让真菌可以吸收。菌丝很小，人的肉眼看不到它们。如果一茶匙土壤中的菌丝全部散播开，可以延伸到 5 千米远。

菌柄

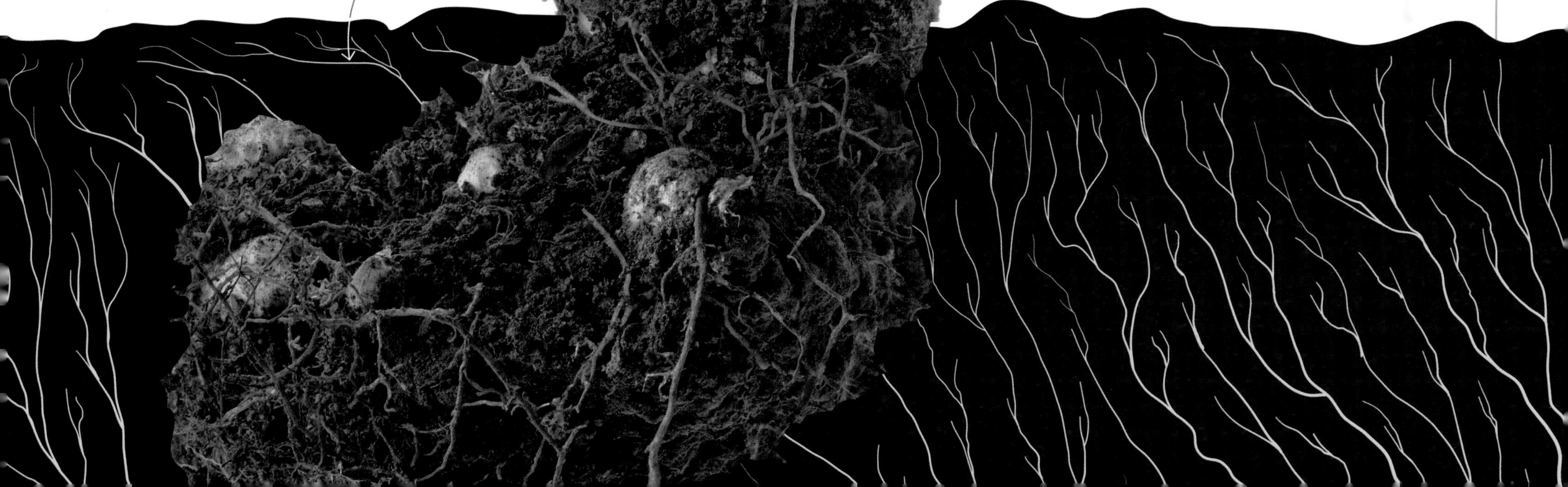
菌丝体

孢子着陆时会长出细小的菌丝。菌丝会融合并形成叫作菌丝体的网络，菌丝体最终长成蕈菌。

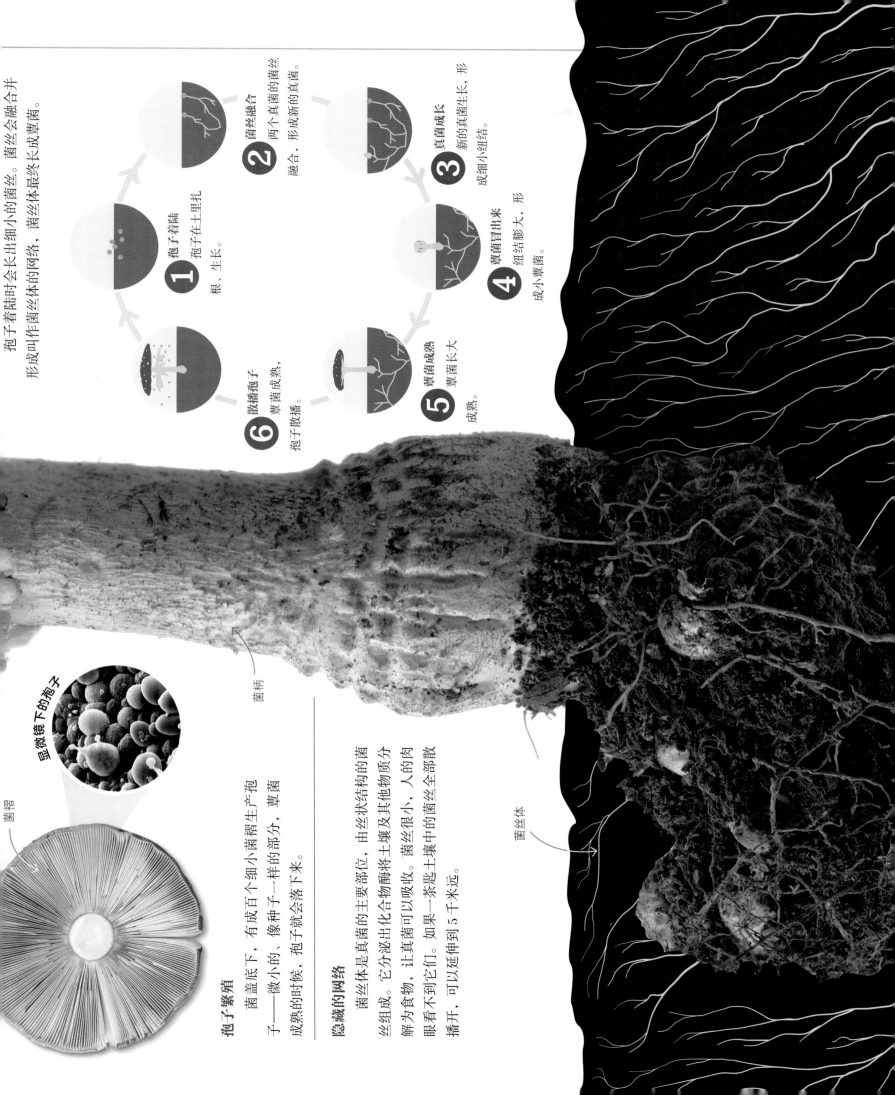

1 孢子着陆
孢子在土里扎根、生长。
2 菌丝融合
两个真菌的菌丝融合，形成新的真菌。
3 真菌成长
新的真菌生长，形成细小纽结。
4 蕈菌冒出来
纽结膨大，形成小蕈菌。
5 蕈菌成熟
蕈菌长大成熟。
6 散播孢子
蕈菌成熟，孢子散播。

蕈菌的种类

所有真菌都可以通过孢子繁殖，孢子是能够长成新的真菌的微小单细胞，由真菌的子实体产生，我们把子实体叫作蕈菌或伞菌。它们具有很多种形态，以不同方式生活。

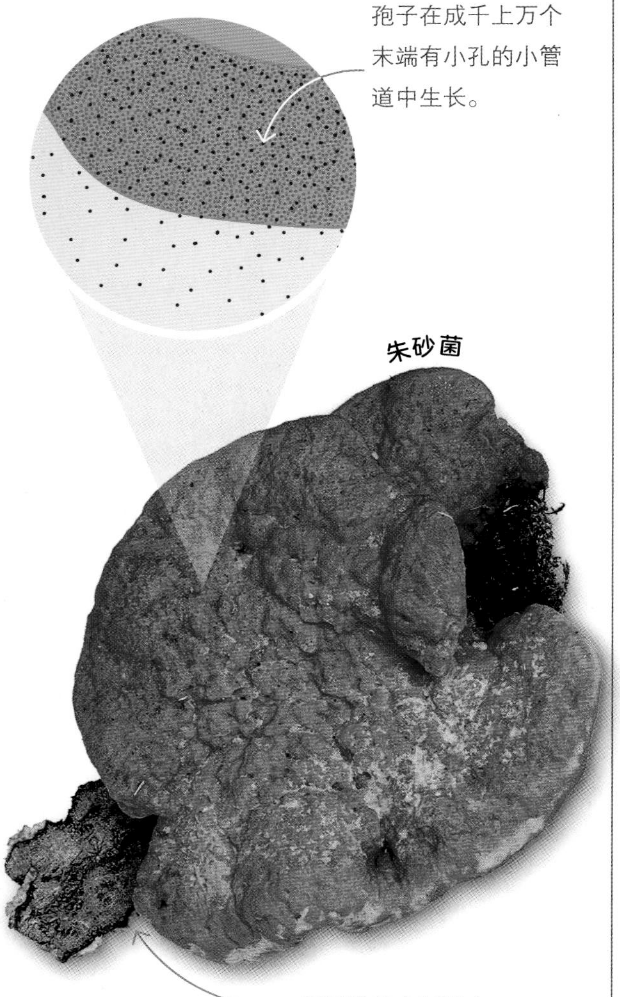

孢子在成千上万个末端有小孔的小管道中生长。
朱砂菌
真菌附着在树枝上。

朱砂菌

朱砂菌的子实体色泽鲜艳，长在花楸、桦树、樱桃树等树上。它的孢子在菌盖下面的细小管道内成长。成熟时，这些孢子脱落，随风飘走。

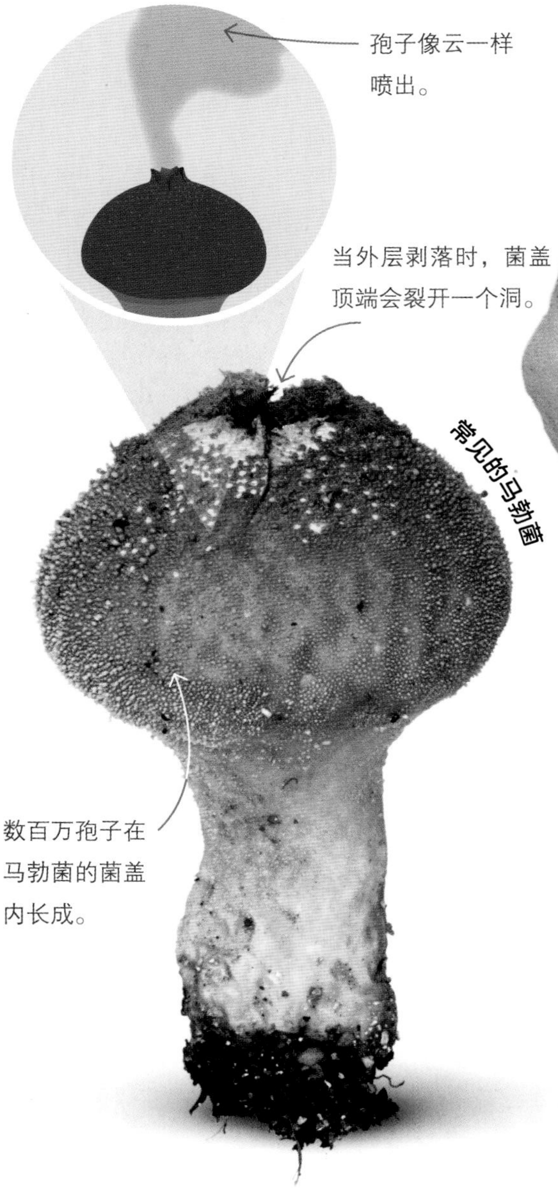

孢子像云一样喷出。
当外层剥落时，菌盖顶端会裂开一个洞。
常见的马勃菌
数百万孢子在马勃菌的菌盖内长成。

马勃菌

马勃菌十分常见，几乎遍布世界各地。它的孢子在菌盖内长成，菌盖成熟时像纸一样薄。当它被触碰，甚至被雨滴敲打时，一群孢子就会从顶端的孔洞喷出来。

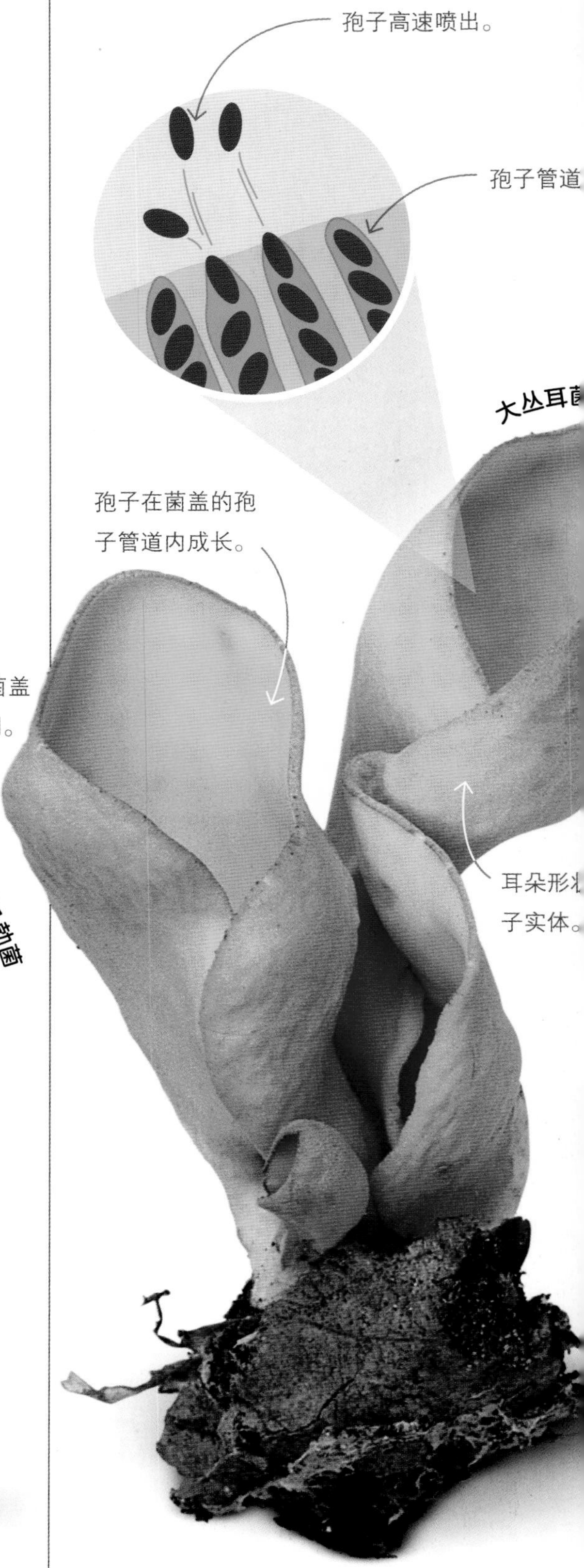

孢子高速喷出。
孢子管道
大丛耳菌
孢子在菌盖的孢子管道内成长。
耳朵形状子实体。

大丛耳菌（别名兔耳朵）

人们可以在橡树或山毛榉的林地见到这种真菌，它们经常长在脚印附近，因为形似兔耳朵而得名。它的孢子在孢子管道内生长，会从子实体中大力喷射出来。

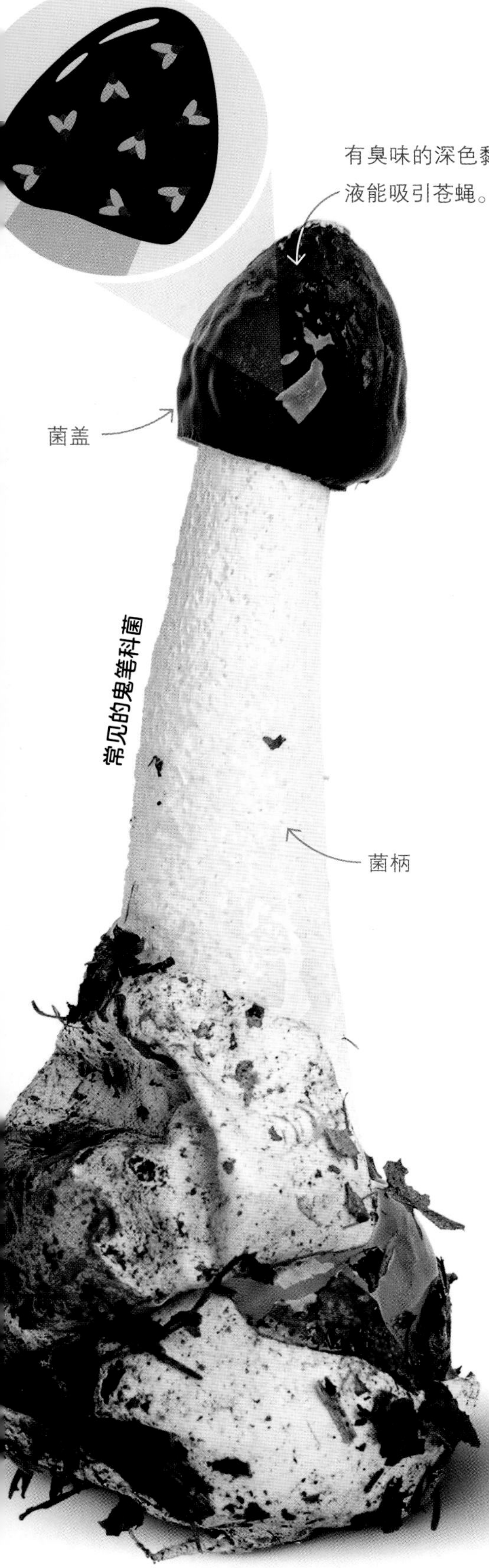

有臭味的深色黏液能吸引苍蝇。

常见的鬼笔科菌

鬼笔科菌

这种常见的林地真菌长在地面上。它的菌盖覆盖着含有孢子的黏液，会散发出让饥饿的苍蝇无法抗拒的腐肉般的恶臭。苍蝇会过来吃它，并把孢子带走。

绒柄金钱菌

这种蕈菌成群地长在腐木上。它的孢子在纸张一样薄的菌褶表面生长，当成熟的孢子落下来，就会随微风四处飘荡。

菌褶排列得很像车轮的辐条。
数百万孢子从菌褶上落下来，被风带走。
绒柄金钱菌
防风雨的菌盖可以保持孢子干燥。

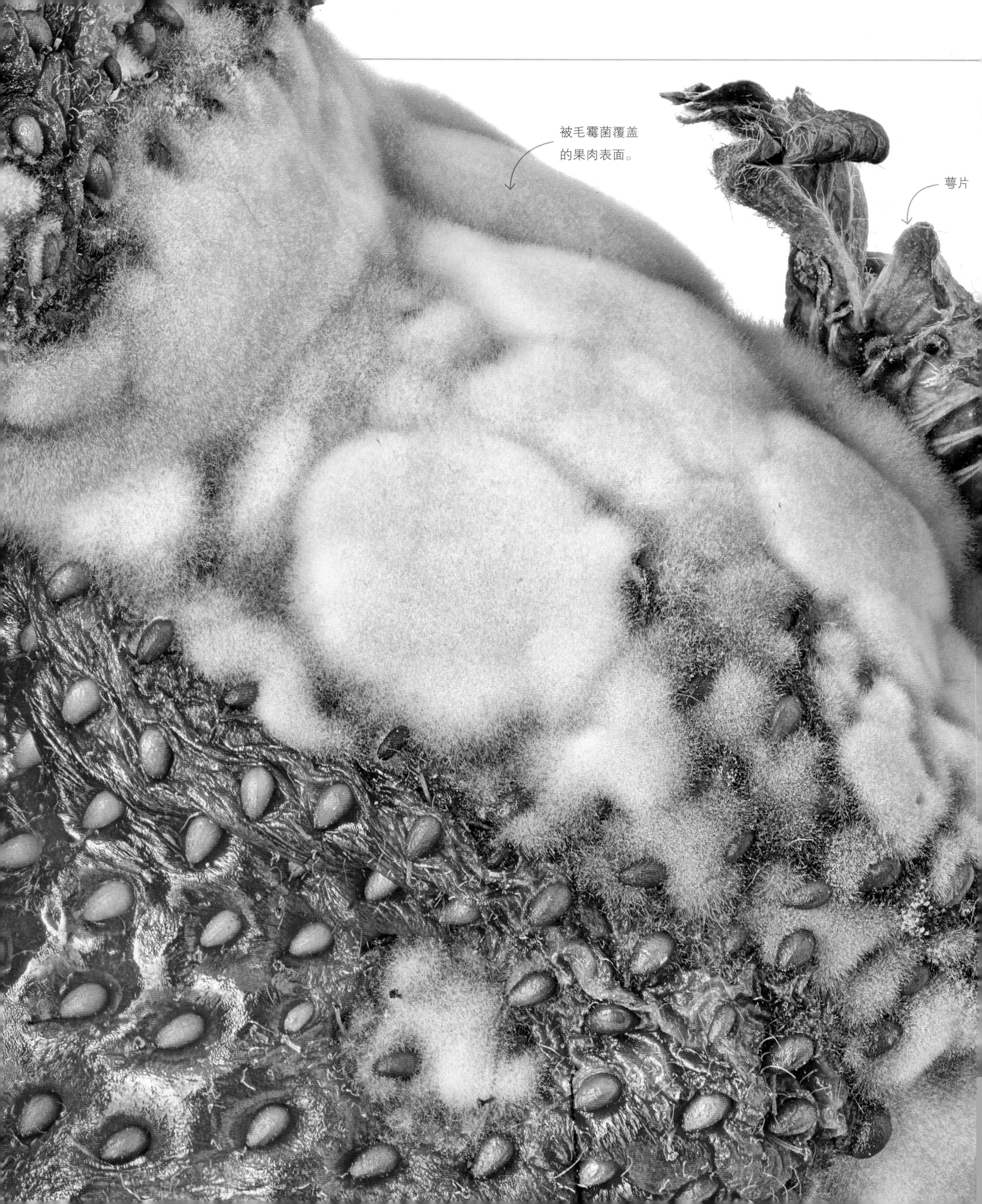
被毛霉菌覆盖
的果肉表面。
萼片

霉菌

霉菌会导致腐烂食物表面出现毛茸茸的生长物。许多种霉菌以死亡或腐朽的动植物为食，这有助于循环利用营养，其他霉菌则会攻击活着的有机体。霉菌会传播数以百万计的孢子，这些孢子体积微小，在空气中到处飘荡。

◀草莓上的霉菌

常见的毛霉菌会在水果、面包等食物上迅速生长。这颗草莓上的毛霉菌已经在凉爽环境中生长了 12 天。

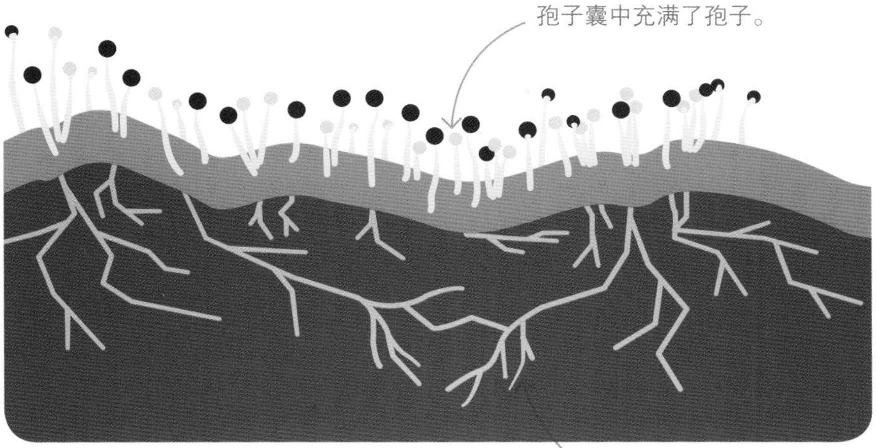

孢子囊中充满了孢子。
菌丝在水果的表皮下生长。

菌丝网络

霉菌是由菌丝这种细丝组成的，它们会在腐烂的有机体上生长，将有机体分解。在这些有机体表面，菌丝会形成充满孢子的小囊。

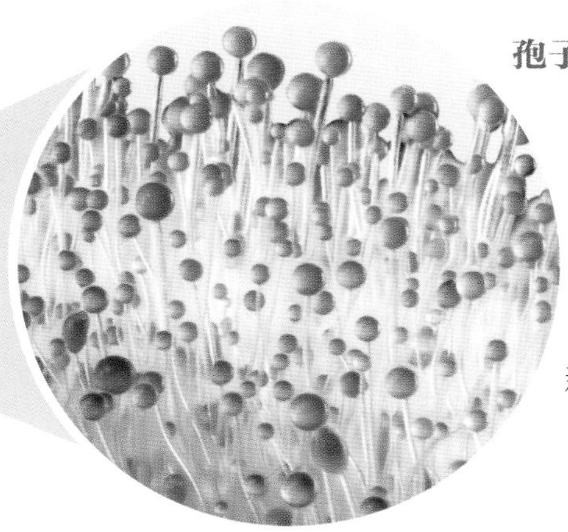

孢子囊

毛霉菌毛茸茸的表面，由成千上万个孢子囊组成。随着孢子成熟，它们由白变黑。最终，它们会迸开，将孢子喷射到空气中，将真菌传播到新的食物上。

分解

真菌或其他微生物将复杂的有机分子还原成较小的化合物和元素，这个过程叫作分解或腐烂。

1 第一天

新鲜水果为霉菌的生长提供了理想环境。孢子在它们表面着陆，菌丝开始在水果表皮下生长。

2 第五天到第七天

大约一周左右，霉菌在水果表面出现，最初表现为一块块毛斑。随着菌丝生长，水果会变软。

3 第十天

随着霉菌蔓延，菌丝凭借消化性的化学物质进一步分解水果，导致水果表面萎陷下去，散发出刺鼻气味。萼片的分解过程比其他部分慢得多。

4 第十二天

此时，霉菌已经分解了很多果肉。水果表面的孢子囊喷出孢子，孢子散播出去，寻找新的食物源。

地衣

地衣不是单细胞生物，而是真菌和藻类的组合，它们大多生长在石头或木头上。地衣能够在地球上最荒凉的环境中存活，从干燥的沙漠到北极的冻土都能看到它们。地衣生长所需养分极少，甚至可以在岩石内部发现它们。

这种叶状地衣是已知的大约 2 万种地衣之一。

这种地衣偏爱在树皮上生长。但是另一些种类的地衣偏爱岩石。

地衣能够在裸露的岩石表面存活。

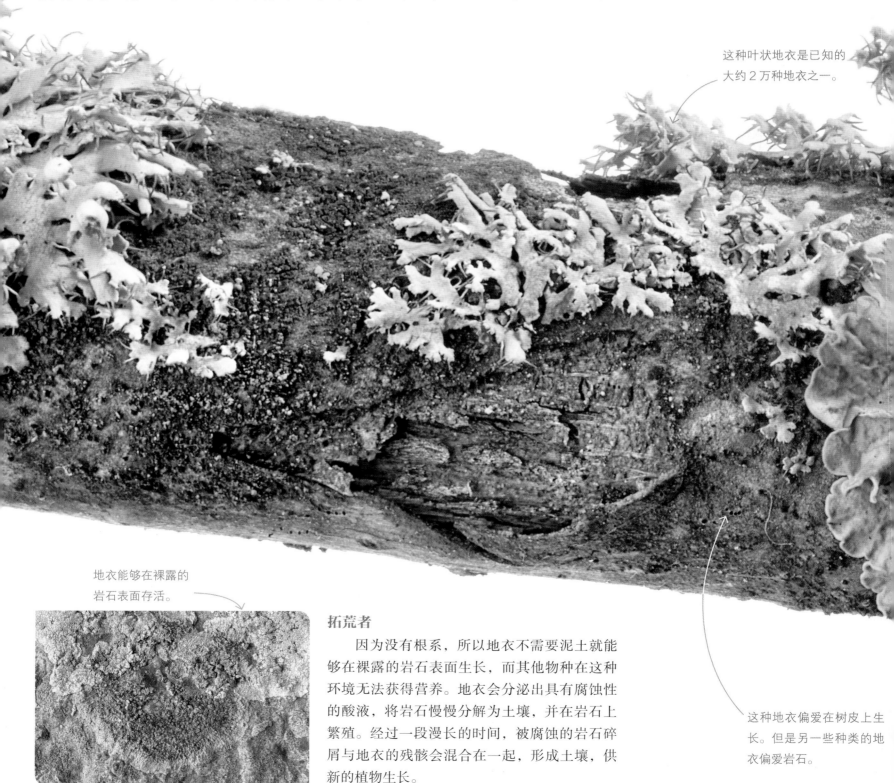

拓荒者

因为没有根系，所以地衣不需要泥土就能够在裸露的岩石表面生长，而其他物种在这种环境无法获得营养。地衣会分泌出具有腐蚀性的酸液，将岩石慢慢分解为土壤，并在岩石上繁殖。经过一段漫长的时间，被腐蚀的岩石碎屑与地衣的残骸会混合在一起，形成土壤，供新的植物生长。

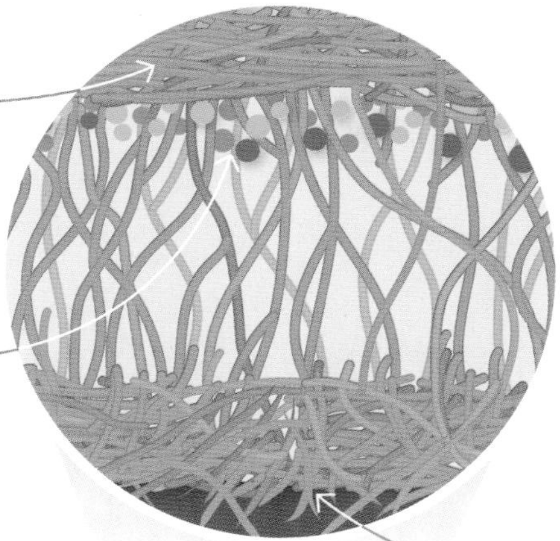
紧密排布的菌丝形成
地衣的外层结构。
藻类生活在中央。
这种发丝状的结构叫假根，将
地衣固定在物体表面。

共同生活

组成地衣的两个伙伴都从紧密的共生关系中获益。真菌从周围环境吸收水分、矿物质包被藻类。作为回报，藻类通过光合作用制造食物，将其中的部分食物传递给真菌。部分地衣中的藻类能够独立生存，但是真菌不能。

巨大的橙色圆盘为
地衣繁殖生产孢子。

▲常见的橙色地衣

这种独特的、分布广泛的地衣常见于树木、岩石、墙壁的表面。其中鲜艳的橙色圆盘是子实体，它们释放孢子帮助地衣繁殖。

从最高的栎树到最矮的禾草，**植物**是地球上几乎所有生境都不可缺少的部分。植物从阳光中获取**能量**，通过**光合作用**制造食物。这个过程能够产生**氧气**，而绝大多数动物都需要氧气才能生存。

植物

植物的生活习性

地球上有超过 39 万种不同的植物。它们已经适应了这个星球极热、极冷、极湿、极干的地域。动物、风或流水传播植物的种子以长成新的植物。植物与动物不一样，它们利用光合作用制造食物。

彩色花瓣吸引昆虫传播花粉，帮助植物繁殖。
茎能将水、矿物质运输到叶子，还能将刚制造的食物运输到植物的其他部分。
果实一开始又小又青，随着逐渐成熟，会变得越来越柔软、多汁。
成熟的果实通常色彩鲜艳，吸引动物来食用。
种子
许多开花植物的种子长在可食用的果实内。一旦动物吃下果实，种子就会随动物粪便落入土壤，再长成新的植物。
叶脉将水输送到叶子。

▶开花植物

植物的每一部分都有特定职能。根将植物固定在土地上，汲取水与矿物质。长的茎支撑植物，在根与叶之间输送水及营养。叶子吸收来自太阳的光能，制造出糖类等有机物质。花、种子、果实各自在繁殖过程中扮演了重要角色。

不开花植物

一些植物不通过开花繁殖，有的甚至不利用种子也能繁殖。针叶树会长出木质球果，当球果裂开，种子就会落下来。苔藓与蕨类植物散播的不是种子，而是微小的孢子，孢子像尘埃一样在空气中飘荡，落在潮湿的泥土上，就能长成新的植物。

孢子囊长在蕨类植物的叶子背面。

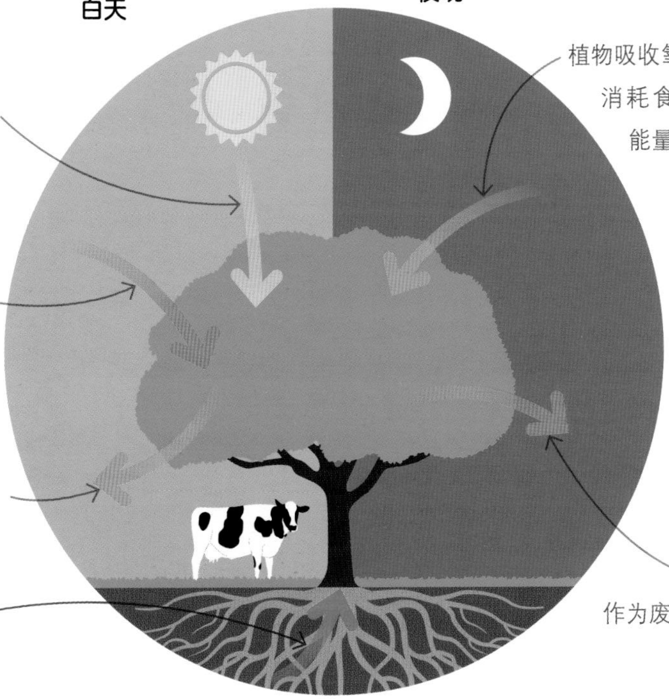

白天
夜晚
光能被叶绿素吸收。
空气中的二氧化碳被吸收。
氧气作为废物被释放。
根从地下吸收水与矿物质。
植物吸收氧气，同时消耗食物，释放能量。
二氧化碳作为废物被释放。

利用阳光

树叶中包含能够捕捉光能的叶绿素。叶绿素能够进行光合作用——将水与二氧化碳转变为有机物质，并产生氧气。植物也能如动物一样，吸入氧气，呼出二氧化碳，这个过程在没有阳光不能进行光合作用的时候才比较明显。

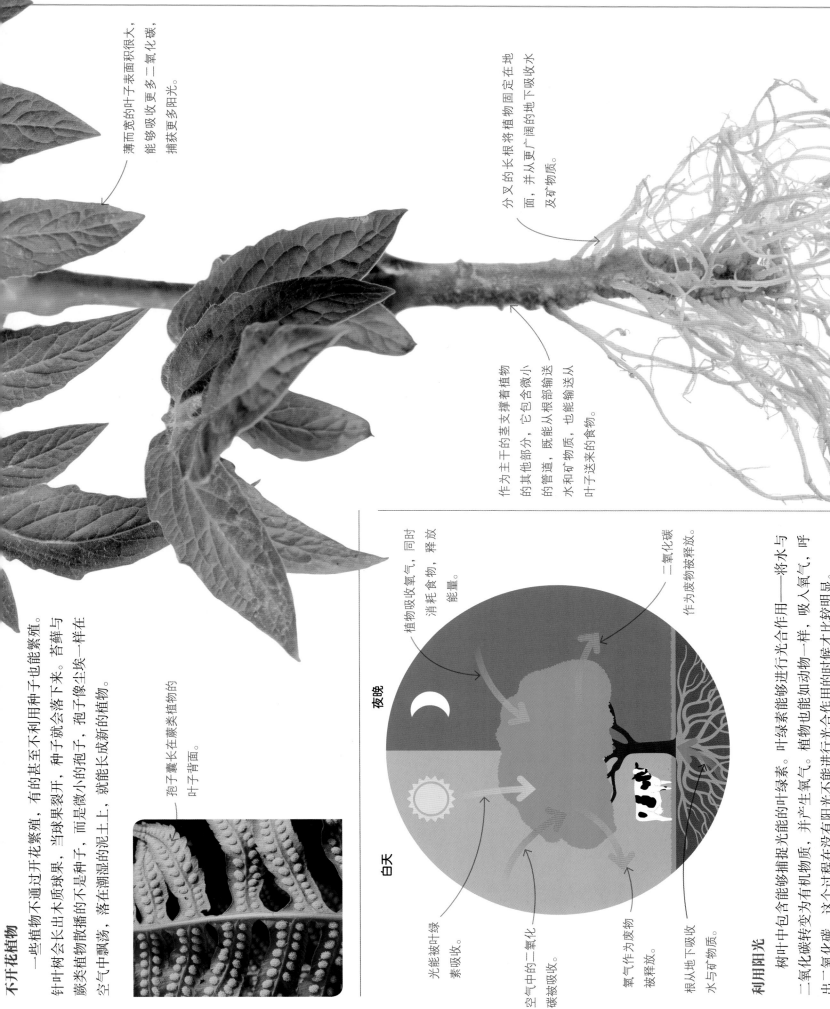

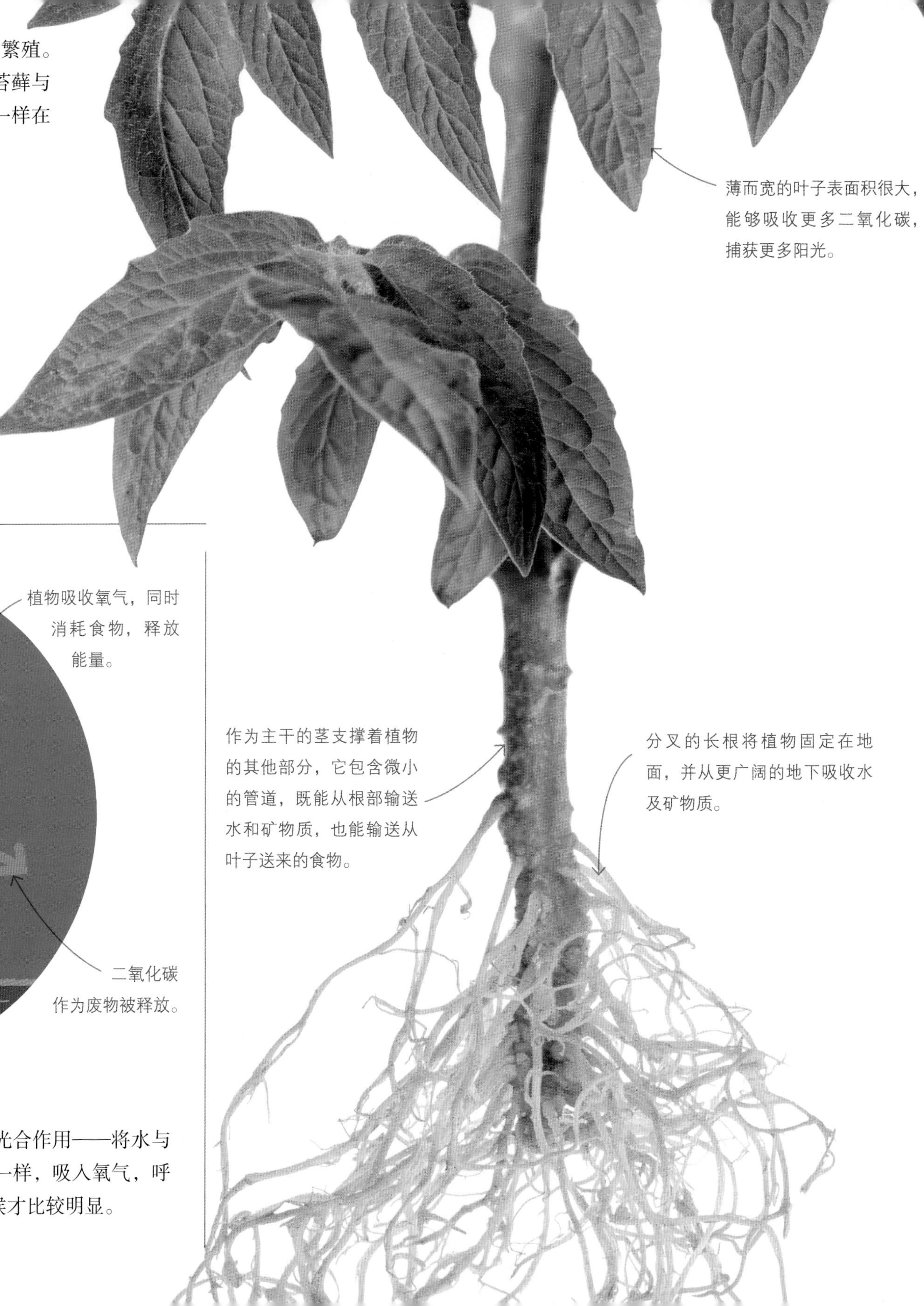

薄而宽的叶子表面积很大，能够吸收更多二氧化碳，捕获更多阳光。
作为主干的茎支撑着植物的其他部分，它包含微小的管道，既能从根部输送水和矿物质，也能输送从叶子送来的食物。
分叉的长根将植物固定在地面，并从更广阔的地下吸收水及矿物质。

开花植物怎样生长

所有开花植物的生命都由种子开始，然后生根、发芽。随着植物逐渐成熟，鲜艳芬芳的花朵会吸引动物在花朵之间传播花粉，这样植物就能长出种子。种子传播开来，重复着生命周期。

1 发芽

向日葵种子裂开并开始成长的过程，叫作发芽。根开始向下长，同时幼芽和第一片叶子（子叶）从地下冒出来。

第1天
每一粒种子都有坚硬的种皮保护内在。

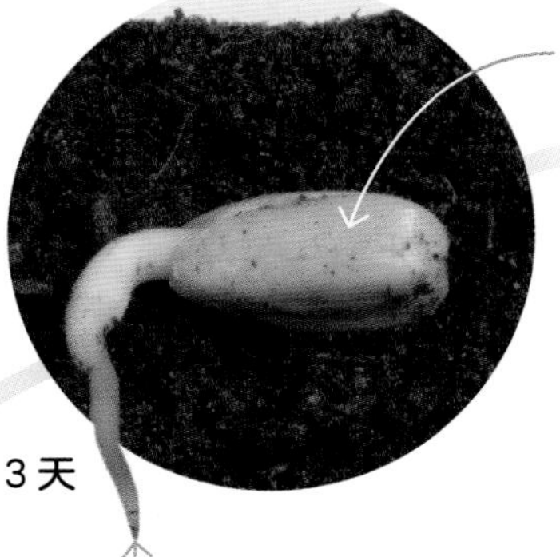
种皮
第3天
根

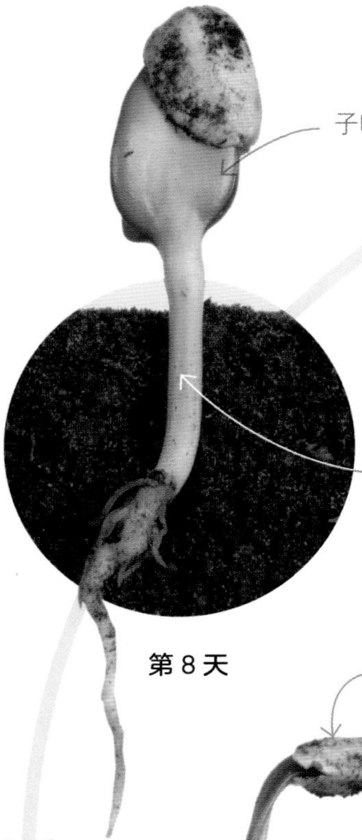
子叶
茎
第8天

没用的种皮会落入土里。
茎长得更长。
第10天
根系展开，吸收水与矿物质。

2 生长

当子叶展开时，茎长得更长，种皮脱落。新叶子长出来，通过光合作用来制造食物，为植物进一步成长以及之后孕育花芽提供养分。

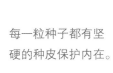

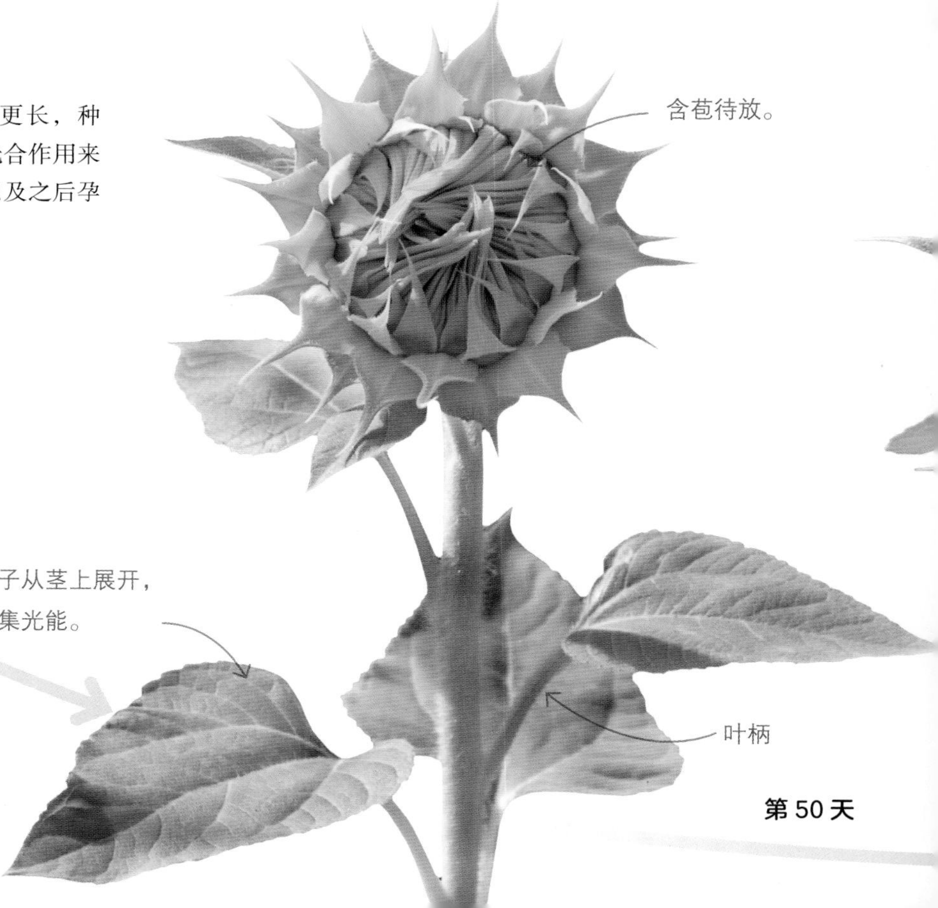
含苞待放。
叶子从茎上展开，收集光能。
叶柄
第50天

第 105 天
种子从头状
花序中落下。

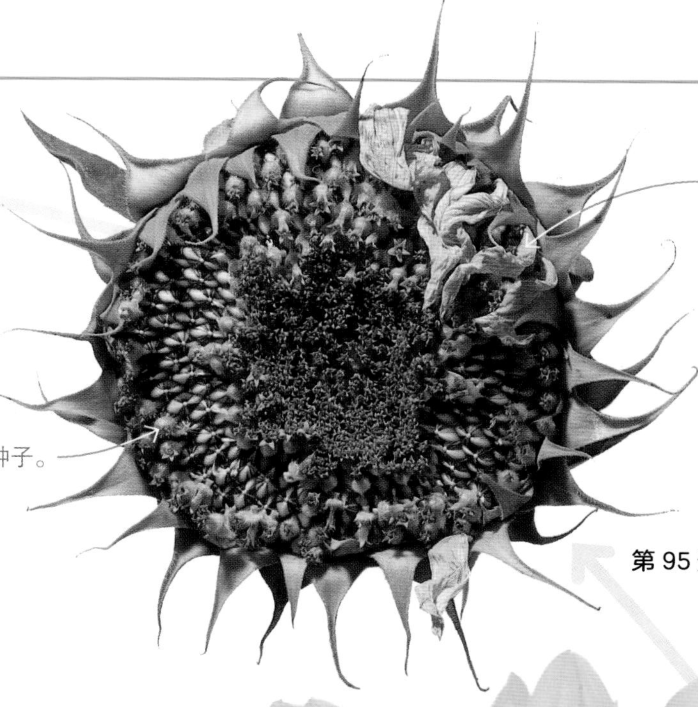
黄色小花枯萎、落下。
孕育中的种子。
第 95 天

4 结籽

在花与花之间授粉之后，向日葵头状花序的每一朵小花都长出一粒种子。很快，头状花序就结满了大量向日葵种子，准备传播出去，继续植物的生命周期。

向日葵生命周期

有一些植物需要几年时间成熟，长出一代种子，但是有些植物，比如向日葵，成一个生命周期只需要几个月。有些品的向日葵从一粒只有大约 0.1 克的种子始，在两个月内能够长到一个成年人的度。向日葵的大花盘不是一朵花，而是多小花的集合，叫作头状花序。

当花开放时，明
艳的舌状花就会
出现。
第 70 天

中心暗色的花盘，由
多达 2000 朵微小的花
朵组成。
复合花在一根
高茎顶部开放。
第 75 天

3 开花

很多营养物质被输送到花芽，供其成长。一旦生殖器官生长成熟，花朵就会开放，展现明黄色的舌状花来吸引动物。

种子怎样生长

许多植物生命之初是包裹在种子内的微小的胚。外有种子的坚固外壳保护，内用自身储备的营养物质维系生命，胚需要等到时机合适才会开始生长。一些种子甚至能够在没有水或低温的条件下，存活几十年。但是当生长要素具备时，这些休眠的胚就会焕发生机，进入发芽过程。

种子内部

一粒种子是包含着植物的胚的“胶囊”，里面包括植物的第一个芽、第一条根，还有为它开始生长提供必需的能量的营养物质储备。开花植物的种子，主要有两种——单子叶种子与双子叶种子。

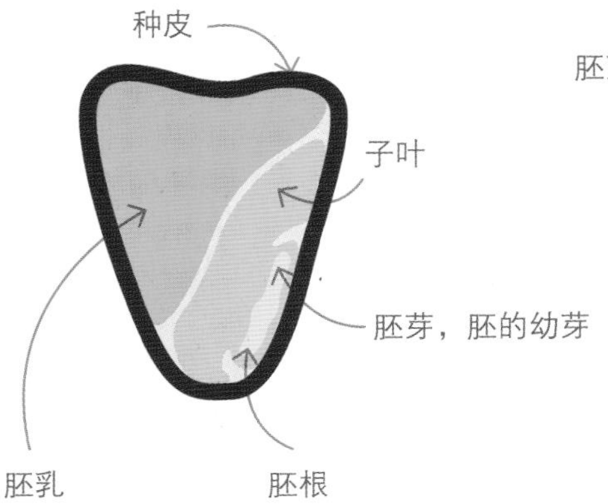

单子叶种子

像玉米种子这样的单子叶种子有一片子叶，能从胚乳这个储备营养物质的部位获取能量。

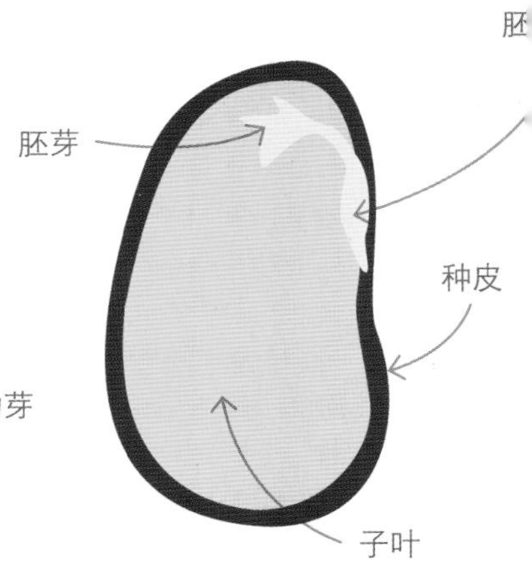

双子叶种子

像豆子这样的双子叶种子有两片子叶，其中包含植物开始生长所需的营养物质。

▶菜豆如何生长

为了发芽，菜豆需要水、氧气还有合适的温度。种子吸收了水就会开始膨胀。它的外皮裂开，芽与根开始成长。两周之内，菜豆就从种子变为一小株植物。

1 休眠的种子
在条件适合种子发芽之前，种子在土壤中处于休眠状态。

2 开始生长
种皮裂开后，胚根开始向泥土深处生长。

3 芽冒出来
随着胚根从泥土吸收水分，胚芽开始向上生长。

水芹芽向着光源倾斜，尽可能高效地进行光合作用。
水芹种子

寻光

当光照向植物茎的一侧时，植物生长素就转移到另一侧。植物生长素会使背光一侧长势更好，于是茎就向着光源整体倾斜。

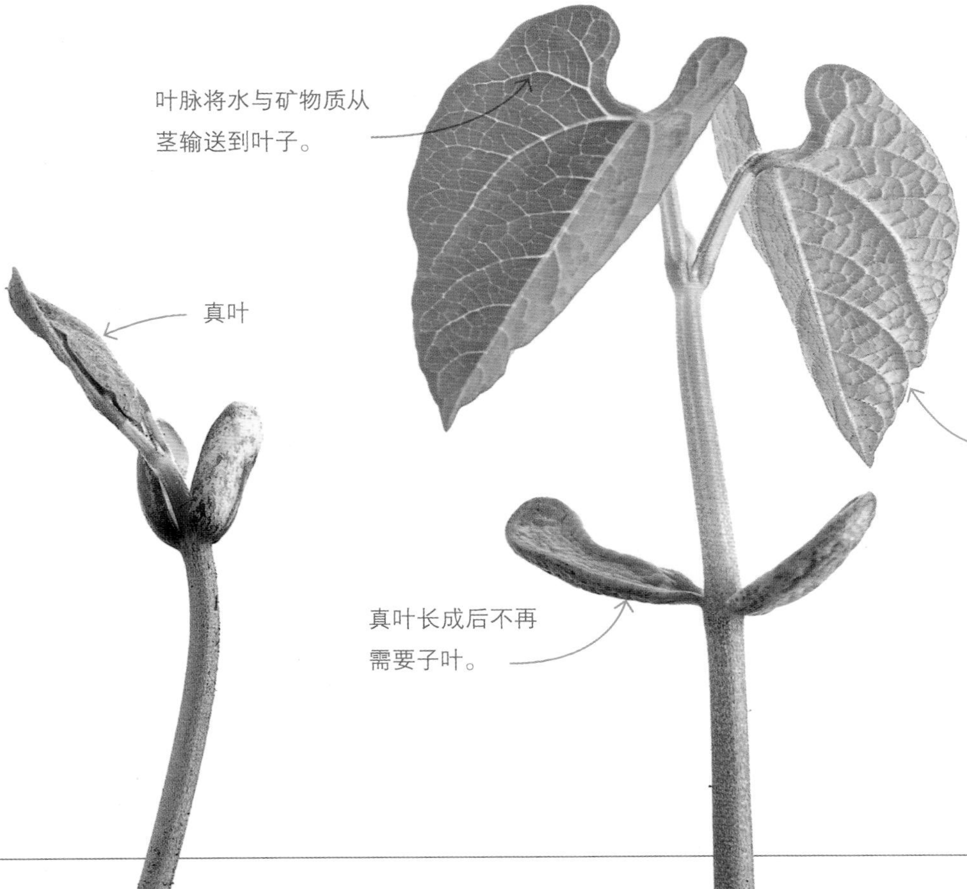
叶脉将水与矿物质从茎输送到叶子。
真叶
真叶
真叶长成后不再需要子叶。

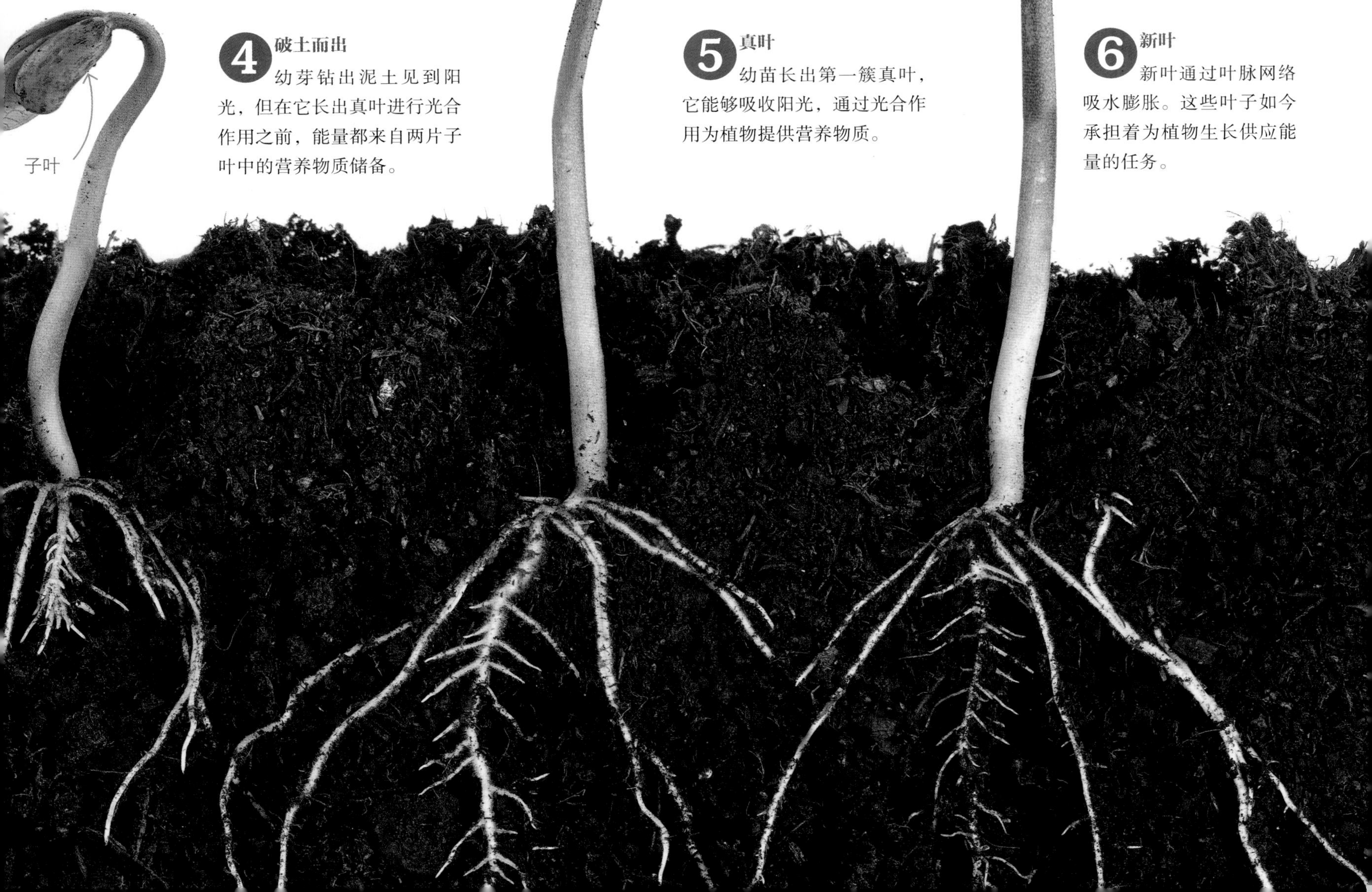
子叶

4 破土而出

幼芽钻出泥土见到阳光，但在它长出真叶进行光合作用之前，能量都来自两片子叶中的营养物质储备。

5 真叶

幼苗长出第一簇真叶，它能够吸收阳光，通过光合作用为植物提供营养物质。

6 新叶

新叶通过叶脉网络吸水膨胀。这些叶子如今承担着为植物生长供应能量的任务。

根、茎怎样发挥作用

根、茎是具有维管系统的植物的生命线，它们使植物挺立在土地上，它们内部还有运输养分的细管——木质部导管能把从根吸收的水与矿物质输送到植物其他部分，韧皮部筛管能把光合作用产生的营养物质输送到植物其他部分。

▶根的内部

根的尖端附近，覆盖着刷子似的微小根毛。它们在泥土颗粒之间伸展并吸收水与矿物质，从根的外表皮输送到核心的木质部导管，再输送到植物的茎。韧皮部筛管将食物与水从茎向下输送。还有一些像萝卜这样根部可以食用的植物，它们的根会因为储存养分与水而增大。

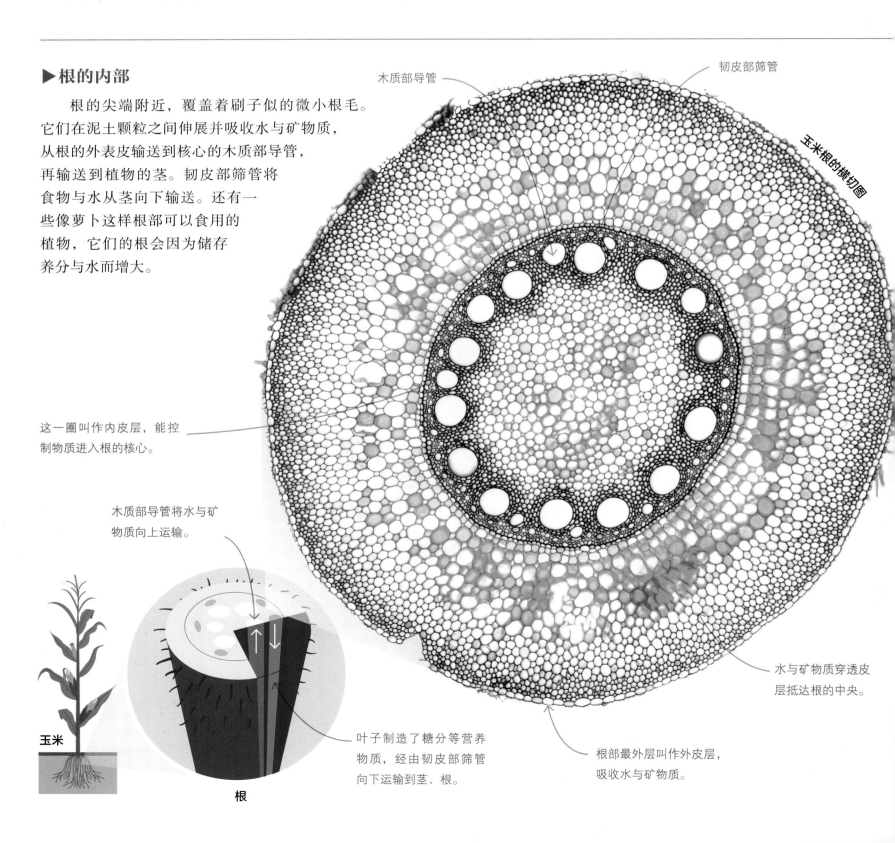

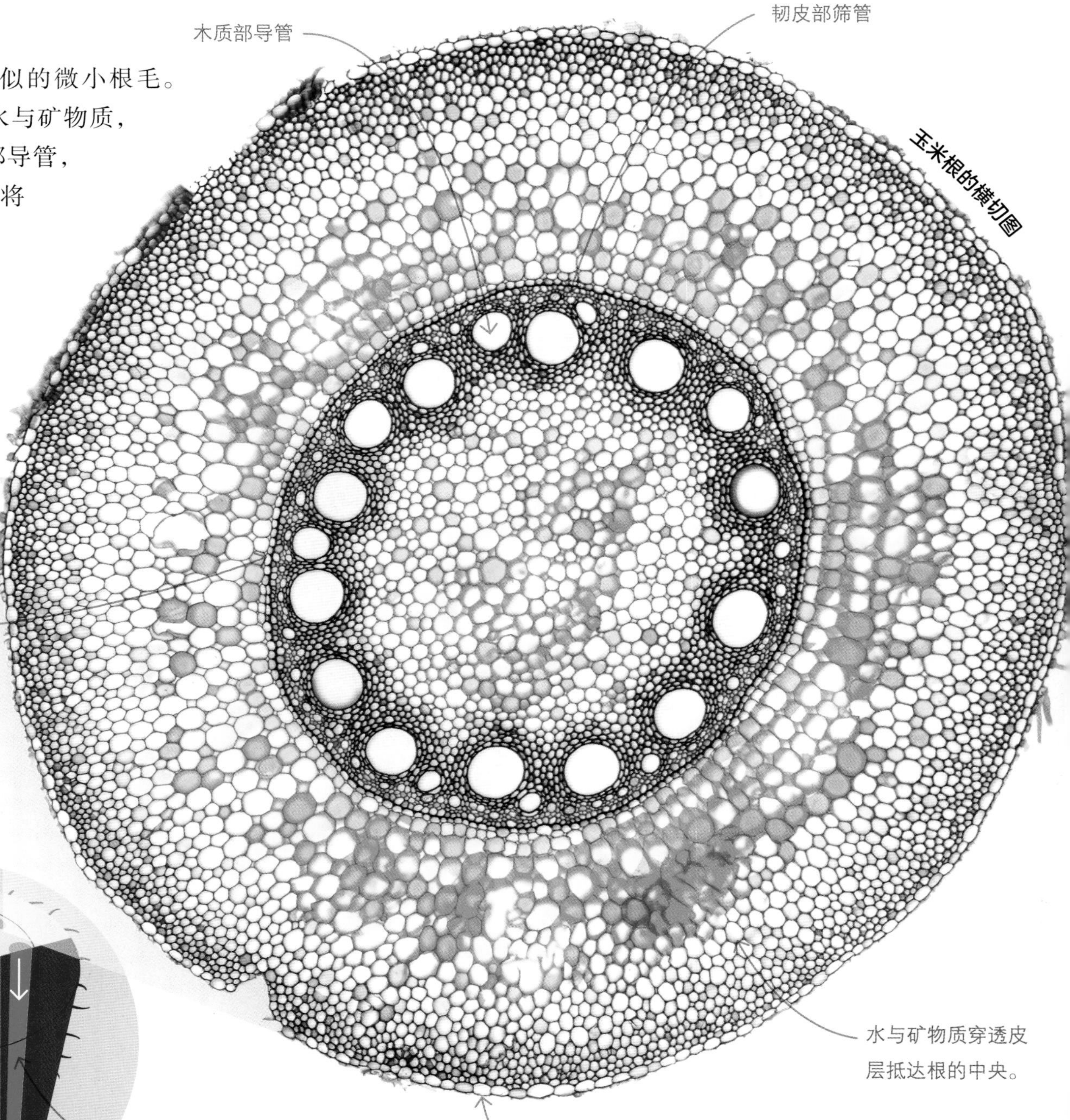

木质部导管
韧皮部筛管
玉米根的横切图
这一圈叫作内皮层，能控制物质进入根的核心。
水与矿物质穿透皮层抵达根的中央。
根部最外层叫作外皮层，吸收水与矿物质。

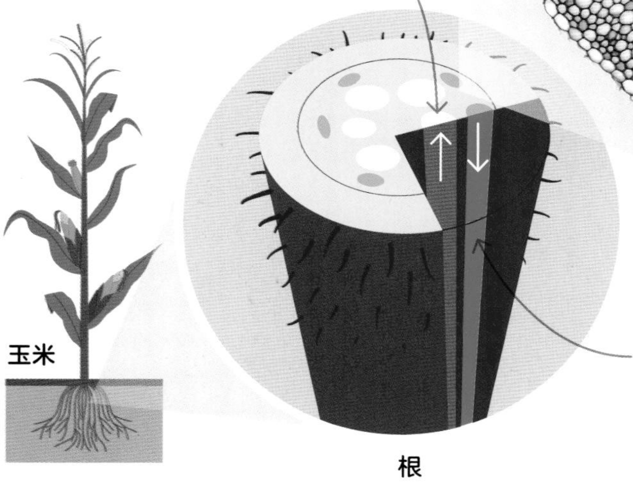

木质部导管将水与矿物质向上运输。
叶子制造了糖分等营养物质，经由韧皮部筛管向下运输到茎、根。
玉米
根

固定

大多数植物的根深入土地向下分叉，既能固定植物，又能吸收水与矿物质。许多植物具有垂直生长的根，巨大且居于中央，这叫作主根。

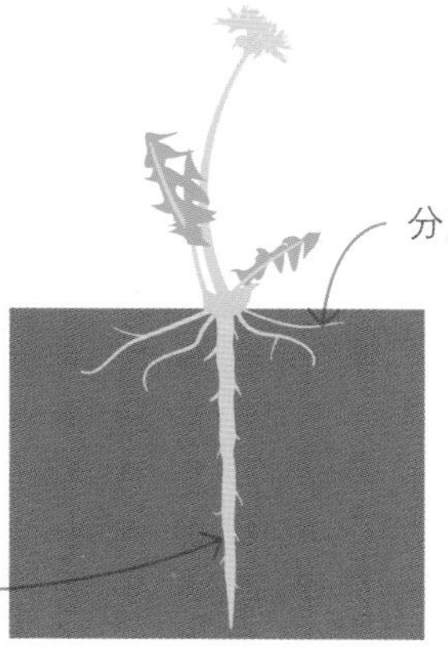
分叉的根
主根

向上流动

植物的木质部导管是一系列完整的管道，水沿着导管向上流动。水从叶子蒸发的过程使得木质部导管会从地下汲取更多水流经根、茎，这个过程还能使植物从泥土中吸收矿物质。

水从叶子蒸发。
叶脉将水运输到叶子。
水通过茎输送到叶子。
根从泥土吸收水分。

◀茎的内部

纤维素促使茎向上生长、分叉。玉米茎秆可以长到3米高，其他长成木质树干的茎可以生长得更高。维管植物茎的内部都有排成束状的运输管，其内有木质部，其外有韧皮部。这些运输管叫作维管束。

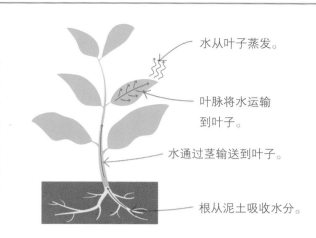

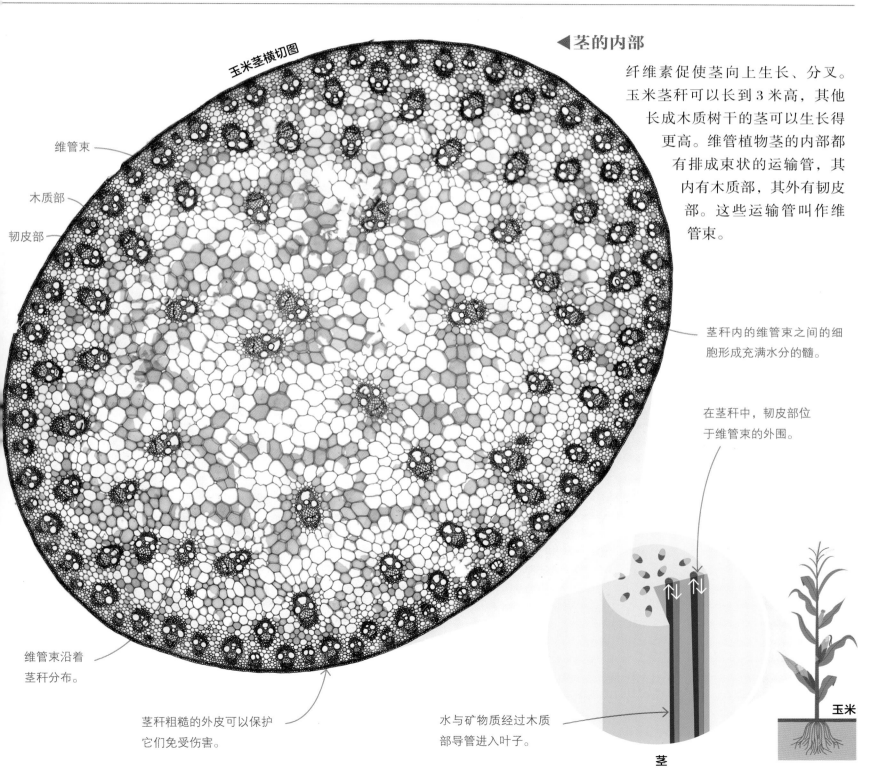

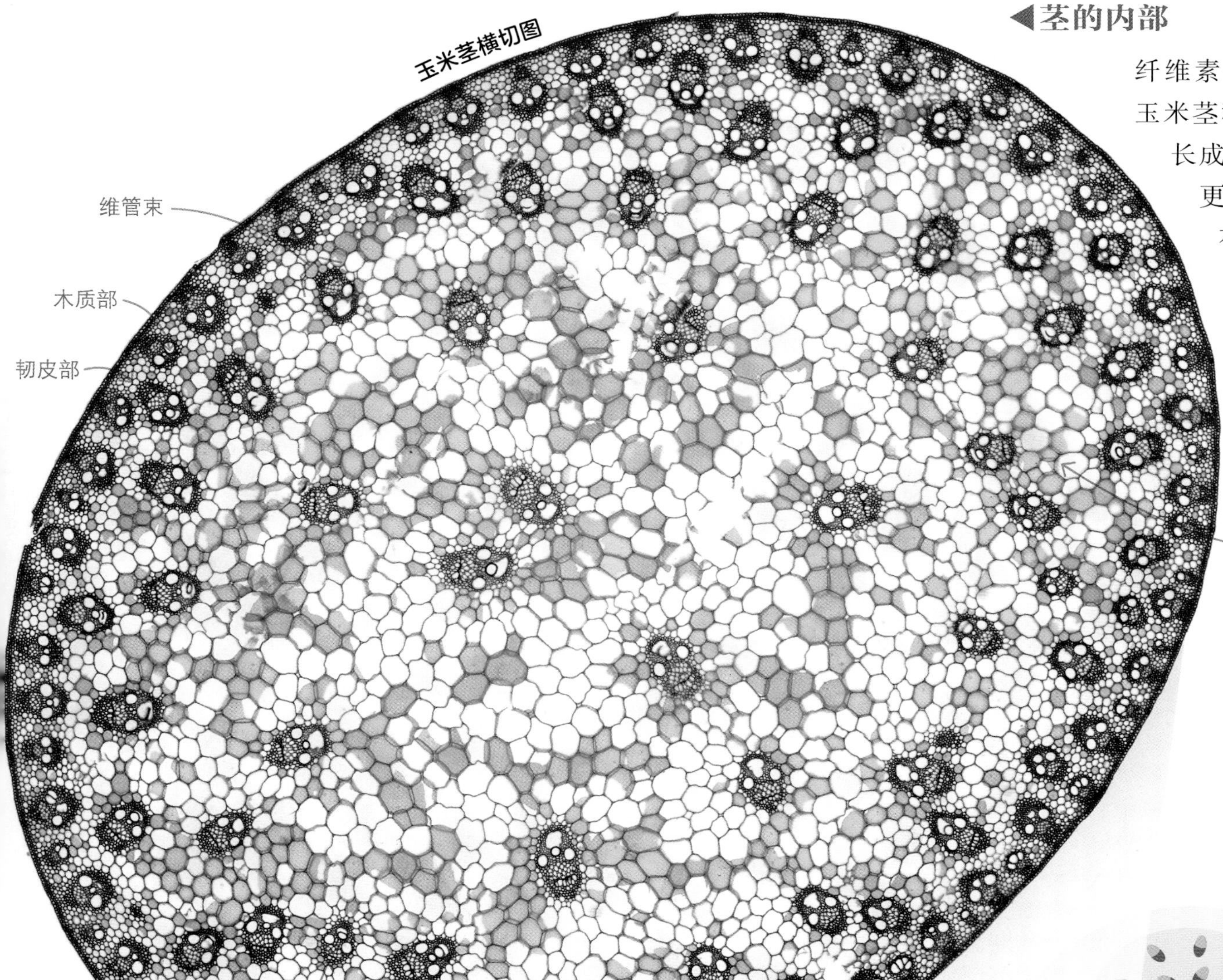
玉米茎横切图
维管束
木质部
韧皮部
茎秆内的维管束之间的细胞形成充满水分的髓。
维管束沿着茎秆分布。
茎秆粗糙的外皮可以保护它们免受伤害。

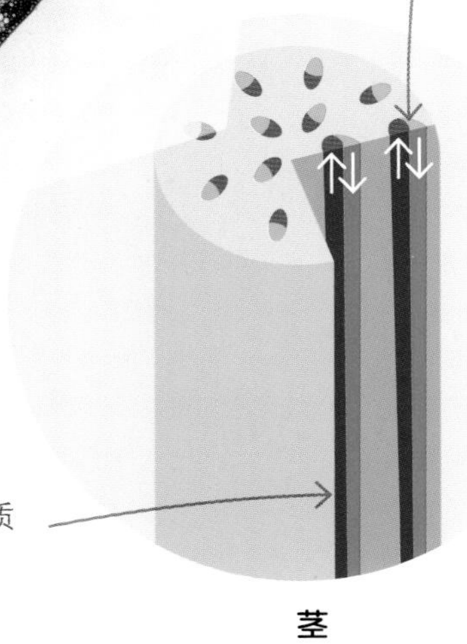
在茎秆中，韧皮部位于维管束的外围。
水与矿物质经过木质部导管进入叶子。
茎

玉米

树

如今地球上存活的最高的树，有30层楼那么高；存活的最久的树，年龄超过2000岁。树这种巨大的植物，已经将茎演化为木质，这样它们就可以高过其他植物来争夺阳光。高大的树木为许多有机体提供了家园。

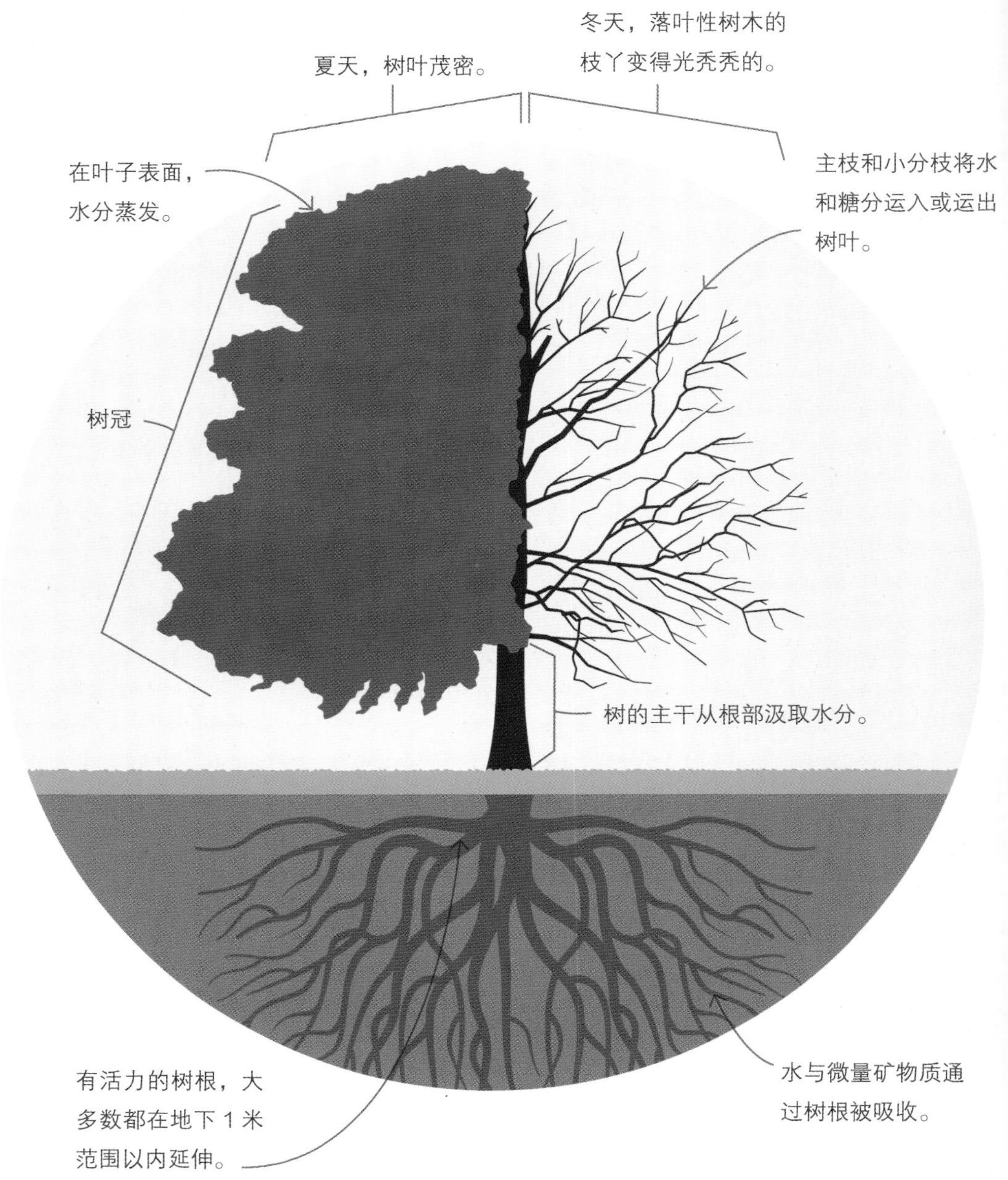

夏天，树叶茂密。
冬天，落叶性树木的枝丫变得光秃秃的。
在叶子表面，水分蒸发。
主枝和小分枝将水和糖分运入或运出树叶。
树冠
树的主干从根部汲取水分。
有活力的树根，大多数都在地下1米范围以内延伸。
水与微量矿物质通过树根被吸收。

树的结构

树具有与大多数植物一样的结构，能够有效地通过根部汲取水分、矿物质。水从根部输送到树干、树枝、嫩枝、树叶，在树叶表面蒸发后，树木会从根部汲取更多水分。

常绿树与落叶树

常绿树四季常青，老叶落下时新叶长出；落叶树在寒冷季节或旱季落叶，天气转暖或雨季时长出新叶。

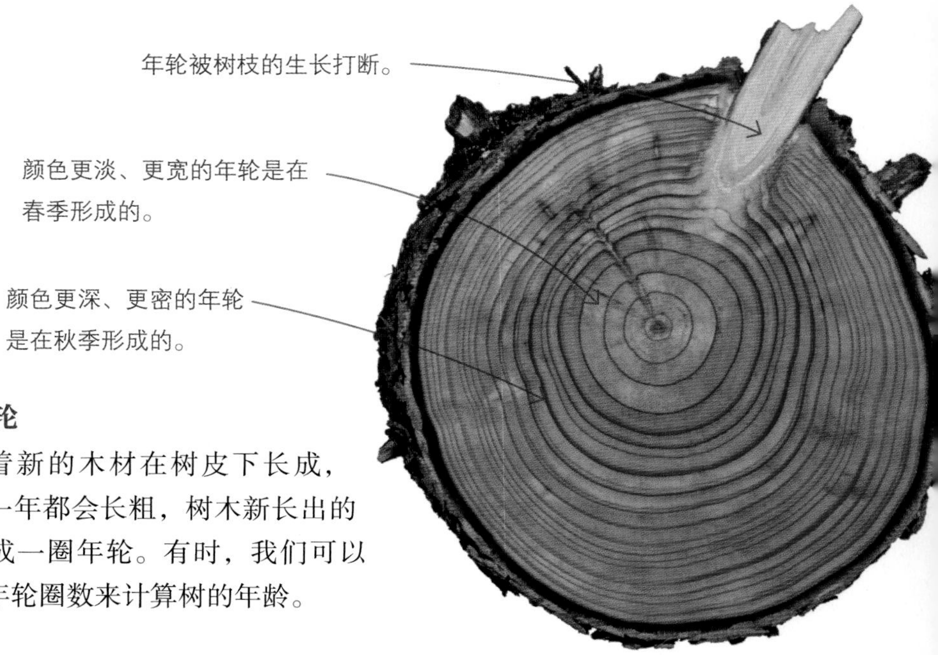

年轮被树枝的生长打断。
颜色更淡、更宽的年轮是在春季形成的。
颜色更深、更密的年轮是在秋季形成的。

树的年轮

随着新的木材在树皮下长成，树干每一年都会长粗，树木新长出的木材形成一圈年轮。有时，我们可以通过数年轮圈数来计算树的年龄。

◀橡树树干内部

大树树干超过 99% 的组织是死的——在中心形成了支撑性的干燥心材，心材周围是导引水分的边材。这两层木材都是由木质部的组织产生。覆盖在它们周围的，是活着的形成层及韧皮部，韧皮部被外层的树皮覆盖。

早期产生的木质部导管形成了树干中央支撑性的深色心材，不再运输水分。

新的木质部导管形成颜色更淡的边材，它们从树根汲取水分，输送到树干。

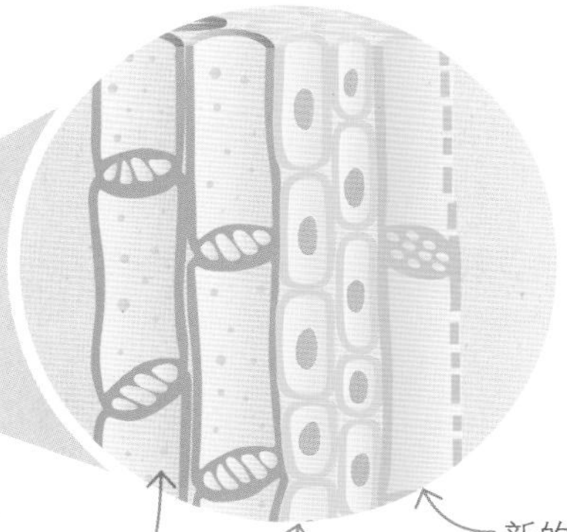

新层

在木质部与韧皮部之间，形成层的生长细胞逐渐产生新的木质部与韧皮部。这几层活细胞是树木最年轻的部分。

内层树皮包含活着的、将水与营养物质运输到整棵树的韧皮部细胞。

外层树皮具有坚硬表面，来保护活着的脆弱内层树皮，还有气孔帮助树干吸收氧气。

叶子怎样发挥作用

叶子通过光合作用从阳光中收集光能为植物制造营养物质。动物食用植物，能够吸收存储于营养物质中的能量。因此，光合作用制造了几乎所有动物赖以生存的食物，也制造了动物呼吸所需的氧气。

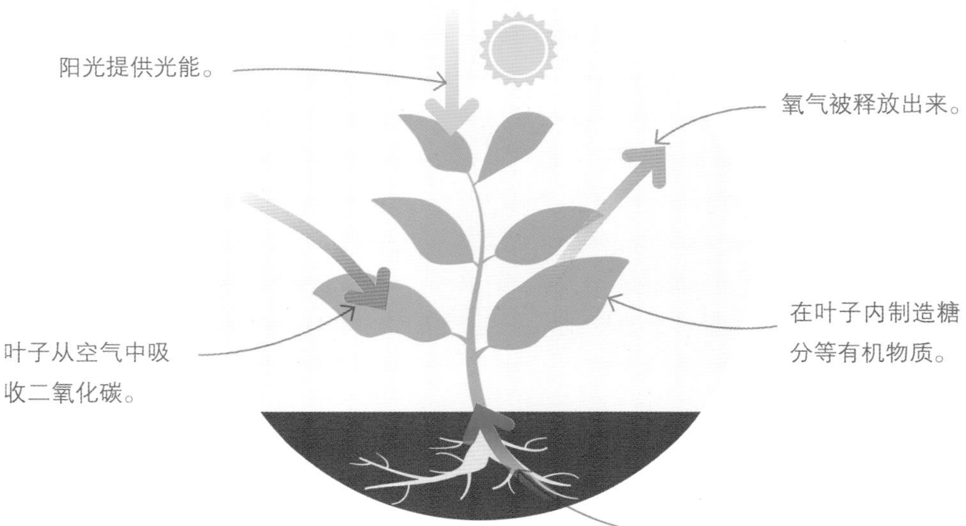

阳光提供光能。
氧气被释放出来。
在叶子内制造糖分等有机物质。
叶子从空气中吸收二氧化碳。
植物从土壤中吸收水。

光合作用

在光合作用中，植物叶子利用太阳光，将来自空气和土壤的水、二氧化碳进行反应，产生糖分等碳水化合物。植物利用它们来储存能量，并在生长的过程中构建新的组织。

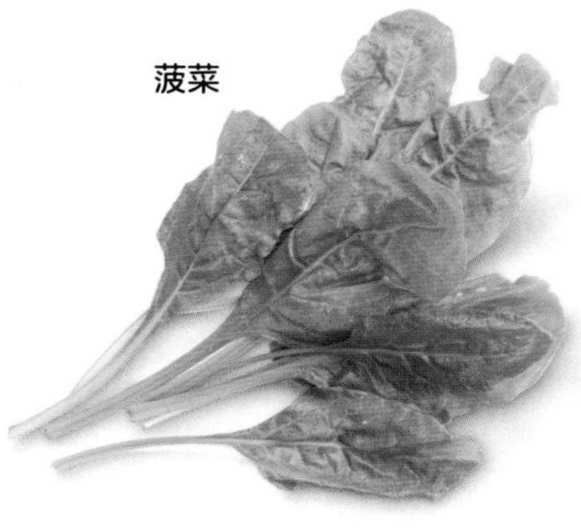

▶叶子内部

用电子显微镜将菠菜叶切片放大数百倍，可以看见内部细胞的图像。光合作用主要发生在叶子上表面，那里受阳光照射最强。叶片底部粗粗的叶脉叫作粗叶脉，它将水与矿物质运输到叶子、将新制造的营养物质输送到植物其他部分。

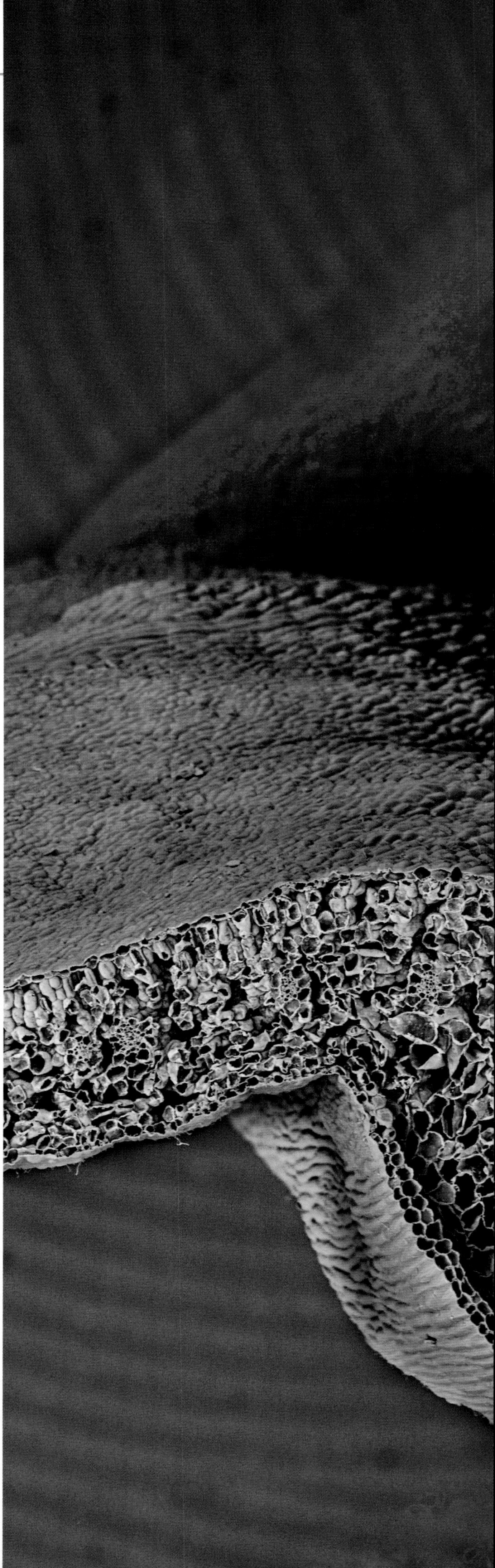

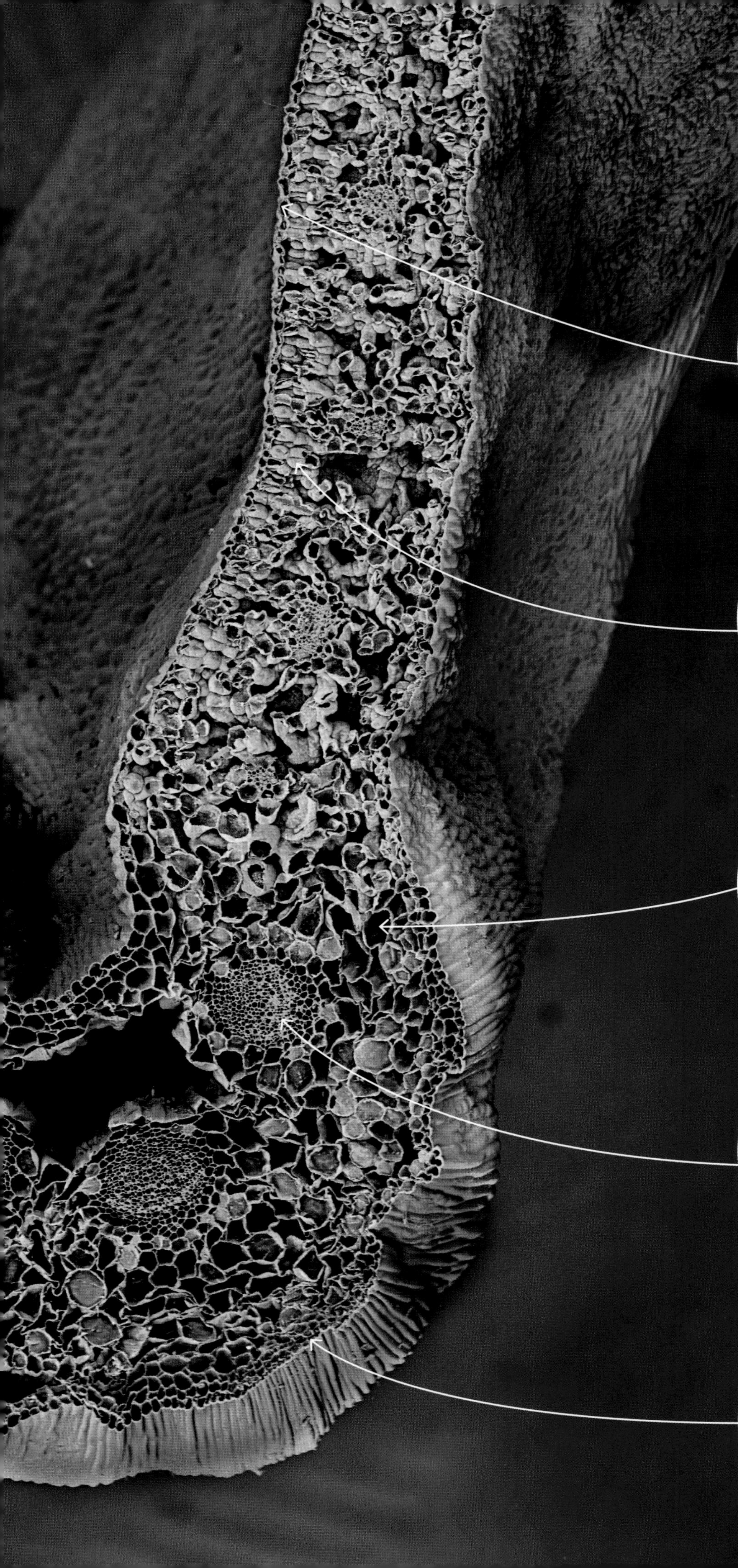

叶片的结构

若干层不同种类的细胞组成一片叶子，每一层都承担专门的任务。

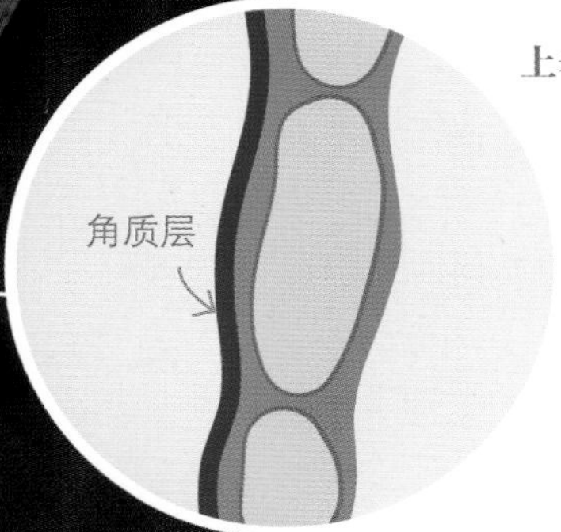

上表皮

扁平细胞的顶层被阳光直接照射，防水的蜡质角质层可以防止叶子在灼热阳光照射下损失过多水分。

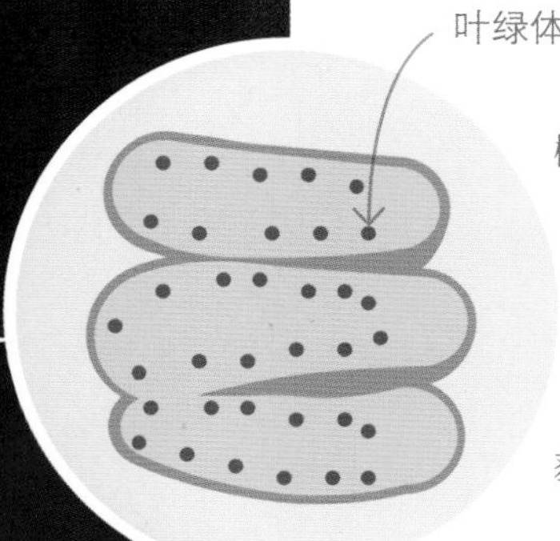

栅栏层

栅栏层内紧密排列着内含叶绿体的长椭圆形细胞，光合作用就在这些小小的叶绿体中发生。叶绿体中的叶绿素能捕获光能，并让植物呈现绿色。

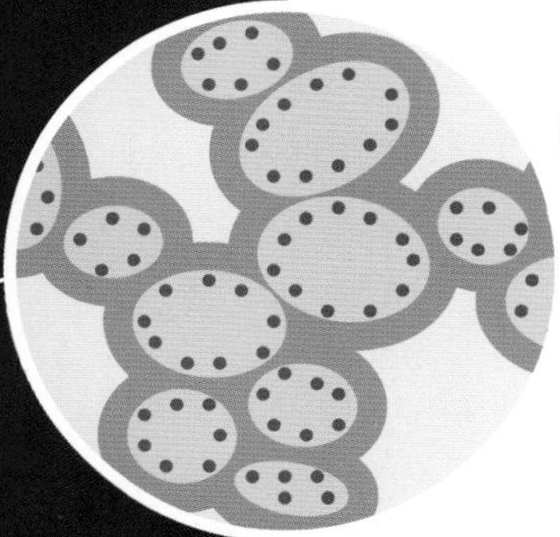

海绵层

在栅栏层之下是一层松散排列的薄壁细胞及气室。气室能让二氧化碳抵达栅栏层。

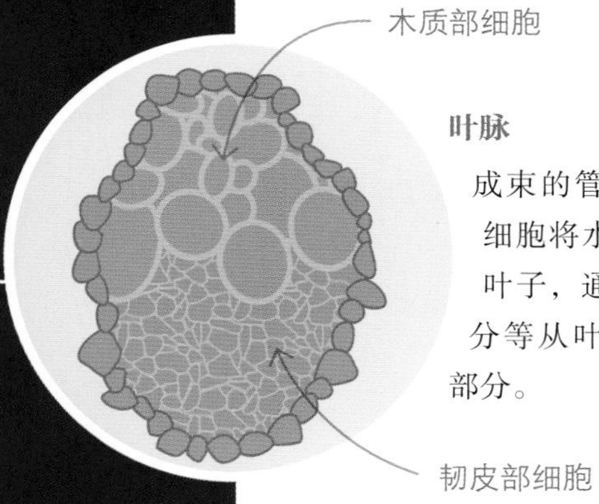

叶脉

成束的管状细胞通过木质部细胞将水与矿物质等输送到叶子，通过韧皮部细胞把糖分等从叶子输送到植物其他部分。

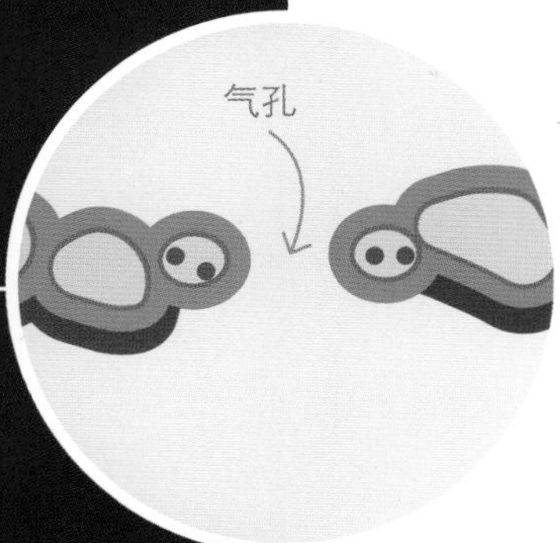

下表皮

细胞的底层长有气孔作为开口，能让空气进入叶子。天气干燥时，气孔会关闭以保存水分。

花怎样发挥作用

许多花朵鲜艳、芬芳，不是为了吸引人类，而是为了引诱蜜蜂、蝙蝠之类的动物过来“拜访”。动物在花朵之间找寻花蜜时，无意中沾着花粉粒，把它们从一朵花带到另一朵花，帮助植物繁殖。

熊蜂

▶传粉

所有开花植物都需要传粉过程完成有性繁殖。这些花的雄蕊制造出内含雄性生殖细胞的花粉。花粉通过风或动物等传粉者从一朵花传到另一朵花上（称为传粉）后，它们会长出花粉管伸入花内部，让雌雄生殖细胞融合，长出种子来。

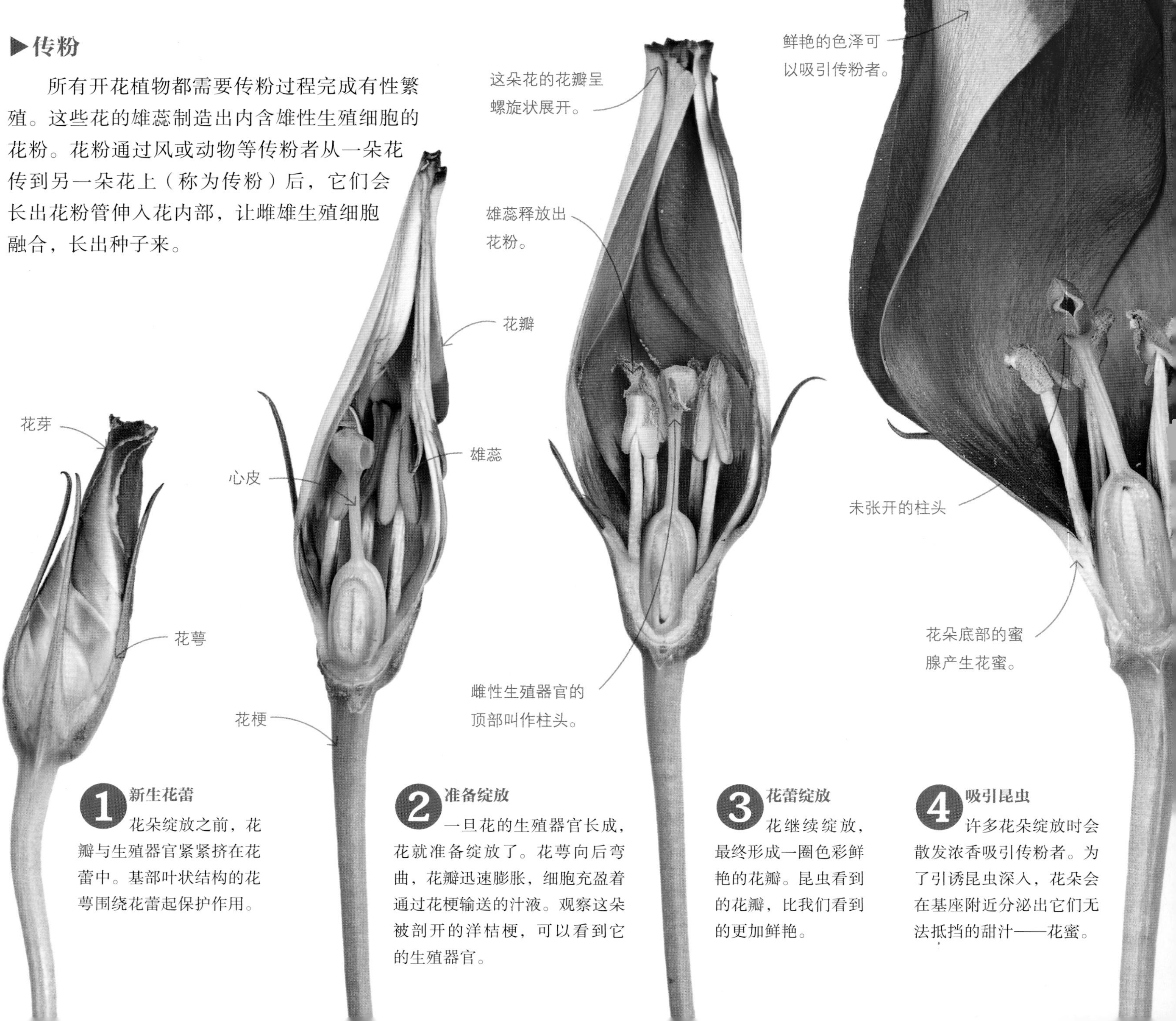

花芽
花萼
花梗
心皮
花瓣
雄蕊
这朵花的花瓣呈螺旋状展开。
雄蕊释放出花粉。
雌性生殖器官的顶部叫作柱头。
鲜艳的色泽可以吸引传粉者。
未张开的柱头
花朵底部的蜜腺产生花蜜。

1 新生花蕾
花朵绽放之前，花瓣与生殖器官紧紧挤在花蕾中。基部叶状结构的花萼围绕花蕾起保护作用。

2 准备绽放
一旦花的生殖器官长成，花就准备绽放了。花萼向后弯曲，花瓣迅速膨胀，细胞充盈着通过花梗输送的汁液。观察这朵被剖开的洋桔梗，可以看到它的生殖器官。

3 花蕾绽放
花继续绽放，最终形成一圈色彩鲜艳的花瓣。昆虫看到的花瓣，比我们看到的更加鲜艳。

4 吸引昆虫
许多花朵绽放时会散发浓香吸引传粉者。为了引诱昆虫深入，花朵会在基座附近分泌出它们无法抵挡的甜汁——花蜜。

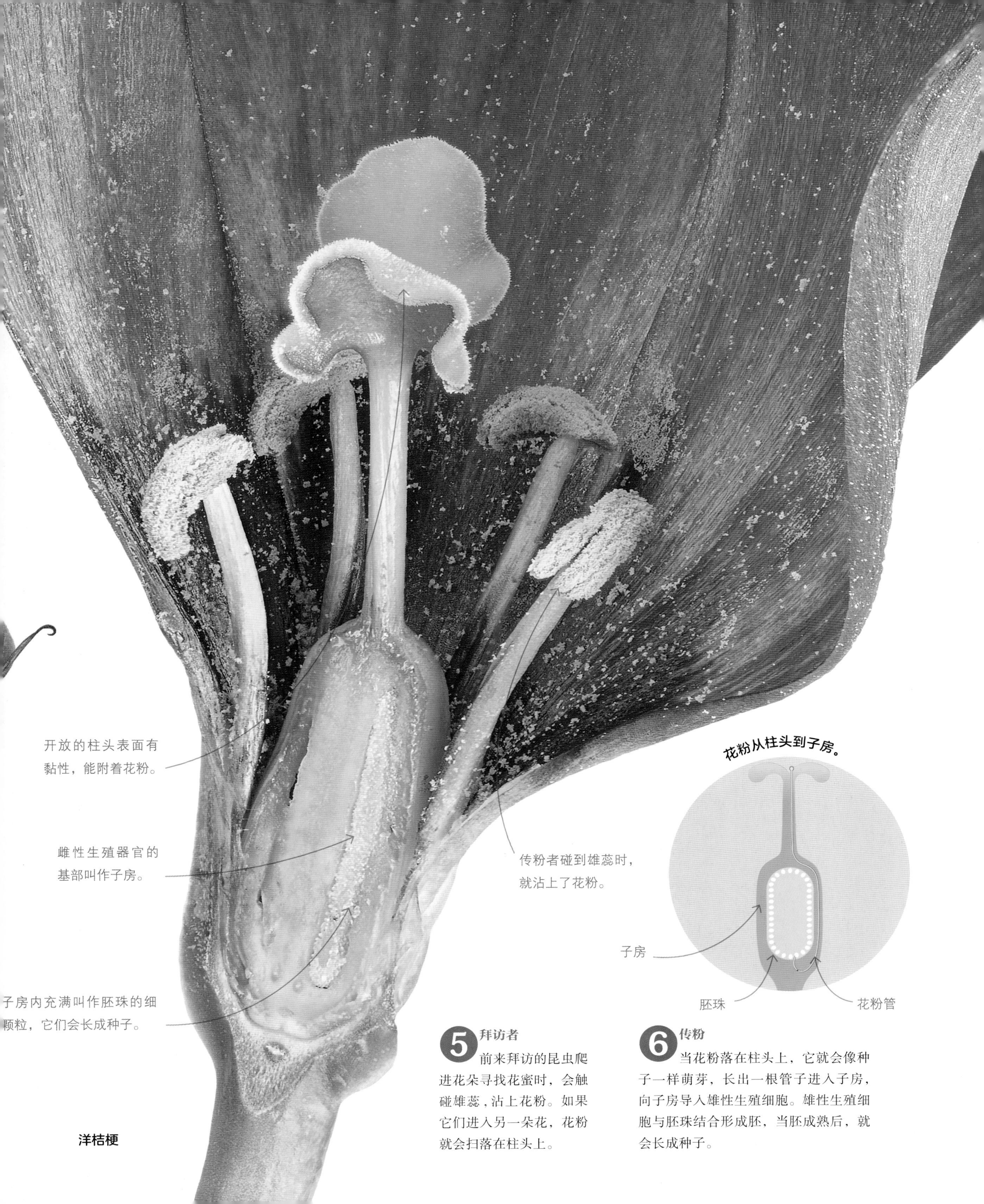
开放的柱头表面有
黏性，能附着花粉。
雌性生殖器官的
基部叫作子房。
子房内充满叫作胚珠的细
颗粒，它们会长成种子。
传粉者碰到雄蕊时，
就沾上了花粉。
花粉从柱头到子房。
子房
胚珠
花粉管

洋桔梗

5 拜访者

前来拜访的昆虫爬进花朵寻找花蜜时，会触碰雄蕊，沾上花粉。如果它们进入另一朵花，花粉就会扫落在柱头上。

6 传粉

当花粉落在柱头上，它就会像种子一样萌芽，长出一根管子进入子房，向子房导入雄性生殖细胞。雄性生殖细胞与胚珠结合形成胚，当胚成熟后，就会长成种子。

花粉怎样传播

所有的花都面临相同的挑战——确保花粉传播，进行有性繁殖。为了达到这一目标，它们各显神通。一些花以甜甜的花蜜作为报偿吸引动物进入花内，在它们身体上沾染花粉；另一些花向空中扩散花粉，让风携带花粉传播。

通过鸟类传粉的花

一些花朵与某些特定传粉者形成了紧密关系，以提升它们的花粉传播给正确物种的概率。通过鸟类传粉的植物通常花朵呈管状，这样除了长喙鸟类之外，其他动物很难进入花内收集花蜜。

多花火炬花
长喙鸟类能轻易触到管状花内的花蜜。
辉绿花蜜鸟
当鸟喙伸进花内探蜜时，花粉就粘在鸟头上。

广泛吸引

为了尽可能多地吸引传粉者，一些植物允许多种动物接触花蜜，它们简单的花朵结构具有浓烈的香味。例如蓝刺头，它对蜜蜂、蝴蝶等许多昆虫具有吸引力。

蓝刺头花蜜很容易被昆虫接触到。
凤蝶
蓝刺头

拟态

兰花使用不同手段吸引高度分工的传粉者。比如蜂兰花极像雌蜂，雄蜂在尝试与这些花朵交配的过程中就能传播花粉。

风媒传粉

风媒传粉的植物将花粉散播到空中，雄花会制造大量的花粉确保传粉成功，其中大多数花粉都浪费了。雌花长出羽状柱头来承接花粉。

柔荑花序靠风媒传粉，向空中释放上百万花粉粒。

香蕉
成长中的香蕉。
每一朵雌花都能长成一根香蕉。
巨大的紫色苞片保护着香蕉花。
长舌果蝠
丝光绿蝇
鲜亮的颜色很像腐肉。
高犀角
纤毛很像霉菌。

夜间授粉

一些植物通过蛾子或蝙蝠等夜行动物传粉。彩色花瓣在夜晚很难被看到，因此它们的花长成白色或散发浓香。野生香蕉由蝙蝠传粉，蝙蝠能挂在结实的花茎上吃花蜜。

难闻的气味

高犀角的花闻起来像腐肉般恶臭，会招来以动物腐肉为食的苍蝇、甲虫为它传粉。

果实的种类

像苹果这样的很容易被认出是果实，而番茄、辣椒、豌豆，虽然被我们叫作蔬菜，实际上它们都是植物的果实，因为它们是由花的子房发育而成的。许多有果肉的水果，如柑橘、桃子，都是从单子房的花长成的。一些聚合果，比如桑葚，就是从多子房的花或几朵花长成的。

坚果

坚果由子房壁和长
其中的种子组成，
子房变为坚硬的外
与其他干燥果实不
坚果在成熟时不会
开释放里面的种子。

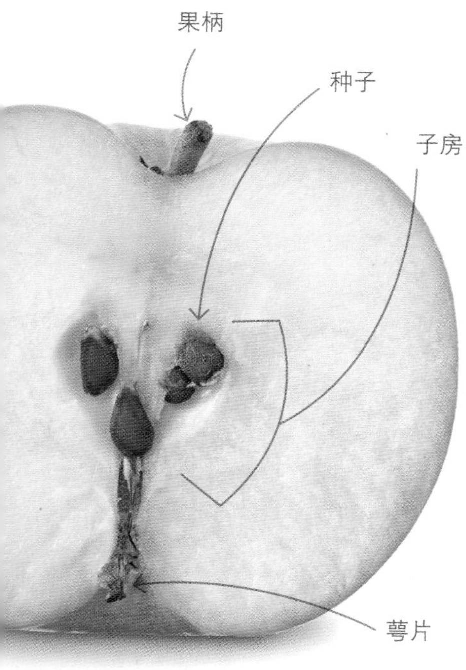

假果

一些不是主要由子房发育长成的果实，叫作“假果”或“附果”。比如，苹果就主要是由子房下面的组织长成的。

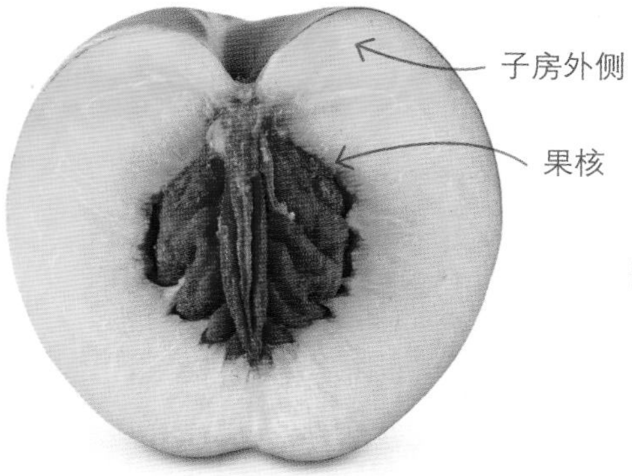

核果

核果就是中心只有一个果核的、有果肉的果实。从子房内部长出的果核有坚硬外壳，外壳下覆盖着一颗种子。

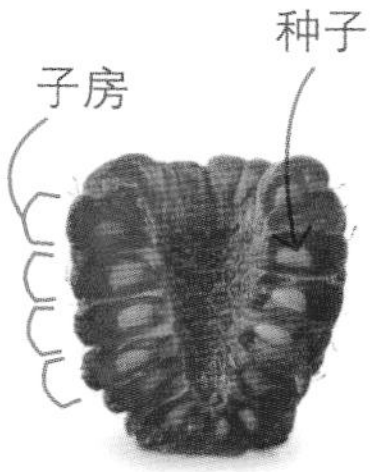

聚合果

聚合果是由一朵花的多个独立子房长成。这些子房聚在一起长成桑葚、黑莓这样的果实。

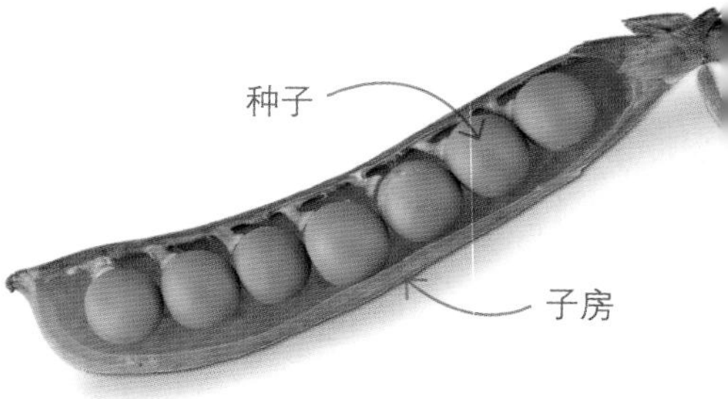

荚果

我们以为长荚豆是蔬菜，但它们实际上是果实。荚果是由子房长成，其中的豆子是种子。

▼从花到果

随着花露出的部分渐渐枯萎，果实开始围绕种子成长。果实存储了由植物其他部分通过光合作用制造的淀粉等养分。果实逐渐膨胀成熟，变得更软更甜，储存的淀粉变为糖分。番茄像许多水果一样，颜色由绿变红，吸引了能传播种子的动物。

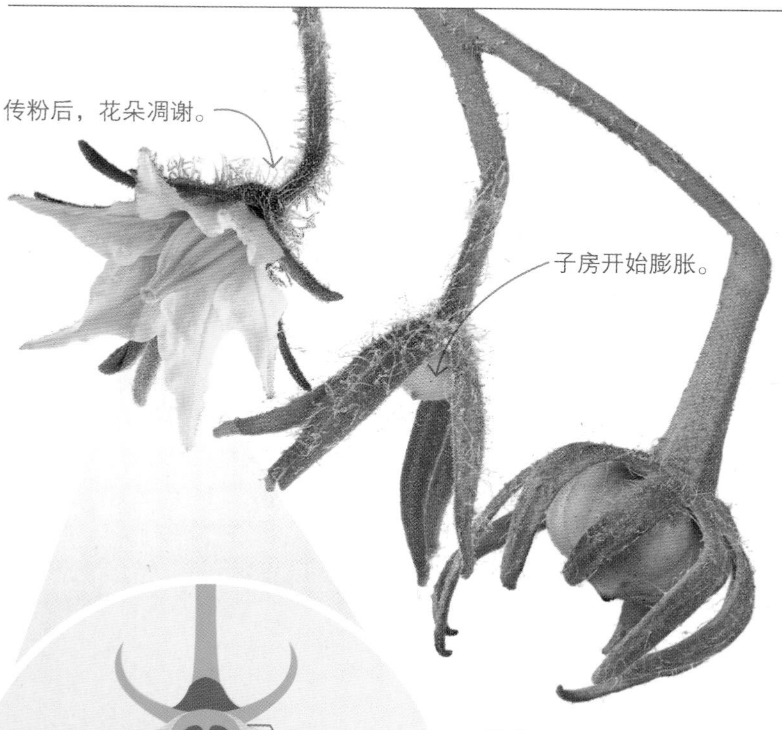

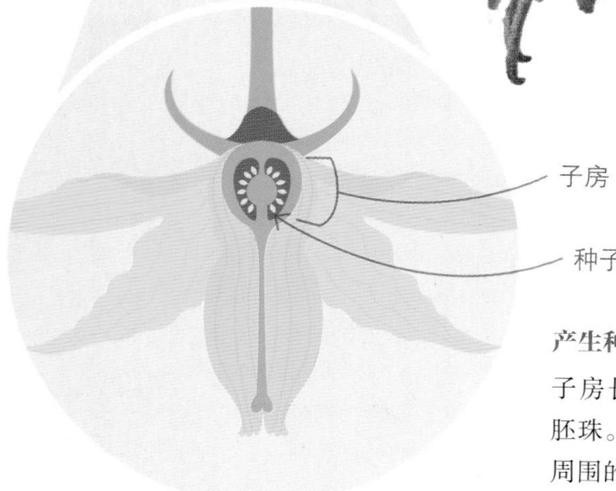

产生种子的地方

子房长在雌花的基部，包含着胚珠。传粉后，胚珠长成种子，周围的子房组织长成果实。

果实怎样生长

花经过传粉后，子房膨胀，成长为果实。许多果实颜色鲜艳，果肉甜美，能够吸引动物食用，然后让动物通过粪便传播种子。有些植物的果实被我们误认为是蔬菜。

瘦果松散地连接着绽放的头状花序，每一个坚硬的瘦果都包含一粒种子。

随风（波）迁徙

随风而行的种子必须纤细、轻盈。它们中的大部分长了“翅膀”或茸毛，以增加空气阻力让自己停留在空中。水生植物的种子需要浮在水上而非空中，因此可能长得很大。

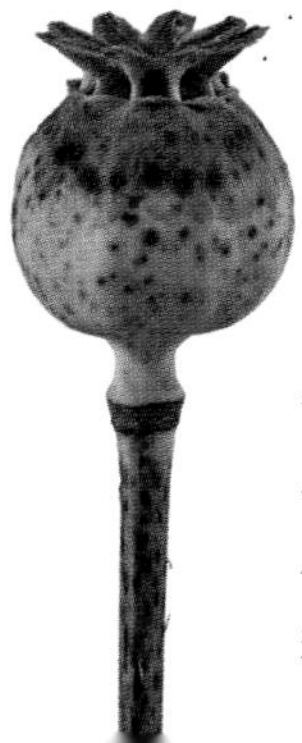

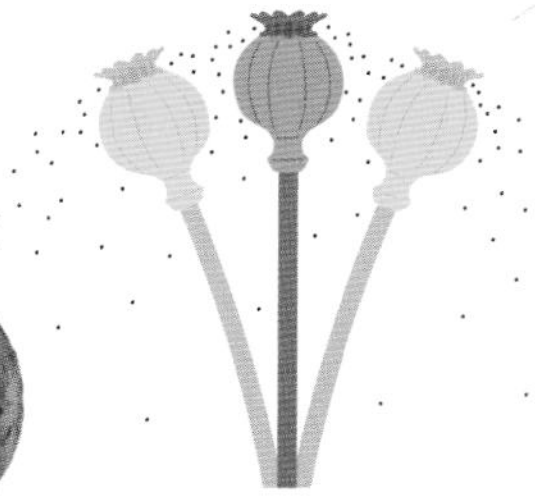

罂粟

罂粟种球随风摇摆时，小小的种子就撒入了空气中。

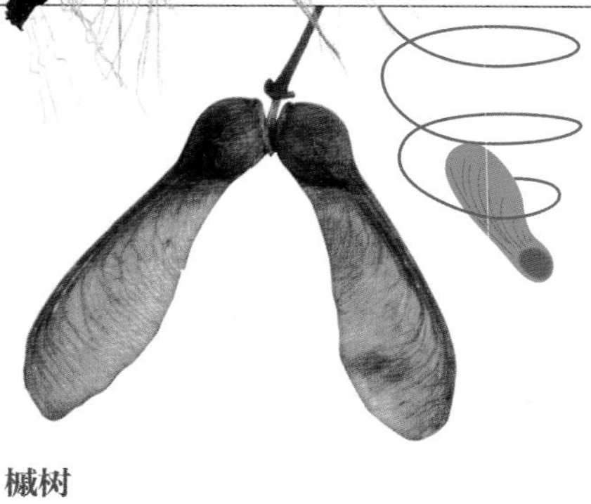

槭树

槭树种子在落下时，“翅膀”能够让它旋转，减缓下落速度，飘得更远。

椰子

椰子漂洋过海，被冲到遥远的海滩上，在那里生根发芽。

种子怎样传播

种子如果要到新的栖息地茁壮成长，就必须传播到远方。许多植物为了确保种子抵达适合的目的地，会通过一系列方法来散播种子。有些种子有“翅膀”或“降落伞”帮助它们在空中迁徙，还有的种子沾附在动物皮毛上，甚至进入它们体内搭“顺风车”。

羽状冠毛可以兜住风。
坚硬的、胶囊状的瘦果保护着种子。
倒刺
着陆时，瘦果上的倒刺能抓住土地。

◀蒲公英种子

蒲公英的种球能够产生 100~150 粒种子，每粒种子都由一朵小花发育而来，放飞时都被一个瘦果包裹着。“降落伞”上的羽状冠毛，让每一粒种子都能随风飘荡。

动物“迁徙”

通过动物传播的种子
需要小到风力能够承
，因此它们个头更大，
量更少。其中一些粘在
播者身上，另一些会随
实一并被吞食，这样可
确保它们着陆时，有粪
滋养它们。

牛蒡

牛蒡头状花序的倒刺钩住经过的动物，利用它们散播种子。

橡实

鸟类、松鼠可以传播橡实。松鼠将它们藏起来，但是会忘记其中一些藏在哪里了。

红茶藨子

像红茶藨子这样的小浆果，鸟类吞食后排便时会散播其种子。

落叶林

秋始夏余，美国新英格兰地区的树叶，从苍翠的绿色逐渐变为黄色、橙色、红色、紫色。因为随着入秋，白昼变短，吸收光能的叶绿素逐渐分解，其他色素就可见了，于是树叶变换了颜色。最终，树叶不再有用，在冬天凋落。

植物防御怎样发挥作用

叶、茎上还覆盖着许多不蜇人的茸毛。
每个管道内都充满能造成疼痛的刺激物。
坚硬的管状基座支撑着蜇毛。
脆弱的尖端很容易脱落。
针状的蜇毛覆盖了叶子下表面。

当饥饿的动物侵犯植物时，植物不能逃走或咬回去。不过，植物具有其他防御方式：厚皮、味道恶心、难消化的叶子、厉害的刺针……这些“武器”造成的痛苦能够防止动物再次靠近相同的植物。

▶荨麻

荨麻的茎、叶长满了有倒刺的细小蜇毛，内含多种有毒化学物，刺破动物皮肤后会造成12小时左右的肿痛。

蜇毛

荨麻中空的蜇毛犹如注射器，触碰时尖端会脱落，蜇毛就会刺穿皮肤，将有毒化学物注入。

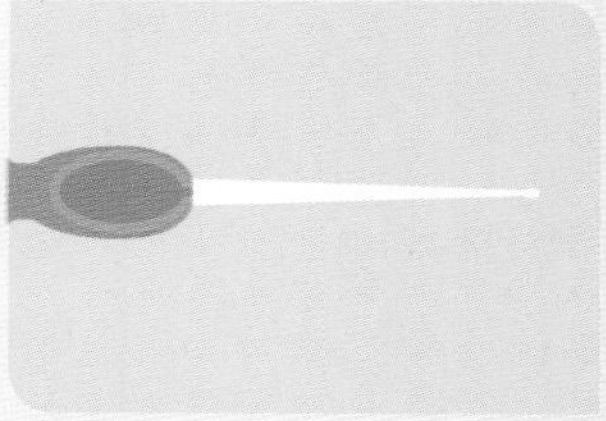

1 毒刺 有毒化学物存储在荨麻蜇毛的基座。

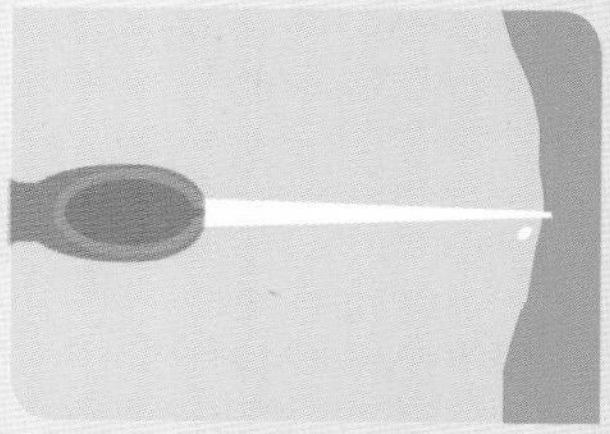

2 尖端脱落 动物嚼叶子时，蜇毛的脆弱尖端就会脱落。

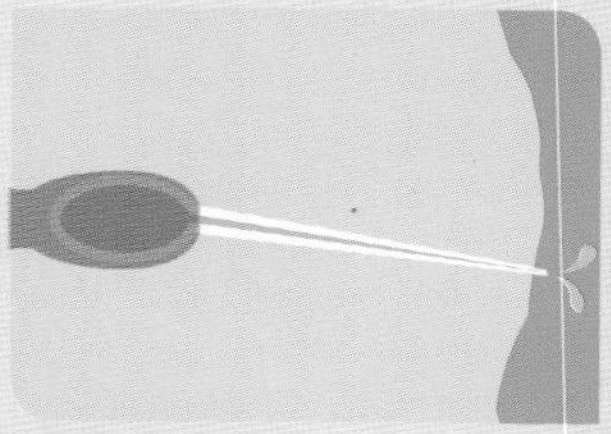

3 刺破皮肤 蜇毛刺破皮肤，注入有毒化学物质。

4 出现皮疹 皮肤上出现皮疹，产生灼烧、瘙痒的感觉。

植物的武器

植物有很多种方法赶走饥饿的捕食者。一些貌似无害的植物叶子含有剧毒，还有一些植物依赖尖刺或昆虫伙伴来保护自己。

刺

在干旱地区，一些动物吃叶子解渴。仙人掌这类的植物为了防御，就浑身覆盖尖刺保护自己。

化学物

花叶万年青是看似无害的家居植物，但是毒性很强。如果被误食，叶细胞中的有毒晶体就会进入食用者体内发动攻击，造成食用者呕吐、瘫痪、内脏受损。

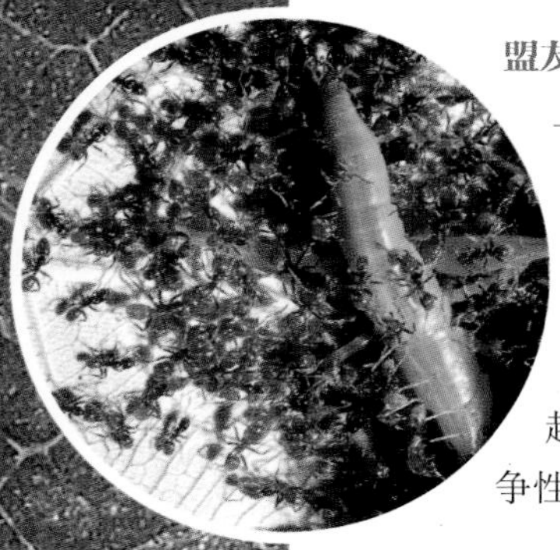

盟友

一些植物与动物结盟，动物以保卫植物作为酬劳。南美蚁栖树为进攻性的阿兹特克蚁提供家园，同时阿兹特克蚁将赶走捕食性昆虫、攻击竞争性植物作为回报。

树脂

一些树木受伤后能分泌黏稠的树脂，使伤口愈合，同时阻止或杀死草食性昆虫。树脂粘住昆虫后，经历岁月变硬，变为化石，成为琥珀。

◀茅膏菜

茅膏菜大约占据了世界上食虫植物量的四分之一。因为它们与大多数食虫物一样，生活在缺乏主要养分的泥沼，以需要捕食动物汲取养分。它们的叶子覆盖着分泌黏性液滴的腺毛。

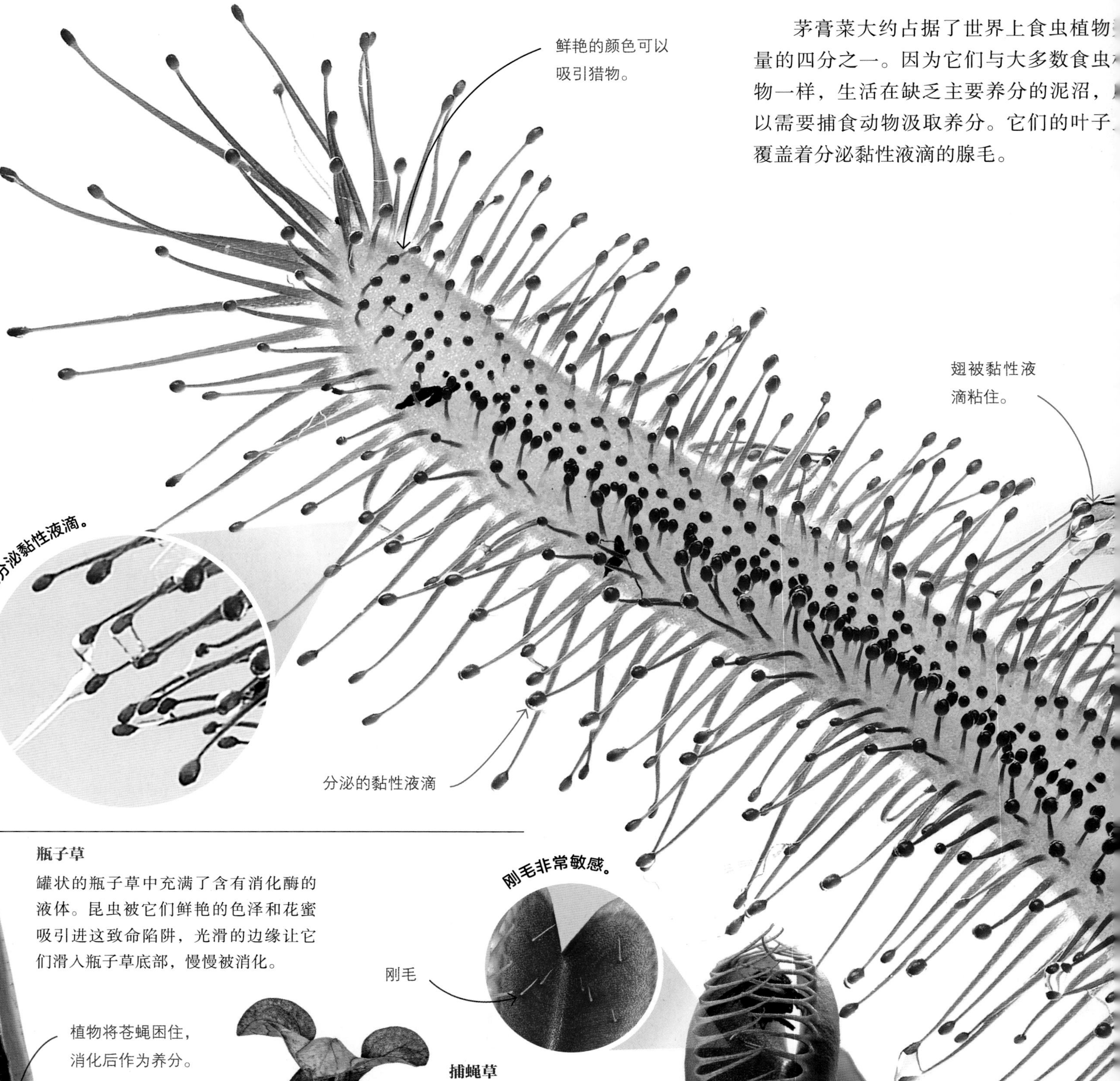

鲜艳的颜色可以吸引猎物。
翅被黏性液滴粘住。
茅膏菜腺毛分泌黏性液滴。
分泌的黏性液滴
刚毛非常敏感。
刚毛

瓶子草

罐状的瓶子草中充满了含有消化酶的液体。昆虫被它们鲜艳的色泽和花蜜吸引进这致命陷阱，光滑的边缘让它们滑入瓶子草底部，慢慢被消化。

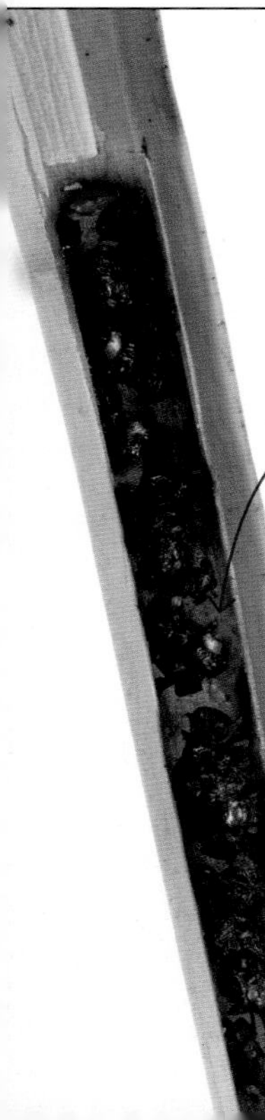

植物将苍蝇困住，消化后作为养分。

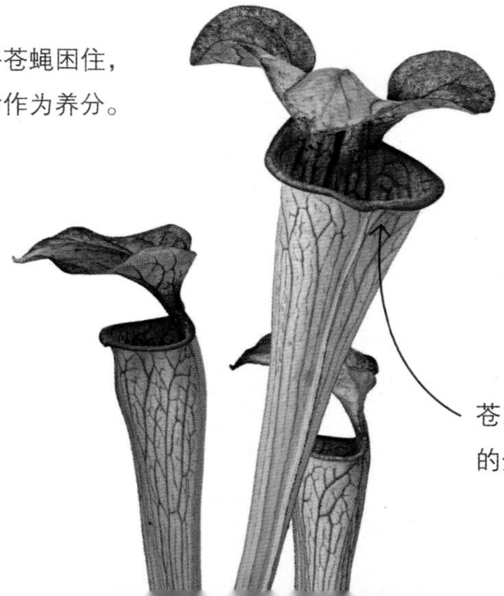

苍蝇从瓶子草顶部的开口钻进去。

捕蝇草

如果昆虫触及捕蝇草叶片上的纤细刚毛，叶子就会迅速从两边合上。然后这个陷阱就会分泌消化液分解猎物。

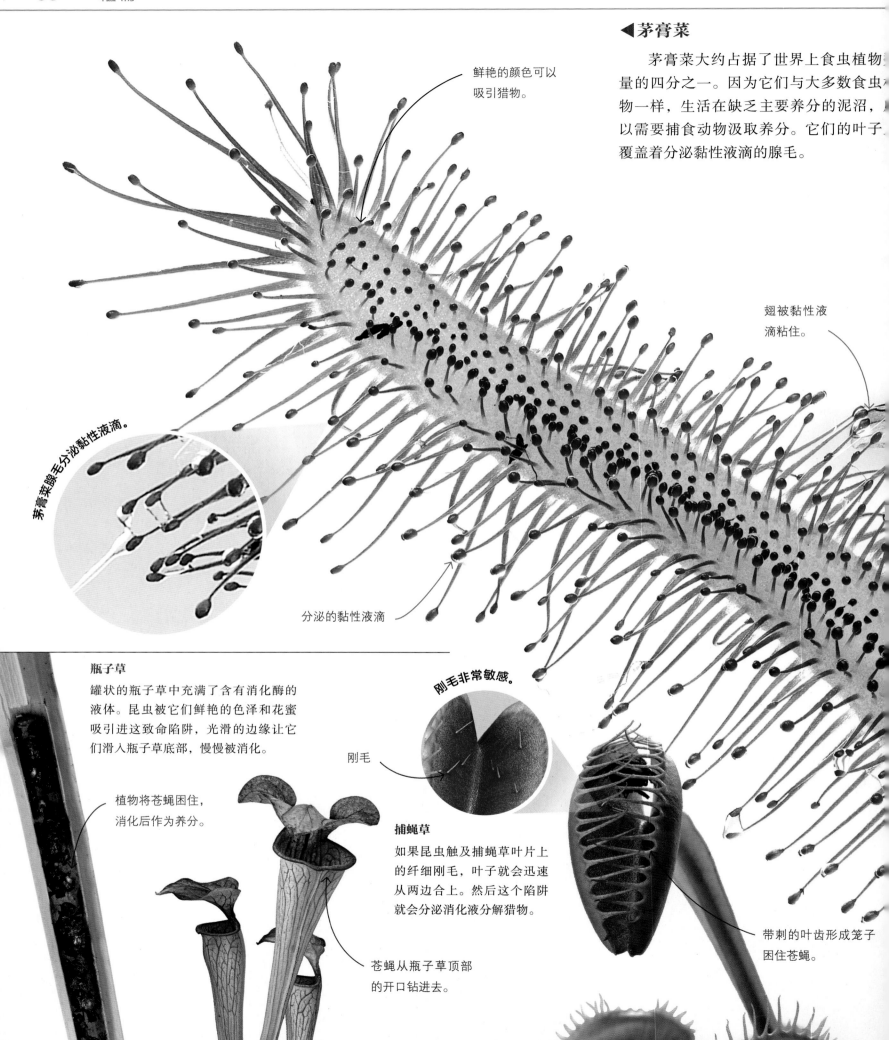

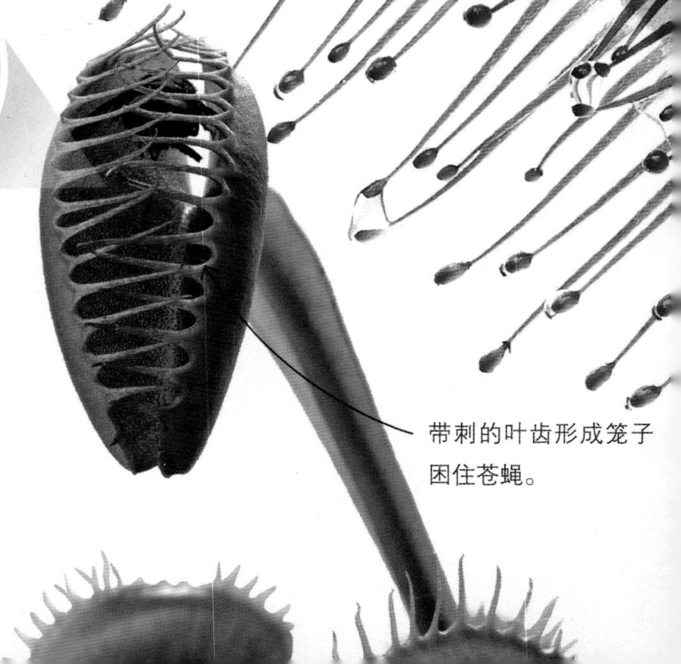

带刺的叶齿形成笼子困住苍蝇。

食虫植物

食虫植物捕获了小动物，小动物们无法逃走，最后成为植物的养分。这些植物使用具有诱惑力的色彩、气味，利用捕捉陷阱或黏性分泌物来困住猎物。一旦猎物落入它们的陷阱，强效的消化酶就会将猎物消化为养分，供植物吸收。

❶ 黏性陷阱
茅膏菜的叶子散发出甜美的、花蜜般的香味诱导苍蝇前来，并困住它。

一旦被触及，腺毛就会卷向猎物。

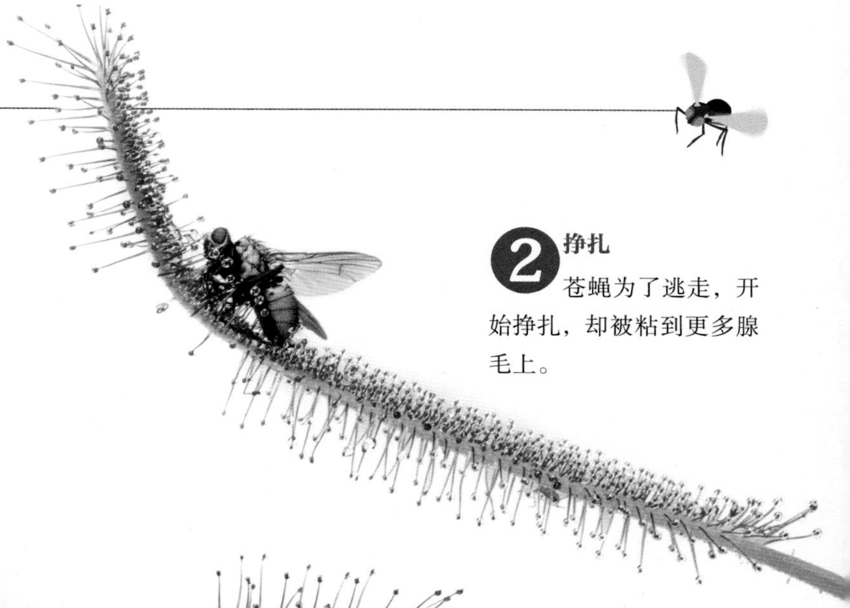

❷ 挣扎
苍蝇为了逃走，开始挣扎，却被粘到更多腺毛上。

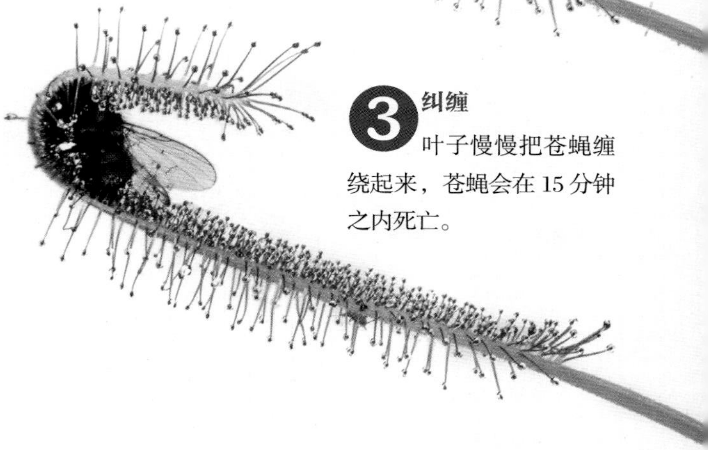

❸ 纠缠
叶子慢慢把苍蝇缠绕起来，苍蝇会在 15 分钟之内死亡。

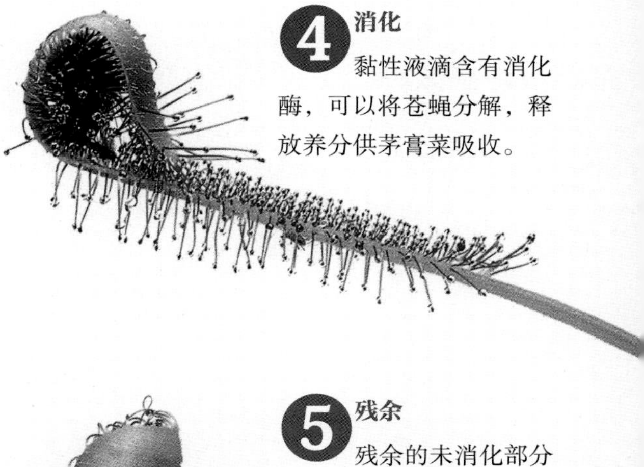

❹ 消化
黏性液滴含有消化酶，可以将苍蝇分解，释放养分供茅膏菜吸收。

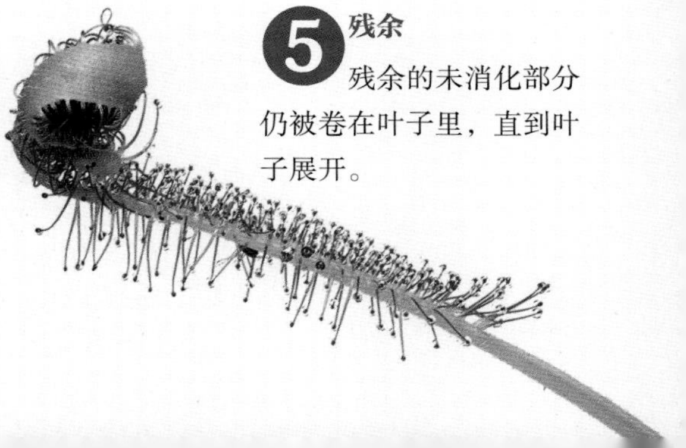

❺ 残余
残余的未消化部分仍被卷在叶子里，直到叶子展开。

沙漠植物怎样生存

沙漠是地球上最干燥的地区，可以长达数月乃至数年不下雨。沙漠植物为了适应这种恶劣环境，需要生长成特殊的形态。下雨后，它们必须能迅速汲水、储水以度过漫长的干旱时期，还要保护这宝贵资源，防御干渴的动物和毒辣的太阳。

▶仙人掌的生活习性

大多数植物具有细长的茎撑起叶子，仙人掌则长出桶状茎来储水，它们的叶子演化为保护性的刺针。桶状仙人掌扎根浅，但是分布很广，以此在阵雨后从潮湿的泥土表面汲水。

水储存在厚实、松软的肉质茎中。
尖刺阻拦了捕食者。
浅根迅速吸收降水。

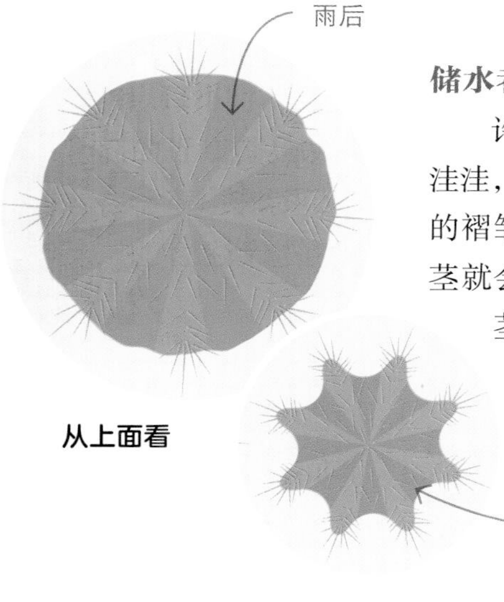
雨后
从上面看
经历一段时期的干旱后。

储水者

许多仙人掌外表坑坑洼洼，从上到下遍布深深的褶皱。仙人掌吸水后，茎就会膨胀；水源枯竭，茎就会再度萎缩。

尖刺留住雨水
和露珠。

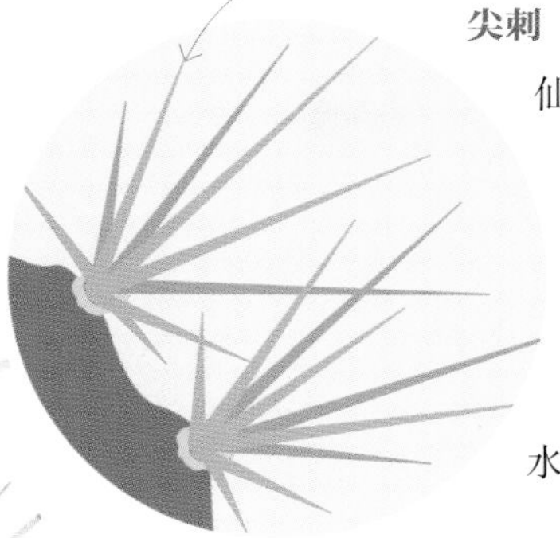
尖刺

尖刺

仙人掌演化出了尖刺，不但可以阻止动物吃它们，还利于储水。叶子面积大会让植物更快蒸发水分，而仙人掌的尖刺可以减少水分流失。

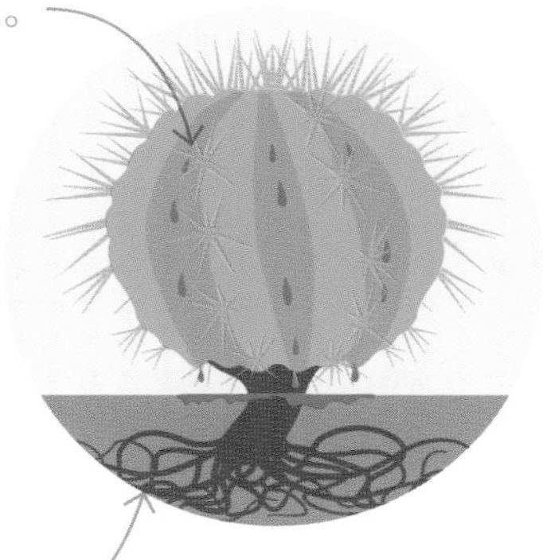
水向下滴流。
浅根吸水。

采水者

下雨时，仙人掌的棱将水分输送到基部，在太阳晒干泥土里的水之前，广泛分布的浅根迅速吸收水分。

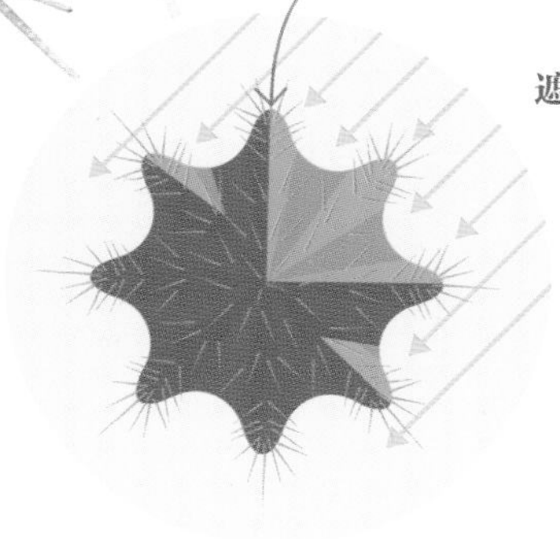
棱部可以遮阳。

遮阳

仙人掌茎上的5~8条棱，可以保证仙人掌的某些部位处于阴影中。有些仙人掌的棱部长有白色绵毛，也能遮挡阳光。

膨胀的树干

为了在长期干旱的环境中存活，猴面包树的树干能够膨胀并存储水分。

生石花

非洲纳米布沙漠里有一种植物叫作生石花，它们的叶子长相类似鹅卵石，能够帮助它们躲过干渴的动物。它们通常只有两片叶子，叶肉肥厚，能储存水分。在极端干旱的季节，它们会缩到地面之下。

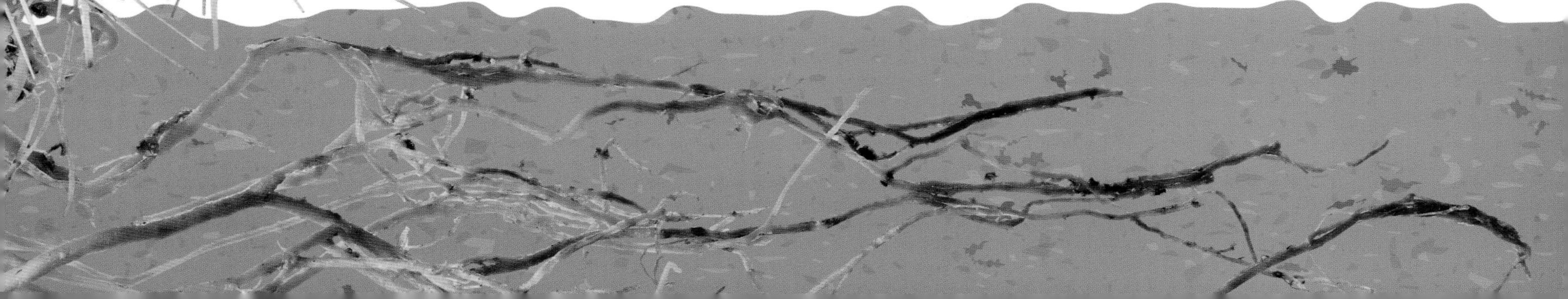

凤眼蓝
睡莲
睡莲花的浓烈馨香吸引昆虫来传播花粉。
凤眼蓝羽毛状的根系没有固定在底部，所以能够在阳光照射的水面漂浮。

水生植物

在水中生存，对植物来说是一项挑战。水生植物与陆生植物一样，需要通过光合作用利用太阳能制造养分，但是泥沙多的水质会阻挡阳光并阻碍这一过程。所以大多数水生植物已经演化出在水底或浮在水面生存的本领，它们拥有强大的根系和叶子，以此避免流水的伤害。

海岸上

在大洋海岸线生存尤其具有挑战性，因为海水盐分会损害大多数植物的细胞。长在海岸沼泽里的红树林，具有高跷般的根系，将它们从泥土中高高撑起，过滤盐分，获取维持生存所需的水。

▶水中生活

一些水生植物具有很长的根系，能够深入水底锚定，它们的叶、花可以浮在水面，获取光能。一些水生植物会“随波逐流”，它们的根也在水里自由摇晃。在江河中生活的植物需要强有力的根系固定，还要有能够让水流轻松滑过而不撕碎它们的叶子。一些水生植物则完全淹没在浅水中。

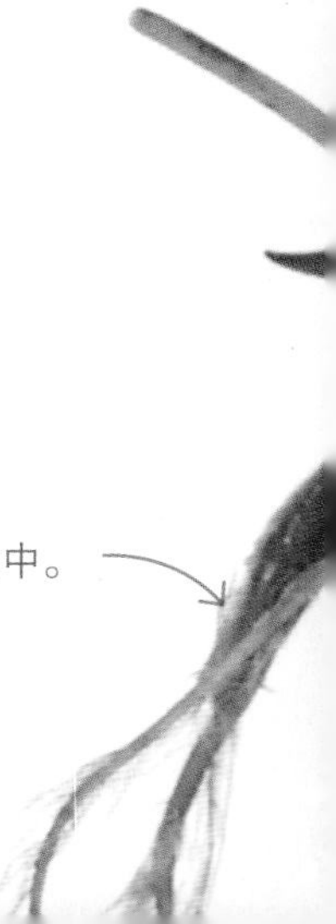

长根将睡莲锚定在泥土中。

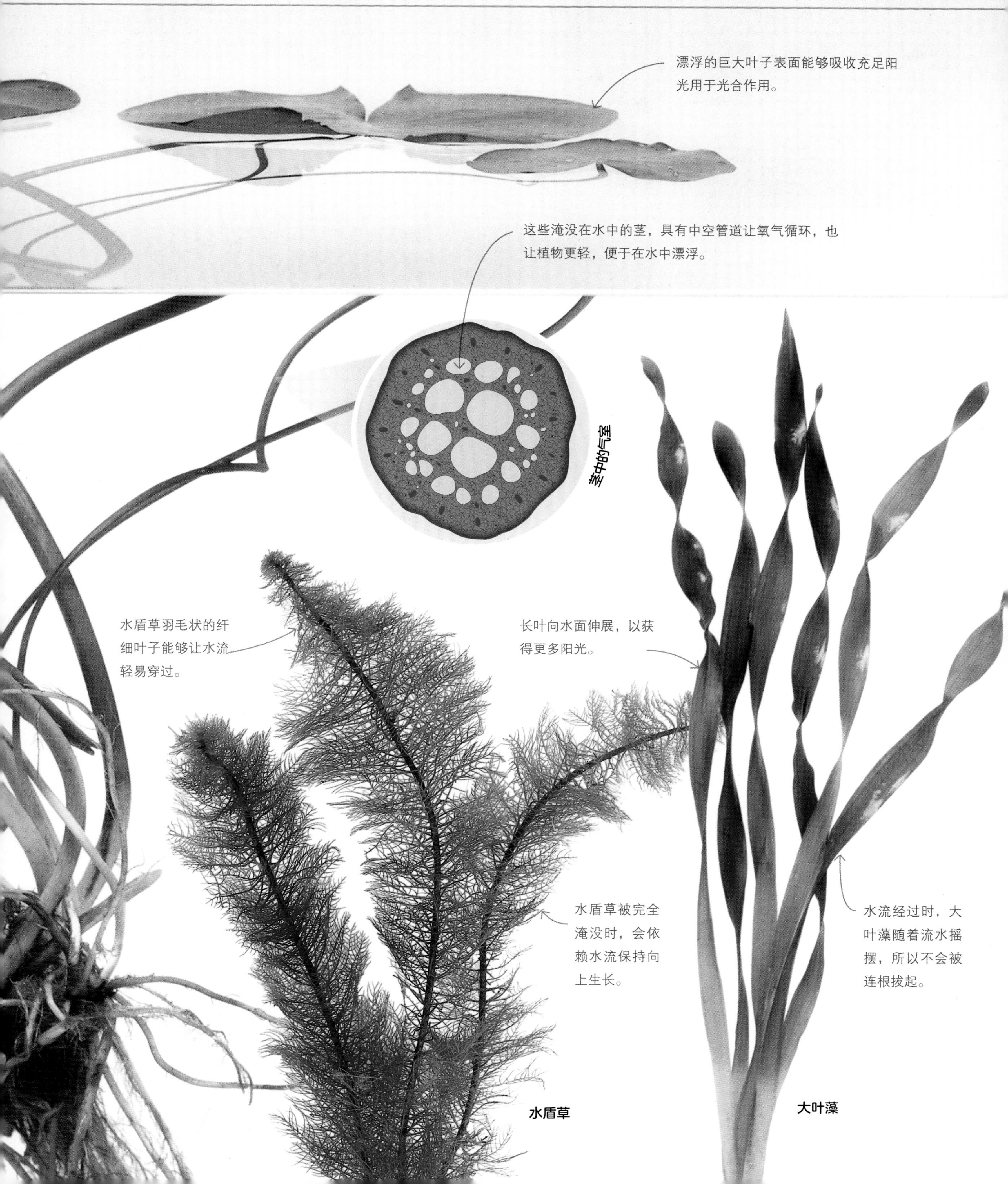
漂浮的巨大叶子表面能够吸收充足阳光用于光合作用。
这些淹没在水中的茎，具有中空管道让氧气循环，也让植物更轻，便于在水中漂浮。
茎中的气室
水盾草羽毛状的纤细叶子能够让水流轻易穿过。
长叶向水面伸展，以获得更多阳光。
水盾草被完全淹没时，会依赖水流保持向上生长。
水流经过时，大叶藻随着流水摇摆，所以不会被连根拔起。
水盾草
大叶藻

无脊椎动物首先意味着“没有脊椎骨”，这种生物类群包括地球上的大部分动物物种，它们还没有类似我们人类的内部骨架。一些无脊椎动物，比如昆虫、蜘蛛，具有坚硬的**外骨骼**来保护自身。此外，如蜗牛、蛤蜊等无脊椎动物，则住在坚硬外壳里。不过，很多无脊椎动物，根本没有坚硬的保护性外壳覆盖在它们的**柔软身体**上。

无脊椎动物

无脊椎动物的生活习性

地球上超过 95% 的动物是无脊椎动物。无脊椎动物种类繁多，包括原生动物、蠕虫、海星、蜘蛛等，除了没有脊椎骨这一共同特点，无脊椎动物不同类群间差异巨大。许多无脊椎动物生活在海洋中，昆虫则是陆地上的无脊椎动物中数量最多的一类。

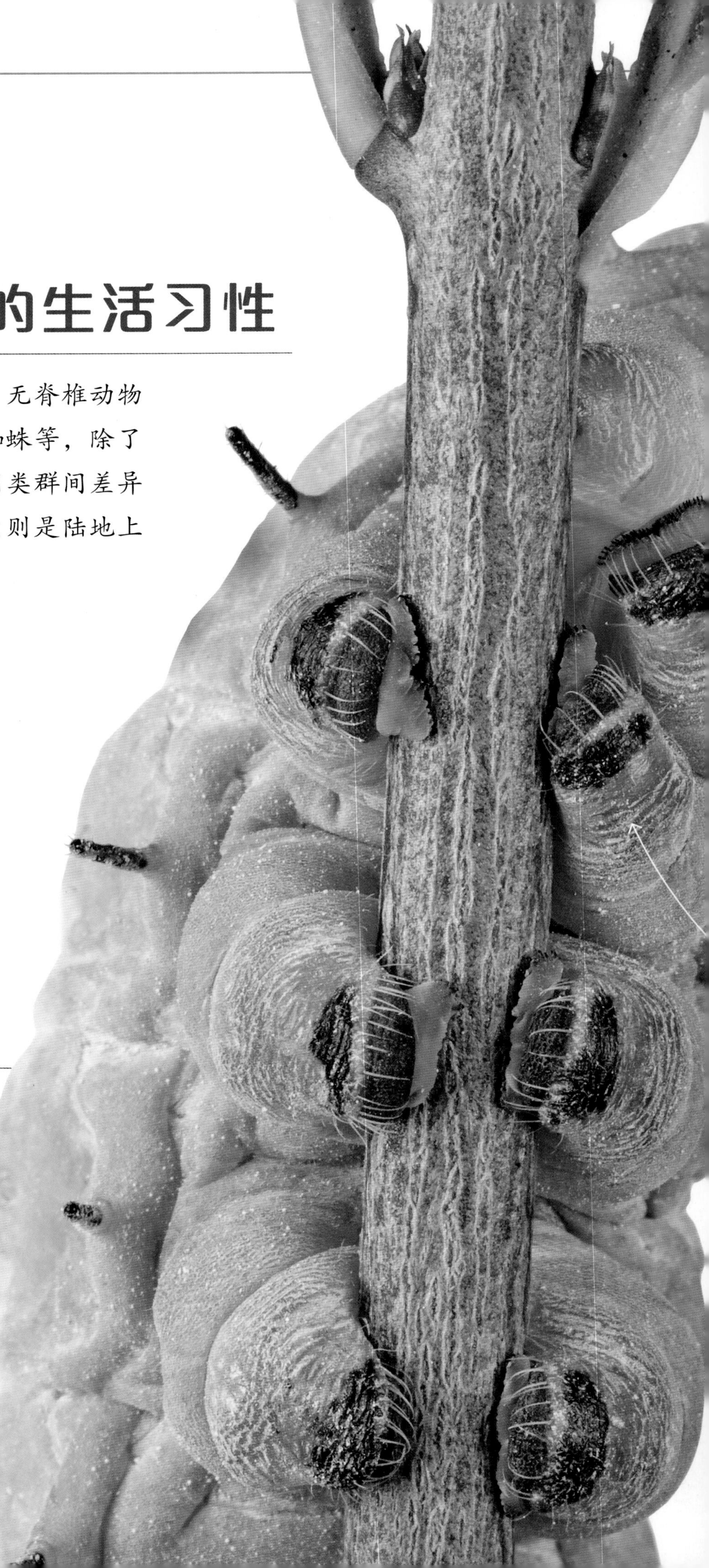

▶昆虫

科学家估计地球上的昆虫大约有 150 万种。绝大多数昆虫都具有保护性的外骨骼、6 条足和敏锐的感受器官——触角。成体昆虫大多长有翅和视野宽阔的复眼。在生命早期，许多昆虫身体如蛆虫一样，然后经历一个蜕变过程。比如，毛毛虫会变为飞蛾或蝴蝶。

无脊椎动物类群

无脊椎动物有很多种类，其中的大型类群有昆虫、棘皮动物、刺胞动物、软体动物、蛛形纲动物和甲壳动物等。

棘皮动物

这些海洋动物表皮多棘，成体为五辐射对称。它们的内部器官均为辐射对称，只有消化道除外。棘皮动物包括海星、海胆和海参等。

这些强壮的管足能够打开牡蛎壳，取出里面的肉。

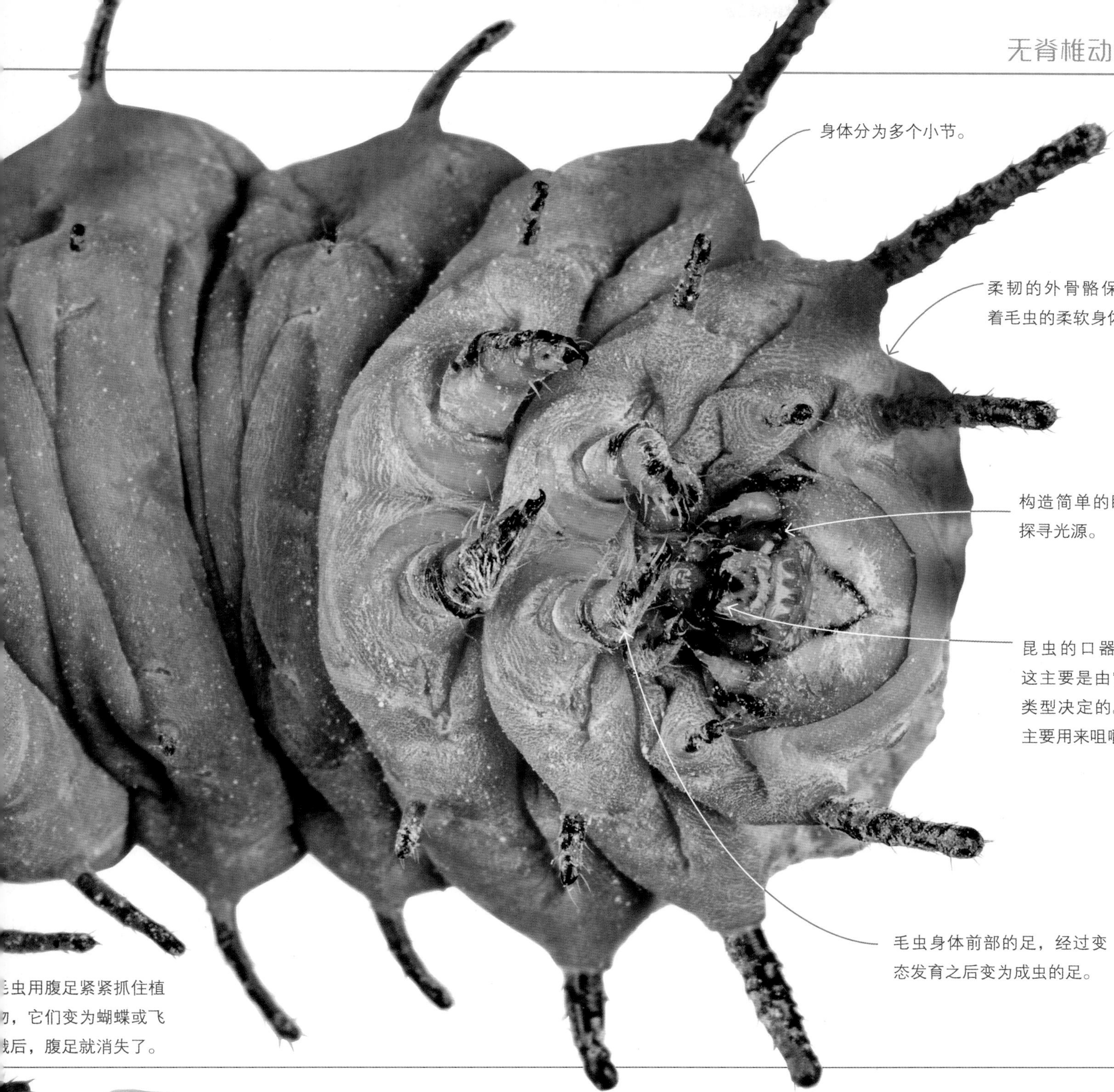

身体分为多个小节。
柔韧的外骨骼保护着毛虫的柔软身体。
构造简单的眼用来探寻光源。
昆虫的口器差异很大，这主要是由它们的食物类型决定的。毛虫的颚主要用来咀嚼。
毛虫身体前部的足，经过变态发育之后变为成虫的足。

毛虫用腹足紧紧抓住植
勿，它们变为蝴蝶或飞
戏后，腹足就消失了。

水母通过收缩伞状身体运动。

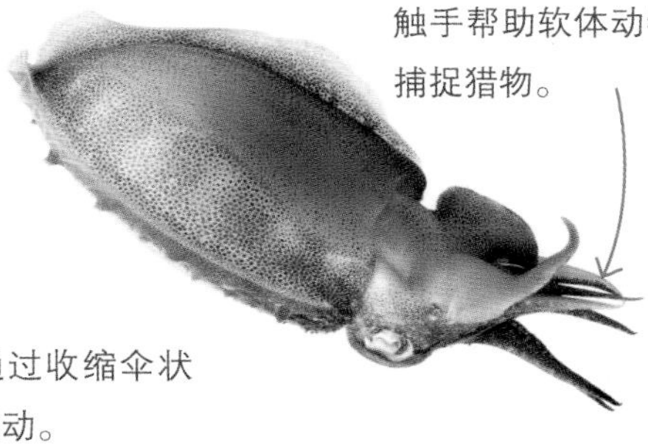

触手帮助软体动物捕捉猎物。

蜘蛛扑咬猎物时，毒牙边的触肢可以把猎物按住。

当虾长到旧壳容不下身体时，它就会褪去旧壳，长出新壳。

刺胞动物

刺胞动物包括珊瑚虫、水母、海葵等。这些水生动物大多数会游泳，少数终生依附在岩石上。它们通常具有伞状或花朵状的身体和带刺的触手，但没有大脑。

软体动物

软体动物包括蛞蝓、蜗牛、牡蛎、乌贼、章鱼等。多数软体动物具有独特的锉状齿舌，很多还带有和外套膜连在一起的保护性外壳。大多数软体动物都生活在海洋中。

蛛形纲动物

蛛形纲动物通常外骨骼有关节，有八条腿，无翅，无触角。包括蜘蛛、蝎子在内的蛛形纲动物，大多数是肉食动物。其他如螨虫、蜱虫等蛛形纲动物，则属于腐食动物、草食动物或寄生动物。

甲壳动物

像蟹、虾这样的甲壳动物，外侧身体通常坚硬且分段，具有四对以上的腿和两对触须。大多数甲壳动物都长有可以在水中呼吸的鳃，不过也有一些是生活在陆地上的，比如鼠妇。

蜗牛

蜗牛与蛞蝓同属于无脊椎动物中一个很大的类群——软体动物。大多数软体动物身体柔软，长有各类外壳来保护自身。蜗牛不仅常见于陆地，也见于海洋和淡水水域中。它们独特的螺旋形外壳，大到有足够空间让它们把身体缩进去。蛞蝓是蜗牛的近亲，它们使用恶心的黏液替代外壳来抵御捕食者。

坚硬外壳保护着蜗牛的柔软身体。
当蜗牛感觉受到威胁时，柔软的身体就会缩入壳内。
腺体分泌出一层黏液，让蜗牛能够在不同的表面爬行。

从下面看蜗牛

腹足

蜗牛的腹部是一块巨大的肌肉，能呈波浪状收缩，推进它向前爬行。其中的腺体会分泌出黏液，帮助蜗牛在水平或垂直的平面爬行，并且留下一道痕迹。蜗牛喜欢沿其他蜗牛留下的痕迹爬行，因为这样速度更快，它们的最高速度可达到每小时 1 米。

外壳里面

蜗牛的消化系统呈扭曲状塞在螺旋形的外壳里。外壳前方有一个孔洞，危险来临时，蜗牛的身体能够通过这个孔洞缩进外壳里。蜗牛没有大脑，取而代之的是一些像大脑一样的微小结构，被称为神经节，由几组神经细胞组成。

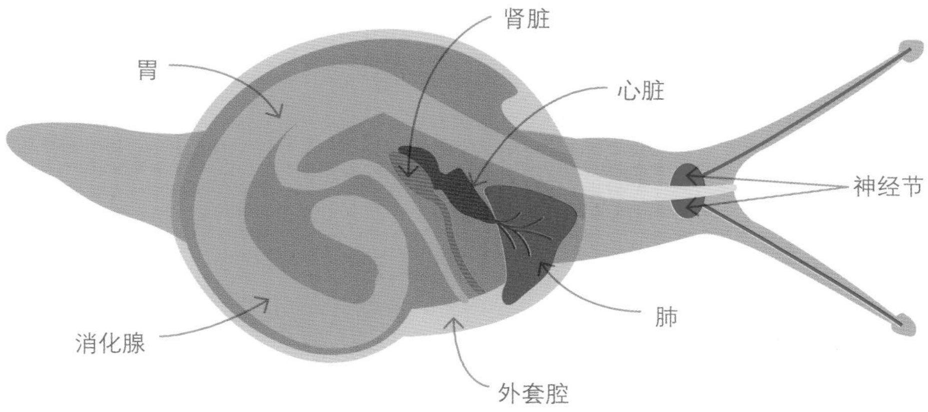

▶褐云玛瑙螺

褐云玛瑙螺也被称为非洲大牛，是世界上最大的陆生蜗牛，能够长到 30 厘米长，体长如兔。

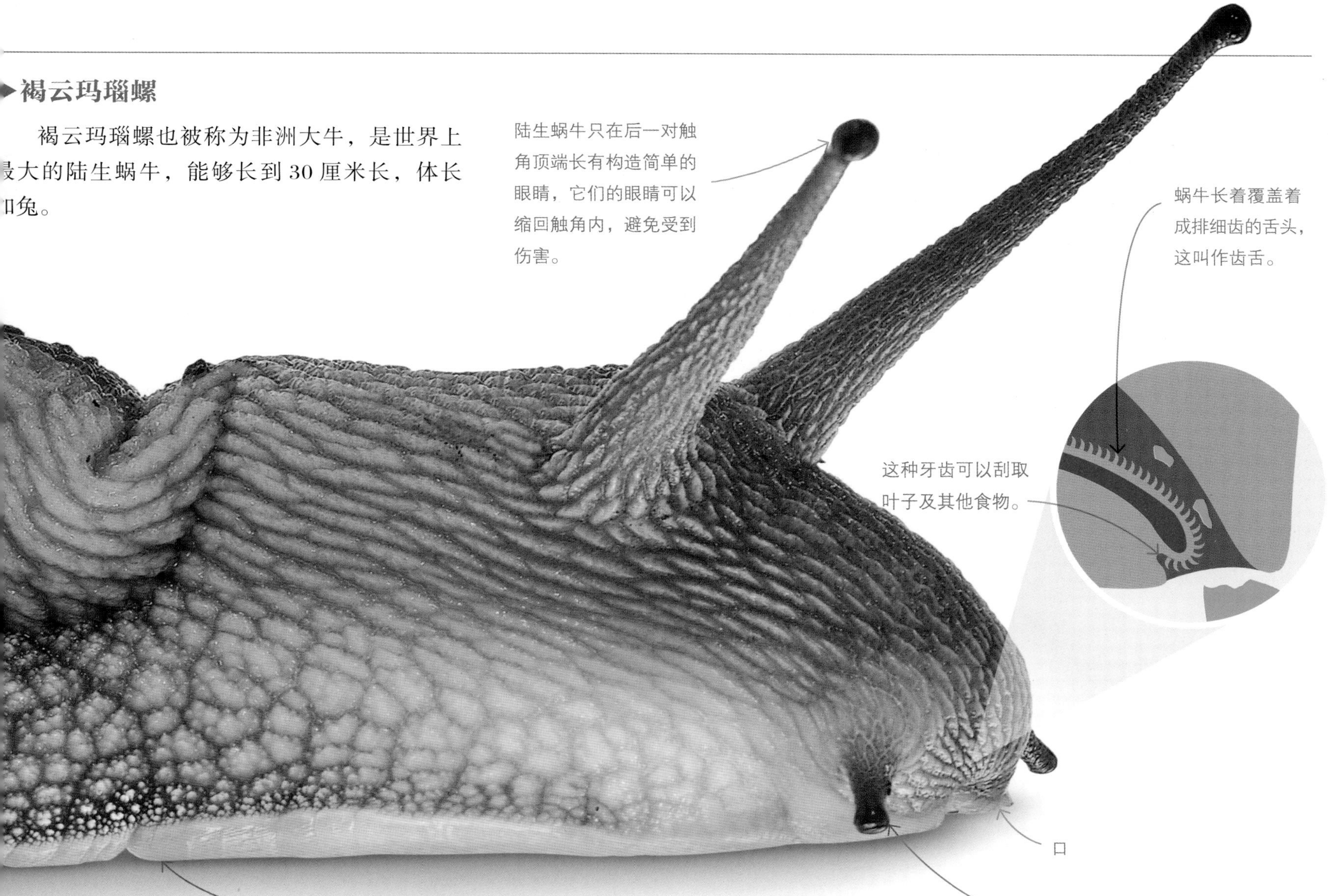

陆生蜗牛只在后一对触角顶端长有构造简单的眼睛，它们的眼睛可以缩回触角内，避免受到伤害。
蜗牛长着覆盖着成排细齿的舌头，这叫作齿舌。
这种牙齿可以刮取叶子及其他食物。
口
腹足在收缩时呈波浪状，推动蜗牛前进。
陆生蜗牛的前一对触角来感知气味。

双壳类

双壳类与蛞蝓、蜗牛等腹足类同属于软体动物。这类水生动物头部不明显，住在铰合状的两瓣贝壳内，当危险来临时，贝壳就会紧闭。它们大部分生活于泥沙中，以躲避捕食者，但还有一些依附在岩石上，或者楔入缝隙里。有的用两根管子（水管）吸水，并用鳃从中滤取氧气与食物。

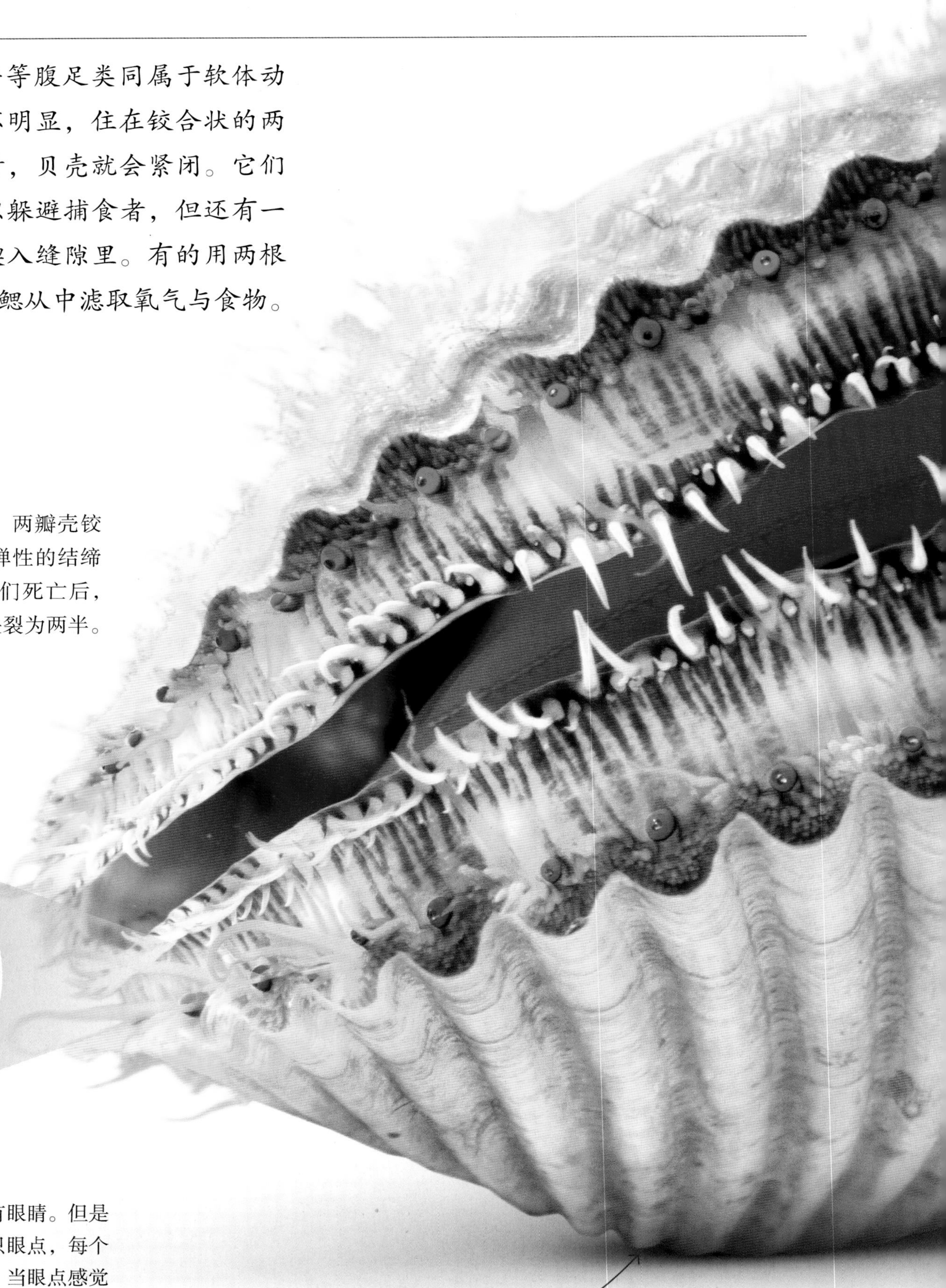

▶铰合状的贝壳

像海湾扇贝这样的双壳类，两瓣壳铰合在一起。活着的双壳类，有弹性的结缔组织韧带将铰合部绷住；当它们死亡后，结缔组织韧带会崩解，贝壳很快裂为两半。

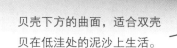

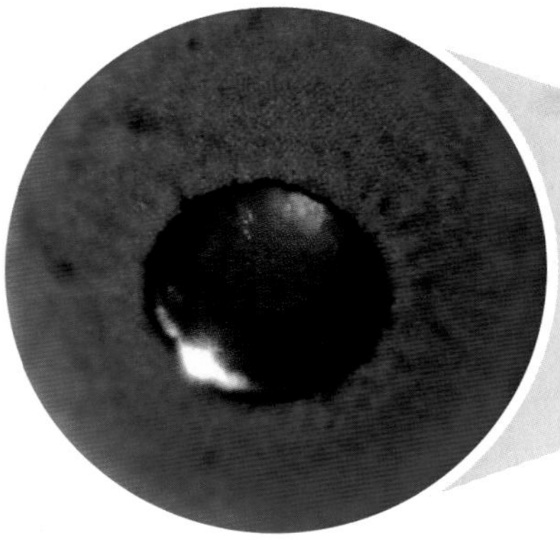

对光敏感

有些埋在泥沙里的双壳类没有眼睛。但是住在泥沙表面的扇贝，有一百多只眼点，每个眼点都能够聚光并探测到捕食者。当眼点感觉到危险，贝壳就会迅速闭合。

贝壳下方的曲面，适合双壳贝在低洼处的泥沙上生活。

触手可以对触碰做出反应，如果海星这样的捕食者靠近，触手就会发出警告。
当贝壳打开时，水流可以进出。
双壳类的外套膜，包裹着内在细胞，同时分泌黏液保护黏膜。
每年，贝壳上会形成新的生长线。

产珠

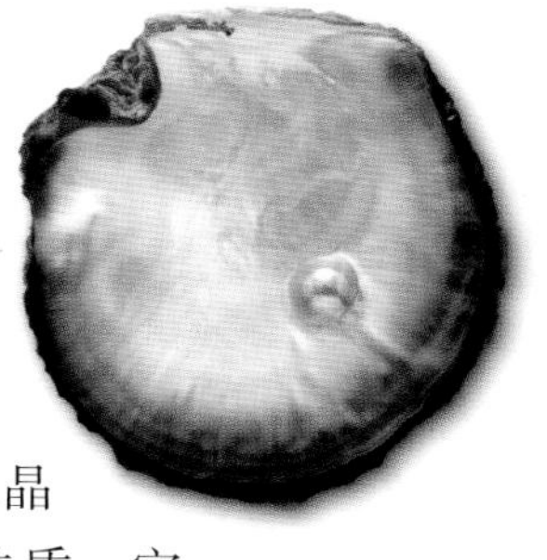

大多数双壳类的保护黏膜是无光泽的。不过珍珠贝的保护黏膜内侧是闪亮、水晶般的物质——珍珠质，它是由外套膜分泌出来保护柔软的身体的。任何有刺激性的碎屑（比如寄生虫、沙粒）进入，就会刺激珍珠贝分泌珍珠质，形成珍珠。

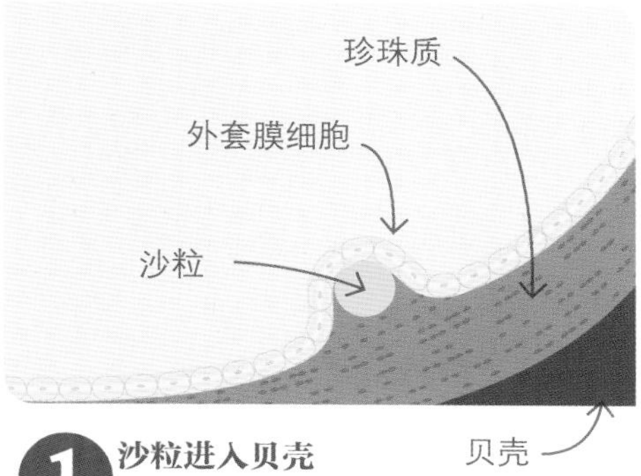

1 沙粒进入贝壳
如果沙粒留在珍珠贝体内，珍珠贝的外套膜会受到刺激，分泌珍珠质。

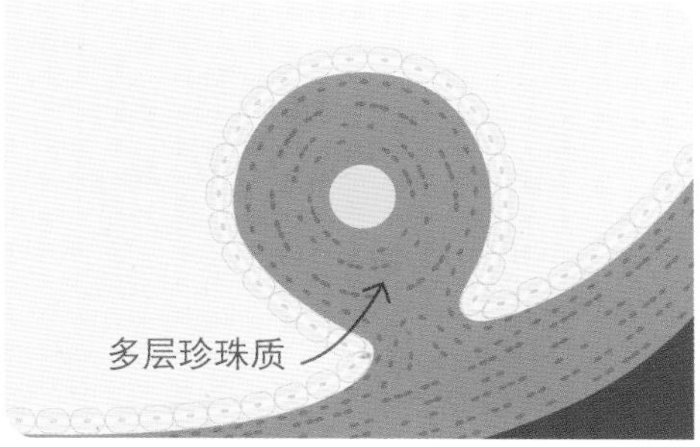

2 层层叠叠的珍珠质
珍珠质包裹着沙粒，越变越厚，直到沙粒不再让珍珠贝觉得不舒服。

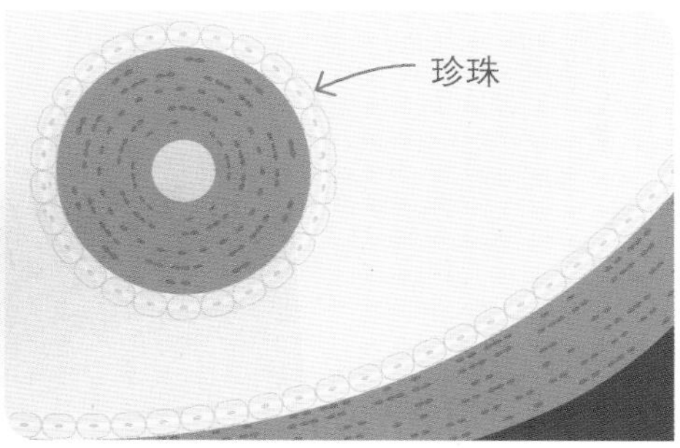

3 珍珠形成
最终，围绕着沙粒形成球状珍珠粒，留在贝壳内部。

穿过沙

深居沙中的双壳类通常会待在一个地方，但是像蛤蜊等生活在浅处的动物，也能够通过伸展腹足向下运动。它们会往沙子的更深处钻，以躲开捕食者，之后再出来觅食。其中一个物种——竹蛏，挖掘沙子的速度比人类的还要快。

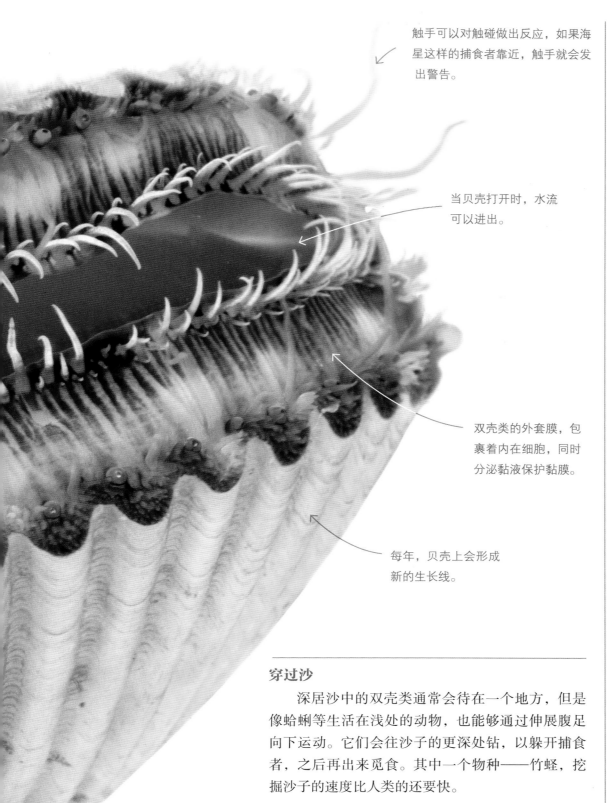

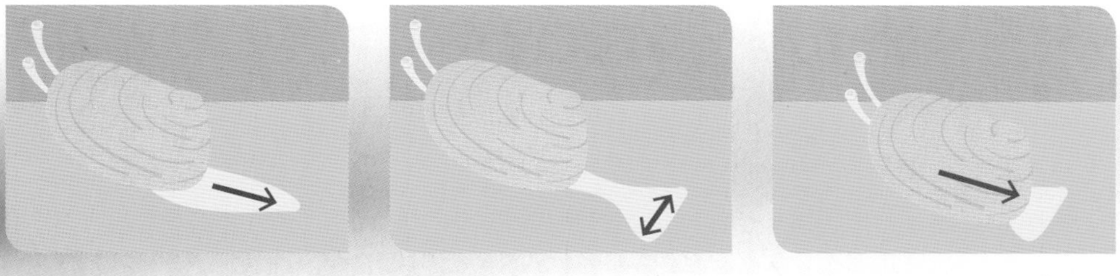

1 足伸出来
蛤蜊的足伸向它想去的地方。

2 足锚定
足的尖端向侧面伸展，仿佛锚定在沙里。

3 移动身体
腹足收缩，将蛤蜊拉进沙里。

贝壳的种类

大多数软体动物都长有坚硬的外壳，以保护它们柔软的身体免遭捕食者或周围环境的伤害。软体动物的外套膜分泌黏液，形成一瓣或两瓣外壳，内部的软体动物死后，外壳还能存留很久。这些软体动物的外壳几乎随处可见，以海洋里的种类数量最多。

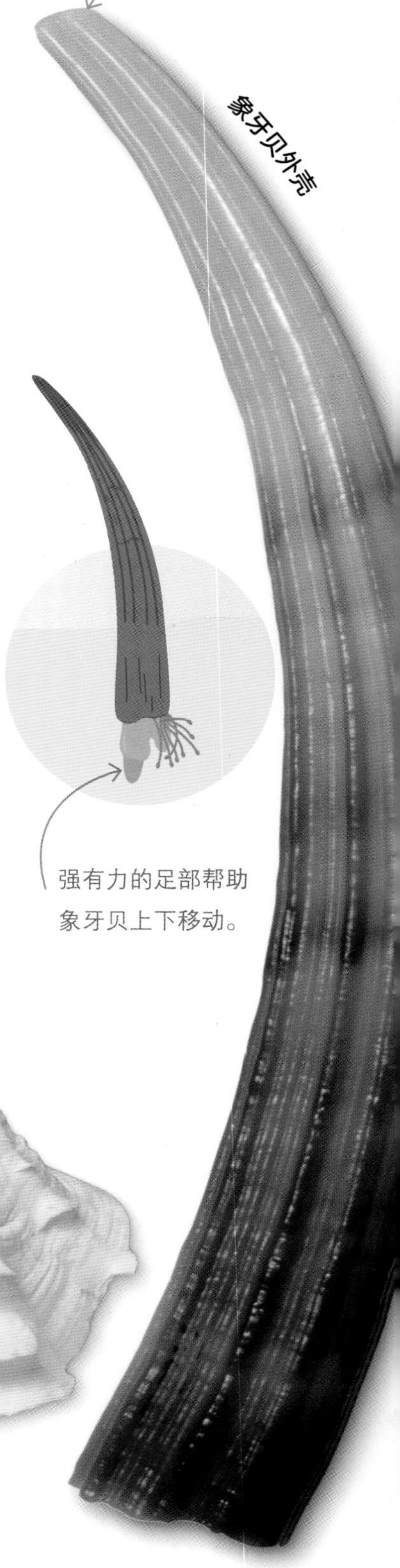

水能够从开口的边缘进出。
象牙贝外壳
强有力的足部帮助象牙贝上下移动。

黏性触手可以用于抓捕猎物。
外套腔中充满气体，能帮助它们在水中漂浮。

鹦鹉螺壳

头足类

鹦鹉螺是章鱼、乌贼的近亲，它通过调整壳内的气体体积来控制浮力。因为鹦鹉螺在数百万年间的演化变化极小，所以被称为活化石。

贝壳周围有一圈外套膜。

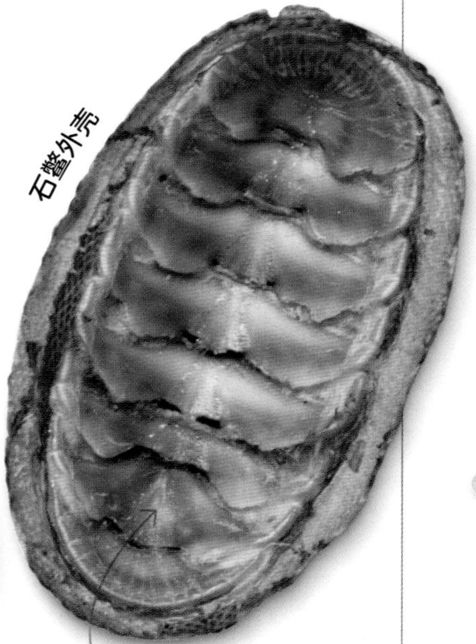

石鳖外壳
分开的壳板使得石鳖可以蜷缩身体。

石鳖

石鳖的外壳由 8 块与身体相连的各自独立运动的重叠壳板组成，犹如骑士的盔甲。这些壳板帮助石鳖防御捕食者，也让它能够自由活动。

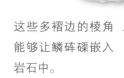

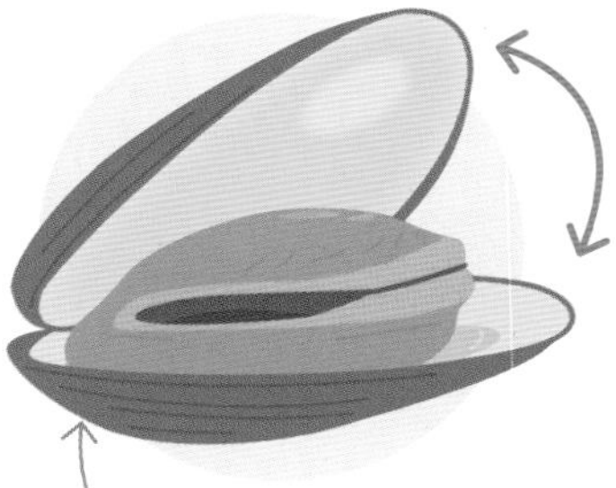

双壳类的外壳由可开合的两瓣组成。

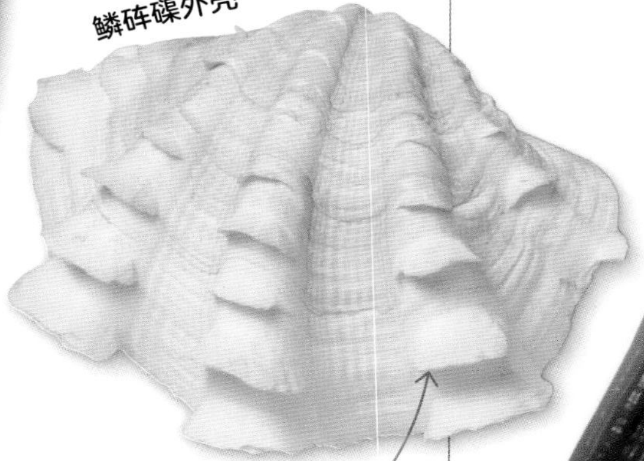

鳞砗磲外壳
这些多褶边的棱角能够让鳞砗磲嵌入岩石中。

双壳类

双壳类两瓣外壳，由铰合部与有弹性的韧带连接。在海洋中，小蟹喜欢躲进鳞砗磲外壳的叶状鳞片深处。

象牙贝

这种贝类外壳形似象牙，角处有开口流水可以从此处进出，为外壳内部供氧。外壳头足孔宽阔，便于象牙贝的足部在泥沙中运动。

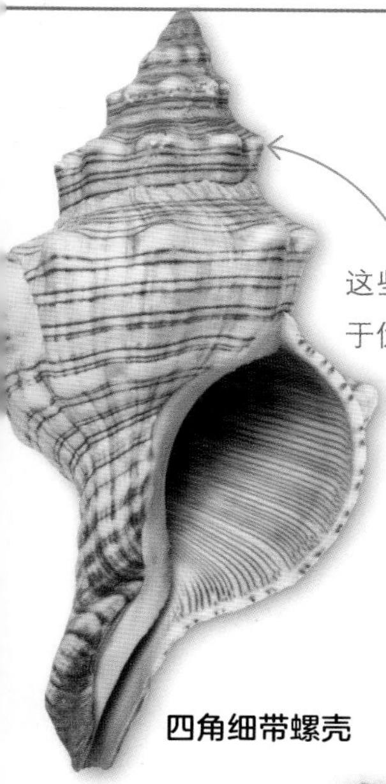

这些条纹有助于伪装。

四角细带螺壳

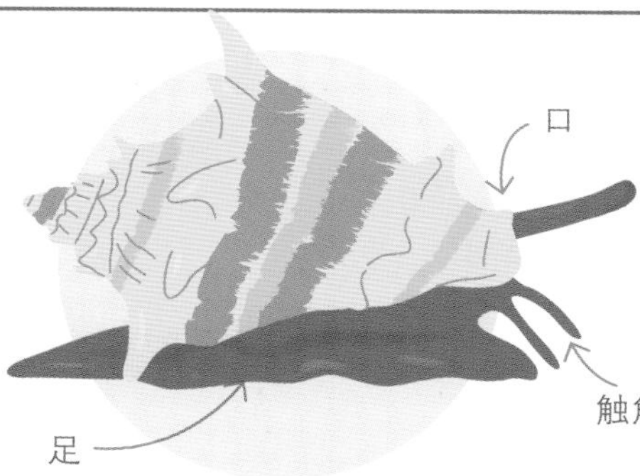

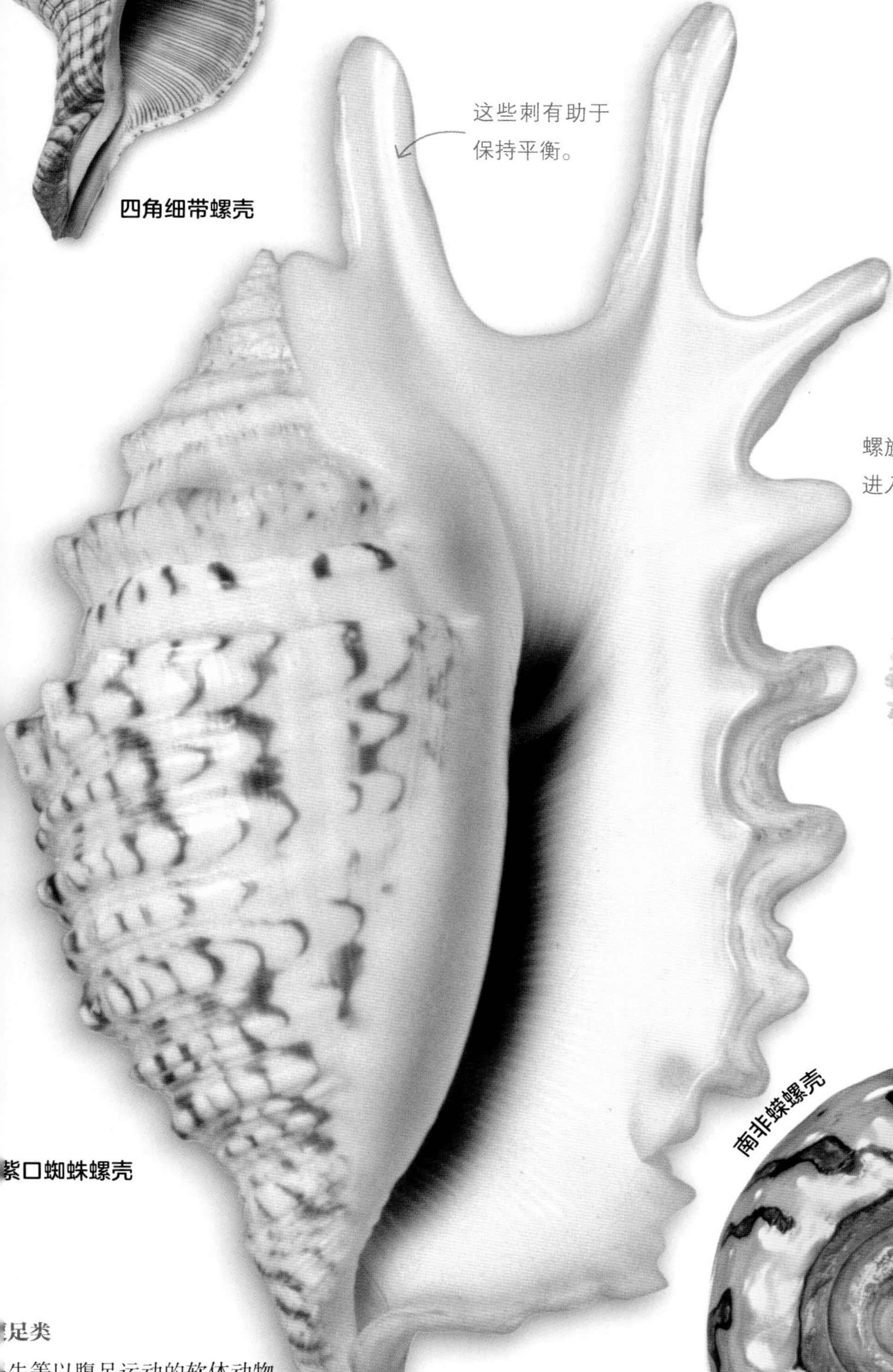

这些刺有助于保持平衡。

紫口蜘蛛螺壳

蚯蚓锥螺

螺旋状的外形便于进入海绵中。

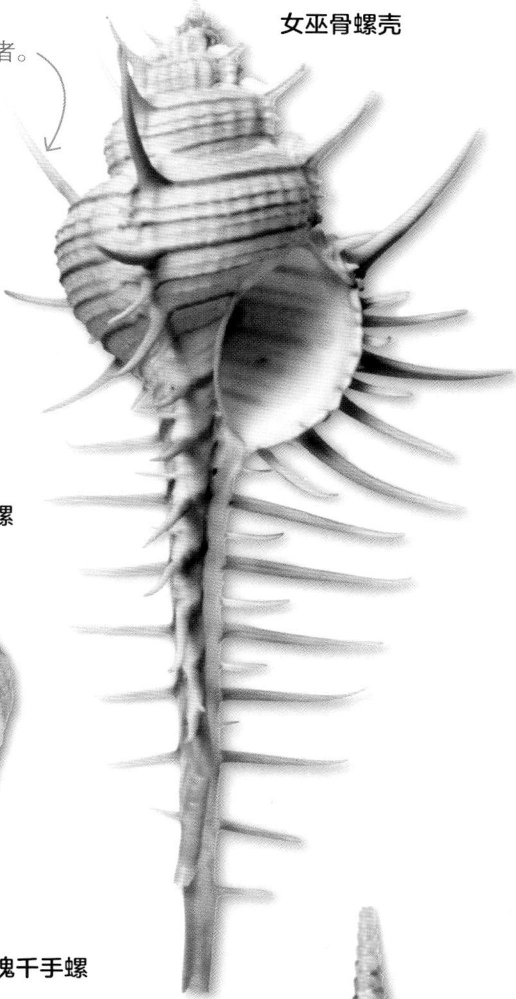

尖刺可以防御捕食者。

女巫骨螺壳

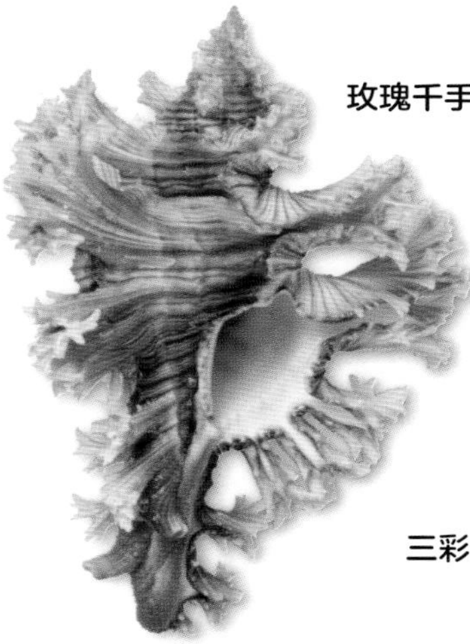

玫瑰千手螺

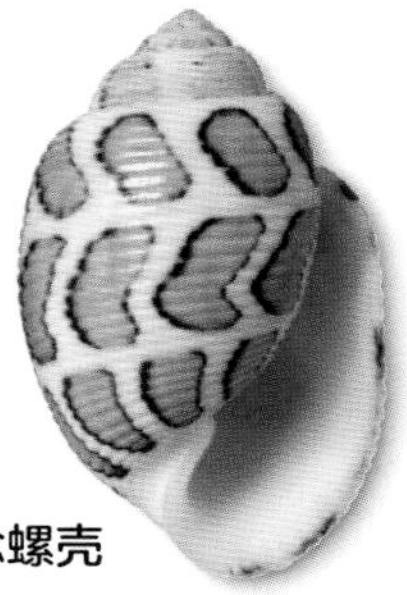

三彩捻螺壳

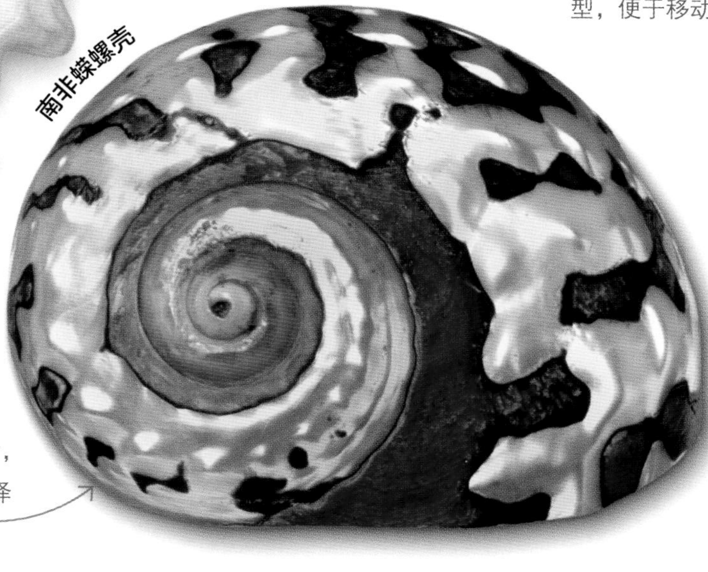

南非蝾螺壳

将粗糙表面打磨后，可以看到富有光泽的珍珠质。

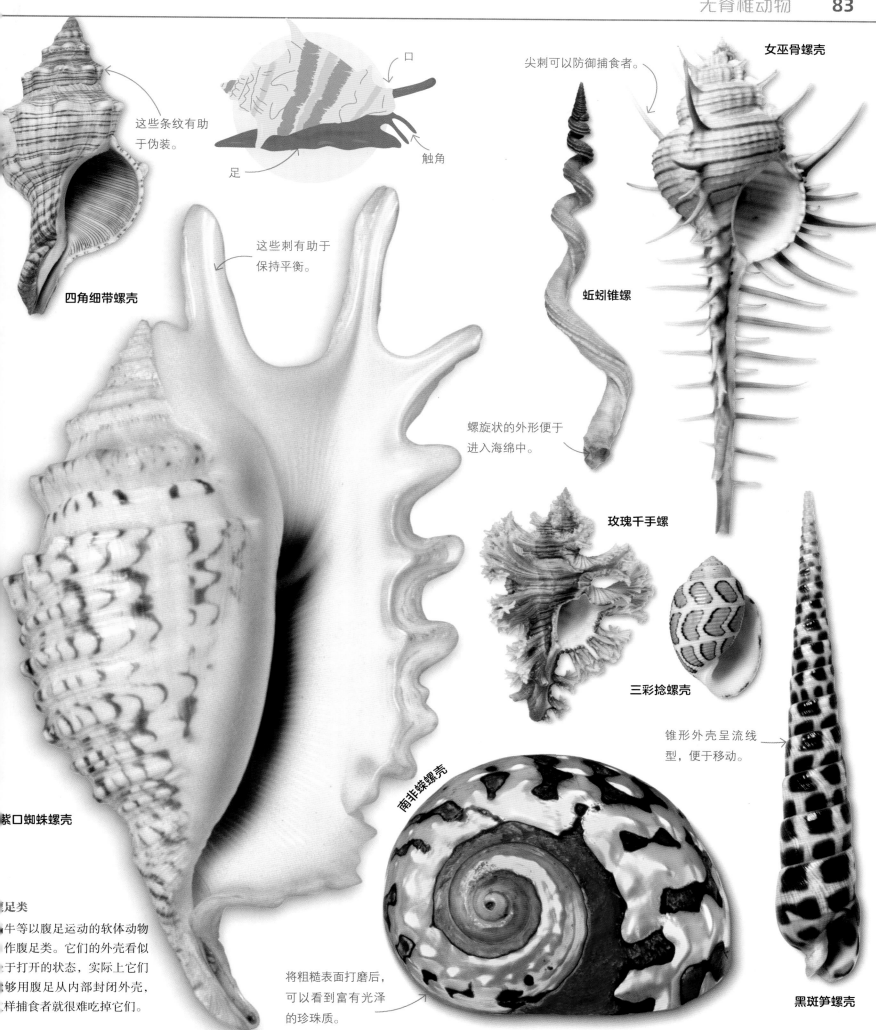

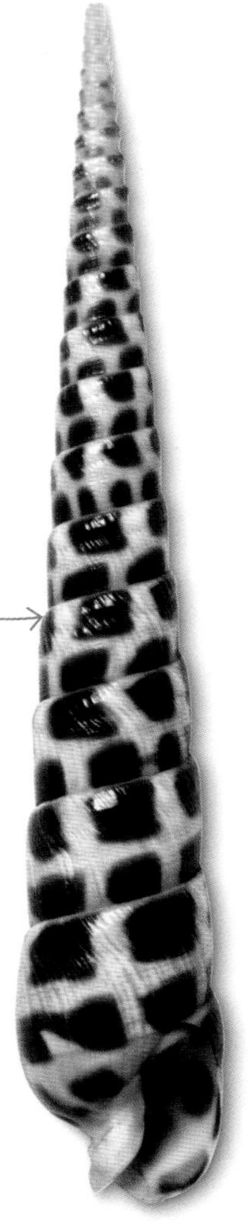

锥形外壳呈流线型，便于移动。

黑斑笋螺壳

足类

牛等以腹足运动的软体动物作腹足类。它们的外壳看似于打开的状态，实际上它们够用腹足从内部封闭外壳，样捕食者就很难吃掉它们。

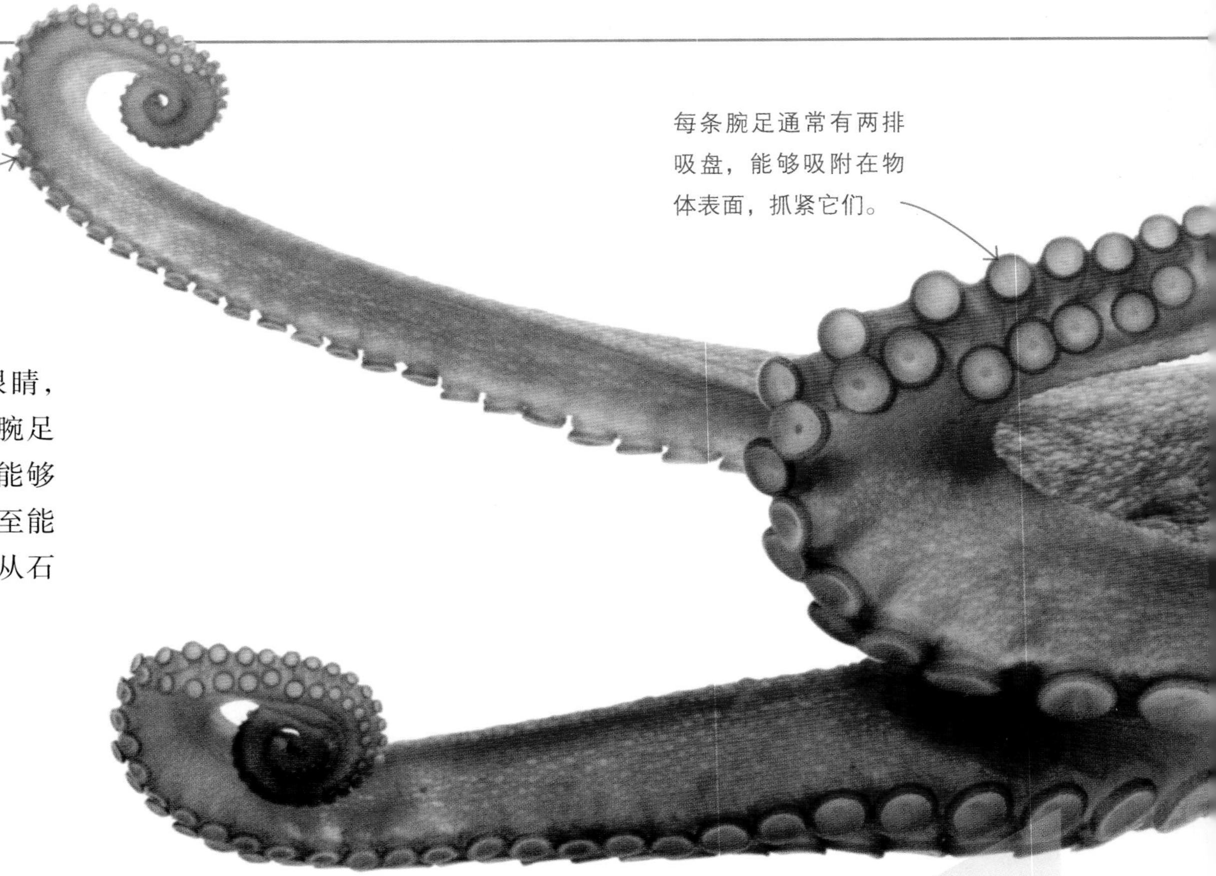

章鱼的腕足断掉之后，还可以再生。

每条腕足通常有两排吸盘，能够吸附在物体表面，抓紧它们。

▶多功能的腕足

章鱼的身体上长着重要器官如眼睛，它的三分之二的神经系统都用于控制腕足上强有力的肌肉。8 条腕足上排列着能够吸附物体的吸盘。章鱼力量惊人，甚至能与鲨鱼搏斗。此外，它们还能精准地从石缝中抓出美味的虾。

章鱼

虽然章鱼同爬行缓慢的蛞蝓、蜗牛一样都属于软体动物，但它是无脊椎动物中最聪明、敏捷的猎手之一。它的 8 条腕足能够用来爬行、捕猎，同时它坚硬有力的口能够打开绝大多数贝壳。

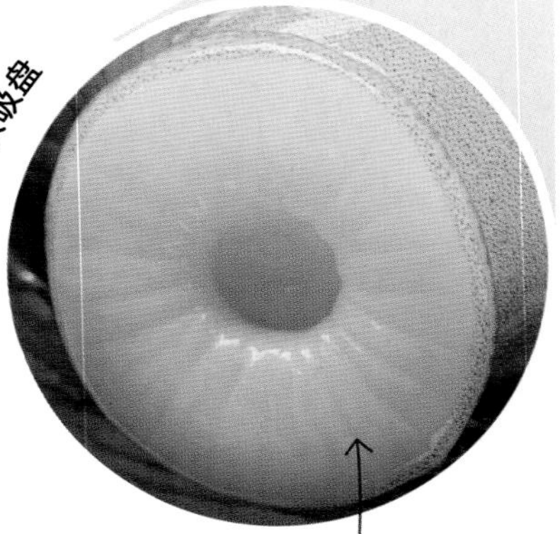

腕足上的**环状吸盘**

吸盘既有吸附功能，还长着感觉器官，这让章鱼能够分辨目标及周围的水流情况。

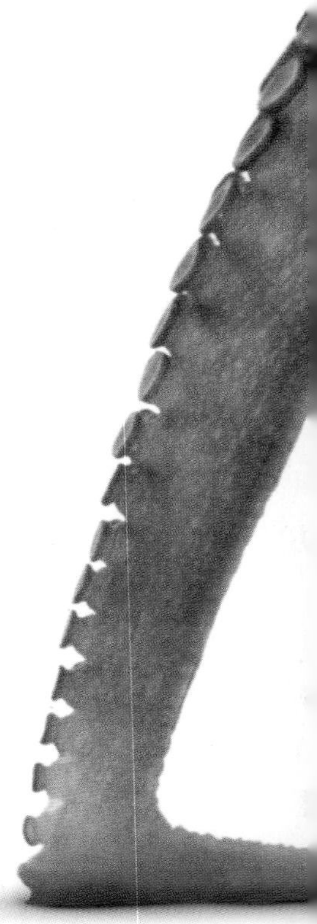

逃跑高手

大部分的章鱼没有坚硬的外骨骼或外壳，它能将整个身体塞进窄缝里或变色。在动物园、水族馆里，章鱼都是声名远扬的逃跑高手。

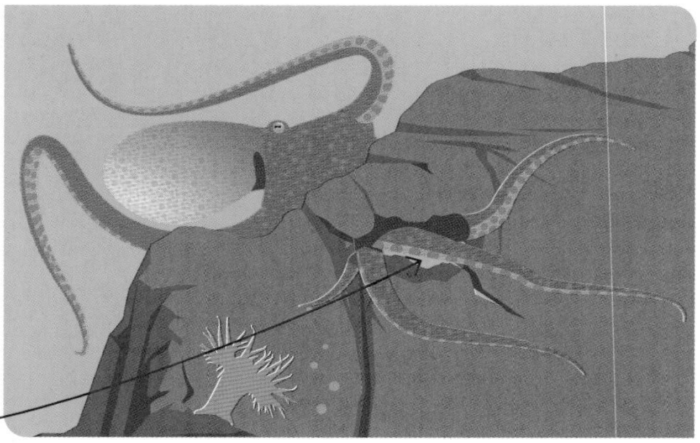

章鱼能够把身体塞入比它的口稍大的任何洞穴，口是它身体上唯一坚硬的部分。

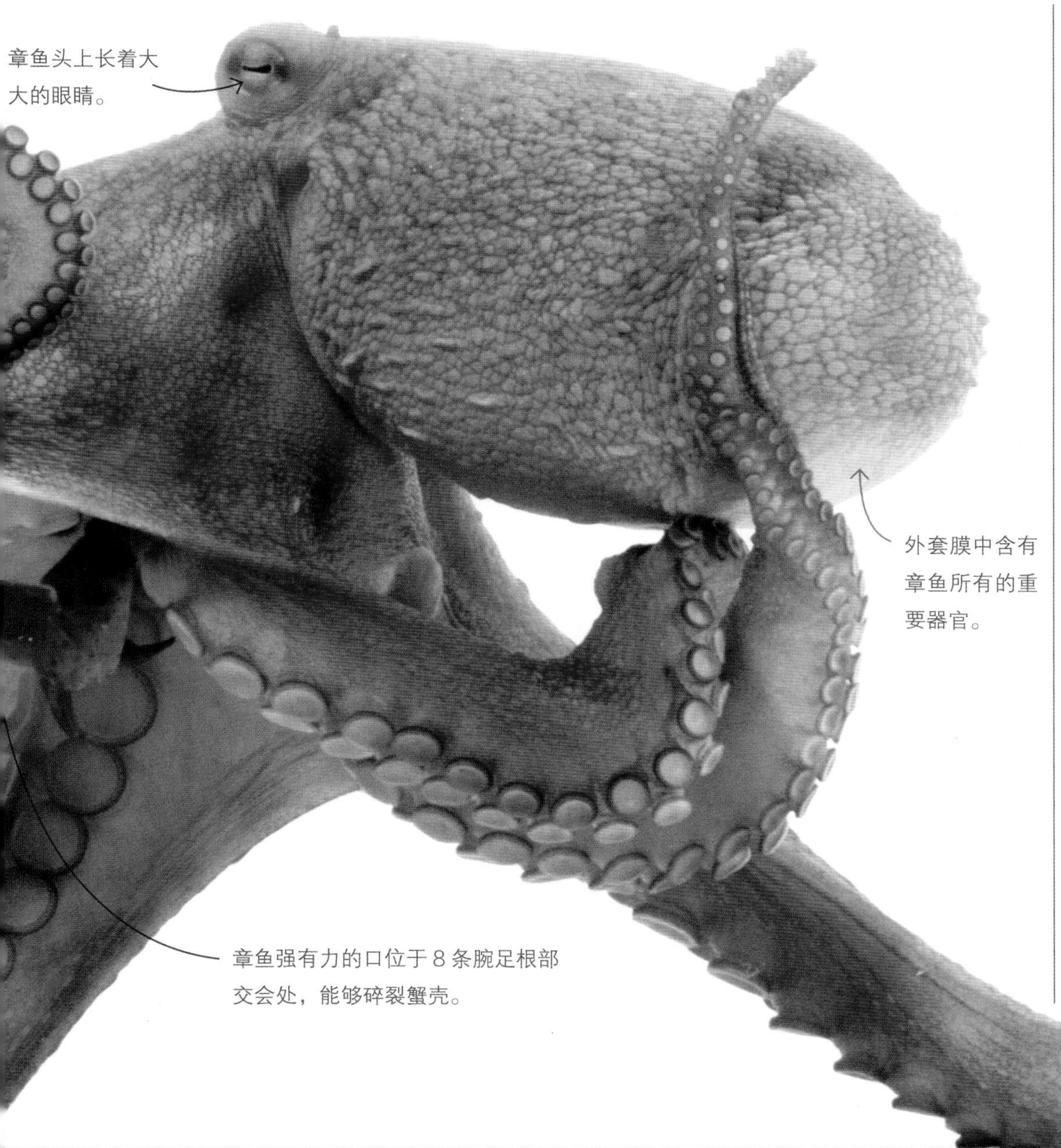
章鱼头上长着大
大的眼睛。
外套膜中含有
章鱼所有的重
要器官。
章鱼强有力的口位于 8 条腕足根部
交会处，能够碎裂蟹壳。

伪装

大多数章鱼能够随着周围的环境来改变颜色、形态，但是拟态章鱼在这方面更出众。它能够通过改变颜色、形态来模拟许多不同种类的海洋生物，比如伪装成有毒的海蛇驱退捕食者，或者伪装成无害的寄居蟹来靠近猎物。

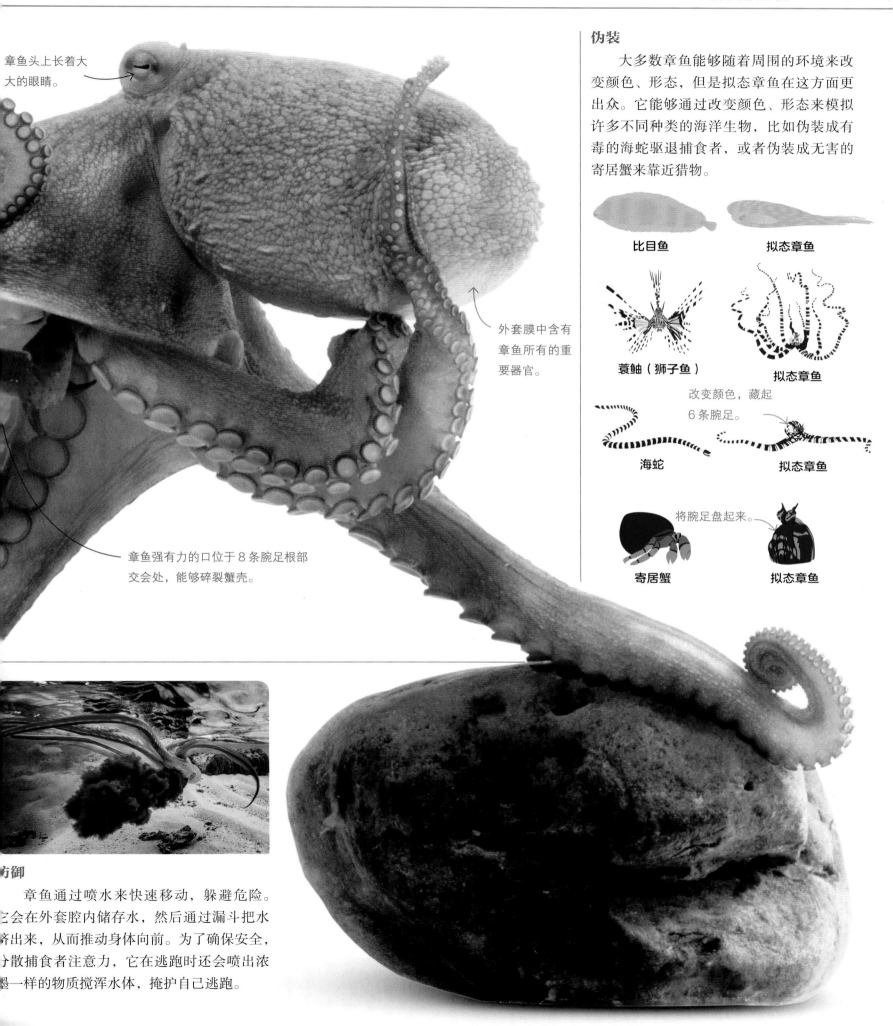

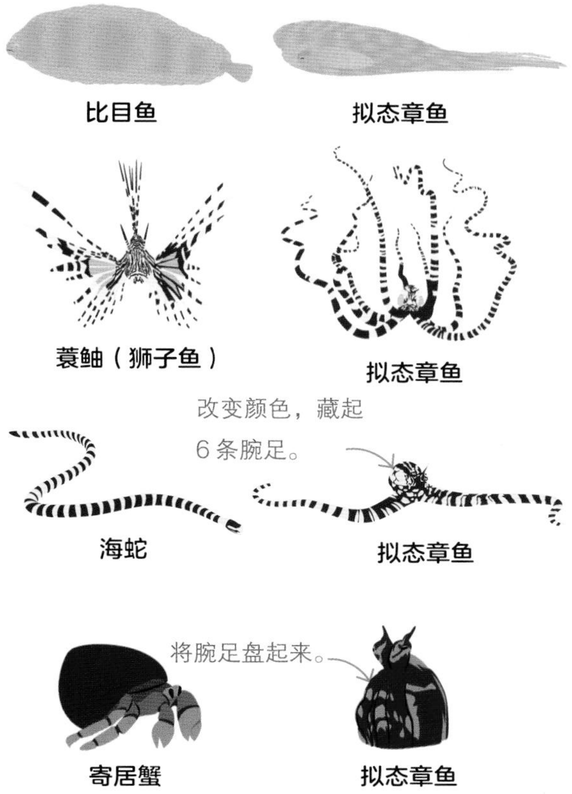
比目鱼
拟态章鱼
蓑鲉（狮子鱼）
拟态章鱼
改变颜色，藏起
6 条腕足。
海蛇
拟态章鱼
将腕足盘起来。
寄居蟹
拟态章鱼

防御

章鱼通过喷水来快速移动，躲避危险。它会在外套腔内储存水，然后通过漏斗把水挤出来，从而推动身体向前。为了确保安全，分散捕食者注意力，它在逃跑时还会喷出浓墨一样的物质搅浑水体，掩护自己逃跑。

海葵

海葵虽然看起来像花一样，但实际上是一类通常附着在海底的口朝上的动物。它们通过在水中摆动布满刺细胞的触手来捕获猎物，然后将猎物送入身体中心的口部。大多数海葵以随洋流漂浮的小生物为食，它们对更大的生物危害较小，但有些海葵触手上的刺细胞足以让鱼瘫痪。

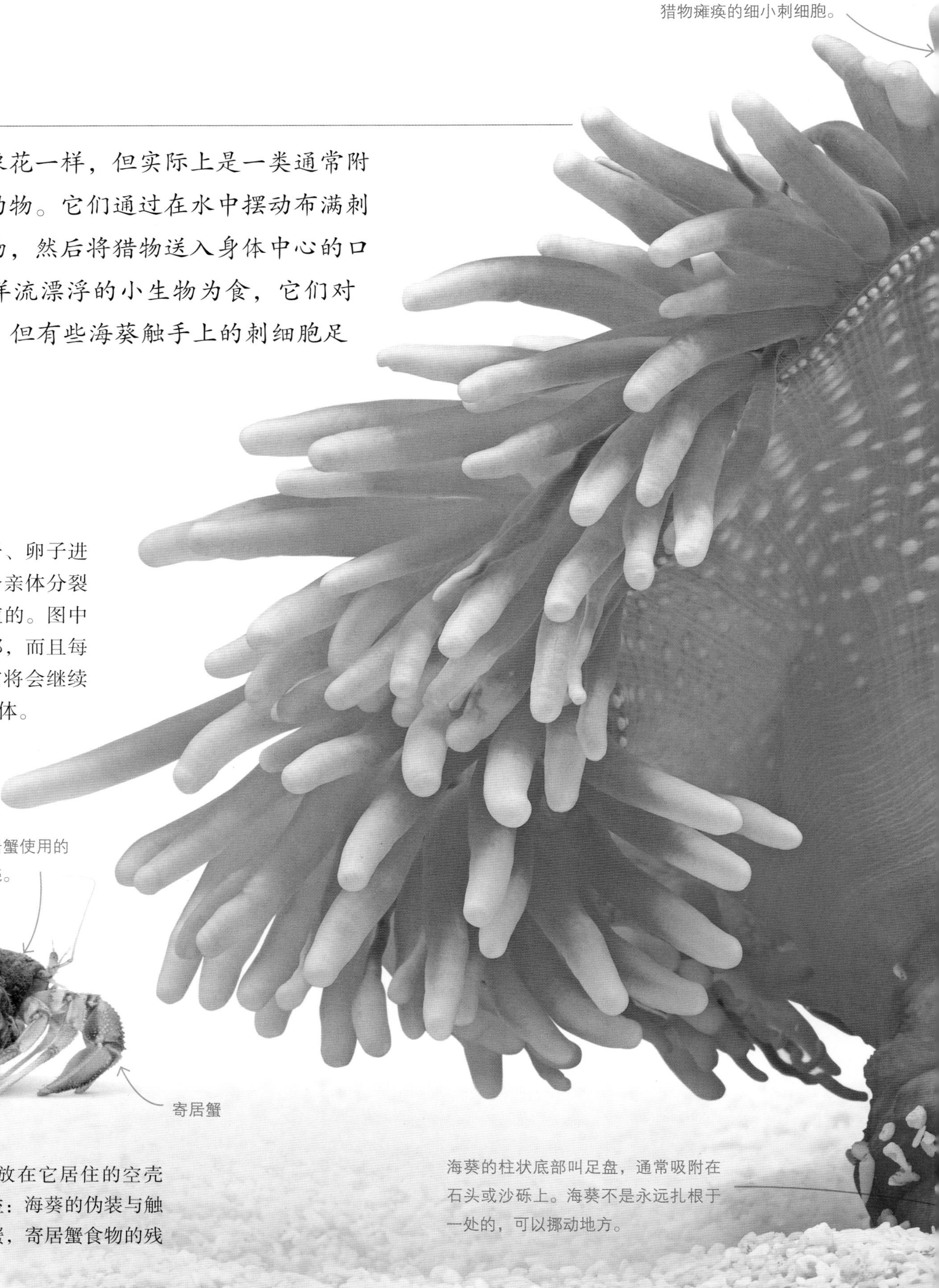
每个触手上都有能让小型猎物瘫痪的细小刺细胞。
海葵的柱状底部叫足盘，通常吸附在石头或沙砾上。海葵不是永远扎根于一处的，可以挪动地方。

▶一分为二

海葵中，既有通过精子、卵子进行有性繁殖的，也有由一个亲体分裂成两个新个体进行无性繁殖的。图中的海葵已经出现了两个口部，而且每个周围都长有一圈触手。它将会继续分裂，直到变为两个新的个体。

海葵
寄居蟹使用的空壳。
寄居蟹

保镖

寄居蟹经常会把小海葵放在它居住的空壳上，这种搭档关系让彼此受益：海葵的伪装与触手上的刺细胞能够保护寄居蟹，寄居蟹食物的残渣也能喂养海葵。

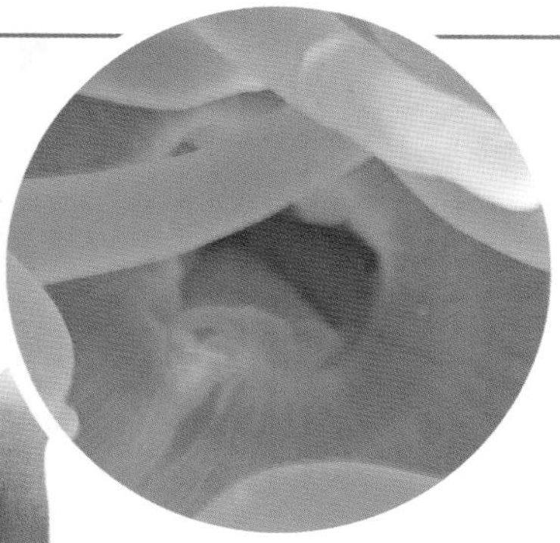

口部

海葵的触手中心有一个开口，这是它用于进食与排泄的口部。

自我防御

许多海葵在面临危险时会收缩触手，生活在欧洲浅海水域的等指海葵便是如此，它们在退潮后暴露于空气中时，就常常通过收缩触手来防止身体变干。

开 闭

躯干内部是消化食物的循环腔，也分泌精子、卵子。
外套膜内有能收缩的肌肉，可以在遇到危险时收缩身体。

鹿角珊瑚的珊瑚虫
生长在支撑珊瑚群
落的石质枝丫中。
硬骨架能够长成
不同形状。

珊瑚

珊瑚与海葵、水母一样都属于刺胞动物，它们会在水底成长为庞大的群落，大部分珊瑚由类似石头的外骨架做支撑，大群落会在海床上形成珊瑚礁，比如澳大利亚大堡礁。大堡礁面积很庞大，在太空中都看得到。每个珊瑚群落都有数千万只珊瑚虫，它们在水中晃动着触手捕捉浮游生物。

硬珊瑚

一些珊瑚群落，比如鹿角珊瑚（上图）和丛生盔形珊瑚（下图），能够形成硬骨架让脆弱的珊瑚虫缩入其中。这些碳酸钙骨架经年累月堆积，形成石灰岩礁。

▶珊瑚构造

像丛生盔形珊瑚一样，所有的珊瑚中都有大量珊瑚虫。虽然数量巨大，但是它们整体行动。珊瑚群落中的每一只珊瑚虫都与“邻居们”相连，并形成了一个网络。珊瑚虫又是各自独立的，每一只都有“胃”（消化循环腔）和用于摄食、排泄、交配的中心开口。

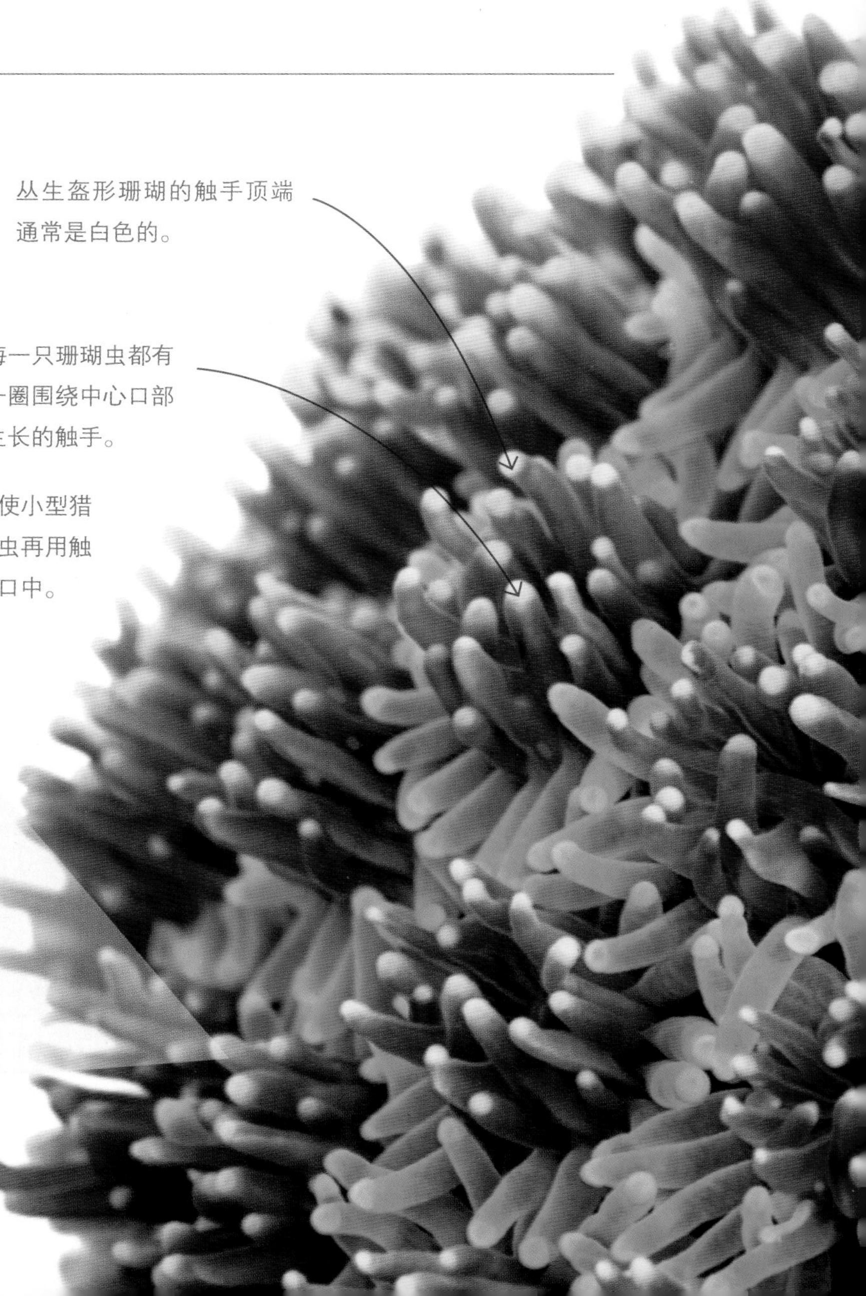
从生盔形珊瑚的触手顶端
通常是白色的。
每一只珊瑚虫都有
一圈围绕中心口部
生长的触手。

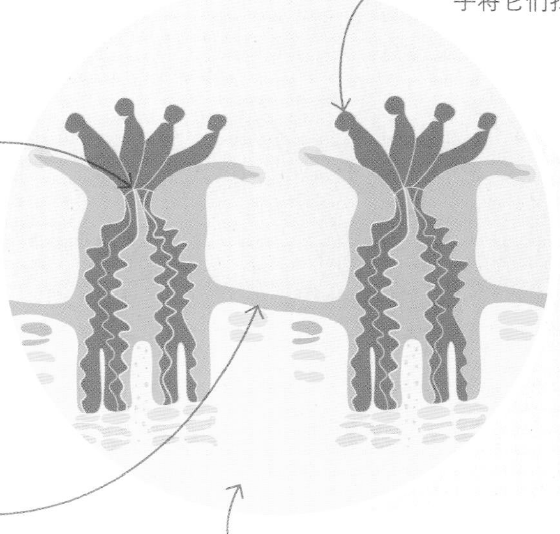
触手上的刺能使小型猎
物瘫痪，珊瑚虫再用触
手将它们扫入口中。
口部既用来进食
也用来排泄。
外骨架和肠腔将不
同珊瑚虫连接起来，
使它们成为行动整
齐划一的群体。
珊瑚虫的分泌物
形成石灰岩礁。

重要的伙伴关系

许多种类的珊瑚中都含有藻类为其着色。藻类通过光合作用制造食物，然后将食物传递给珊瑚助它们成长。有时候，海洋温度上升后，气候会发生改变。藻类离开珊瑚，导致珊瑚虫挨饿，珊瑚礁变白。这种现象就叫作珊瑚白化。

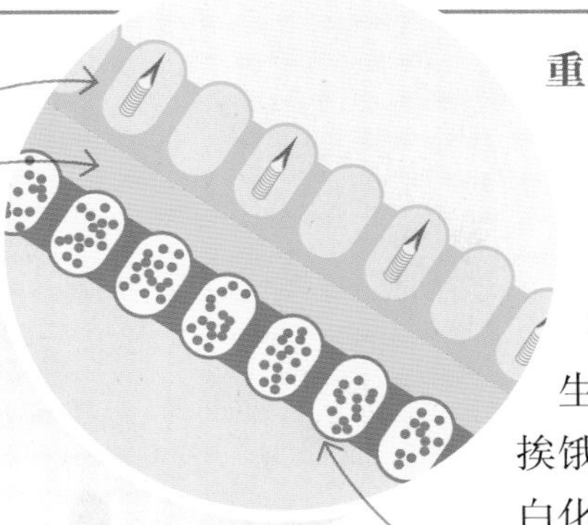

很多动物喜欢在珊瑚群落中安家，这些是滤食性藤壶白羽状的蔓足。

与很多珊瑚一样，这种珊瑚中含有能够进行光合作用的藻类，为它们供应部分食物。

珊瑚群落

这些位于澳大利亚海岸线之外的彩色珊瑚是大堡礁的一部分。大堡礁绵延约2600千米，包含数百个岛、数千个小礁。这里物产丰饶，有鲨鱼、鳐鱼、鲸、海龟等众多生物。珊瑚对于变化格外敏感，这里的环境表面上看起来很健康，但事实上，某些区域已经因为恶劣天气和人类污染而受到破坏。水温的上升导致珊瑚白化，珊瑚丰富的色彩正在逐渐褪去。

水母

水母与珊瑚、海葵生活习性相近，但是大多数水母不像它们那样栖息在海底，而是喜欢有节奏地舒张伞状身体，推动自己自由游动。水母没有大脑和复杂的感觉器官，但是它们可以迷惑更敏捷的动物，用触手上的刺胞使它们瘫痪。一些水母毒性十分强烈，甚至能够在几分钟内杀死人。

▶构造简单的身体

水母身体中超过 95% 都是水，整体由两个胚层构成，中间由凝胶状物质隔开。它们的伞状身体既负责消化食物，同时也可以通过膨胀收缩、吸水挤水来帮助前进。有些水母带刺胞的触手与将食物抓进口里的“口腕”垂在伞状身体后面。

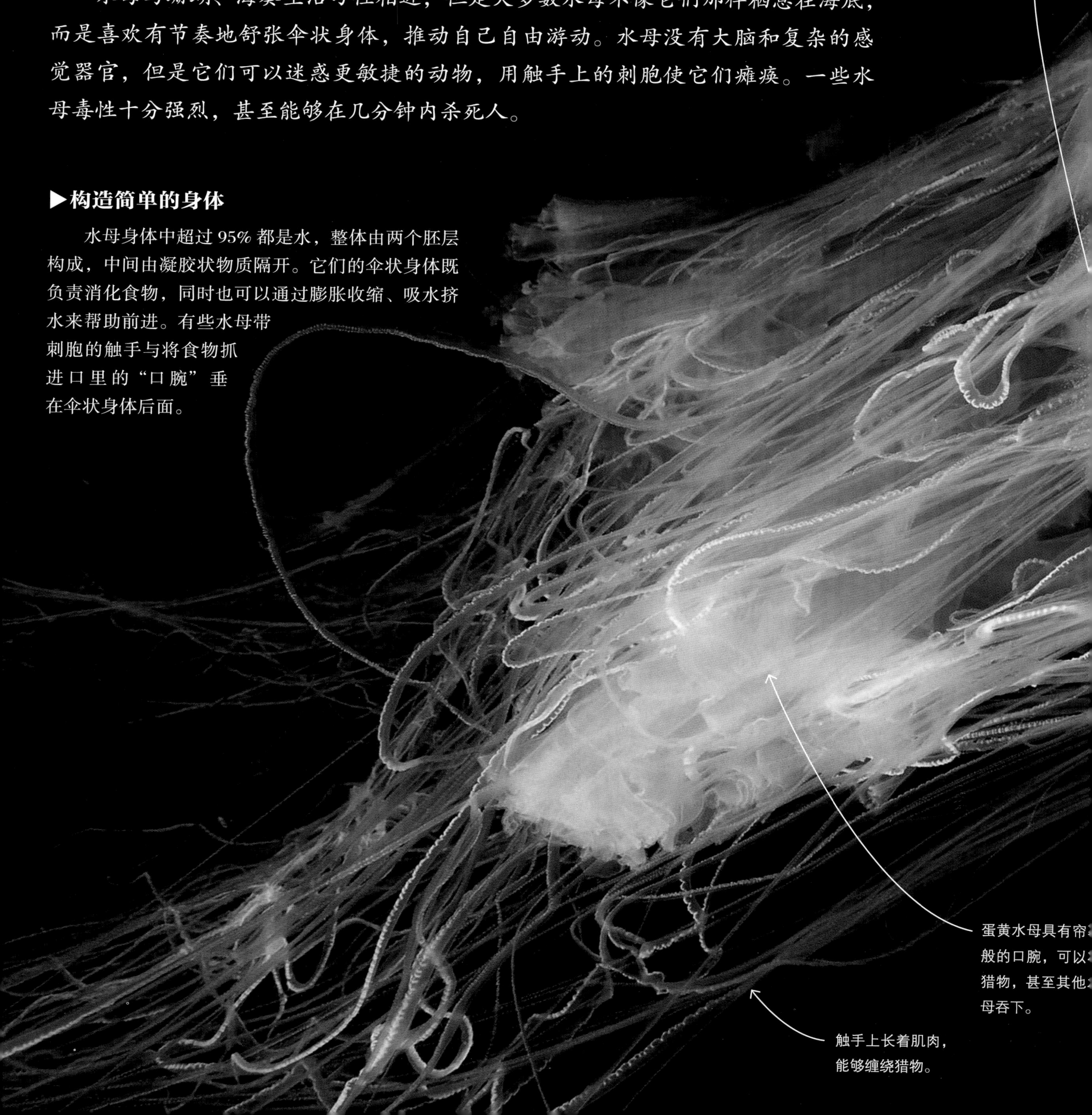
隐藏起来的口通向构造
的“胃”(循环腔)，身
的废物也由此排出。
蛋黄水母具有帘
般的口腕，可以
猎物，甚至其他
母吞下。
触手上长着肌肉，
能够缠绕猎物。

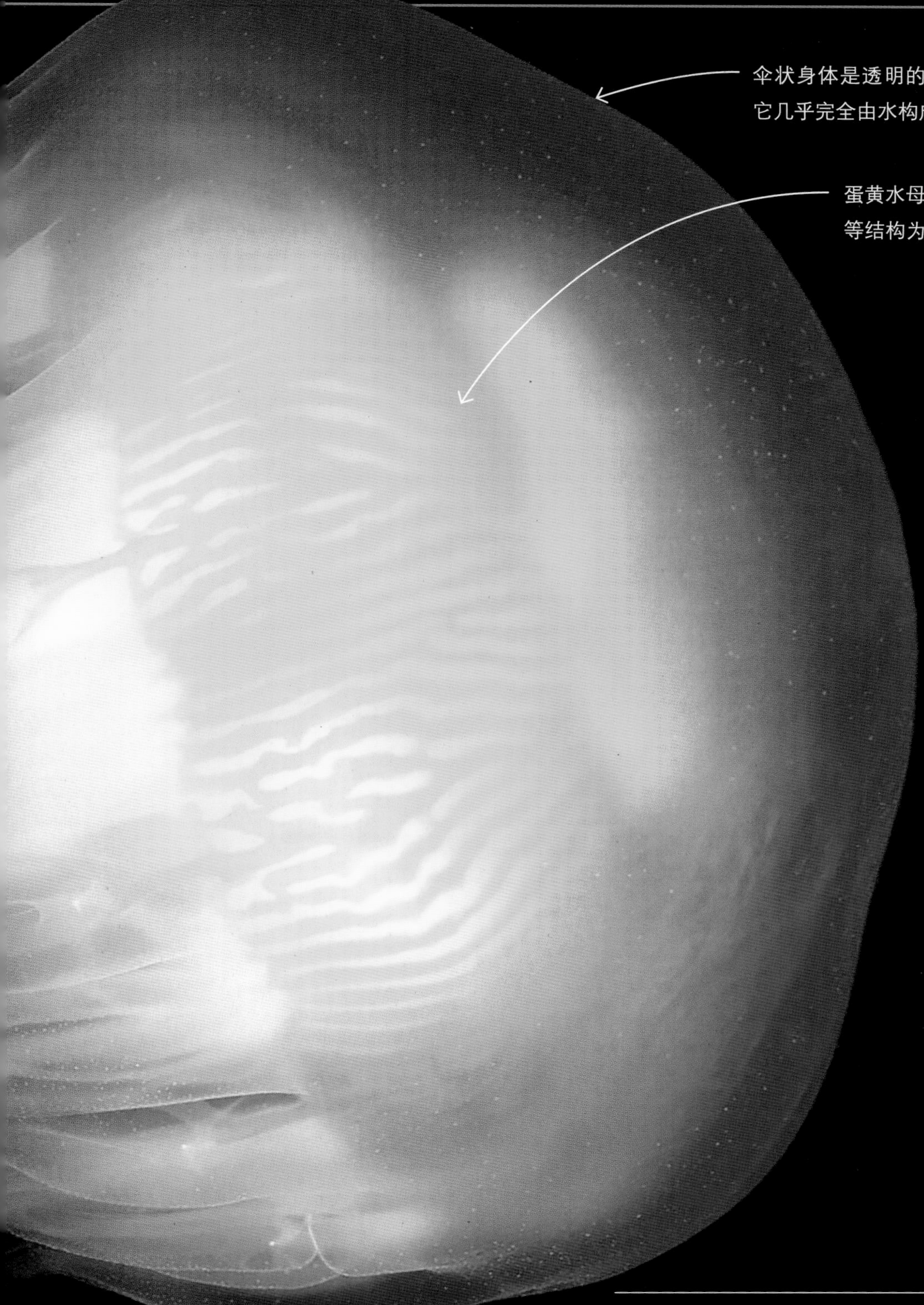
伞状身体是透明的，因为
它几乎完全由水构成。
蛋黄水母因为生殖腺
等结构为黄色而得名。

水母的刺胞如何发挥作用

水母长有数百根触手，刺胞位于触手的刺丝囊内。当动物扫过水母毛发状的触手时，刺胞内盘旋的刺丝就会弹出来，刺破猎物皮肤，射入猎物体里，然后通过刺丝中的管道将毒液注入。

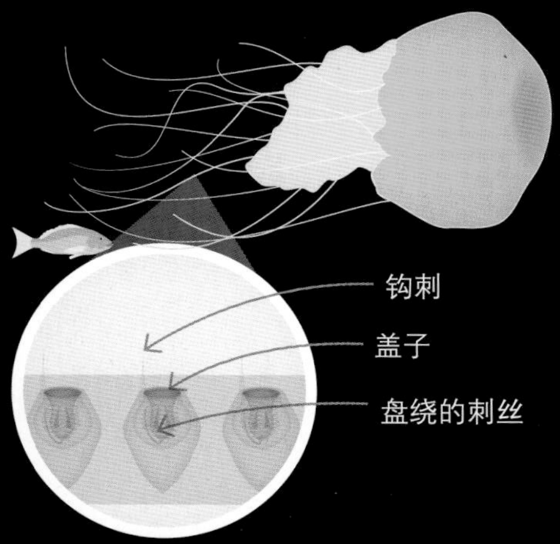
钩刺
盖子
盘绕的刺丝

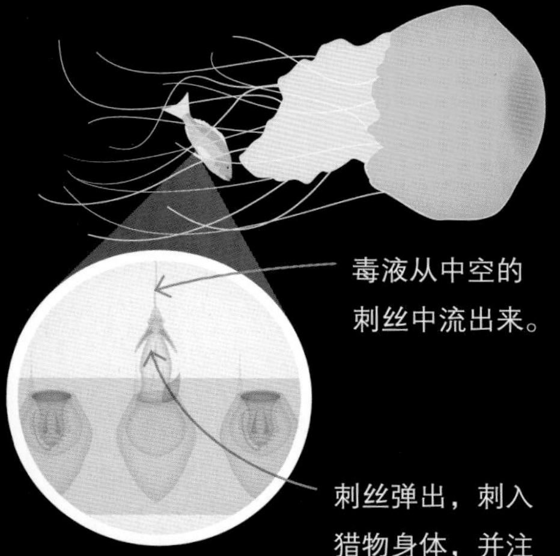
毒液从中空的
刺丝中流出来。
刺丝弹出，刺入
猎物身体，并注
入毒液。

生命周期

大多数水母的基本体型分为两个类型：水母型和水螅型。其中能自由游动的叫作水母体，固着在其他物体上的叫作水螅体。水螅体看起来像是小海葵，通过从水中捕获猎物生存，它可以依次脱落发育成许多小水母。

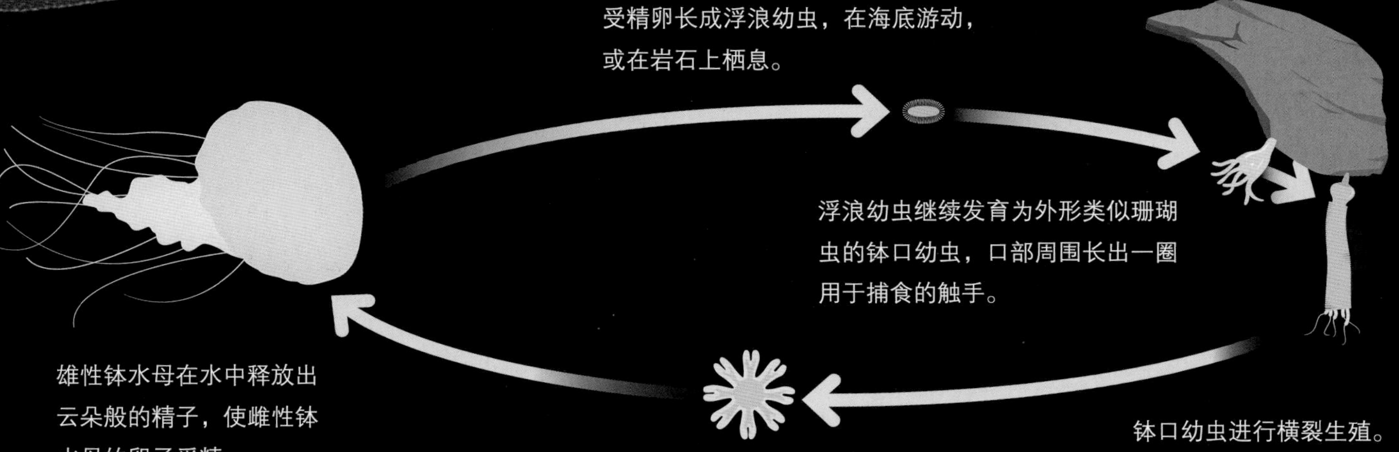
受精卵长成浮浪幼虫，在海底游动，
或在岩石上栖息。
浮浪幼虫继续发育为外形类似珊瑚
虫的钵口幼虫，口部周围长出一圈
用于捕食的触手。
钵口幼虫进行横裂生殖。
形成碟状体。
雄性钵水母在水中释放出
云朵般的精子，使雌性钵
水母的卵子受精。

海星

海星的英文名直译过来是“星鱼”，但它实际上不是鱼，而是一类爬行在海里，长有几百个带吸盘的管足，行动缓慢的无脊椎动物。它所属的棘皮动物，名字来源于古希腊语“带刺的皮肤”。棘皮动物与大多数动物不同，它们不分前后，也没有头尾之分。它们的成体通常分成五个或更多部分，围绕中心辐射对称。

断腕长出四条新腕，形成一个全新的海星。
管足靠吸盘运动、抓取东西。
腕的末端管足能够感受到细微气味。

再生

海星能够断腕再生，有些海星，如果断掉的腕保留了中盘的部分，就能够长成一只新的海星。

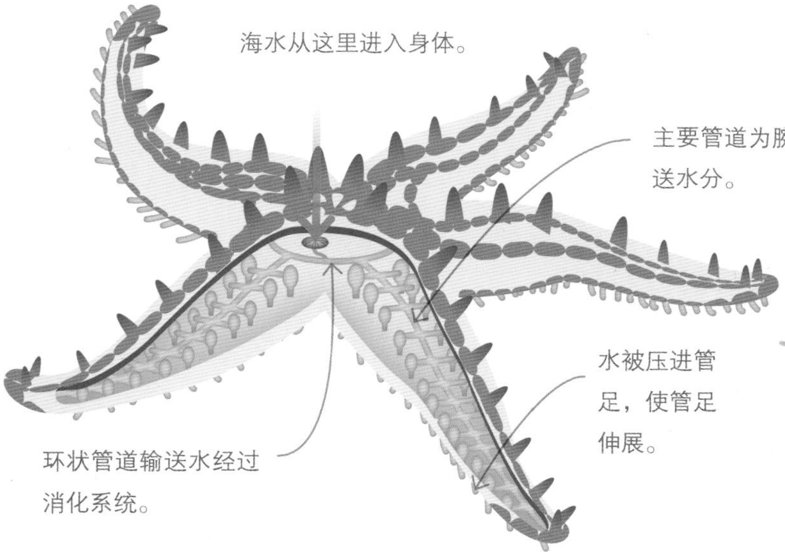

海水从这里进入身体。
主要管道为腕输送水分。
水被压进管足，使管足伸展。
环状管道输送水经过消化系统。

水管系统

海星没有心血管，它们依赖于贯通全身的、充满海水的管道来输送水、氧气及其他食物，还有排泄物。这套系统还帮助它们运动。

▲星形身体

海星成体通常从中盘辐射出 5 条对称的腕，但是一些海星长着多达 50 条腕。口部位于下侧中央，肛门位于上侧中央，腕的下侧有几百条管足，其尖端具有黏性吸盘，能抓住物体表面。

内骨骼

棘皮动物的内部骨骼是由皮肤内嵌入的数千个碳酸钙结晶组成，它们虽然脆弱，却可以相互滑动，让海星的腕足可以运动。

红棘海星

管足

棘皮动物带吸盘的足部，称作管足，与身体的水管系统相连。每个管足底部有个球状物，能够向管足中泵入海水，让它们伸展。管足的肌肉还能够蜷曲。棘皮动物通过伸缩管足移动身体。

觅食

尽管移动很慢，但许多海星依然是高效的捕食者。普通大西洋海星会用腕抓牢贻贝，缓慢撬开外壳。只要露出1毫米缝隙，就足以让海星将柔韧的胃塞入贝壳，然后灌入消化液将贝肉液化。

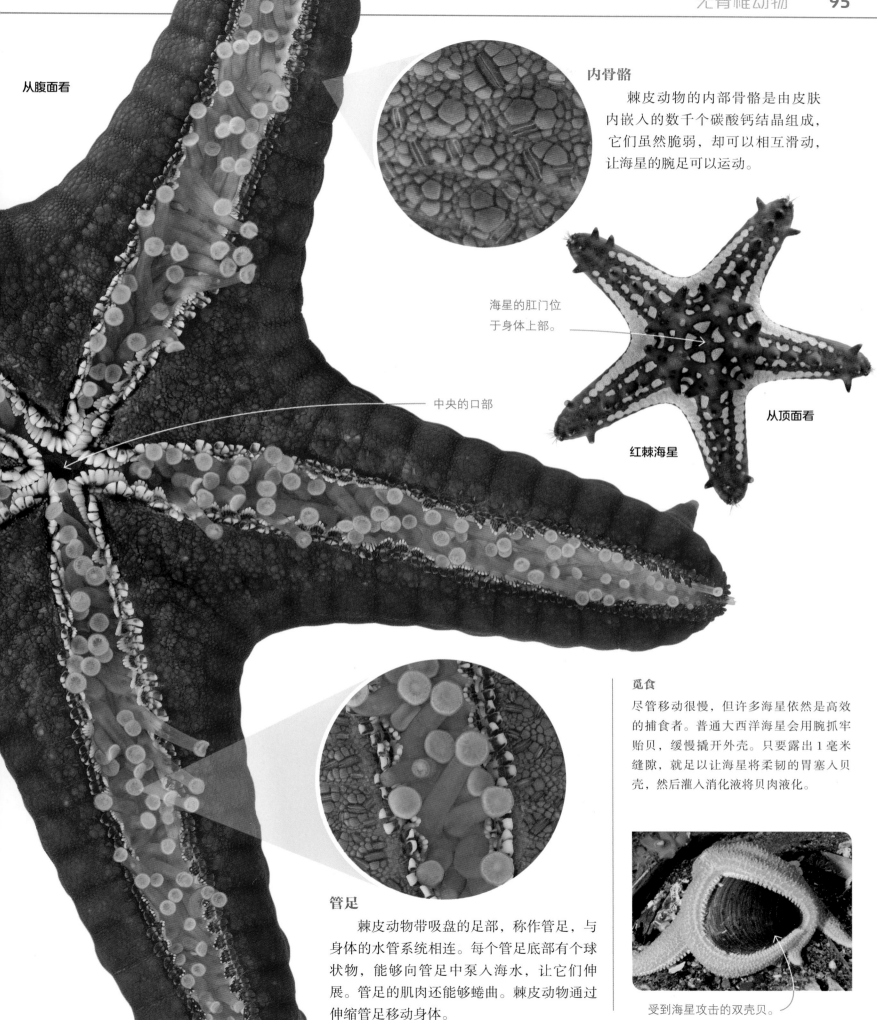

受到海星攻击的双壳贝。

环节动物

环节动物是身体分节、又长又细的无脊椎动物，这类动物前有头，后有尾，没有足。它们通常栖息于各种不同的潮湿地带，甚至是其他动物体内。环节动物呈扁平状或圆柱状，身体分为相似而重复排列的体节，或极其微小，或长达数米。我们很难分辨出它们的身体哪边是头，哪边是尾，因为大多数环节动物的身体两端看起来一样。

▼分节

很多动物的身体都有被称为体节的部分，但这在蚯蚓等环节动物身上尤为明显。蚯蚓富含肌肉的体壁能让它们在土壤中打洞。它们将土壤吸入嘴中，提取其中的食物。蚯蚓打洞可以松土通气，对植物根部和其他生活在泥土中的动物都大有益处。

环带

蚯蚓身上隆起的部分叫作环带。在蚯蚓交配后，环带会分泌出一环黏液。在蚯蚓爬出那环黏液时，它会将卵产在里面。黏液包裹着卵，形成卵茧。卵茧能够保护卵，直到几周后孵化。

尾端长得像头部，是排泄食物残渣的地方。

蚯蚓没有肺，它们通过湿润的体表进行呼吸。

每一节都长有肌肉。

蚯蚓体内

蚯蚓体内是充满液体的体腔，它有支撑身体的作用，犹如其他动物用来支撑身体的骨架。蚯蚓通过用每一节的肌肉挤压体腔来移动身体。这些肌肉围绕着消化管和循环系统，遍布整个身体。

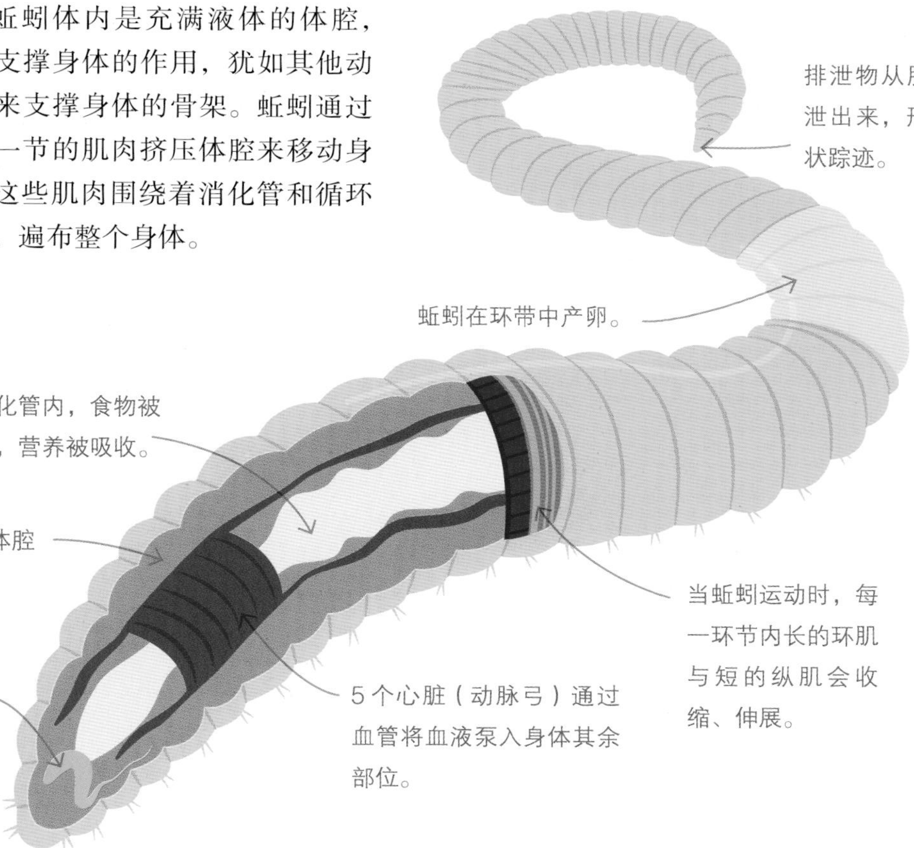

排泄物从肛门排泄出来，形成泥状踪迹。
蚯蚓在环带中产卵。
在消化管内，食物被分解，营养被吸收。
体腔
（咽上
经节）
5 个心脏（动脉弓）通过血管将血液泵入身体其余部位。
当蚯蚓运动时，每一环节内长的环肌与短的纵肌会收缩、伸展。

蚯蚓如何移动

蚯蚓移动仿佛拉动手风琴一般，当它拉紧尾端，将头部往前推，身体的每一节随之打褶、伸长。结实的环肌与纵肌对体腔进行挤压、舒张，推动身体前行。

刚毛阻止蚯蚓往后滑。
头部

变宽变粗

当纵肌收缩，推动尾端前行，每一节变短、变宽、变粗。

变长变细

当环肌收缩，蚯蚓会变长变细，将前端向前推进。

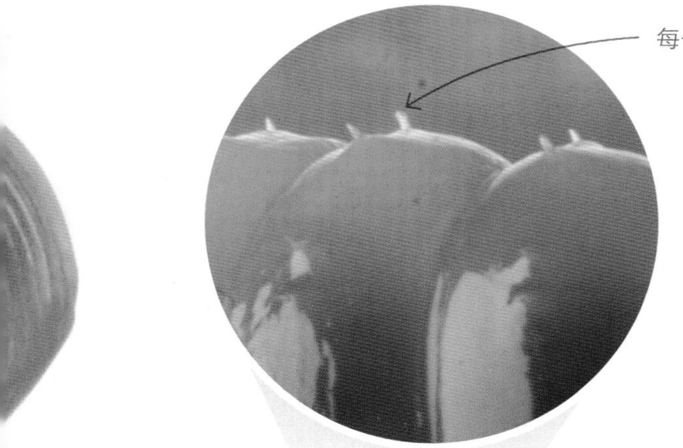

每一环节有 4 束刚毛。

刚毛

蚯蚓身体表面看似光滑，但长着细微的刚毛。当蚯蚓穿过泥土时，这些刚毛会帮助蚯蚓固定身体。

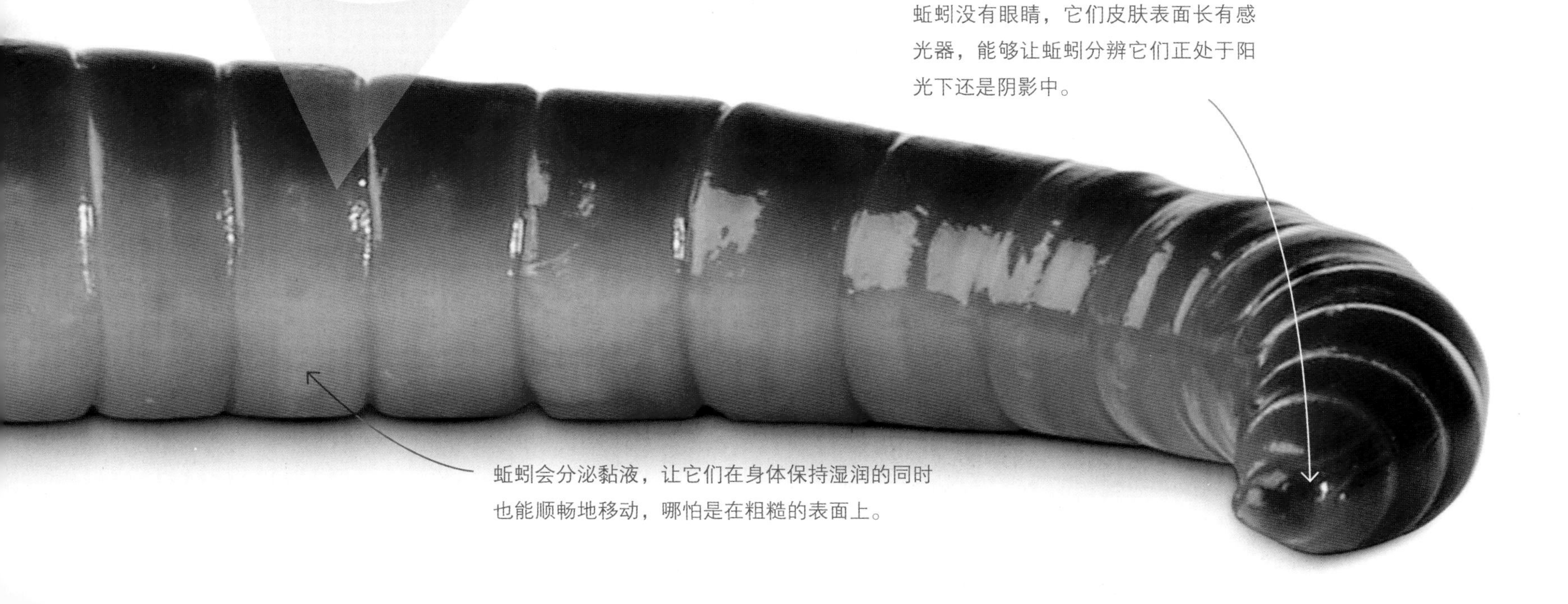

蚯蚓没有眼睛，它们皮肤表面长有感光器，能够让蚯蚓分辨它们正处于阳光下还是阴影中。
蚯蚓会分泌黏液，让它们在身体保持湿润的同时也能顺畅地移动，哪怕是在粗糙的表面上。

海洋环节动物

环节动物在海洋、陆地都广泛分布，但是大多数海洋环节动物看起来与陆地环节动物格外不同。它们中的一些住在泥沙中的硬管里，在水中摇摆花状触手捕食猎物。另一些或是打洞，或是在海底爬行，甚至在水中游动觅食。最活跃的海洋环节动物是捕食者，一些长有强健的颚，能将猎物咬成两半。

▶建房

管虫在成长时，会用它们的口部、触手围绕自身建管道。毛掸虫用自己的黏液将细泥沙粘在一起制成管道。有的管虫用沙子、贝壳或白垩质材料做出类似石膏模具的管道。毛掸虫刚孵出的时候漂浮在海里，后来才定居在海底。

管内

毛掸虫身体分节，尾巴朝下悬在管道里。它的头部、触手平时会探出管道顶部，但是面临威胁时，又会很快缩回去。毛掸虫每一节身体都长有刚毛，这样就可以在管道中移动。

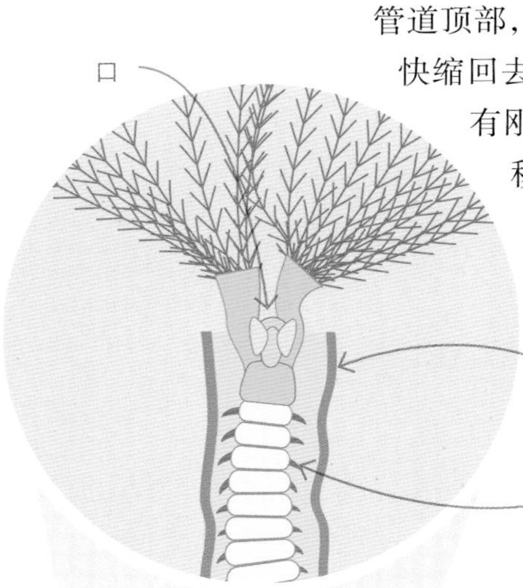
口
管道
每一节身体都有刚毛。

这一圈漏斗状的触手用于捕食。

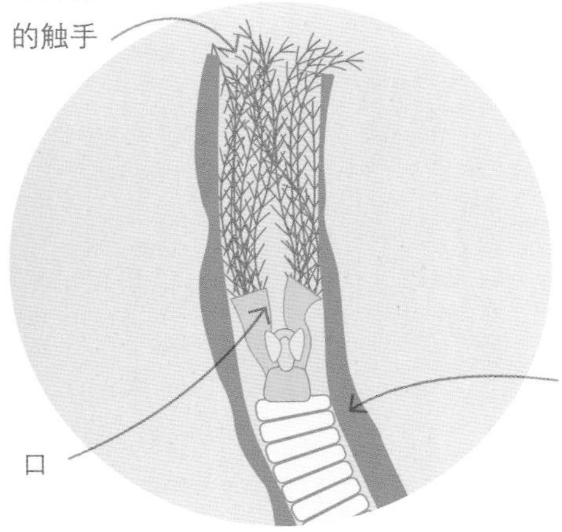

陷阱般的触手

毛掸虫的触手在水中举起时，形状像一把伞。浮游动物如果随水流进入陷阱，就会被困在触手中，最后慢慢被引到口里。

口
坚硬的管道是用黏液和泥沙做成的。
羽毛状的触手用来捕食猎物。

海洋环节动物的世界

海洋环节动物有多种多样的外形，其中一些根本不像环节动物。它们大小各异，有的十分微小，有的可以长达 30 米。

博比特虫

这种捕食者藏在沙地里，能够一下子冲出来，用强大的颚捕食小鱼。

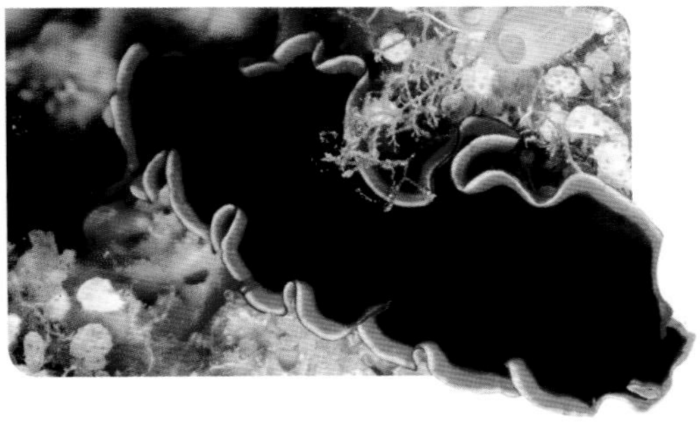

红边扁虫

这种虫像蛞蝓一样在海底滑动，身上的鲜艳色泽是在警告捕食者，它们味道不好。

多毛类

多毛类大多生活在珊瑚礁中，有些长着有毒的刚毛，刺痛会让想捕食它们的掠食者敬而远之。

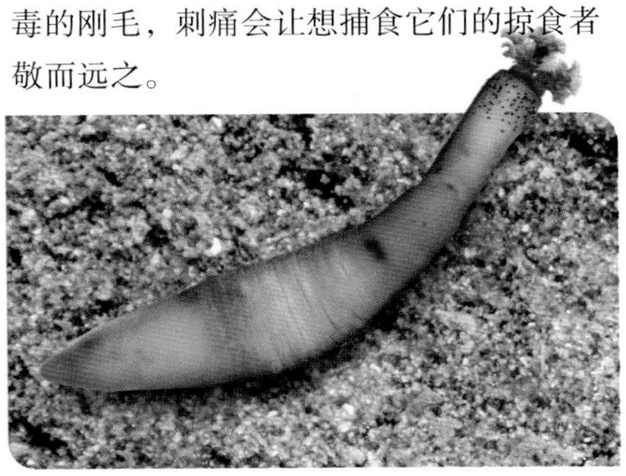

星虫（花生蠕虫）

这种环节动物之所以有这个别名，是因为当它们把小小的头部缩回身体时，看起来很像花生。

呼吸

昆虫通过气管系统呼吸，这些管道直接将氧气输送到肌肉及其他组织，并带走废气二氧化碳。

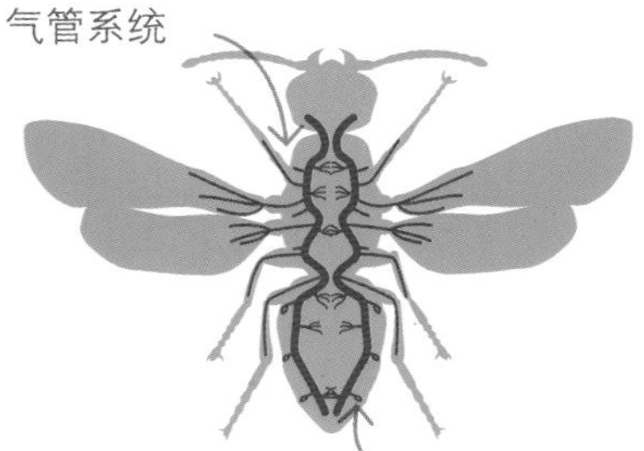
气管系统
外骨骼有气门。

身体分节

昆虫身体分为三部分，头部具有口器和大多数的感觉器官，胸部具有能够移动足、翅的肌肉，腹部具有消化器官、生殖器官。

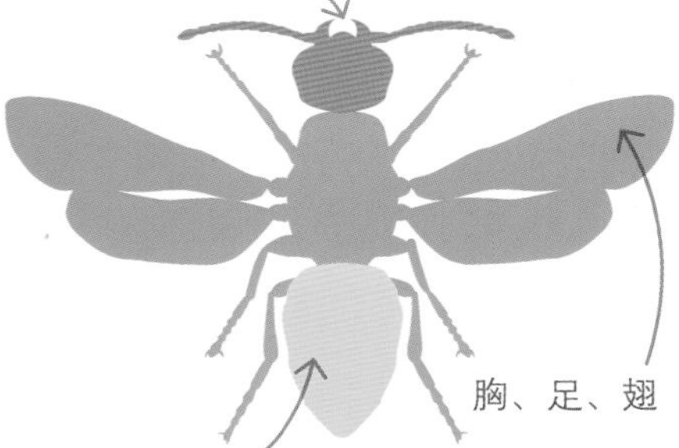
头、颚、触角
胸、足、翅
腹

卵与幼虫

大多数昆虫产卵繁殖，卵通常会孵化出与成虫长相不同的幼虫。

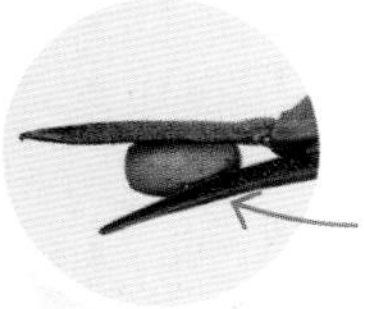

竹节虫准备产卵。

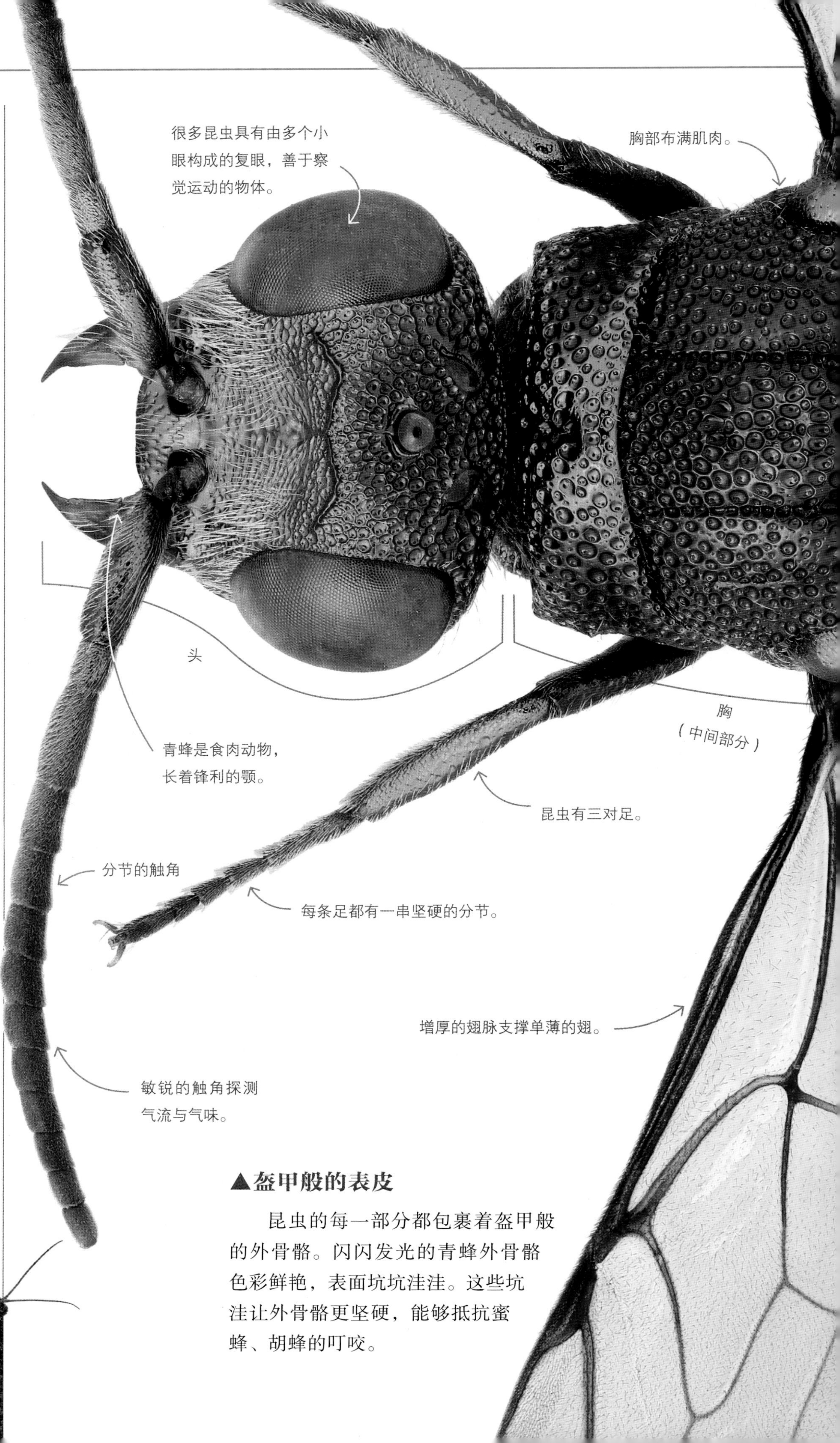
很多昆虫具有由多个小眼构成的复眼，善于察觉运动的物体。
胸部布满肌肉。
头
胸
（中间部分）
青蜂是食肉动物，长着锋利的颚。
昆虫有三对足。
分节的触角
每条足都有一串坚硬的分节。
增厚的翅脉支撑单薄的翅。
敏锐的触角探测气流与气味。

▲盔甲般的表皮

昆虫的每一部分都包裹着盔甲般的外骨骼。闪闪发光的青蜂外骨骼色彩鲜艳，表面坑坑洼洼。这些坑洼让外骨骼更坚硬，能够抵抗蜜蜂、胡蜂的叮咬。

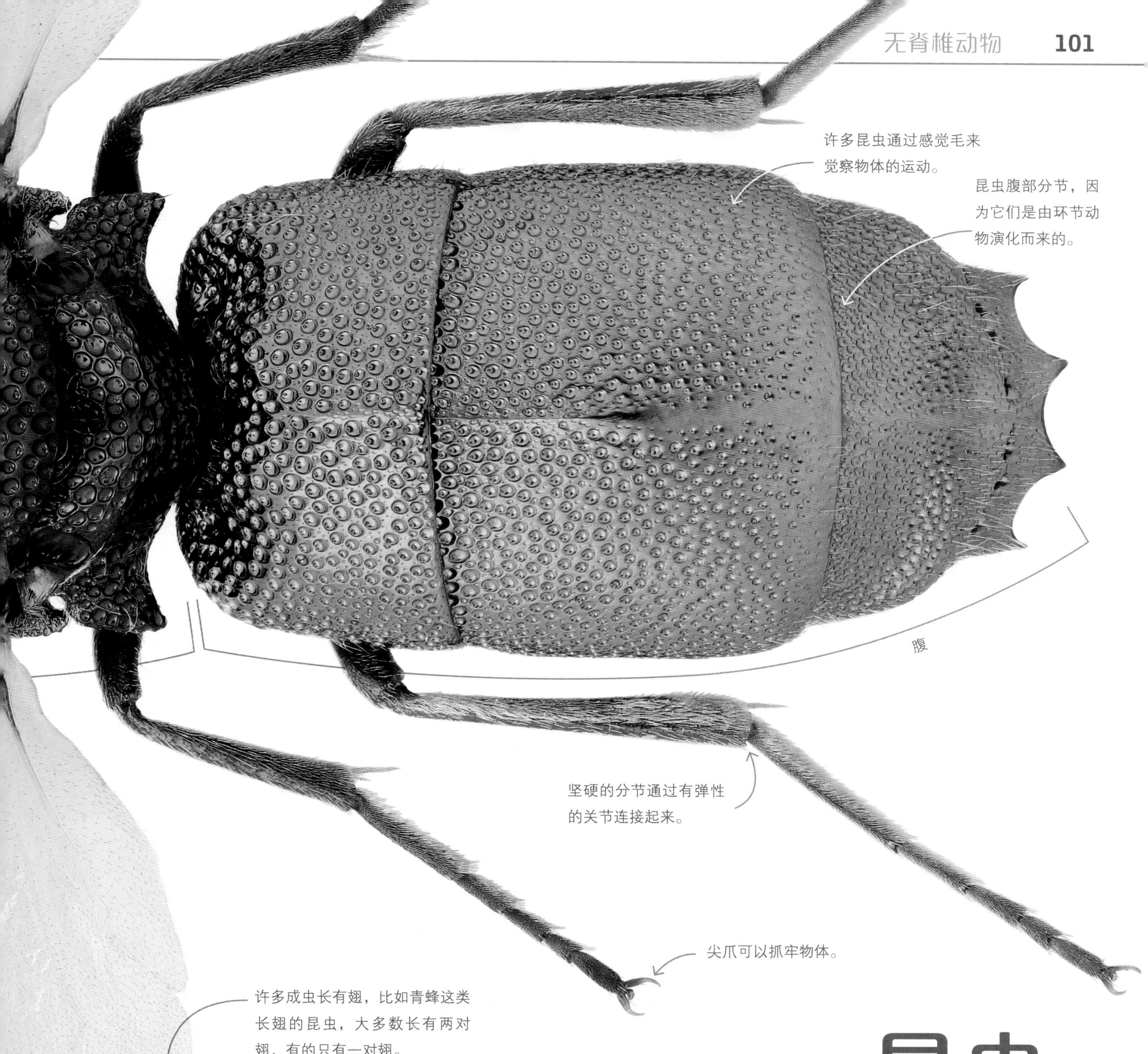
许多昆虫通过感觉毛来
觉察物体的运动。
昆虫腹部分节，因
为它们是由环节动
物演化而来的。
腹
坚硬的分节通过有弹性
的关节连接起来。
尖爪可以抓牢物体。
许多成虫长有翅，比如青蜂这类
长翅的昆虫，大多数长有两对
翅，有的只有一对翅。

昆虫

在地球已知的动物物种中，昆虫物种数目占据了约四分之三。它们生活在陆地上的每一块栖息地，从冰雪覆盖的北极到烈日灼烤的沙漠。它们数量庞大的原因之一在于它们的身体结构，坚硬的外骨骼能够保护脆弱的内部器官，形态各异的口器能够适合不同食物。昆虫是最早进化出飞翔能力的动物，无脊椎动物中只有昆虫可以飞翔。

昆虫的种类

昆虫是唯一能够进行动力飞行的无脊椎动物，我们能在陆地上的各种环境见到它们。昆虫物种有约150万种，它们是这个星球上数量最多、分布最广的动物类群。下面我们来了解一下昆虫的主要类型。

多褶的装饰看起来
很像苔藓或地衣。

竹节虫与叶䗛

这些伪装大师会模仿竹枝或树叶，大多以植物为食。

鞘翅

甲虫

甲虫构成了昆虫的最大类群。它们通常将一对翅折叠在坚硬的鞘翅中。

胡蜂通常有细腰。

蜜蜂、胡蜂、蚂蚁

这些昆虫的两对翅勾连在一起，多为成群聚居，雌虫多长有螫针。

蝽

蝽具有刺吸式口器。有的种类的蝽吮吸植物汁液为食，还有的以刺吸其他昆虫为食。

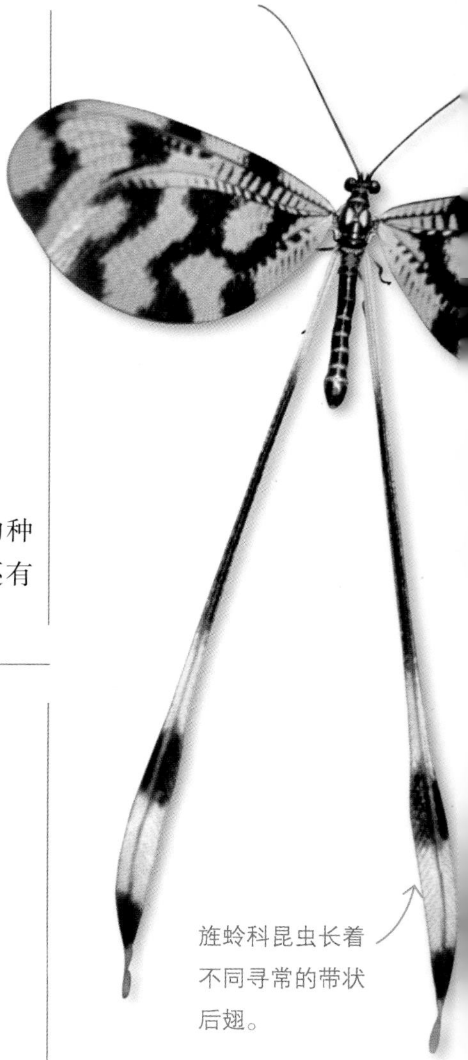
旌蛉科昆虫长着
不同寻常的带状
后翅。

平衡棒

蝇类

大多数昆虫有两对翅，但是蝇类只有一对翅。另一对翅演变为平衡棒，用来稳定飞行。

巨大的复眼
每对翅独立发挥作用。

蜻蜓与豆娘

这些敏捷的捕食者依靠视力绝佳的复眼找寻猎物，在半空中用翅和强有力的足来抓住猎物。

草蛉与蚁蛉

它们的成虫与幼虫都是捕食者，长着能够咀嚼猎物的强有力的颚。蚁蛉幼虫会挖陷阱抓蚂蚁吃。

蠼螋

扁平的身体与腹部的尾须让蠼螋很容易被识别，它们中的大多数在夜间出没，以其他昆虫或植物为食。

蝶类与蛾类

蝶类与蛾类多以植物花蜜和叶子为食，它们的翅巨大，多为彩色，上面覆盖着瓦片状的鳞粉。它们的幼虫（毛虫）也多以植物的叶子为食。

复眼
眼状斑纹可以吓退捕食的鸟类。
鳞翅

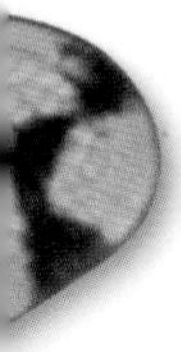

长长的后足可以跳跃。

蝗虫与蟋蟀

大多数蝗虫与蟋蟀以植物为食，头大“颈”粗，长着有力量的后足。

昆虫的外骨骼怎样发挥作用

昆虫的骨骼不在体内生长，发挥支撑性作用的主要是它们的坚硬外壳，即外骨骼。外骨骼含有几丁质这种坚硬物质，可以防止昆虫受伤，阻止水分流失。外骨骼在某些部位坚硬，在某些部位具有弹性，可以让昆虫的肢体、口器和触角运动。

▼甲虫外骨骼

昆虫的外骨骼厚度各异，甲虫幼虫的外骨骼薄而柔韧，但成年甲虫的外骨骼，比如这只金龟子成虫的就闪闪发亮，如盔甲般坚韧，色泽也非常鲜亮。

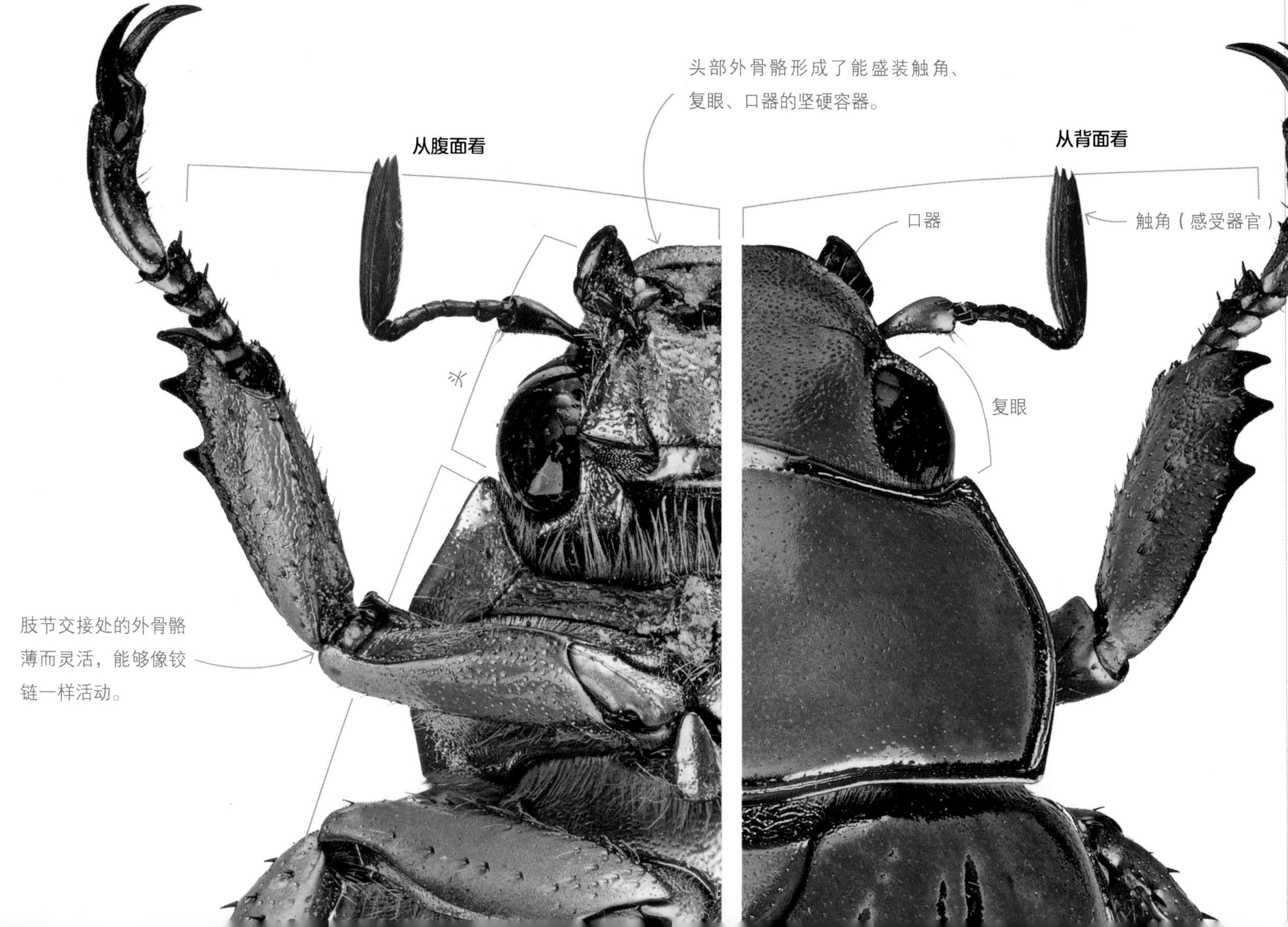
头部外骨骼形成了能盛装触角、复眼、口器的坚硬容器。
从腹面看
头
从背面看
口器
触角（感受器官）
复眼
肢节交接处的外骨骼薄而灵活，能够像铰链一样活动。

口器

不同昆虫的口器差别巨大，它们能刺、切、吮、嚼、吞咽食物。

蝗虫

咀嚼式口器能够将叶子切割、撕裂、磨碎。

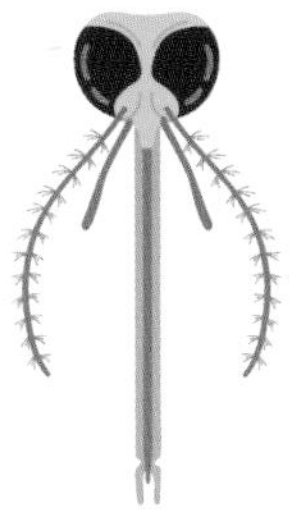

蚊子

刺吸式口器能像针一样刺穿猎物表皮吸血。

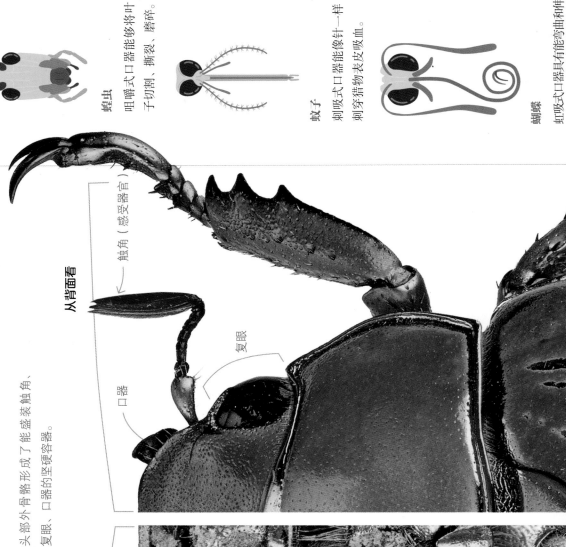

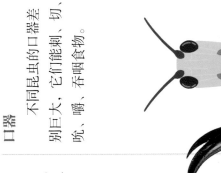

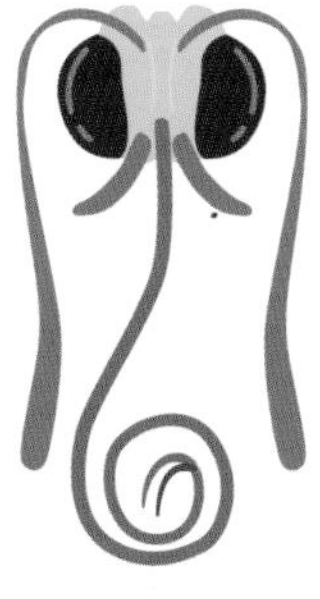

蝴蝶

虹吸式口器具有能弯曲和伸

住物体表面，帮助防御。

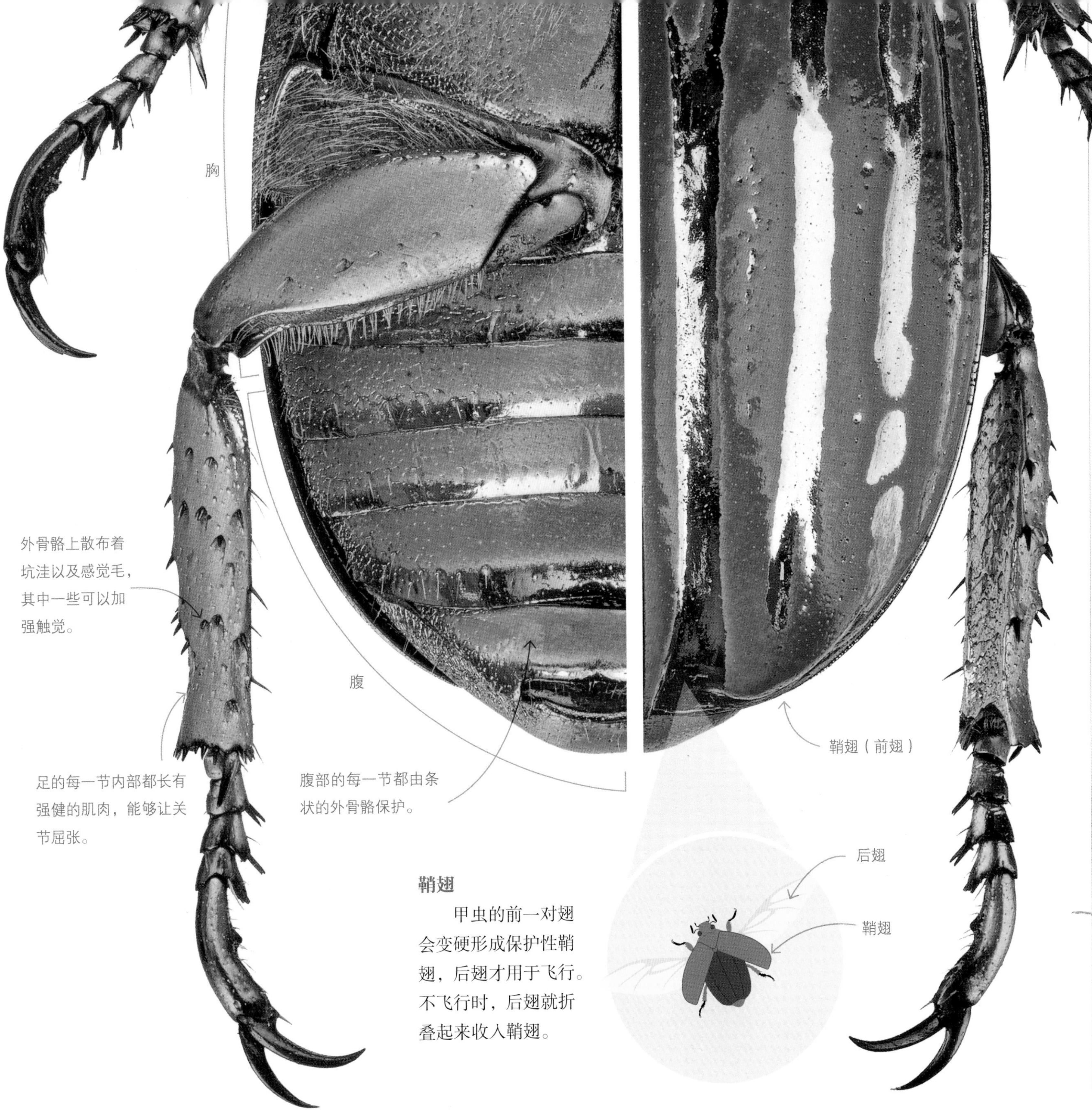

外骨骼上散布着坑洼以及感觉毛，其中一些可以加强触觉。

足的每一节内部都长有强健的肌肉，能够让关节屈张。

腹部的每一节都由条状的外骨骼保护。

昆虫如何成长

昆虫成长时，坚硬的外骨骼不能生长，于是随着身体长大，就必须蜕去外骨骼，即蜕皮。蜕皮时，旧外骨骼裂开，在其下方，稍大一些的新外骨骼就会长出来。

蜻蜓蜕去旧外骨骼。

柔软的新外骨骼之后会变硬。

鞘翅

甲虫的前一对翅会变硬形成保护性鞘翅，后翅才用于飞行。不飞行时，后翅就折叠起来收入鞘翅。

1 从卵到毛虫

要经历变态发育的昆虫的幼体称为幼虫。体上多毛的蝶类幼虫和蛾类幼虫也被叫作毛虫。蚕卵在成长了 14 天后，蚕孵化出来，取食约 25 天的桑叶后会长到最初体重的一万倍左右。蚕在成长过程中会蜕皮四次，以让身体生长。

第 15 天

第 5 天

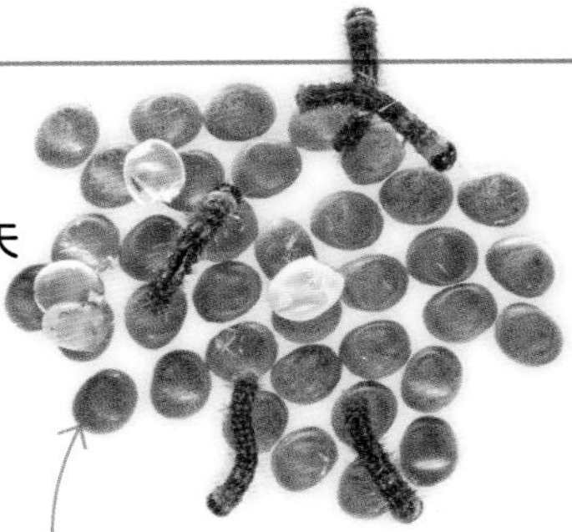

第 1 天

蚕卵大多比同大小的沙粒轻。

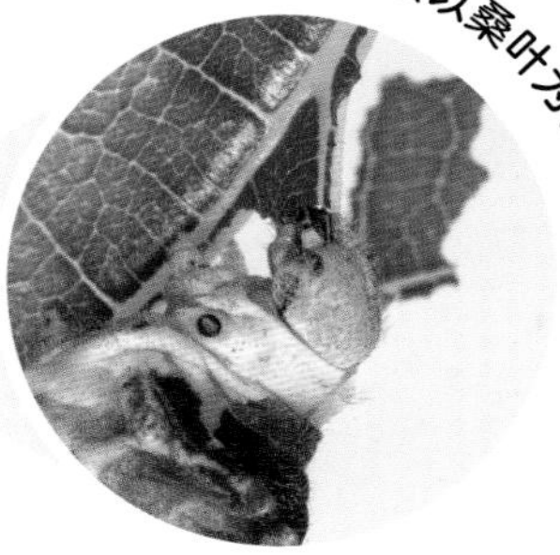

蚕以桑叶为食。

第 17 天

变态发育怎样进行

许多昆虫的生命周期中，从幼虫转变为成虫包括名为变态发育的复杂变化。以蛾类和蝶类为例，它们在生命初期都是毛虫状态，毛虫充分发育后会进入一个相对静止的蛹期，在蛹中，它们重塑身体，最后发育为成虫。

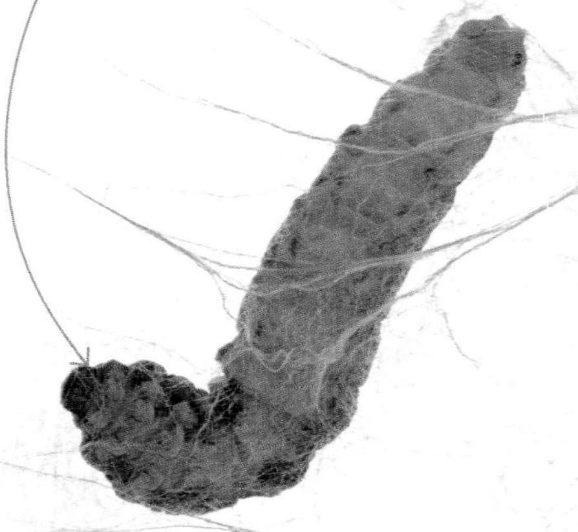

蚕通过口中腺体分泌蚕丝。

第 26 天

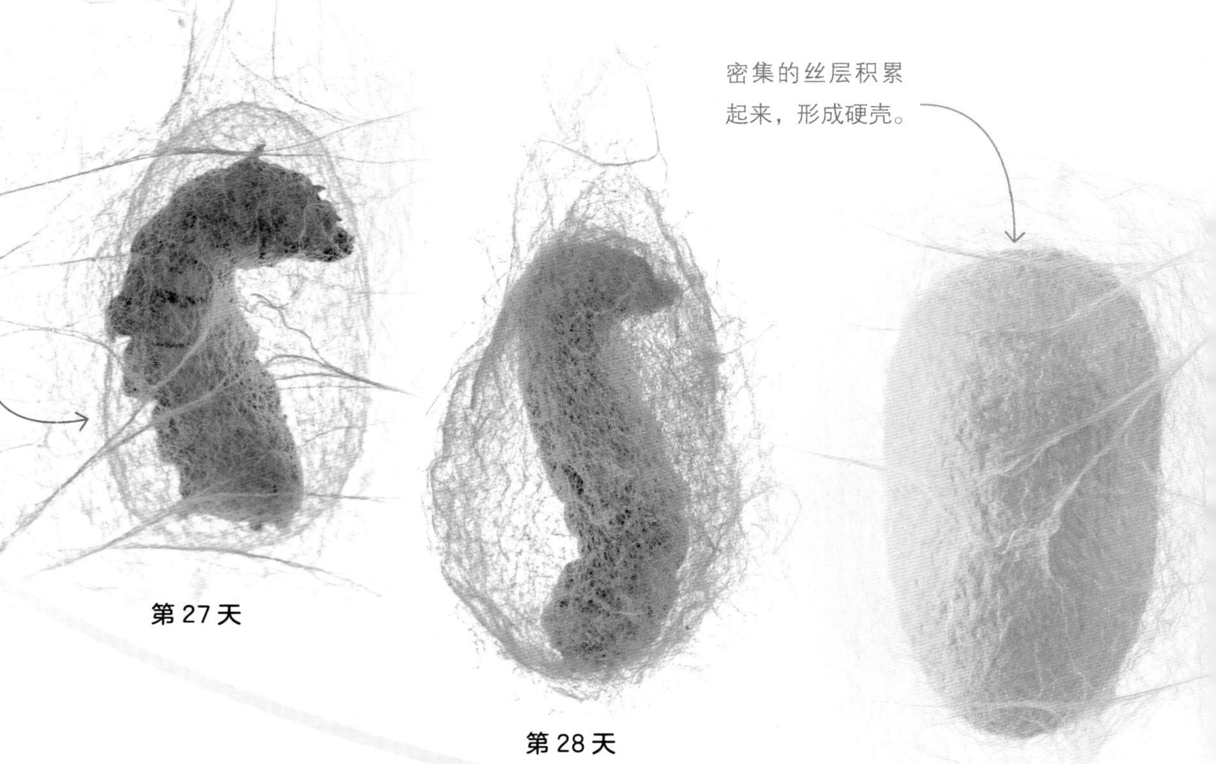

蚕反复呈环形转动头部吐丝缠绕自己。

第 27 天

第 28 天

密集的丝层积累起来，形成硬壳。

第 29 天

2 结茧

蚕为了保护蜕变期脆弱的身体，会吐丝结茧。从蚕口中吐出的丝最初是液态的，遇到空气变硬成为线状。蚕分泌的黏胶让一圈圈的丝粘在一起。做茧的蚕丝可以长达 1000 米。

4 成虫出蛹

结茧两周后，成年蚕蛾破蛹而出，它不吃不喝。雄性蚕蛾会寻找雌性蚕蛾交配，交配产卵后，蚕蛾自然死亡。雌性蚕蛾会产下大约 500 枚卵。

第 50 天
雄性蚕蛾长着羽状触角，用来搜集雌性蚕蛾的气味。
蚕蛾用唾液在茧上溶出一个洞，然后破茧而出。

蚕的生命周期

蚕的生命周期为 50 天左右，在保护性的茧壳内完成蜕变，羽化后它们只能存活两三天的时间。

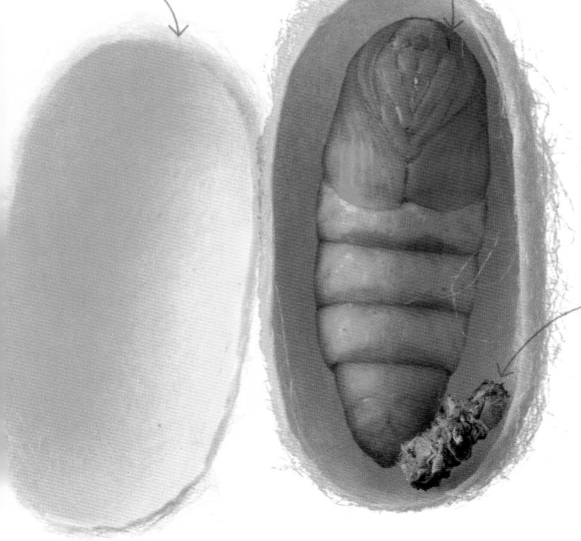

3 在茧壳内

蚕躲在茧壳内，最后一次蜕皮，进入生命周期的静止阶段——蛹。在茧壳中，蚕身体的大部分形成营养液被消化。幼虫时期大量休眠的细胞，如今变得活跃，蛹体以营养液为食，长出新器官。

昆虫怎样看

昆虫的复眼由成千上万个微小的光感受器组成。有些种类的个体，小眼紧密排列形成两个巨大的复眼。小眼的细小晶体不能像人眼那种大得多的晶体那样聚焦，因此复眼看到的影像比人眼看到的细节更少。不过，小眼数量多的复眼通常能为昆虫提供较好的视力，让它们看到物体的形状、大小、运动等。

▼吉丁虫的眼睛

吉丁虫长着巨大的复眼，它们由六边形感光管般的小眼形成蜂窝状结构。它们的眼睛特别擅长辨别颜色，这可能是长着条纹的、五彩斑斓的吉丁虫能够找到配偶的原因。

触角能够探测到物体的运动轨迹和气味。
大大的复眼为吉丁虫提供开阔的视域。

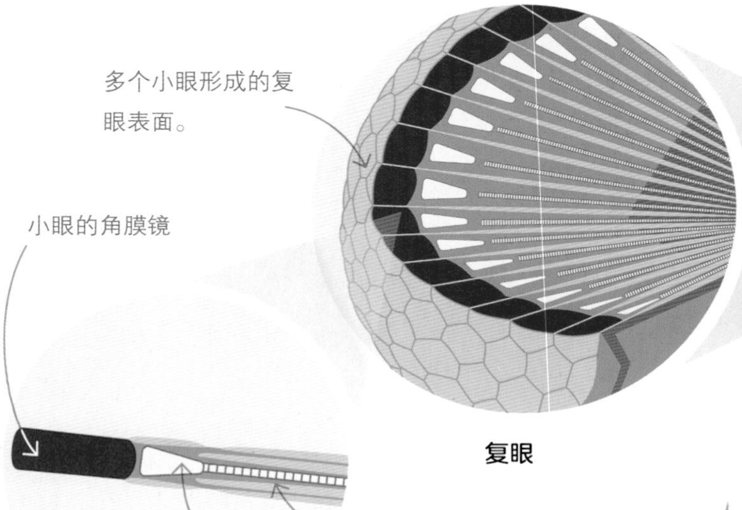

多个小眼形成的复眼表面。
小眼的角膜镜
复眼
视觉柱
晶体
小眼

复眼

复眼由小眼组成，每个小眼像是独立的微型眼睛。它包括角膜镜、晶体和视觉柱，能聚光和透光。

外骨骼具有金属色泽，
看上去五彩斑斓。

吉丁虫

许多小眼形成蜂窝状结构。

追踪运动

复眼对运动的物体特别敏感，运动的影像会激发一连串的小眼向神经中枢发出信号。

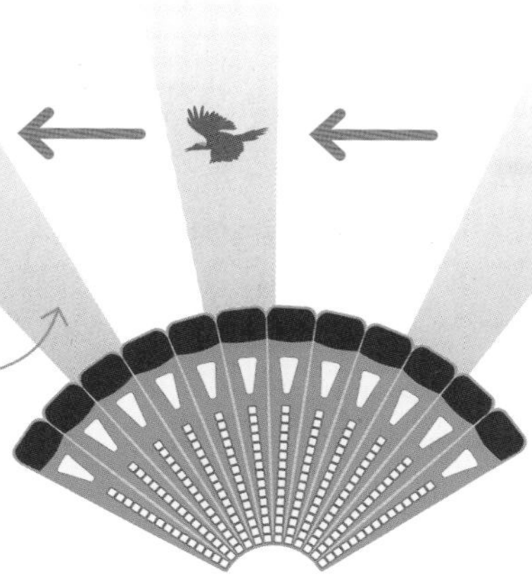
每个小眼的视域很小。
复眼能够观察到快速运动的捕食者。

人类

人眼只有一个能够聚焦物体、形成清晰影像的大晶体。因此，人眼观测运动物体的能力不如昆虫的眼睛。

蜻蜓

蜻蜓的复眼由超过 3 万个小眼组成，比大多数昆虫的眼睛成像更清晰。因此，蜻蜓能够在飞行途中捕猎。

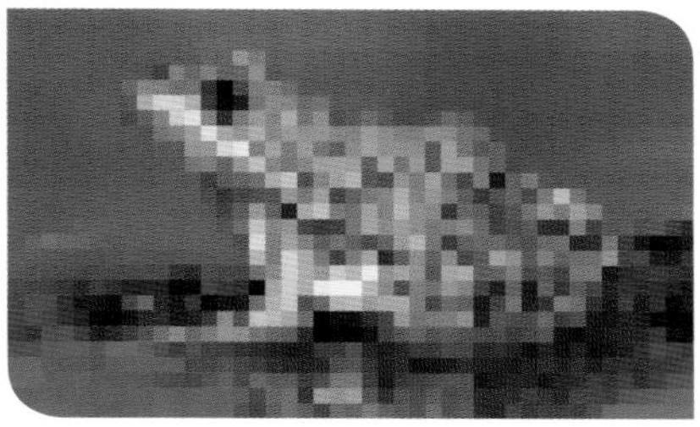

蜜蜂

蜜蜂的复眼有多达 8000 个小眼，可以形成相对清晰的影像，雄蜂靠着这些影像寻找配偶。

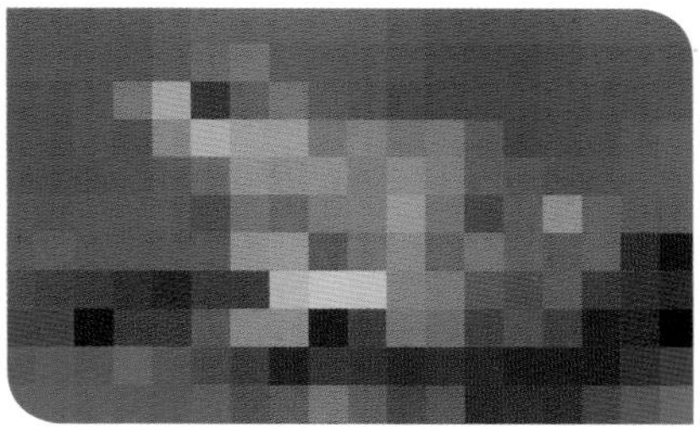

家蝇

家蝇复眼不能形成清晰影像，但是更善于观测物体运动，这是一种构造上的平衡。

昆虫能够看得多清楚

昆虫眼睛善于发现运动的物体，但不能像人类的眼睛一样看清静止影像。一些昆虫看到的影像比另一些看到的更清晰。

昆虫的触角怎样发挥作用

几乎所有昆虫的头部都长着触角，触角上面有多种感受器，可以让昆虫嗅闻、品味和感受周边环境。有些纤毛状的感受器能够探测到化学信息或物体的运动，在触角基部有能够感受整个触角振动的运动感受器。

感受环境

不同昆虫的触角不只是看起来不同，功能也不同。一些昆虫用触角在黑暗中探路，还有一些用触角帮助飞行，另一些则用触角搜寻配偶散发出的信息素。

触觉

螽斯的长触角嗅觉、触觉十分敏感，可以帮助它夜行探路、求偶、避险。

螽斯用又细又
的触角探路。

一些蛾类的触角上有多达6万个气味感受器。

▶气味感受器

许多雄性蛾类和这只松针毒蛾一样，长着梳子状的触角，能够探测到几千米外的雌性气味。雌性蛾类则散发出有气味的信息素吸引潜在的配偶。

测空气成分

巢内二氧化碳浓度上升还不1%，蜜蜂触角上的化学信感受器就能分辨出来。蜜蜂会扇动翅来加快空气循环。

交流

蚂蚁可以通过触角触碰彼此来接收信息素，这些信息素传递的信息可能是召集蚁群攻击入侵者，或带领它们前往食物源。

飞行

蜂鸟鹰蛾的触角底部感受器能够探测空气流动造成的轻微振动，使它在吮吸花蜜时能够稳定悬停。

用触角分辨时间。

罗盘

君主斑蝶的触角内置了一个能够计算白天时间的“时钟”。这个功能与太阳角度的视觉信息合在一起，能为君主斑蝶在长距离迁徙中导航。

触角底部可以卷曲，以探寻气味。
触角范围宽阔，为探测气味分子提供巨大表面积。

毛茸茸的触角

有些蛾类触角覆盖着纤毛状的感受器，作为气味传感器，一根触角上可能长着一万根这样的毛。

昆虫怎样听

昆虫与许多动物一样，能够用类似耳朵的听觉器官探测声音在空气中的振动。昆虫的“耳朵”与脊椎动物长在头两侧的耳朵不同，它们的长在足上、翅上、胸部或腹部。昆虫可以通过倾听声音来寻找配偶、追捕猎物、预警危险。

螽斯摩擦翅产生声音。

螽斯每条前足上长了两个听器，一个向前，一个向后。

昆虫的“耳朵”

不同的昆虫的“耳朵”长的部位各不相同，它们对于不同声音的敏感度也不同。一些善于探测潜在配偶的叫声，另一些则适合探测捕食昆虫的蝙蝠发出的超声波。

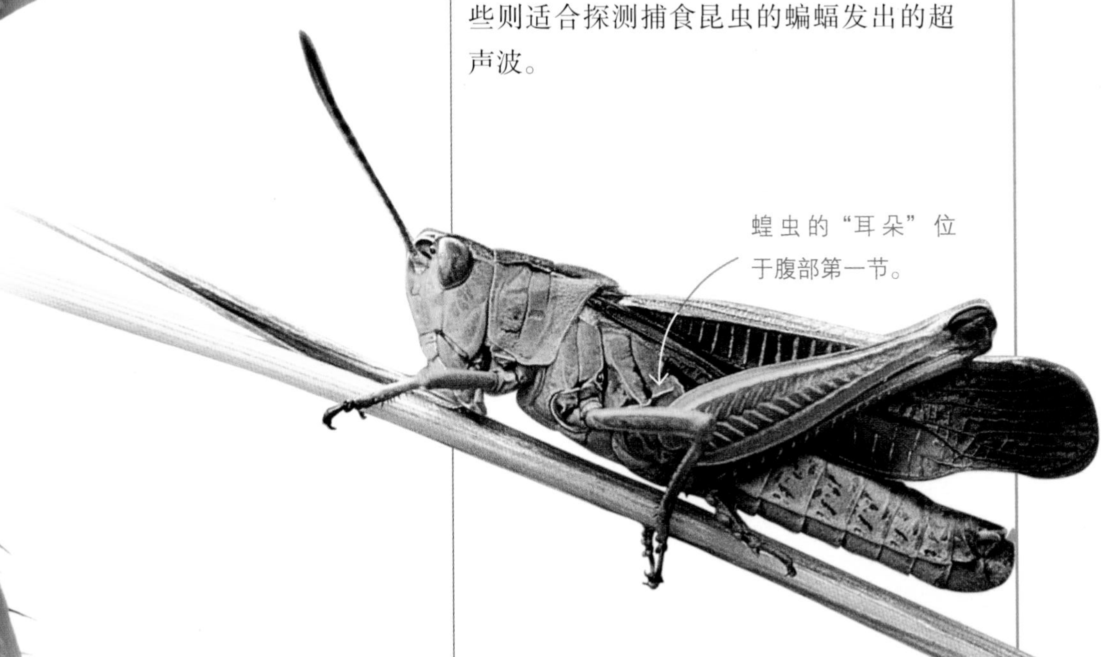

蝗虫的“耳朵”位于腹部第一节。

蝗虫

蝗虫的“耳朵”位于腹部两侧，可以分辨声音的方向。蝗虫与螽斯不同，它们

▶螽斯如何听

螽斯（树螽）的“耳朵”长在前足胫节基部两侧，能够听到雄虫求偶的歌唱。它们的右前翅基部的窝蒙着鼓膜，就像人类耳朵的鼓膜一样薄，声波一触及它就会振动。这些振动传递到足上的听器，不同速度的振动触发不同的神经细胞，让螽斯分辨出不同声音。

足部的锋利细刺能够用于防御。

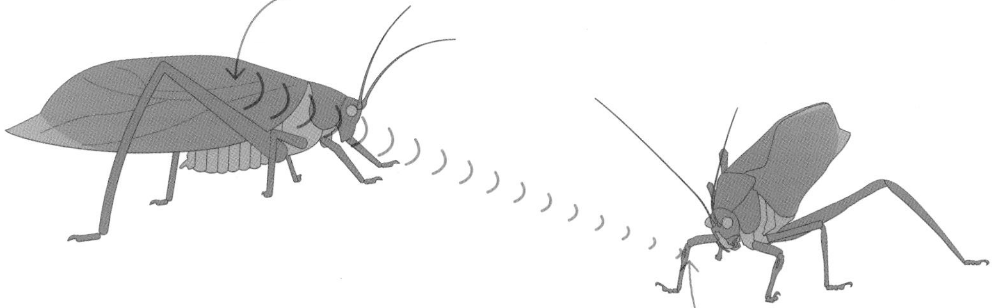

雄性螽斯摩擦翅发声。

雌性螽斯用前足探测声音。

倾听寻找配偶

雄性螽斯摩擦前翅向雌性发出颤音。雌性听到时，也会做出回应。因为螽斯的“耳朵”能够朝向不同方向，所以能够探测出配偶的位置。

骼来放大鸣叫声。

蝉

蝉的“耳朵”长在腹部，雄蝉发出的声音太大，因此它们在鸣叫时会闭上“耳朵”。

蚊子

蚊子用触角听声音，这是因为声波碰到触角会发生振动。这些振动会触发触角基部的感受器官——江氏器。雄蚊使用江氏器倾听雌蚊拍打翅的嗡嗡声。

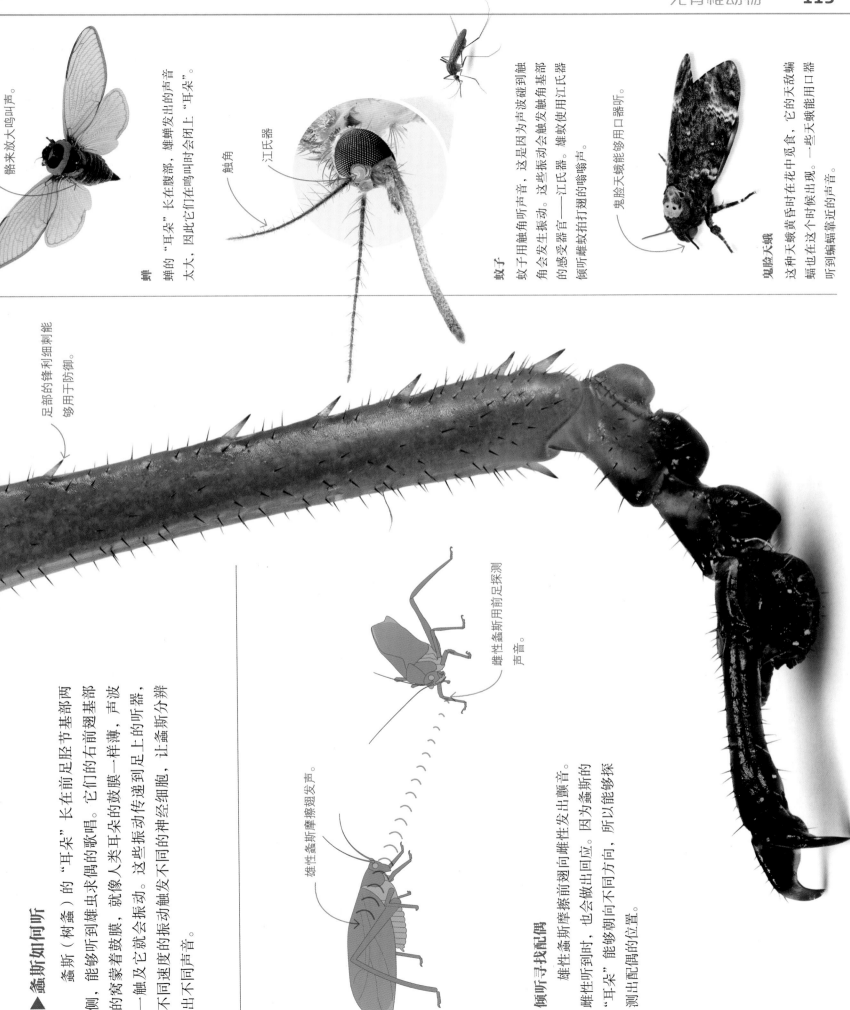

鬼脸天蛾能够用口器听。

鬼脸天蛾

这种天蛾黄昏时在花中觅食，它的天敌蝙蝠也在这个时候出现。一些天蛾能用口器听到蝙蝠靠近的声音。

昆虫的翅怎样发挥作用

大约4亿年前，昆虫成为最早进化出飞行能力的动物，鸟类的翅膀是适应飞行的肢体，昆虫的翅则是从外骨骼发展而来。昆虫的翅需要用内部的肌肉来驱动，这些肌肉有的直接与翅相连，有的则通过改变胸部形状间接驱使翅的运动。有些昆虫拍打翅的频率可达每秒1000次，具有惊人的速度和灵活性。

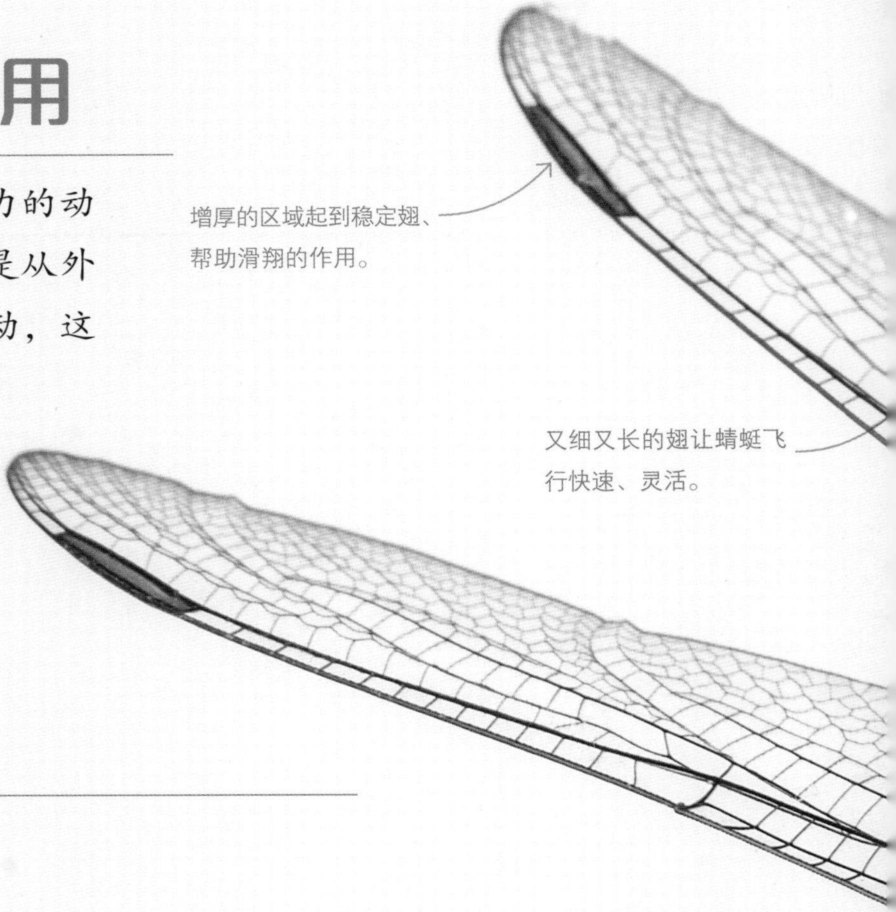
增厚的区域起到稳定翅、帮助滑翔的作用。
又细又长的翅让蜻蜓飞行快速、灵活。
每个翅都能独立运动，便于蜻蜓掌控飞行状况。

飞行肌

有的昆虫的翅以翅基到翅尖的连线为轴拍动，大多数昆虫通过收缩、舒张翅肌，带动胸部上上下下，让翅产生运动。

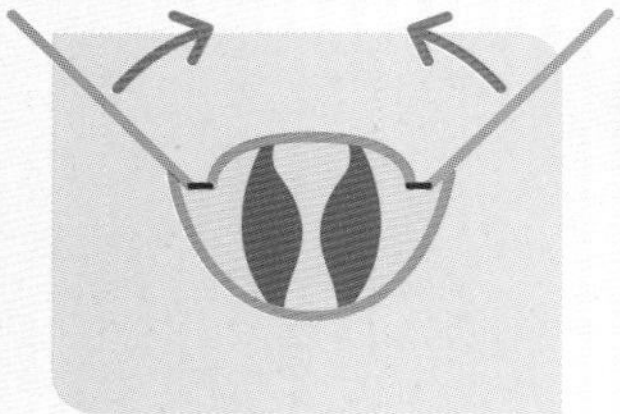

1 向上抬翅
翅肌收缩，翅沿轴向内扭转，带动胸部向下，翅向上抬。

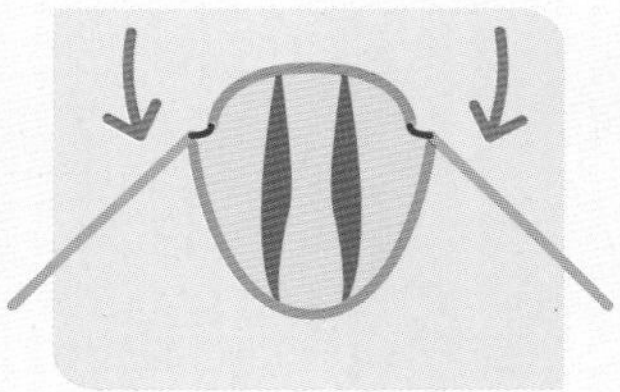

2 向下拍翅
翅肌舒张，翅沿轴向外扭转，带动胸部向上，翅向下拍。

起飞

甲虫的翅通常藏在进化为保护性硬鞘壳的前翅（鞘翅）中。甲虫停栖时，要将后翅收入鞘翅下。

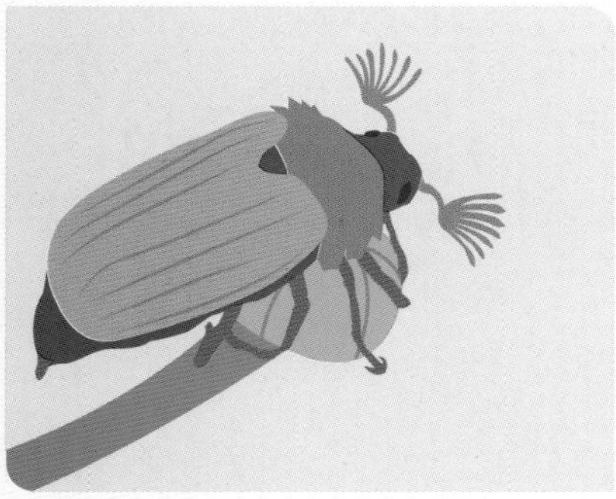

1 就位
金龟子闭合鞘翅，栖身在芽上，起飞前用触角感受一下风速。

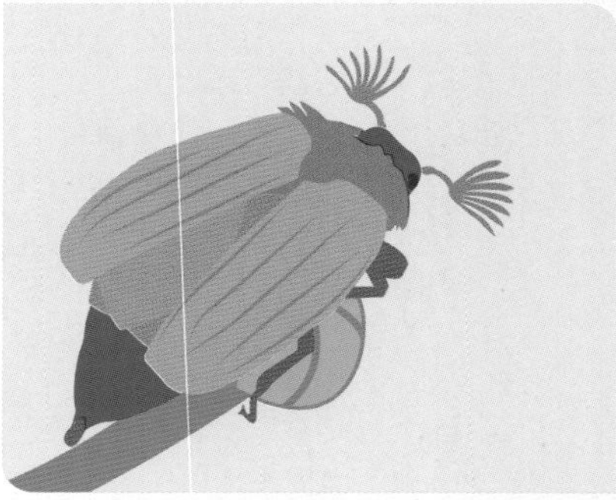

2 准备
鞘翅从前胸附近的铰合部打开，让纤细的后翅露出并展开。

3 起飞
只要它完全展开后翅，就可以飞向空中了，全过程不超过一秒钟。

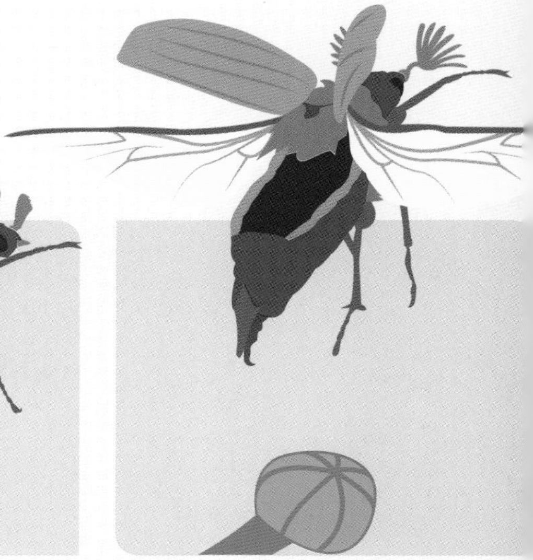

4 飞行
一旦金龟子飞入空中，鞘翅就保持在后翅上方提供一些升力，就像飞机固定的机翼。

飞行控制器

大多数昆虫长有两对翅，但是一些蚊蝇，比如大蚊，只有一对有效翅，它们的后翅已经退化为平衡棒，能够用来探测速度或方位变化，更准确地掌控飞行。

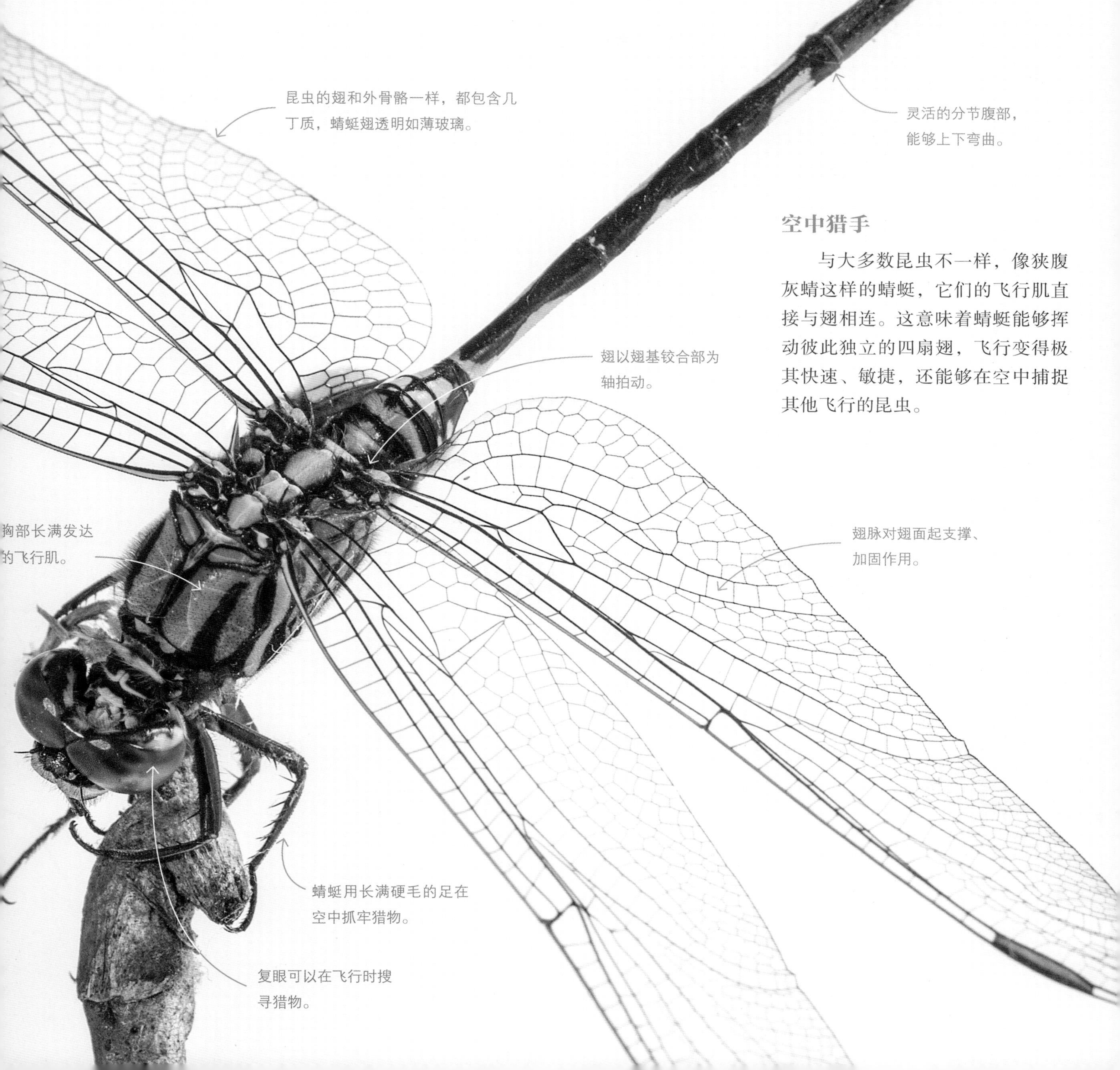

长腹部可以散发飞行肌肉产生的多余热量。
昆虫的翅和外骨骼一样，都包含几丁质，蜻蜓翅透明如薄玻璃。
灵活的分节腹部，能够上下弯曲。
翅以翅基铰合部为轴拍动。
胸部长满发达的飞行肌。
翅脉对翅面起支撑、加固作用。
蜻蜓用长满硬毛的足在空中抓牢猎物。
复眼可以在飞行时搜寻猎物。

空中猎手

与大多数昆虫不一样，像狭腹灰蜻这样的蜻蜓，它们的飞行肌直接与翅相连。这意味着蜻蜓能够挥动彼此独立的四扇翅，飞行变得极其快速、敏捷，还能够在空中捕捉其他飞行的昆虫。

折叠的翅看起来像干草叶，可用于伪装。
长着钩状刺的足牢牢抓住高枝。
中足适于步行。

偷袭的捕食者

螳螂通常行动缓慢，善于伪装自己，蒙蔽猎物。它会仔细盯着猎物，等猎物误入它的攻击区域时，一下弹出前足抓住猎物，形成带刺的夹子，让猎物无法逃脱。

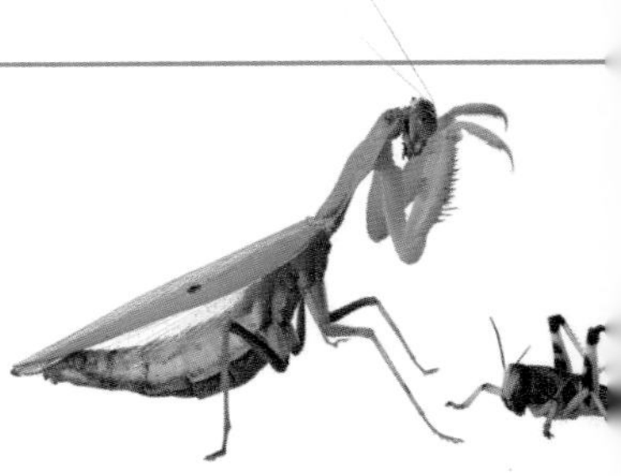

泰然自若，准备攻击。

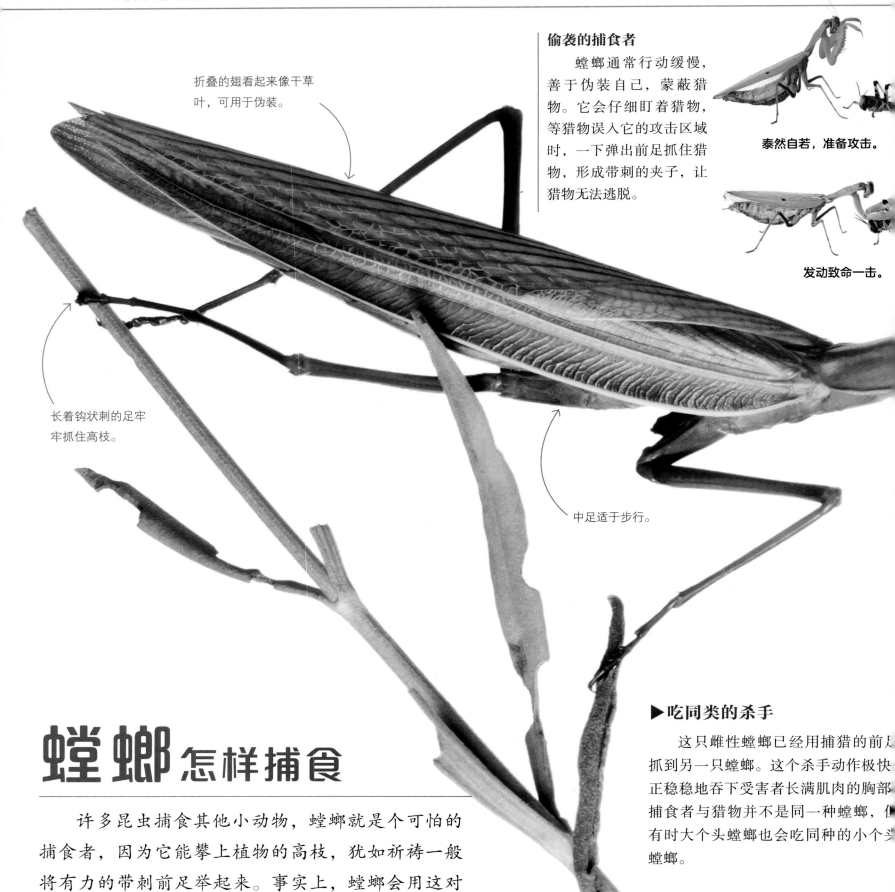

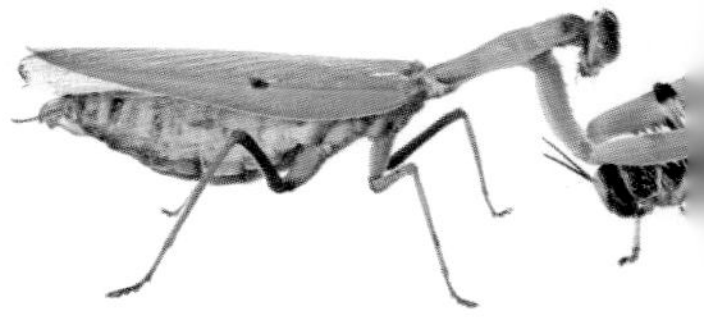

发动致命一击。

螳螂怎样捕食

许多昆虫捕食其他小动物，螳螂就是个可怕的捕食者，因为它能攀上植物的高枝，犹如祈祷一般将有力的带刺前足举起来。事实上，螳螂会用这对前足死死夹住猎物吞食下去。螳螂在饥饿时，甚至会捕食同类。

▶吃同类的杀手

这只雌性螳螂已经用捕猎的前足抓到另一只螳螂。这个杀手动作极快，正稳稳地吞下受害者长满肌肉的胸部。捕食者与猎物并不是同一种螳螂，但有时大个头螳螂也会吃同种的小个头螳螂。

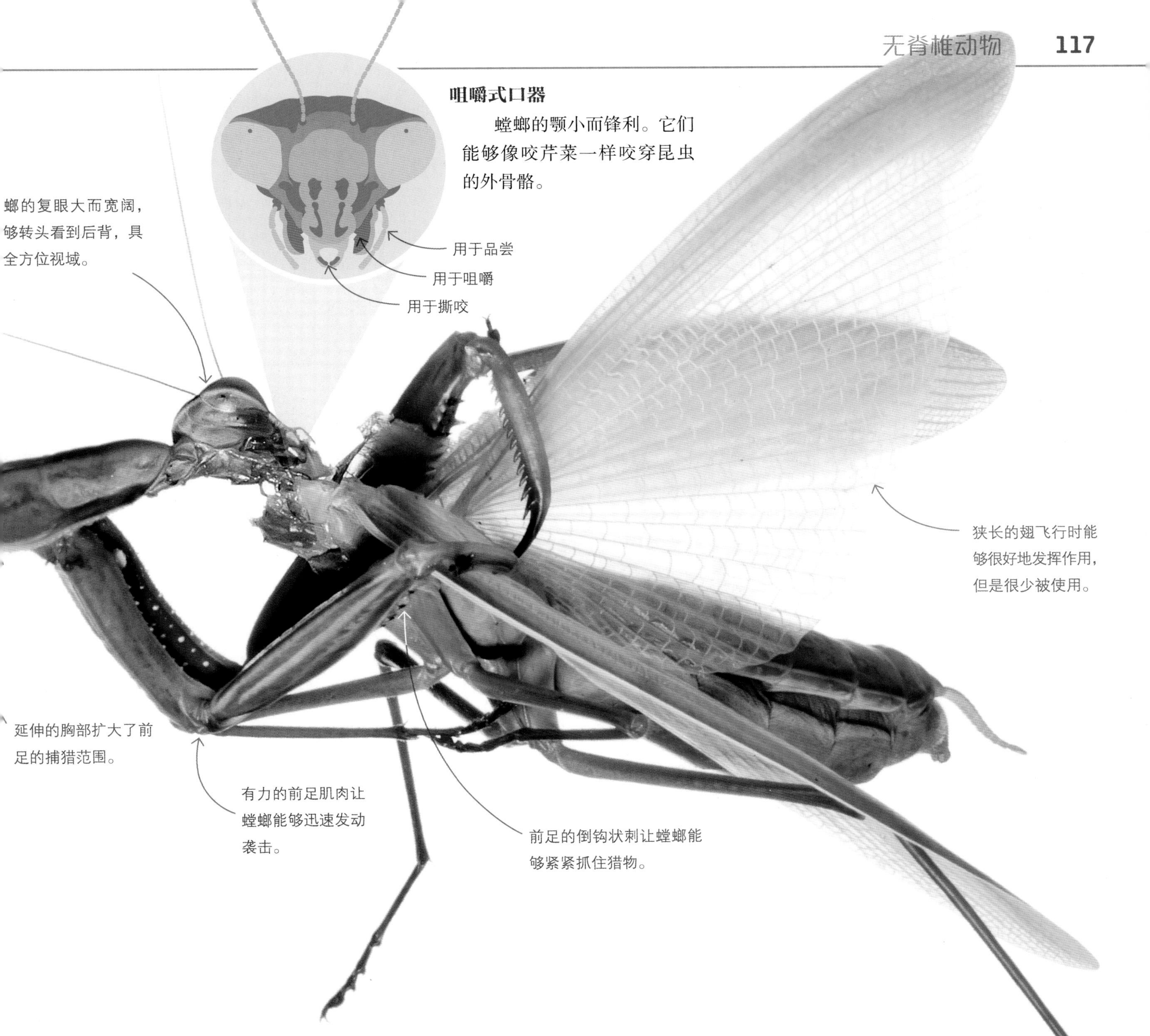

咀嚼式口器
螳螂的颚小而锋利。它们能够像咬芹菜一样咬穿昆虫的外骨骼。
用于品尝
用于咀嚼
用于撕咬
螂的复眼大而宽阔，
够转头看到后背，具
全方位视域。
狭长的翅飞行时能够很好地发挥作用，但是很少被使用。
延伸的胸部扩大了前足的捕猎范围。
有力的前足肌肉让螳螂能够迅速发动袭击。
前足的倒钩状刺让螳螂能够紧紧抓住猎物。
猎物的长足会被丢弃。

下大猎物

螳螂没有毒，它依赖力量、
头来捕猎，通常它的猎物比螳
的个头小。大个头的雌性螳螂
与小个头雄性螳螂交配过程中
结束后，通常会吃下它们。不
，一些个头更大的螳螂偶尔会
下比它们个头大得多的动物，
如蜥蜴、树蛙。

蜥蜴

树蛙

寄生虫

寄生虫把其他生物的活体（宿主）作为食物来源，就这样消耗宿主来养活自己。一些寄生虫生活在宿主体表，但是像肠道蠕虫这样的寄生虫，则生活在宿主体内深处。

▼寄生虫变为捕食者

大多数寄生虫要让宿主活着，不过扁头泥蜂的幼虫最终会杀死宿主。雌性扁头泥蜂会以一只蟑螂为宿主产下一枚卵，幼虫会一直以这只蟑螂为食，直到成年之日从宿主萎缩的身体出来。像扁头泥蜂这样杀死宿主的寄生虫，也叫作拟寄生物。

长触角帮助它探测到新宿主。

生命周期

雌性扁头泥蜂使用可怕的策略喂养后代，它以一只蟑螂为宿主产下一枚卵时，就为幼虫发育为成虫准备好了大餐。当幼虫以蟑螂内脏为食的时候，会保留蟑螂的关键器官续命，这样就尽可能长久地保持了蟑螂鲜活。

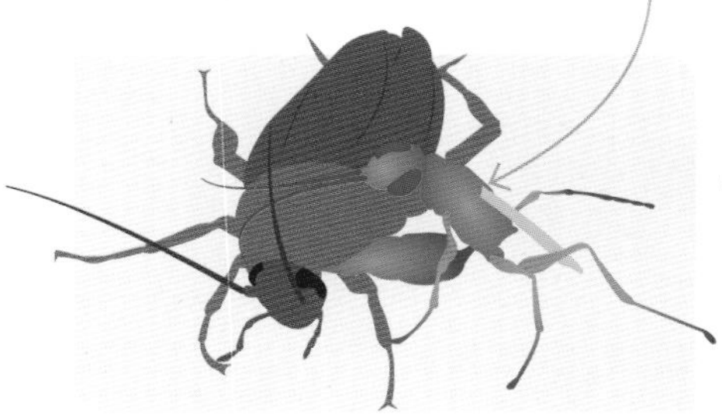

它将刺针插入蟑螂的脑部。

1 攻击

扁头泥蜂蜇刺蟑螂身体，让它前足瘫痪，然后爬上蟑螂的头将刺针刺入它的脑中。

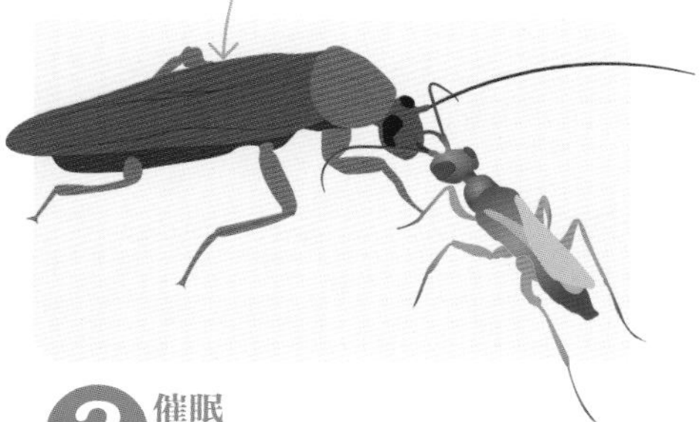

2 催眠

扁头泥蜂吞下失去攻击能力的蟑螂的一半触角，这或许是扁头泥蜂在补充蜇刺蟑螂时损失的毒液。

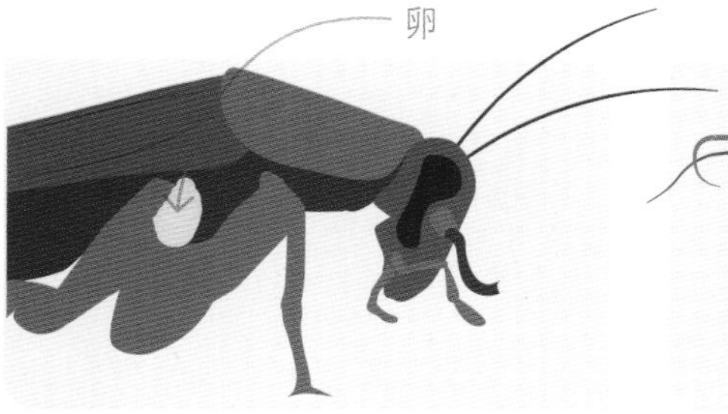

3 劫持

扁头泥蜂牵着蟑螂损坏的触角进入洞穴，然后在它身体内产卵。

4 大餐

一旦扁头泥蜂幼虫孵化出来，就会吃蟑螂仍然活着的身体，然后结茧，经过一周后出茧。

其他寄生虫

生活在宿主体表的寄生虫叫作体外寄生虫。像蜱虫、舌蝇这类吸血的体表寄生虫，饥饿时才会短暂造访宿主。生活在宿主体内的寄生虫叫作体内寄生虫，它们能够存活几个月甚至几年。

舌蝇

这种吸血蝇用口器刺破宿主皮肤吸血，还会传播致病微生物，让宿主染上昏睡病等疾病。

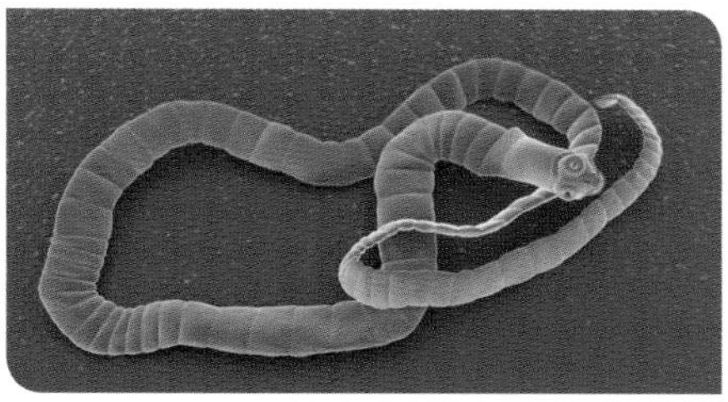

绦虫

绦虫自身没有消化系统，必须生活在其他动物的肠道内，这样就可以从宿主吃进的食物中吸收营养。

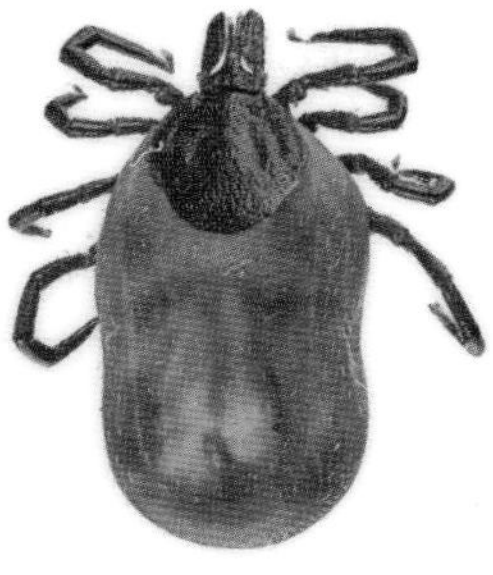

进食前

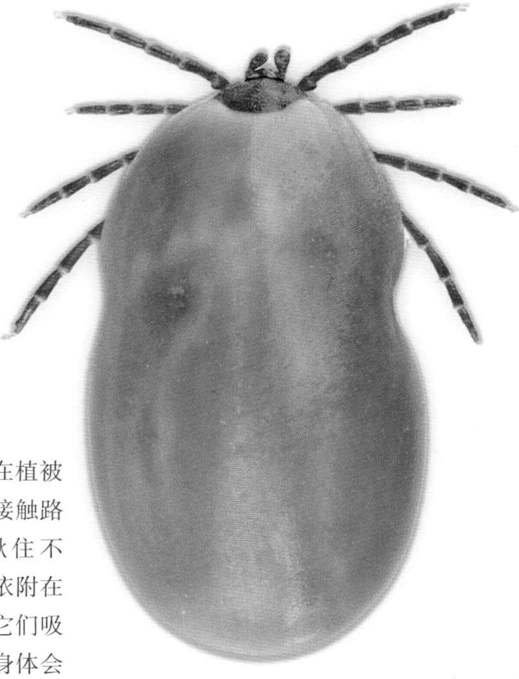

进食后

蜱虫

这些蛛形纲动物在植被上守候着，一旦接触路过动物，立即揪住不放，长时间紧紧依附在宿主的皮肤上。它们吸食宿主的血后，身体会膨胀得极为庞大。

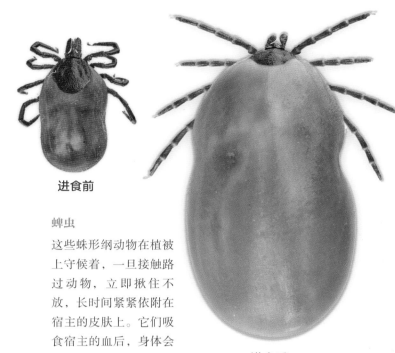

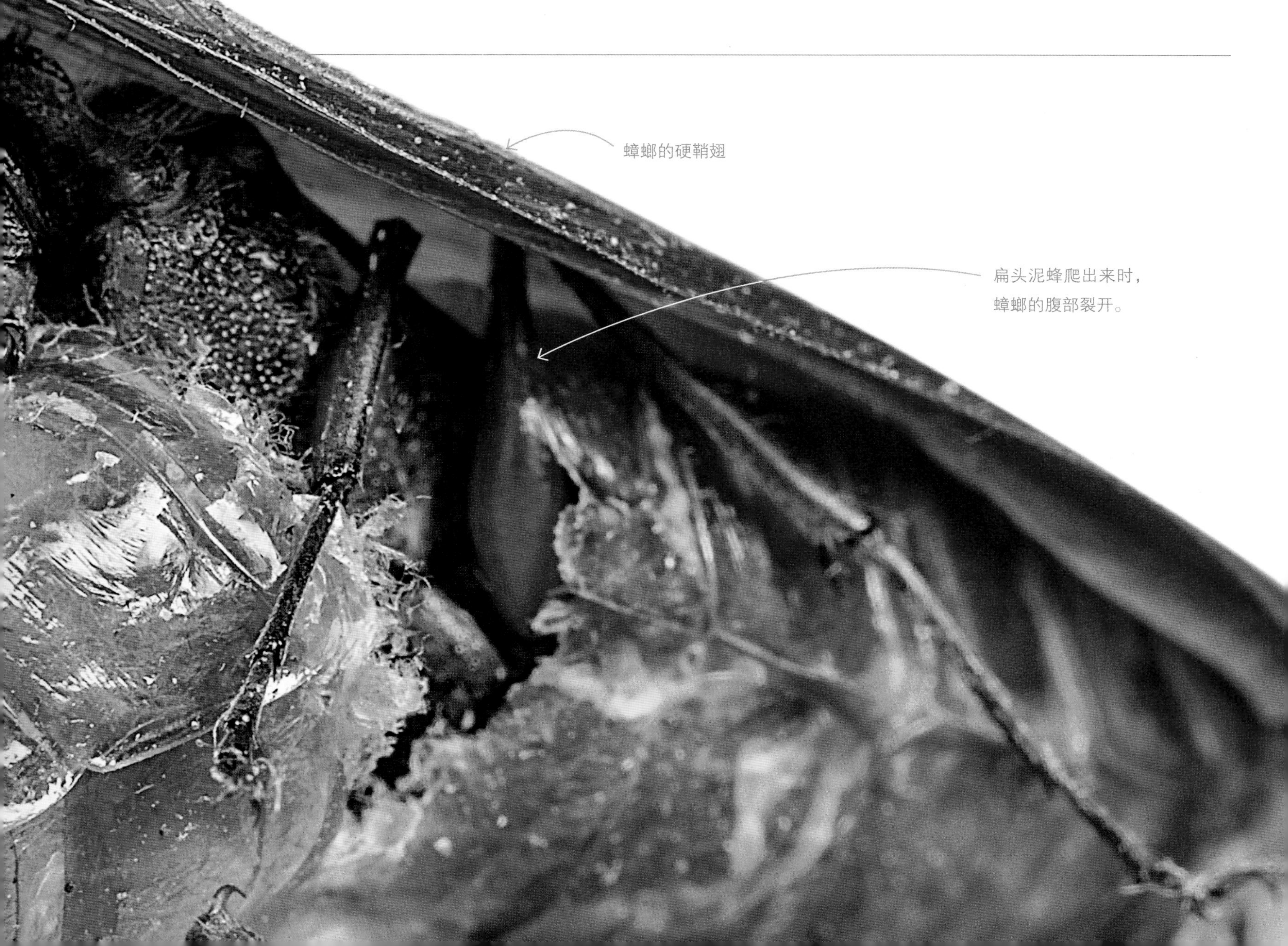

蟑螂的硬鞘翅
扁头泥蜂爬出来时，
蟑螂的腹部裂开。

昆虫的化学防御

许多昆虫使用化学武器作为主要防御方法，以避开饥饿的捕食者。一些只是散发出难闻的气味，另一些则通过叮咬，伤害甚至杀死捕食者。昆虫有两种典型的化学防御方式：一种是警示对方，自己“内服有毒”，一种是“外部有毒”。

▶警戒色

澳大利亚金合欢树上的这只毛虫长出蓝、红、黄、绿几种颜色。它鲜艳的色泽是在警告捕食者不要碰它，因为它体表覆盖着的刺毛能导致剧烈蜇痛感。

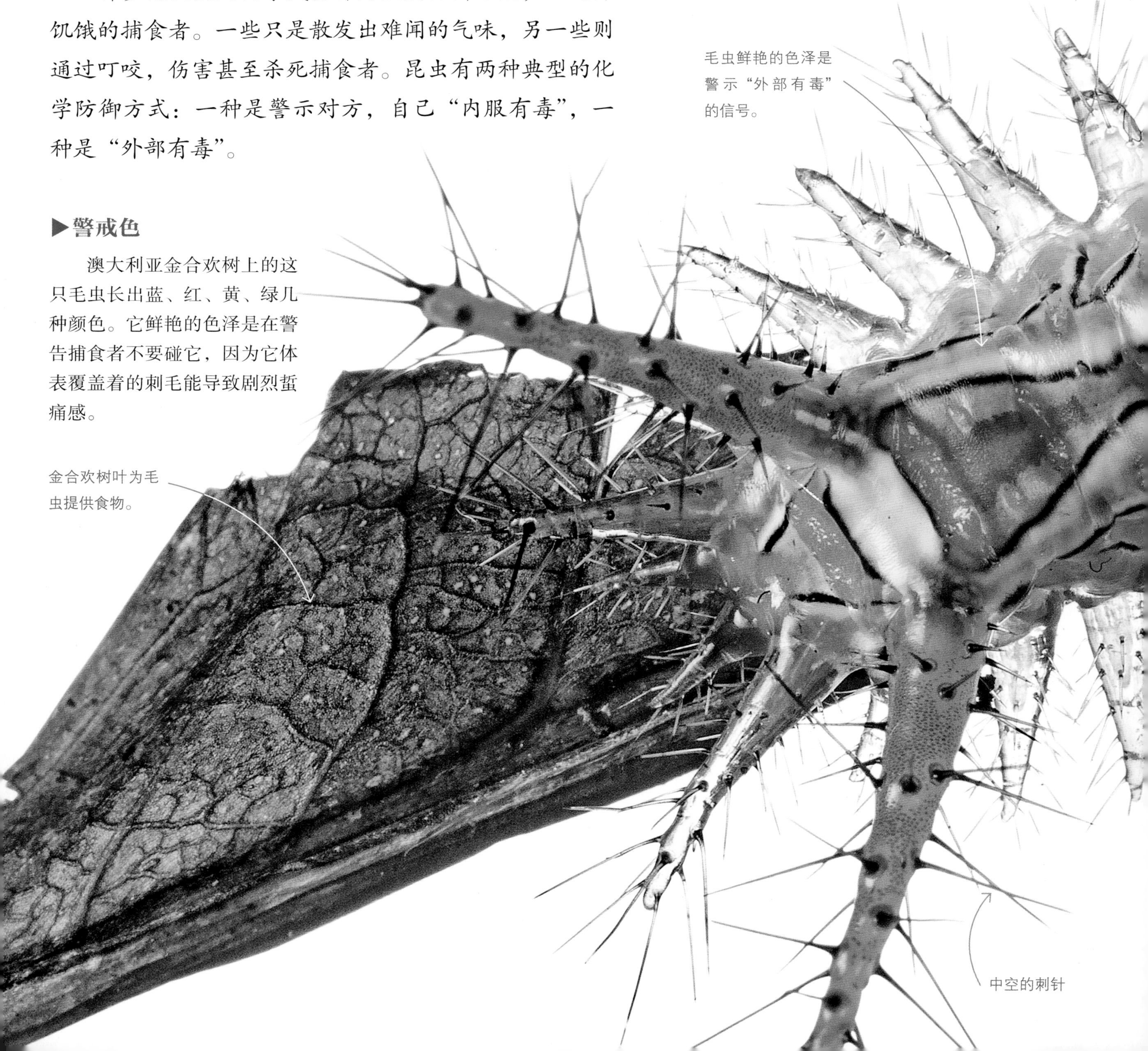

毛虫鲜艳的色泽是警示“外部有毒”的信号。
金合欢树叶为毛虫提供食物。
中空的刺针

前端、后端看起来一样，
可以迷惑捕食者。
液从结节的肿胀
产生。

刺毛

结节内产生的毒液注入中空的刺毛中，刺毛如果被弄断了尖端，就会向鸟类等捕食者的口腔软组织中注射毒素。

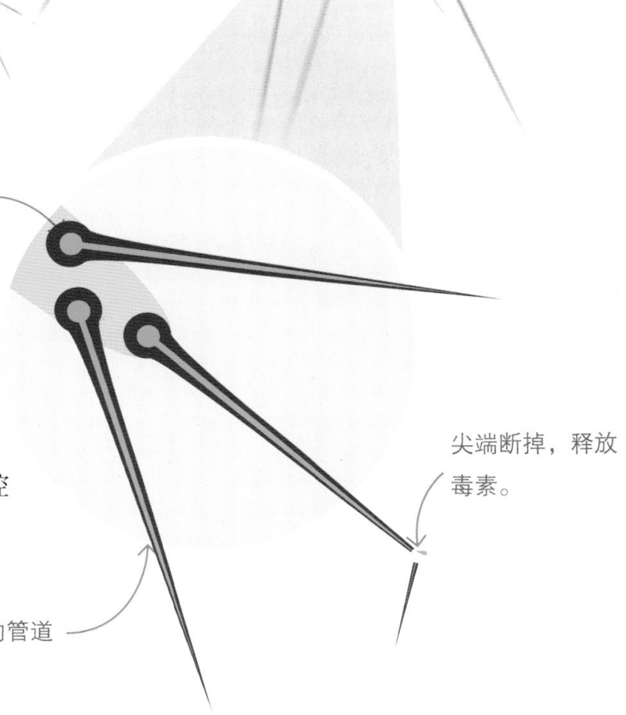
每根刺毛都
长有毒腺。
尖端断掉，释放
毒素。
充满毒液的管道

“内服有毒”的防御

一些昆虫释放出难闻的化学物，迅速赶走捕食者。另一些则向捕食者释放毒物或让它们难以下咽。

爆炸性热气

屁步甲个头虽小，但是配备了爆炸性、漂白剂般的喷雾。它们在腹中混合化学物，产生刺鼻的炙热气雾，从后面朝着捕食者喷射出来。

毒泡沫

遍布非洲的南非泡沫蝗从胸腺产生有毒泡沫来阻止捕食者。这些毒素来自蝗虫吃下的乳草等剧毒植物。

吃下毒物

君主斑蝶的幼虫吃对于其他许多生物都有毒的马利筋，幼虫发育成蝴蝶后，毒素依然留在体内，食虫鸟类就会避开它们。

▼胡蜂螯针

胡蜂螯针通常藏在腹中，攻击时露出来。毒液从螯针尖端附近的开口流出。

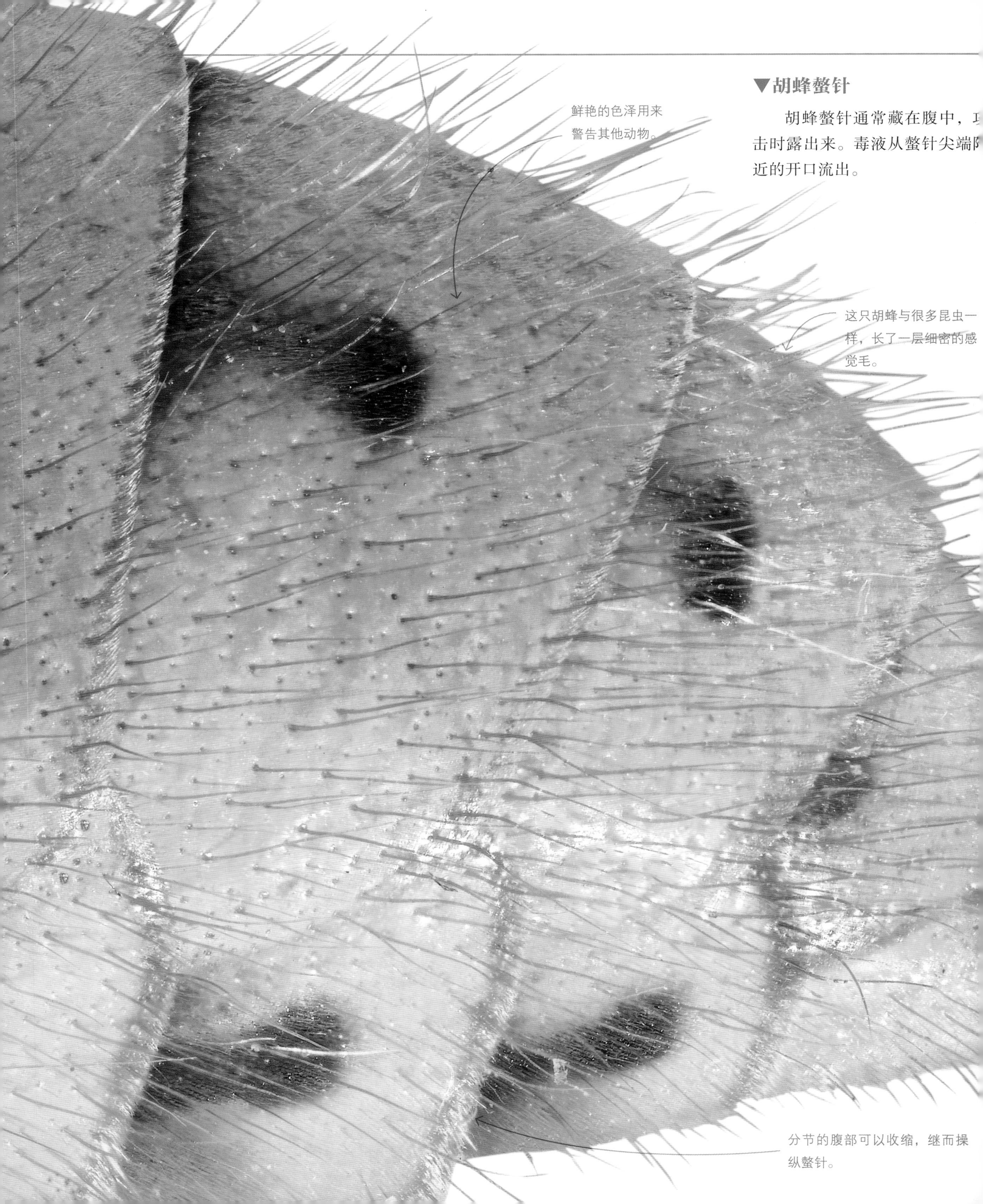

鲜艳的色泽用来警告其他动物。
这只胡蜂与很多昆虫一样，长了一层细密的感觉毛。
分节的腹部可以收缩，继而操纵螯针。

螯针怎样发挥作用

蜜蜂、胡蜂都长有针状的锋利螯针，能够刺穿被蜇者的皮肤，注入毒液。它们用螯针防御蜂巢，也能用螯针使被蜇者动弹不得。群居胡蜂的毒液能散发出警报性化学物，号召蜂巢其他成员加入战斗。蜜蜂只能刺一次，因为它们的螯针会留在被蜇者的皮肤中，但是胡蜂的螯针能够反复蜇刺。

蜜蜂螯针　胡蜂螯针

螯针类型

胡蜂刺过后，还能收回平滑的螯针；蜜蜂的螯针长了倒钩，会卡进被蜇者的体内。当蜜蜂飞走时，腹部尖端会被撕开，对蜜蜂造成致命伤害。小块肌肉、毒囊依然与螯针相连，深深扎进被蜇者体中，并继续注入毒液。

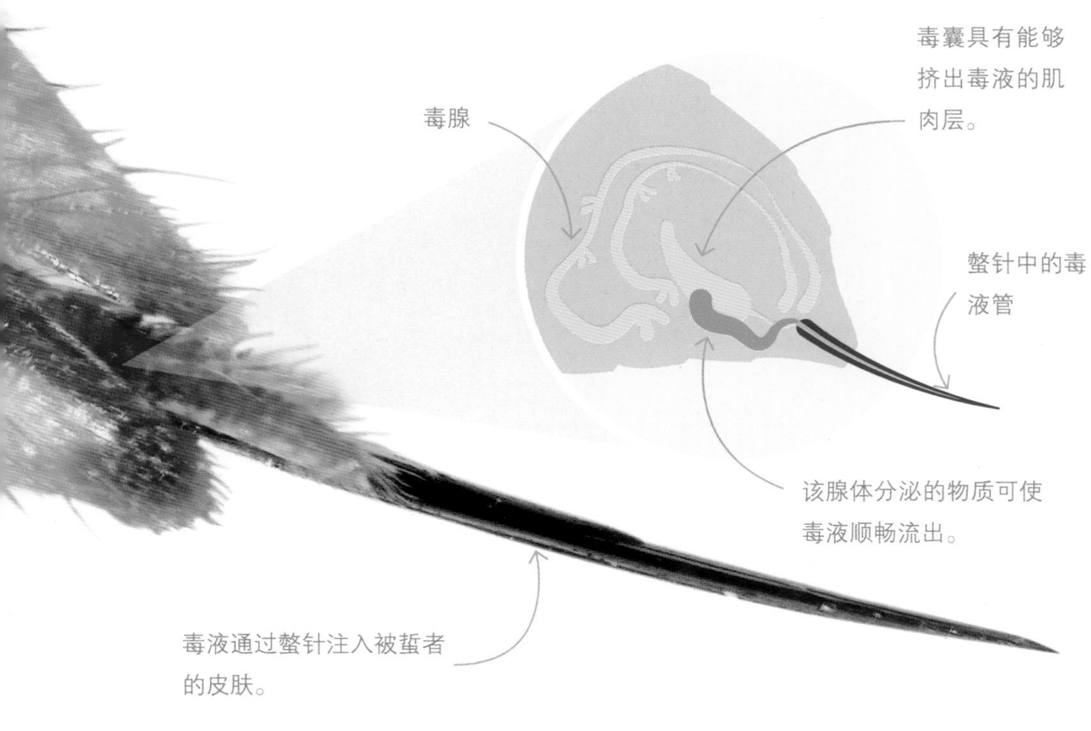

毒囊具有能够挤出毒液的肌肉层。
毒腺
螯针中的毒液管
该腺体分泌的物质可使毒液顺畅流出。
毒液通过螯针注入被蜇者的皮肤。

胡蜂如何蜇刺

只有雌性胡蜂长着螯针，它们迅速刺透皮肤的目的就是在被蜇者感到疼痛前逃掉。

1 着陆 胡蜂落到它感到有威胁的动物身上，弯曲腹部准备蜇刺。

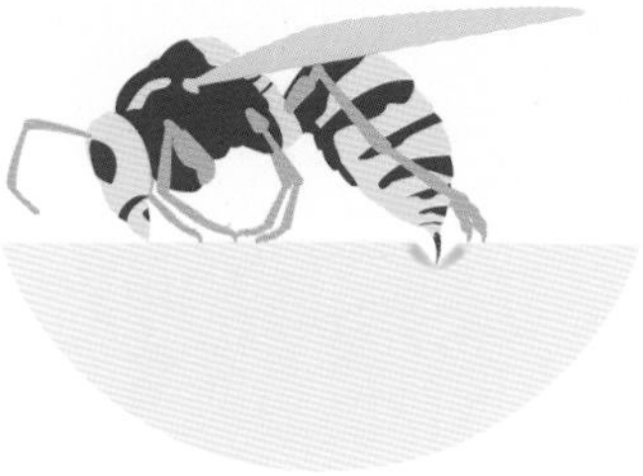

2 蜇刺 胡蜂用螯针刺穿被蜇者的皮肤，将毒素注入皮下。

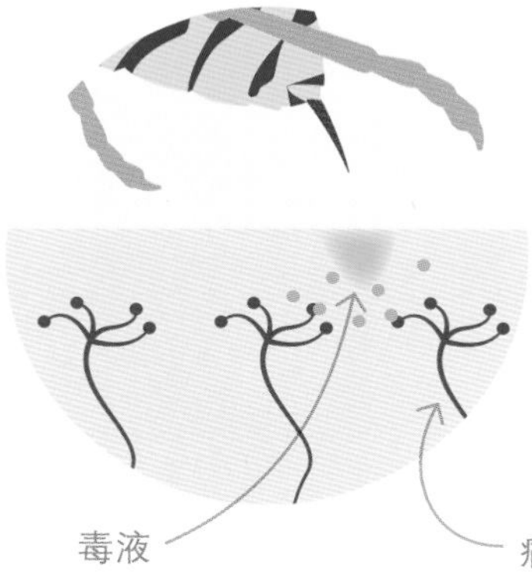

3 痛觉感受器 胡蜂将螯针拔出，飞走。毒液开始激发皮下的痛觉感受器。

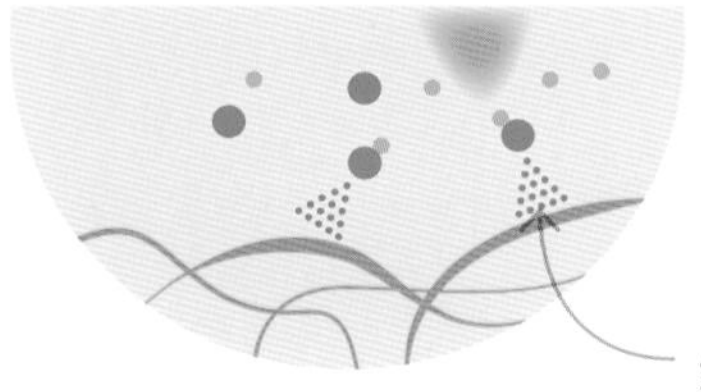

4 炎症 毒素让皮下细胞释放出组胺，这种化学物会导致皮肤发红、发炎。

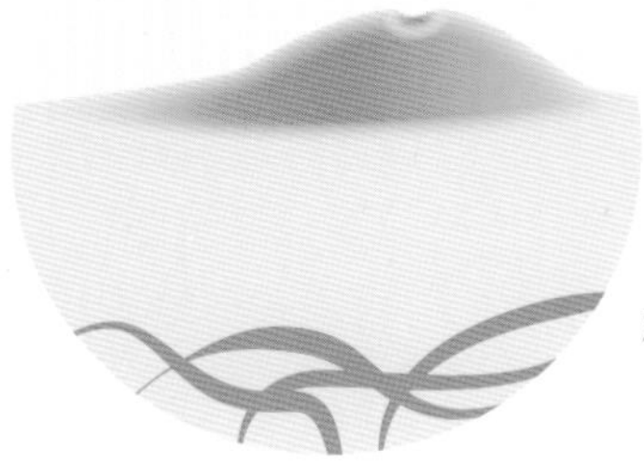

5 肿胀 在蜇刺点附近，随着疼痛、灼烧、瘙痒的感觉扩散，皮肤肿胀起来。

昆虫的伪装

在生存斗争中，能够躲开捕食者侦查的动物具有巨大优势，为此，动物进化出了伪装的能力，如让身体的颜色、外形都模仿它们生存的环境。昆虫是使用伪装这种防御方式的大师，它们千姿百态的外骨骼能够模拟从新鲜树叶到枯枝的各种东西。

真实的叶子会有破损，叶蛹甚至模拟出了这一点。

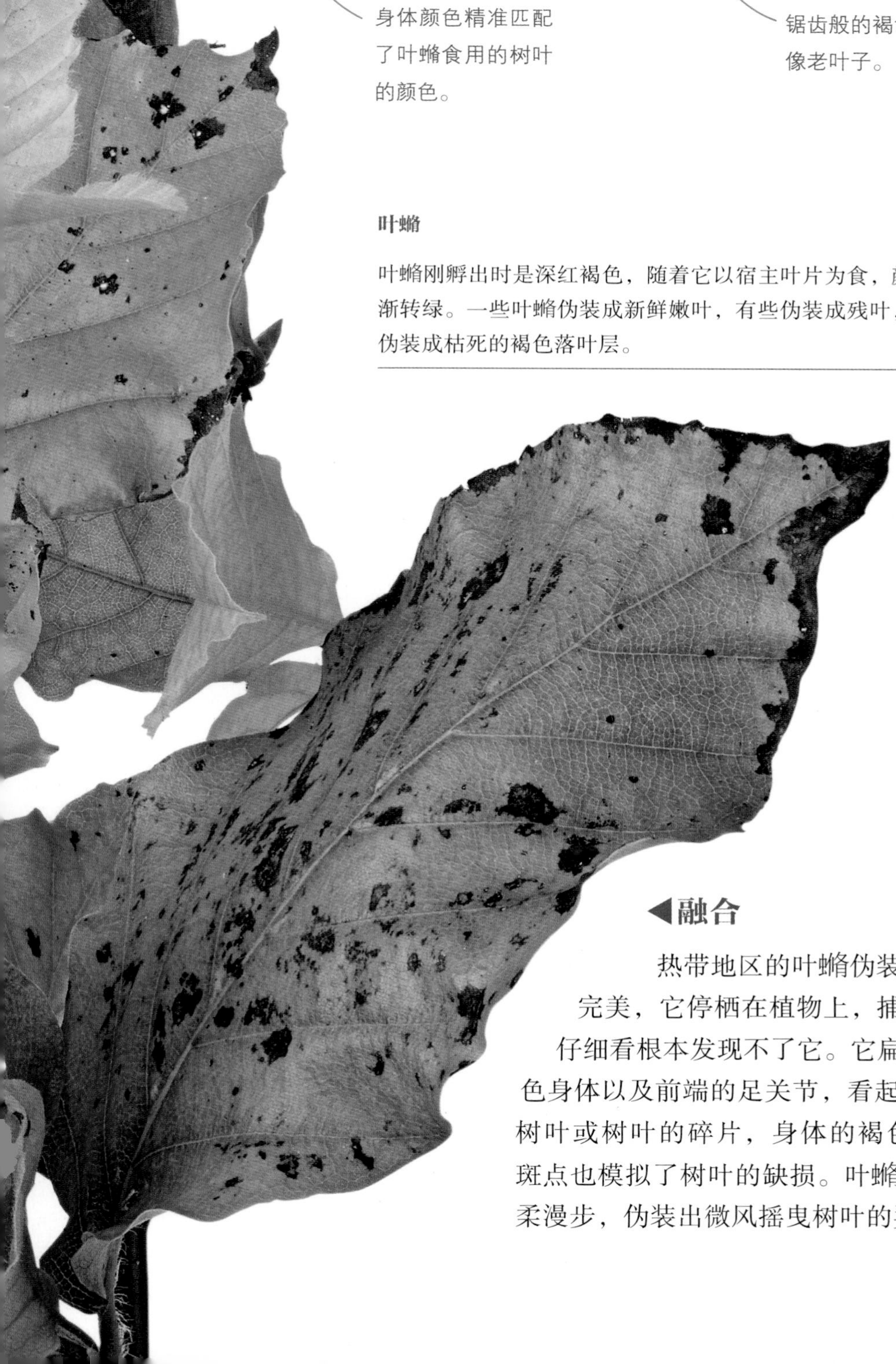

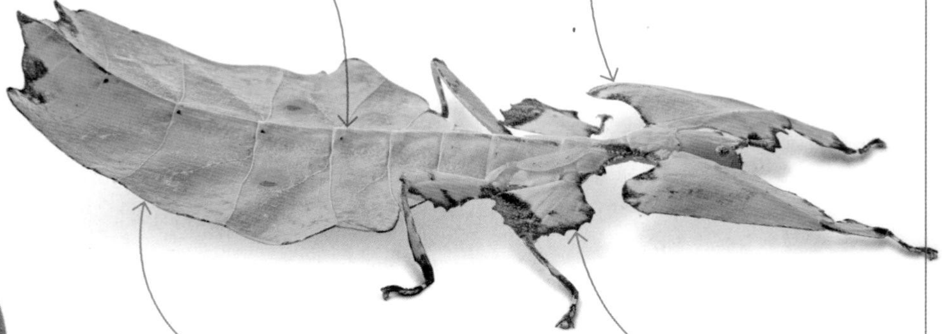

叶䗛宽阔、扁平的身体边缘，模拟了真实叶子的主脉和侧脉。
前足具有宽阔树叶般的外形。
身体颜色精准匹配了叶䗛食用的树叶的颜色。
锯齿般的褐色边缘很像老叶子。

叶䗛

叶䗛刚孵出时是深红褐色，随着它以宿主叶片为食，颜色逐渐转绿。一些叶䗛伪装成新鲜嫩叶，有些伪装成残叶，有些伪装成枯死的褐色落叶层。

◀融合

热带地区的叶䗛伪装得如此完美，它停栖在植物上，捕食者不仔细看根本发现不了它。它扁平的绿色身体以及前端的足关节，看起来就像树叶或树叶的碎片，身体的褐色边缘、斑点也模拟了树叶的缺损。叶䗛还能轻柔漫步，伪装出微风摇曳树叶的姿态。

隐身

许多种昆虫伪装得连食虫蜥蜴、鸟类这些捕食者都无法发现。还有一些是昆虫为了让猎物发现不了自己，这样它们就可以在其他昆虫误入攻击范围时进行伏击。

圆掌舟蛾

圆掌舟蛾很少被注意到，这是因为它白天停栖在树上，看起来像白桦断枝。与大多数蛾类一样，它只在夜晚飞行。

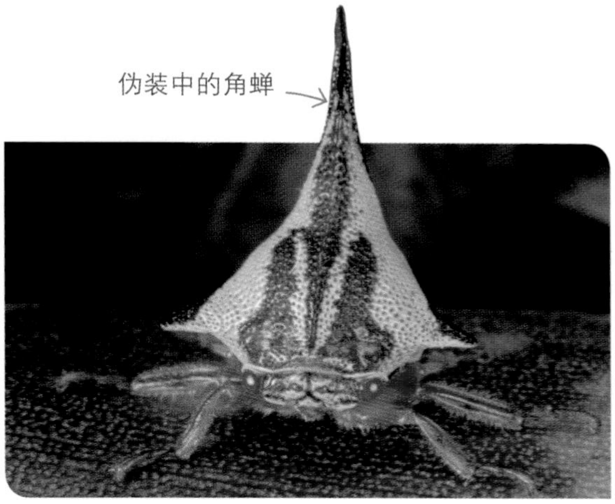

角蝉

角蝉是蚜虫的近亲，靠吮吸植物茎干的汁液为生，它的角状外形给它提供了完美伪装，它带刺的外形也可以避免大型食草动物误食。

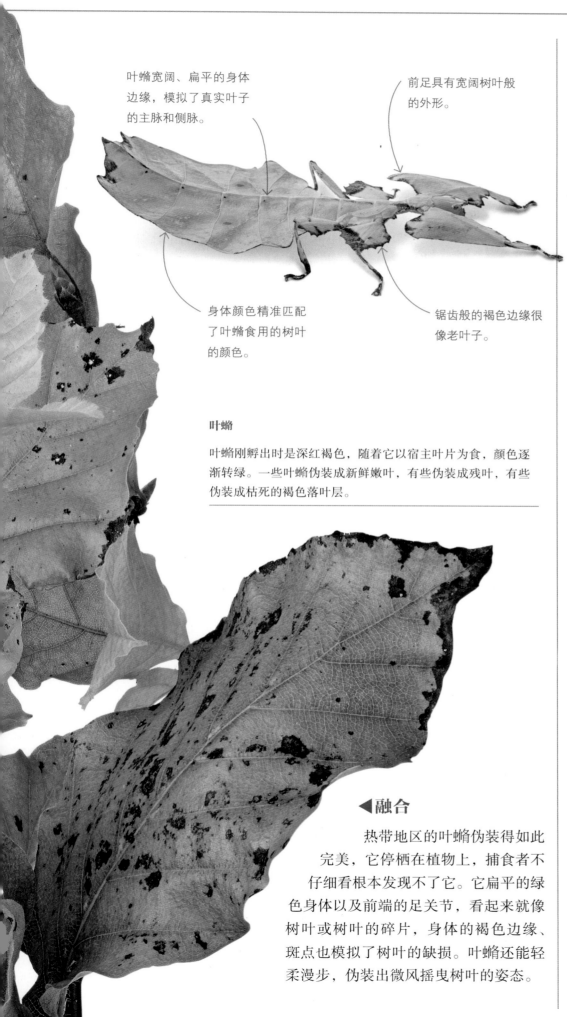

兰花螳螂

美貌但凶猛的捕食者兰花螳螂，擅长模仿热带兰花的颜色、外形。当没有觉察的昆虫落在兰花上时，兰花螳螂就会把它们抓住吃掉。

▶假蛇

天蛾幼虫受到鸟类或其他天敌惊吓时，它会把头部缩回到柔软身体的前方，膨胀得像气球一样，随着身体伸长，两个彩色斑点就会膨胀得像蛇眼。这种伪装可以吓退天敌。虽然真蛇的身体要大得多，但是大多数鸟类还是会丢下天蛾幼虫离开。

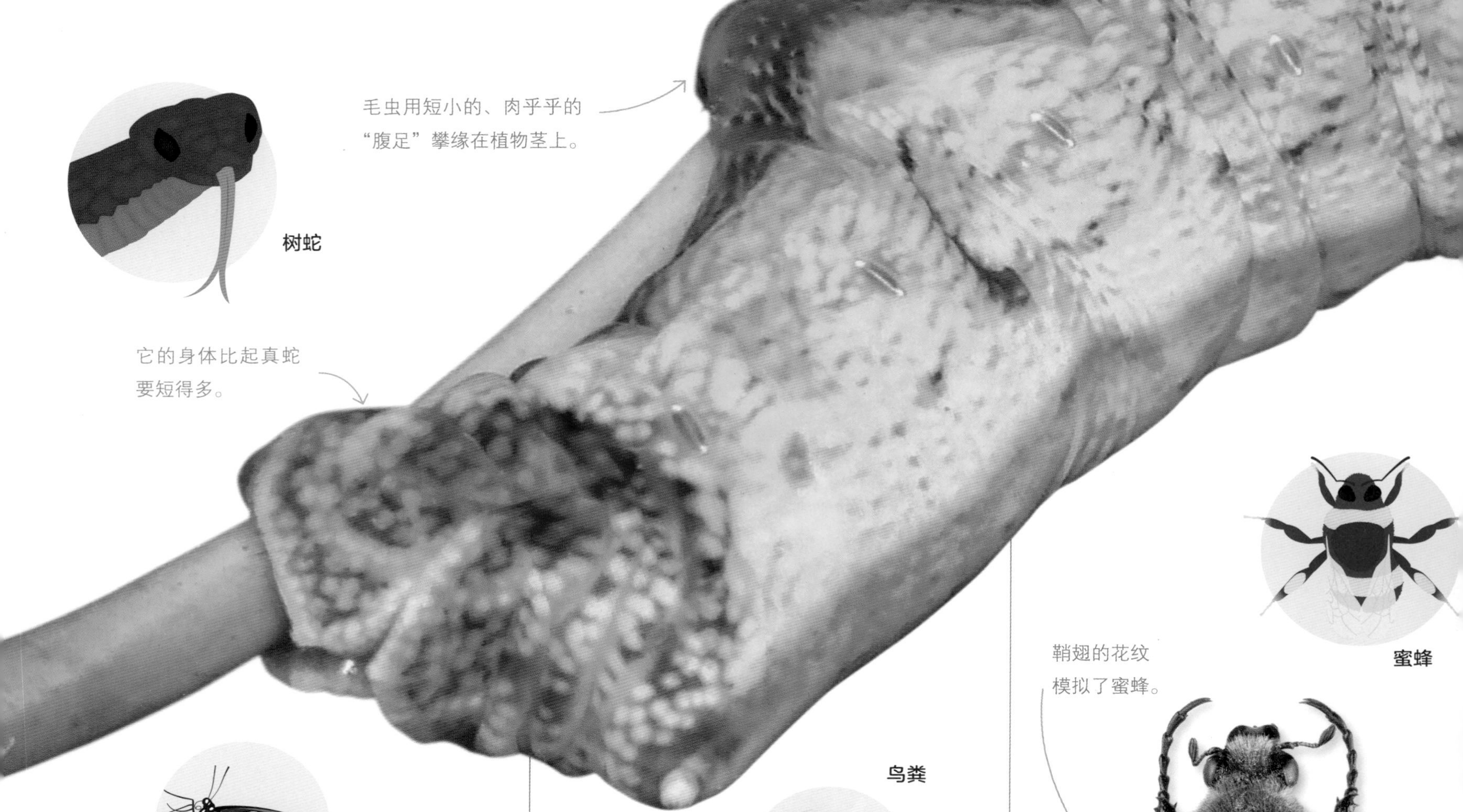
毛虫用短小的、肉乎乎的
“腹足”攀缘在植物茎上。
它的身体比起真蛇
要短得多。
树蛇
蜜蜂

美洲蓝凤蝶

鸟粪

警示花纹

银月豹凤蝶

这种北美蝴蝶的花纹图案近似于有毒的美洲蓝凤蝶的，可以使它们免于被鸟类捕食。

头
腹
足

凤蝶毛虫

拟态不只是看起来像其他动物，这种毛虫模拟了鸟粪的黑白色泽，可以让鸟类避开。

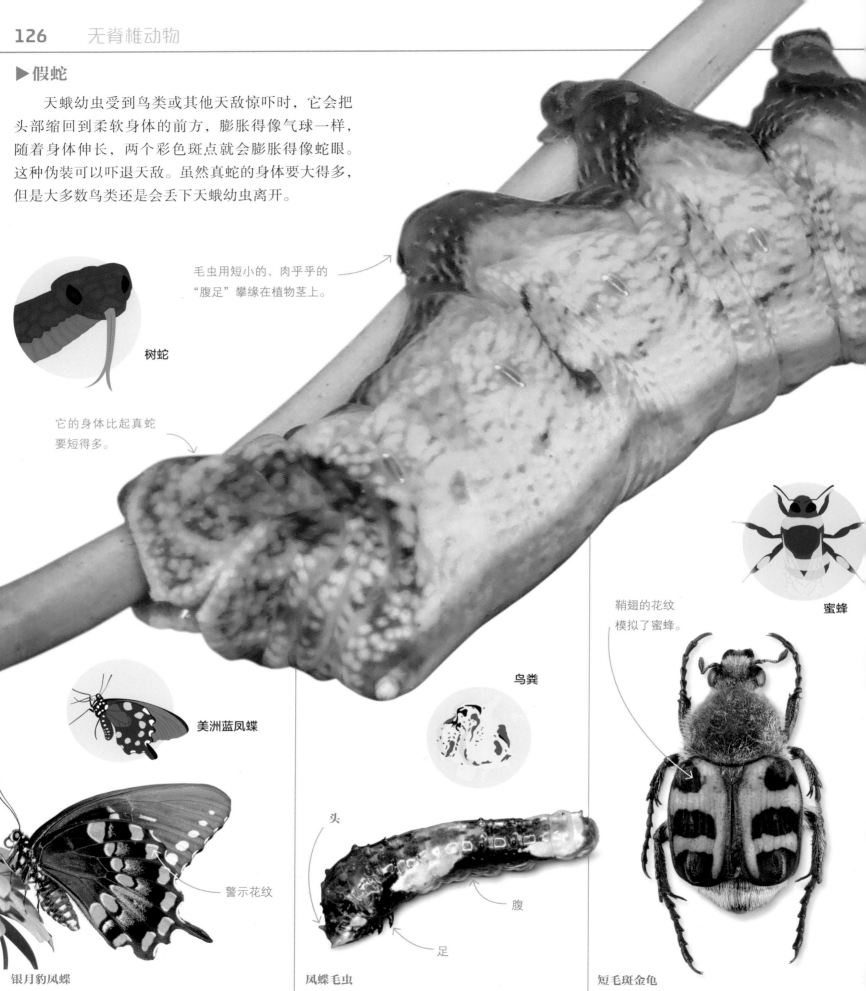

鞘翅的花纹
模拟了蜜蜂。

短毛斑金龟

许多蜜蜂长着让人痛苦的螫针和黑黄相间的警示花纹。这只甲虫的花纹也是如此，尽管它根本无害。

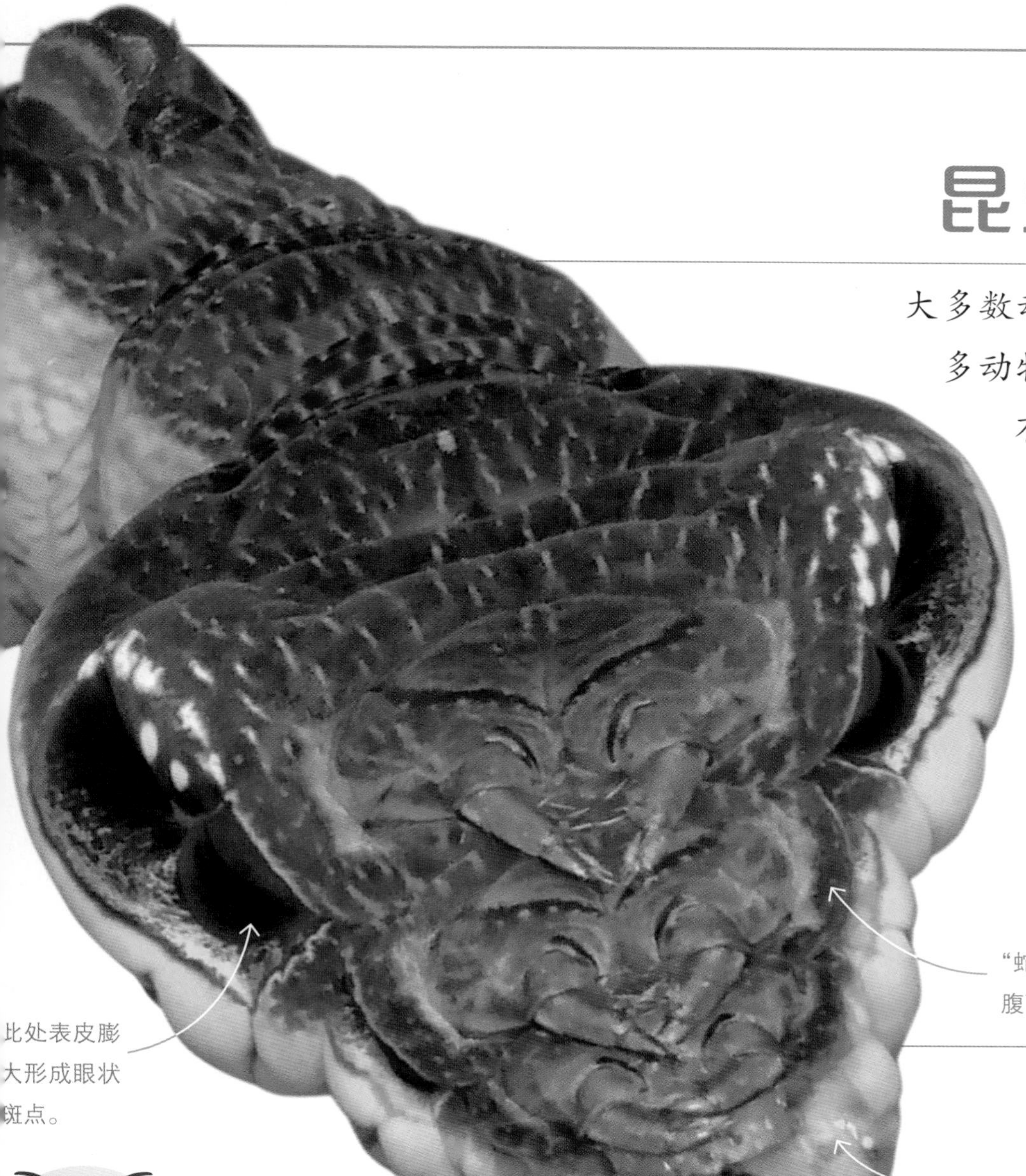

昆虫的拟态

大多数动物持续面临着被捕食者吃掉的危险。许多动物依赖于伪装保护自己躲避天敌，但是还有一些动物使用不同的策略，它们模拟出其他捕食动物的外形。拟态可能不完美，但是只要能够让捕食者犹豫，拟态动物就有机会逃走。拟态不只是一种防御方式，一些捕食者也模拟成无害的动物来迷惑猎物。

“蛇头”顶部其实是毛虫身体的腹面。

比处表皮膨大形成眼状斑点。

真正的头部缩回身体。

胡蜂

黑黄相间的斑纹是对胡蜂的拟态。

蚜蝇

可以像微型直升机一样悬停在一个点的上方，这食花蜜的蝇长着胡蜂般黑黄相间的斑纹。它不能刺，但它的斑纹可以欺骗捕食者。

蚂蚁

腹部外形像蚂蚁。

蚁蛛

这只蜘蛛的外形很像蚂蚁，捕食者以为它们是会叮咬的蚂蚁，就会离开。不过，这种蜘蛛以蚂蚁为食，甚至模仿蚂蚁的外形，进入蚁巢。

眼状斑纹

猫头鹰的眼睛

猫头鹰环蝶

美国猫头鹰环蝶翅背面长着的巨大眼状斑纹，很像猫头鹰的眼睛。

蜜蜂

一些昆虫群居，形成巨大的社群，团结一致筑巢、觅食、养育后代。一个蜜蜂蜂巢能够容纳下 8 万只蜜蜂，这个社群与其他社会性昆虫群体一样，分为不同等级，每一等级都有不同分工。

蜜蜂分等

一个蜂巢有三个等级，大多数工作由成千上万只工蜂完成，只有一只蜂王负责产卵，还有少量雄蜂负责交配。

工蜂的腹部尖端长着螯针。
长管状的口器用于吮吸花蜜。

工蜂

工蜂建筑并清理蜂巢，喂养幼虫，外出采集花蜜酿蜜。工蜂们都是雌性，但是不能生育。

雄蜂

雄蜂唯一的工作就是飞翔寻找新的蜂王，与它们交配，这样蜂王就可以缔造新的蜂群。

巨大的腹部用于产卵。

蜂王

蜂王的主要任务就是产卵。春季，它每天可以产下 2000 枚卵，比它自己的身体重得多。

工蜂
幼虫在巢室内发育。

▶蜂巢

蜜蜂群体生活的中心地点就是蜂巢，工蜂分泌的蜂蜡制成的六边形巢室布满其中。密封的巢室内可能储存了蜂蜜、花粉或发育中的幼虫。

蜜蜂生命周期

工蜂的生命始于卵，在蜂蜡筑成的巢室内发育为成虫。

1 蜂王产卵
蜂王在工蜂筑成的巢室内产卵。

2 工蜂喂养幼虫
产下的卵3天后孵化成蛆状的幼虫。工蜂用蜂王浆、花粉、蜂蜜喂养发育中的幼虫。

3 工蜂封闭巢室
幼虫一直吃，直到身体充满整个巢室。工蜂用蜂蜡封闭巢室，幼虫在里面为自己结茧。

4 幼虫化蛹
幼虫经历了“化蛹”才变为成虫。在茧壳内，它的腿、翅、复眼都发育出来。

5 羽化
大约产卵后21天，蜜蜂成虫咬穿蜡封，开始在蜂巢中工作。

蚂蚁

大多数蚂蚁是群居的社会性动物，蚁群可以容纳上百万只蚂蚁，它们齐心协力，供养和保护蚁群。工蚁都是雌性，保护着蚁群中体形硕大且唯一具有生殖能力的蚁后。

▶觅食团体

木蚁因筑穴习惯而得名。它们用上颚在潮湿的木头上凿出蚁穴，在这里，它们照顾蚁后，养育后代。一小群弱小的雨林木蚁，使用它们强壮的、锯齿状的口器，足以迅速解决一只死蜘蛛。它们齐心协作，将尸体肢解到足够小，然后搬回蚁穴。

工蚁的任务

蚂蚁有超过 1.2 万个种类，一些是可怕的捕食者，另一些则是植食性或腐食性类群。在一些蚁群，有好几种工蚁承担不同工作，有的是打退攻击者的士兵，有的是为蚁群寻找新的食物来源的觅食者。

放牧蚜虫

蚜虫分泌出“蜜露”，许多种类的蚂蚁都会收集这种营养液，这是它们保护蚜虫免受捕食者侵袭的回报。

种植真菌

切叶蚁在“真菌园”中囤积树叶，用真菌感染树叶，然后收获真菌作为食物。

建桥

一些蚂蚁能够将身体连接成桥，帮助其他蚂蚁穿过鸿沟，而单只蚂蚁是不可能穿过的。

边缘锋利的咀嚼式口器
锯齿状边缘可以帮助
上颚夹得更紧。

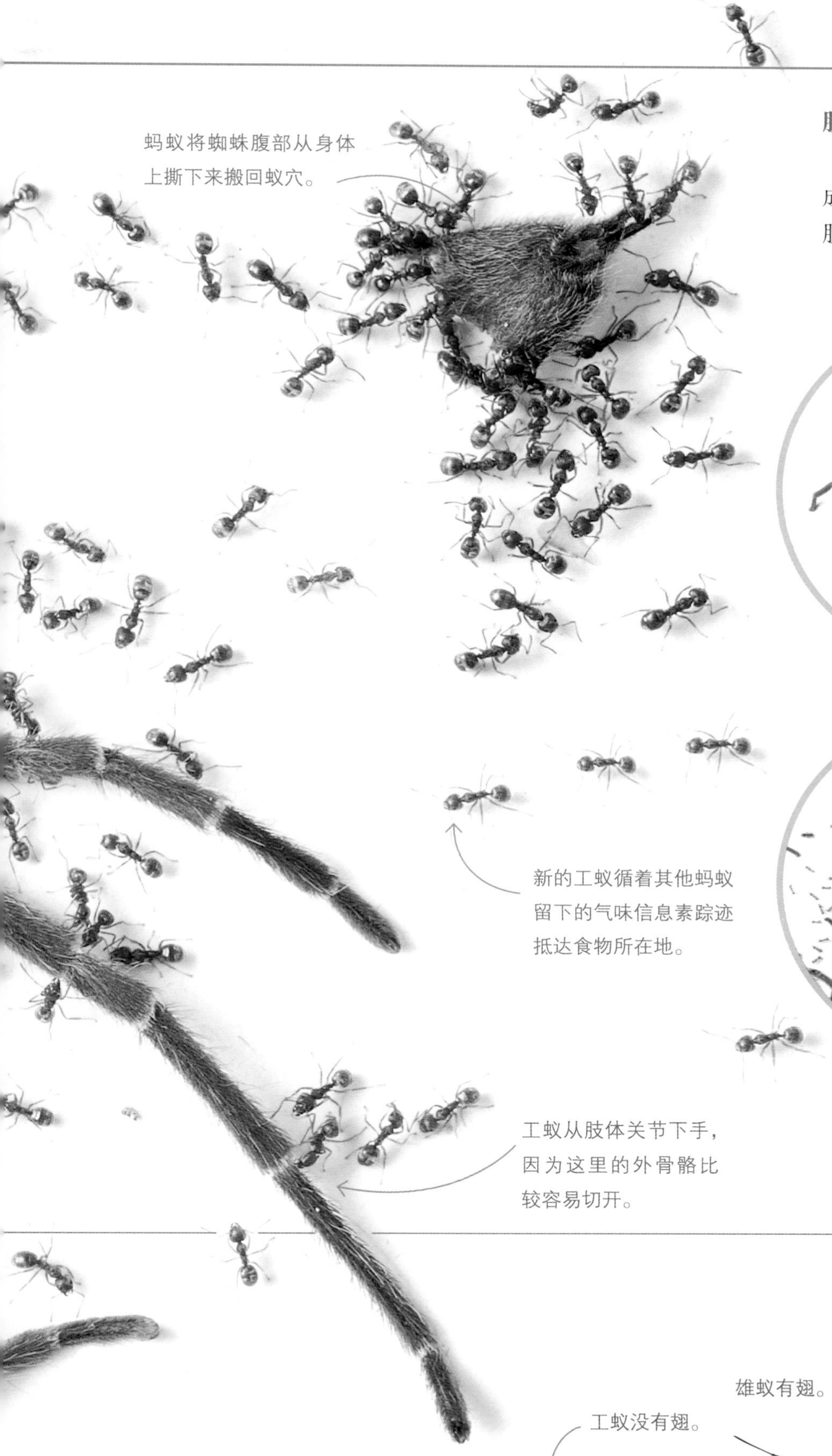
蚂蚁将蜘蛛腹部从身体
上撕下来搬回蚁穴。
新的工蚁循着其他蚂蚁
留下的气味信息素踪迹
抵达食物所在地。
工蚁从肢体关节下手，
因为这里的外骨骼比
较容易切开。

肢解蜘蛛

木蚁很少活捉猎物，它是腐食性的夜行无脊椎动物。成组的蚂蚁到雨林搜寻食物，与蚁穴其他蚂蚁共享。它们肢解猎物，然后搬回家，以猎物的柔软内脏、体液为食。

当蚂蚁发现蜘蛛尸体时，
尸体尚完整。

1 探索

觅食的工蚁中有一支先锋队找到了死蜘蛛。当工蚁在蚁穴与蜘蛛之间行进时，留下了包含化学物质的气味信息素的踪迹，其他工蚁就能循迹到达食物这里。

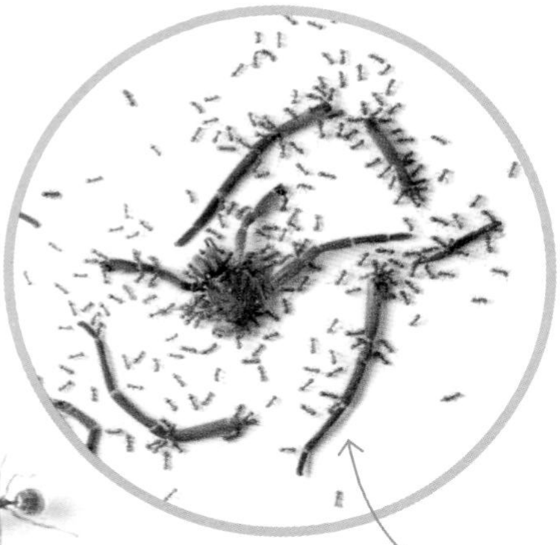
几百只或更多的工蚁将蜘
蛛拆分为碎片。

2 集合

循着气味信息素踪迹，更多蚂蚁到达了。它们合作肢解蜘蛛，然后将切割下的头、足搬回蚁穴。一旦内部的肉被分完，蜘蛛外壳就被抛弃了。

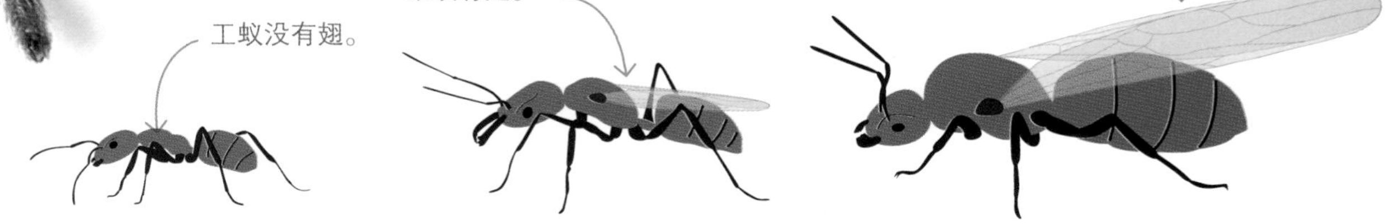
蚁后出生就有翅，但是
交配后失去翅。
雄蚁有翅。
工蚁没有翅。

蚂蚁等级

蚁群的成员被分为不同等级，它们的外形、角色各异。通常有一位蚁后负责产卵，雄蚁只在新蚁群建立时出现，雌性工蚁则是长久居民。

工蚁

工蚁都是雌性，在成熟蚁群中占绝大多数。它们没有翅，不能生育。它们绝大部分时间都在寻找食物和保卫蚁群。

雄蚁

蚁群诞生之初，长着翅的雄蚁与蚁后成群交配时，会表演“婚飞”。之后，雄蚁死去，在蚁群不再扮演更多角色。

蚁后

蚁后的唯一任务就是生育，因此它能够生出蚁群。一旦它与雄蚁交配，就开始产卵，孵出新的工蚁。

萤火虫

雨季初始，上千只萤火虫照亮了日本四国岛的森林。萤火虫是具翅甲虫，能够使用体内化学物质在腹部发光，这叫作生物发光。萤火虫在求偶时发光，是为了与配偶交流。生物发光在大自然中很广泛，也能够用于驱赶捕食者、引诱猎物。

蜘蛛

不同于昆虫，蜘蛛不能飞，但是它们的身体构造精巧，善于猎杀。一些蜘蛛追杀或伏击猎物，更多的蜘蛛吐丝织网或造出其他陷阱。它们能够探测到因猎物移动而产生的振动，大部分蜘蛛能够用尖利的螯肢注入毒液，让猎物动弹不得。

每条步足由7节组成。
敏感的纤毛通过感受振动帮助蜘蛛探测到猎物。

▶好斗的捕食者

巴布蛛是一种生活在非洲草原，行动敏捷的大型捕鸟蛛。巴布蛛极具攻击性，如果它们感到威胁，就会抬高身体，亮出螯肢随时准备断杀。它们通常躲在地下洞穴伏击猎物。

蜘蛛与昆虫

与昆虫相比，蜘蛛没有触角和翅。昆虫身体分为头、胸、腹三节，蜘蛛身体分为两节，它们的头与胸融合为一个整体。而且，蜘蛛有8条足，昆虫只有6条足。

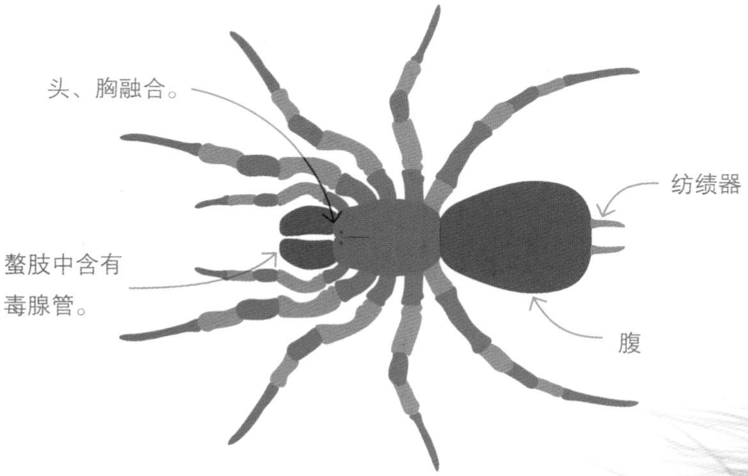

蜘蛛如何进食

蜘蛛的肠道很窄，只能吸入流质。为了进食，它们吐出消化液让猎物液化，吮吸部分可消化的组织，抛弃不能消化的坚硬组织。

蜘蛛的前附肢叫作触肢，
用于抓住猎物。
带有黏性的足垫帮助蜘蛛
爬上光滑表面，一些蜘蛛
甚至能腹部朝上行走。
蜘蛛虽然长了8个单
眼，视力却不好，它
们依赖触觉来捕猎。
蜘蛛长了8条步足。
尖利的螯肢向猎物
体内注入毒液。

有毒液的螯肢

蜘蛛螯肢的尖端有一个小洞，里面有充满毒液的毒腺管。毒液能够摧毁猎物的肌肉、神经系统，从而让猎物瘫痪。

蛛丝怎样发挥作用

所有蜘蛛都会吐丝，蛛丝是特别有弹性的纤维，甚至比钢铁还坚韧。蜘蛛腹中特殊的纺绩器能够造出不同的丝满足各种用途。蛛丝的产生需要消耗大量的能量，有时候蜘蛛靠吃下自己的蛛丝恢复体力。

蛛丝的用途

蛛丝对蜘蛛的生活至关重要。最早的蜘蛛可能用蛛丝来填满自己的洞穴，许多蜘蛛至今如此。但是蜘蛛也结网捕猎，格外坚韧的蛛丝还是蜘蛛躲避捕食者的一道防线，可以保护它们的卵，有香味的蛛丝甚至可以用来吸引配偶。

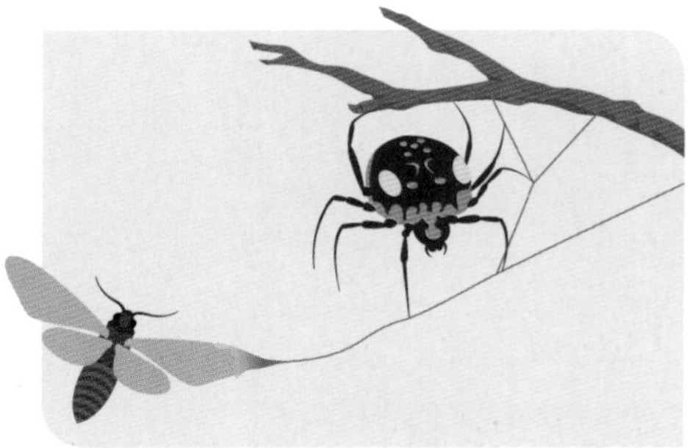

拉回猎物

乳突棘蛛（流星锤蜘蛛）旋转末端带有黏性小球的蛛丝捕捉飞蛾。蛾类就像上钩的鱼一样被蜘蛛拉回。

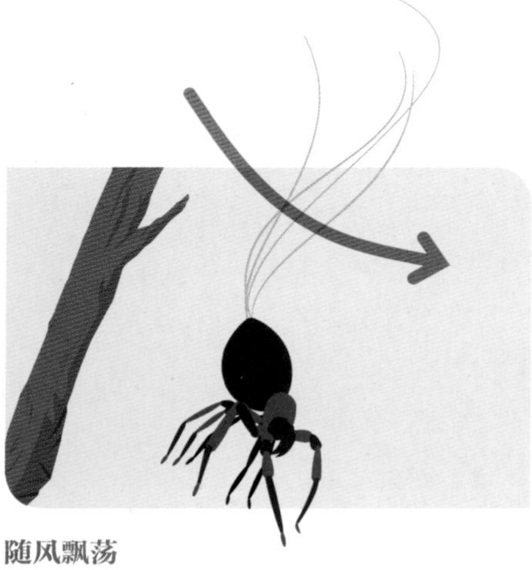

随风飘荡

为了觅食，一些小蜘蛛吐出丝线，借着风力在空中飘荡。

建造家园

钱包蛛住在由蛛丝排列、编织而成的洞穴中，蛛丝延伸到地表，蜘蛛用它来捕猎。

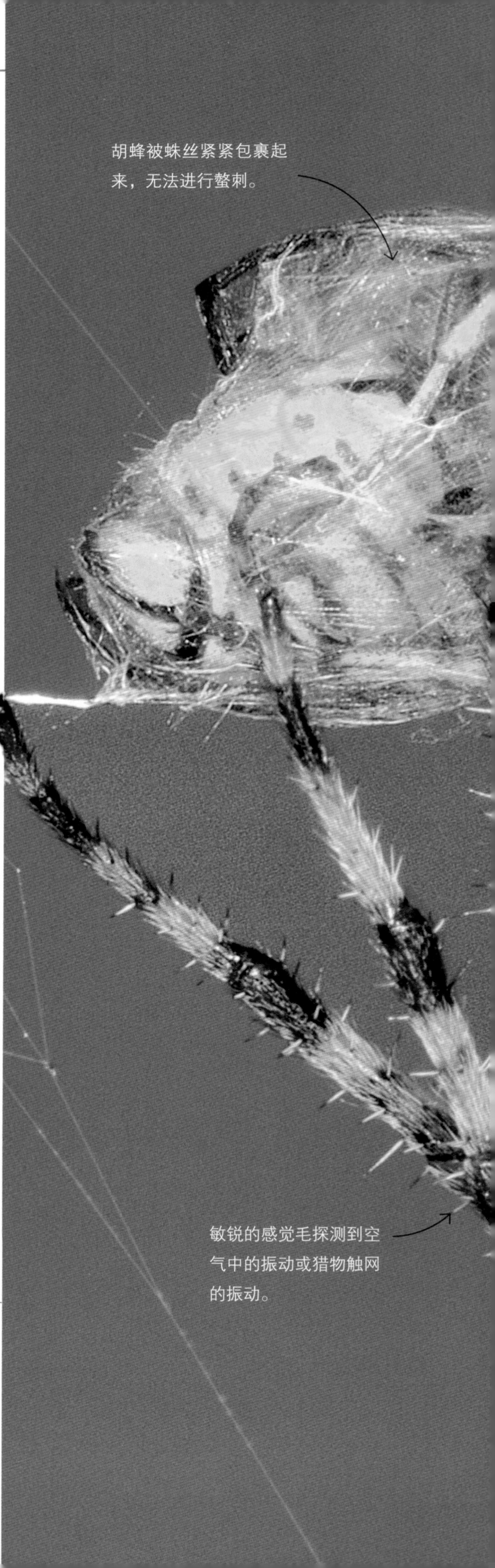

胡蜂被蛛丝紧紧包裹起来，无法进行螫刺。

敏锐的感觉毛探测到空气中的振动或猎物触网的振动。

▶丝织的裹尸布

蛛丝具有惊人的多种功能。这只园蛛用蛛丝在植物之间编织了圆形的网络来捕捉飞虫。当飞虫触网，它就会吐出另一种蛛丝将昆虫包裹起来，蛛丝缠绕得很紧，猎物就无法保护自己或逃掉了。

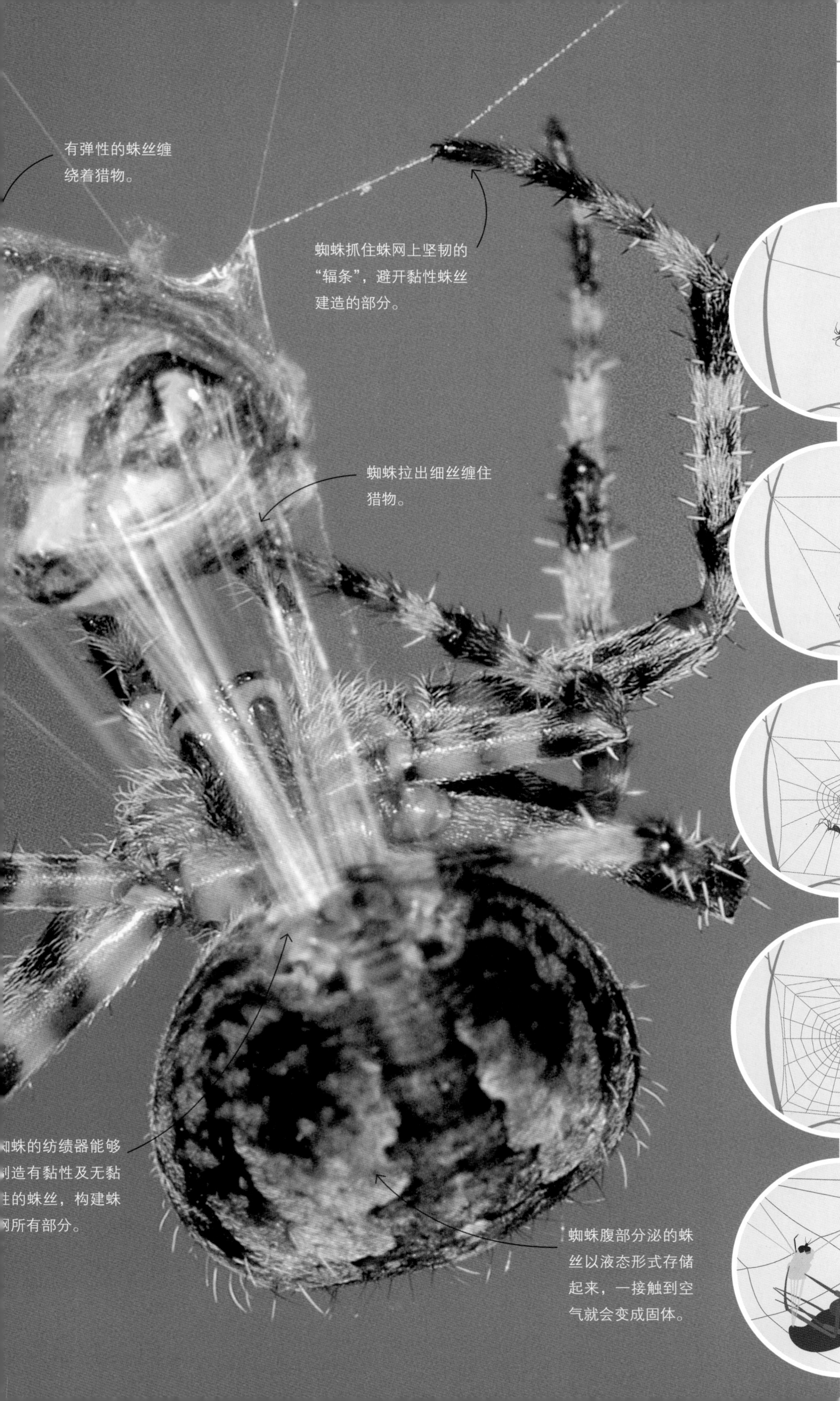

有弹性的蛛丝缠绕着猎物。
蜘蛛抓住蛛网上坚韧的“辐条”，避开黏性蛛丝建造的部分。
蜘蛛拉出细丝缠住猎物。
蛛的纺绩器能够造有黏性及无黏性的蛛丝，构建蛛网所有部分。
蜘蛛腹部分泌的蛛丝以液态形式存储起来，一接触到空气就会变成固体。

织网

园蛛的圆网是用有黏性与无黏性的蛛丝组成的精妙陷阱，完全靠触碰启动。

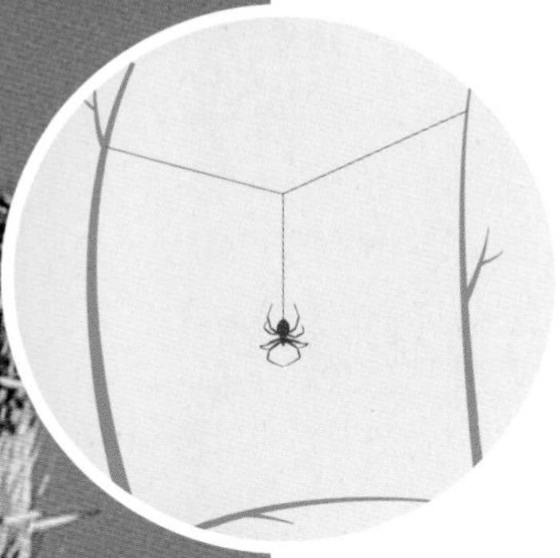

1 开始

蜘蛛在植物间隙中架起坚韧的、无黏性的蛛丝，造出一个“Y”字形框架。

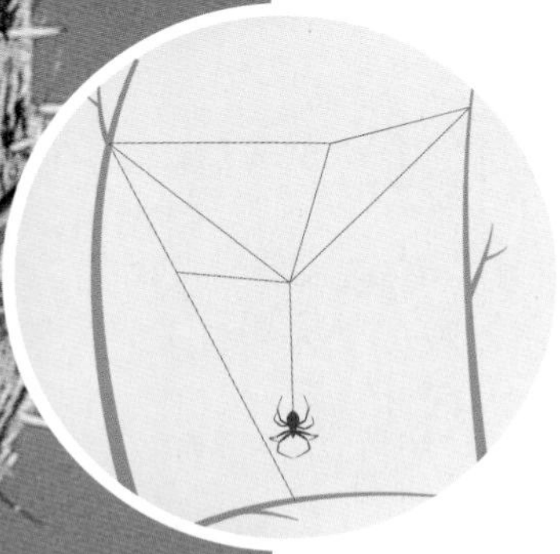

2 完成框架

蜘蛛使用同种类型的结实蛛丝完成外围框架，然后从中间延伸出丝线，仿佛车轮辐条。

3 增添螺旋线

蜘蛛以无黏性蛛丝为引导造出临时螺旋线，添加有黏性蛛丝造出持久螺旋线，然后撤去或吃掉临时螺旋线。

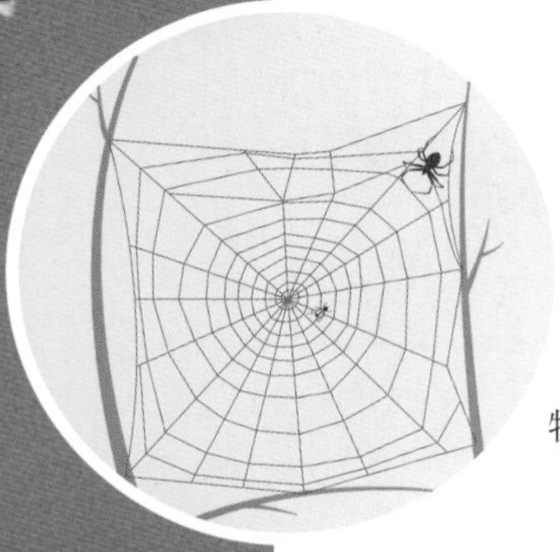

4 感受到猎物

蜘蛛挂在网上，它能够感知到困入捕食网中的猎物的任何振动。

5 包裹猎物

蜘蛛通常用柔软蛛丝将猎物缠绕起来，然后注入毒液让猎物瘫痪或死亡。

致命的以色列金蝎

以色列金蝎是世界上最致命的蝎子之一，它的剧毒能够造成人剧烈疼痛、痉挛、瘫痪乃至丧命。它主要分布在中东、北非的干旱沙漠区域。

以色列金蝎的触肢较/
因为它靠剧毒螯刺来
死猎物。
毒液通过两条毒腺
流入毒针。
神经纤维控制尾部运动。
毒液储存在两条毒腺里。
灵活的尾部由6
节构成。
感觉毛指引蝎子尾
部在螯刺时指向合
适位置。
蝎子的眼能够探测到光的
化，但是不能形成清晰影像
带爪的足帮助蝎子翻过岩石、木头、
树枝而不会失去平衡。

蝎子怎样捕食

蝎子长着有力的触肢、毒针，成为令人畏惧的猎手，它们以昆虫、老鼠、蜥蜴等小动物为食物。蝎子有许多生活在热带沙漠或热带雨林中的物种，它们白天在岩石洞穴里面纳凉，晚上出来捕猎。蝎子的视力不好，依赖高度敏感的触觉来寻找猎物。

帝王蝎的触肢强而有力，能够把人类手指夹出血。

坚硬的外骨骼帮助蝎子防御捕食者。

感觉毛探测到猎物运动。

钳状的螯肢分泌消化液。

◀用触肢捕猎

帝王蝎是世界上体形最大的蝎子之一，年幼的帝王蝎的毒液可以让猎物瘫痪，成年的帝王蝎可以用触肢将猎物撕碎。

捕猎技术

大多数蝎子善于伏击，它们会等到猎物进入到攻击范围才发起攻击。

❶ 蝎子足上的感觉毛探测到土地、空气的细微振动，确定靠近猎物的准确距离、方向。

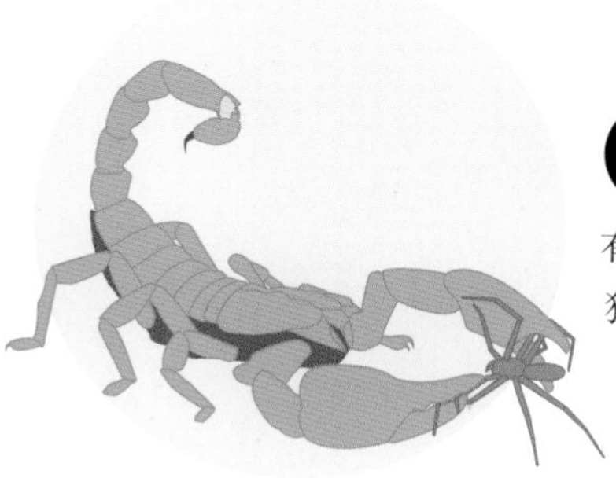

❷ 当蝎子探测到猎物，就冲过去用有力的触肢抓住并扼死猎物。

❸ 如果猎物身躯巨大或有攻击性，蝎子就会用蝎尾螯刺。毒液会让猎物瘫痪，无法逃跑。

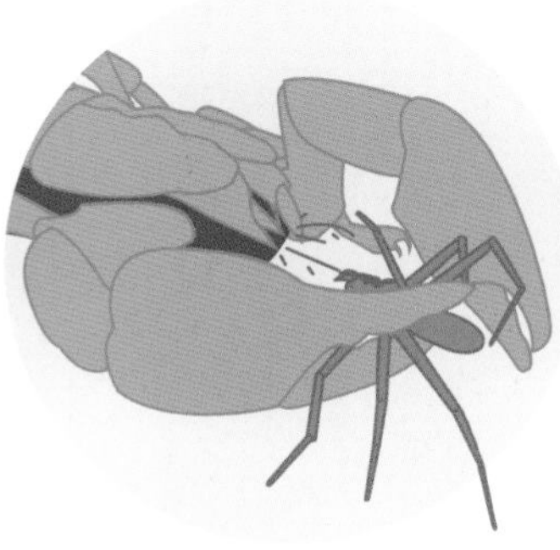

❹ 随着蝎子将猎物撕碎，它的螯肢分泌出消化液，将猎物的柔软身体部位分解为液态。

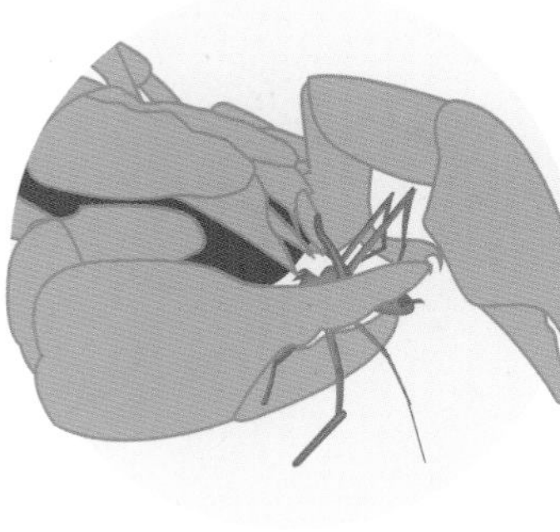

❺ 蝎子用口吮吸液体，留下不能消化的坚固物质，比如昆虫的外骨骼。

马陆

马陆、蜈蚣都属于无脊椎动物的多足亚门动物。多足亚门动物与昆虫具有许多相同特征，比如长有外骨骼、用气管呼吸（没有肺）。不过，它们的足更多，长长的身体分为很多环节。马陆是行动缓慢的穴居者，以腐烂的树叶、木头为食，蜈蚣则是快速行进的捕食者。

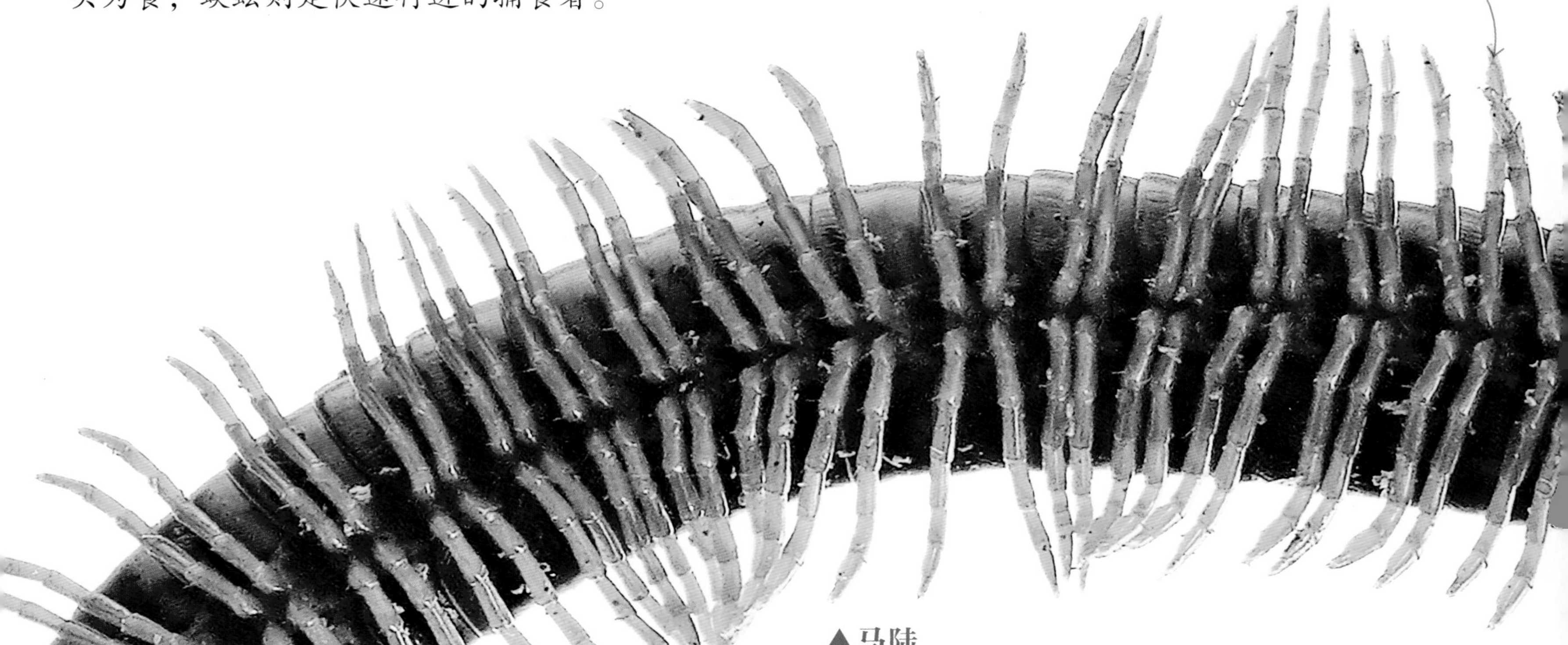
马陆的鲜艳色泽会警告
捕食者自己有毒。

▲马陆

马陆又称千足虫，听起来它长了1000条足，但是大多数马陆只有100~300条足，除头四节外，每节身体各有两对足。它们的足通常比蜈蚣的短，因此行进缓慢，但是多足联合行动还是能够产生足够力量，让它的身体拱入柔软泥土中。

行进方向
钝圆头
按照波浪模式将
足抬起、落下。

波浪般运动

马陆在行进时，需要多足共同配合。身体两侧的足都需要按照次序行进，如同波浪一样从头到尾上下波动。马陆一次能够移动10~20条足。

穴居者

有些马陆是穴居者，它们在地下挖出洞穴，然后许多足一起行动扩大这个洞穴，带动身体前行。

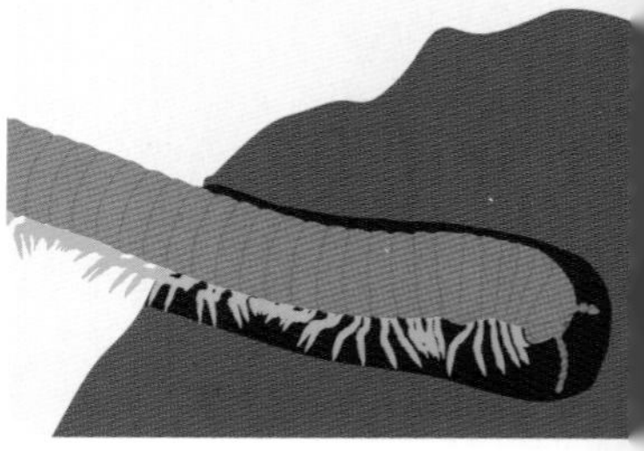

马陆的感官

马陆的圆头长着触角、构造简单的眼、口器、感觉器官。大多数马陆视力不好甚至目盲，它们用触角轻叩前方路面来探路。

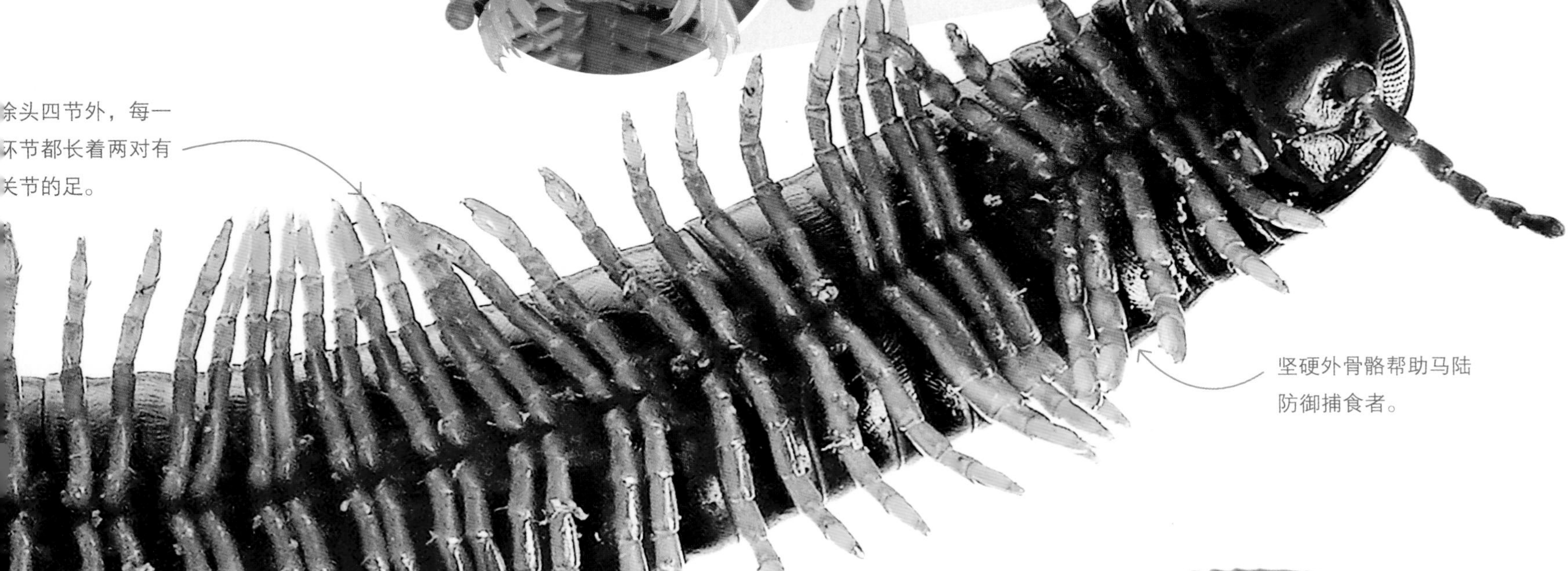

余头四节外，每一
不节都长着两对有
关节的足。

坚硬外骨骼帮助马陆防御捕食者。

防守策略

马陆行走缓慢，如果遇到危险，它会蜷曲为紧实的螺旋状保护自己的足和柔软的腹面。红环马陆能够分泌出毒液来灼伤来袭的昆虫。

体

马陆像昆虫一样，为了
长必须蜕去外骨骼。它
生命初始时，身体只有 6
，足只有 3 对。每一次蜕
，它们都会长出更大的外
骼、更多的体节和足。

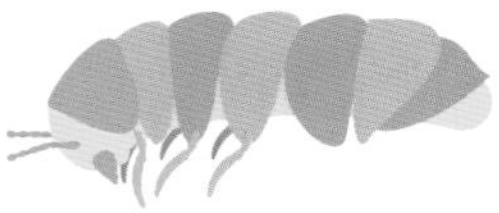

1 第一阶段

当马陆孵化出来时，身体只有 6 节，足只有 3 对。

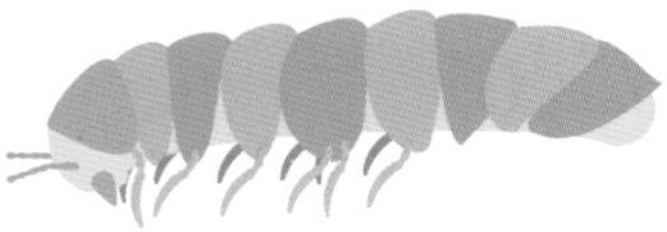

2 第二阶段

第一次蜕皮后，年幼的马陆长出 8 个体节，有 1 个体节有 2 对足，有 4 个体节各有 1 对足。

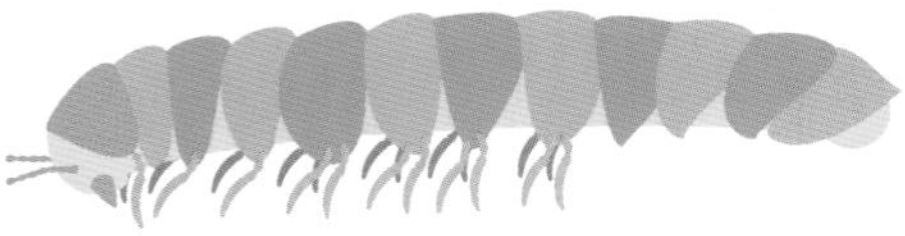

3 第三阶段

第二次蜕皮后，马陆长出 11 个体节，有 4 个体节各有 2 对足，3 个体节各只有 1 对足。

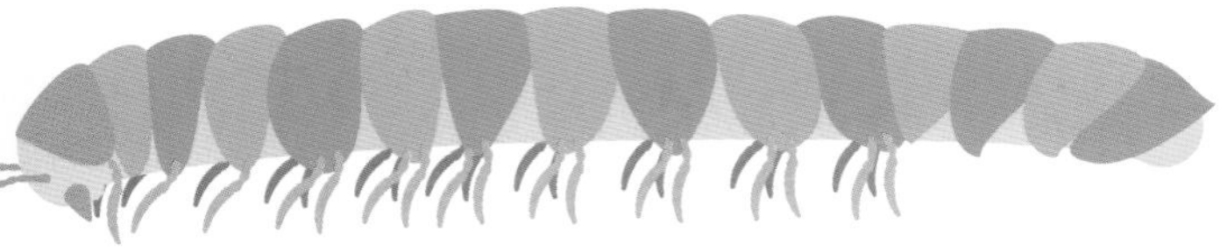

4 第四阶段

每次蜕皮后，马陆都会长出新的体节和足，直到它成熟。

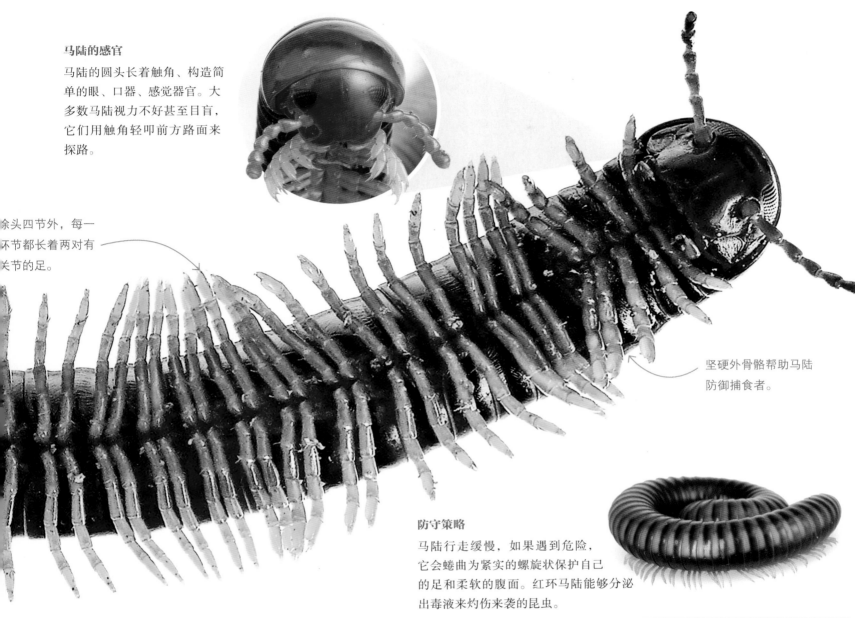

每节只有 1 对足。

蜈蚣

蜈蚣的体节比马陆的少得多，每节只有 1 对足。它们能够长到 30 厘米。它们的毒液能够让青蛙、老鼠那么大的猎物瘫痪。

蟹

蟹属于一个庞大、种类繁多的无脊椎动物族群——甲壳类。虾类也是甲壳类的成员。大多数蟹生活在海洋和淡水中，但是也有不少种类部分适应了在陆地的生活，它们有的使用 10 条足中的 8 条，以独特的横行步态走路。有的蟹在海底或岸上找寻海藻、蠕虫、残渣以及其他甲壳类，用螯足抓住它们并碾碎吃掉。

蟹带柄的眼睛长在触角上。
较大的螯足用于碾碎猎物。
从背面看
宽阔的甲壳覆盖了身体主要部分。

▶盔甲般的身体

像其他甲壳类一样，蟹长着坚硬的外骨骼，为了长大，它们必须一次次蜕皮。它们长了 5 对有关节的足，其中前面一对演化形成螯足。有些蟹的一只螯足明显比另一只大得多，用于碾碎猎物或吸引配偶。大多数蟹用甲壳下的鳃呼吸，但是非洲彩虹蟹用肺呼吸。

繁殖

海生的雌蟹交配后，就会从腹部排出多达 18 万颗长得像小浆果的受精卵。它们被雌蟹排入海洋后，孵化出浮游生活的幼体，幼体长得与成年蟹完全不同。幼体随波漂流，然后定居在海底，直至成年。

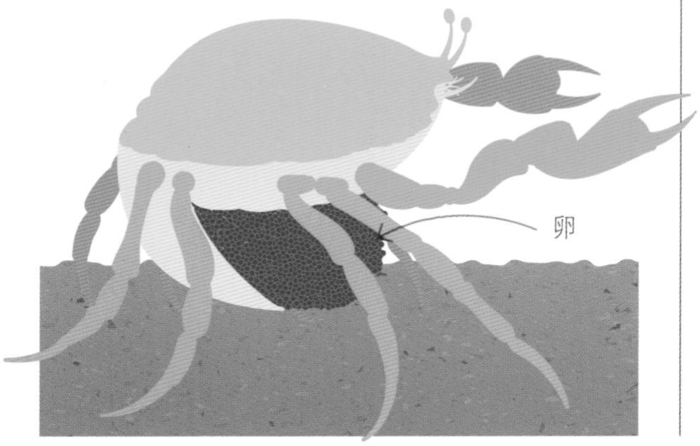

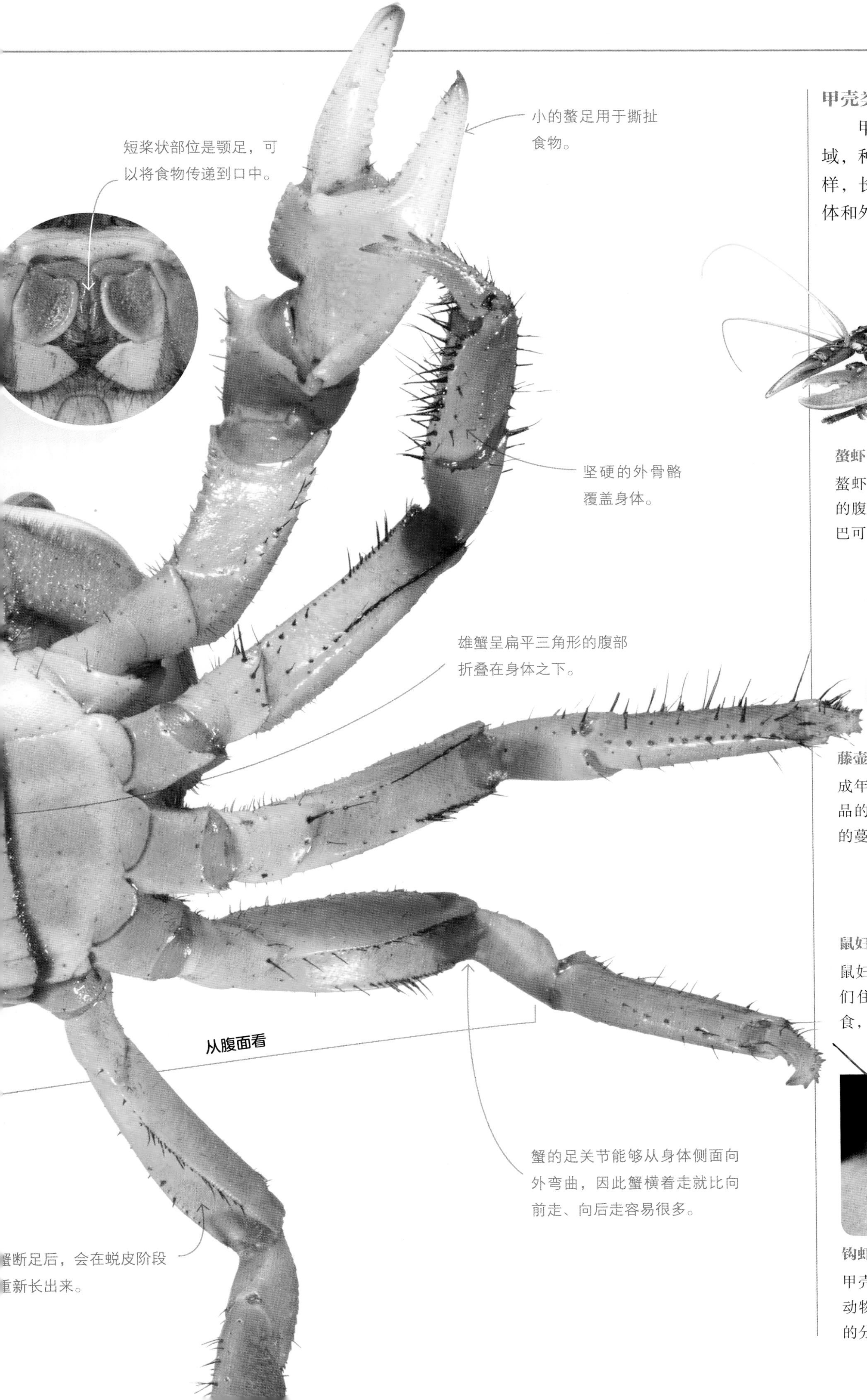
短桨状部位是颚足，可
以将食物传递到口中。
小的螯足用于撕扯
食物。
坚硬的外骨骼
覆盖身体。
雄蟹呈扁平三角形的腹部
折叠在身体之下。
从腹面看
蟹的足关节能够从身体侧面向
外弯曲，因此蟹横着走就比向
前走、向后走容易很多。
蟹断足后，会在蜕皮阶段
重新长出来。

甲壳类

甲壳类生活在海洋及其他水域，种类繁多。甲壳类像昆虫一样，长着有关节的足、分节的身体和外骨骼。

螯虾

螯虾类和蟹类有很多共同特征。螯虾的腹部不能折叠，不过它们灵活的尾巴可以帮助游泳。

藤壶

成年藤壶永久性依附在岩石或其他物品的表面上生活。它们漂荡着羽毛状的蔓足，抓住食物碎屑。

鼠妇

鼠妇构成陆生甲壳类的最大群体，它们住在潮湿的地方，以腐烂植被为食，在夜间活跃。

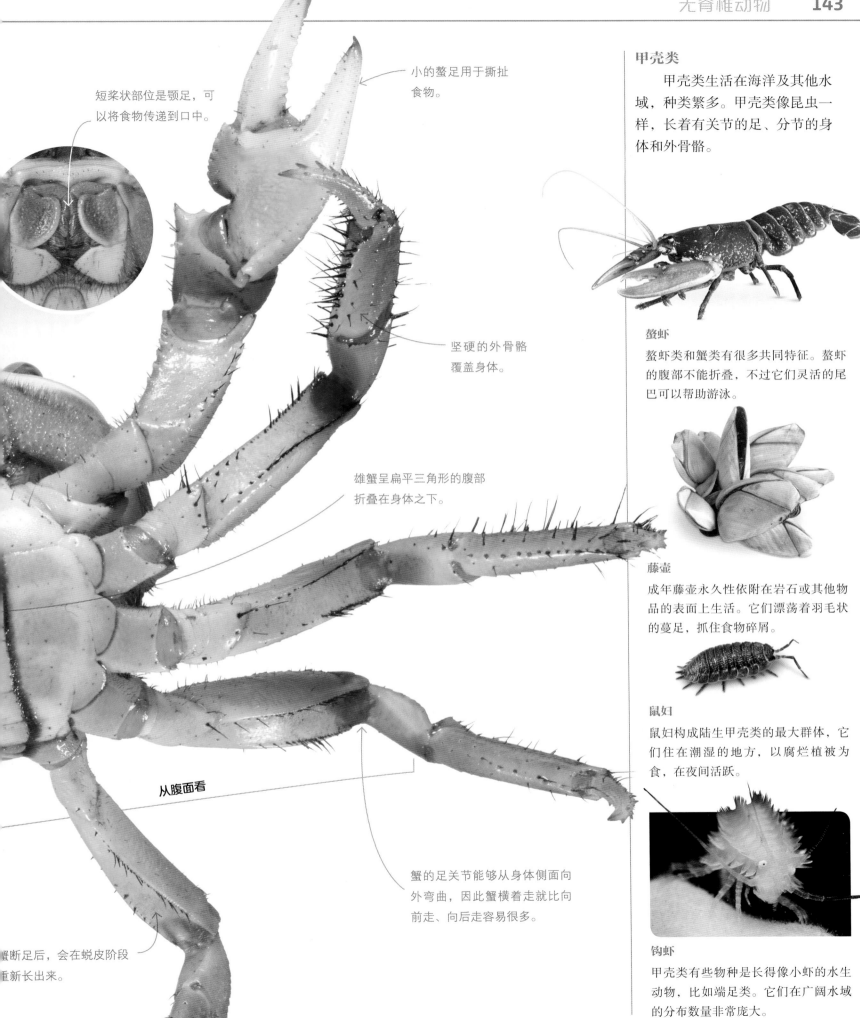

钩虾

甲壳类有些物种是长得像小虾的水生动物，比如端足类。它们在广阔水域的分布数量非常庞大。

最早进化出脊椎的动物是**鱼类**，它们大约 5 亿年前出现在地球上。鱼是适合栖息在江河湖海的**水生动物**。它们在**水下呼吸**，许多鱼具有能够在水中快速游动的**流线型身体**。

鱼类

鱼类的生活习性

世界上的脊椎动物中约有一半是鱼，一些鱼生活在海洋的咸水中，另一些则生活在江河湖泊的淡水中。大多数鱼具有被鳞片覆盖的流线型身体，用鱼鳍辅助游泳，用鳃在水下呼吸。

背鳍帮助鱼保持平衡，防止侧翻。
鱼用小小的脑袋控制身体与行为。
人的眼睑能够保持眼睛湿润，鱼眼因为总是湿润的，所以不需要眼睑。
鳃从水中吸收氧气。
消化器官、生殖器官大都位于身体前部。
鱼鳔像个充气小囊，让鱼能够控制入水深度。

▶住在水下

与大多数鱼一样，玻璃鱼的身体从前到后呈纺锤形。大多数鱼的消化器官、生殖器官都聚集在身体前部，后部则肌肉饱满。这些肌肉让身体向两侧摆动，以此推动鱼在水中穿行。

起保护作用的鳞片

大多数鱼的表皮上覆盖着能够保护柔软身体的鳞片。外表的黏液层是抵御寄生虫、疾病的屏障。

盾鳞

鲨鱼、鳐鱼等鱼类的体表长着坚硬的牙状鳞片，它们如皮革般坚韧，因此鲨鱼和鳐鱼的表皮像砂纸一样粗糙。

硬鳞

一些起源较早的硬骨鱼，比如鲟鱼、雀鳝，长有钻石状的厚鳞，这种鳞片互相连接，形成类似铠甲的结构，但缺乏弹性。

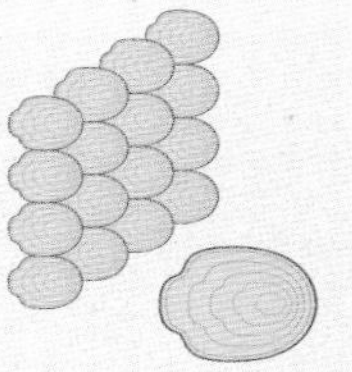

骨鳞

大多数鱼长着有弹性的细鳞，鳞片朝后，如屋瓦一般覆盖在鱼的身体上，使它的身体呈流线型。

水下呼吸

鱼用口吸水，用鳃排水，在这个过程中完成呼吸，鳃能从水中吸收氧气，释放鱼血液中的二氧化碳。

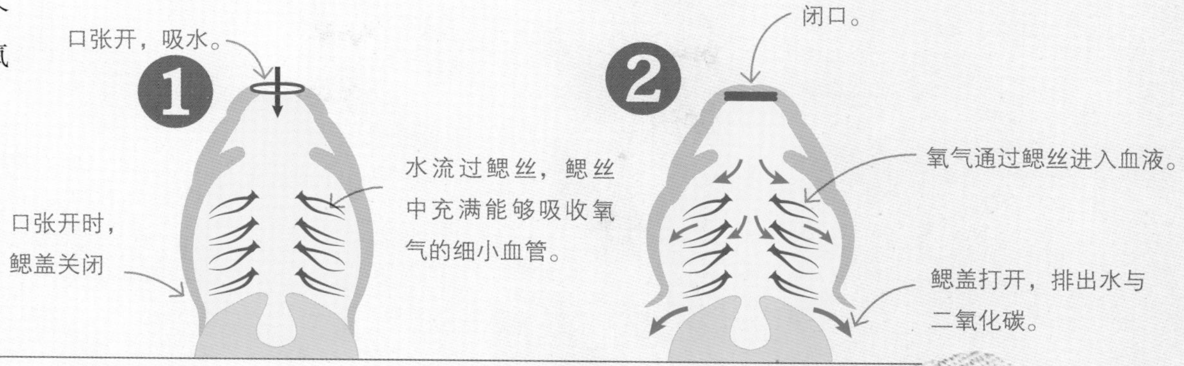
口张开，吸水。
1
口张开时，
鳃盖关闭
水流过鳃丝，鳃丝
中充满能够吸收氧
气的细小血管。
闭口。
2
氧气通过鳃丝进入血液。
鳃盖打开，排出水与
二氧化碳。

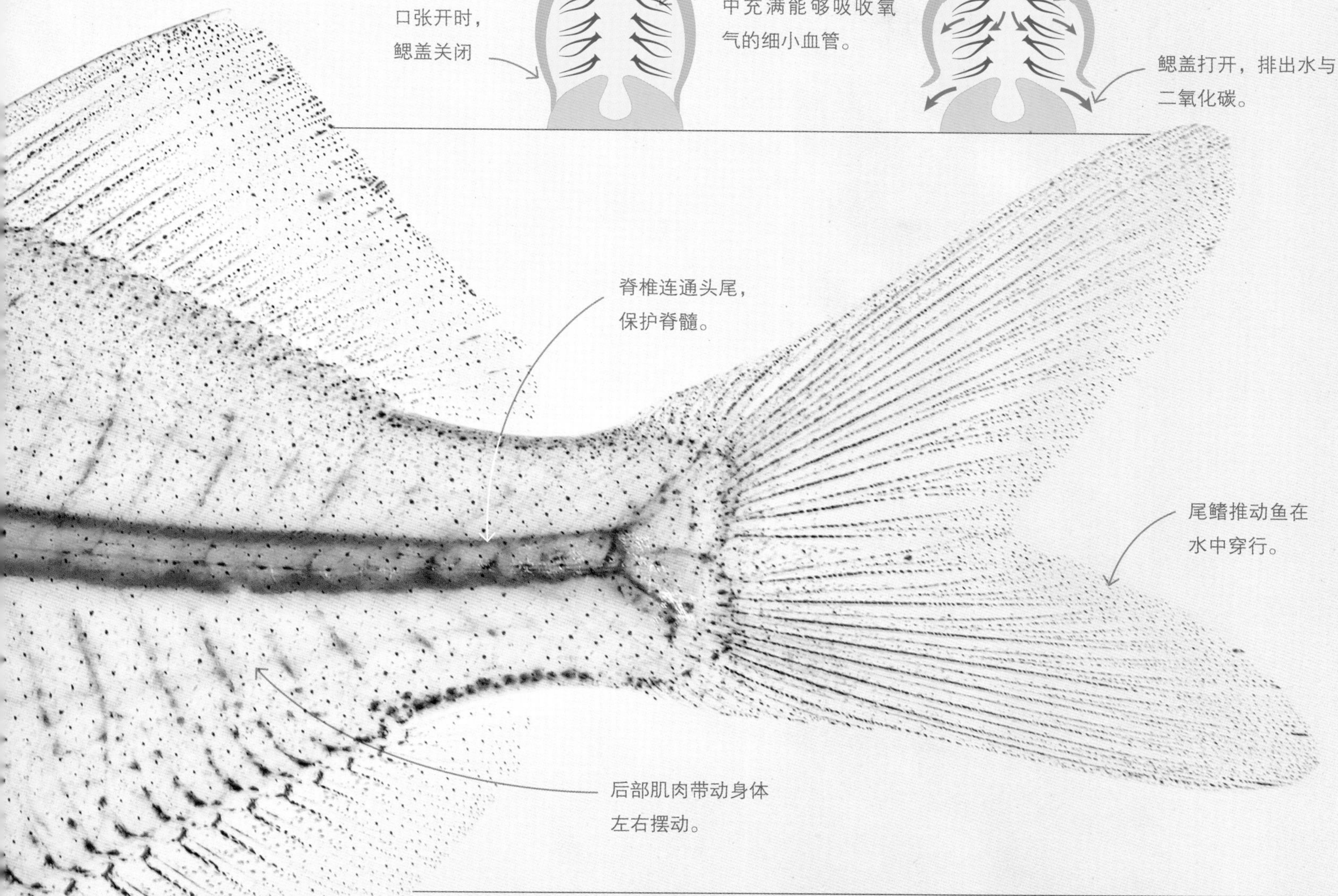
脊椎连通头尾，
保护脊髓。
尾鳍推动鱼在
水中穿行。
后部肌肉带动身体
左右摆动。
臀鳍保持身体
直立。

鱼的分类

我们可以根据身体结构给鱼分类，无颌鱼、软骨鱼的骨架更轻盈，硬骨鱼的骨架更硬、更重。

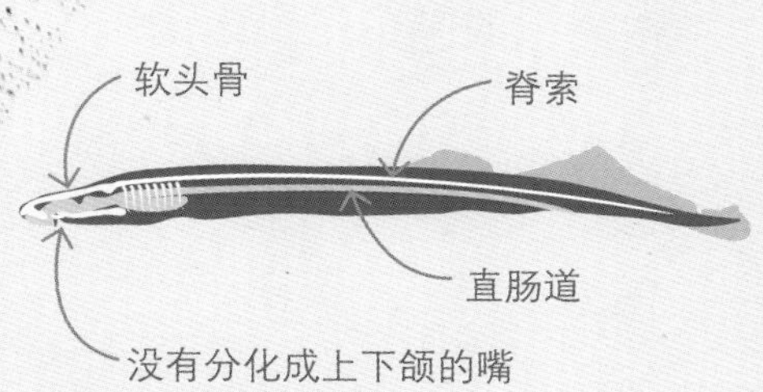
软头骨
脊索
直肠道
没有分化成上下颌的嘴

无颌鱼

七鳃鳗的头骨简单且不完整，也没有完全成形的脊骨，只有一条有弹性的软骨柱，叫作脊索。它们的身体侧面长有圆形鳃孔。它们没有咬颌，只有吸盘状的嘴。

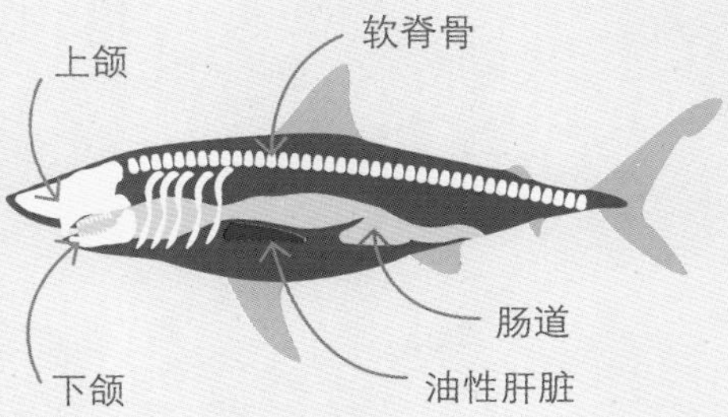
软脊骨
上颌
下颌
肠道
油性肝脏

软骨鱼

鲨鱼、鳐鱼具有强有力、长满牙齿的咬颌，它们的头骨、脊椎完整。充满油的肝脏能够使它们保持浮力，因为油比水轻。无盖的鳃对外张开，形成一条条缝隙。

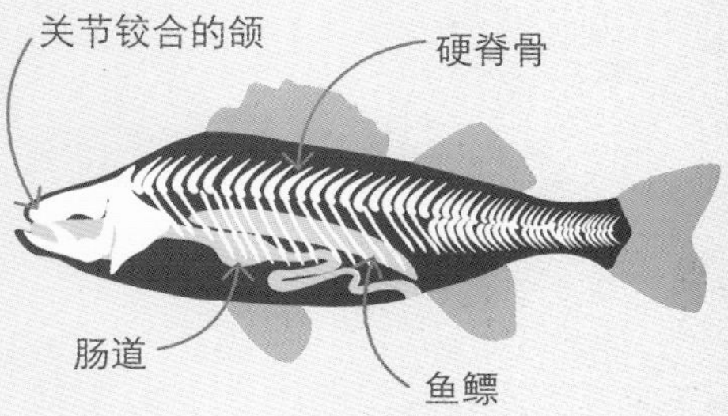
关节铰合的颌
硬脊骨
肠道
鱼鳔

硬骨鱼

这些鱼的胸腔被完全保护在骨架内，它们的骨架十分沉重，因此需要充气的鱼鳔来保持浮力。它们长了鳃盖保护鳃部。

鱼类怎样游泳

所有的鱼都靠摆动身体与鱼鳍来游动，它们不同的游动方式取决于不同的生活环境。许多种类的鱼长有鱼鳔，这使得它们长满肌肉的身体能在水中保持浮力。它们用鱼鳍为自己掌舵并保持平衡，用尾鳍推动自己向前。

浮力

硬骨鱼、软骨鱼的密度比水的大，因此它们体内长有调节浮力的器官。

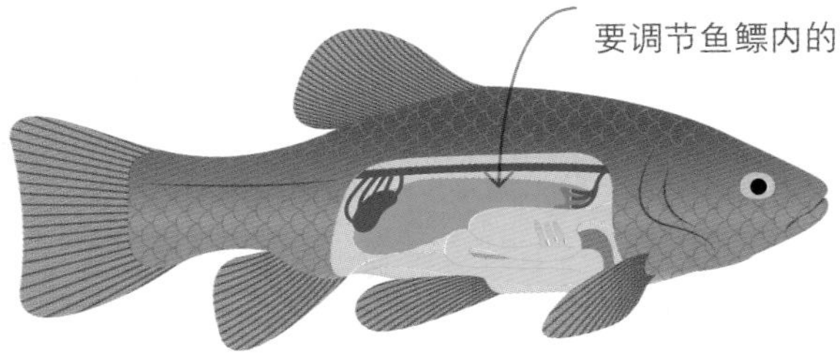

硬骨鱼在上下游动时，要调节鱼鳔内的气量。

硬骨鱼

硬骨鱼通常具有充气的小囊——鱼鳔，鱼鳔膨胀、收缩时所用的气体来自血管。鱼鳔能够让鱼不必花力气游动，就可以调整自己在水中的位置。

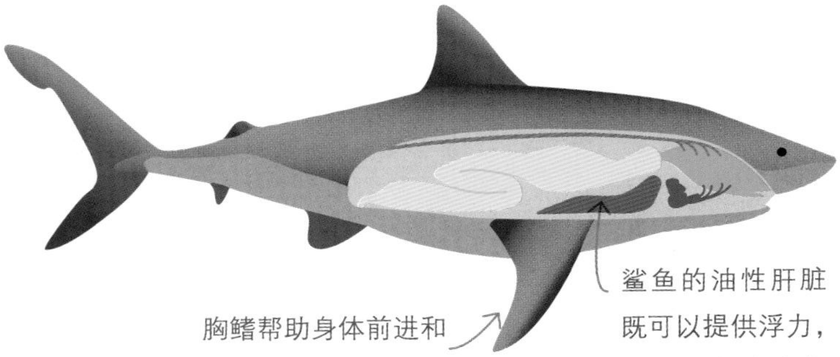

胸鳍帮助身体前进和控制方向。

鲨鱼的油性肝脏既可以提供浮力，也可以帮助消化食物。

软骨鱼

鲨鱼长有巨大的油性肝脏，这个脏器能够帮助鲨鱼保持浮力，因为油比水轻。不过，大多数鲨鱼还是要不停游动来保持浮力。

▶摆动尾鳍游动

大多数鱼会摆动尾鳍在水中前进。游动速度最快的鱼，长着难以屈伸的流线型坚硬身体，它们用硬尾鳍快速拍打水体，产生向前的推力。

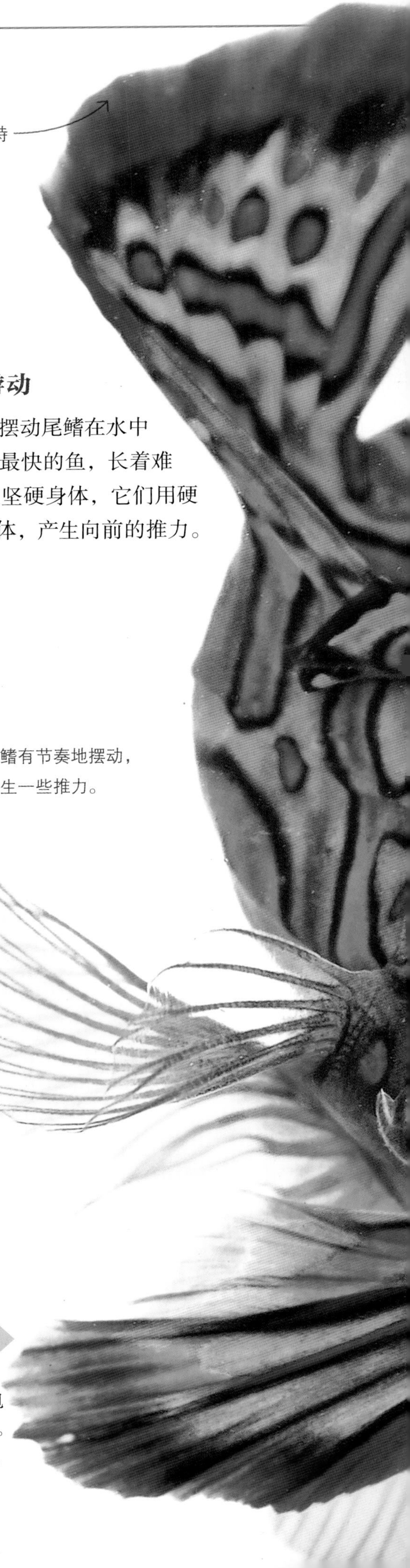

鱼用背鳍保持平衡。

胸鳍有节奏地摆动，产生一些推力。

S 形摆动

鱼游动的时候身体呈一连串 S 形。

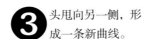

❶ 头甩向一侧，身体其余部分跟上，形成一条曲线。

❷ 向外推动尾鳍，推动身体向前。

❸ 头甩向另一侧，形成一条新曲线。

❹ 新曲线让尾鳍甩向另一个方向。下一条曲线开始形成了。

大尾鳍从一侧扫到另一侧，产生推力。

腹鳍可以协助维持身体平衡。

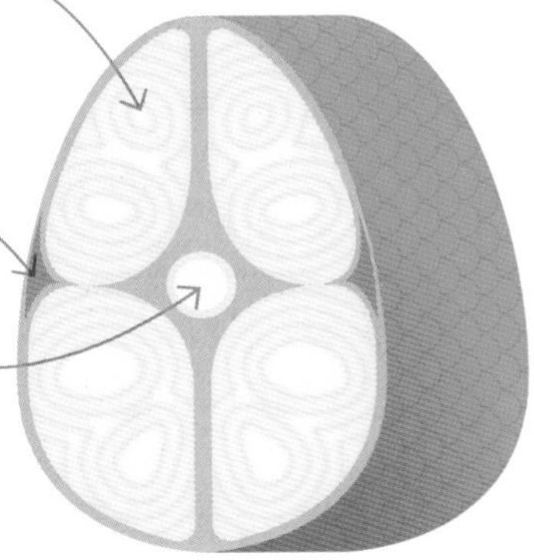

肌肉发达的身体

大多数脊椎动物肢体上长有肌肉，鱼的大块肌肉（肌节）围绕脊椎长成。每一块肌节都包括用于稳定运动的红色慢肌以及发动剧烈运动的白色快肌。

三维

鱼在变化莫测的水下环境中游泳。它们使用鱼鳍来保持静止及转向。

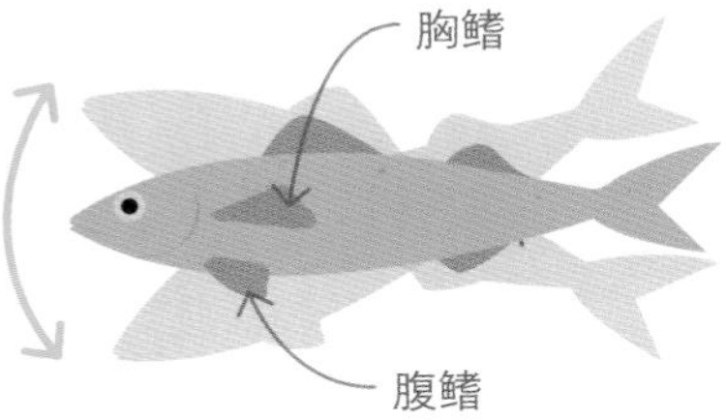

俯仰

一对胸鳍与一对腹鳍控制着鱼的上下运动（俯仰）。鱼也用这些鳍在水中保持静止。

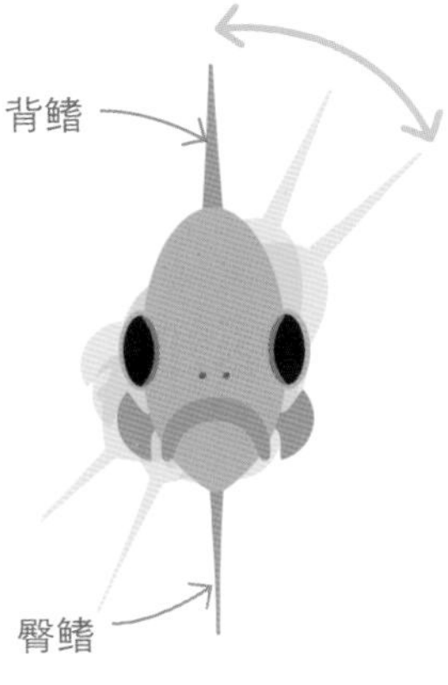

翻滚

背鳍与臀鳍控制着鱼的旋转运动（翻滚），让身体不会翻倒。游得快的鱼通常收起这些鳍，让身体更接近流线型。

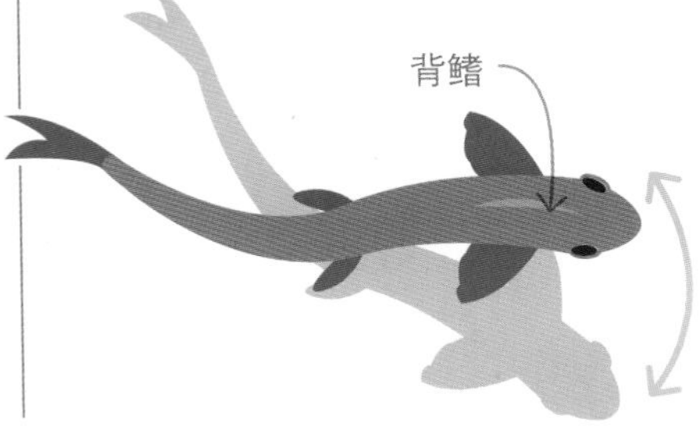

横摆

背鳍控制鱼向左右两侧的运动（横摆），能够让它保持朝向想去的方向。

鱼类的感觉器官

鱼类能够像人类一样听、看、闻、触、尝，但它们还有其他感官。这些高度适应环境的器官能够感知到水中的微小变化，有几种鱼甚至能够侦测到电流。当鱼探索时，它的脑部持续接受来自感官的信息，以避开捕食者，寻找猎物，朝着准确的方向游动。

在水下看

与能够变形聚焦于远近对象的人眼晶状体不一样，鱼眼里的晶状体形状是固定的，不过却能像照相机一样通过前后移动来聚焦。

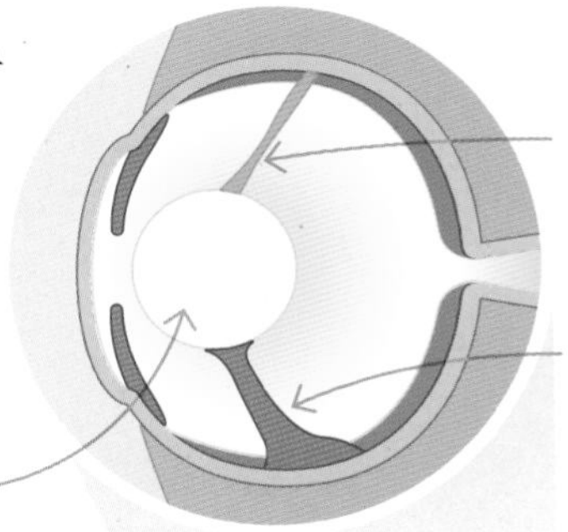
悬韧带用于固
眼内的晶状体
肌肉拉动晶状
体向后。
鱼眼内的晶状体可以
前后移动聚焦。

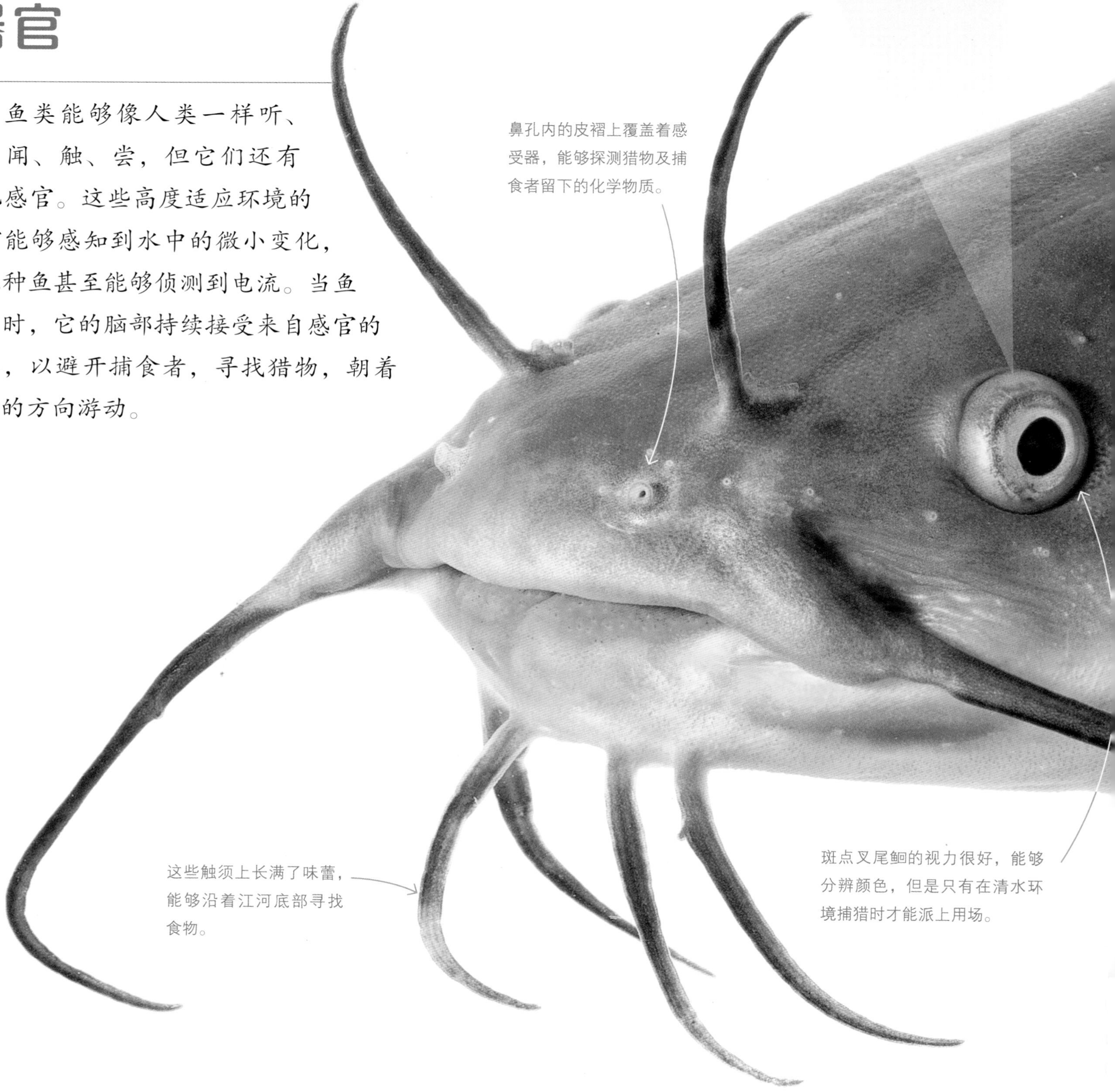
鼻孔内的皮褶上覆盖着感受器，能够探测猎物及捕食者留下的化学物质。
这些触须上长满了味蕾，能够沿着江河底部寻找食物。
斑点叉尾鮰的视力很好，能够分辨颜色，但是只有在清水环境捕猎时才能派上用场。

▼如何感知

这条斑点叉尾鮰的身体十分敏感，能够在污浊的河流中找到食物，它的视力和嗅觉都很敏锐，仅仅是味蕾就有超过10万个，味蕾不只是集中在它胡须般的触须上，还覆盖在它没有鳞片的身体上。

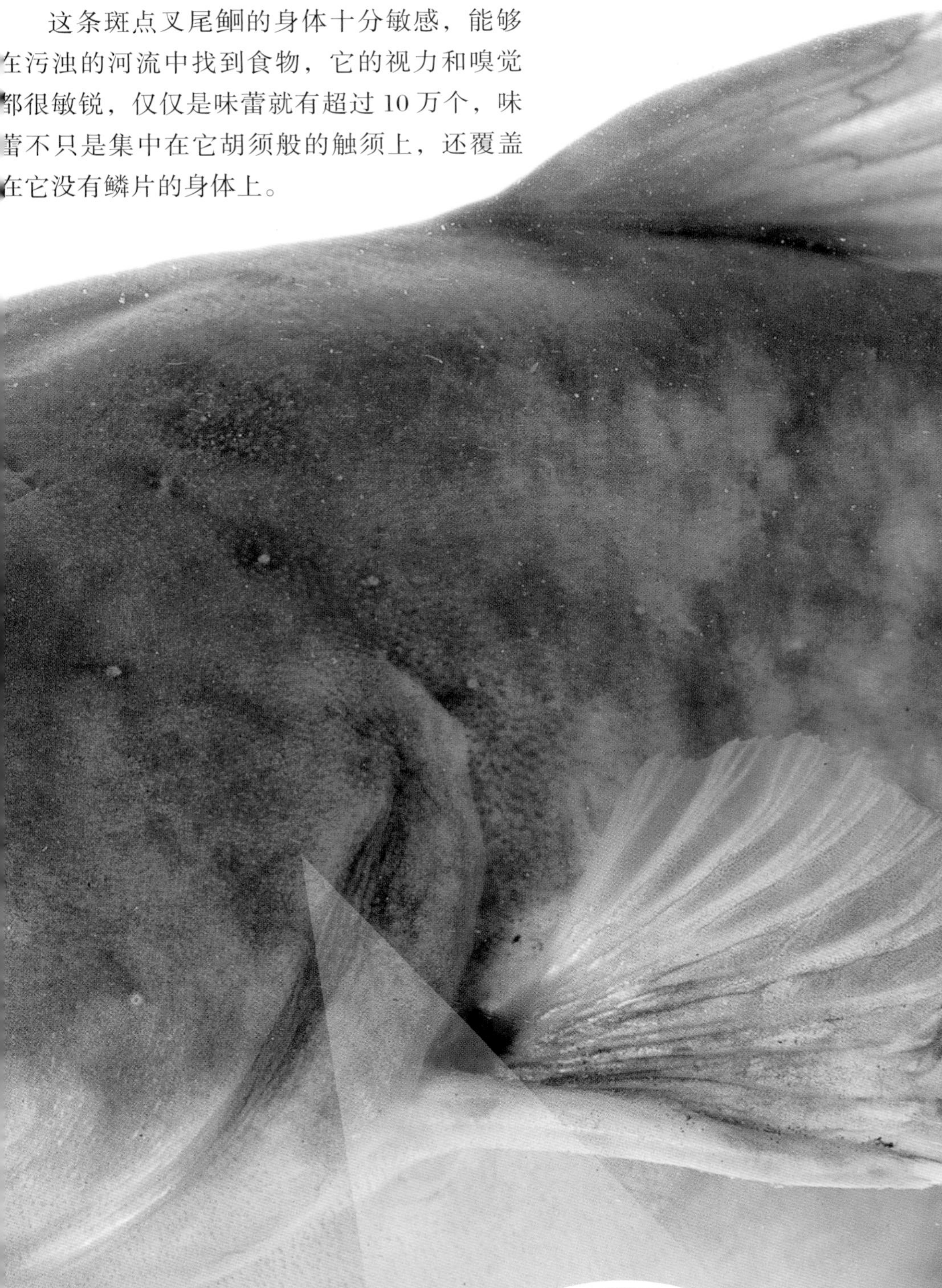

特别的感官

虽然通常情况下鱼的视力很好，但是它们在没有多少阳光照射的水下很难看清环境。因此许多鱼依赖其他感官探路。

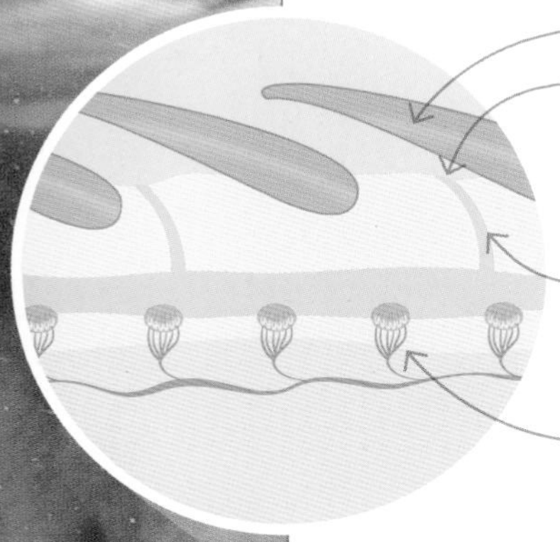

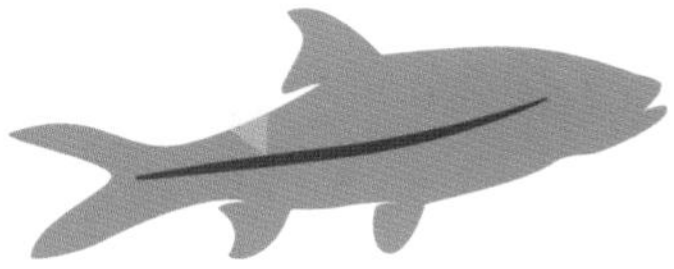

侧线系统

在大多数鱼的身体两侧，鱼鳃到尾鳍之间，都长有充满黏液的沟状或管状构造，这就是侧线。侧线管中有很多带纤毛的感觉细胞，可以探测水中的细微动静，帮助鱼分辨附近游动的是猎物还是捕食者。

鱼的口鼻部会产生电信号，它们遇到障碍物会被反弹回来。

电感受能力

有几种鱼能够制造并探测微弱的电信号。长颌鱼较长的口鼻部发射的电信号，遇到障碍物后会被反射回来。长颌鱼的头、背、腹都覆盖着能够探测反射信号的感受器，让它能够避开障碍、寻找食物。

内耳

硬骨鱼通常长着充气的鱼鳔控制浮力。有几种鱼还能使用鱼鳔放大声音。这些声音可以通过一系列纤细骨骼的振动达到内耳

声波会导致鱼鳔振动。
鱼鳔
细骨将振动传遍身体。
声音抵达内耳。

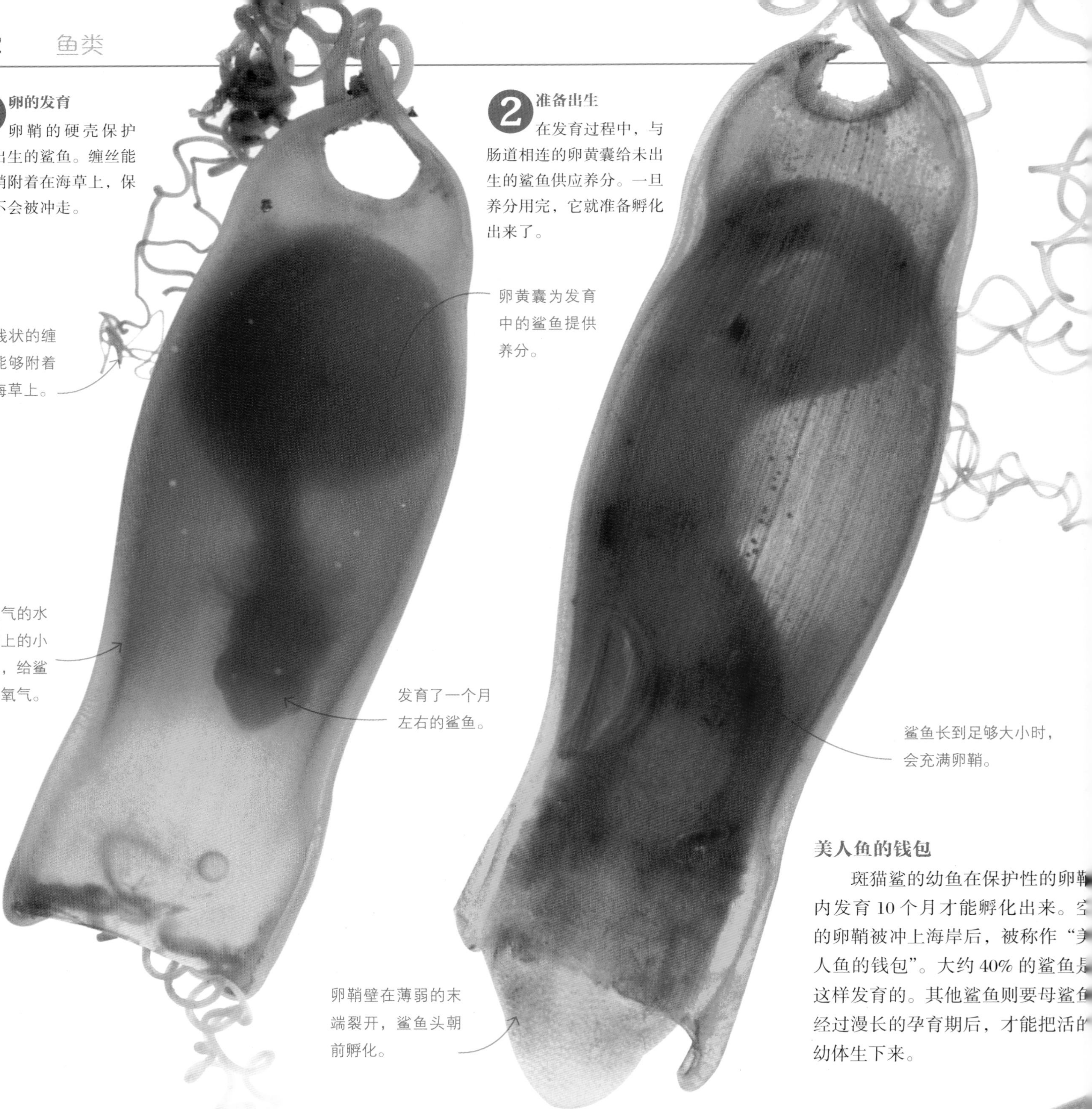
长线状的缠丝能够附着在海草上。
卵黄囊为发育中的鲨鱼提供养分。
富含氧气的水经由鞘上的小孔流入，给鲨鱼提供氧气。
发育了一个月左右的鲨鱼。
鲨鱼长到足够大小时，会充满卵鞘。
卵鞘壁在薄弱的末端裂开，鲨鱼头朝前孵化。

1 卵的发育 卵鞘的硬壳保护着未出生的鲨鱼。缠丝能将卵鞘附着在海草上，保护它不会被冲走。

2 准备出生 在发育过程中，与肠道相连的卵黄囊给未出生的鲨鱼供应养分。一旦养分用完，它就准备孵化出来了。

美人鱼的钱包

斑猫鲨的幼鱼在保护性的卵鞘内发育 10 个月才能孵化出来。它的卵鞘被冲上海岸后，被称作“美人鱼的钱包”。大约 40% 的鲨鱼是这样发育的。其他鲨鱼则要母鲨鱼经过漫长的孕育期后，才能把活的幼体生下来。

鱼类怎样繁殖

大多数鱼通过排卵繁殖，即雌鱼在水中产下大量很小的鱼卵，由雄鱼来授精。还有一些鱼类，会产下少量被鞘壳保护的鱼卵，以减少鱼卵被捕食者吞食的危险。

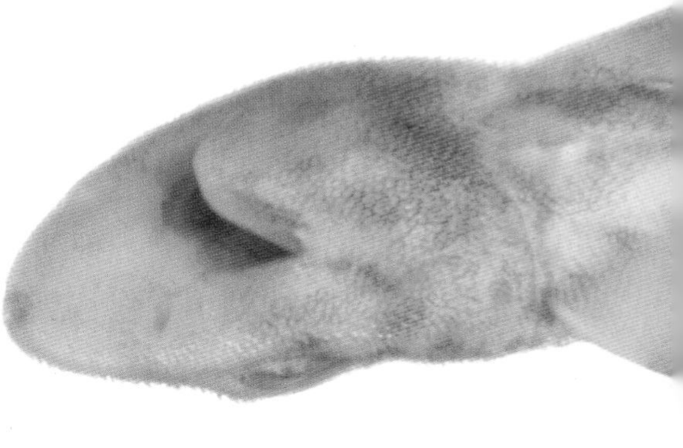

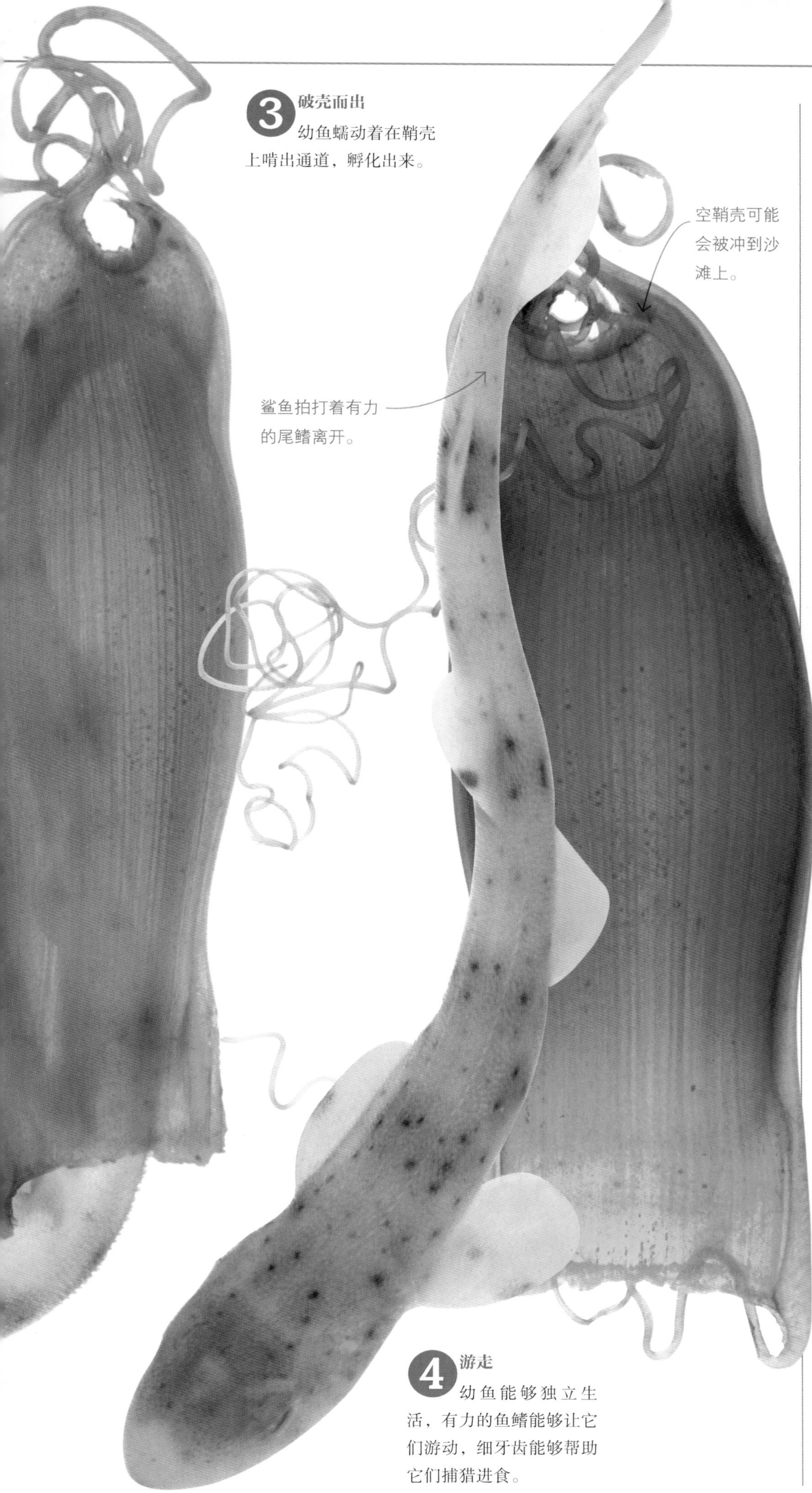

3 破壳而出
幼鱼蠕动着在鞘壳上啃出通道，孵化出来。
空鞘壳可能会被冲到沙滩上。
鲨鱼拍打着有力的尾鳍离开。
4 游走
幼鱼能够独立生活，有力的鱼鳍能够让它们游动，细牙齿能够帮助它们捕猎进食。

卵与幼鱼

鱼的繁殖方式各异，一些种类的鱼在水中产卵，另一些则通过怀孕生产。

大量产卵

像白斑笛鲷这种鱼，会在开阔水域产卵、授精。大群的鱼产下云状的卵，更便于授精。

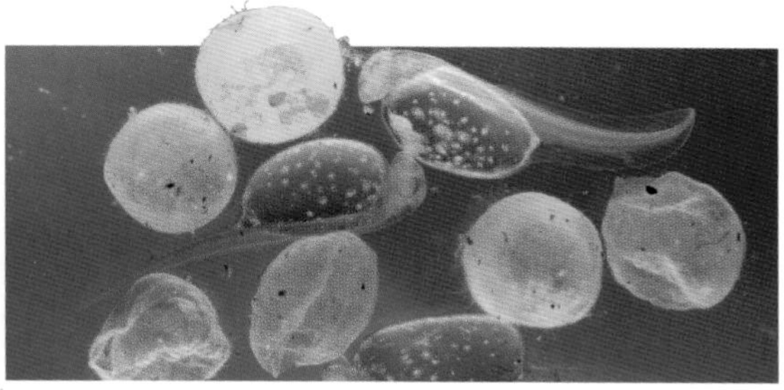

长大

大多数种类的鱼新孵出的幼鱼个头很小、发育不完全，供应养分的卵黄囊附着在幼鱼肚子上，它们长大后，卵黄囊就萎缩了。

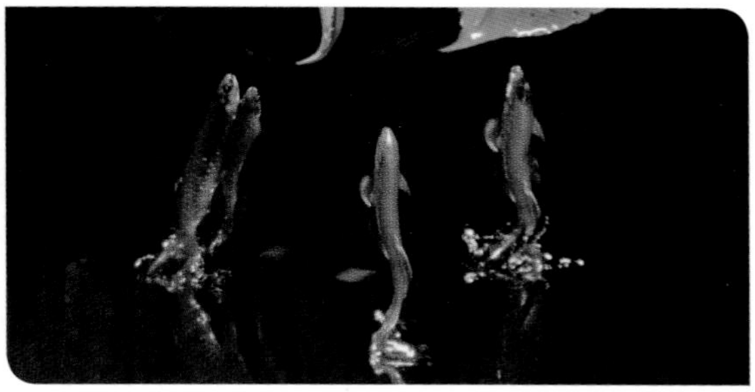

出水产卵

阿氏丝鳍脂鲤为了躲避捕食者，会跳出水面将鱼卵黏附在悬空的叶子上。它们将水轻拂在鱼卵上，防止鱼卵被晒干。

怀孕生产

像剑尾鱼这类鱼，交配后精子进入雌鱼身体，雌鱼在体内孕育受精卵，然后产下活的幼体。

鱼类怎样照料幼鱼

大多数鱼产卵后，就不再照料自己的后代，任其自生自灭。不过，约四分之一的鱼类会照顾自己脆弱的幼鱼，保护它们避开危险，并为它们筑巢，甚至供应食物让它们长大。

带着幼体

雄海马会用肚子上的育儿囊盛装雌海马留下的卵子，进行授精，并为它们供应食物和氧气。一旦小海马孵化，就让它们从育儿囊里一个个地出来。

气泡巢

丝足鱼将鱼卵产在气泡巢中躲避危险。雄鱼会吹出成排的唾液泡，让它们浮到水面上，然后用嘴将卵放入气泡中。雄鱼会保护着幼鱼直到它们独立。

喂养幼鱼

很少有鱼会像七彩鱼一样细心照料幼鱼，七彩鱼的双亲都会在身体侧面分泌出特殊的黏液，小鱼孵出后的三周里，会一点点啃食这些黏液作为营养。

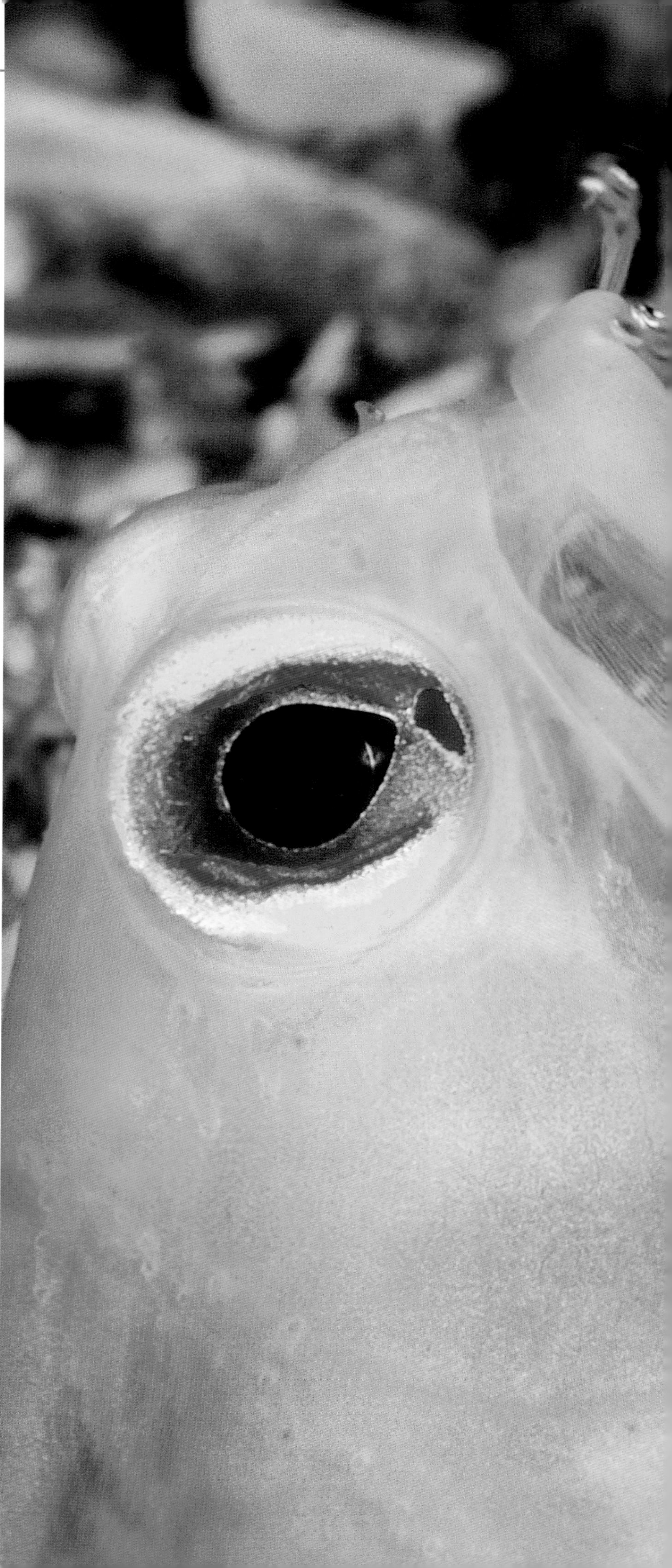

◀口中的幼鱼

这条雄性黄头后颌騰已经持续了一周“口孵繁殖”，也就是将鱼卵保护在口中，并搅动水为鱼卵供应氧气。在鱼卵孵出小鱼之前，它都不能进食。

躲进口里

像大眼钩嘴丽鱼这类鱼，它们在幼鱼出生后还会继续“口孵”，幼鱼会钻进雌鱼的嘴里躲避捕食者。

1 外出探险

幼鱼已经能够游泳、觅食。雌鱼会允许它们从口中出去，但是此时它们不会远离母亲。

2 危险警告

雌鱼发现了危险——以鱼苗为食的天敌正在靠近。同捕食者相比，幼鱼实在是太脆弱了。

3 回到安全地带

雌鱼晃动身体，招呼幼鱼们快回来。它张开下颌，幼鱼蜂拥而入，安全避险。

红鲑迁徙

数百万准备产卵的红鲑在太平洋生活 3 年后，会依靠地球磁场导航，游过约 1600 千米的路程回到出生地——俄罗斯的库页湖。它们到家后必须先逃过饥饿棕熊的利爪，才能在浅水处产卵。产卵后，它们精疲力竭而死。

鲨鱼

鲨鱼是水下世界中位于食物链顶端的捕食者，它们聪明、灵巧，流线型的身体能够高速穿过水域，强有力的肌肉帮助它们征服猎物。

▶高速捕食者

鲨鱼的捕猎依赖一系列技巧，比如灰鲭鲨在鲨鱼中速度最快，可达每小时 74 千米，它从猎物下方伏击，在猎物来不及做出反应时，咬下或撕掉猎物的一大块肉。

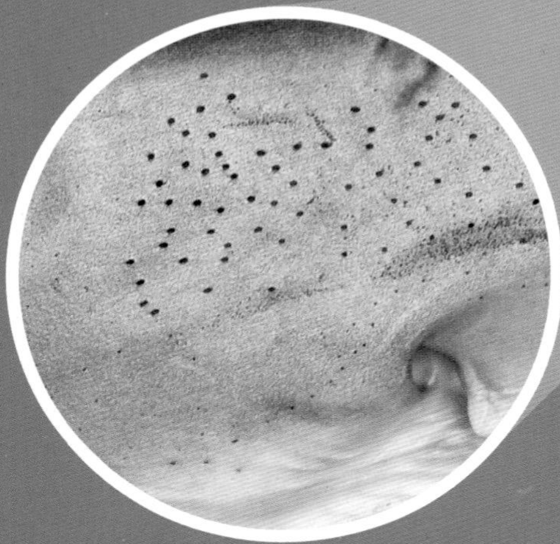

敏感的优势

鲨鱼的皮肤上分布着一种叫作罗伦氏壶腹的感受器，它们是布满感觉细胞的小孔，那些充满凝胶的细胞能够探测到猎物散发出的微弱电信号，帮助鲨鱼定位猎物。

许多鲨鱼在游泳时嘴巴大张，让水流过鳃部。

轮换的牙齿

鲨鱼一生中会更换几千颗牙齿。新的牙齿长在前排牙齿后面的牙龈组织中，然后逐渐向前移动，旧齿随即脱落。

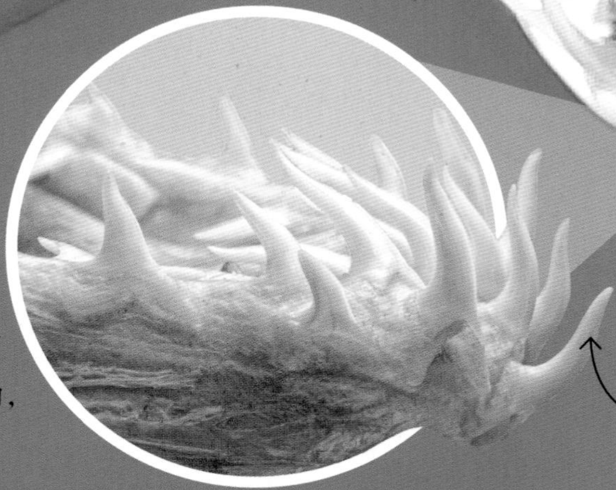

旧的牙齿移到前排，最终脱落。

有力的尾鳍提供主
要的向前推力。
鲨鱼体表覆有盾鳞，使
其皮肤摸上去具有砂纸
一般的质感。
从下往上看时，鲨鱼
苍白的腹部与水面明
亮的阳光融合在一起。
从上往下看时，鲨鱼深色的背
部与下方深色的海水一致。

反荫蔽

鲨鱼体表底部呈淡色，顶部呈深色，这让它们难以被发现，不论从上方还是下方，它们都能接近猎物，躲开捕食者。

捕猎技巧

鲨鱼用很多方式寻找并获取食物。一些鲨鱼从水中滤食浮游生物、小鱼小虾，但是大多数鲨鱼是极具活力的猎手。

围猎

大蓝鲨靠速度、灵活度捕捉鱼和乌贼。它们有时候像狼群一样围猎。

伏击

善于伪装的斑纹须鲨一动不动地停在海底，随时准备伏击游过的没有觉察它的鱼。

用电捕猎

双髻鲨左右晃动着头部感知它们最喜欢的猎物——藏在沙里的鳐鱼产生的微弱电场。

鱼的结构

鲨鱼的骨架是由比硬骨轻的、有弹性的软骨构成的。它们用鳃从水中吸收氧气呼吸，大多数鲨鱼需要保持运动，因为它们的鳃不能将水排走。鲨鱼没有鱼鳔，但是油性的肝脏能为它们保持浮力。鲨鱼的长度从 20 厘米到 12 米不等。

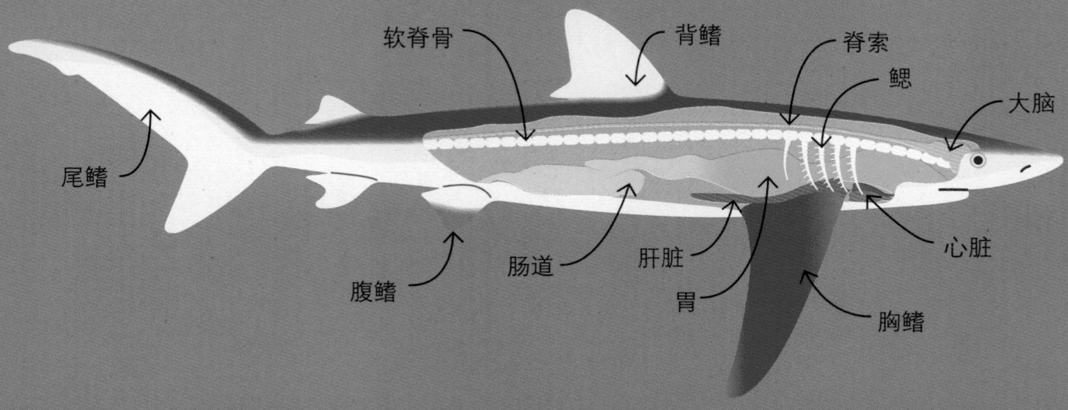
软脊骨
背鳍
脊索
鳃
大脑
尾鳍
腹鳍
肠道
肝脏
胃
心脏
胸鳍

鱼类怎样防御

对像海豹、海豚这样的大型动物来说，鱼是容易捕获的猎物。许多小鱼靠比捕食者快的速度摆脱捕食者。而一些鱼则选择采取防御策略，包括群体行动、伪装、躲藏，甚至扩大自己的体积。

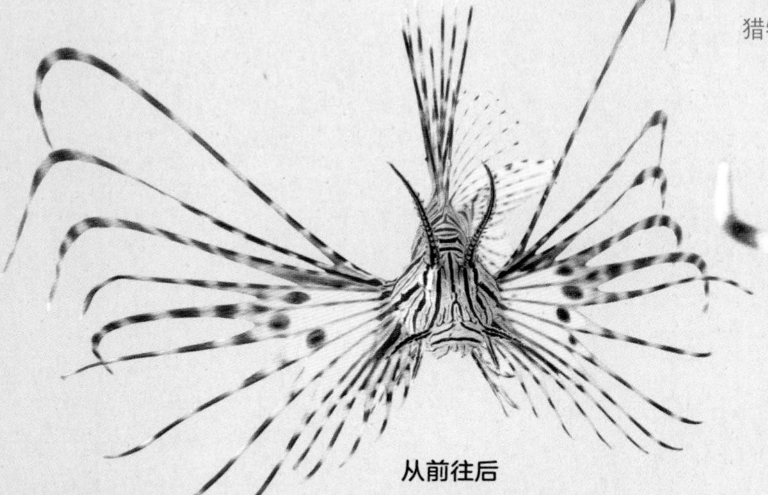

蓑鲉（狮子鱼）把胸鳍当作漏斗，将猎物汇集到口中。

从前往后看蓑鲉

警戒色的斑纹也可以作为伪装色，将鱼的轮廓与周围环境混淆。

宽阔的胸鳍被分为一簇簇又长又细的小鳍条。

▶警戒色的斑纹

引人注目的蓑鲉生活在热带珊瑚礁，伏击捕食小鱼。它炫目的斑纹状外表对更大的捕食者来说是警戒色，它使用锋利而有剧毒的棘刺来防御。

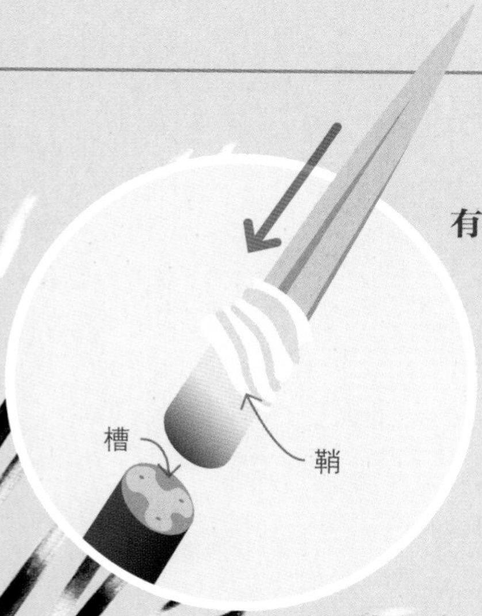

有毒的棘刺

当蓑鲉的毒棘刺刺破捕食者的身体后，覆盖棘刺的鞘会被往回推，毒液经由三道槽管被挤到棘刺上，进入伤口。

防御策略

鱼的生活环境让它们进化出不同的防御方式。在开阔水域中生活的鱼与在海底生活的鱼，所使用的防御策略就不同。

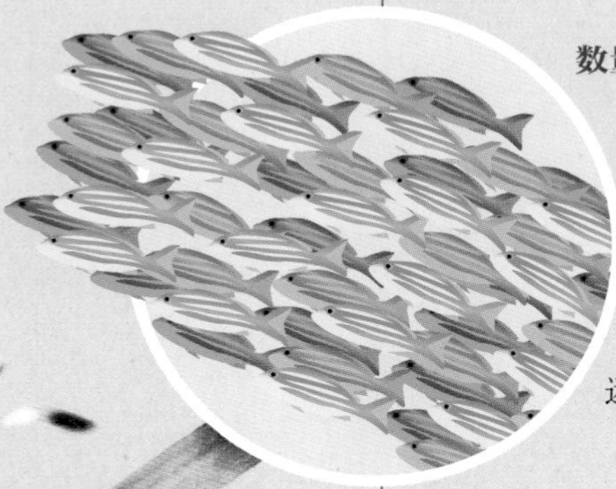

数量保障安全

许多在开阔水域生活的鱼群居生活，形成鱼群。鱼群能够掩护其中每一条鱼躲避危险，大批鱼聚在一起，能够旋转游动迷惑敌人。

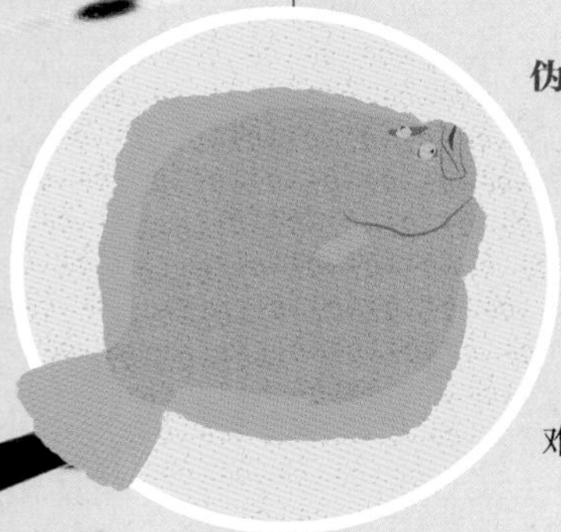

伪装

生活在海床或海草床环境中的鱼类，大都善于伪装，一些看起来像被海草覆盖的石头，另一些停在沙砾上，很难分辨出来。

使用盾牌

像僧帽水母鱼这类不受水母及其同类蜇刺影响的少数鱼，就能够进入含有剧毒的僧帽水母触手中来躲避捕食者。

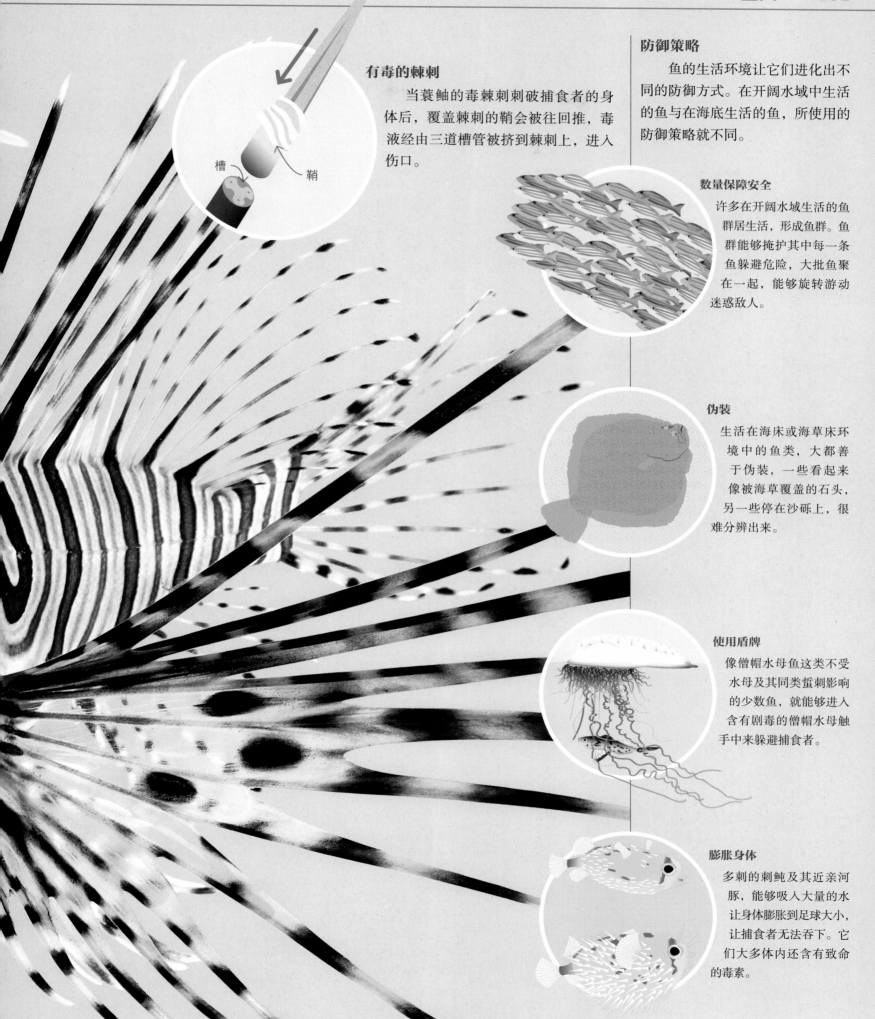

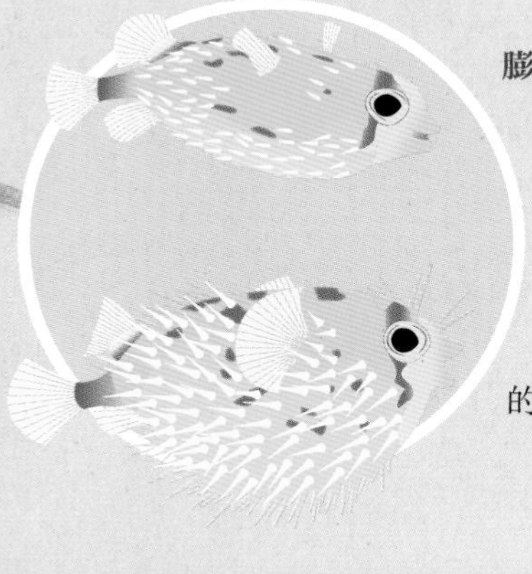

膨胀身体

多刺的刺鲀及其近亲河豚，能够吸入大量的水让身体膨胀到足球大小，让捕食者无法吞下。它们大多体内还含有致命的毒素。

鱼类怎样伪装

为了躲避捕食者，许多鱼会伪装自己，即通过变色或模仿融入周围环境，让自己难以被捕食者发现。一些鱼擅长模仿石头、珊瑚、海草或沙子，另一些鱼会改变外形适应环境。捕食者也会使用伪装来隐藏自己，同时伏击猎物。

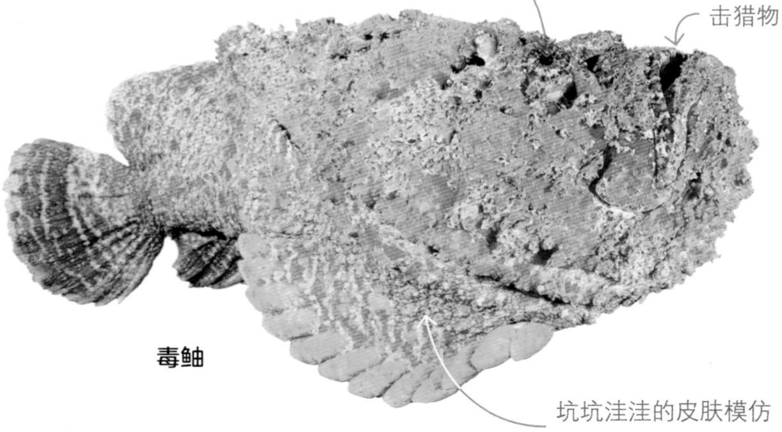

眼
大嘴朝上以伏击猎物。
坑坑洼洼的皮肤模仿了珊瑚。

毒鲉

▶伏击的捕食者

藏在画面中的是两条善于伪装的毒鲉。它们很难被发现。这些捕食者的外形看起来像珊瑚，它们埋伏在礁石上，准备攻击游过它们头顶的鱼。如果被它们攻击或者踩到它们，它们的毒刺会让猎物痛苦甚至毙命。

变色

条纹躄鱼为了适应环境，能够在一段时间内改变颜色，它们的皮肤中含有特殊的色素细胞，细胞内充满了色素颗粒。这些颗粒能够集中或散开，从而改变皮肤的颜色。

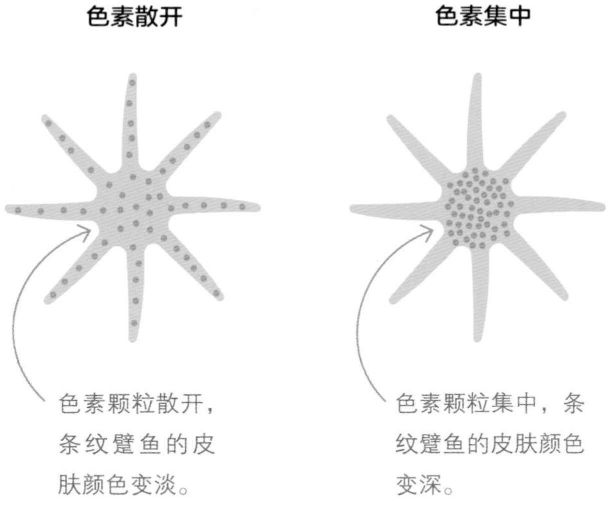

色素散开
色素颗粒散开，条纹躄鱼的皮肤颜色变淡。
色素集中
色素颗粒集中，条纹躄鱼的皮肤颜色变深。

为了攻击而伪装

捕捉猎物会消耗很多精力，伪装能够让捕食者在攻击之前更容易靠近猎物。许多鱼类在捕食时会模仿水下物体，融入周围环境。

穗子伪装

这些穗子是斑纹须鲨的“胡须”，它们模仿的是礁石上的珊瑚枝丫。鲨鱼身体上也长着与海底环境相似的斑点，它们守在那里一动不动，准备突然袭击经过的鱼。

隐蔽的威胁

黄尾䲢会用鱼鳍挖洞，将长着毒刺的巨大身体藏入其中，只留下沙色的脸暴露在外，在小鱼游过时，只需要一瞬间，它就可以咬住并吞下猎物。

为了防御而伪装

弱小的动物会使用伪装来躲避捕食者。一些鱼类很善于伪装，哪怕危险靠近，也能安全地在水中漂荡觅食。

漂浮的海草

叶海龙看起来像海草的碎片，身上长着专门用来伪装的能够变为褐色、黄色或绿色的叶瓣状皮肤。它不善游泳，在水中模仿海草缓慢漂流。

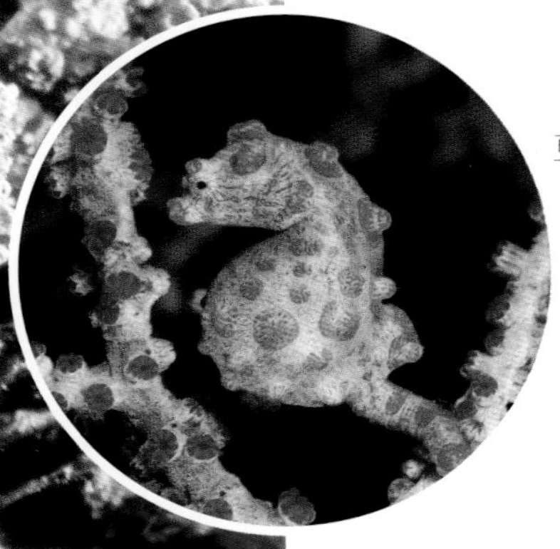

豆丁海马

这种会将尾巴缠在粉红色柳珊瑚上的小型海马只有2厘米高，肉眼很难找到它。作为世界上最小的海马，它身上覆盖着的粉红色肿块，与珊瑚虫的触手相似。

鱼群

几千条牛目凹肩鲹在所罗门群岛附近的太平洋聚集成鱼群。牛目凹肩鲹成群结队，每条鱼都会观察附近的鱼，以确保它们游在一起。成群游动的鱼会让捕食者被它们的庞大数目迷惑，很难捕捉到其中某一条鱼。

共生

有时候，不同种类的动物会生活在一起，它们彼此关系紧密，这种关系叫作共生。在有些情况下，共生双方都会从这种伙伴关系中获益。更常见的情况是，一方获益，另一方不受影响。也有一方寄生在另一方体内的情况。

▼附着

鲨鱼、鲸、海龟甚至船舶在水中经过时，都有可能被䲟鱼附着。䲟鱼从宿主的保护中获益，但是宿主似乎没有受到什么影响。

吸盘

䲟鱼的椭圆形吸盘上长有隆起与凹槽，让它能够在移动时产生吸力。如果䲟鱼被流水向后冲，吸盘抓力会变强；䲟鱼往前游动时，吸盘就会松开。

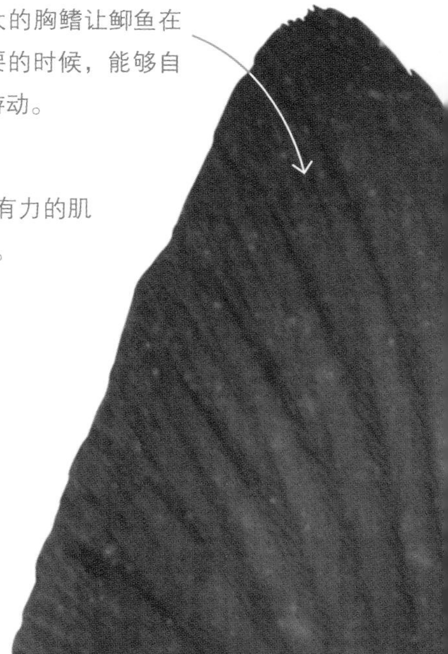
巨大的胸鳍让䲟鱼在需要的时候，能够自己游动。

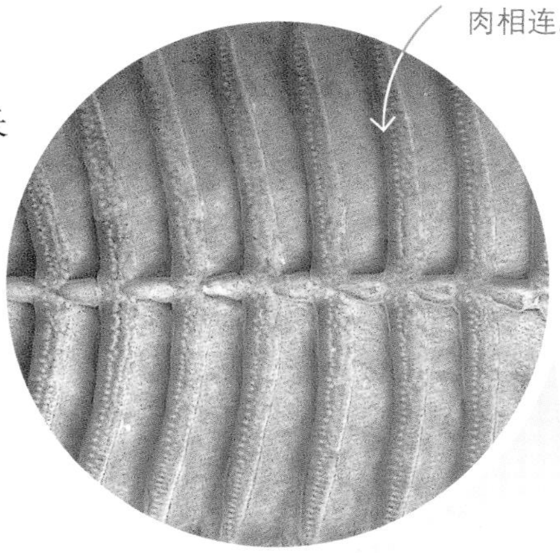
凹槽与有力的肌肉相连。

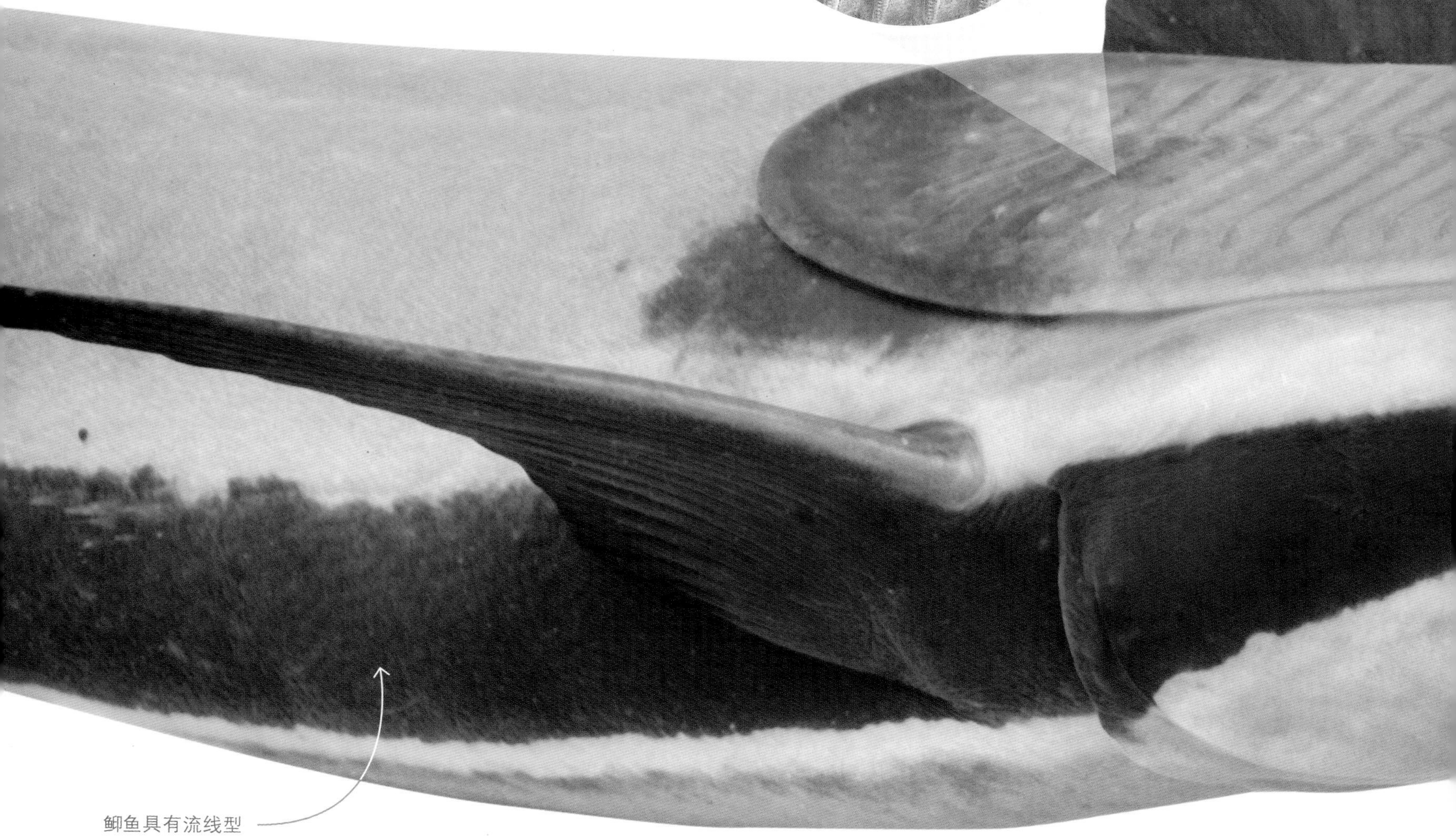
䲟鱼具有流线型身体。

共同生活

鲫鱼凭借依附鲨鱼等游动迅速的大鱼，能够借力前行很长一段距离，但这不是这种共生关系的重点，鲫鱼依附于宿主时能够获得食物——它以宿主的食物残渣为食，甚至吃宿主的排泄物。

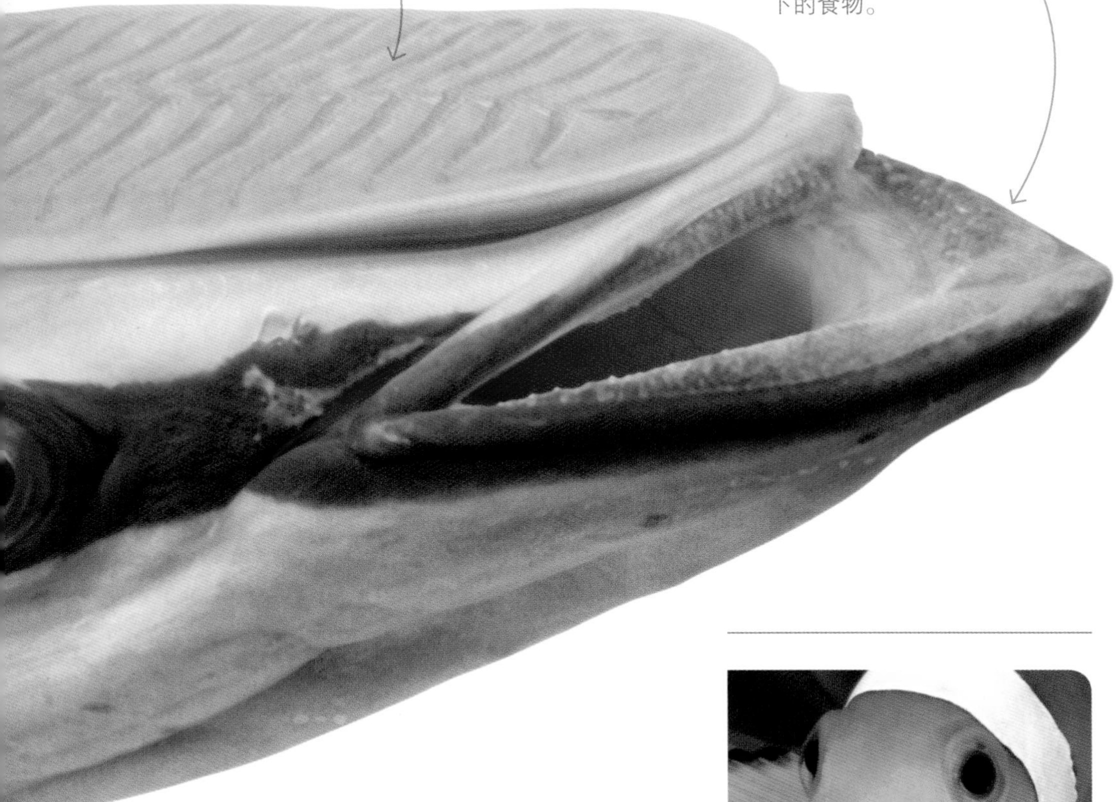

鲫鱼的吸盘是高度变异的背鳍。
鲫鱼向上张开的口，能够接住从宿主皮肤上落下的食物。

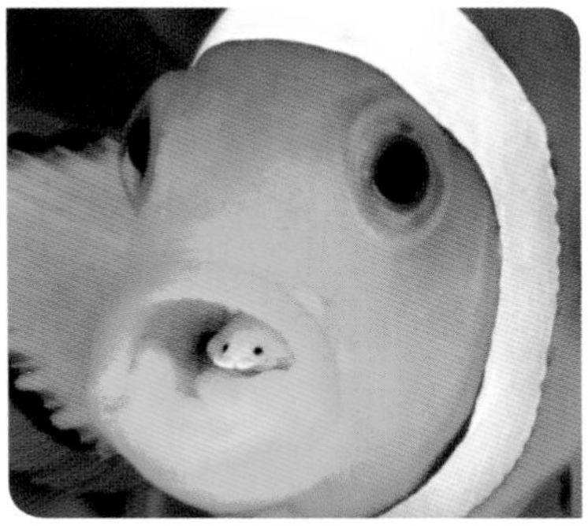

寄生虫

这条鱼是寄生虫的受害者，长得像虾的等足类附着在这条鱼的舌头上吸血。有时，鱼舌头掉了，寄生虫就会占据鱼的口腔。

互相获益

一些共生关系改善了共生双方的生活，双方都以不同方式获益。通常，共生关系是比较短暂的，但是也有一些物种适应了终生共生。

共享洞穴

在珊瑚礁的边缘，穴居的虾与虾虎鱼共享住处。虾的洞穴为虾虎鱼提供了庇护，虾虎鱼则会为虾放哨作为回报。如果虾虎鱼觉察到危险，它们会一起躲进洞穴。

带刺的防卫者

大多数鱼会避开海葵长刺的触手，但是小丑鱼能够生活在这些触手间，这是因为它们身体表面覆盖着厚厚的黏液层。小丑鱼藏在海葵触手之间躲避大鱼，同时它们的排泄物也为海葵提供了食物。

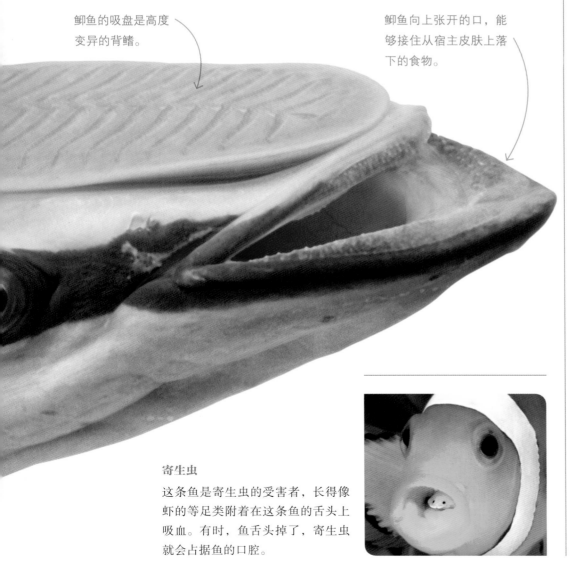

鱼类清洁工

裂唇鱼善于清理大鱼身上的寄生虫和死皮。它住在珊瑚礁的特定区域，其他找它“治疗”的鱼都知道它的住处。小丑石鲈甚至允许裂唇鱼进入口腔清理。

深海鱼

深海鱼可以说是我们了解得最少的动物之一，它们住在黑暗、寒冷的大洋深处——从水面下 1.8 千米的地方直到海底。一些深海鱼目盲，但是还有很多深海鱼进化出巨大的眼睛，有的甚至能通过发光来寻找配偶、吸引猎物。

在黑暗中，大眼睛能够尽可能多地吸收光。
前齿太长，合不上嘴。

▶深海猎手

像许多深海鱼一样，蝰鱼有一张大嘴，能够捕捉猎物，胃也很大，能够消化各种大小的食物。它使用背鳍上延伸出来的诱饵吸引猎物，而透明的尖牙在黑暗中几乎看不到。当猎物靠近时，蝰鱼会张开大颌猛扑过去，将它完整吞下。

黑暗中的光

另一种会使用诱饵的鱼是黑角鮟鱇，它的诱饵中含有细菌，能够在黑暗中依靠生物能发光。鮟鱇摇动着长得像小动物的诱饵“钓”猎物。

科学家认为，细菌会从水中进入鮟鱇的诱饵，大量繁殖，直到能够发光。
因为黑角鮟鱇的视力差，因此它使用遍布皮肤的感应器官去探测水中的状况。

黑角鮟鱇

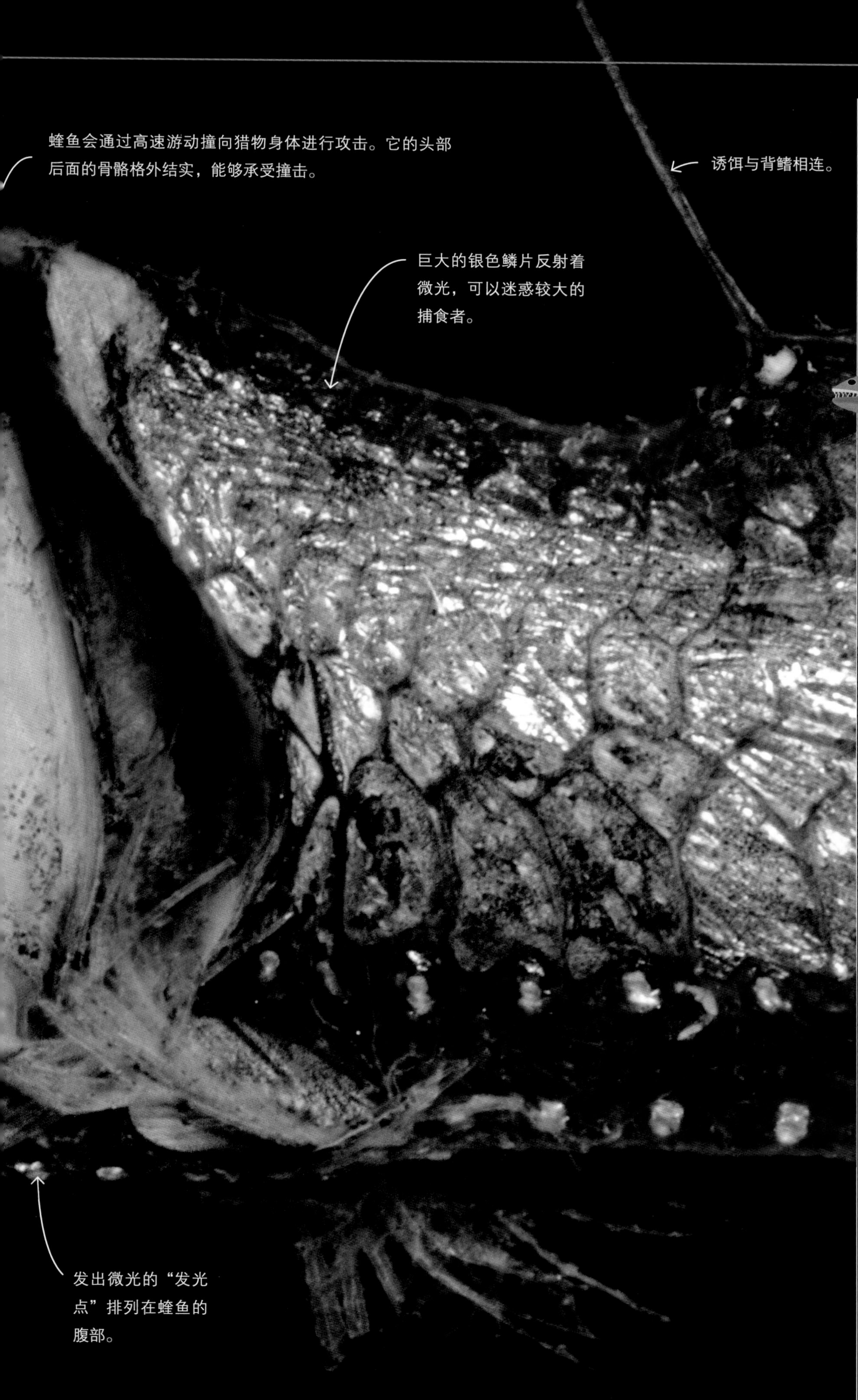

蝰鱼会通过高速游动撞向猎物身体进行攻击。它的头部后面的骨骼格外结实，能够承受撞击。
诱饵与背鳍相连。
巨大的银色鳞片反射着微光，可以迷惑较大的捕食者。
发出微光的“发光点”排列在蝰鱼的腹部。

进食策略

深海环境比浅海环境更为复杂，只能保证较少的动物在此生存。不过，这些生活在深海栖息地的生物进化出各种奇怪的形状，具备各种生存技巧，能够最大限度利用可得到的有限资源。

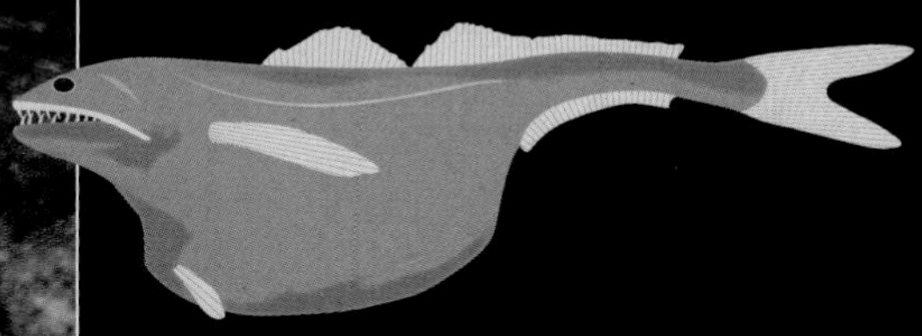

扩展的胃

因为食物匮乏，深海生物必须吃下碰到的任何食物，哪怕食物比它们庞大，因此黑叉齿龙䲢长出了有弹性的胃，可以容纳两倍于它的身长，比它重 10 倍的猎物。

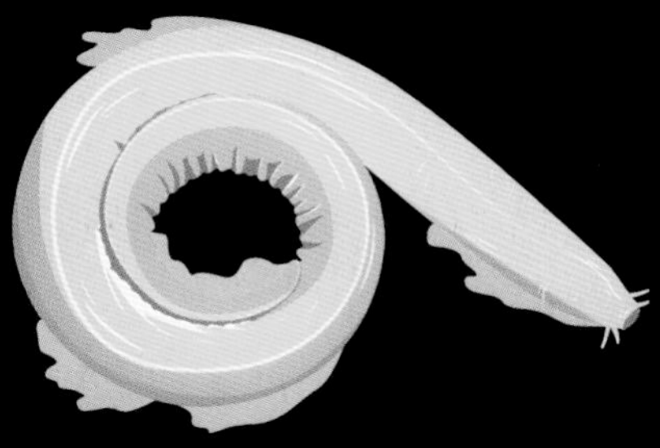

从内部吃下

七鳃鳗目盲，没有颌，却长着锉刀般有力的牙齿，能够钻入尸体或垂死猎物的身体，从内部将肉撕碎。

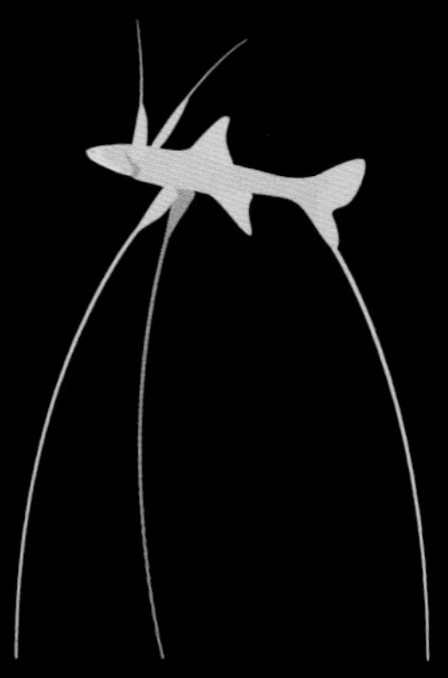

守株待兔

深海狗母鱼利用一对腹鳍及延长的尾鳍将自己支撑在泥泞海底，等待捕捉随水流漂来的猎物（如小鱼）。

世界上最早的**两栖动物**出现在 3.7 亿年前，它们是最早生活在陆地上的**脊椎动物**。两栖动物最重要的特征，是它们幼体以鳃呼吸，在水中生活；成体转变为以肺和皮肤呼吸，在陆地生活。“两栖”意味着拥有两种栖息方式。两栖动物有三种主要类别：无尾目（如蛙与蟾蜍）、有尾目（如蝾螈与鲵），还有少为人知的蚓螈目。

两栖动物

两栖动物的生活习性

两栖动物是长着湿润皮肤的脊椎动物，它们不像其他脊椎动物一样长着鳞片、羽毛或毛发。尽管它们的成体大多数生活在陆地上，却与水有着重要联系。大多数两栖动物在幼体期长着鳃，生活在水中，然后经历“变态期”，发育为用肺呼吸的陆生生物。像非洲牛箱头蛙等两栖动物，为了在变化的环境中生存，还进化出了一些其他特征。

▶抗旱

非洲牛箱头蛙遍布非洲干旱地区，它们一年中的大多数时间蛰居在干旱的地下，只在夏季雨后变得活跃。经历长时间的禁食后，它们的胃口变得极好，会攻击所有它们的巨大嘴巴能装下的动物。

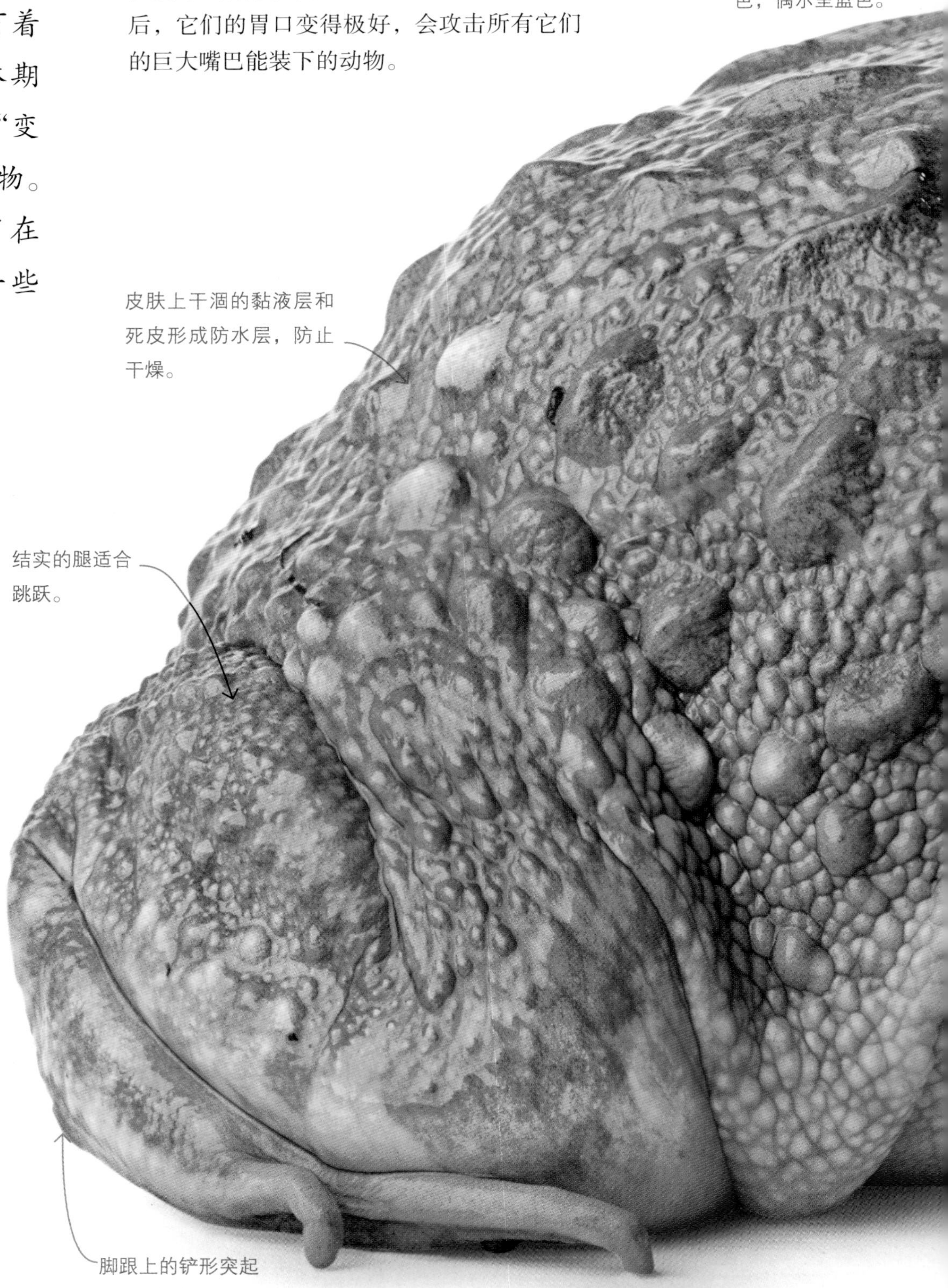

非洲牛箱头蛙身体通常呈绿色、褐色或灰色，偶尔呈蓝色。
皮肤上干涸的黏液层和死皮形成防水层，防止干燥。
结实的腿适合跳跃。
脚跟上的铲形突起可用于挖掘。

在陆地上和在水中

大多数两栖动物生命中的部分时间生活在陆地上，部分时间生活在水中。它们的卵通常会孵化出游动的幼体，蛙、蟾蜍的幼体叫作蝌蚪，然后它们长出四肢，在变态、成年的过程中，尾巴逐渐消失，从水中迁居陆地。也有许多两栖动物将卵产在湿润的土地上，在陆地上过完一生。

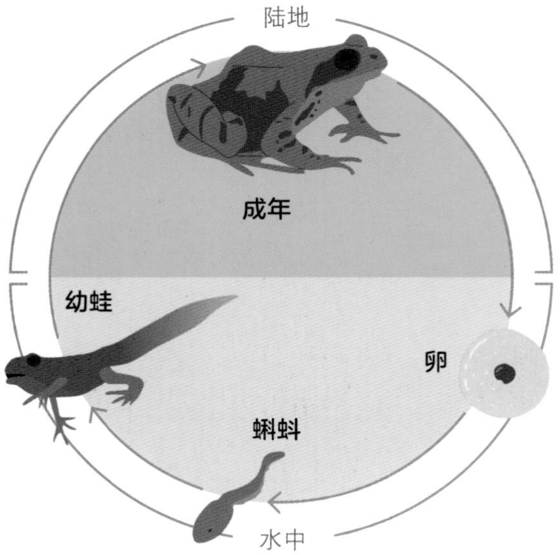

陆地
成年
幼蛙
卵
蝌蚪
水中

许多两栖动物在眼睑之外，还长着一层透明的瞬膜，这让它们可以在水底视物。
下颌
下颌长着两枚尖牙，用来咬住猎物。
大嘴巴将猎物整个吞下。

两栖动物

两栖动物有三个目。其一包括蝾螈与鲵，分布在美洲、欧亚大陆的温带地区；其二包括蛙与蟾蜍，分布在除了南极洲外的世界各处；其三是蚓螈目，仅生活在热带地区。

红土螈

蝾螈与鲵

蝾螈与鲵都长有尾巴与四肢。蝾螈会短暂回到水中产卵，而繁殖期的鲵在水中停留的时间更长。

虫纹小黑蛙

蛙与蟾蜍

光滑皮肤的蛙与有疣状皮肤的蟾蜍占据了两栖动物中物种数目的近九成，它们身材短小，静止时呈蹲踞状，长长的后肢善于跳跃。

环管蚓螈

蚓螈目

蚓螈目动物蠕虫状的身体适合在落叶层、泥土中打洞，其中一些是完全水生的。

蝌蚪的发育过程

蛙在成长过程中经历了复杂的变化。最开始是游动的幼体蝌蚪，后来逐渐发育，发育成熟时长出在陆地上活动的附肢。这个过程叫作变态。

1 蛙卵

蛙在水中成批量产下漂浮的蛙卵。卵中含有无色、有营养的胶质，胶质包裹着小小的黑色胚胎，几天后，胚胎就会成长为蠕动的蝌蚪。

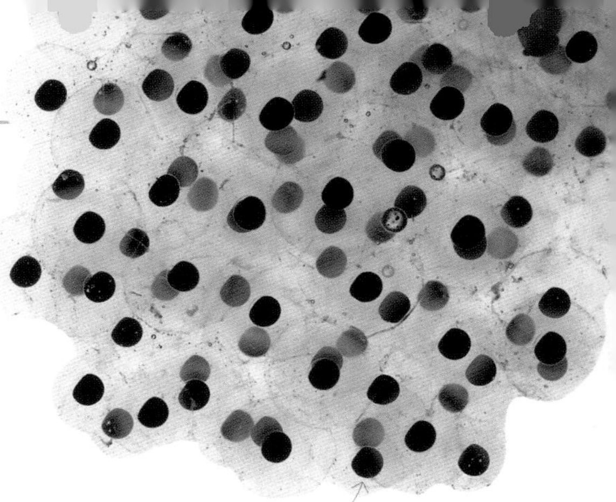
第 1 天
母蛙通常一次产下
1000~1500 枚卵。

成长的胚胎
胶质在水中膨胀，
保护内部的胚胎。
第 3 天

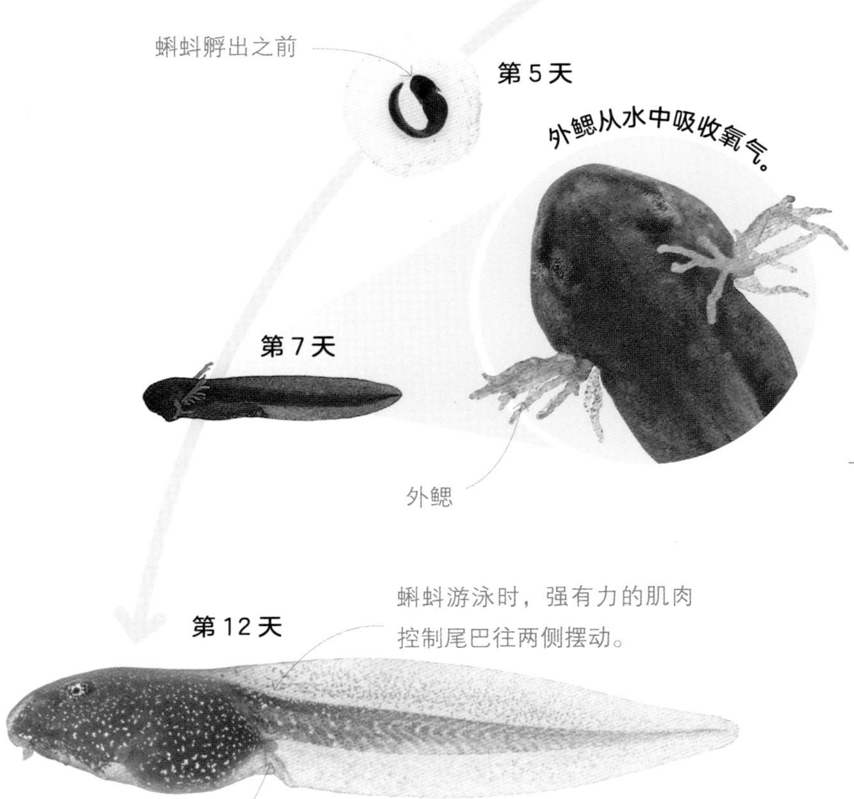
蝌蚪孵出之前
第 5 天
外鳃从水中吸收氧气。
第 7 天
外鳃
第 12 天
蝌蚪游泳时，强有力的肌肉
控制尾巴往两侧摆动。
肢芽

2 蝌蚪

胶质迸裂，蝌蚪从卵中孵化出来，它们长着用于在水底呼吸的羽毛状鳃，还有辅助游泳的长尾巴。最初它们以藻类为食，后来会在食谱中加入蠕虫、水蚤，甚至更小的蝌蚪，以获取成长所需的营养。

蛙的生命周期

蛙用 16 周时间从卵发育至成年。变态过程是渐进的，蝌蚪先是长出附肢和肺，然后尾巴被吸收，直到消失。

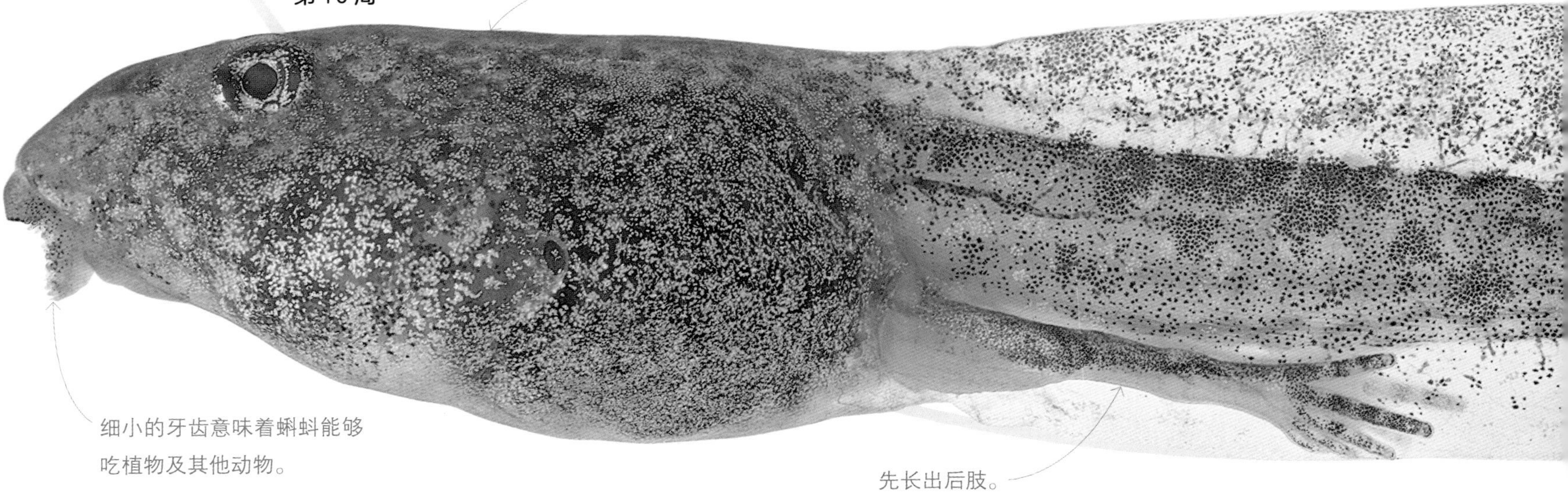
第 10 周
当外鳃被长出的皮肤覆盖后，
就变为内鳃。
细小的牙齿意味着蝌蚪能够
吃植物及其他动物。
先长出后肢。

16 周

4 成年的蛙

刚登陆的幼蛙特别小，但它们很快就会成年。它们不会远离水，在次年交配时会回到池塘。

成年蛙长着强壮的四肢和长长的脚趾，能够在陆地上行走、跳跃。

3 幼蛙

当蝌蚪发育出完整的四肢时，
成为幼蛙，幼蛙的身体已经在为
地生活做准备，它游泳时用的尾
在陆地上没有用，于是渐渐被身
其余部分吸收，它的鳃也被用于
吸的肺取代。

尾巴变短，最终完全被身体吸收。

第 14 周

眼睛变大。

幼蛙看起来像是拖着长尾巴的成蛙。

第 12 周

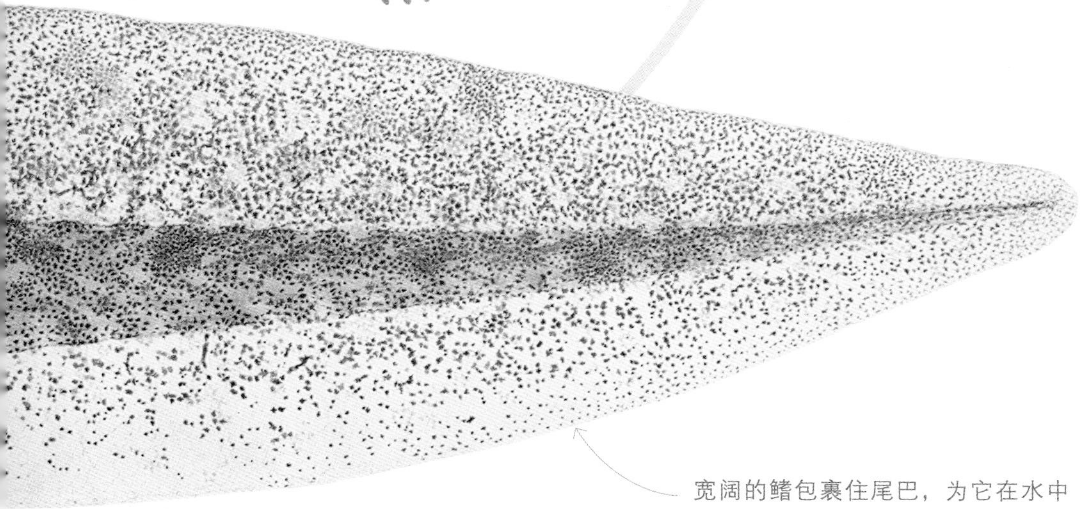

宽阔的鳍包裹住尾巴，为它在水中推进提供动力。

不同的生命周期

大约一半蛙类的生命周期如左图所示，其余的蛙以不同方式发育，比如有的趴在雌蛙背上发育，有的可以完全离开水发育。

每只小蟾蜍的长度不到 2 厘米。

负子蟾

大多数两栖动物不会照顾自己的后代，但是雌性负子蟾是个例外。雄蟾为卵授精后，就把受精卵陷入雌蟾背上的海绵状皮肤小窝中，此后受精卵开始孵化。时机成熟时，小蟾蜍就从母亲的“皮肤”里孵化出来。

直接发育成熟的蛙

雨林气候潮湿，一些蛙不需要将卵产在水中。几百种直接发育成熟的蛙在落叶层的土地里产卵，这些卵直接发育成为微小的成年蛙，跳过水生阶段。

蛙的受精卵

春天，蛙类聚集在安静的淡水池塘、湖泊中交配——比如这些蛙就在法国汝拉山脉附近交配。与大多数两栖类动物一样，每只蛙会产下数千枚卵，这意味着一个池塘中可能会有数十万枚蛙卵。蛙产下大量的卵是为了提升幼蛙存活概率。不过，极少有两栖动物会照顾后代。

蛙怎样运动

蛙适应水陆两种生活，它们的蹼足和后肢上长着结实的肌肉，让它们能够游泳。在陆地上，它们也能够跳得很远，因此关键时刻能够躲避捕食者。蛙的前肢没有后肢强壮，能够辅助游泳，并在陆地跳跃着陆时起到减震作用。

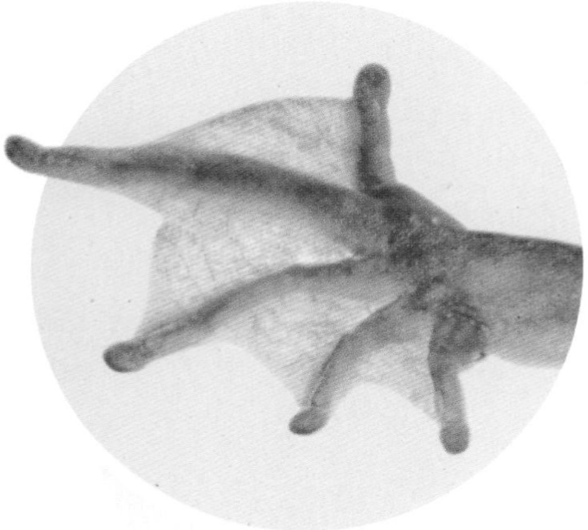

蹼足

许多蛙后脚的趾间长着薄膜，因此肢体变得像桨一样，能够帮助它们游泳。

蛙如何游泳

所有蛙都能够游泳，但是大多数蛙大部分时间生活在陆地上，少数蛙一辈子生活在水中。生活在水中的后肢更强壮，蹼膜更宽，因为水比空气密度大，比起在陆地上，蛙需要更大力量才能在水行动。

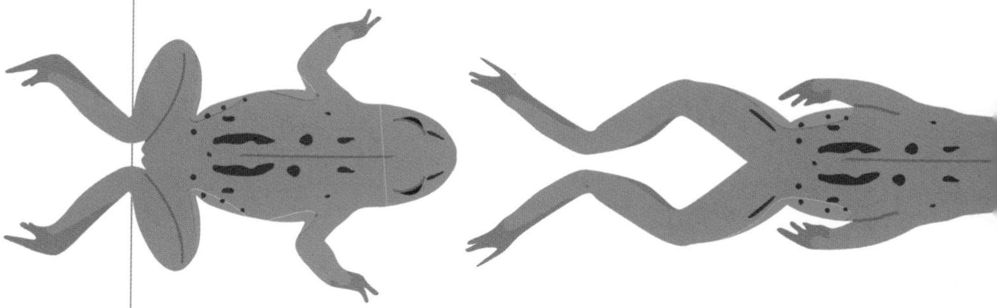

1 划水

蛙开始划水时，前肢向前，膝盖和脚踝弯曲，脚趾收缩，蹼膜关闭，脚轻易穿过水，为接下来划水做准备。

2 划水前进

后肢同时向后蹬直，脚踝长，脚趾张开，打开蹼膜，往后水推进。

▼生活在水中与离开水

黄斑雨滨蛙生活在澳大利亚、新西兰的沼泽、溪流、池塘中，它们的体表呈金色或绿色。它们很多时候生活在水中。在陆地上，它们能用结实的肌肉运动。它们精力惊人，通常可以在生活的池塘行进超过 1 千米，以寻找更好的生存环境。

长着蹼足的后肢往后蹬，推动蛙向前。
穿过水时，前肢收起来。

蛙如何跳跃

比起个头类似的其他脊椎动物，大多数蛙跳得更远。一些蛙的跳跃距离能达到其身长的 20 倍。

后肢尽可能久地撑地以提供推力。
后腿完全伸长，为跳跃提供最大力量。

1 蓄势待发的肌腱 跳跃前，蛙会伸展被绷住的后肢肌腱，犹如拉开的弓弦。

2 肌腱放松 蛙用脚推地，跃起腾空，同时肌腱放松。

3 弹跳 放松的肌腱为蛙向前方跳跃提供动力。跳跃时，蛙会闭上眼睛保护自己。

4 安全着陆 着陆前，蛙会伸长前肢，做好落地准备，同时后肢拖在后面。

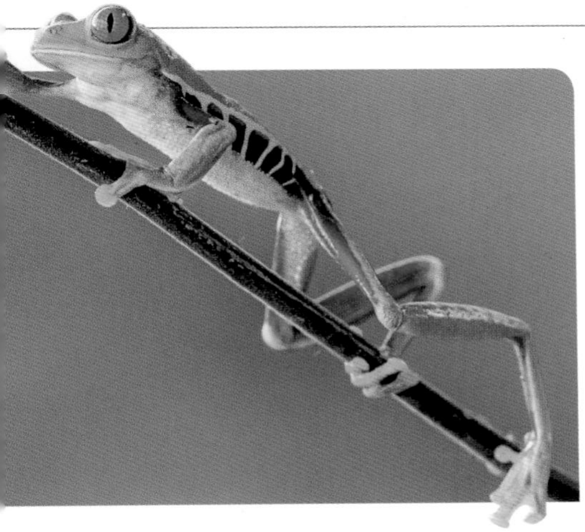

攀爬

红眼树蛙的脚趾长着带黏性的爪垫，爬行时能够抓住树枝。爪垫能自行保持清洁，帮助蛙粘在物体表面。

蛙具有防水性相当好的皮肤，哪怕烈日暴晒，也不会轻易被晒干。
在陆地上时，长着吸盘的脚趾辅助它抓牢地面。
蛙不是强有力的攀爬者，但是它能够抓住岩石和植被，帮助自己离开水，爬行登陆。

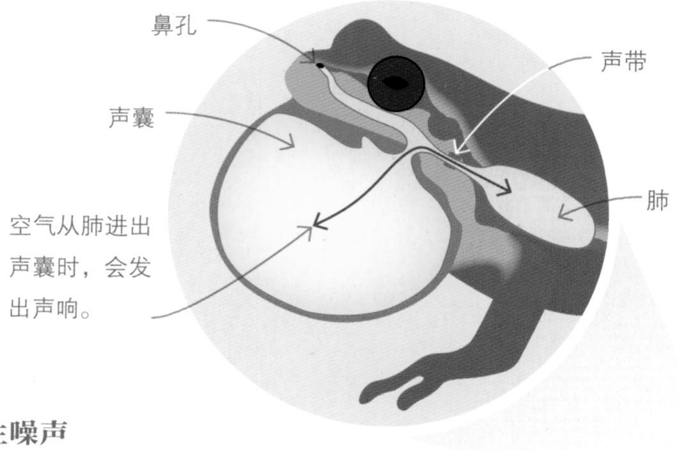
鼻孔
声带
声囊
肺
空气从肺进出声囊时，会发出声响。

产生噪声

蛙的声囊是与口相连的可充气的小袋。鸣叫前，蛙将肺中吸满空气，然后关闭鼻孔，用肌肉推动空气经过声带进入声囊，增强声带的振动。

与大多数树蛙一样，这只蛙长着一个巨大的声囊，也有一些蛙在口的两侧长有一对膨胀的声囊。

长脚趾能分泌黏性物质，帮助蛙粘住树枝。

蛙怎样交流

许多蛙在夜间最为活跃，它们主要用声音来宣示领地或与配偶交流，每一种蛙都用不同方式鸣叫。少量没有声带的蛙，会用视觉或触觉信号来交流。

后的膜可以接收声音。

▼响亮鸣叫

蛙的声囊能够放大声音，使它们叫得更响。这只雄性欧洲雨蛙通过鸣叫吸引雌蛙，或者警告其他雄蛙离开它的领地。欧洲雨蛙是欧洲唯一的树蛙种类。

欧洲雨蛙体表颜色各异，从绿色夹杂褐色斑纹到灰褐色都有。

社交信号

某些种类的蛙会使用无声信号沟通。无声信号不会引起潜伏的捕食者注意，非常适合短距离交流。

触碰

雄性箭毒蛙使用声音吸引雌性，但是雌蛙用触碰回应——用前肢或头触碰它选中的雄蛙，表示它愿意产卵。

“招手”

泽氏斑蟾生活在水流湍急的溪流中，在那里很难听到激流上面的声音。因此它们会举起前肢，通过手势来宣示领地。

防身技能

两栖动物在进化过程中，学会了许多防身之计，可以防御大部分捕食者。

露出腹部

东方铃蟾及其他很多两栖动物都使用这种防御策略，它们向上翻动身体，向捕食者展示明亮的腹部，同时在表皮分泌毒液。

有力的后肢能够助推跳跃。

跳跃

捕食者习惯于捕捉运动方向更容易预测的猎物，蛙通过跳跃，让捕食者不易确定它们的位置，这也是很好的脱身之计。哪怕是处于坐姿，一些蛙也能跳出身长 20 倍的距离。

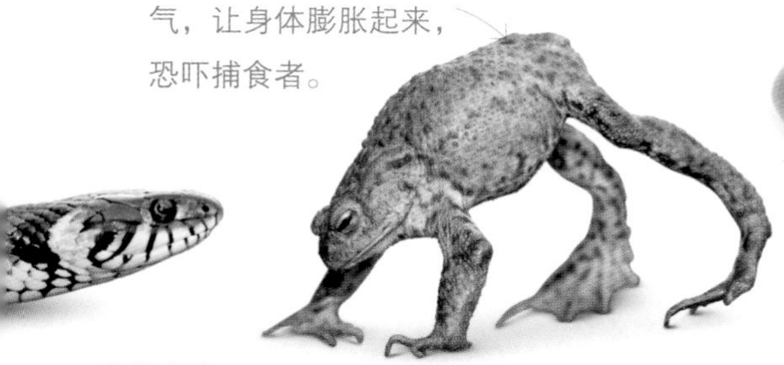

抬高身体并且吸入空气，让身体膨胀起来，恐吓捕食者。

虚张声势

走投无路的时候，一些两栖动物会虚张声势以求脱险。装死是一个方法，另一个方法是让自己的身体膨胀起来，看上去更危险。

两栖动物怎样防御

两栖动物少有坚硬的甲壳，但是它们能用聪明的方法避开捕食者。它们的主要策略是伪装，完全避免斗争是它们最好的生存方式。如果伪装不能发挥作用，许多两栖动物会选择装死，或是显露鲜艳色彩、膨胀身体或放毒恐吓捕食者。

▶警戒信号

从上方或侧面看东方铃蟾，皮肤上绿色的斑纹能帮助它们融入森林环境。如果它们发现威胁，会露出腹部鲜艳的橘色和黑色的斑纹，警告捕食者它们有毒且危险。

铃蟾背上长着短小的、锋利的刺。
伪装色

瞳孔是三角形的。
铃蟾腹部皮肤光滑而
颜色鲜艳，警告捕食
者自己有毒。

铃蟾背上覆盖着疣状物。

东方铃蟾的侧面

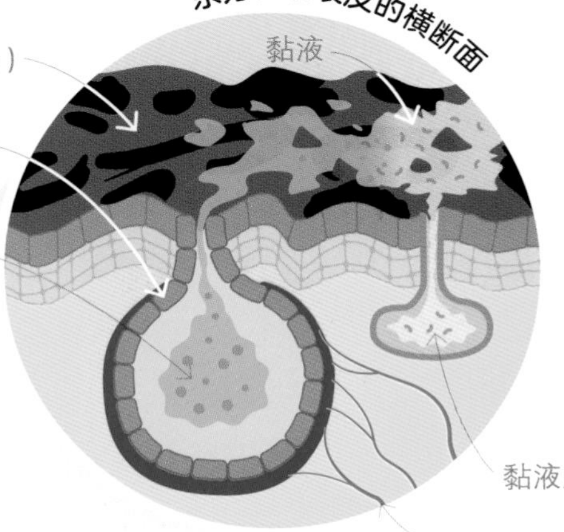
东方铃蟾表皮的横断面
表皮（外皮层）
黏液
毒腺
毒液
黏液腺
神经纤维

如何分泌毒素

排列在毒腺里的细胞可以分泌毒素，毒素在分泌前存储在毒腺中。神经纤维让有毒细胞将毒液挤出表皮，与黏液腺分泌的黏液混合在一起。

激烈的防御

一些蝾螈遭到攻击想逃脱时，会挣断自己的尾巴，断尾会剧烈跳动，分散捕食者的注意力，蝾螈就可以趁机逃走。伤口不久后会愈合，尾巴会再长出来。

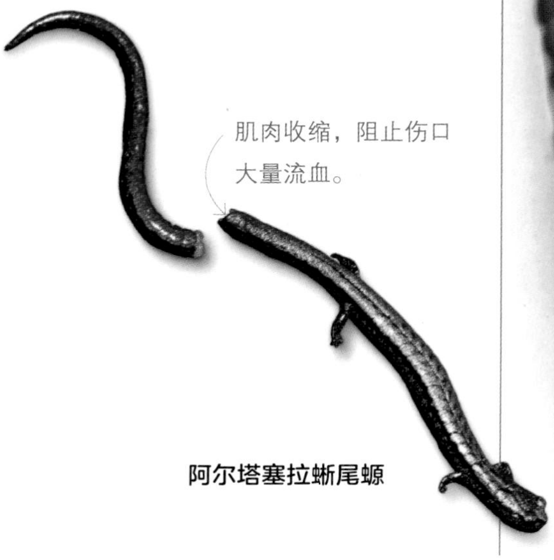

肌肉收缩，阻止伤口大量流血。

阿尔塔塞拉蜥尾螈

腹部贴地爬行。

从前面看真螈

▼警戒色

生活在欧洲的真螈身体表面有着令人目眩的色彩组合，可以向蛇、鸟等捕食者发出警告——它的皮肤上覆盖着毒液。大多数毒液都是由真螈眼后、背上的腺体分泌的。其他体表色泽鲜艳的蝾螈也具有类似防御方式。它们需要这种保护，因为它们行动缓慢，不容易躲开捕食者。

毒腺集中在黄斑处。
真螈在遇到攻击时，能够分泌毒液。
粗短的脚趾能抓住柔软而潮湿的土地。

蝾螈

蝾螈、鲵是蛙与蟾蜍的近亲。但是它们拖着长尾巴，四肢较短，大多生活在北半球凉爽的地方，不过也有许多蝾螈生活在南美洲的热带地区。虽然有些蝾螈完全生活在水中，但大多数蝾螈一生都在陆地上生活。大约 20% 的蝾螈在水中产卵，孵化出水生幼体，其余的蝾螈都在陆地生育。

眼后的巨大腺体能分泌防御性毒液。
毒液从这些孔中渗出来。
蝾螈的大眼睛对微弱光线很敏感，这有助于它们在夜间捕猎。
侧面凹口叫作肋沟，可以表明肋骨的位置。
便于在密集植被之间爬行的短肢

氧气（红箭头）和二氧化碳（蓝箭头）通过口腔、肺部以及皮肤的黏膜进行交换。

呼吸

一些蝾螈用肺呼吸，也有一些生活在水中，像鱼一样用鳃呼吸。但是大多数蝾螈没有肺与鳃，而是通过它们的薄皮肤呼吸。

在繁殖季，雄性普通欧螈长出高冠和暗斑。

普通欧螈

成年的普通欧螈在繁殖季到来时，会过上一段独特的水生生活。它们的尾巴会发育出鱼鳍状的边缘，雄螈的皮肤色泽通常会变得鲜艳，以吸引雌螈。繁殖季过后，大多数普通欧螈会返回陆地，外形变得更像蝾螈。

钝口螈

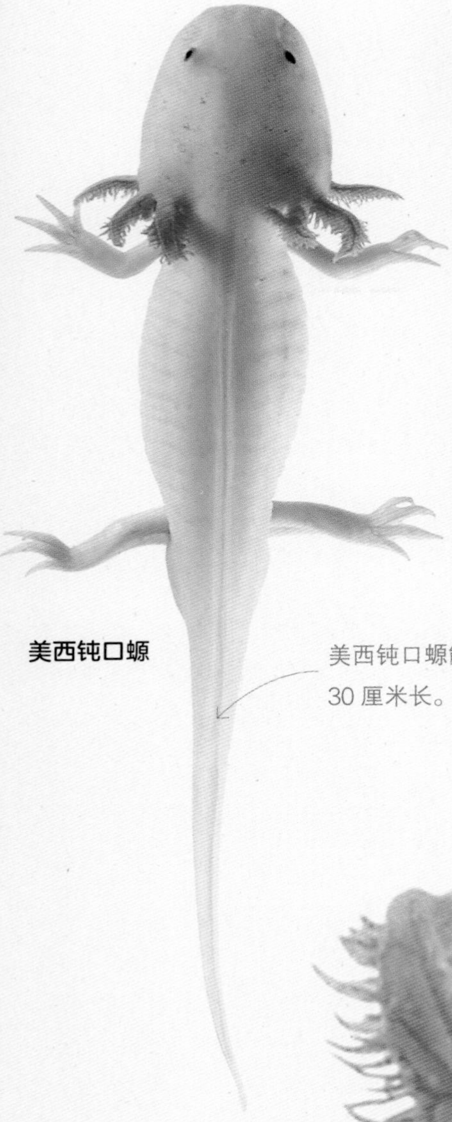

美西钝口螈
美西钝口螈能长到30 厘米长。

钝口螈仅分布于北美洲，其中美西钝口螈仅生活在墨西哥霍奇米尔科湖附近水域，它们几乎终生生活在水中。与大多数两栖动物不同，钝口螈不经历变态期就能成年。它们受伤后，能够重新长出肢体甚至一些内脏。

▼外鳃

美西钝口螈用六个独特的羽毛状外鳃呼吸，它们能过滤吸收水中的氧气。美西钝口螈也可以用皮肤呼吸，由于它的纤细的血管靠近皮肤表面，所以氧气能直接透过皮肤进入血管。

外鳃吸收氧气，排出体内的二氧化碳。
美西钝口螈与大多数蝾螈不同，它们的眼睛没有突出眼窝。
四肢形态较为原始，特点是脚趾细长。
在水面时，美西钝口螈有时用口呼吸，因为它们长有原始的肺。

远年轻

大多数蝾螈会经历从幼年向成年的变态期，而大多数钝口螈终生保持幼年的形态。“幼态持续”意味着钝口螈要保留外鳃、背鳍、未充分发育的短小肢等特征。有研究认为，“幼态持续”可能是缺乏甲状腺素导致的。

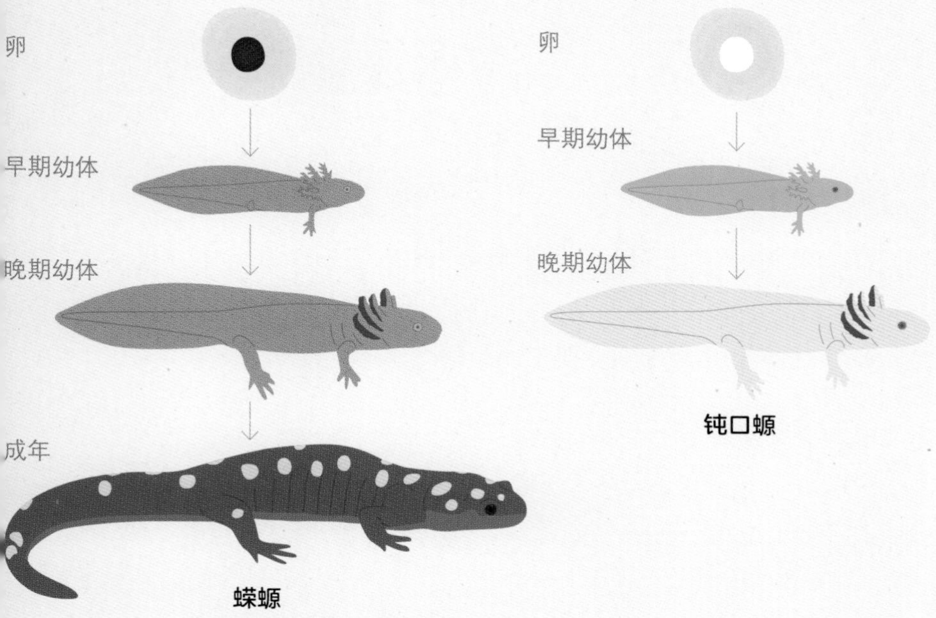

钝口螈如何重新长出肢体

钝口螈能够重新长出肢体、器官，包括肾、肺甚至部分大脑，每次重生的部位都会完美复制原部位——哪怕钝口螈多次丧失同一身体部位。

1 丧失的肢体

当钝口螈失去肢体、血液、骨头，伤口处的肌肉细胞会变成能转变为其他细胞的特殊干细胞。起初，这些肌肉细胞覆盖在外露的肉上，保护伤口。

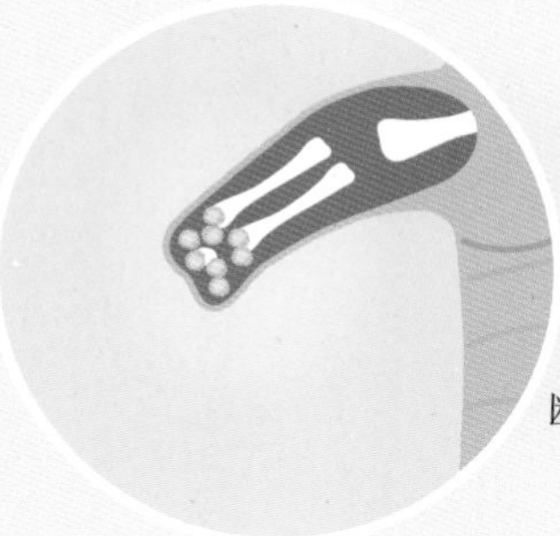

2 重新长出

伤口外的细胞开始增殖，长出新的骨、血、肌肉。肢体一点点重生，起初只是芽肢，随着细胞不断增殖而逐渐长全。

3 新肢

一个月左右，新肢长成，几乎与旧肢没有分别，也没有伤痕。

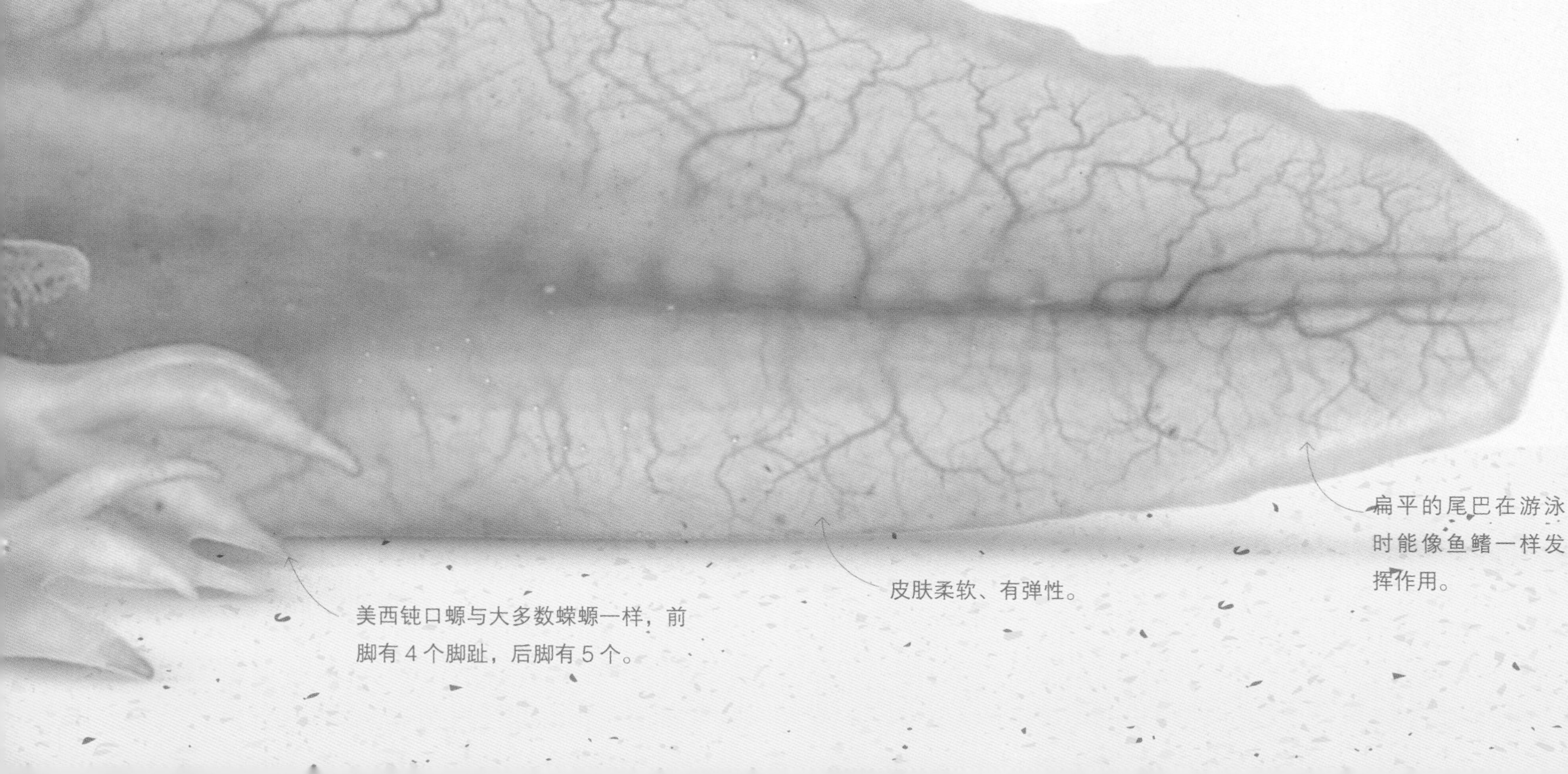

血管遍布皮肤，因此皮肤呈淡粉色、金色、灰色或黑色。

扁平的尾巴在游泳时能像鱼鳍一样发挥作用。

皮肤柔软、有弹性。

美西钝口螈与大多数蝾螈一样，前脚有 4 个脚趾，后脚有 5 个。

最早的**爬行动物**诞生于 3 亿多年前，它们从两栖动物进化而来。它们也是第一批完全生活在陆地上的**脊椎动物**。在大约 2.5 亿年前到 6500 万年前的时间里，爬行动物主导着我们这颗星球，那时候**恐龙**正在大地上漫步。然而，当时的古爬行动物现在大部分已经灭绝了，如今，**现生的爬行动物**，已经遍布世界上除南极洲之外的每块大陆了。

爬行动物

爬行动物的生活习性

爬行动物是第一类完全生活在干燥的陆地上的脊椎动物。为了在陆地上生存，它们进化出了防水的鳞状皮肤，可以防止身体中的水分流失；它们的卵被硬壳包裹着，这样它们就可以在干燥的地方产卵。爬行动物进化出了各种各样令人感到惊奇的物种，其中包括海龟、鳄鱼、蜥蜴、蛇，还有哺乳动物和鸟类的史前祖先。

许多爬行动物都有非常出色的彩色视觉。
敏锐的嗅觉可以帮助爬行动物寻找食物。
鬣蜥大都是绿色的，也有蓝色和橙色的。
坚硬的鳞片保护着爬行动物的皮肤。
皮瓣能够帮助绿鬣蜥控制体温和与其他鬣蜥交流。

◀**身上长满鳞片的蜥蜴**

一些爬行动物具备的最醒目特征就是它们那长满鳞片的皮肤。这些鳞片是由角质构成的（构成人类的头发和指甲的也是角质）。它们给爬行动物的身体提供了一层坚硬而灵活的保护层。除此之外，所有的爬行动物都是腹部贴在地面爬行的，大部分要靠强有力的腿来推动身体前进。但有些蜥蜴，以及所有的蛇都是没有腿的。绝大多数爬行动物靠捕食其他动物为生，捕食范围从小的昆虫到大的哺乳动物。不过图上的绿鬣蜥是一种很不寻常的爬行动物，它们只吃植物。

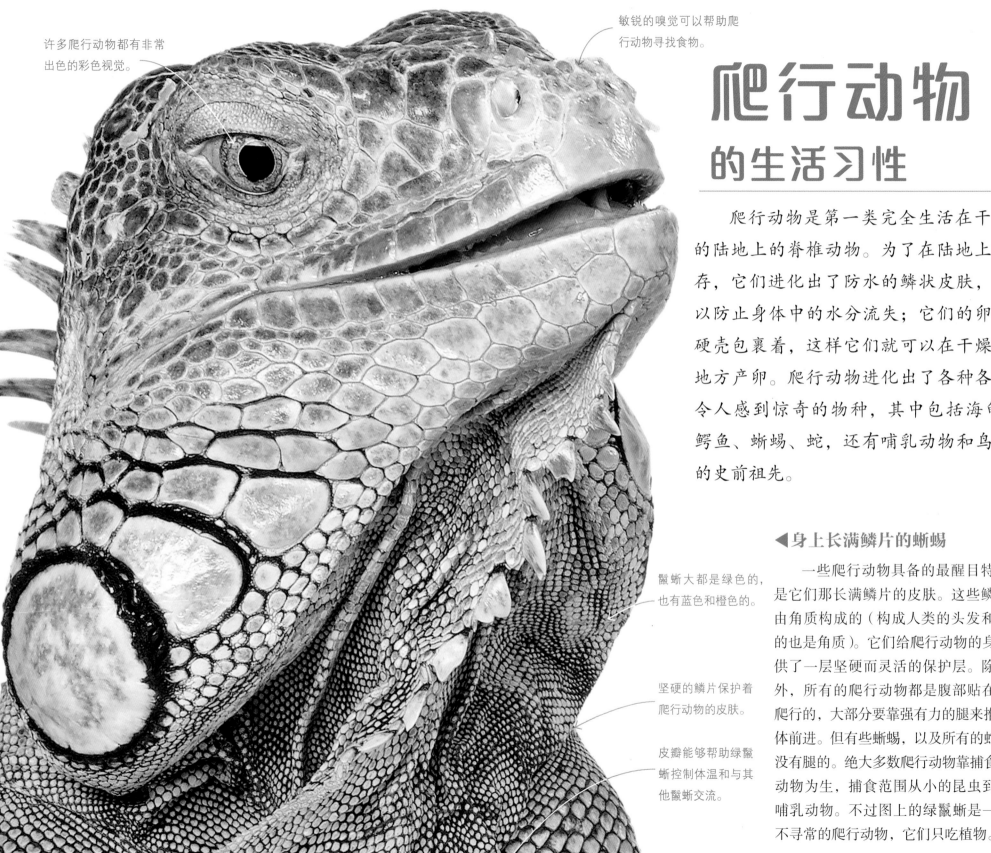

变温

所有爬行动物都是变温动物。它们没法自己保持稳定的体温，必须靠太阳光照才能让身体暖和起来，这时候它们才会变得活跃。不过，因为爬行动物不需要把食物提供的能量转换成热量，所以许多爬行动物可以活动几周，却不用吃东西。爬行动物控制体温的方式是行动。它们可以通过晒太阳使自己暖和起来，就像图中这些红耳龟。如果它们觉得太热了，就会躲到阴凉的地方去。

鳞状的皮肤会定期蜕掉。

爬行时，锋利的爪子可以推动身体行进。

各种各样的爬行动物

爬行动物是一种分布非常广泛的动物，在除南极洲之外的其他大陆都有分布。它们可以分为4种主要的类型，其中蜥蜴和蛇的种类是最多的。

鳄鱼

它们是现存最大的爬行动物。它们已经适应了在水中生活，会捕食鱼类以及其他能够捕食到的动物。

蛇和蜥蜴

虽然它们的样子看起来差别很大，但其实蛇和蜥蜴是近亲，蛇是从蜥蜴进化而来的。

楔齿蜥

楔齿蜥是人们在新西兰发现的，属于喙头蜥目，这个类群中的其他动物都已经在1亿年前灭绝了。

海龟、水龟和陆龟

这种爬行动物长着壳，所以很容易辨认。在2.2亿多年前，它们就已经在地球上繁衍。海龟和水龟生活在水里，而陆龟则生活在陆地上。

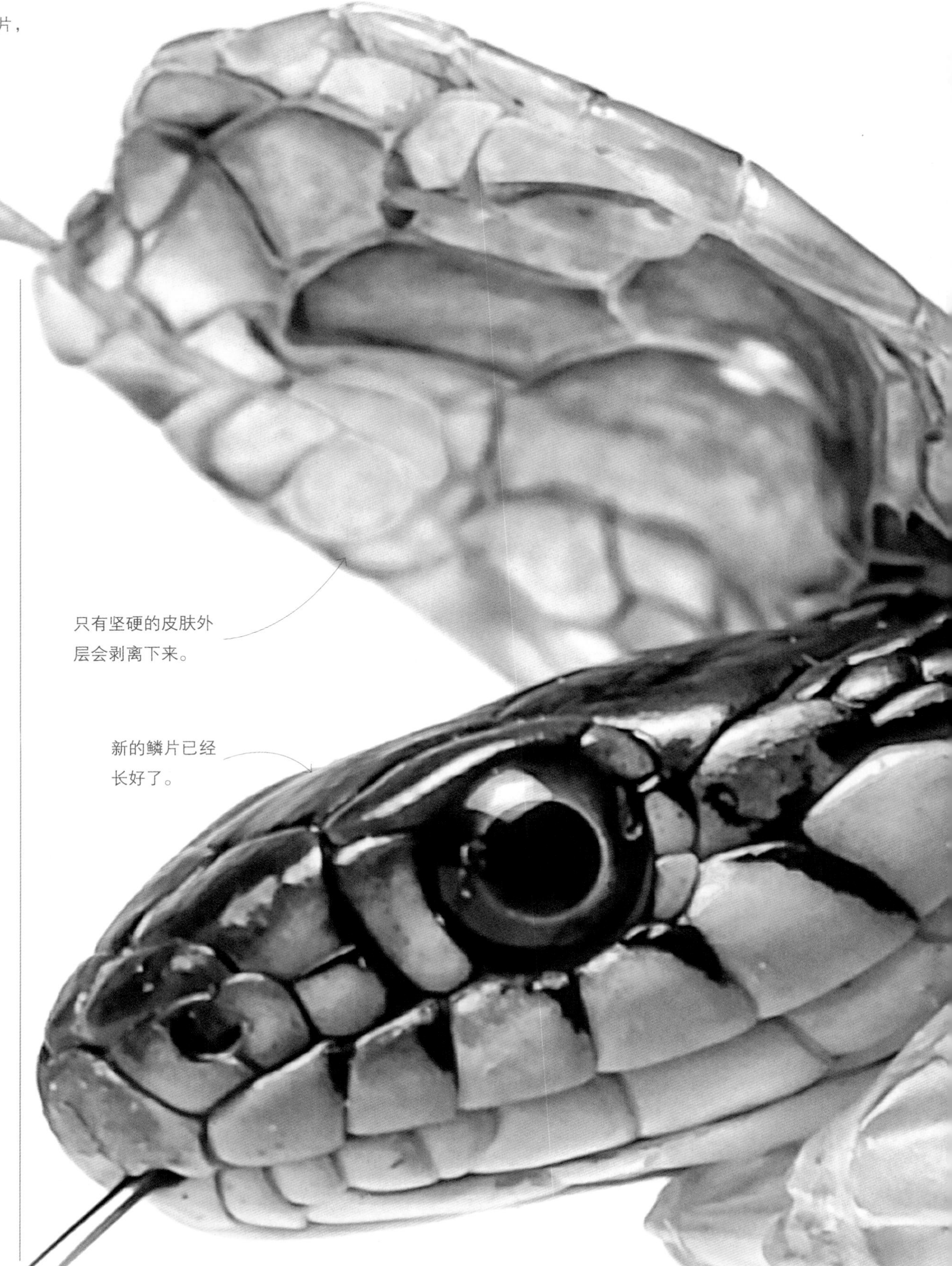
蛇磨掉上唇的旧鳞片，
开始蜕皮。
只有坚硬的皮肤外
层会剥离下来。
新的鳞片已经
长好了。

起到不同作用的鳞片

爬行动物的鳞片形状往往不同，起到的作用也不同。有些形成坚硬的防卫装甲，有些则能吓跑敌人。

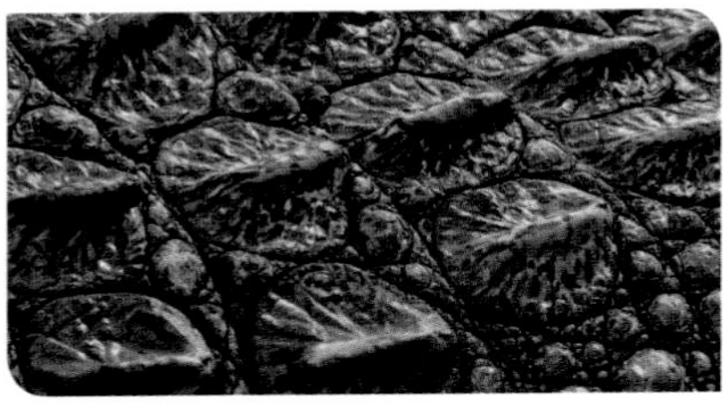

鳄鱼的背上长着大的骨质鳞片，既可以保护鳄鱼，还有助于调节体温。每块大鳞片上都有骨质突起。

响尾蛇的皮肤上长有中空的节，摇动起来会相互碰撞。响尾蛇就是用这种碰撞发出的声音吓跑捕食者的。

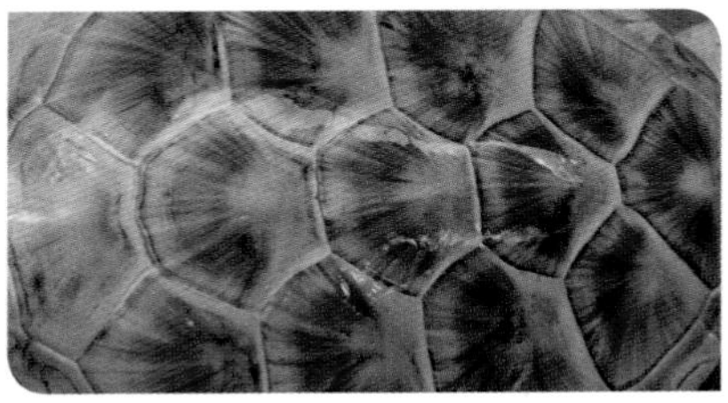

海龟也有由角质构成的背甲，不过它的背甲连在一起，形成一块坚硬的龟壳，起到保护身体的作用。随着海龟的成长，它的背甲也会变大。

▲蜕皮

鳄鱼、海龟及其他绝大多数爬行动物都会持续不断地更换皮肤。不过蜥蜴和蛇的蜕皮是周期性的。重新长出所有的皮肤要花上两周的时间，随后旧的皮肤就会蜕掉。只要有充足的食物保证成长，它们会更加频繁地长出新皮肤、蜕掉旧皮肤。

爬行动物的鳞片

一些爬行动物有鳞片状皮肤，鳞片为爬行动物提了一层能够抵御伤害和疾病的稳固屏障，还能防止身体至关重要的水分流失。鳞片是由角质组成的。的爬行动物鳞片上还会形成骨质突起。

这种束带蛇重叠的鳞片上有棱，能起到增强力量的作用。

腹部的鳞片呈宽宽的板状，当蛇爬行时能起到抓住地面的作用。

皮的过程

通过蜕掉旧的皮肤，蛇能摆脱掉寄生在上面的所有小生虫。新的鳞片在皮肤表层下面长成，替换掉旧的鳞片，得皮肤看起来更鲜亮、健康。会不停地生长，年幼的蛇蜕更加频繁。

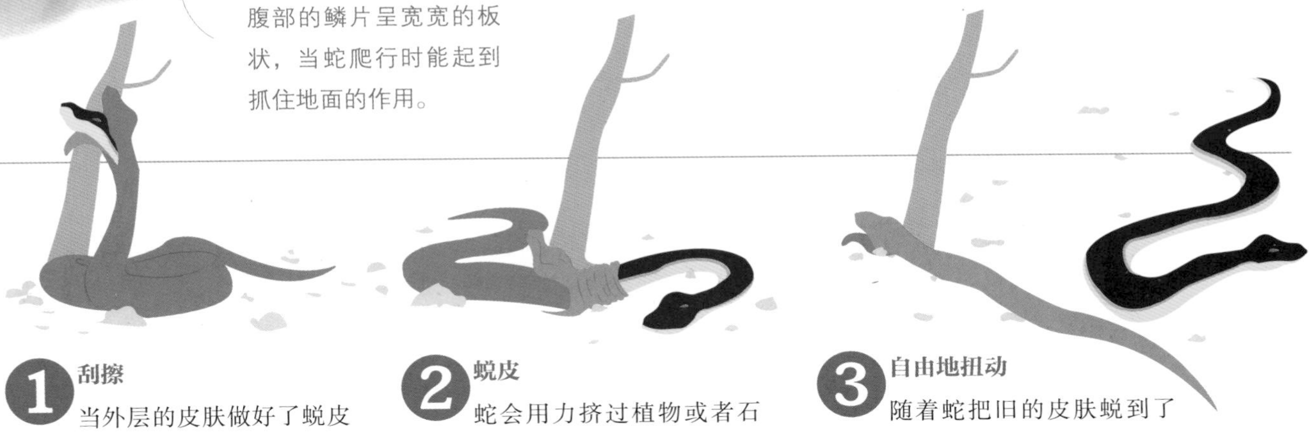

1 刮擦

当外层的皮肤做好了蜕皮的准备，就会和里层皮肤分离。这时蛇会在一个粗糙的平面不停刮擦它的上唇，使皮肤剥离。

2 蜕皮

蛇会用力挤过植物或者石块间的缝隙，把旧的皮肤从身上拉扯下去。蛇皮通常可以完整地蜕下来，而蜥蜴的皮肤则是大片大片地掉落。

3 自由地扭动

随着蛇把旧的皮肤蜕到了尾部，它就可以自由地扭动了。它最终从旧的皮肤里滑出去，身上闪耀着新的光泽，把旧皮肤丢在了身后。

蛇的感觉器官

蛇是冷血杀手，有着令人难以置信的敏锐感觉。尽管蛇的视觉很差，也没有外耳，但是它包括嗅觉和触觉在内的其他感觉，却得到了高度的进化，因此能够以致命的精准度追踪和捕捉猎物。有些蛇还拥有非常特殊的感觉器官，给了它们“看到”热量的惊人能力，使得它们能够在黑暗中追捕猎物。

▼老练的猎手

在树木丛生的雨林当中，即使到了上，这种蝮蛇也能够轻而易举地找到物。它耐心地等待着，伏击任何靠近啮齿目动物。这类蛇有能够感知热量颊窝，使得它可以准确定位猎物散发热量的身体。然后，它就只需要耐心待猎物进入它的攻击范围。

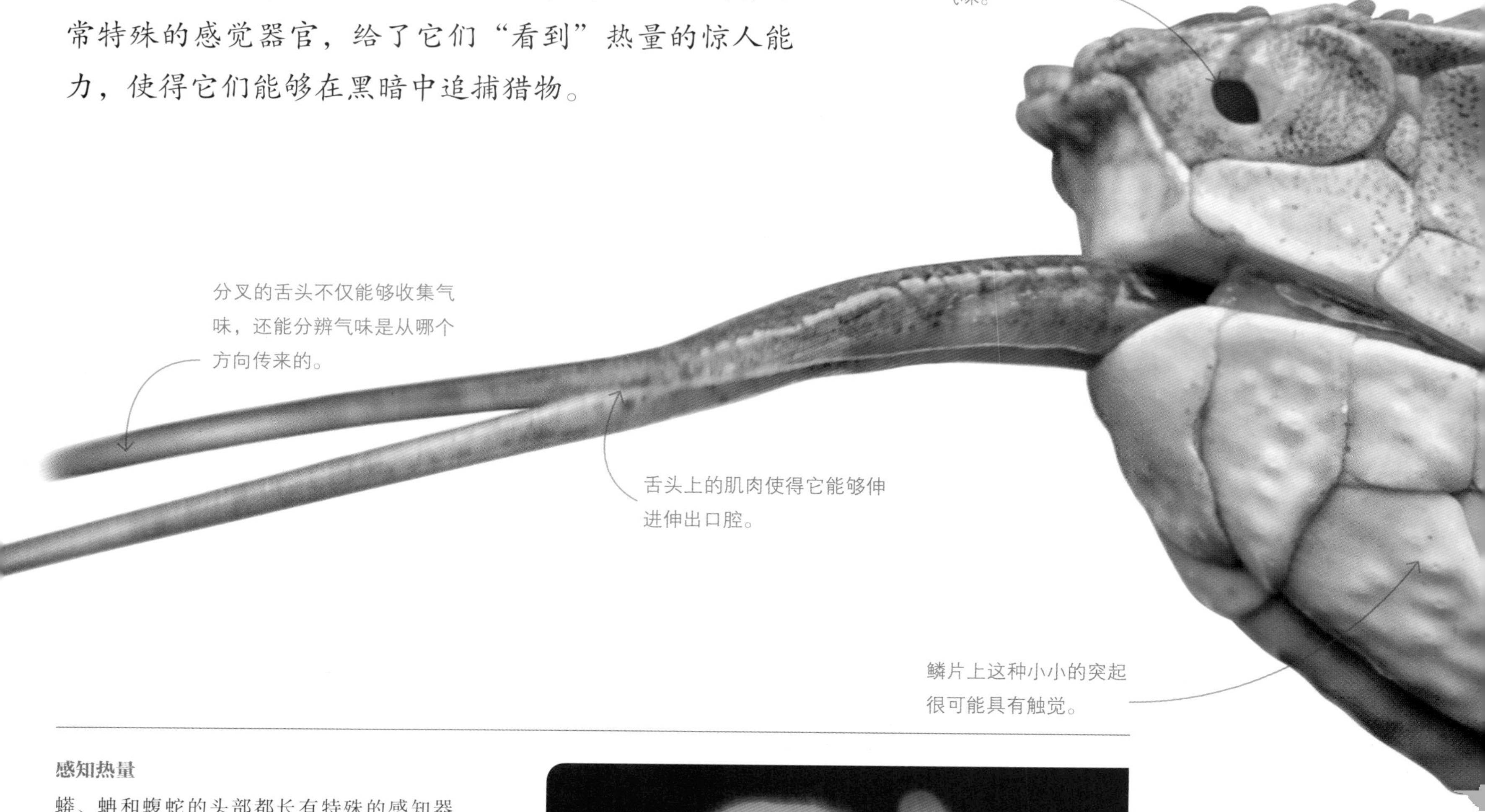

颊窝能够感知猎物的体温。
鼻孔辨识着气味。
分叉的舌头不仅能够收集气味，还能分辨气味是从哪个方向传来的。
舌头上的肌肉使得它能够伸进伸出口腔。
鳞片上这种小小的突起很可能具有触觉。
这种坑穴能够发觉小到只有 0.2℃的气温变化。

感知热量

蟒、蚺和蝮蛇的头部都长有特殊的感知器官，能够感知到 1 米外的恒温动物身上散发出来的热量。右图是用一种特殊的相机拍下的照片，可以帮助我们了解一条蝮蛇在发动攻击之前，它所看到的猎物是什么样的。

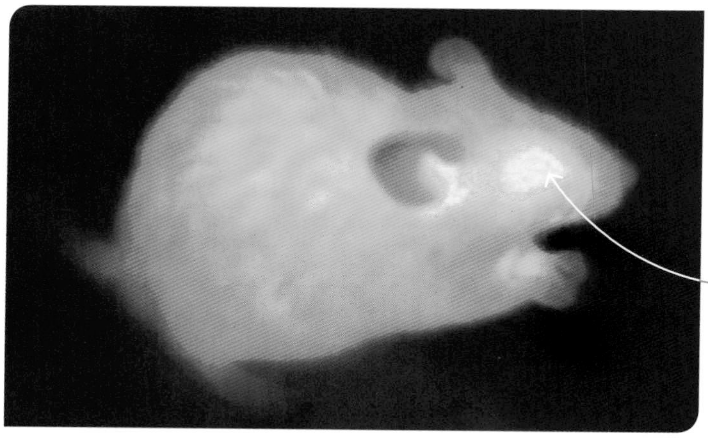

白色的地方是老鼠身体最暖和的部位；粉色的地方比橙色的温度要低；耳朵的顶端呈现蓝色，那是体温最低的地方。

鼻器

舌头上叉状的前端会告诉蛇下一顿美的方位。它们能够收集飘浮在空中的任气味。当舌头收回口中时，它们就会轻触碰口腔上部一个叫犁鼻器的味觉器官。果味道可能是猎物散发的，蛇就会做好击的准备。

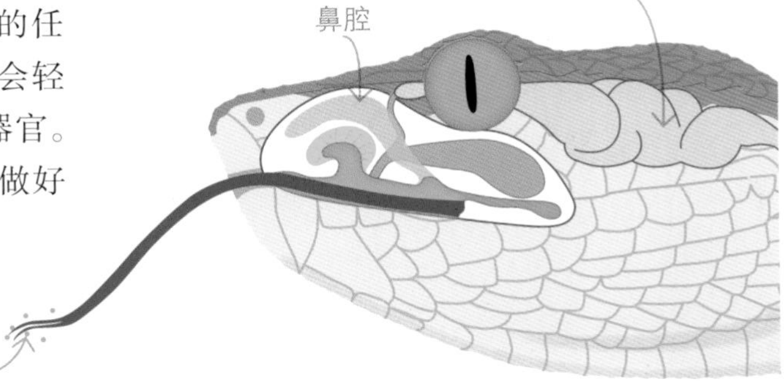

大脑
鼻腔
舌头能够收集空气中散发气味的粒子。

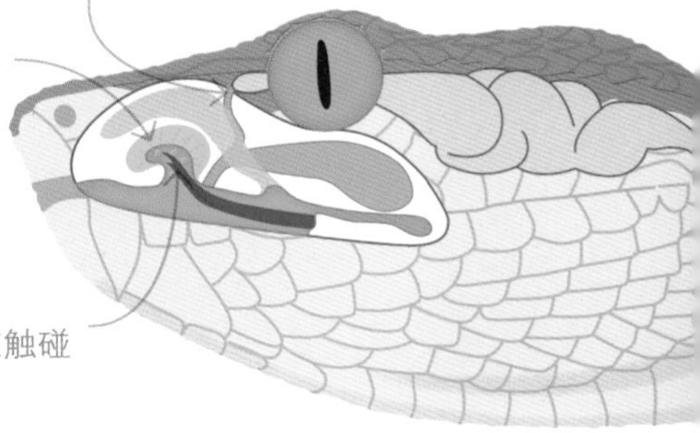

神经将犁鼻器发出的信号传送到大脑。
犁鼻器
舌头的前端在触碰犁鼻器。

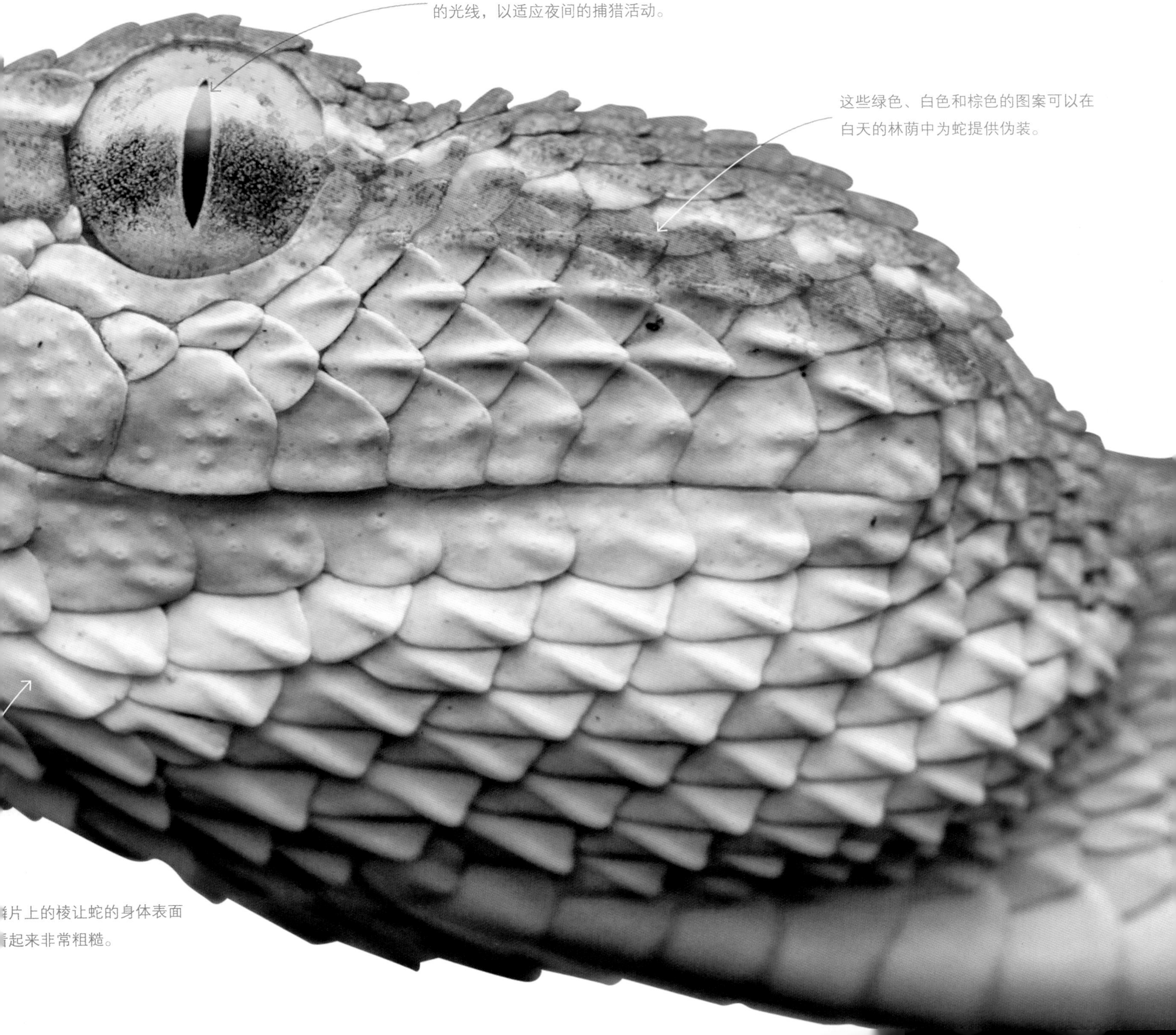

像裂缝一般的竖直的瞳孔能够控制进入眼睛的光线，以适应夜间的捕猎活动。
这些绿色、白色和棕色的图案可以在白天的林荫中为蛇提供伪装。
鳞片上的棱让蛇的身体表面看起来非常粗糙。

爬行动物怎样繁殖

绝大多数爬行动物都是通过产卵来生育下一代的。在每一枚卵里，都有一层特殊的薄膜，能帮助小宝宝发育，卵外面坚硬的外壳，有的很有韧性，有的很脆。这层外壳可以保护宝宝的身体，也能避免水分流失。绝大多数爬行动物妈妈在把卵埋好，使它保持温暖以后，就不再理会它了。不过，也有些爬行动物父母会一直待在旁边，看护着自己的卵，直到宝宝孵出来为止。正是产卵的能力才使得脊椎动物能够生活在陆地上。

▼破壳而出

在卵里生长了15周之后，这些非洲陆龟开始了破壳的第一步。每个陆龟宝宝的鼻子上都长了个骨头突出的钉状物，叫作卵齿，可以敲破卵壳。生长期间，卵的温度会影响到宝宝的性别：温度高的环境下会孵出雌性陆龟，而更加寒冷的条件下孵出的就是雄性陆龟。

陆龟强有力的腿能够帮助它爬出卵壳。

卵壳很脆，像鸟的卵壳一样。

行动物的卵的内部

在孵出来之前，爬行动物的
宝宝被称为胚胎。它在羊膜中成
，里面充满着羊水，由卵黄囊
供基本的营养，由尿囊清除排
物，并供应至关重要的氧气。
胎、卵黄囊和尿囊都由绒毛膜
外壳保护着。

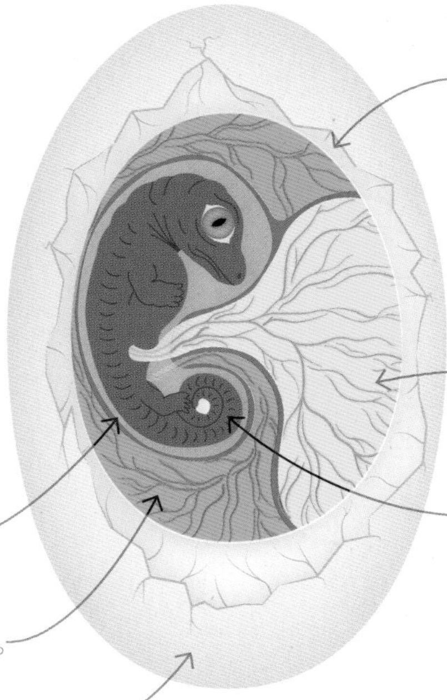

绒毛膜使得氧气和二氧化碳可以在胚胎和外部间流动。
胚胎要靠卵黄囊为食，所以卵黄囊会逐渐变小。
羊膜中包含的羊水能保护胚胎并提供营养。
胚胎被羊膜保护着。
尿囊清除排泄物。
外壳防止卵变干。

鳄鱼卵

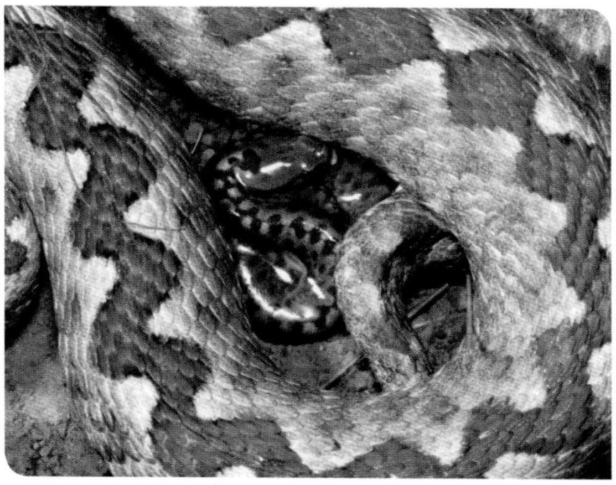

出生

有些蜥蜴和蛇会生出完全成形的宝宝，而不是通过产卵繁殖，就比如这条欧洲沙蝰。对生活在更加寒冷的气候条件下的爬行动物来说，这种方式更为普遍。因为那里缺乏孵化卵所需要的温度。

坚硬的外壳帮助陆龟抵御天敌。
孵出来的时候，陆龟的身体就完全成形了。
卵齿用来敲破卵壳。
这只陆龟宝宝孵出来的时候还带着卵黄囊。在生命的最初几天里，它会吸收掉这些卵黄囊。

海鬣蜥

海鬣蜥是世界上唯一生活在海中的蜥蜴。它生活在科隆群岛（加拉帕戈斯群岛）。它们会一头扎进冰冷的太平洋，以海藻为食。这些海藻生长在遍布岩石的海底，海鬣蜥每次潜水憋气的时间能够达到 10 分钟。和所有爬行动物一样，它们也无法自己调节体温，所以在两次潜水之间要晒太阳，才能使身体暖和起来，继续行动。

鳄鱼怎样捕食

鳄鱼是潜伏的猎手，它们会等待着猎物自己送上门来，再发起攻击。鳄鱼常常会一动不动地在水里等待很长一段时间，只把眼睛和鼻子露出水面。当猎物靠得足够近了，鳄鱼就会猛地行动起来，用它锋利的牙齿和强有力的下颌迅速咬住猎物。

锋利的锥形牙齿很适合咬住猎物。
下颌上微小的压力传感器能够帮助鳄鱼感知猎物的运动。
良好的视力使得鳄鱼无论白天黑夜都能捕食猎物。
鳄鱼的听觉十分敏锐，它们的耳朵长在眼睛的后方。
大块的颌肌提供了巨大的咬合力，像老虎钳一样。
强健的四肢使得鳄鱼在攻击猎物时能够快速行动。

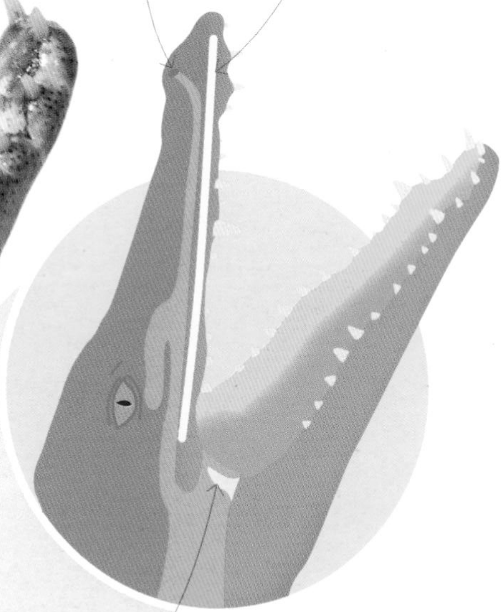

鼻子长在嘴的上部，使得鳄鱼处于半潜水状态时也能呼吸。
一块骨板把鼻腔和口腔分离开。
处于水下时，腭瓣会封闭住喉咙的后部。

▶尼罗鳄

尼罗鳄是世界上最大、最凶猛的鳄鱼之一，它的力量足以杀死羚羊和斑马这样的大型哺乳动物。尼罗鳄常常埋伏在河流和池塘中，等猎物蹚进水里喝水的时候伏击它们。尼罗鳄甚至能够把猎物从河岸拖进水里，淹死它们。

至关重要的阀门

在鳄鱼舌头的后部有一块肉瓣，它在鳄鱼下潜时能够把口腔和气道隔离开来。这就使它能够在水下继续咬住猎物，而不会让水流进肺或者胃里。潜水时，鳄鱼会把它的鼻子闭起来。

捕食

在捕捉猎物时，鳄鱼会利用它们那惊人的嗅觉和出色的视觉。在抓住时机出击之前，它们常常会仔细地观察猎物长达几天，甚至几周的时间。

1 准备

一只角马在河岸边吃草，一只鳄鱼静静地等待着，仔细地观察着它。因为鳄鱼身体的绝大部分藏在水下，角马几乎看不见这只鳄鱼。

背部的大鳞片上具有骨质沉积。

长满鳞片的皮肤有伪装作用，看起来和浑浊的水差不多，使得猎物很难发现鳄鱼。

2 这只鳄鱼从水中冲了出来，发动了攻击。它用非常有力的下颌咬住了角马的一条腿，把挣扎的角马从河岸上拖进水里。

长在背部、后腿和尾部上的强健肌肉使得鳄鱼能够对猎物发动突然袭击。

3 淹死

把猎物拖进水里之后，鳄鱼会利用体重和力量，一直咬住猎物，直到猎物淹死为止。

4 撕裂

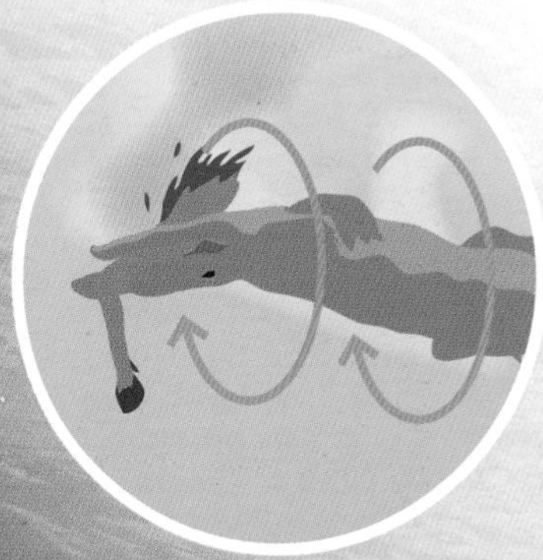

如果猎物一直不停地挣扎，或者猎物太大了，没法整个吞下去，鳄鱼会咬住猎物身体的某个部位，在水中快速地旋转起来，直到这个部位被撕扯下来。这种举动被称为“死亡翻滚”。

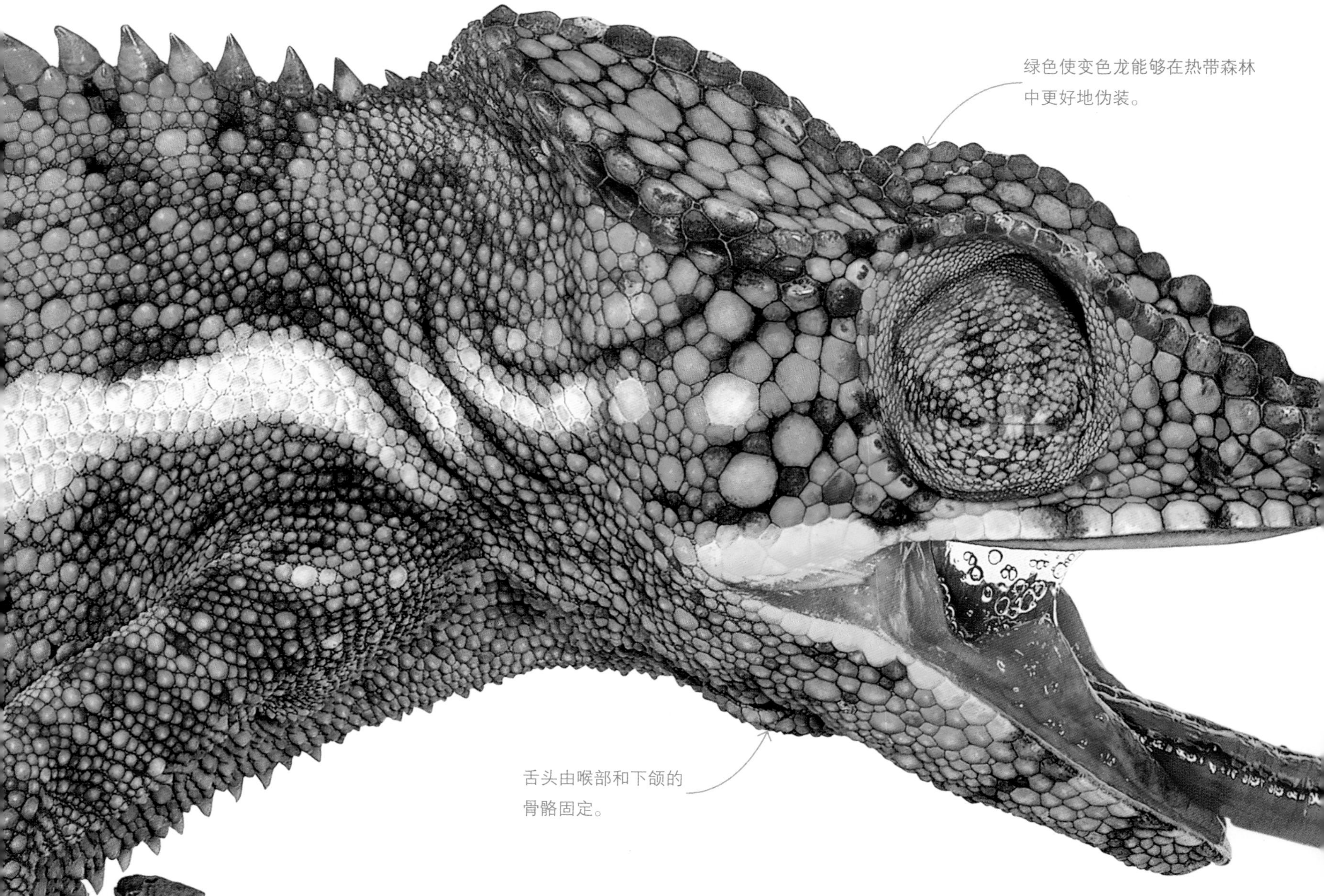
绿色使变色龙能够在热带森林
中更好地伪装。
舌头由喉部和下颌的
骨骼固定。
独特的 Y 形足使变色
龙能够抓住树枝。

变色龙怎样捕食

变色龙是避役科爬行动物的俗称，它们进化出了很多本领，能够悄无声息地对猎物发起迅速而准确的攻击。它们长着圆锥状的眼睛，眼睛四处乱转，可以同时看向两个不同的方向。它们那长长的、黏黏的舌头能够像导弹一样射出去，猎物还没看到它靠近就已经被抓住了。

部的内部结构

变色龙的头部里面长着长长的舌头，还有骨头和肌肉。们是用来弹射舌头的。此外还有加速肌和收缩肌，它们决着弹射舌头的速度和力量。

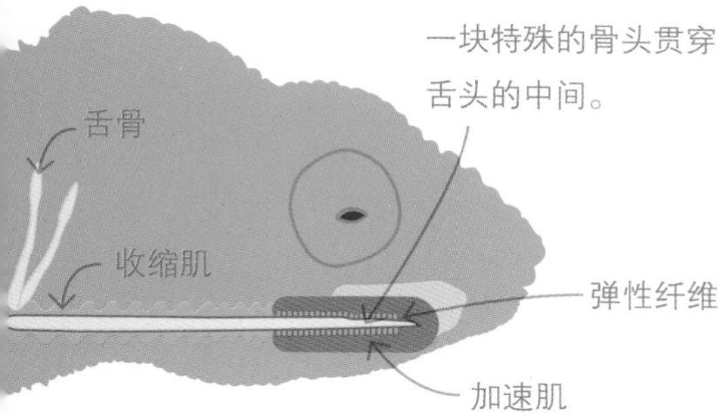

1 准备和等待

不使用的时候，舌头就藏在口腔部。舌骨和加速肌之间的弹性纤维会住加速肌，就像被压住的弹簧。

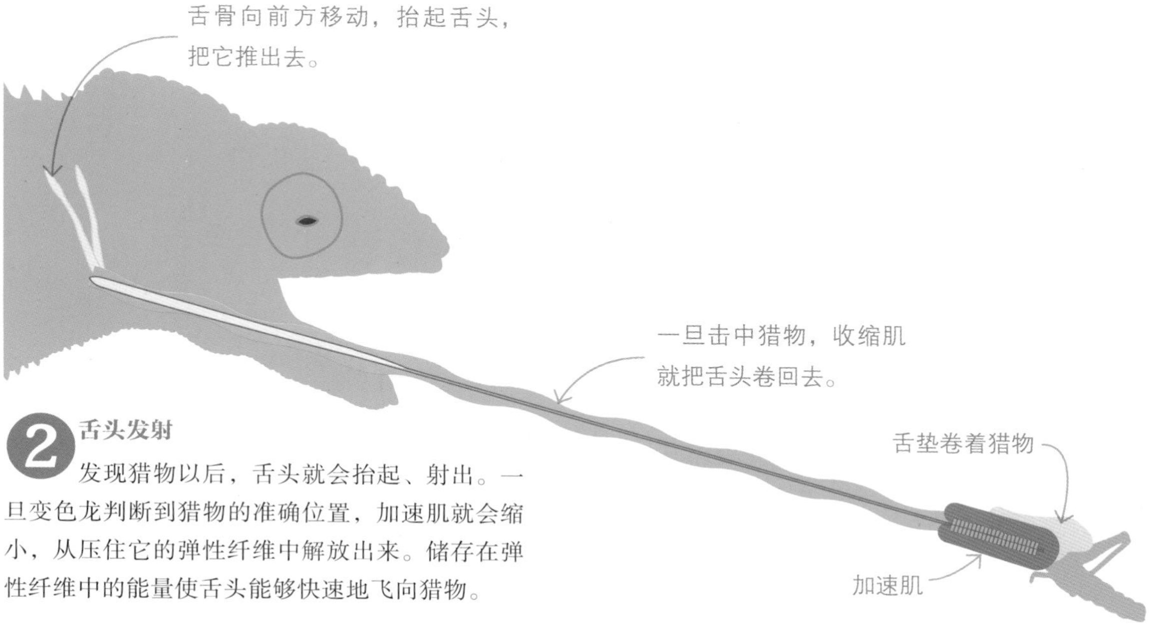

舌骨向前方移动，抬起舌头，把它推出去。
一旦击中猎物，收缩肌就把舌头卷回去。
舌垫卷着猎物
加速肌

2 舌头发射

发现猎物以后，舌头就会抬起、射出。一旦变色龙判断到猎物的准确位置，加速肌就会缩小，从压住它的弹性纤维中解放出来。储存在弹性纤维中的能量使舌头能够快速地飞向猎物。

◀快如闪电

豹变色龙原生于马达加斯加岛。它能够非常精准地弹射出可以伸缩的舌头。变色龙的舌头通常固定在口腔里，全部伸展开会比它身体的长度还要长，舌头发射的速度可达每秒 6 米。在卷回宽宽的口腔之前，舌头那黏黏的顶部已经抓住了猎物。

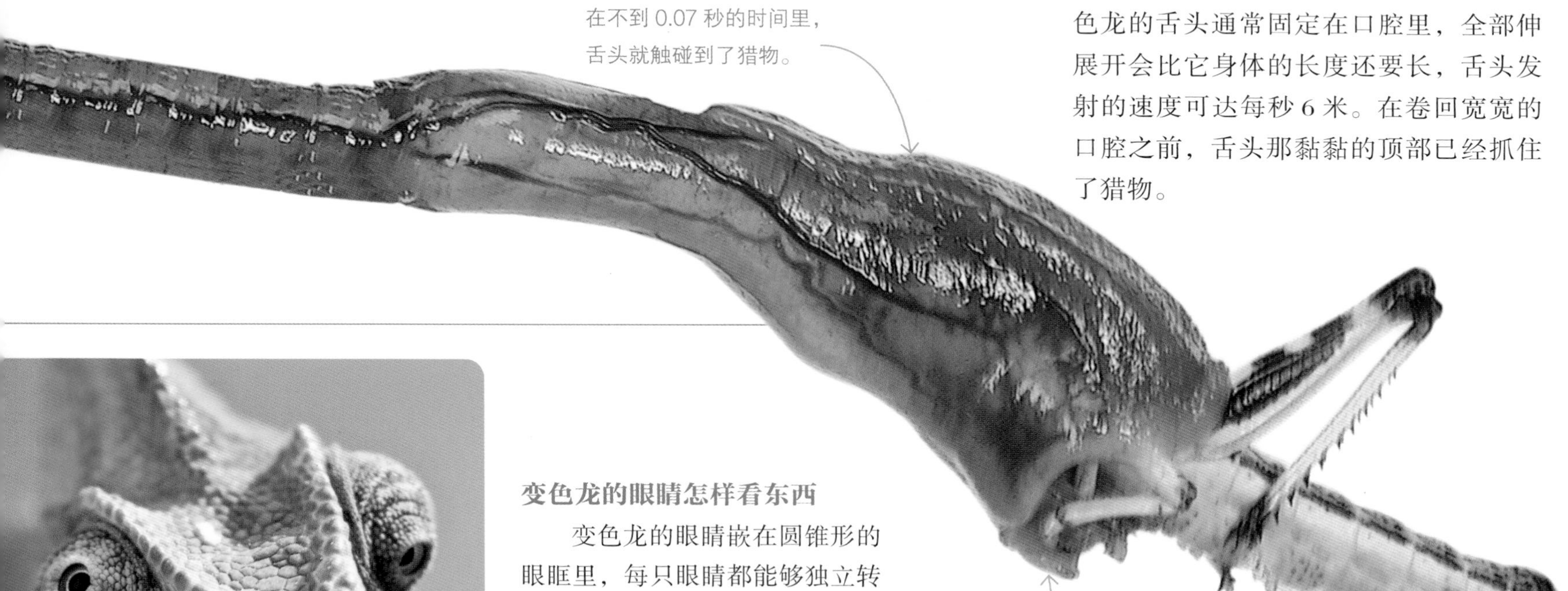

在不到 0.07 秒的时间里，舌头就触碰到了猎物。
球棍状的舌头顶部覆盖着黏黏的唾液，已经卷住了猎物。

变色龙的眼睛怎样看东西

变色龙的眼睛嵌在圆锥形的眼眶里，每只眼睛都能够独立转动，提供 360° 的视角。捕食时，两只眼睛都会死死地盯住并锁定猎物，使得变色龙能够准确判断出猎物的距离和位置。

变色龙怎样变色

变色龙无法做到完全改变身上的颜色，它们能够稍稍改变一点儿颜色，融入周边环境。很多变色龙还会利用改变皮肤颜色来表达心情，比如正在求偶的雄性变色龙会变成更加亮丽的颜色去打动雌性，或是吓跑它们的竞争对手。

变色龙的皮肤

在变色龙皮肤的下面有一种黄色素细胞。再下面则是一层包含着晶体的细胞，当中隔着液体。当这些晶体紧紧地靠在一起的时候，蓝色的光被反射，之后经过黄色素细胞改变成绿色。如果晶体分开了，变色龙就能呈现为红色、橙色或者是黄色。黄色素细胞还能影响到它所改变的颜色的深度。变色龙的颜色取决于不同的皮肤层是怎么相互作用的。

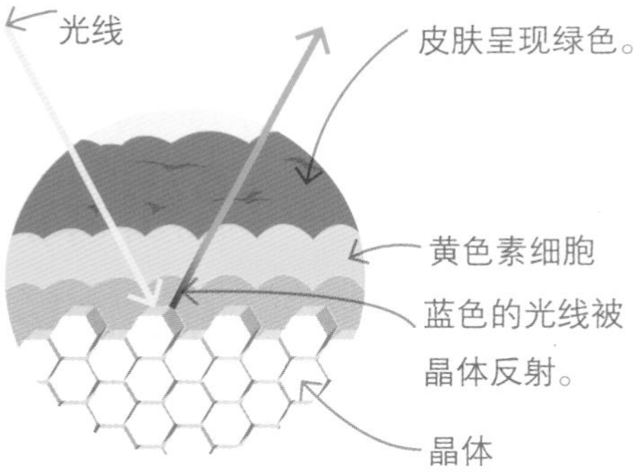
光线
皮肤呈现绿色。
黄色素细胞
蓝色的光线被晶体反射。
晶体

晶体聚合

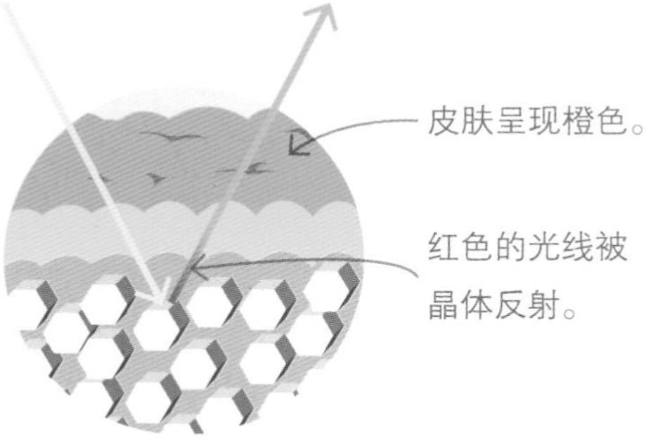
皮肤呈现橙色。
红色的光线被晶体反射。

晶体分开

有些变色龙的皮肤颜色会变深，这有助于它们在寒冷的环境吸收热量。
长满肌肉的尾部能够卷住树枝。

随着年龄的增长，高冠变色龙高高的骨板会变得更大。

◀ 亮丽和黑暗

高冠变色龙原生于也门和沙特阿拉伯。当它感觉到危险或来自竞争对手的威胁时，它就会变成更暗的颜色。无论雌雄，它们都会随着心情的好坏改变颜色。雌性高冠变色龙如果变得色彩更亮丽了，那就是在告诉雄性同伴它准备好找配偶了。于是，雄性高冠变色龙就会呈现出五颜六色，这是在吸引雌性，或是警告别的雄性同伴离远点儿。

域性变色

了会根据心情而改变颜色之外，色龙还会根据它们生活的地方而变颜色。在马达加斯加岛，豹变龙就会变成红色、绿色、黄色或橙色，虽然所有这些"变种"其都属于同一个物种。

豹变色龙

壁虎怎样攀爬

壁虎是一类个头小小的、捕食昆虫的蜥蜴。它们通常在晚上捕猎，用大大的眼睛寻找猎物。很多壁虎都是攀爬的高手，它们的脚很善于抓住树干或者树叶。有的壁虎甚至能在玻璃上攀爬，或者爬过天花板。

绝大多数壁虎都没有眼睑，它们用舌头舔眼睛保持眼睛湿润。
壁虎的皮肤有伪装作用，使它们能够在白天隐蔽起来。
肌肉发达的尾巴末端有一个黏性吸盘。

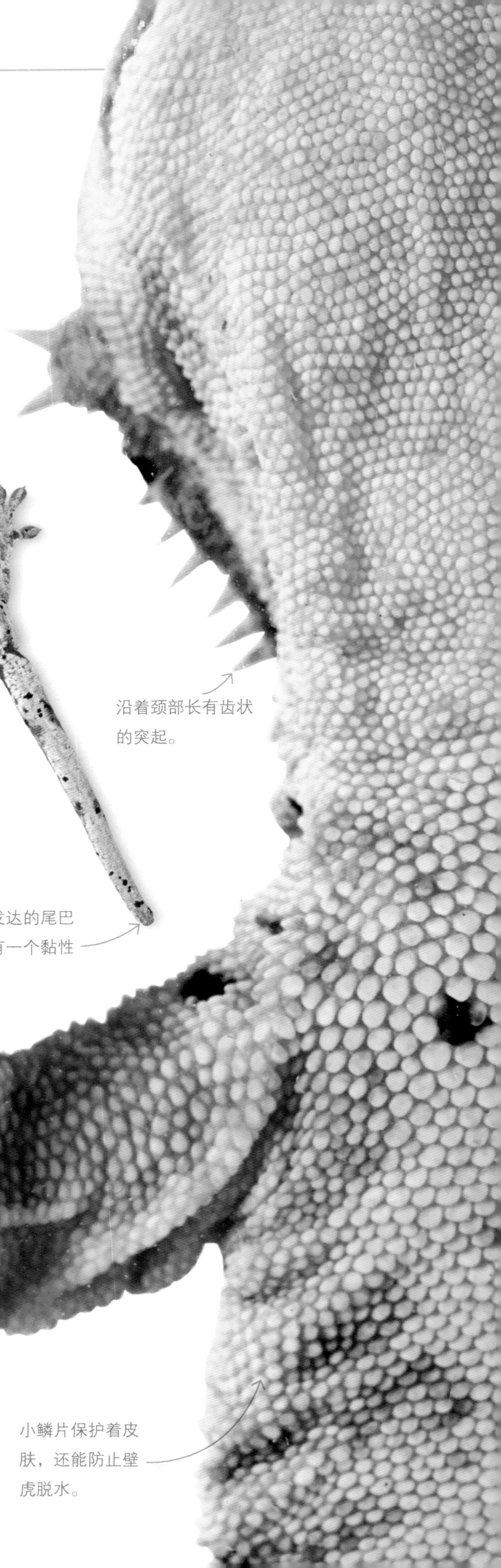

沿着颈部长有齿状的突起。
小鳞片保护着皮肤，还能防止壁虎脱水。

黏性趾垫

有黏性的脚趾

壁虎的脚趾端扩展分成很多宽宽的小垫子，每个小垫子上长着数百万根像头发一样的结构，还分出很多细微的分叉。它们和物体表面形成一种微电吸附，使得壁虎能够吸在物体表面。

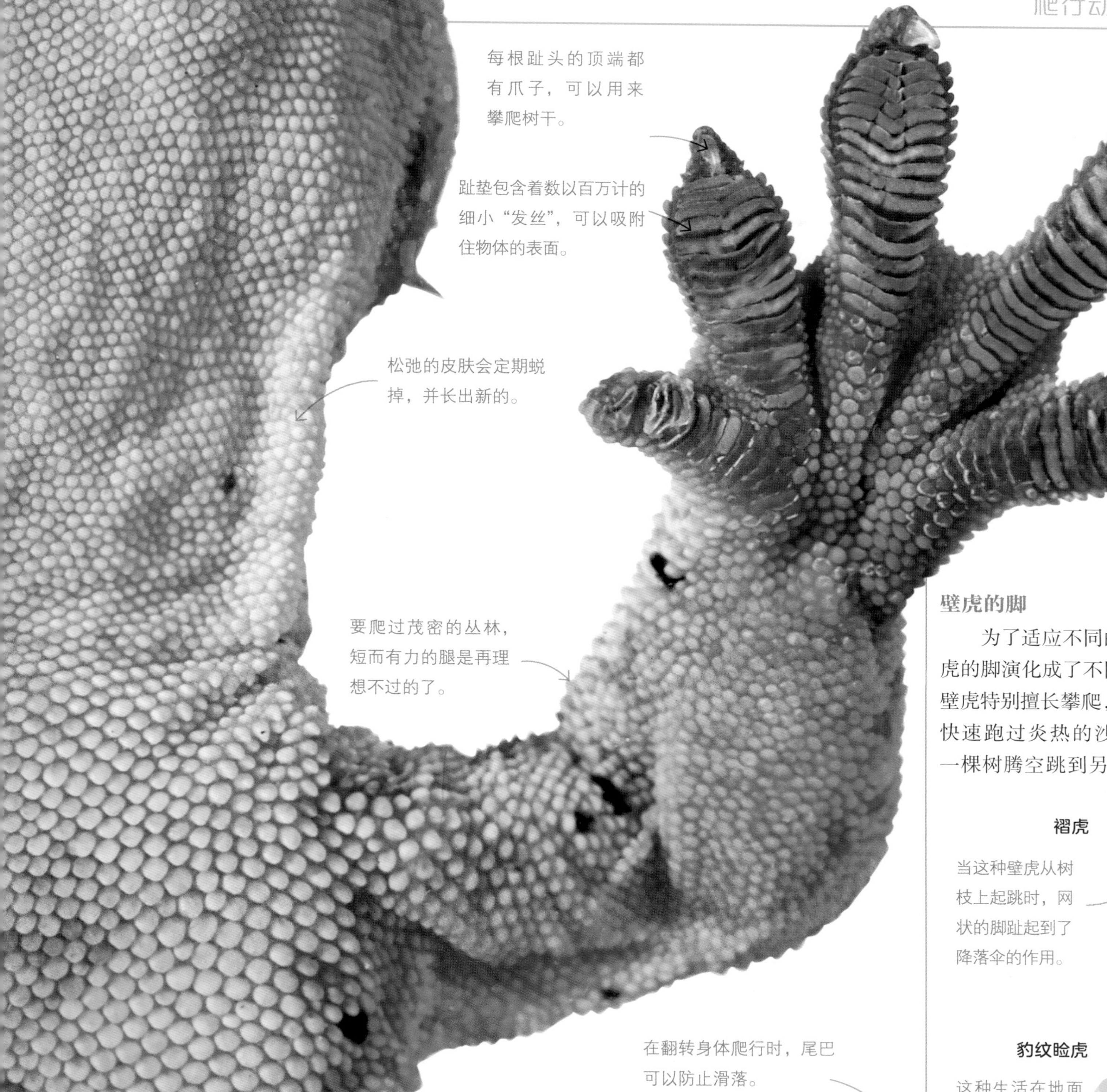
每根趾头的顶端都有爪子，可以用来攀爬树干。
趾垫包含着数以百万计的细小“发丝”，可以吸附住物体的表面。
松弛的皮肤会定期蜕掉，并长出新的。
要爬过茂密的丛林，短而有力的腿是再理想不过的了。

在翻转身体爬行时，尾巴可以防止滑落。

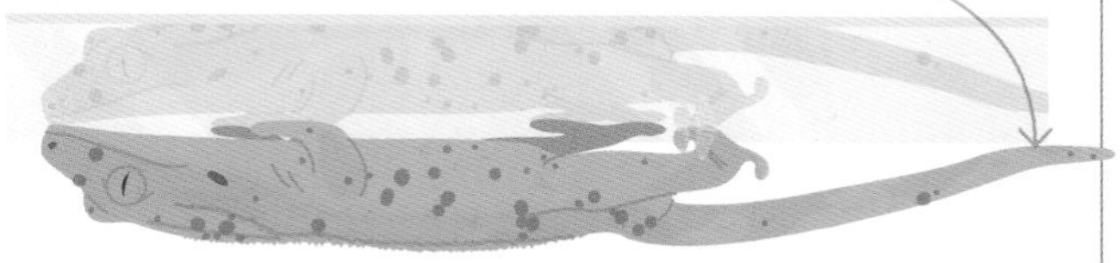

◀紧紧抓住

这只纤毛多趾虎来自太平洋上的新喀里多尼亚岛。它是众多壁虎中的一种，会用特殊的腿攀爬。它生活在热带雨林，在那里，它那宽大而有黏性的趾垫使它能够爬上高高的树冠。小爪子能帮助它抓住更加粗糙的表面。

壁虎的脚

为了适应不同的生活方式，壁虎的脚演化成了不同的形状。很多壁虎特别擅长攀爬，另一些则擅长快速跑过炎热的沙子，甚至是从一棵树腾空跳到另一棵树上。

褶虎

当这种壁虎从树枝上起跳时，网状的脚趾起到了降落伞的作用。

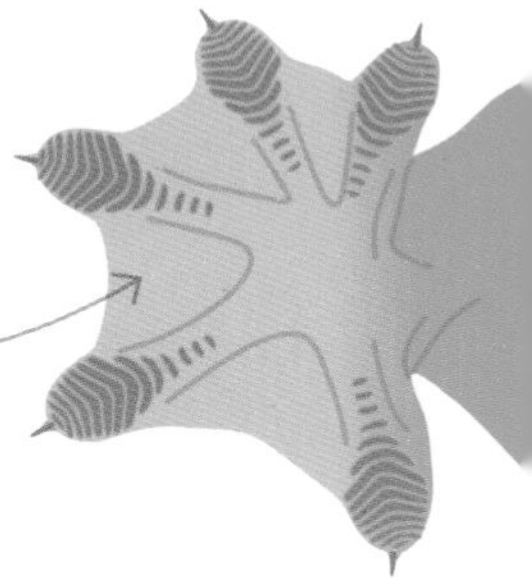

豹纹睑虎

这种生活在地面上的壁虎长着普普通通的脚趾，上面并没有带黏性的趾垫。

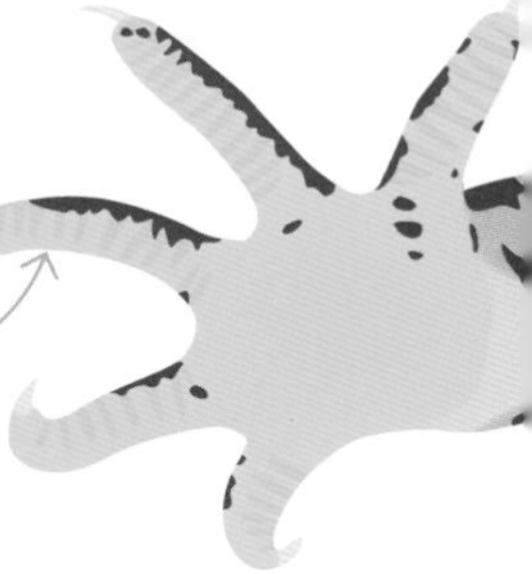

平尾虎

这种壁虎的趾垫适合在白天休息的时候抓住树干。

喙头蜥

虽然喙头蜥看起来类似普通的蜥蜴，其实它和恐龙生活在同一个时代，是某一支远古爬行动物中唯一的幸存者。在新西兰一些遍布岩石的岛屿上，气候寒冷，喙头蜥得以茁壮成长。由于气候寒冷，喙头蜥要花上一年多时间才能从卵中孵化出来，并且要超过 10 岁才能做好繁衍下一代的准备。很多喙头蜥的寿命超过了 100 岁。

尾巴被捕食者抓住后就会断掉，之后还会长出新的尾巴。
幼年喙头蜥每年要蜕皮 3~4 次，成年以后则每年蜕皮 1 次。

▲独特的爬行动物

和很多蜥蜴一样，喙头蜥也有交错生长的小鳞片，也会将舌头弹射出去捕捉猎物。不过有一些特征可以区分喙头蜥和蜥蜴。喙头蜥的上颌长有两排牙齿，与下颌的一排牙齿交错，它们的原椎骨（脊椎骨）长得非常像两栖动物的。

第三只眼睛

很多鱼类、两栖动物和爬行动物都有“第三只眼睛”，就长在脑袋的顶部，不过喙头蜥的第三只眼睛发育得特别好。虽然随着年龄变大，这只眼睛会被鳞片遮住，不过它还能感知到光线，有助于躯体针对太阳照射周期进行相应的调节。

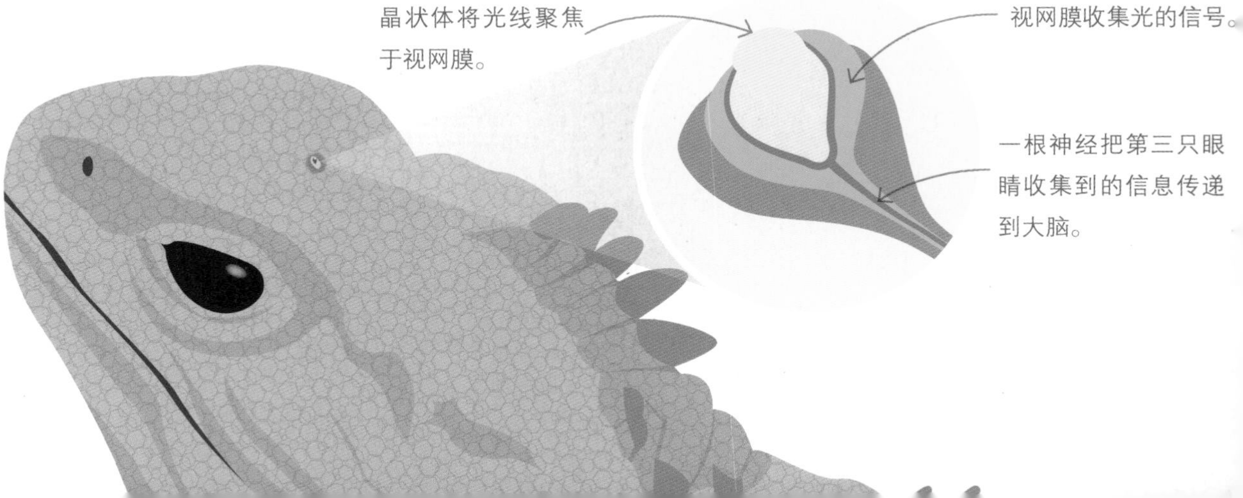

晶状体将光线聚焦于视网膜。
视网膜收集光的信号。
一根神经把第三只眼睛收集到的信息传递到大脑。

眼睛长有一层反射层，有助于在黑暗中看东西，能够增强视力。
虽然没有外耳，但喙头蜥并非听不到声音。它对低沉的声音很敏感，能够感知到振动。
咽喉和腹部覆盖着带突起的圆形鳞片。
长长的爪子和短而强壮的腿，非常适合挖洞。
皮肤呈棕色或橄榄绿色，年幼的喙头蜥身上长有黄色或乳白色的斑点，不过随着年龄增长，这些斑点会慢慢褪色。

分享住处

喙头蜥白天躲在洞里，只有在夜幕的保护下才会出动。它们有时候会自己挖洞，也经常住在海鸟的洞穴里。它们靠吃被鸟粪吸引过来的无脊椎动物为生，不过偶尔也会吃掉一只小鸟，美餐一顿。

蛇怎样移动

蛇的腹部长有光滑的鳞片，就像鞋底的花纹一样，能够紧紧抓住物体表面。蛇腹上每片矩形的鳞片都有专门对应的肌肉和脊椎骨。所有的鳞片一齐工作，就能让蛇以有力而多变的方式向前移动。

雌性绿树蟒能长到 2 米长。

躯体细长，能够在树林中移动。

强壮的肌肉使绿树蟒能够紧紧地抱住树枝。

▶在树林中穿行

有些蛇终生都生活在树上，就像分布在印度尼西亚和澳大利亚北部的绿树蟒，它们白天盘绕在树枝上，晚上则捕食小的哺乳动物和爬行动物。为了便于在这种极具挑战性的环境中行动，它们的脊椎骨是扣在一起的，形成了一条强壮而坚固的脊梁，在它们从一根树枝移动到另一根树枝时，无须任何支撑就可以伸展身体。

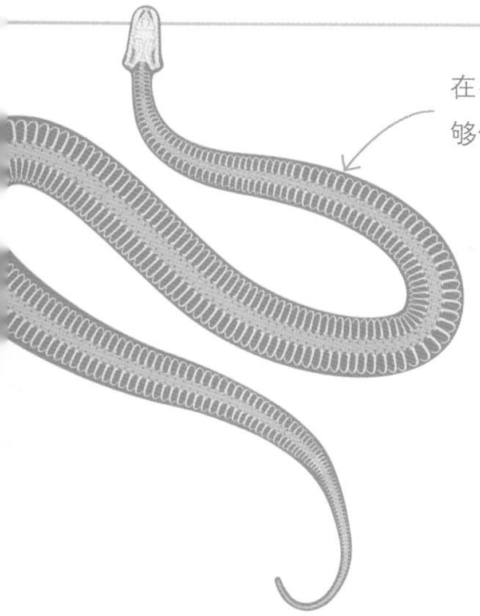

在吞食猎物时，可伸缩的肋骨使蛇能够伸展躯体。

解剖蛇

人类的脊椎骨有 32~33 块骨头（幼年），而蛇的脊椎骨有 200 到 400 块骨头，每一块骨头连接着蛇腹里的一对肋骨和特定的肌肉。这些骨头使蛇行动更加灵活，肌肉则使它更强壮。

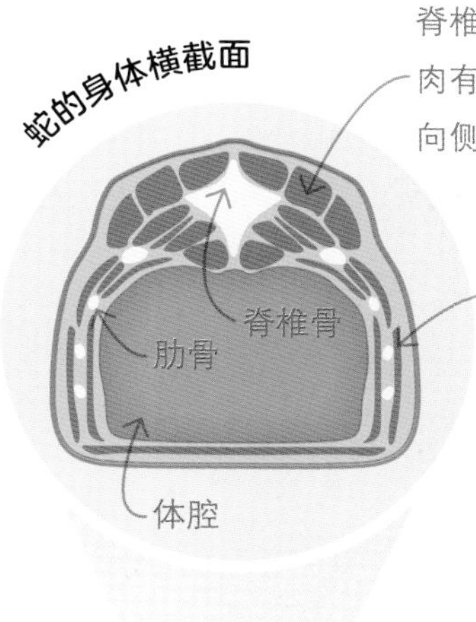

脊椎骨旁的肌肉有助于蛇转向侧面。

肋骨和脊椎骨之间的肌肉帮助蛇向前移动。

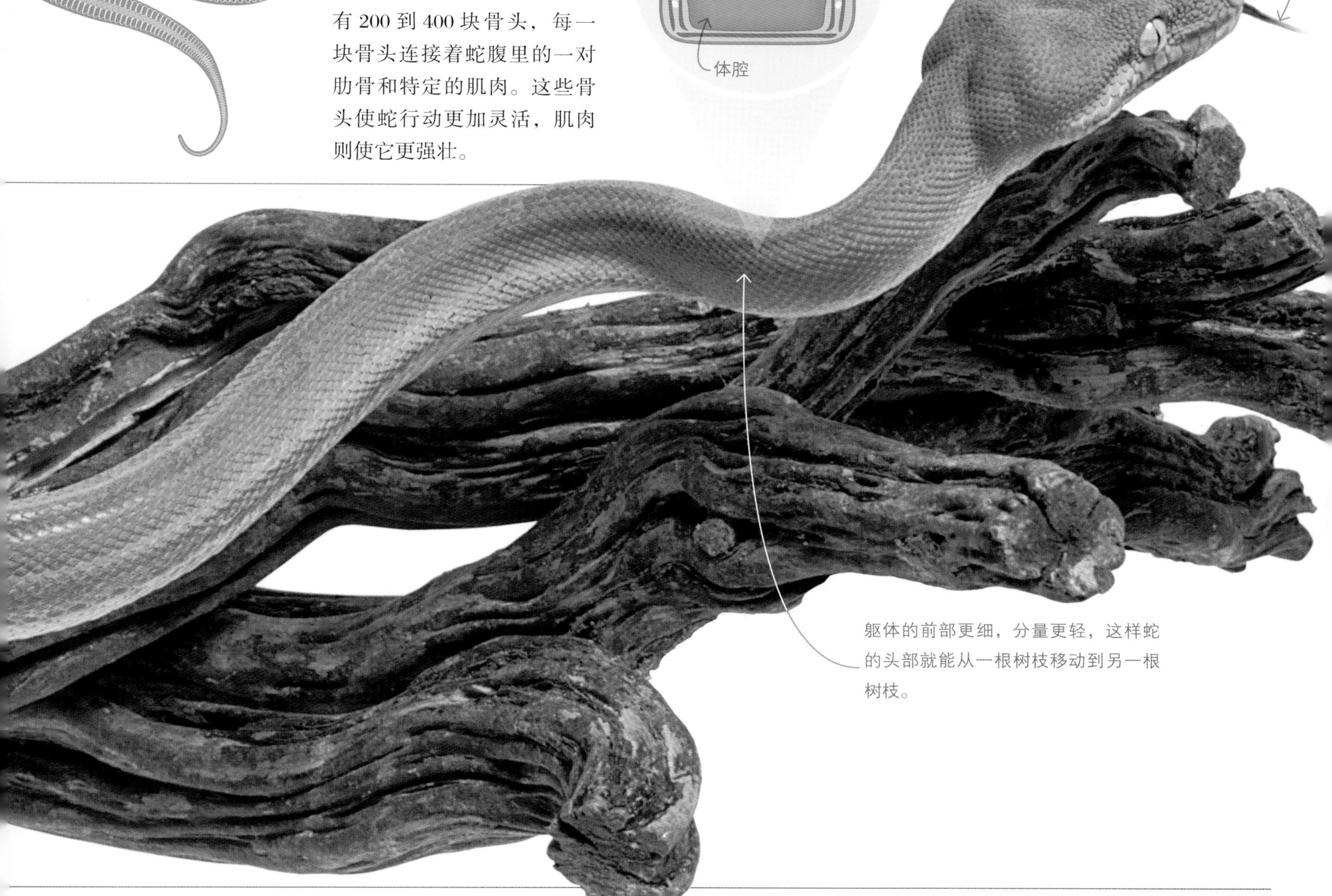

蛇通常会朝着舌头察觉到的气味方向移动。

躯体的前部更细，分量更轻，这样蛇的头部就能从一根树枝移动到另一根树枝。

动的类型

蛇有四种移动方式。有些
还会结合两种方式移动，为
是更好地适应它们正在通行
地面环境的特点。

蠕式

了直行，蛇要隆起部分身体，
前伸展，同时没有隆起的部分
体要向前推进。

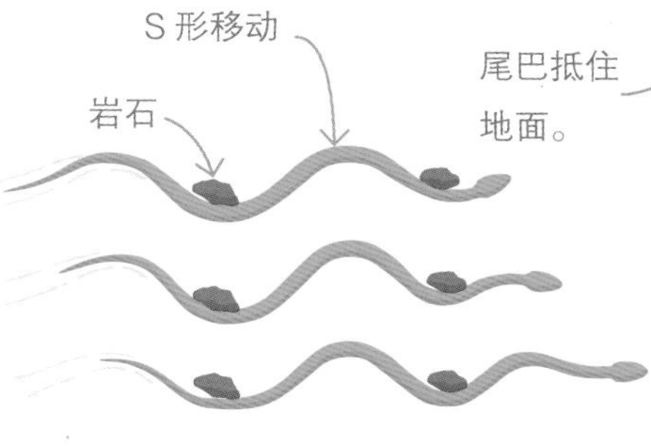

蜿蜒式

蛇用躯体的侧面抵住地面上的物体，推动身体向前，这是最常见的蛇行方式。

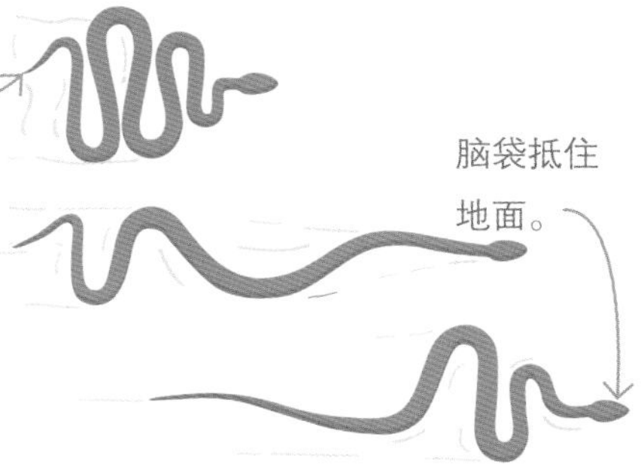

尾巴抵住地面。
脑袋抵住地面。

风琴式

在通过光滑的表面时，蛇必须先蜷起身体，再把身体弹向前方，然后拉动尾巴向前。

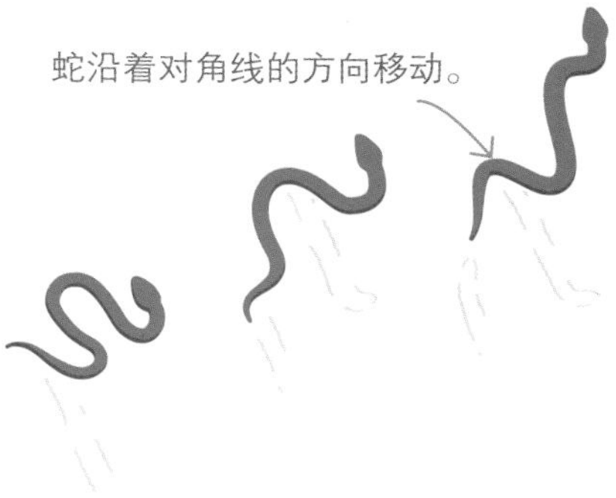

蛇沿着对角线的方向移动。

侧行式

在沙子这类会移动的表面上爬行时，蛇要先让头部从空中弹向侧面，然后躯体再跟随过来。

▶亚马孙树蚺

作为一种夜间活动的爬行动物，亚马孙树蚺在树上捕捉鸟类、蜥蜴、蛙和小型哺乳动物。它会绞杀猎物，捕食时首先缠绕住猎物，并逐渐增加压力，直到猎物的心脏停止跳动。它会把死掉的猎物整个吞下去。

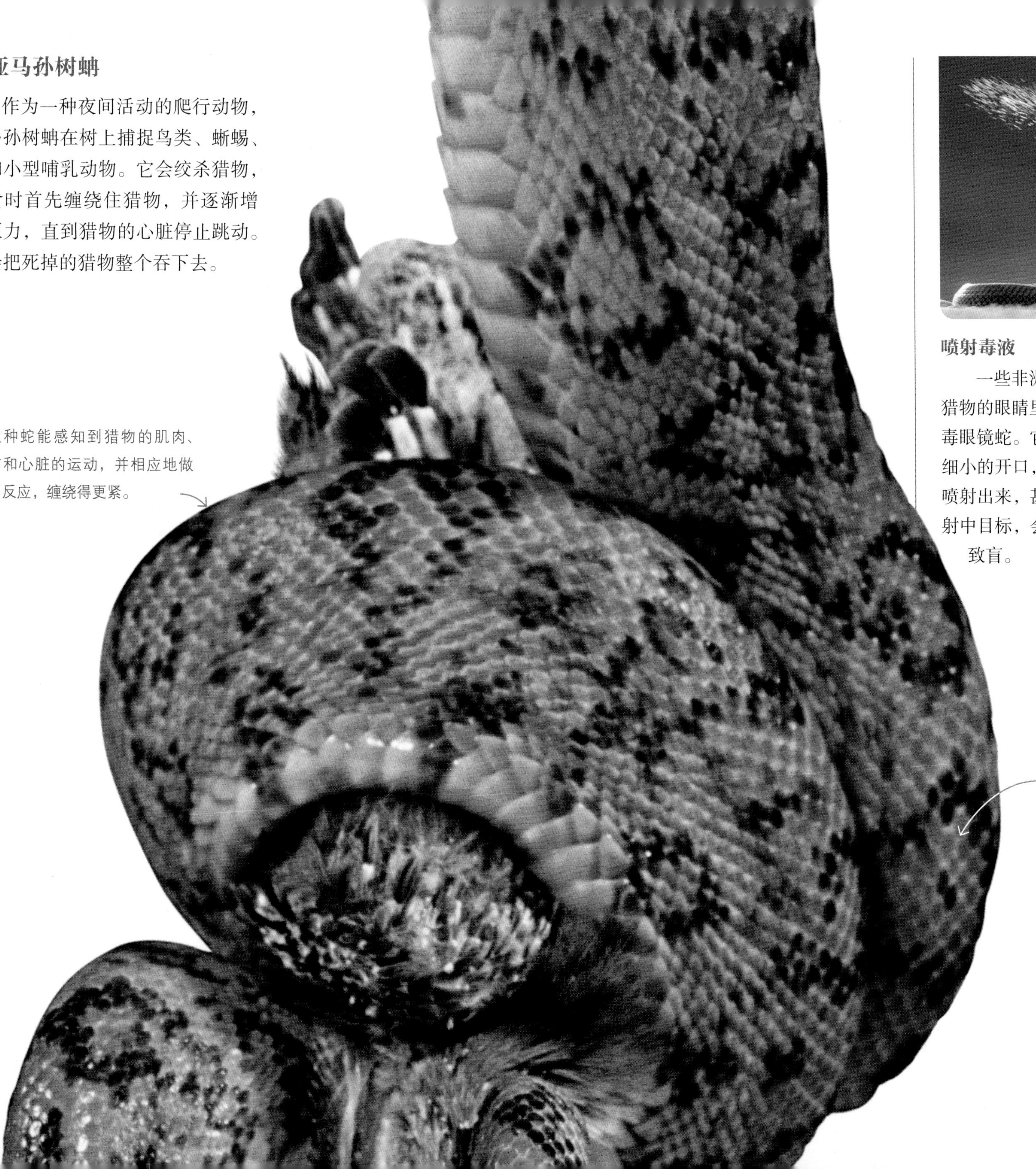
这种蛇能感知到猎物的肌肉、肺和心脏的运动，并相应地做出反应，缠绕得更紧。
这种蛇长有强壮的肌肉，可以垂挂在树枝上。

喷射毒液

一些非洲的眼镜蛇会把毒液喷进猎物的眼睛里，就像这条莫桑比克喷毒眼镜蛇。它的每颗毒牙上都有一个细小的开口，通过开口，毒液被高压喷射出来，甚至能达到 3 米远。毒液射中目标，会使猎物眼睛疼痛，甚至致盲。

食猎物。
这只被绞住的鸟张大嘴巴试图呼吸。
具有热感应能力的颊窝能够发现恒温的猎物。

蛇怎样捕杀猎物

蛇是令人生畏的、效率极高的捕食者。它们发现猎物的方式包括闻气味、感知猎物的体温和运动造成的波动，有时候也能通过视觉看到猎物。蛇会把猎物整个地吞下去，不过它们首先要打败并杀死猎物。大蟒蛇会把它们的猎物绞杀致死，有的蛇则是用锋利的毒牙喷出致命的毒液杀死猎物。

毒液和毒牙

有些蛇的上颌长着一对非常锋利的毒牙，毒牙能喷射毒液。在快如闪电的攻击中，毒牙刺入猎物体内，把毒液注射进去。毒液会造成伤口肿胀和失血，甚至破坏组织。有的蛇会用毒液使猎物瘫软麻痹，不能动弹。

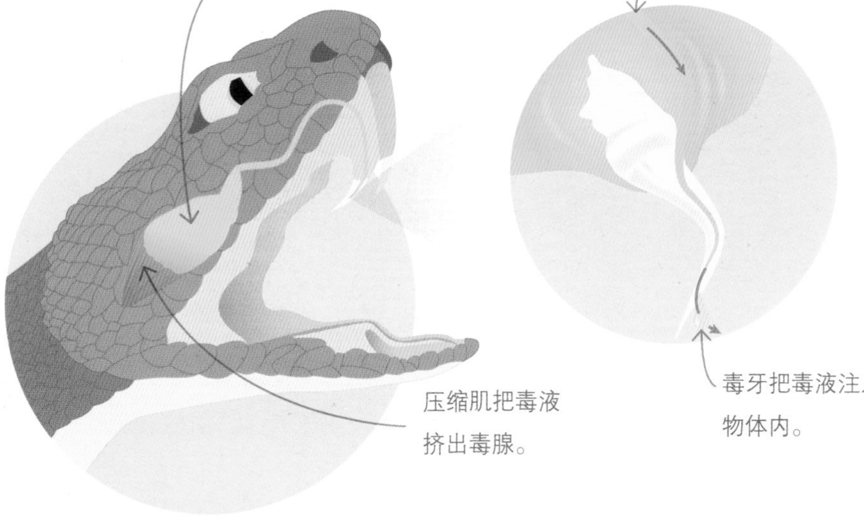

毒腺制造毒液。
压缩肌把毒液挤出毒腺。
毒液流入毒牙。
毒牙把毒液注入猎物体内。

蛇怎样进食

蛇虽然没有四肢，也无法咀嚼，但它们还是会使用一些非常聪明的技巧来进食。它们的下颌非常有弹性，足以吞食比它们身体还要粗的食物。几乎所有的蛇都有锋利的牙齿，可以用来制服不停挣扎的猎物，不过靠吃蛋为生的蛇是没有牙齿的，所以它们采用其他方式进食。

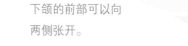

▶吃蛋

吃蛋为生的蛇可以吞下相当于它的头和身体的直径两倍宽的蛋。蛋在蛇的肚子里被挤破，里面丰富的营养物质就被消化了。

这块方骨连接着上下颌，使它们能够张得更开。
下颌的前部可以向两侧张开。
蛇会用石头或其他物体抵住蛋，把蛋吃进嘴里。

1 把嘴张大

头部略微下伸，使下颌能够探到蛋的下方，张开上下颌就足以把蛋吞下去。

鳞片伸展开，当中是伸缩灵活的皮肤。
喉部肌肉把蛋往里面推。

2 吞咽

一旦吞下去了，强有力的喉部肌肉就会把蛋推至咽喉处。此时，蛋还是完好无损的。

3 把蛋打破

蛋会顺着喉咙往里走，直到脊椎的某处，这时蛇就会拱起它的背，用脊椎骨把蛋敲碎，撞破蛋的膜。蛋被打破了，里面的营养物质就被挤压进入蛇的胃。

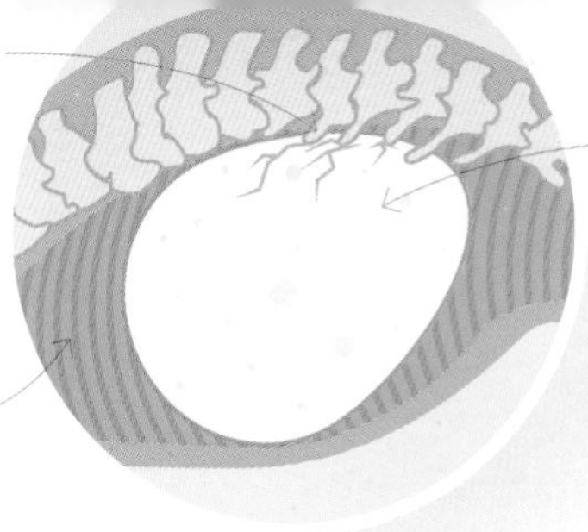

随着突出的脊椎骨来回移动着碰撞蛋，蛋壳就被敲碎了。

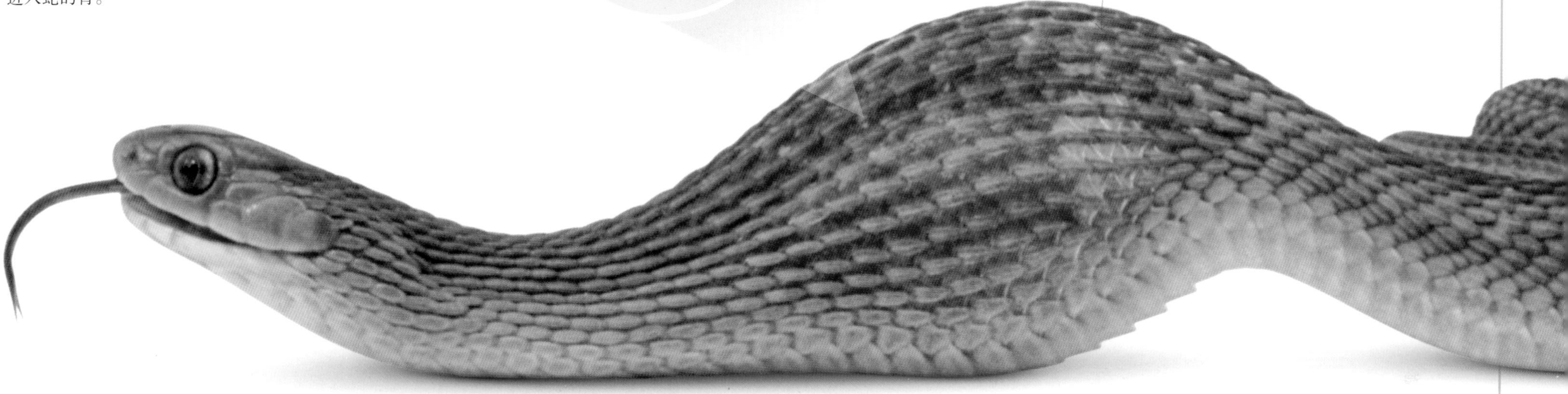

蛋壳破裂，蛋里面的营养物质被挤出来。

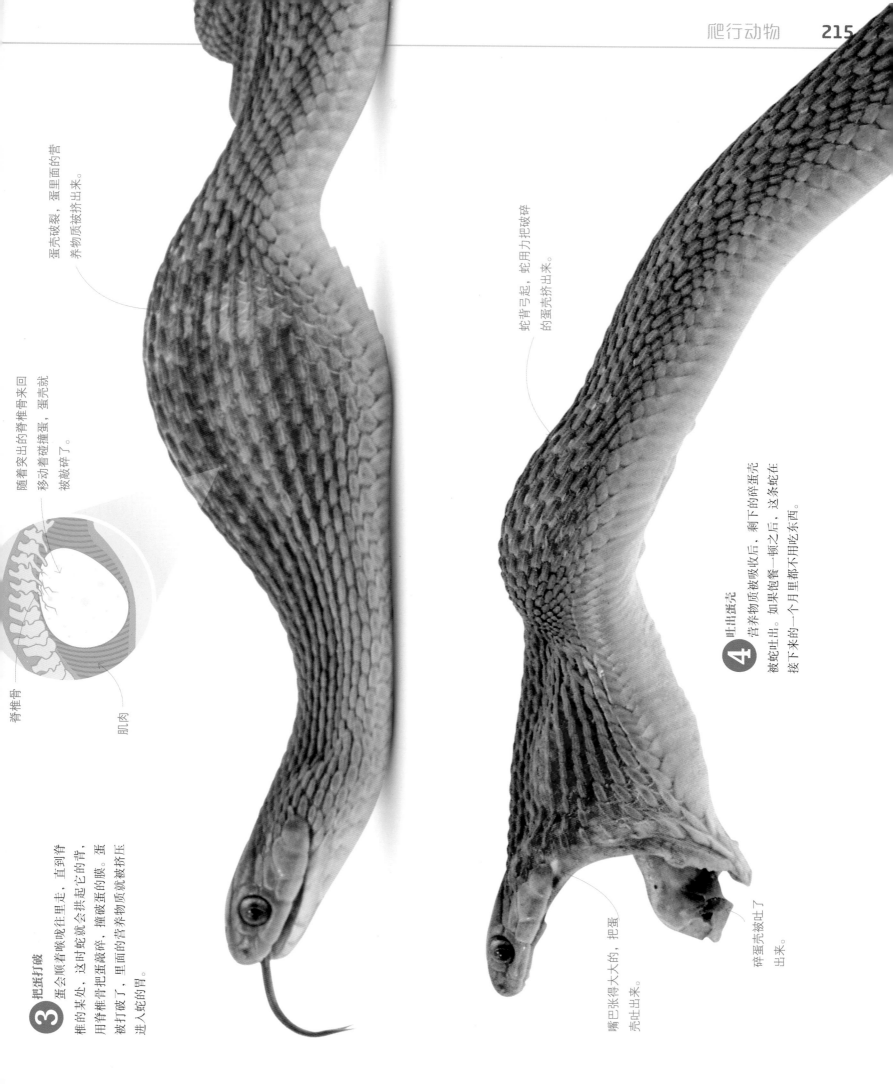

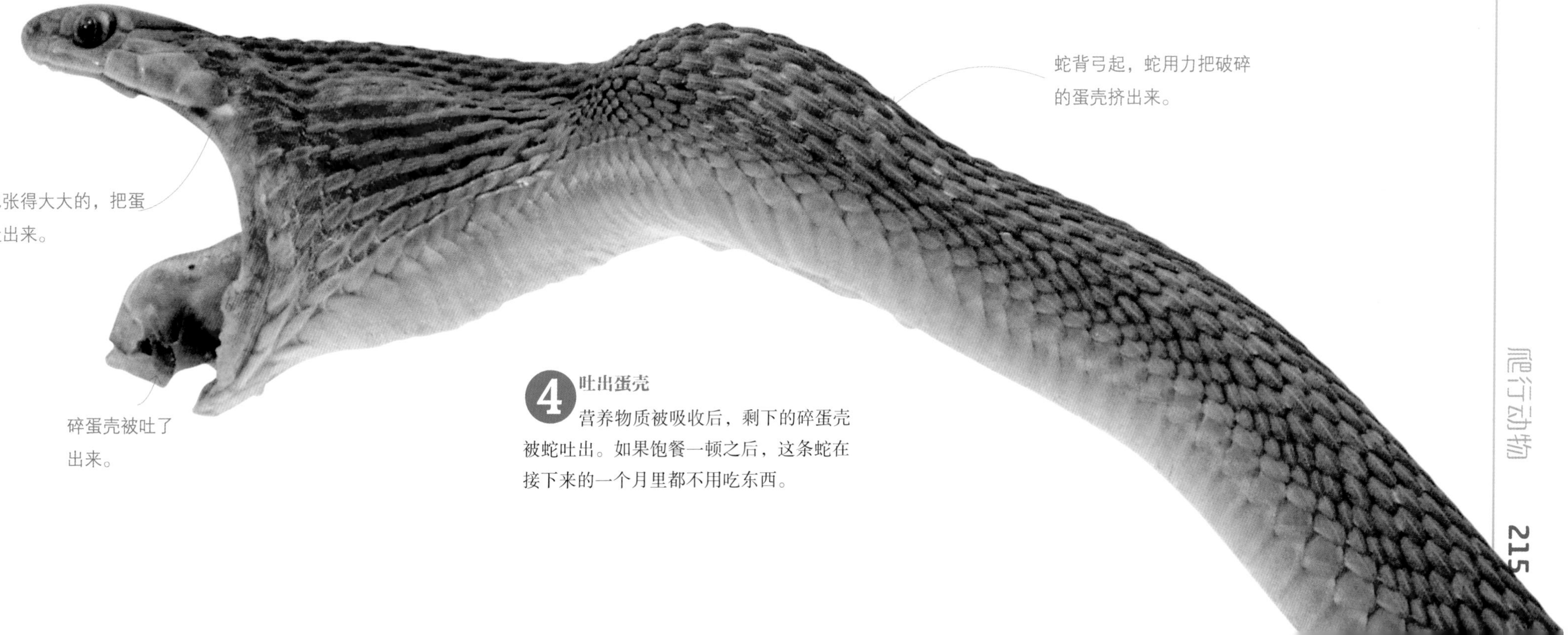

嘴巴张得大大的，把蛋壳吐出来。

碎蛋壳被吐了出来。

蛇背弓起，蛇用力把破碎的蛋壳挤出来。

4 吐出蛋壳

营养物质被吸收后，剩下的碎蛋壳被蛇吐出。如果饱餐一顿之后，这条蛇在接下来的一个月里都不用吃东西。

龟类的生活习性

陆龟、水龟和海龟都有它们自己的“装甲”：厚厚的龟壳包裹着身体，可以让它们把易受伤害的头部和四肢藏在里面。陆龟生活在陆地上，大多长着高高的、圆圆的壳，保护它们不被捕食者攻击。水龟和海龟生活在水里，所以它们的壳更光滑，呈流线型，这样游起来更方便。

亮丽的橙色和黑色组成的图案有助于吓跑捕食者。

随着年龄的增长，这块大大的、锯齿状的盾片会变得更加光滑。

印度棱背龟的侧面

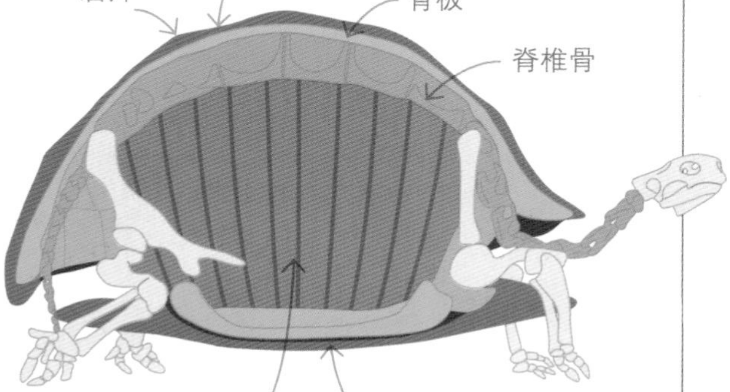

龟壳的构造

陆龟或海龟那厚厚的外壳，叫作盾片。每块盾片都是由一层坚硬的外壳包裹着皮肤下面的骨板组成的。半圆形的上部叫作背甲。平平的下部叫作胸甲，覆盖着腹部。

侧颈龟的颈部非常有力。遇到仰面朝天的时候，它能够用颈部抵住地，把身体正过来。

会缩头的龟

遇到危险情况，大多数种类的龟会把头部缩进壳里。侧颈龟亚目的龟能够把头部弯向一侧缩进龟壳里。隐颈龟亚目的龟把颈部直直地缩进龟壳里，这样头部就正对着前方。

在印度棱背龟宝宝身上有一条高高的红色中脊线。

在海底

很多水龟游泳的时候都会用脚划动，不过只有会在大洋中游动的大型海龟才长有脚蹼。生活在大洋里的海龟，它们一生中的绝大多数时间里都生活在水中，不过和其他龟类一样，它们也要产下外壳坚硬的卵，所以就必须爬上沙滩，把卵埋在陆地上。

◀远离伤害，确保安全

把头部和四肢稳妥地缩进去之后，这只印度棱背龟宝宝就很安全了。和很多其他种类的龟一样，随着年龄增长，它的龟壳也会改变形状，变成更加光滑的半圆形。印度棱背龟生活在南亚的河流中。

缩回去的头部被颈部上一层层的皮肤包裹着。

四肢紧紧地挨着头部，起到保护头部的作用。

在 1.5 亿年前，鸟类从**恐龙**演化而来，是现代**爬行动物**的近亲。所有的鸟类身上都覆盖着羽毛，绝大多数鸟类能够用翅膀飞行。这种飞行能力使鸟类得以分布在地球的各个角落，有些鸟类可以在每年飞行非常遥远的**距离**，为的是在更加温暖的气候环境中度过冬天。

鸟类

鸟类的生活习性

鸟类的羽毛是它们的特征之一。鸟类身体覆盖着的羽毛，同时还具有很多不同的功能，包括实现飞行、隔热和伪装。鲜艳的羽色可用于求偶炫耀，这能帮助它们找到配偶。鸟类还是除了蝙蝠之外，唯一拥有两翼的现生脊椎动物。鸟类的其他主要特征还有它们的喙、轻巧中空的骨头以及非常有力的胸肌。

当它试图吸引配偶时，头顶的羽毛可以竖起，形成羽冠。
鸟类有着大大的眼睛和非常优秀的色觉，适合发现捕食者或者食物。
这只主红雀有着短短的、圆锥形的喙，可以用来咬碎种子。
或许是为了减轻体重，方便飞行，鸟喙里没有牙齿。不过喙是由非常坚固的角质蛋白构成的，足以咬碎食物。
鸟类的身体呈流线型，这样才能飞行。
饱满的胸部有发达的胸肌。

呼吸

鸟类的肺连接着 9 个气囊，它们可以确保空气沿一定方向穿过肺部。这使得鸟类比其他动物更善于从空气中提取氧气，供给它们足够的能量用于飞行。

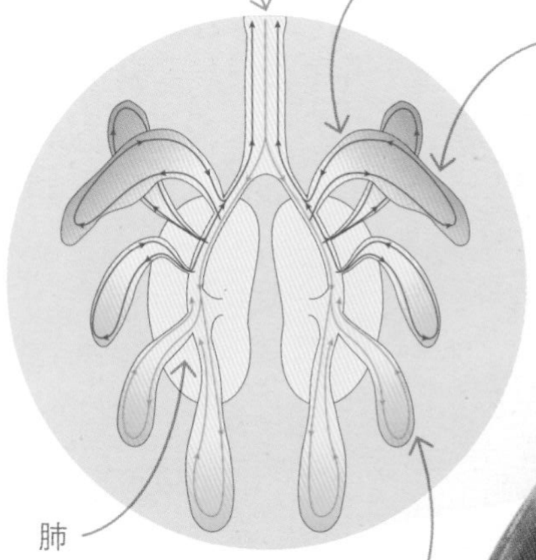

气管
包含着稀薄氧气的空气流入上气囊，然后从气管流出。
气囊
肺
富含氧气的空气从下气囊流过，再进入肺部。

配偶。很多鸟类的雄鸟羽毛都比雌鸟的更多彩。

流线型的羽毛使空气能够平滑地掠过翅膀。

长长的尾羽有助于鸟类在停栖时保持平衡，在飞行时调整方向。

鸟停栖时，下肢的肌腱使它们的脚趾自动握紧栖枝。这就意味着，即使是在睡着的时候，这只鸟也依然能够稳稳地待在树枝上面。

长着爪子的脚趾可以紧握住栖枝，停留在上面。

◀鸣禽

这只主红雀属于鸟类中最大的一支——雀形目。雀形目鸟类又被称为鸣禽，长着很长的、非常强壮的后趾，适合抓住树枝或者其他停栖物。雀形目种类繁多，约有5800种，占现生鸟类总数的一半以上。

鸟的种类

世界上有超过1万种鸟类。它们可以分为36个被称为“目”的主要类群，这些目又可以相应地划分为236个科。

不会飞的鸟

鸟类中有5个科是不会飞的，它们被叫作平胸鸟类，长着强壮的腿和脚，适合奔跑。

雁鸭类

鸭子、天鹅和雁脚趾间长有蹼，适合游泳。它们中的绝大多数都生有宽而扁的喙，有助于它们寻找食物。它们一生中的大部分时间都生活在水中或者水边。

猛禽

包括隼、雕、鹰、鹗和兀鹫等在内的捕食者或食腐者，长着钩状的喙和利爪，适合捕猎。它们的视觉非常敏锐，可以迅速发现猎物。

鸟类的骨架怎样构成

鸟类有着强健的流线型身体和高度特化的骨骼，以适应高效的飞行。它们的骨头是中空的，以便减轻重量，不过骨骼的内部构造可以确保结构的强度。它们的胸骨连接着强壮的胸肌，紧凑的身体结构使它们仅靠两条腿就能笔直地站立。

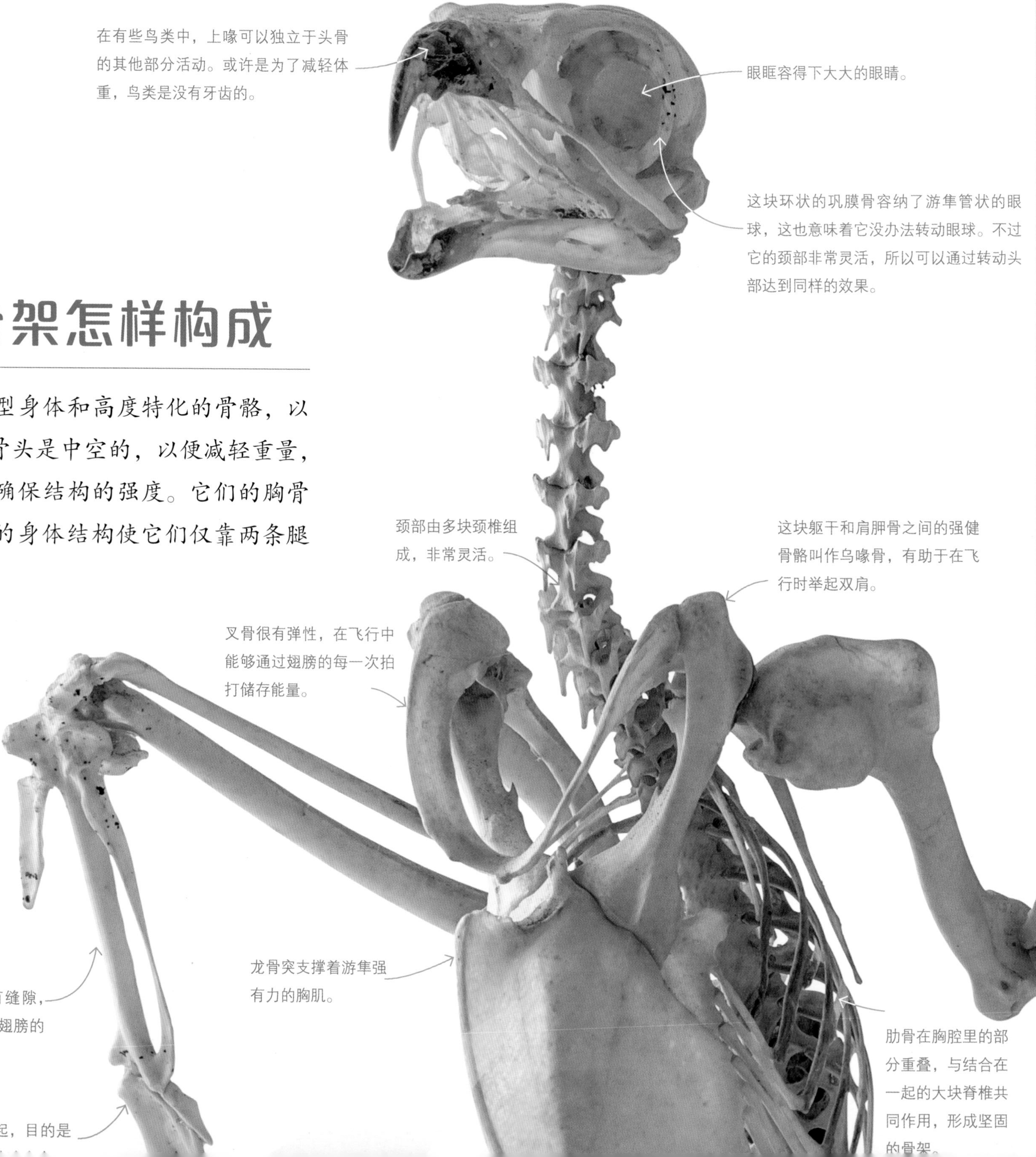

在有些鸟类中，上喙可以独立于头骨的其他部分活动。或许是为了减轻体重，鸟类是没有牙齿的。
眼眶容得下大大的眼睛。
这块环状的巩膜骨容纳了游隼管状的眼球，这也意味着它没办法转动眼球。不过它的颈部非常灵活，所以可以通过转动头部达到同样的效果。
颈部由多块颈椎组成，非常灵活。
这块躯干和肩胛骨之间的强健骨骼叫作乌喙骨，有助于在飞行时举起双肩。
叉骨很有弹性，在飞行中能够通过翅膀的每一次拍打储存能量。
龙骨突支撑着游隼强有力的胸肌。
在鸟的腕骨之间有缝隙，当中的肌肉可以使翅膀的末端弯曲。
肋骨在胸腔里的部分重叠，与结合在一起的大块脊椎共同作用，形成坚固的骨架。
指骨愈合在一起，目的是

▶游隼的骨架

这只游隼能够快速向猎物俯冲，靠冲击杀死猎物。为了承受这种撞击力，它演化出了坚固的流线型骨架。和其他善于飞行的鸟类一样，游隼也有着更发达的龙骨突，能够附着更大的胸肌，更有力地拍动翅膀。

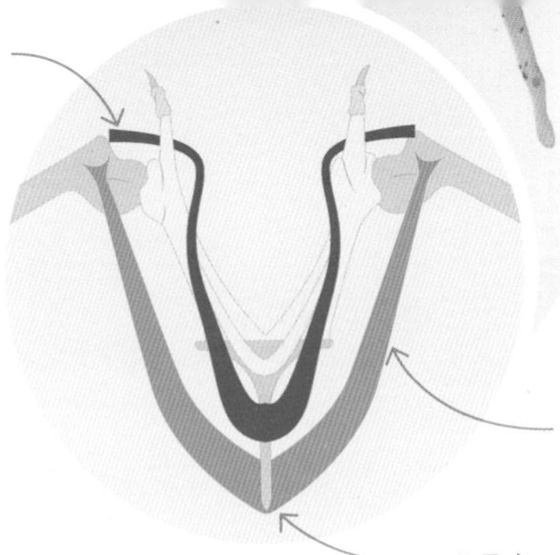

这块肌肉用来抬起翅膀。
这块肌肉用来下拉翅膀。
龙骨突

胸骨

鸟类的龙骨突由胸骨扩大延展而成，上面连接着大块的胸肌。有些不会飞的鸟类没有龙骨突。

颈骨

鸟类有着长长的、非常灵活的颈部，里面包含着比其他绝大多数动物都要多的颈椎。这使得它们能够用喙整理身上的羽毛，还能左右旋转头部观察周围的环境。

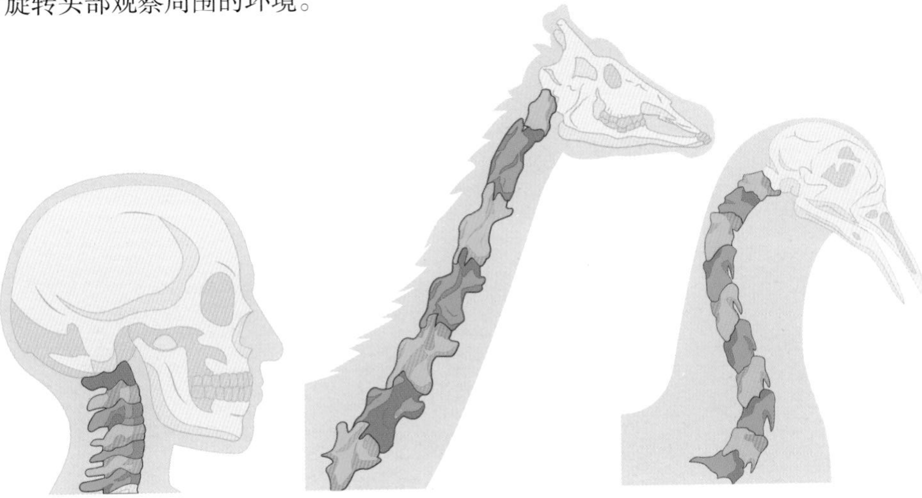

人类

和大多数哺乳动物一样，人类的颈部只有 7 块颈椎，所以灵活性就大打折扣了。

长颈鹿

即便是长颈鹿也只有 7 块颈椎，只不过每一块有差不多 25 厘米长。

鸟类

鸟类的颈椎有 10~25 块，因此它们的颈部十分灵活。

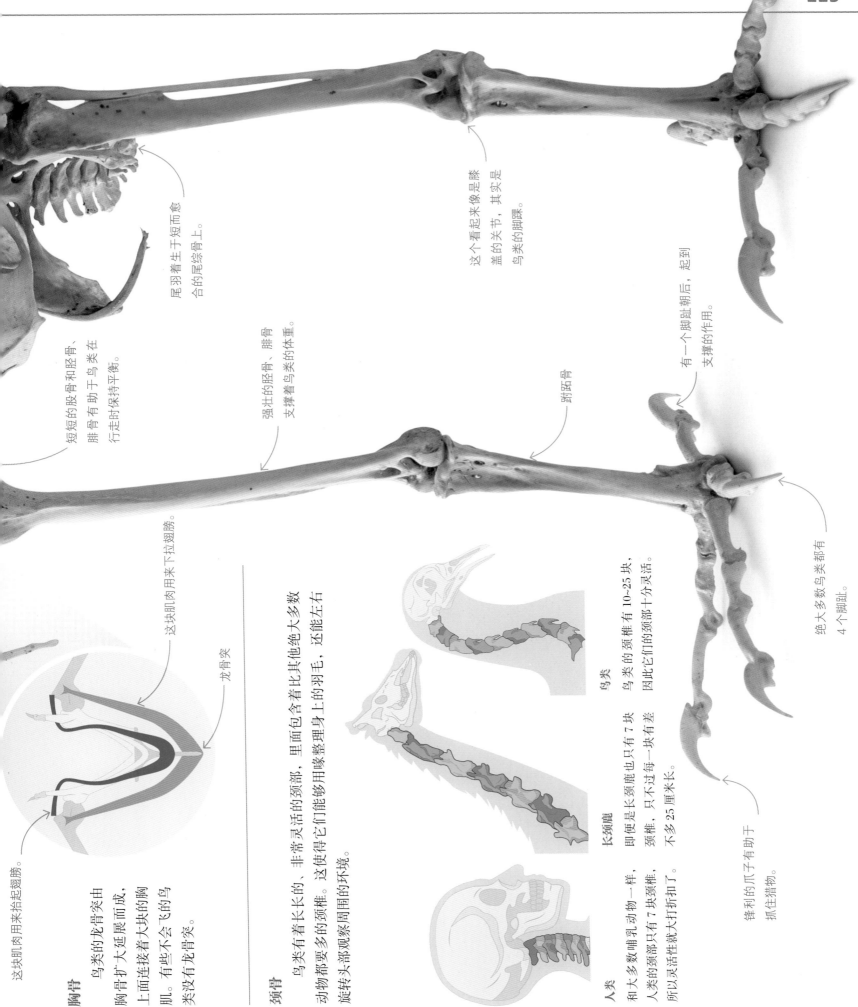

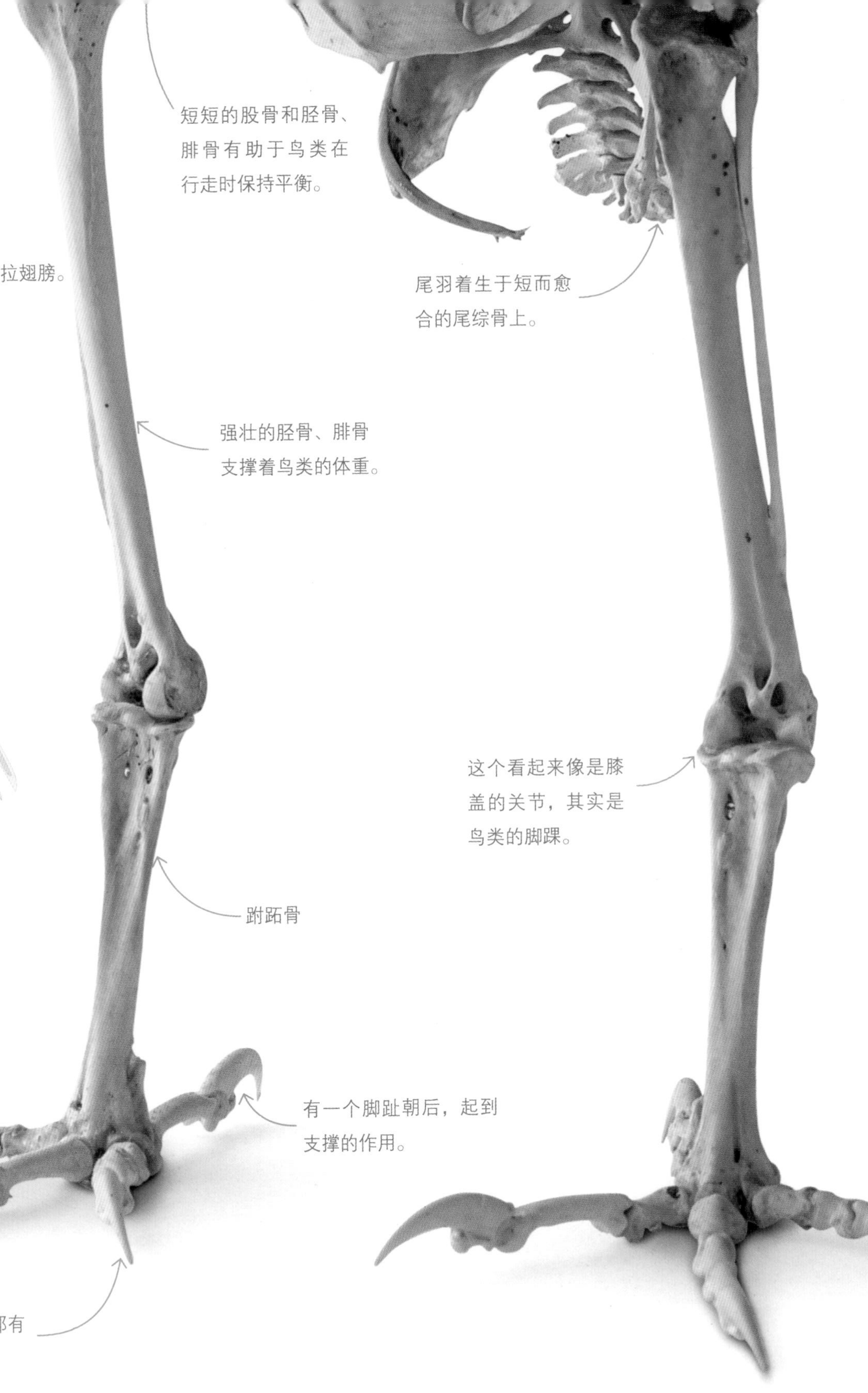

短短的股骨和胫骨、腓骨有助于鸟类在行走时保持平衡。
尾羽着生于短而愈合的尾综骨上。
强壮的胫骨、腓骨支撑着鸟类的体重。
这个看起来像是膝盖的关节，其实是鸟类的脚踝。
跗跖骨
有一个脚趾朝后，起到支撑的作用。
锋利的爪子有助于抓住猎物。
绝大多数鸟类都有 4 个脚趾。

鼻孔周围的一小块革质皮肤叫蜡膜。

喙上面覆盖着一层硬的角质鞘。

上下颌骨形成了喙。

雕的上喙顶端有锋利的钩突，可以撕开羽毛和毛皮，还能把肉撕裂。

食肉的鸟类

这只雕正要用它们像钩子一样锋利的喙把肉撕开。绝大多数猛禽用它们强有力的爪子捕杀猎物，不过也有一些猛禽，比如隼，则是用它们的喙发动致命一击。

雕

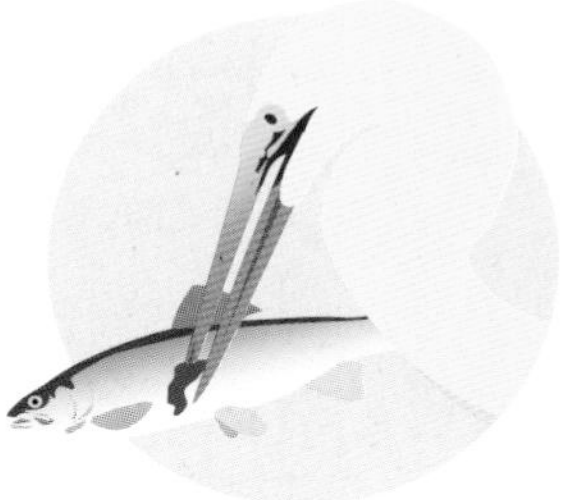

大白鹭

捕鱼的鸟类

鹭以及很多其他捕鱼的鸟类都长着长长的、像匕首一样的喙，用来捕捉猎物。它们很少刺穿食物，但它们的喙都有着锯齿一样的边缘，可以抓住表面光滑的鱼。

像匕首一样的喙可以把鱼刺穿，不过它们其实很少这样做。

这只大白鹭长长的颈部非常灵活，可以快速出击。

鸟喙的种类

比起身体的其他部分，鸟喙可以最清楚地显示出的食物类型。经过数百万年的演化，产生了一系列同形状和大小的鸟喙。食肉鸟类的喙非常锋利，可当作捕猎和抓鱼的武器；以植物为食的鸟类或是长能啄取果实的喙，或是长着强健的喙，可以咬碎坚和种子。

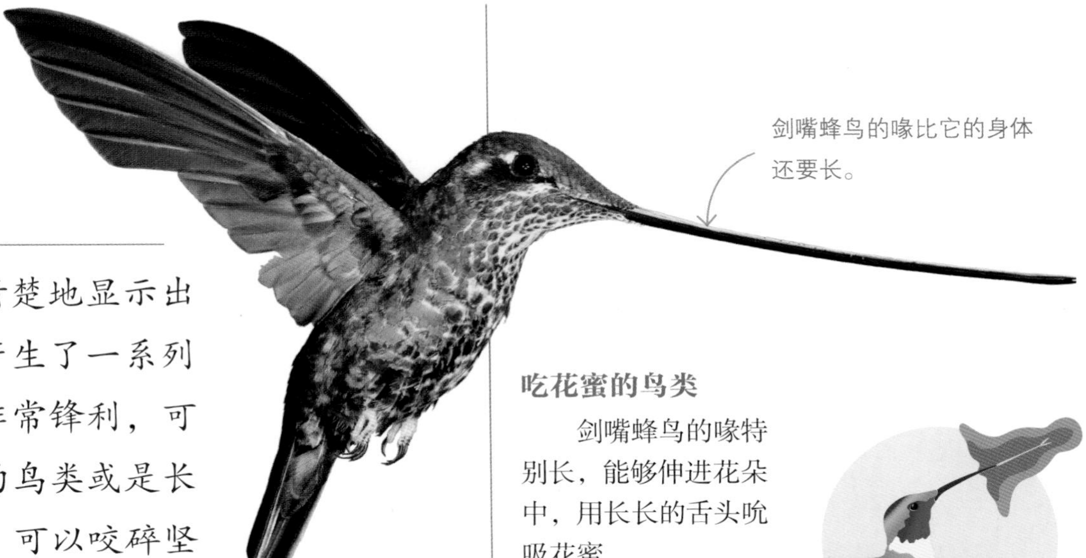

剑嘴蜂鸟的喙比它的身体还要长。

吃花蜜的鸟类

剑嘴蜂鸟的喙特别长，能够伸进花朵中，用长长的舌头吮吸花蜜。

剑嘴蜂鸟

食的鸟类

红鹳的喙形状很独特，边缘布满像扫帚一样的凸起结构。红鹳捕食时低下头部，喙微微张开，底部朝上伸水里，然后用舌头挤水，这种结构就能滤微小的食物。

小红鹳

黑冠鹦哥

吃水果和坚果的鸟类

鹦鹉的喙上下两部分都非常灵活。所以鹦鹉能够拨弄食物，咬住并咬开水果和坚果。它们的喙还可以当作“第三条腿”，用于攀爬。

吃种子的鸟类

像雀类这样的鸟，都长着短短的、圆锥形的喙，能够咬开种子。根据所吃的种子类型的不同，鸟喙的种类也有很多种变化。种子会嵌进上喙的一个特殊的凹槽里，方便鸟儿把它弄碎。

七彩文鸟

这种厚厚的、坚固的喙可以咬开坚硬的种子外壳。

小红鹳的喙呈曲线形，有助于它摄取食物。

锋利的上喙端是咬住水果的理想工具。

拍打翅膀

鸟类拍打翅膀是为了产生飞行所必需的两种力：推力和升力。通过拍打翅膀，鸟类推动着自己的身体向前，产生推力，能够抵消重力和阻力。在升空后，气流通过鸟伸展两翼前缘的曲面就会产生升力。

1 下行冲程 在下行冲程中，这只雕压低翅膀，翅膀下面的空气压力推动着它向前和向上。

2 上行冲程 在上行冲程中，这只雕抬高翅膀。它会收回一部分翅膀，这样可以节省能量，减少把它往下压的阻力。

▼翱翔

为了节省能量，同时获得高度以发现猎物，像金雕一样的猛禽喜欢翱翔和滑翔胜过振翅飞行。金雕的翅膀展开后可以达到约 2.3 米，非常适合交替翱翔与滑翔的飞行方式。

初级飞羽的外端伸展开，适合缓慢滑翔。
在慢速飞行中，小翼羽张开，以防止失速。
尾羽展开会产生升力，使鸟类可以在空中翱翔。

鸟类怎样飞行

鸟类是出色的飞行家，它们长着大块的胸肌，重量至少占它们身体重量的四分之一。它们的羽毛覆盖着流线型的身体，可以在飞行中改变翅膀和尾羽的位置与形状，精确控制飞行。它们的骨架非常轻，不会妨碍飞行，却又足够强壮，能够承受飞行的冲击力。

张开翅膀

腿向后伸。

3 抬高翅膀

一旦完全升空，这只雕就会张开翅膀，备下一次的下行冲程或者翱翔。

4 准备着陆

这只雕上举两翼，呈一个浅浅的 V 字形，开始缓慢滑翔，同时伸出双腿，准备着陆。

翅膀上羽毛的间隙
减少了空气阻力。
这些羽毛紧紧地排在一起，
引导气流通过翼面。
些羽毛叫覆羽，它们能
形成一个平滑的表面，
空气从上面流过。
这些羽毛叫边缘覆羽，
保护着雕的前肢骨骼。
喙的重量很轻，
没有牙齿。
流线型身体有助于
飞行。
飞行要靠强壮的胸
肌来推动。
当雕俯冲向猎物时，强有力的爪子
可以一击杀死猎物。
翅膀的角度使上面的空
气流动得更快，这样作
用于翅膀的向下的压力
就减轻了。
鸟类翅膀的横截面
翅膀下面的压力更大，
由此产生升力。
翅膀下面的空气流动更
慢，作用于翅膀的向上
的压力就会变大。

翅膀上下的空气

当一只雕在滑翔时，翅膀的角度和形状会改变空气的流向。翅膀上面的气流速度更快，压力更小；而翅膀下面的气流速度更慢，压力也更大。这种压力的不平衡产生一种向上的力，叫升力。

翅膀怎样发挥作用

鸟类的翅膀轻巧、强壮而且非常灵活，使鸟类能够比其他任何动物都飞得更快、更远。翅膀前端的边缘部分比后半部要厚实，上面的羽毛收窄到一个点上，形成流线型的表面，有利于空气从上面流过。鸟两翼的形状专为飞行而优化。翅膀靠轻巧的、中空的骨头和身体连接起来，由强壮的胸肌来控制。

小翼羽就像飞机的襟翼，当鸟类低速飞行时用来控制升力。
覆羽覆盖在其他羽毛上，使得翅膀呈流线型。
次级飞羽有助于鸟类在空中飞行时产生升力。
三级飞羽覆盖在身体和翅膀之间的部位。

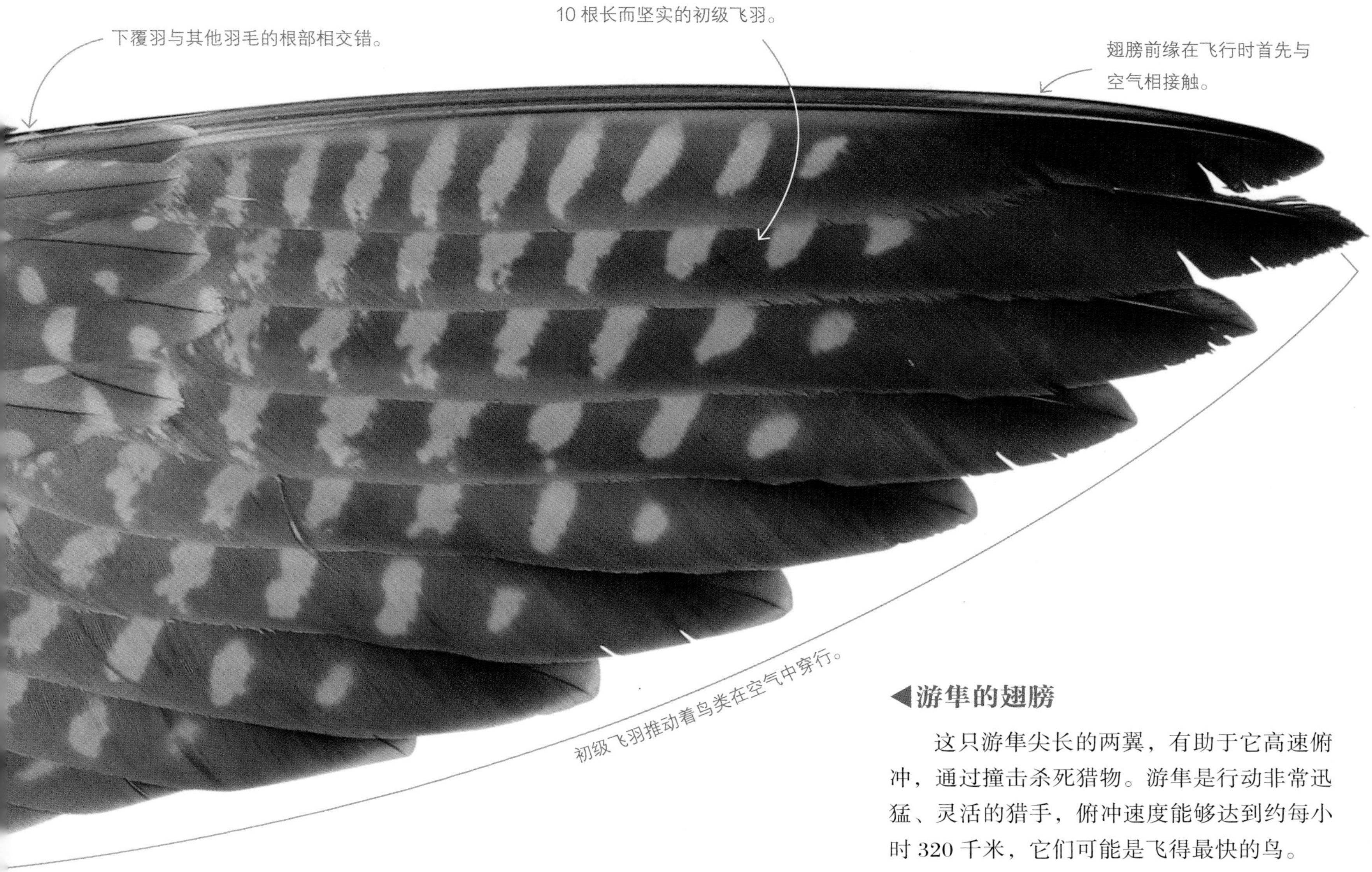

下覆羽与其他羽毛的根部相交错。
10 根长而坚实的初级飞羽。
翅膀前缘在飞行时首先与空气相接触。
初级飞羽推动着鸟类在空气中穿行。

◀游隼的翅膀

这只游隼尖长的两翼，有助于它高速俯冲，通过撞击杀死猎物。游隼是行动非常迅猛、灵活的猎手，俯冲速度能够达到约每小时 320 千米，它们可能是飞得最快的鸟。

翅膀的形状

虽然鸟类的翅膀构造基本上是相同的，但不同鸟类的翅膀还是演化出各种不同的形状和大小，使它们能够在空中振翅、滑翔、盘旋和俯冲。鸟类的翅膀的形状和它们的飞行方式直接相关。比如有些鸟类的翅膀很短，适合在复杂环境飞行；有些翅膀很长，适合长时间翱翔。

适合快速飞行的翅膀

飞行速度快的鸟类都长着细长且翼端尖突的翅膀。这种翅膀能够以很快的速度拍打，在很短的时间里实现高速飞行。

滑翔

多数善于滑翔的鸟都有着极长的两翼。它们以这样的翅膀御风而行，而不再需要持续的振翅。

灵活飞行

很多生活在森林中的鸟类长着短圆的翅膀，可以在狭小的空间进行灵活飞行，以便迅速起飞，逃避天敌。

翱翔

很多猛禽长着长而宽的翅膀，使它们能够在上升的气流中翱翔。翅尖长短不一的翼指有助于控制飞行。

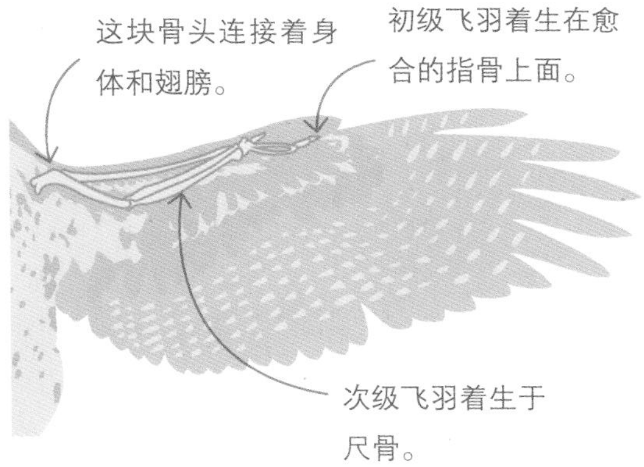

这块骨头连接着身体和翅膀。
初级飞羽着生在愈合的指骨上面。
次级飞羽着生于尺骨。

前肢骨

除了肩关节之外，鸟类的翅膀有两个主要的关节，类似于人的肘和手腕。这些关节使翅膀可以打开、收拢或者旋转，这正是飞行最核心的要素。

羽毛怎样发挥作用

鸟类的羽毛非常牢固，同时很轻、很柔韧，只占鸟类体重的 5%~10%。它们从皮肤中长出来，由角质构成，就像人类的指甲和头发一样。每根羽毛都长在一个叫作滤泡的小凹陷里，被管状的羽鞘包裹着。羽毛完全长成后会伸展开，羽鞘也会脱落。

雉鸡的羽毛

和其他绝大多数鸟类一样，雉鸡的羽毛也分为各种不同的种类。除了喙、腿和部分脸部之外，正羽覆盖着身体的其他所有部分。正羽下面的绒羽为它们提供了隔热层。

流线型的表面

羽毛中间的羽轴斜生出许多并行的羽枝，所有的羽枝又分出很多更小的羽小枝。有的羽小枝还长着钩状的羽小钩，和近侧的羽小枝牢牢地连在一起，形成光滑的表面，适合飞行。

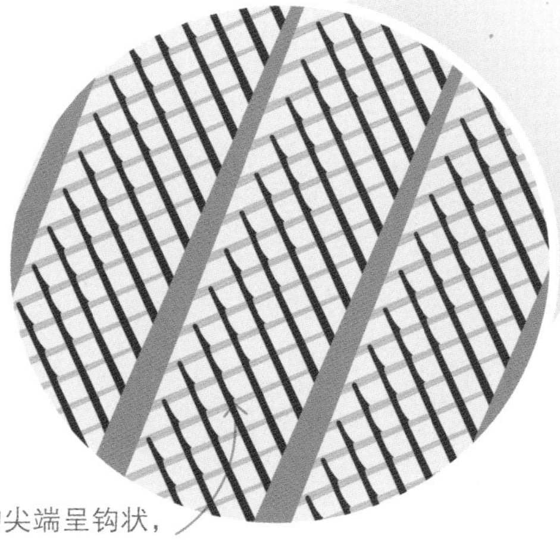

羽小钩尖端呈钩状，把羽小枝紧紧地连接在一起。

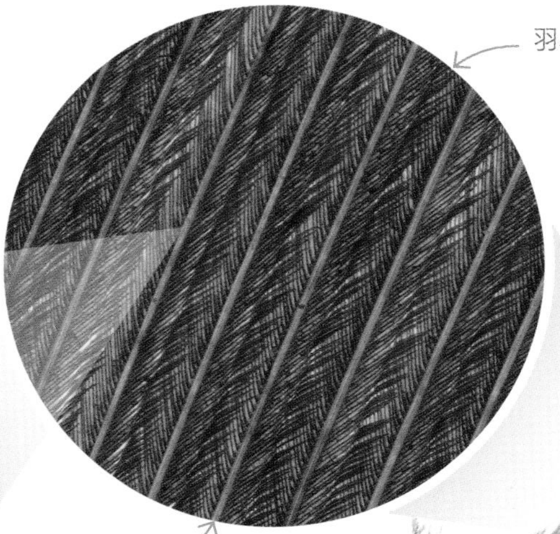

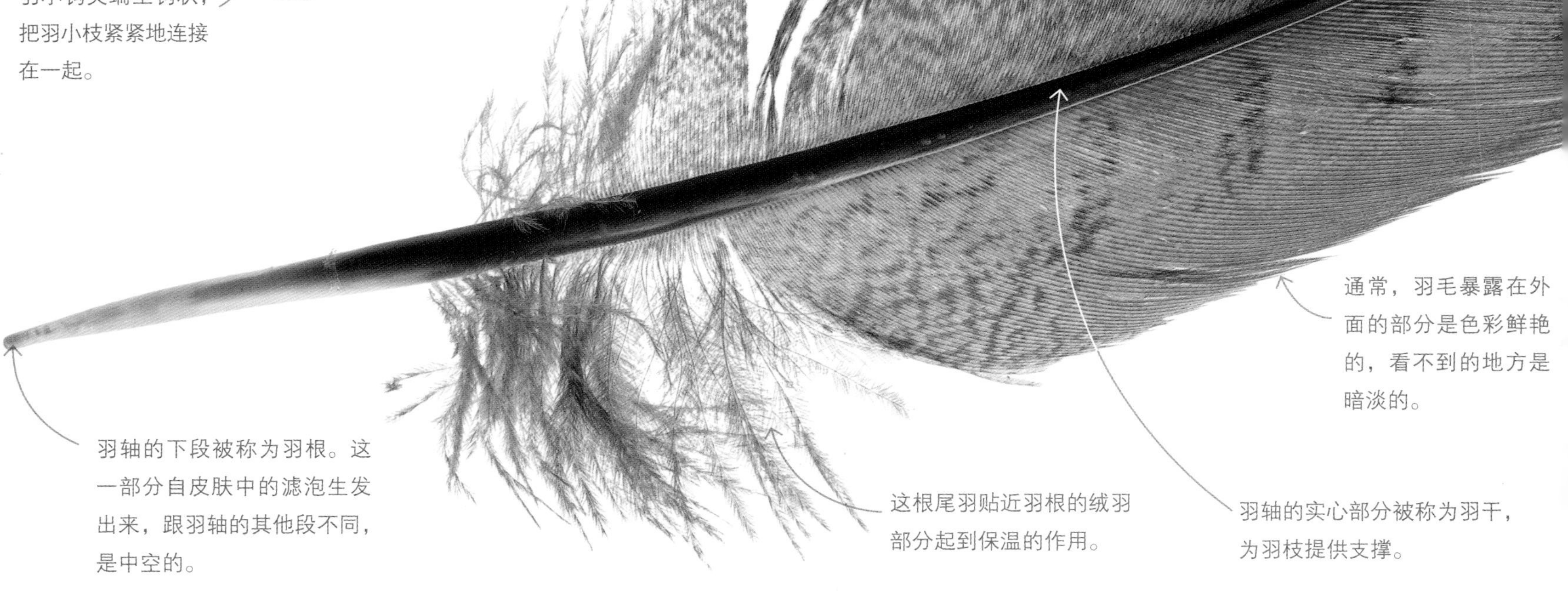

羽轴的下段被称为羽根。这一部分自皮肤中的滤泡生发出来，跟羽轴的其他段不同，是中空的。

这根尾羽贴近羽根的绒羽部分起到保温的作用。

羽轴的实心部分被称为羽干，为羽枝提供支撑。

通常，羽毛暴露在外面的部分是色彩鲜艳的，看不到的地方是暗淡的。

解剖一根羽毛

中央尾羽通常是鸟类最长的羽毛。跟其他的尾一样，这枚雉类的尾羽有着符合空气动力学的曲。同时，还有着由平行的羽枝和互相勾连的羽小组成的光滑流线型表面。这种表面可以让羽在飞行过程中起到保持平衡和制方向的作用。

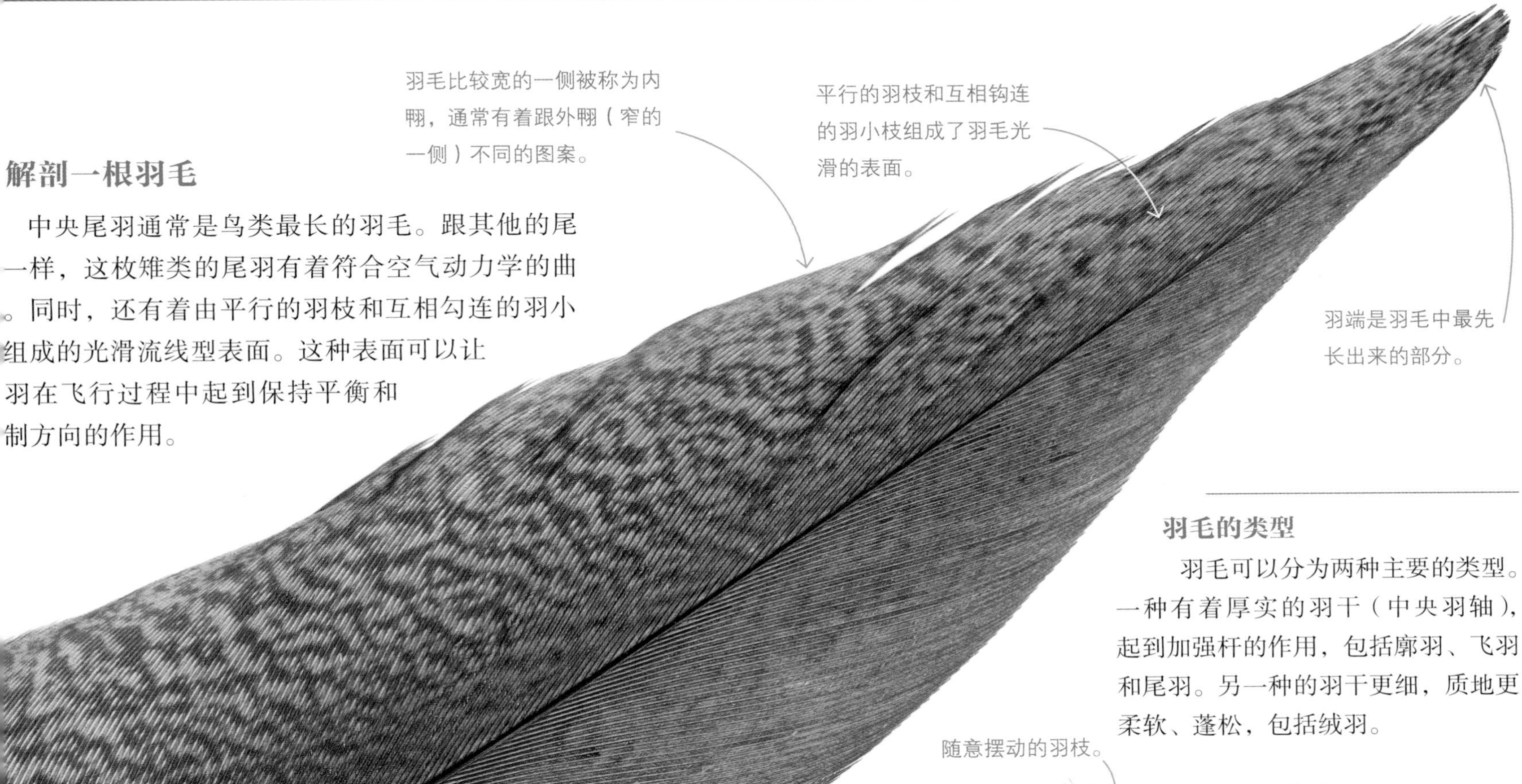
羽毛比较宽的一侧被称为内翈，通常有着跟外翈（窄的一侧）不同的图案。
平行的羽枝和互相钩连的羽小枝组成了羽毛光滑的表面。
羽端是羽毛中最先长出来的部分。
羽毛较窄的一侧叫作外翈。

羽毛的类型

羽毛可以分为两种主要的类型。一种有着厚实的羽干（中央羽轴），起到加强杆的作用，包括廓羽、飞羽和尾羽。另一种的羽干更细，质地更柔软、蓬松，包括绒羽。

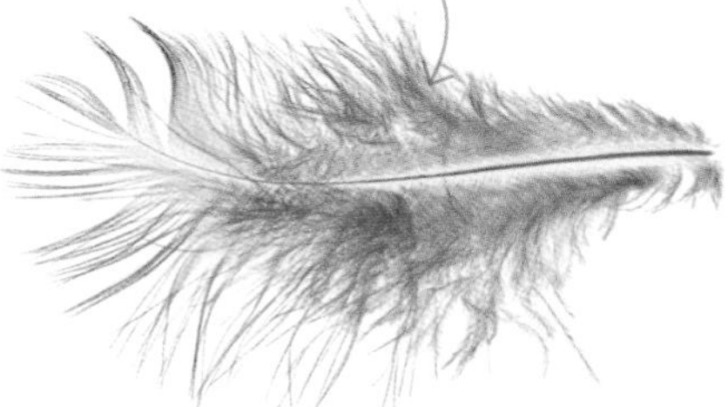
随意摆动的羽枝。

绒羽

绒羽没有交错的羽小枝，所以它们的羽枝可以随意地摇摆。绒羽可以兜住空气，使鸟类的身体保持暖和。

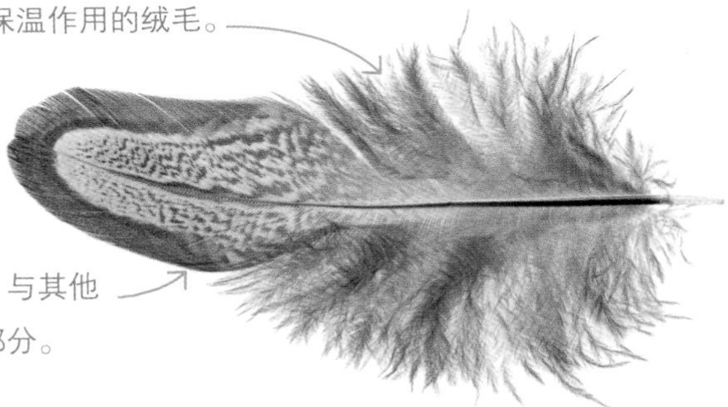
起到保温作用的绒毛。
廓羽暴露在外，与其他廓羽相交错的部分。

廓羽

廓羽紧紧贴着鸟类的身体轮廓。它们密集地靠在一起，就像屋顶上的瓦片一样彼此交错，形成流线型。

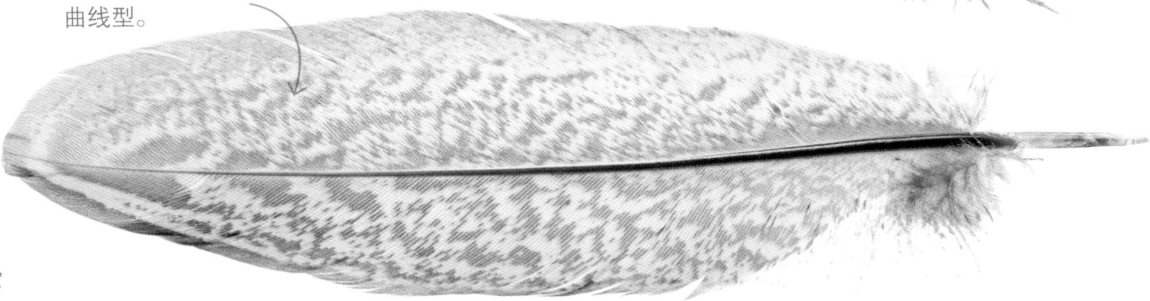
次级飞羽使得翅膀呈曲线型。

次级飞羽

飞羽比其他羽毛更长、更硬。次级飞羽连接着鸟类的上臂骨，使鸟类能够在空中停留。

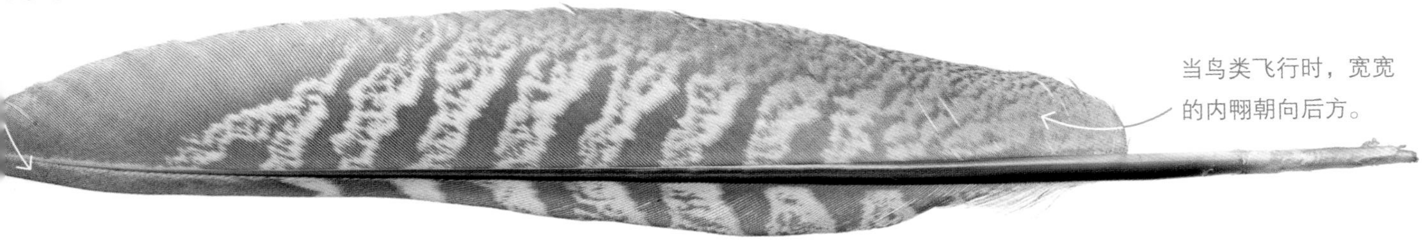
初级飞羽狭窄的外翈使它能够划开空气。
当鸟类飞行时，宽宽的内翈朝向后方。

初级飞羽

翅膀的最外面一层，被认为是鸟类的“手”，其实它是由 9~12 根初级飞羽组成的，它们起到推动鸟类飞行的作用。

蜂鸟怎样悬停

蜂鸟的生活比其他鸟类都要火热。它们精于飞行，能够盘旋，甚至倒着飞行，它们拍打翅膀速度极快，肉眼难以看清。蜂鸟的心跳速度比我们人类的快 10 倍以上，这有利于维持身体巨大的运动量，它们的食物几乎完全由能量丰富的花蜜构成。

蜂鸟是怎么悬停的

强壮的肌肉、能快速拍打的翅膀、灵活的关节，这些是蜂鸟拥有高超飞行技术的关键。其他的鸟类主要依靠下行冲程保持自己在空中飞行，而蜂鸟则不同，它还有强有力的上行冲程。

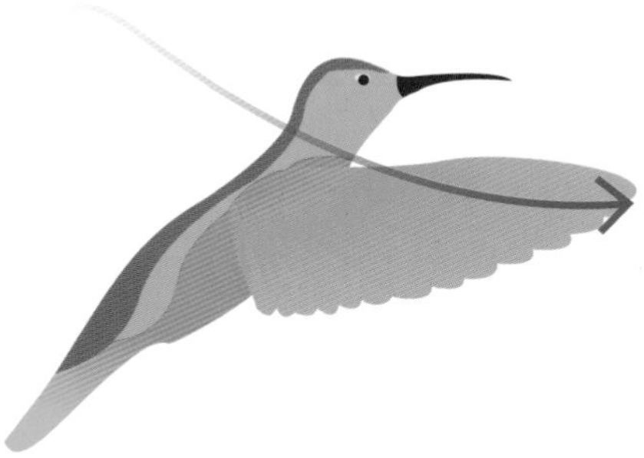

1 下行冲程

下行冲程提供提升力，使鸟类能够保持在空中，而冲刺则使之能够向前飞。在这个过程中，翅膀要迅速地向前、向下拍动。

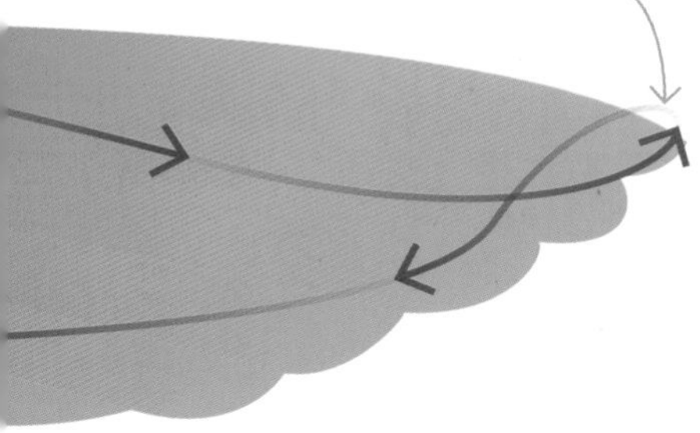
翅膀前后转动

2 8 字形

当下行冲程结束以后，翅膀要改变方向时，灵活的肩关节使翅膀能够划出流畅的 8 字形，最大程度减少能量消耗。

3 上行冲程

当翅膀向后拍打时，上行冲程提供了和下行冲程一样的冲刺力。这些力相互抵消，使蜂鸟能够在空中悬停。

蜂鸟的两翼能在水平方向上前后移动，使它可以在空中悬停。
蜂鸟振翅的速度太快，人眼根本看不清它们的动作。
蜂鸟振翅会产生一种低沉的嗡鸣声，这也是它们名字的由来。
羽毛上有一层金属光泽，当蜂鸟在飞行时，看起来像是会变色。

不会疲倦的翅膀

正常情况下，蜂鸟的翅膀每秒钟拍打 80 次，但处于求偶飞行的激动状态之中时，棕煌蜂鸟每秒钟能够拍打翅膀超过 200 次。它们的翅膀虽然很小，却非常强壮，有些蜂鸟的飞行速度可以达到每小时 100 千米。

▼ “加油站”

花蜜中的糖分为蜂鸟提供了能量。当蜂鸟用长长的、轻轻弹动的舌头舔食着甘甜的液体时，它需要让身体悬停在花朵前面。和其他种类的蜂鸟一样，这只栗胸冕蜂鸟 90% 的食物来源是花蜜，其余食物还包括小昆虫，后者可以为它的生长发育提供蛋白质。

高度灵活的肩关节使得蜂鸟的翅膀可以绕肩前后转动达 180°。
当它在悬停和进食时，头部可以保持静止不动的状态。
蜂鸟的喙有的长，有的短，可以从不同类型的花朵中吮吸花蜜。
大块的胸肌占蜂鸟身体总重量的 30%，有利于蜂鸟有力地振翅。
细小而轻巧的脚只在停栖的时候才使用。
这种彩虹鸟蕉花的花粉粘在了蜂鸟身上，它们通过蜂鸟授粉。
尾羽垂直地悬挂着，有助于蜂鸟在飞行中保持身体平衡。

生命在于运动

在澳大利亚，密密麻麻的野生虎皮鹦鹉从天而降。这些靠吃种子为生的小个头鹦鹉常常要飞行很长一段距离，寻找食物和水。到了繁殖季，它们的数量会飞快地增长，聚集成包含数万只鹦鹉的巨大鸟群。在如此庞大的鸟群中飞行有很多好处——它们可以节省体力，也有更多的机会发现捕食者，甚至吓跑它们。

鸟类怎样迁徙

鸟类的迁徙是指它们随着季节的改变，从一个地方飞到另一个地方。它们会在一个地方繁殖，然后到别的地方去过冬，这是为了找到食物，躲避寒冷的冬天。随着白昼缩短和气温下降，鸟类就意识到迁徙的时间来临了。迁徙要消耗很多能量，所以在动身之前和旅途之中，它们会吃很多食物。许多鸟类为了安全会集成大群迁徙，或是排成人字队形以节省体力。

找到路线

迁徙的鸟类能够感知到目前处于一天中的大致时间段。把时间和天上太阳光线的角度做个对比，它们就能辨别东南西北。其他有助于定向的还有星星，以及山脉、海岸这样的地标，此外还有气味、地球磁场。鸟类也许能用眼睛来感知磁场。

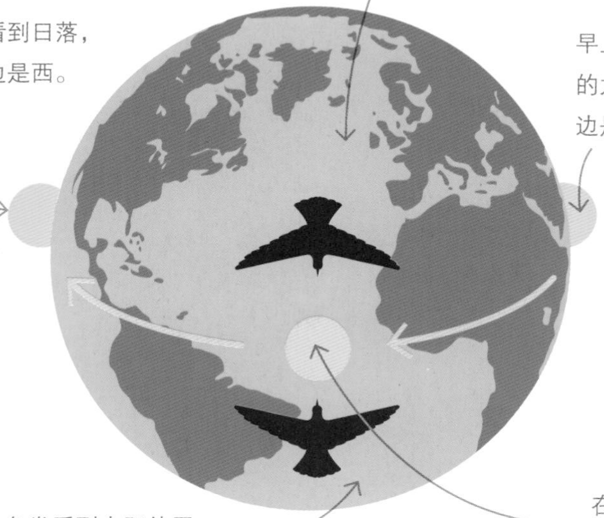

北半球的鸟类看到太阳处于最高点，就知道哪边是南。

傍晚鸟类看到日落，就知道哪边是西。

早上鸟类看到升起的太阳，就知道哪边是东。

南半球的鸟类看到太阳处于最高点，就知道哪边是北。

在一天的正午，太阳处于最高点。

宽大的翅膀使大天鹅可以在风中滑翔。

这只年幼的大天鹅已经足够强壮，可以开始它的第一次迁徙。

高效率的飞行

大天鹅在斯堪的纳维亚和西伯利亚繁殖，南迁至英国和日本国越冬。和很多鸟类一样，它们也成群结队地迁徙。在出发之，它们要吃很多东西，积累脂肪，为长途旅行储备能量。一旦到空中，它们能够保持每小时 75 千米的平稳速度。在一天中，们能飞行超过 300 千米，但在整个旅程中会停下来休息补充体。为了躲避恶劣的天气，它们还会改变迁飞的路线。

储存的脂肪为巨大的胸肌提供了能量，使大天鹅可以不间断地飞行几小时。
翅膀末端长长的、灵活的飞羽有助于减少阻力，使飞行更加有效率。
流线型的身体减少了空气阻力，使飞行更加容易。

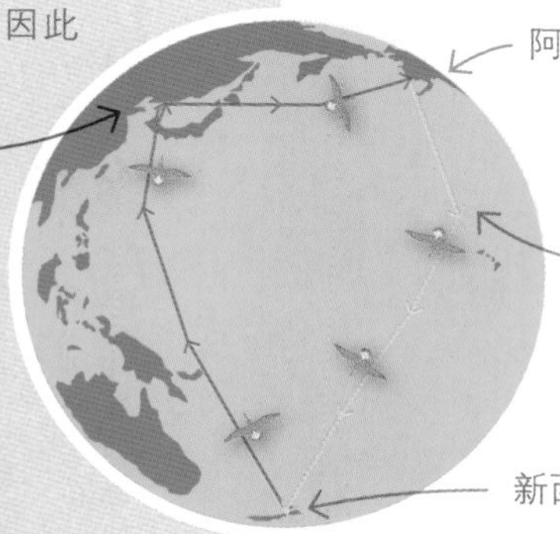

斑尾塍鹬在返回繁殖地的途中在中国境内停留休整，因此当抵达阿拉斯加时，它们状态良好，准备繁殖了。
阿拉斯加
不间断地飞越太平洋。
新西兰

漫长的旅行

斑尾塍鹬会在 8 天内从阿拉斯加迁徙到新西兰，其间它们快速飞行，一刻不停，这是鸟类的迁徙纪录。动身之前，它们身体中与迁徙无关的器官会萎缩，将空间留给积蓄起来的脂肪和肌肉。

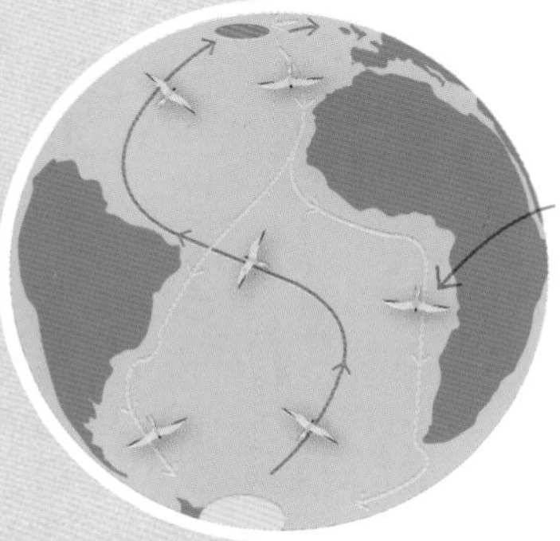

北极燕鸥沿着非洲或南美洲的海岸向南飞。

从极地到极地

北极燕鸥在北极繁殖，它们会迁徙到南极，从 10 月待到次年 3 月，以躲避北极寒冷的冬天。它们往返迁徙的路程约有 10 万千米。这就意味着，有些北极燕鸥一生的飞行距离足够往返地球与月球之间 3 次。

人字形

迁徙中的雁群以人字形的队形飞行，每只雁轮流做头雁。除了头雁，其他雁飞行在前面的大雁产生的气流当中，节省了体力。

头雁控制着雁群的飞行速度。
跟随在后面的雁可以节省体力。

其他鸟类如何求偶

有些鸟类的雄鸟会集群进行求偶炫耀，这样雌鸟就可以比较和挑选。这些雄鸟会和很多雌鸟交配，但不承担喂养雏鸟的责任。不过也有很多雄鸟会与雌鸟组成更加稳定的伴侣关系，甚至承担起喂养雏鸟的责任。

大天堂鸟

这两只雄性大天堂鸟弓着脑袋，向上翘起漂亮的尾羽，它们的求偶炫耀中结合了艳丽的羽色和空中表演，供同在雨林树冠层的雌鸟考察。

丹顶鹤

丹顶鹤的求偶仪式包括了雌雄双方。它们会优雅地跳跃起舞，表演响亮的二重唱，配对繁殖，建立持续终生的伴侣关系。

缎蓝园丁鸟

雄性的缎蓝园丁鸟会用树枝搭建一个求偶场所，然后用如花朵等蓝色物品作为装饰。羽色偏绿的雌鸟会比较雄鸟们的作品，从中选出最为中意的“建筑师”。

鸟类怎样求偶

在争夺配偶的竞争中，有些雄鸟会用唱歌、跳舞或者展示绚丽的羽色的方式吸引雌鸟的注意，这种行为叫作求偶。因为雌鸟倾向于选择有着最大、最亮丽羽毛的异性，所以很多雄鸟演化出了炫目的羽饰和夸张的求偶仪式。

孔雀的尾屏是从背部，即尾羽的上方长出来的。

雄性蓝孔雀

▶炫目的色彩

雄孔雀扇动着它那五颜六色的羽毛吸引雌孔雀。人们认为，那些看起来像眼睛的蓝色和金色斑点提高了它成功的概率——不过它必须用恰当的角度进行展示。相比之下，雌孔雀就要暗淡很多，不过它身上不起眼的羽毛有助于它独自抚养小孔雀，躲避捕食者。

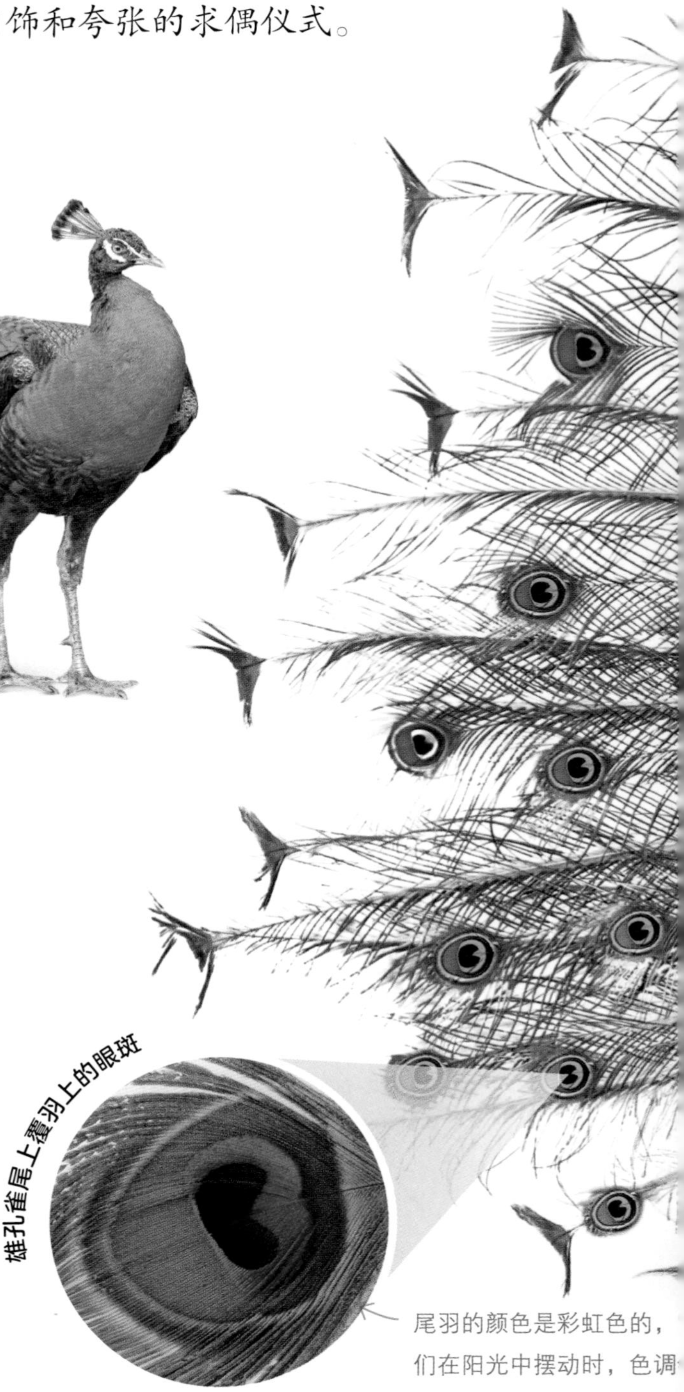
雄孔雀尾上覆羽上的眼斑
尾羽的颜色是彩虹色的，们在阳光中摆动时，色调发生变化。

尾部的 100 ~ 150 枚尾上覆羽都可能长到 2 米长。
尾屏的长度会随着雄孔雀年龄的增长而变长。
雌性蓝孔雀
雌雄蓝孔雀都有羽冠。
为了开屏，每根羽毛根部的肌肉都会收紧。
雄孔雀长到 3 岁时，尾上覆羽会长出眼斑。

鸟类怎样筑巢

鸟巢为鸟类孵卵和抚育雏鸟提供了一个安全的场所，鸟巢可以为卵和雏鸟保温，也能帮助它们躲避天敌。绝大多数鸟类在繁殖季开始时筑巢，等到雏鸟长大了就会弃之不用。不过，很多鹳、鹭和猛禽则会年复一年地使用同一个巢。有些鸟巢结构非常复杂，有些非常简单，只不过是悬崖上的一个突出部分、树上的一个洞或是地上的一个浅凹而已。

▼垂挂

在织雀科当中，很多织雀都会建筑精巧的鸟巢，垂挂在树枝上，就像这只黑额织雀。鸟巢的主要结构由雄鸟单独完成，雌鸟会加进羽毛，使得鸟巢更保温。为了增加安全感，织雀通常会集群繁殖，并且将巢筑在河流或水坑上方的枝条上面。以此来阻止捕食者靠近。如果一只织雀独自筑巢，它可能将巢筑在胡蜂巢附近或是雕巢的下面，以此获得额外的保护。

鸟巢垂挂在一根纤细下垂的树枝上，使捕食动物难以接近。

鸟巢几乎完全是用新鲜的草编织而成，偶尔会加进一些树叶。

筑巢

为了找到伴侣，一只雄性黑额织雀常常要同时筑好几个巢。如果筑好的巢没有赢得雌鸟的欢心，雄鸟就只好拆了它，重新筑巢。

1 编织一个基础 雄鸟把草绕在支撑鸟巢的树枝上。

2 加入更多材料 把草做成马镫形状，能够撑得住鸟的体重。

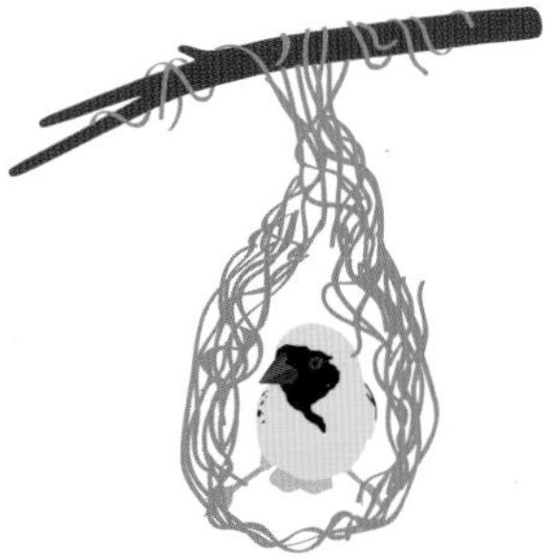

3 编成环状 将两个马镫连在一起，组成一个环状结构，然后不断加厚，构成鸟巢的底部。

4 造个小屋 不断扩大环状结构，使之成为一个小屋，出口开在下方。接下来雄鸟和雌鸟就可以装饰鸟巢的内部了。

织雀长着锋利的、圆锥形的喙，非常适合切割草叶。
强健的脚长有长爪，使得织雀能轻易地倒挂在巢外。

鸟巢的类型

一般来说，鸟巢反映了具体种类的鸟的体形大小和生活环境。筑巢的材料更是十分丰富，树枝、叶子、苔藓、皮毛、泥土、鹅卵石，还有塑料制品和其他垃圾。

杯形巢

杯形巢是最为常见的鸟巢类型之一，尤其是在体形小的鸟类当中。蜂鸟筑的杯形巢是其中最小的，它们会用蛛丝把鸟巢固定在一起。

贴着墙壁的巢

雨燕把它的巢贴在悬崖、洞穴或者是墙壁上，有些是用泥土或者植物做的，掺进了它的唾液。这只雨燕的巢是完全用雨燕的唾液建造的。

洞巢

许多种类的鸟会住在树的中空部分，比如啄木鸟、猫头鹰、山雀和鹦鹉等。鸟巢里面的衬垫就只是木屑和羽毛。

平台形的巢

和很多大型猛禽一样，白头海雕会在树顶筑一个很大的鸟巢。雄鸟和雌鸟会终生结为伴侣，每年它们都会往鸟巢里添加材料，所以鸟巢每年都会变大。

浮巢

很多水鸟会利用水生植物筑出木筏一样的鸟巢，就像这只凤头鹏鹛。生活在陆地上的捕食者无法靠近浮巢，所以水鸟们很安全。浮巢还会随着水面起伏。

蛋怎样孵出雏鸟

哺乳动物的宝宝是在妈妈肚子里长大的，雏鸟则与之不同，它们是在蛋里面长大的。一枚蛋里面包含着很多营养物质，是胚胎——还没孵出来的雏鸟——成长所需要的。从蛋生出来到孵出雏鸟，各种鸟类需要的时间各不相同。短的像啄木鸟只需要 10 天，长的像大型信天翁则需要 80 天。

1 发育中的胚胎

起初，鸟蛋里只有一个巨大的细胞。当亲鸟坐在上面为其保温之后，这个细胞就开始了多次的分裂，以此形成了不同的器官和组织。这一过程由鸟蛋内储存的营养和水分来维持。通过透过鸟蛋的一束光，我们可以观察到其内部发生的变化。

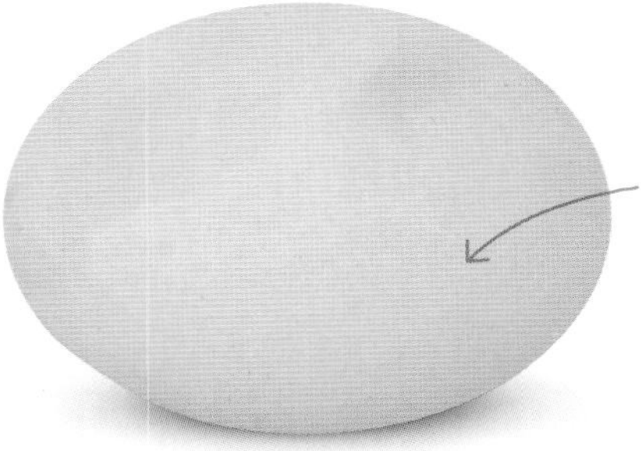

蛋壳上有小孔，可以让空气进入。

第 1 天：刚产下的蛋

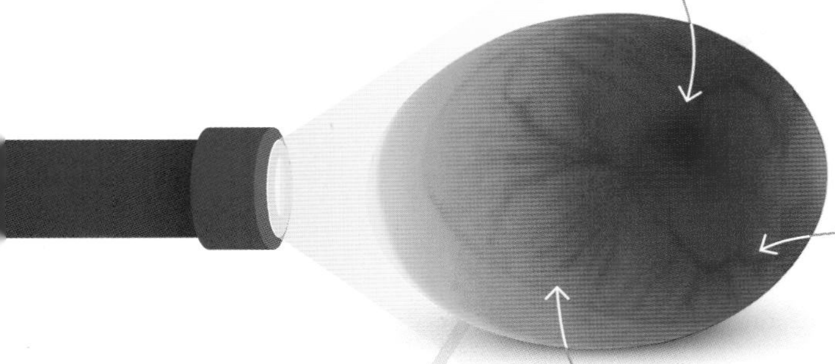

心脏

在蛋的钝端有一个气室，能够在小鸭子可以自主呼吸之后为其供氧。

第 1 周

蛋里面的卵黄和其他液体为胚胎提供营养。

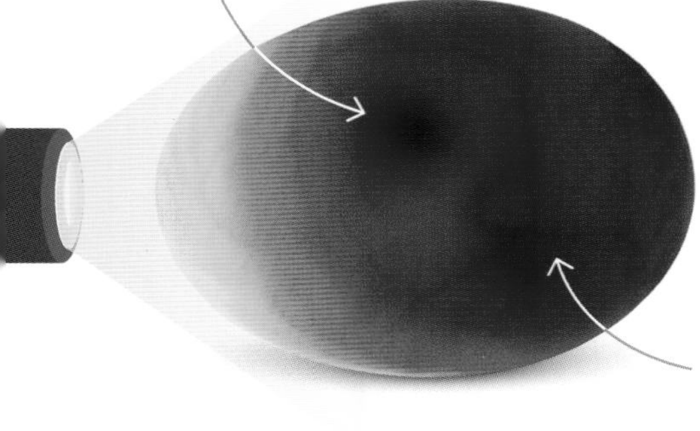

正在发育的胚胎眼睛

随着胚胎慢慢长大，卵黄被消耗完了。

第 2 周

蛋的内部

蛋壳和起保护作用的卵膜包裹着富有营养的卵黄、蛋清（蛋白），这些东西把胚胎和一个气室包在当中。像绳子一样的成股的系带固定着卵黄。

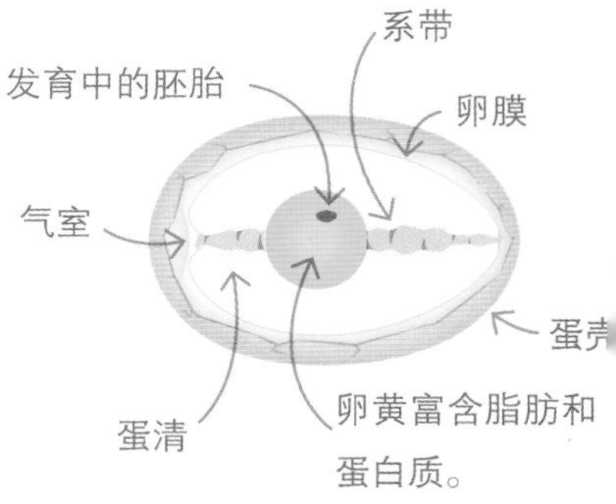

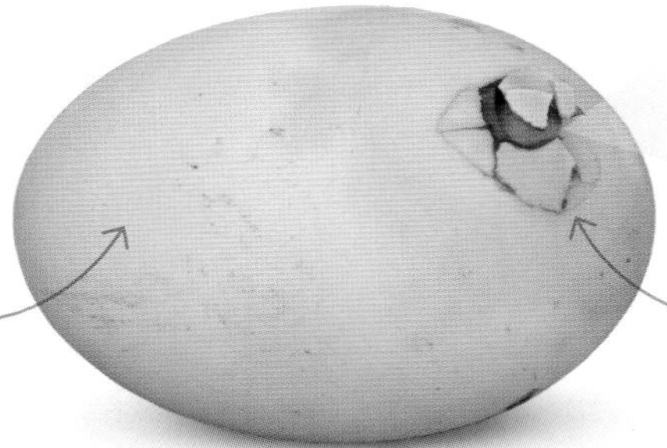

小鸭子在蛋里蠕动，蛋壳变得脆弱。

第 28 天

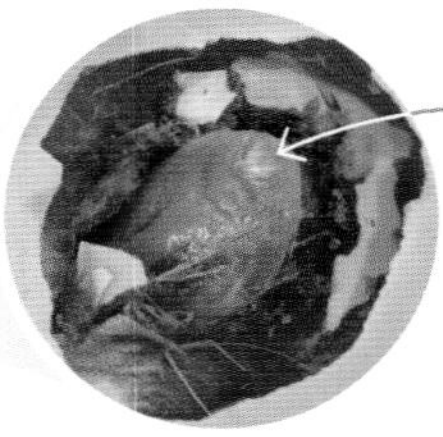

喙上的卵齿

小鸭子慢慢地啄着蛋壳，把洞变大

长大和孵化

鸭子的胚胎需要 4 周时间发育成熟。等到小鸭子快孵出来的时候，它被挤压在蛋里面，脑袋贴在肚子上。一旦小鸭子做好了孵化的准备，它就会用喙敲碎蛋壳，沿着蛋壳敲出一个圆，然后用力把蛋的一端推开，来到外面的世界。

2 撞破蛋壳

28 天以后，小鸭子准备破壳了。它弄破了蛋里面的气囊，第一次呼吸氧气，然后它就不停地用卵齿敲击蛋壳。最终它敲开了蛋壳，把破洞弄大，让更多的空气可以进入。

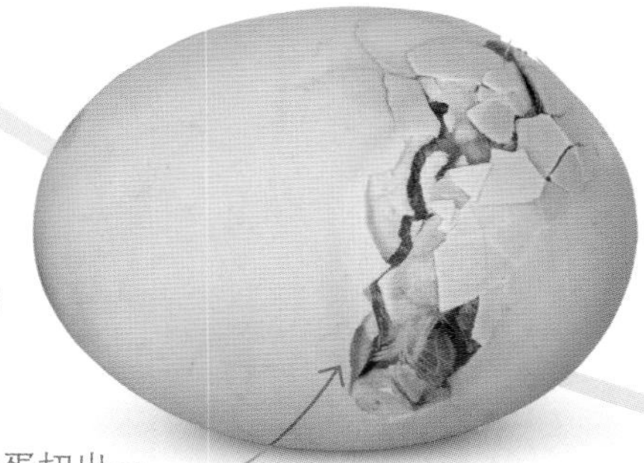

第 28 天

小鸭子绕着蛋切出一个圆。

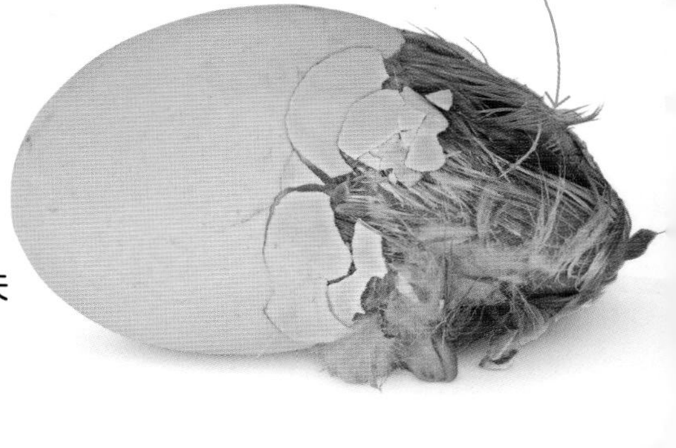

小鸭子用脚往外推，它的屁股先露出来。

第 28 天

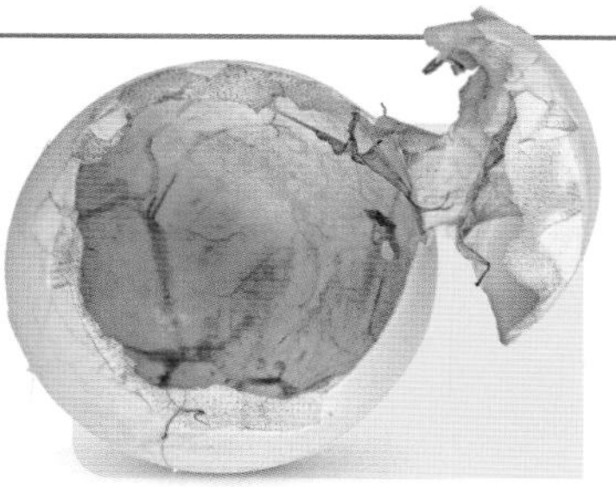

血管

在这个已经孵化出雏鸟的空蛋壳里可以看到血管组成的网络，它为胚胎供应氧气，带走二氧化碳。

羽毛最初都是湿漉漉的，很不整齐，不过孵化几小时之后它们就会变干，变得蓬松。

小小的、短粗的翅膀还非常柔弱，也没有长飞羽。

鸭子必须打破鸭蛋面的卵膜，卵膜本是用来保护它不受菌感染的。

3 **破壳**

小鸭子把洞弄得越来越大，着蛋形成一个圆环，然后它用把蛋壳的钝端踢开。在最后的力过程中，它会转动身体，挣缠绕着它的卵膜。

小鸭子天生警觉，眼睛睁得大大的。

发育成熟的小鸭子的头部和颈部后面有一块肌肉，靠它才能敲破蛋壳出生。

❶ 早期阶段

敲破蛋壳爬出来以后，小鸭子需要休息，它的眼睛已经可以睁开了，身上也有一层能起到保暖作用的绒羽。很快它就能跑动、游泳和进食了。但为了保证安全，它会待在妈妈身边。

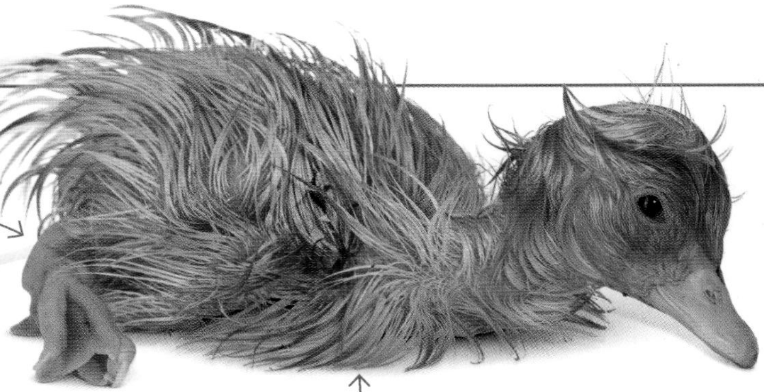

腿脚都很柔弱，还无法撑起身体。
羽毛还是湿漉漉的，因为此前一直在蛋里。

刚刚孵出的小鸭子。

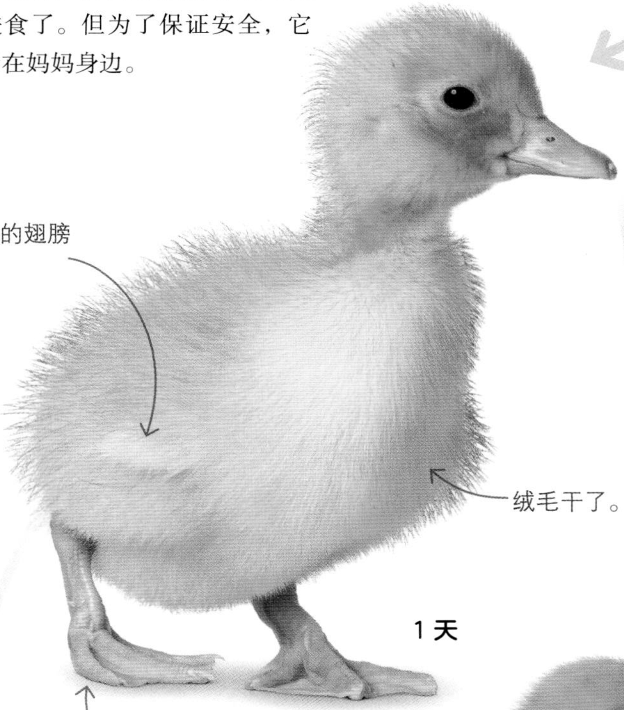

1 天

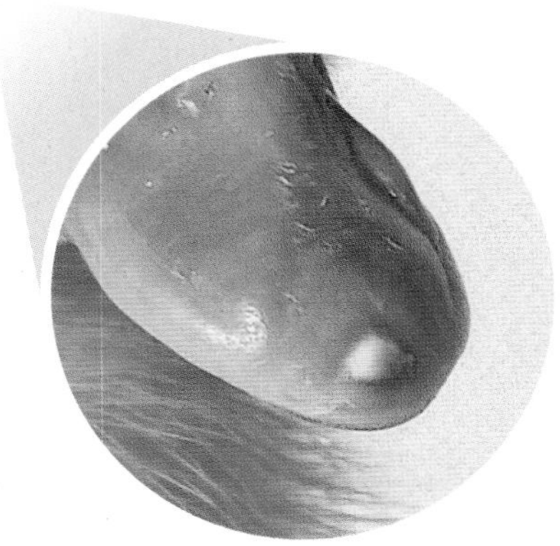

卵齿

小鸭子的喙相对比较柔软——太软就没
敲破蛋壳。不过，小鸭子的喙上还长着一个
小的、坚硬的卵齿，有助于它们破壳。刚刚
出来的小鸭子还有卵齿，不过 2~4 天之后卵
就会脱落。

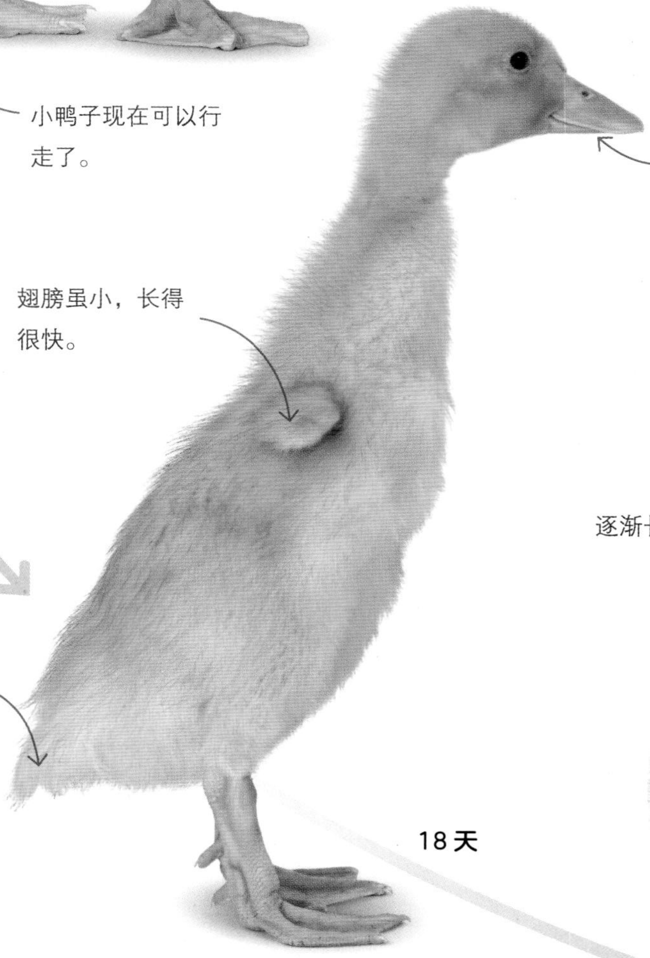

喙变硬了，开始变长。
翅膀虽小，长得很快。
勉强能看得见尾巴。

18 天

喙的边缘会长出牙齿一样的突出物。
变得更长的颈部
绒羽依然覆盖着身体。
逐渐长大的翅膀

4 周

❷ 成长

随着骨架的成长。曾经胖乎乎的小鸭子长出了长长的颈部和一段尾巴。它的喙和翅膀也在成长，脚上的蹼也长好了。小鸭子身上长的都是绒羽，它们还没有长出成年鸭子那样的羽毛。

鸟类怎样成长

不同种类雏鸟的成长有很大的不同，有些鸟类的雏鸟孵化出来几小时就可以行走，并且很快就学会了如何自己谋生，比如雁鸭类、雉类和鸻鹬类。与之相反的是，绝大多数鸣禽雏鸟刚出生的时候很柔弱，身上没有羽毛，而是光溜溜的，也看不见东西，所以得完全依靠父母喂食、提供温暖和呵护。有些大型海鸟和猛禽的雏鸟则要花上数月才能独立。

▼成长过程中的鸭子

正如这只北京鸭一样，雁鸭类的雏鸟在孵化时已经相对独立，可以很快地开始行走和游泳，这种被称为早成雏。仅仅过了16周，鸭子就长出了所有特征，比如防水的羽毛以及脚上完全展开的蹼，它已经能良好适应在水中或者岸边的生活。

飞羽

可以看到，这只鸭子的飞羽长在管状的羽鞘里面。羽毛是由羽鞘中的羽髓生发而成，羽髓顶端逐次分生成为羽枝，再由羽枝构成羽片。羽毛一旦长成，羽鞘就会脱落。

成年鸭子的喙和腿都是橙色的。
翅膀发育完全后，鸭子就具有飞行能力了。
成熟的鸭子长出羽毛替代绒羽。
白色大羽毛
飞羽长出来了。
6周
16周

3 完全长大了

到了现在，小鸭子看起来就和它的爸爸妈妈一样了。它身上的羽饰由各种不同类型的羽毛所构成，巨大的胸肌也完全长成，这只进入青年的小鸭子可以第一次飞起来了。

寄生性杜鹃怎样进行巢寄生

绝大多数鸟类都会抚养自己的下一代，不过有些鸟类会让别的鸟替自己养育雏鸟。大杜鹃雌鸟会跑到小型鸣禽的巢里产卵，每个巢里只产一枚。当大杜鹃雏鸟孵出来的时候，它会排挤掉鸟巢里别的卵或者雏鸟。尽管如此，它的养父母却从未意识到它其实是个冒名顶替者，而是出于本能地持续喂养它，直到它长大后远走高飞。

喙边缘的橙色条可能是在警告捕食者不要靠近鸟巢。

芦苇莺成鸟得非常努力地觅食，才能填饱块头很大的大杜鹃幼鸟的胃口。

▶冒名顶替者

到了可以飞行的时候，大杜鹃幼鸟的个头通常要比照看它们的养父母的还要大。在这张图上，一只芦苇莺正在努力往一只大杜鹃幼鸟的嘴里喂虫子，而对这个冒名顶替者那超大的体形完全视而不见。

这只大杜鹃翅膀的羽毛已经完全长成了，所以它很快就可以飞走了。

大杜鹃幼鸟发育完全后就会离巢，不过可能仍然由养父母喂养。

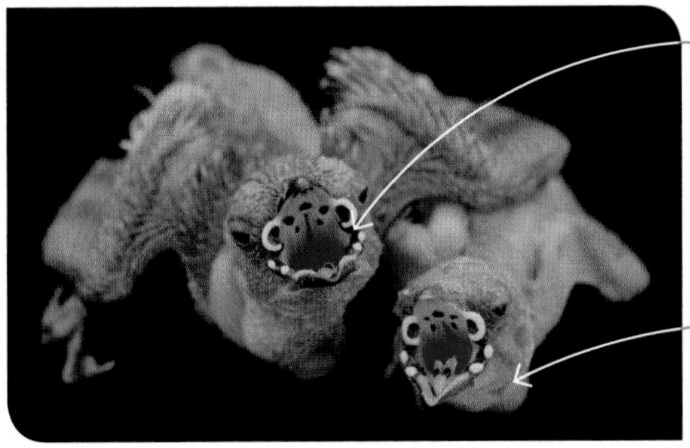

针尾维达雀雏鸟可以模仿梅花雀雏鸟口裂的图案。

梅花雀

拟态口裂图案

和大杜鹃雏鸟不一样，非洲的维达雀雏鸟不会破坏鸟巢里别的卵。寄主的卵也会孵化，但维达雀雏鸟会拟态寄主雏鸟口裂的图案，通过展示这样的图案来争夺食物。

接管鸟巢

大杜鹃雌鸟会趁寄主不在巢里的时候溜进去产卵。它会先叼走一枚寄主的卵，再在寄主巢内产下一枚自己的卵。

1 卵的欺骗

杜鹃的卵外形上很接近寄主的。不同的大杜鹃雌鸟会特异性地寄生某一种寄主，并产下拟态寄主种类卵的寄生卵，尽管通常情况下杜鹃的卵更大。

2 占得先机

杜鹃的卵比其他卵发育得更快，通常都会先孵出来。这个时候大杜鹃雏鸟全身裸露，双目紧闭。

3 杀手本能

过上几个小时，大杜鹃雏鸟会费力地依次把其他的卵挪到背上，再把它们推出鸟巢。它之所以这么做，是为了防止别的雏鸟和它竞争食物。

猫头鹰怎样发现猎物

猫头鹰是悄无声息的猎手。凭借着敏锐的感觉、锋利的爪子、柔软的羽毛，它们会一声不响地从停栖处俯冲下来，抓住毫无防备的猎物。因为有着极其敏锐的听觉和视觉，有些猫头鹰能够在黑夜中精准地发现一只飞蛾的位置，或者听到积雪或落叶覆盖下一只老鼠的动静。绝大多数猫头鹰都是夜行动物，不过有些种类的猫头鹰在白天也会捕猎，比如乌林鸮。

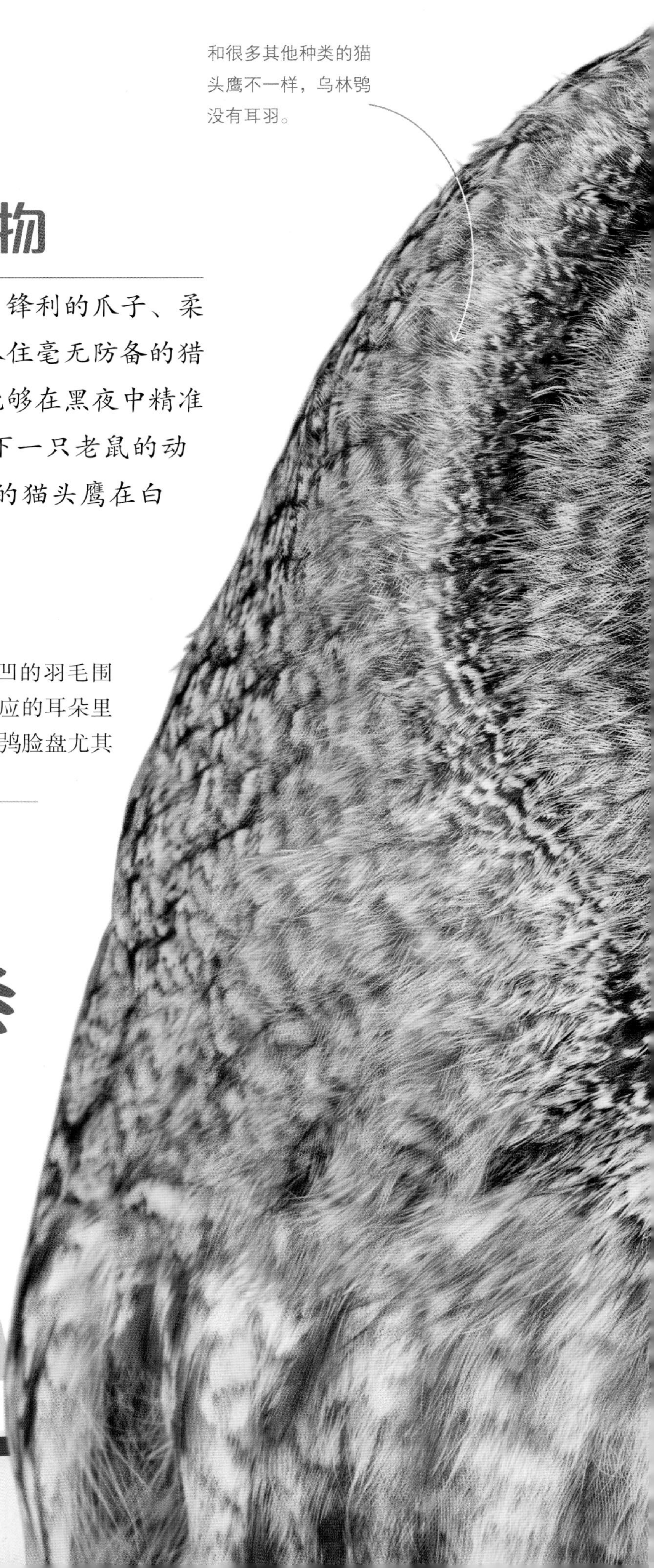

和很多其他种类的猫头鹰不一样，乌林鸮没有耳羽。

▶脸盘

乌林鸮最引人注目的特点就是大大的脸盘，那是由一圈内凹的羽毛围成的。它左右两侧的脸盘就像是碟子的一半，能将声音汇聚到对应的耳朵里面。它们还能调整面部的羽毛，从而更加准确地分辨声音。乌林鸮脸盘尤其大，这有助于它们发现积雪下面的猎物。

听声捕猎

乌林鸮的右耳比左耳略微低一些，也就是说从下方传来的声音到达右耳的时间会比到达左耳快一点点。利用这个时间差，猫头鹰就能分辨出猎物的准确位置，即使猎物躲在落叶或者积雪的下面。

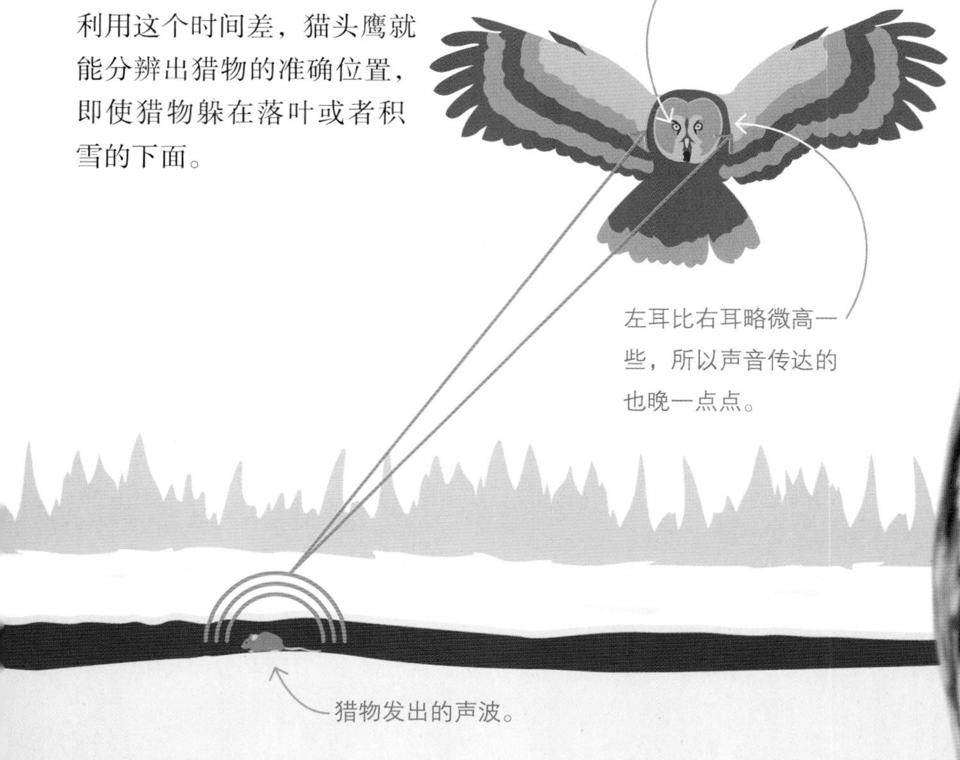

脸盘聚拢声音，并把它们传递到耳朵。
左耳比右耳略微高一些，所以声音传达的也晚一点点。
猎物发出的声波。

羽毛形成圆盘状，把声音聚拢向乌林鸮的耳朵。

前视的双眼可以获得 3D 视觉，有助于判断距离。

喙非常短，不会干扰视线。

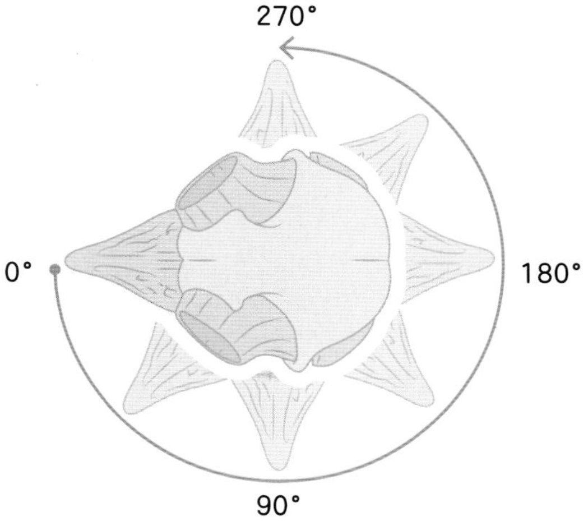

转来转去

猫头鹰的管状大眼球无法在眼眶内转动。不过猫头鹰可以左右转动头部，范围可达270°。它们无须移动身体就可以看到身后的东西。

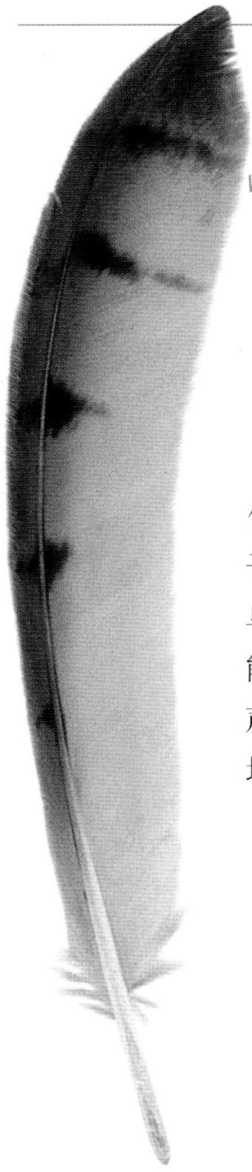

这只灰林鸮的羽毛有着锯齿状的边缘。

悄无声息地飞行

有些种类的猫头鹰在它们外侧初级飞羽上有着像梳子一样的锯齿状边缘，比如乌林鸮和灰林鸮。这种结构能够消除猫头鹰拍打翅膀的声音，让它们能够悄无声息地冲向猎物。

羽毛散开，准备着陆。
交错的羽毛分量很轻。
脚上有巨大的爪子。

借助热气流盘旋

雕会借助热气流盘旋，从而节省体力。在滑翔到另一团热气流之前，它们会盘旋着向上飞。也就是说，它们可以保持在高空中，却不需要拍打翅膀。

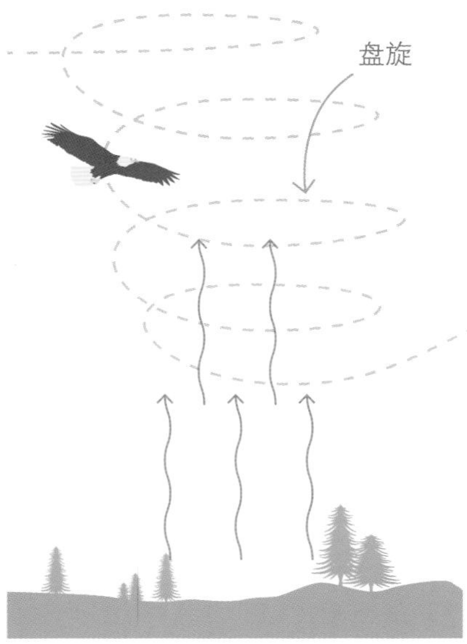

捕猎技术

白头海雕俯冲向水面，把爪子伸入水中，抓起一条鱼，再带着它飞走。它们有时会从如鹗这样的鸟类那里偷取食物，也会取食熊吃剩下的死鱼或是人类野餐之后留下的残羹冷炙。

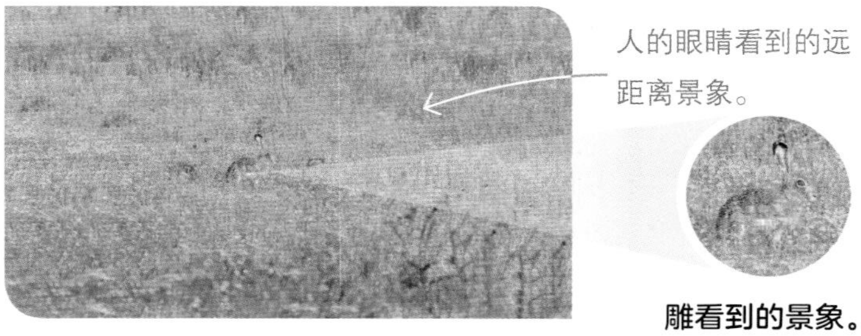

人的眼睛看到的远距离景象。

雕看到的景象。

高分辨率的视觉

雕的眼睛对图像解析最为敏锐的部分比人类要多上 5 倍的感光细胞。它们能够看清 3 千米以外的猎物。

宽阔的翅膀可以兜住上升的气流，有助于白头海雕盘旋。
雕爪上隆起的部分有助于抓牢猎物。

强有力的爪子

当这只白头海雕从水中抓住一条鱼时，它的利爪足以直接杀死猎物。脚趾腹面密布的刺突可以帮助它抓牢这条滑溜溜的、不停挣扎的鱼。海雕的爪子非常有力，可以抓起相当于自身体重三分之一的猎物。

雕怎样捕食

雕是令人生畏的猎手，它们有着巨大的翼展、钩状的喙和敏锐的视觉。它们属于猛禽，凭借致命的利爪进行猎杀。作为体形最大的猎食性猛禽，雕会用它们的利爪将猎物从地面或水中抓起。然后它们会飞到停栖处，撕碎猎物，用锋利的喙切割猎物的尸体。

外趾既可以向前，也可以向后，使鹗能够牢牢地抓住滑溜溜的鱼。

捕猎

像鹗这样的猛禽有着强有力的爪子，用于抓住并杀死猎物。鹗用它强而弯曲的利爪从水中抓鱼，并在飞行时牢牢地抓握住猎物。

鹗

鹗的脚趾上长有刺突，有助于抓住正在拼命挣扎的猎物。

钩状的爪子可以从水中抓住猎物。

强壮的爪子可以携带沉重的东西，飞上很长一段距离。

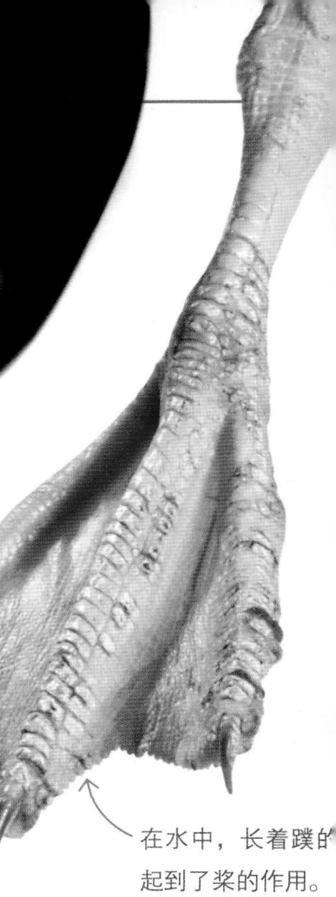

绿头鸭

在水中，长着蹼的起到了桨的作用。

游泳

脚上长蹼可以让如鸭子这样的鸟类更高效地游泳。它们可以张开蹼，把更多的水向身后。脚蹼是由三个，有时是四个脚趾间的连续皮膜组成。

鸟脚的类型

鸟类的脚演化出了各种各样的尺寸和形状，以满足它们各自的需要。很多鸟要用脚抓起食物，再举起送到嘴里，另一些鸟则用脚抓住树枝停栖。有些鸟的脚上有刺突，可以抓牢挣扎的鱼，有些鸟则靠着锋利的爪子抓住并杀死猎物。

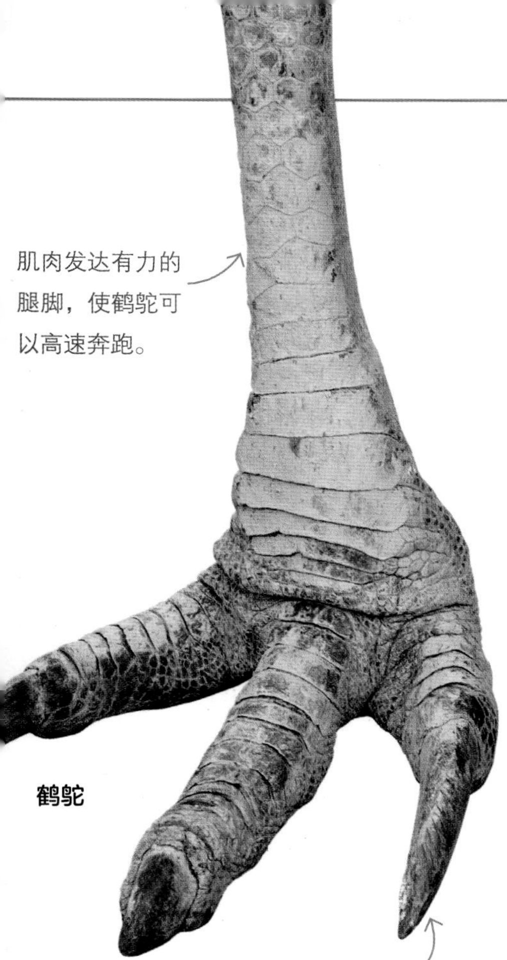
肌肉发达有力的腿脚，使鹤鸵可以高速奔跑。
鹤鸵
像匕首一样的长爪子

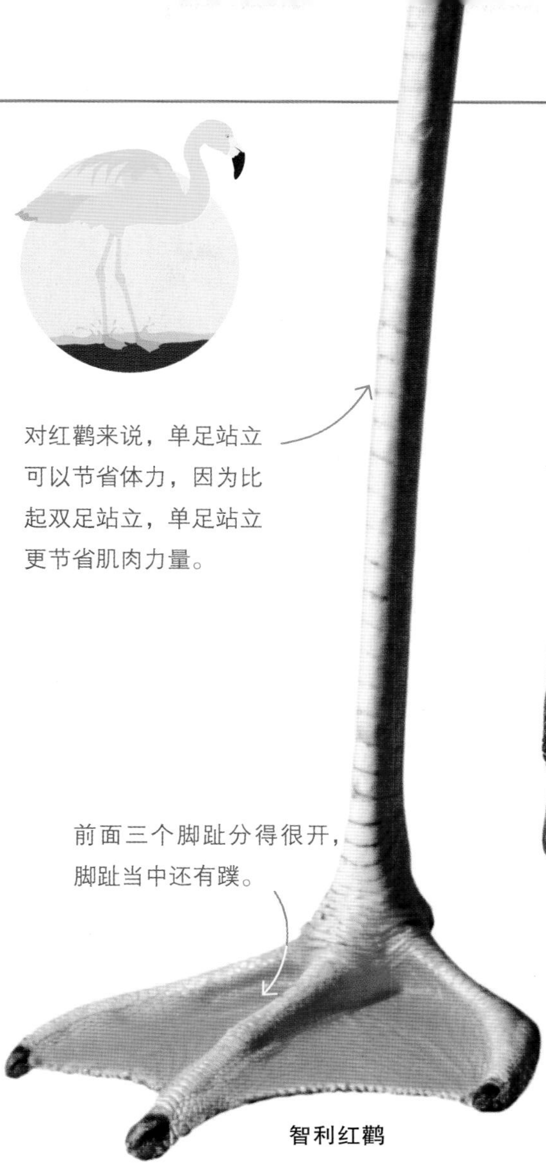
对红鹳来说，单足站立可以节省体力，因为比起双足站立，单足站立更节省肌肉力量。
前面三个脚趾分得很开，脚趾当中还有蹼。
智利红鹳

王企鹅

在潜水时，胖胖的、长着蹼的脚可以推动身体向前。

跑

不会飞的平胸类，比如鹤鸵，通常长着肉发达的腿和有力的脚。一只鹤鸵可以以小时 50 千米的速度奔跑，能够跳到 1.5 米高。鹤鸵的爪子像匕首一样，可以在防御的时候踢向对手。

涉水

在浅水区跋涉寻找食物的鸟类通常有着长长的脚趾和蹼。这是为了分散重量，免得陷入泥沙当中，还有助于鸟类保持身体的平衡。长长的腿使它们在水中行走时不会弄湿身上的羽毛。

潜水

许多会潜水的鸟类都长着有蹼的脚，或者脚趾上有坚硬的鳞片突起物，可以在水中推动它们向前。王企鹅能够下潜至 300 米深的水下，它的脚经过了特别的适应进化，能够抵御冰面上刺骨的寒冷。

握

猫头鹰的脚强壮有力，有着刀锋一样锋利的内弯型爪，可以在停栖时握住树枝者抓住猎物。它的只脚有两个脚趾前，两个脚趾后，这样可使脚趾尽可地张开，抓握加有力。

猫头鹰
内弯的锋利爪子可以用来撕肉。

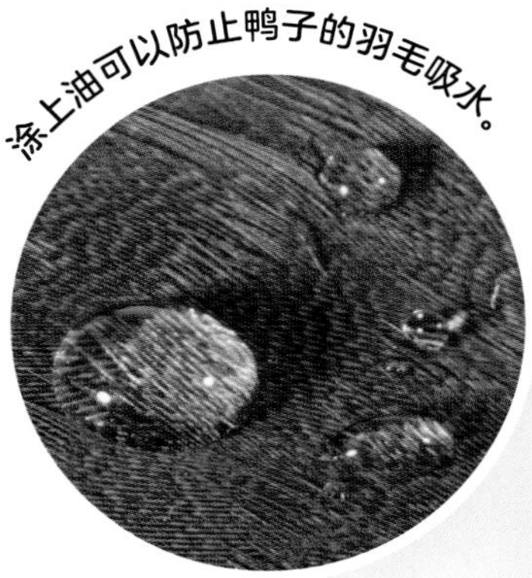

涂上油可以防止鸭子的羽毛吸水。

靠近尾巴的尾脂腺包含着防水的油脂，可以使水从鸭子的背上滑落。
强壮的、肌肉发达的腿提供动力。
鸭子的前面 3 个脚趾之间长着蹼，使得它们可以游泳、蹚水、转向，还能在泥地上行走。
游泳的时候，鸭子脚上的蹼可以展开，从而增加每条腿划水的力量。

▶强壮的游泳健将

就像这只绿头鸭一样，鸭子游泳的时候是依靠在水中推拉长着蹼的脚，来推动着身体向前的。当鸭子往后划水的时候，它会把脚上的蹼张开，而在往前拉时则会把蹼收紧，这样一来，它游起来就会更有效率。

梳理羽毛

鸭子和其他水禽都有发达的尾脂腺。它们把油脂涂到羽毛上，起到防水的目的，保持羽毛的干燥，这样既可以使鸭子漂浮在水面上，还能保暖。

羽毛是防水的。
全身上下涂抹油脂。

从水面起飞

绿头鸭有着相对它们的身体而言足够大的翅膀，借助脚的奋力一蹬，就可以起飞。像天鹅这样更重的雁类则要在水面上助跑一段，获得足够的升力，才能起飞。

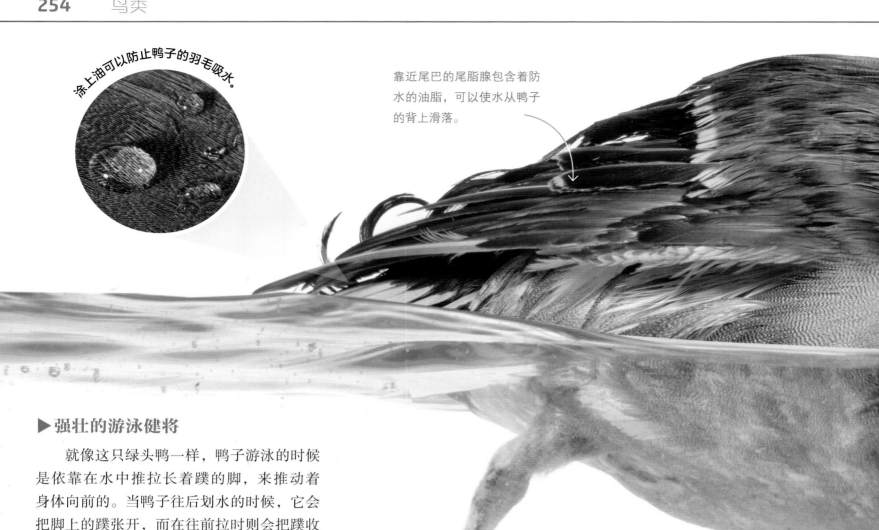

鸭子怎样游泳

鸭子是出色的游泳者，它的羽毛防水，脚上有蹼，身体呈流线型。它的喙可以把水中的食物滤出来。绝大多数小鸭子孵出来以后，等羽毛干了，马上就可以游泳。除了善于游泳之外，多数野鸭种类也能快速有力地飞行，能够进行长距离迁徙。

长长的身体有助于鸭子在水面上漂浮，不过它在陆地上行走就很难看了。
防水的羽毛下面还有一层绒羽，可以在寒冷的水里保暖。绒羽松散的结构能留住空气，有助于鸭子漂浮在水面上。
眼睛长着很发达的肌肉，有助于瞳孔在水下保持聚焦。
绿头鸭是一种钻水鸭，也就是说吃东西的时候，它们会把头伸入水中，而不是将身体潜入水中。
鸭嘴里面排列着一层像梳子的突起，在鸭子进食时，它们能够把食物从水中过滤出来。
扁扁的鸭嘴非常敏感，能够靠触觉搜寻食物。

在这张鸭子的侧视剖面图上，可以看到它9个气囊当中的6个。这些气囊挡住了鸭子的肺等主要的内部器官。

气囊充满了空气，让鸭子保持在水面上漂浮的状态。

气囊

和所有的鸟类一样，鸭子的肺部周围环绕着9个气囊。这些气囊能够把空气压进肺部，确保血液有持续不断的氧气供应。游泳的时候，鸭子会保持气囊充满空气；而在潜水时，有些种类的野鸭会排出一部分空气。

降落在水面

鸭子能够高速降落在水面上，对鸭子来说，水面比陆地要柔软得多。鸭子会把腿伸出来，张开脚趾之间的蹼，承受住降落的冲击力，使自己的速度降下来。

翠鸟是怎么潜水的

翠鸟的潜水过程只需要几秒钟。它的每一次潜水都相当精准，令人印象深刻。翠鸟会把自己流线型的身体像导弹一样射出去，抓住水中的鱼。

1 锁定目标

在观察到有鱼接近水面之后，翠鸟开始估算发起攻击的角度，它们甚至会考虑到光进入水面之后会发生折射这样的影响因素。

翠鸟停栖在水面上的一根树枝上。

2 开始俯冲

翠鸟离开了停栖的树枝，朝着水面急速地冲下去。在这个过程中，它会拍打翅膀，进行调整。

头部和身体形成一条直线，做好了俯冲的准备。

3 到达

接近水面的时候，翠鸟会收拢翅膀，使之基本处于半闭合的状态。翠鸟会把翅膀往后移动，形成更加流畅的流线型。

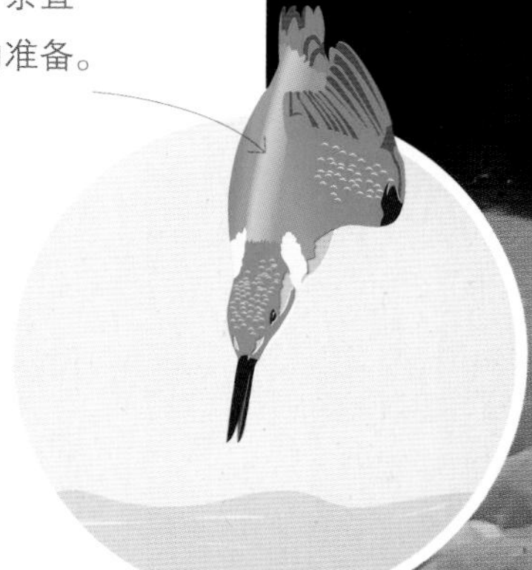

略微改变翅膀的位置，翠鸟就能够改变速度和方向。

4 进入水中

锋利的鸟喙首先冲进水里。在这一刻，翠鸟会闭上瞬膜，保护眼睛免受水面撞击。

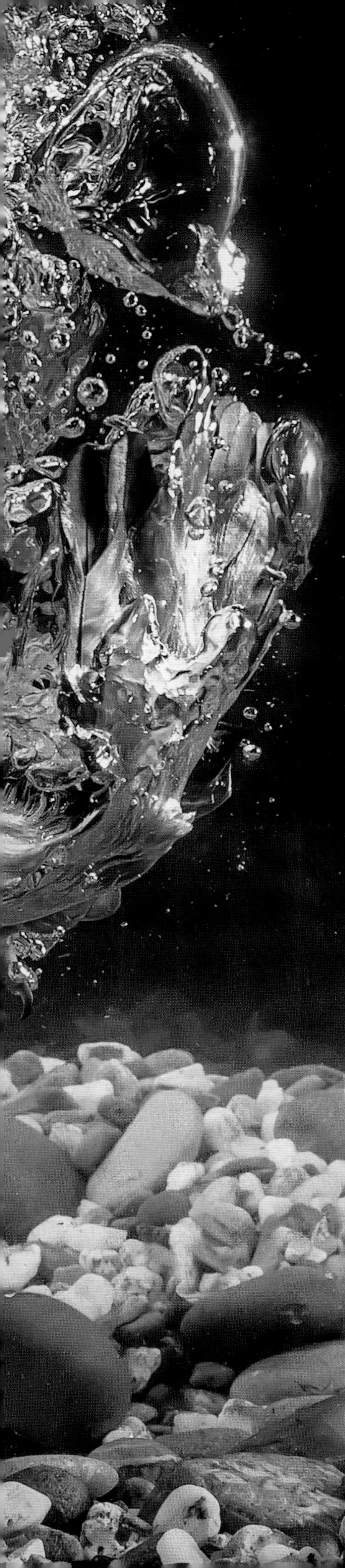

鸟类怎样潜水

捕猎的时候，潜水鸟类会采用非常独特的战术。有些鸟能够以超过每小时 80 千米的速度扎进水里，出其不意地抓住猎物。还有些鸟则是从水面向下潜水，它们是老练的游泳高手。由于这些鸟类的身体很轻，它们必须非常用力才能使身体保持在水下。

◀翠鸟

普通翠鸟能够潜至水下 1 米深，它的食物主要是小鱼，不过也会吃两栖动物、甲壳动物和昆虫。翠鸟下潜的速度非常快，有时甚至能够穿透一层薄冰去抓住猎物。潜水时，它的瞬膜（又叫第三眼睑）就会在眼睛上面合拢起来，在水下保护眼睛。

6 击杀

翠鸟咬住鱼的尾鳍，在一根树枝上摔打它，把它撞晕。这能清除鱼身上的鳞片，使其在被吞下后更容易通过翠鸟的消化道。

水从翠鸟防水的羽毛上滑落。

5 返回

抓住一条小鱼之后，翠鸟依靠身体浮力，同时扇动翅膀，使它返回到水面上。在向上飞的时候，它会用嘴紧紧咬住鱼的中部。

潜水鸟类

很多潜水鸟类能够一次钻进很深的水下捕食长达数分钟。在水下，它们要靠腿部和翅膀上强壮的肌肉来推动自身。

靠脚来推动的潜水鸟类

鸊鷉长着很强壮的腿和脚，它的脚趾划起水来就像桨一样。捕猎的时候它会潜进水里，不过有时为了躲避危险，它也会这么做。

靠翅膀推动的潜水鸟类

海鸽可以下潜至水下 210 米，是所有潜水鸟类中下潜得最深的。它们靠拍打翅膀游泳。

没有“潜水服”的潜水鸟类

潜水之后，鸬鹚就得晒干它们被水浸泡过的翅膀，因为它们的翅膀不能像其他潜水鸟类的那样防水。

企鹅怎样行动

作为不会飞的鸟类，企鹅拥有全部的水下本领，就像它们缺乏全部的飞行本领一样。凭借致密的羽毛、流线型的身体、鳍状的两翼和位于身体后方划水的强健腿脚，企鹅比其他任何鸟类都游得更快、潜得更深。其中速度最快的要算白眉企鹅，它们在水下冲刺的速度可以达到每小时 35 千米。企鹅不会在水中呼吸，不过帝企鹅能够憋气长达 10 分钟。

▼生活在大海里

这些王企鹅生活在海里的时间远比在岸上的时间要长，即使是在寒冷的冬天。在它们的羽毛下面有一层厚厚的脂肪，起到了保暖作用。它们捕食鱼类和乌贼，一对王企鹅夫妇为了觅食和喂养一只嗷嗷待哺的小企鹅，每天要潜水100 次。王企鹅的潜水深度可以超过 30米深。

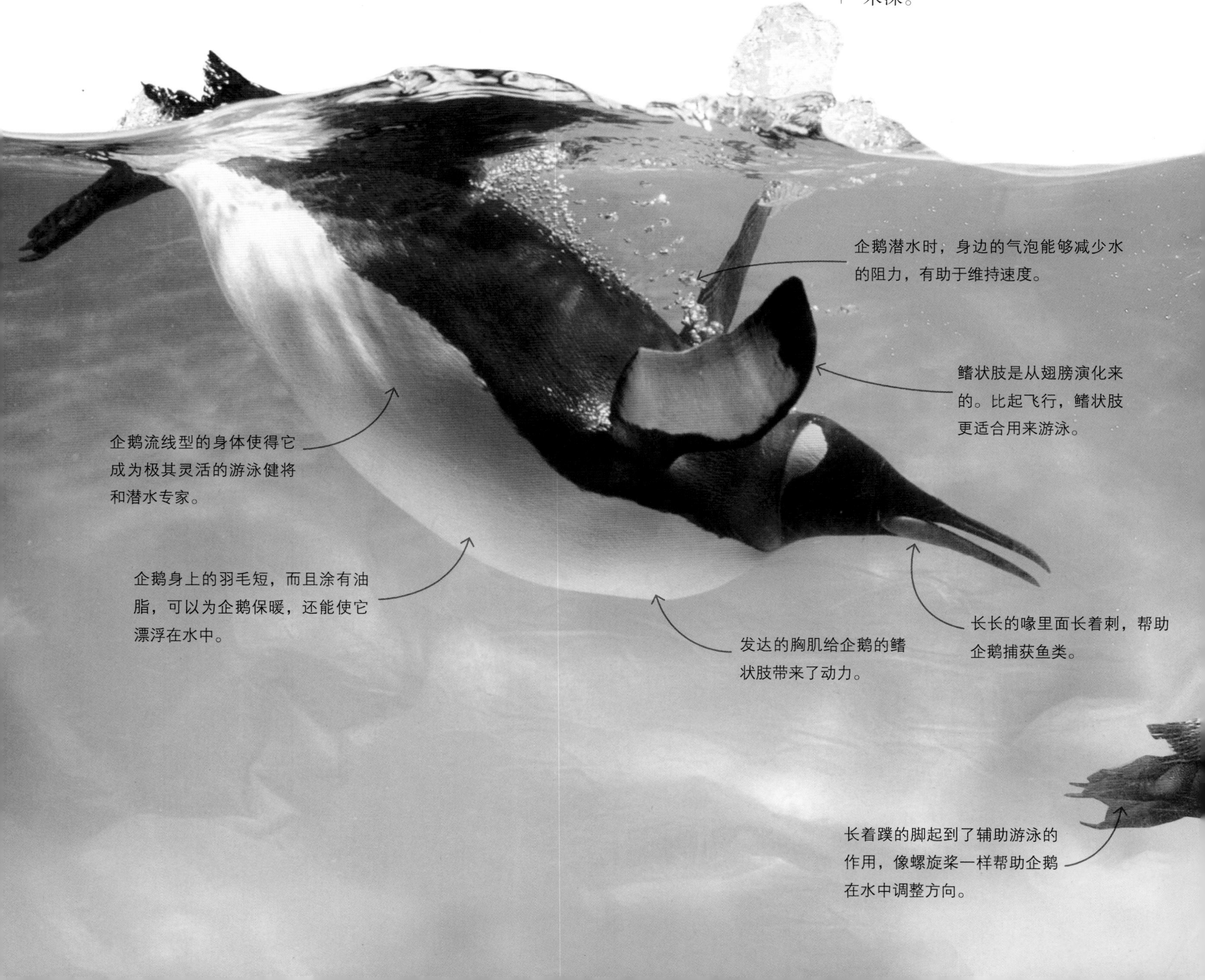

企鹅潜水时，身边的气泡能够减少水的阻力，有助于维持速度。
鳍状肢是从翅膀演化来的。比起飞行，鳍状肢更适合用来游泳。
企鹅流线型的身体使得它成为极其灵活的游泳健将和潜水专家。
企鹅身上的羽毛短，而且涂有油脂，可以为企鹅保暖，还能使它漂浮在水中。
发达的胸肌给企鹅的鳍状肢带来了动力。
长长的喙里面长着刺，帮助企鹅捕获鱼类。
长着蹼的脚起到了辅助游泳的作用，像螺旋桨一样帮助企鹅在水中调整方向。

冰面上移动

一旦离开了海水，企鹅费走路的样子很滑稽，而且很。所以绝大多数企鹅都会尽能待在离海水近的地方。为适应臃肿的身体和粗短的腿成的限制，只要条件允许，们就会尽量跳跃、滑行或者冲。在其他时候，它们最多只能做到摇摇摆摆地走路，不稳定。

跳行

帝企鹅从水中一跃而出，返回到冰面上。考虑到捕食企鹅的海豹潜伏在附近，速度快就非常重要了。

滑行

为了节约时间和体力，这只纹颊企鹅会让圆鼓鼓的肚子贴地，滑下冰面的斜坡。

摇摆走路

企鹅腿的位置靠后，使它可以保持直立，但走起路来很笨拙。它们得把鳍状肢张开，才能保持身体平衡。

潜水

在阿德利企鹅聚居的地方，它们会排成队，依次跳过浮冰或者跳进水里，令人印象深刻。

鳍状肢骨骼

企鹅的鳍状肢很硬、很窄，呈舒缓的弧形伸向后方——如果把鳍状肢当作桨，这是绝佳的形状。它很坚固，骨头的连接也非常牢固，只能在肩部弯曲，这和正常的鸟类的翅膀完全不同。

企鹅的背部是黑色的，在游泳时可以起到伪装的作用。因为一些猛禽会从空中捕食企鹅。
眼睛适应了在水下看东西。
企鹅白色的腹部也能起到伪装的效果。因为从下往上看，企鹅的腹部和闪闪发光的海水融为一体。它能保护企鹅免遭海豹等捕食者的攻击。
眼睛的正上方长有盐腺，当企鹅捕食鱼类时，盐腺可以把海水中的盐分过滤掉。如果盐分过多，会对企鹅的健康很不利。企鹅还会通过喙将盐分排出去。
鳍状肢上下划动着，运动方式和飞鸟的翅膀很相似，不过只有下行冲程才能推动着企鹅向前。

熬过暴风雪

在南美洲和南极洲之间的南乔治亚岛上，这些王企鹅在一场暴风雪中紧紧地聚拢在一起取暖。处于繁殖阶段的企鹅会替它们的卵以及企鹅宝宝遮蔽风雪，以确保所有的企鹅都能熬过极度的严寒。良好的隔热保温并且长时间一动不动有助于企鹅节省体能。在寒冷的冬天，这尤为重要，因为捕食会变得很困难。

鸵鸟

鸵鸟是现存最大的鸟类，也是两足行走的动物中跑起来最快的。它生活在非洲的开阔平原。在那里，个头大、速度快是躲避捕食者的绝妙手段。鸵鸟是不会飞的鸟类，它们也没有扇动翅膀所需要的发达的胸肌。它们和鹈鹕（美洲鸵）、鸸鹋、几维鸟是近亲。

奔跑所用的肌肉主要
中在大腿，使小腿变
更轻盈。
筋腱非常强壮，连接
着小腿肌肉和趾骨。

▶巨大的脚

鸵鸟是唯一只有两个脚趾的鸟类。较大的脚趾踩在地上，看起来更像是蹄子，使它能够以每小时 70 千米的速度飞奔。鸵鸟和它们的近亲都是从会飞的祖先演化而来的。在大草原和沙漠中，它们越来越依靠奔跑，也就逐渐地丧失了飞行的能力。

较小的脚趾勉强碰到地面，
在行走和奔跑中起到的作用
很小。
脚趾的上部覆盖着
大块的鳞片。
长达 10 厘米的强壮脚爪可以用来
挖土，寻找有营养的植物根茎，还
可以在自卫时踢向对方。

像珠子一样的小鳞片覆盖着脚的侧面。
鸵鸟的体重要靠每只脚上较大的脚趾来支撑。

鸵鸟的近亲

鸵鸟属于平胸鸟类，这是一类不会飞行的鸟类。人们认为，在演化过程中，平胸类已经反复数次获得又失去飞行的能力。每块大陆都有原生的平胸类。

鹤鸵

鹤鸵生活在新几内亚岛的雨林中，它和澳大利亚内陆的鸸鹋有亲戚关系。

鶆䴈

南美洲的鶆䴈和非洲的鸵鸟一样，都长着蓬松的翅膀，只不过鶆䴈的翅膀稍微小一点儿。

几维鸟

几维鸟是最小的平胸类。生活在新西兰的森林中。它的腿很短，长着长长的喙。

奔跑时，翅膀的作用是保持身体平衡。
腿部肌肉推动着大腿向前。
小腿肌肉拉动筋腱，让腿伸直。
屈大腿肌拉动着腿向后。

奔跑

鸵鸟的腿很长，步子迈得很大。和其他鸟类一样，它的肌肉集中在大腿上，这就可以让小腿更轻，靠着筋腱运动。

大约在 2.2 亿年前，在爬行动物中进化出了哺乳动物。**第一代哺乳动物**生活在恐龙称霸的时候，它们体形不大，以昆虫为食。恐龙在大约 6500 万年前灭绝了，这时哺乳动物的种类变得**越来越多**，遍布地球各处。**人类**也是哺乳动物，所以我们和其他哺乳动物有很多相似之处。

哺乳动物

多种多样的哺乳动物

最早的哺乳动物只有老鼠那么大，靠吃昆虫为生。之后哺乳动物进化出各种各样的形态，令人惊叹。如今，哺乳动物主宰着陆地，不过它们中的一些种类也适应了在海洋和天空中生活。

灵长类

猴子、猩猩以及它们的近亲是最聪明的一类哺乳动物。

有蹄类

这些长着蹄的哺乳动物基本上都是食草动物，大多过着群居生活。

啮齿类

大概 40% 的哺乳动物是啮齿类，比如老鼠、田鼠和南美洲花鼠等。

蝙蝠

蝙蝠是唯一能够依靠拍打翼手在空中飞行的哺乳动物。

单孔类

有些哺乳动物会像爬行动物一样，通过产卵来生育下一代，比如针鼹。

有袋类

这些哺乳动物出生的时候体形都非常小，往往是在育儿袋里长大的。

哺乳动物是唯一长
外耳的动物，它能
助哺乳动物分辨声
从什么方向传来。
很多哺乳动物依靠敏感的嗅觉寻找伴侣和发现猎物。
绝大多数哺乳动物都长有非常敏感的触须，使它们能够在黑暗中认路。

▶聪明的猎手

食肉的獛有很多哺乳动物的典型特征——身体上覆盖着皮毛，拥有较大容量的大脑，以及非常发达的感觉器官。哺乳动物充满好奇心，学习速度很快，它们能够演化出生存所必需的技能。獛是一种夜行动物，它会利用敏锐的视觉、听觉和嗅觉，在夜间捕猎。

恒温

哺乳动物是恒温动物，也就是说它们需要保持稳定的身体温度。为了在炎热的天气中保持凉爽，大象会扇动它们巨大的耳朵。从这张热成像照片上可以看到，大象耳朵的颜色与身体其他部分的不一样，因为耳朵是它最凉爽的部位。

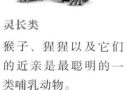

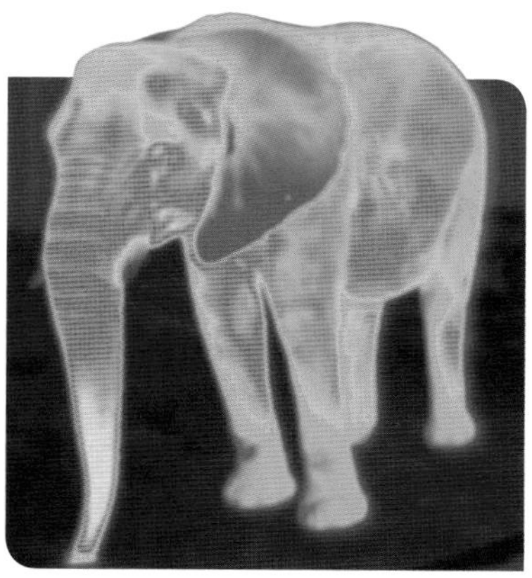

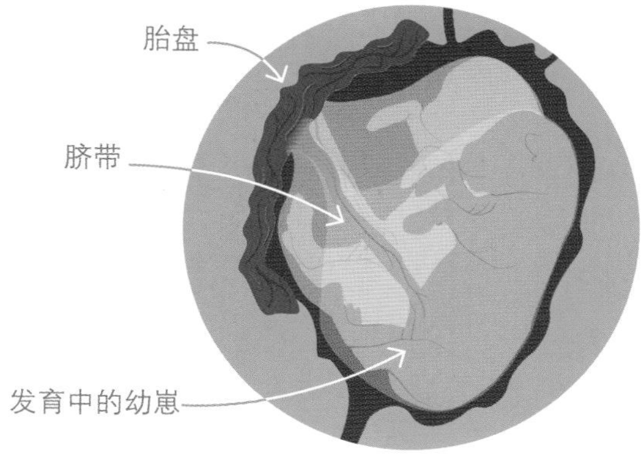
胎盘
脐带
发育中的幼崽

生育

和绝大多数哺乳动物一样，獛也是胎生繁殖而不是卵生。幼崽的身体会逐渐成长，通过脐带摄收营养。母体和幼崽通过胎盘进行物质交换。

哺乳动物的生活习性

不同于它们冷血的祖先爬行动物，哺乳动物是恒温动物。爬行动物的皮肤上长着鳞片，以卵生的方式繁殖，而哺乳动物多数身体被毛，主要以胎生的方式繁衍下一代。所有哺乳动物都会用奶水喂养宝宝，并且会照顾宝宝，直到它们变得足够强壮，可以独立生存为止。哺乳动物的种类超过6000种，其中包括地球上已知生活过的最大的动物——蓝鲸，以及我们人类。

在寒冷的天气中，这件厚厚的“皮毛大衣”可以防止身体热量散失。

绝大多数哺乳动物都长着尾巴，在它们爬行、跳跃或者抓住某个东西的时候，尾巴可以起到平衡身体的作用，就像多出来的一只手臂。

绝大多数哺乳动物都是四肢着地行走的。猫行走时脚趾着地，就像猫一样。

皮毛的层次

和绝大多数哺乳动物一样，北极熊也有两层皮毛。外面一层由长长的针毛组成，可以防止内层绒毛变得过湿，并形成动物身上的颜色。内层则由更加密集地聚在一起的细小毛发构成，像有夹层的外套一样，可以包裹住温暖的空气。在北极熊的皮肤下面，还有一层厚厚的隔热脂肪。

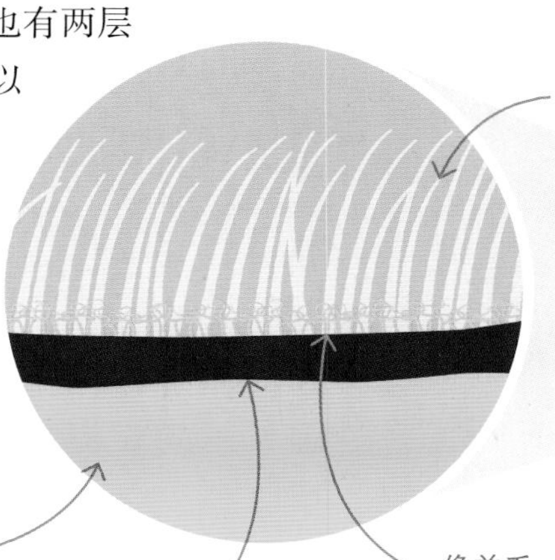

长长的针毛保护着密集的内层绒毛。
皮肤下面的脂肪可以达到 10 厘米厚。
在白色的“大衣”下面，皮肤是黑色的。
像羊毛一样的短绒毛起到了保暖的作用。

棘刺

豪猪身上的刺是特化的毛发，外层被厚厚的角质层层地包裹着。角质是一种很硬的蛋白质。刺上面还有很多倒钩型的尖端，松松地嵌在豪猪的皮肤上。一旦刺进了敌人的皮肤，这些尖端就会脱落，牢牢地扎在敌人的伤口里面。

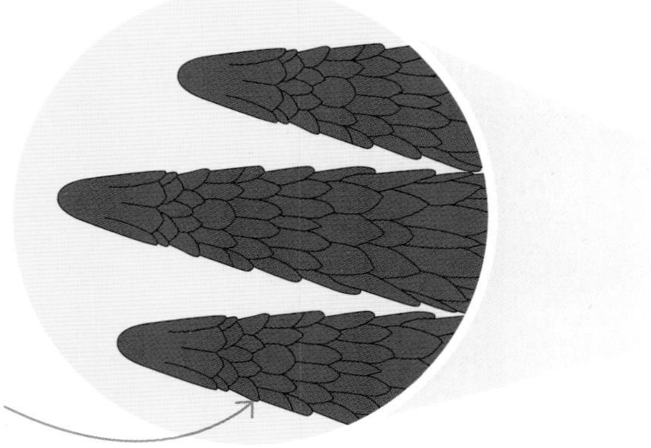

每根刺都有很多长着倒钩的尖端，使得这些刺很难拔除。

哺乳动物毛发的作用

哺乳动物吃下去的食物，超过 90% 都转化成了能量，用来保持体温。身体的热量流失得越少，哺乳动物的食量就越小。因此对哺乳动物来说，良好的隔热性能非常重要，尤其是在寒冷的气候中，这就是哺乳动物身体被毛的原因。毛发是哺乳动物独有的特征，哺乳动物往往长着非常密集的毛发，形成厚实的皮毛，能够裹住一层层温暖的空气。

▶不同的“大衣”

有些哺乳动物的皮肤几乎是裸露的，不过绝大多数还是穿着“毛皮大衣”，帮助它们保持身体温暖。依附在每根毛发上的细小肌肉聚集起来，能起到额外的隔热作用。毛发的颜色各不相同，形成不同的图案，可以起到伪装的效果，用来躲避捕食者，或是在它们的猎物面前隐藏行踪。在有些哺乳动物身上，毛发特化成了具有防御作用的刺，甚至是鳞片。

在北极如何御寒

北极熊穿着一件非常厚实的“毛皮大衣”，它们皮肤下面那层厚厚的脂肪是“毛皮大衣”的一部分，能够让北极熊在极地的冬天保持身体温暖。北极熊生活在北冰洋的冰面上，它们经常跳进水温接近 0℃的水里游泳，所以拥有良好的保温方式至关重要。

外层皮毛的每一根毛发都是中空且透明的，不过看起来像是白色的。

用刺防御

豪猪的“外套”上长满了刺。它们是特化的毛发，同样是从皮肤里长出来的。北美豪猪的刺平时贴在身上，一旦它感觉到了威胁，皮肤里面的肌肉就会把刺撑开，做好威慑进攻者的准备。

豪猪的身上长着约 3 万根刺。

伪装色

老虎的皮肤上长着一束束黑色和橙色的毛发，形成垂直的条纹图案。老虎生活在原始森林中，当它在树木和高高的草丛中穿行并逼近猎物时，这些条纹可以形成伪装。

条纹图案使老虎可以隐匿在阴暗的丛林中。

披挂铠甲

穿山甲的硬毛与鳞片交错生长，构成它的铠甲。和穿山甲的爪子一样，鳞片也是由坚硬的角质构成的。遇到攻击的时候，穿山甲就会蜷成一个刺球，每片鳞片的边缘都像刀锋一样，起到保护作用。

鳞片从头到脚覆盖着穿山甲全身。

哺乳动物的感觉器官怎样发挥作用

和其他动物一样，哺乳动物也依赖各种感觉器官生存，感觉器官既可以保护它们，也可以帮助它们找到食物。和人类一样，绝大多数哺乳动物都有5种外部感觉，不过它们更加依赖嗅觉和听觉，尤其那些在夜间活动的哺乳动物。有些哺乳动物还具备超乎我们想象的特殊感觉。

▶敏锐的感觉

很多哺乳动物的某种感觉都得到了进化，以适应它们生活的环境。赤狐等夜行动物主要依靠嗅觉和听觉来追踪田鼠、老鼠等猎物。

像金属丝一般的长胡须对于触觉非常敏感，甚至能够感知到附近物体运动所造成的气流改变。

视觉

哺乳动物的眼睛类似照相机。光线通过瞳孔进入眼睛。瞳孔可以根据光线的亮度调节大小。光线被角膜和晶状体聚集，投射到视网膜上形成图像。视网膜上的感觉细胞再把图像转化成电子信号，通过视神经传递到大脑，并在那里进行解码。

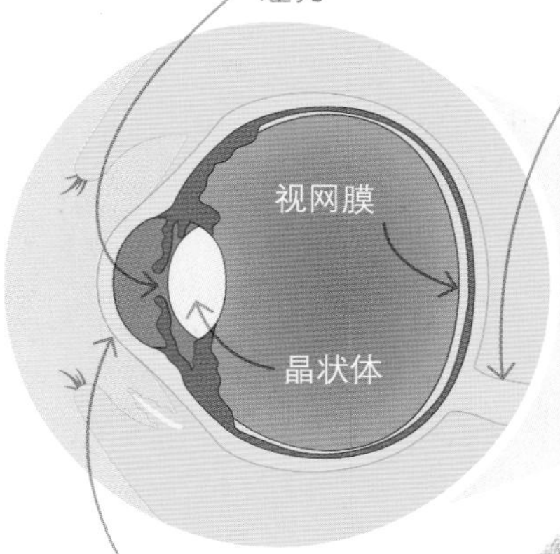

嗅觉

狐狸长长的鼻子里长着小小的感受器，与大脑中被称为嗅球的区域连接在一起。有些哺乳动物还长有犁鼻器，能够通过进入口腔的气味，辨别来自同类的气味信号。

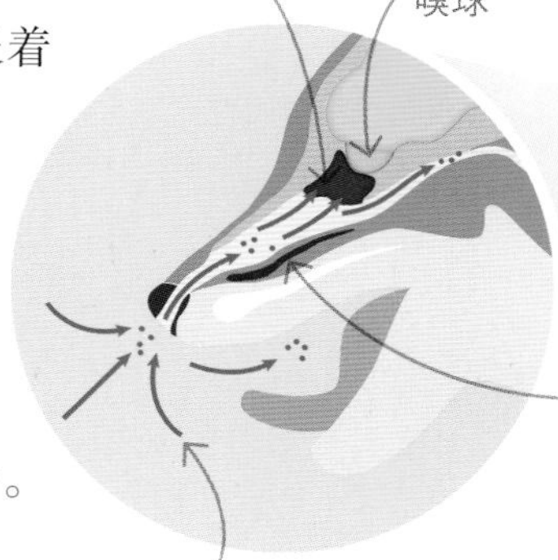

味觉

哺乳动物的舌头表面上长着很多凹点，里面包含着很多能够感受到食物味道的味蕾。不过味蕾能够辨别的味道种类其实很有限，辨别复杂的味道主要还是靠嗅觉。

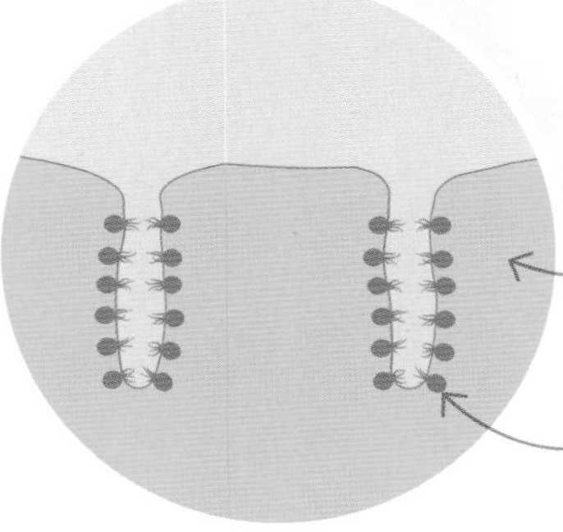

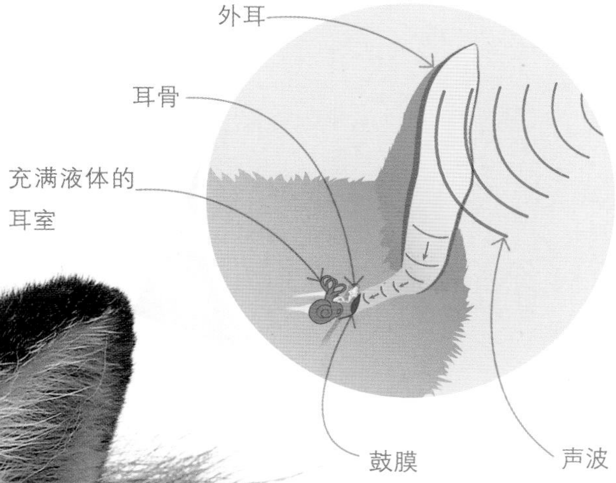

听觉

狐狸有着大大的、可以活动的外耳，能够分辨声音传来的方向。声波进入两只耳朵，造成里面紧绷的鼓膜振动。耳骨把振动传递到充满液体的、内卷的耳室。耳室里的感觉细胞再把振动转换到神经细胞。

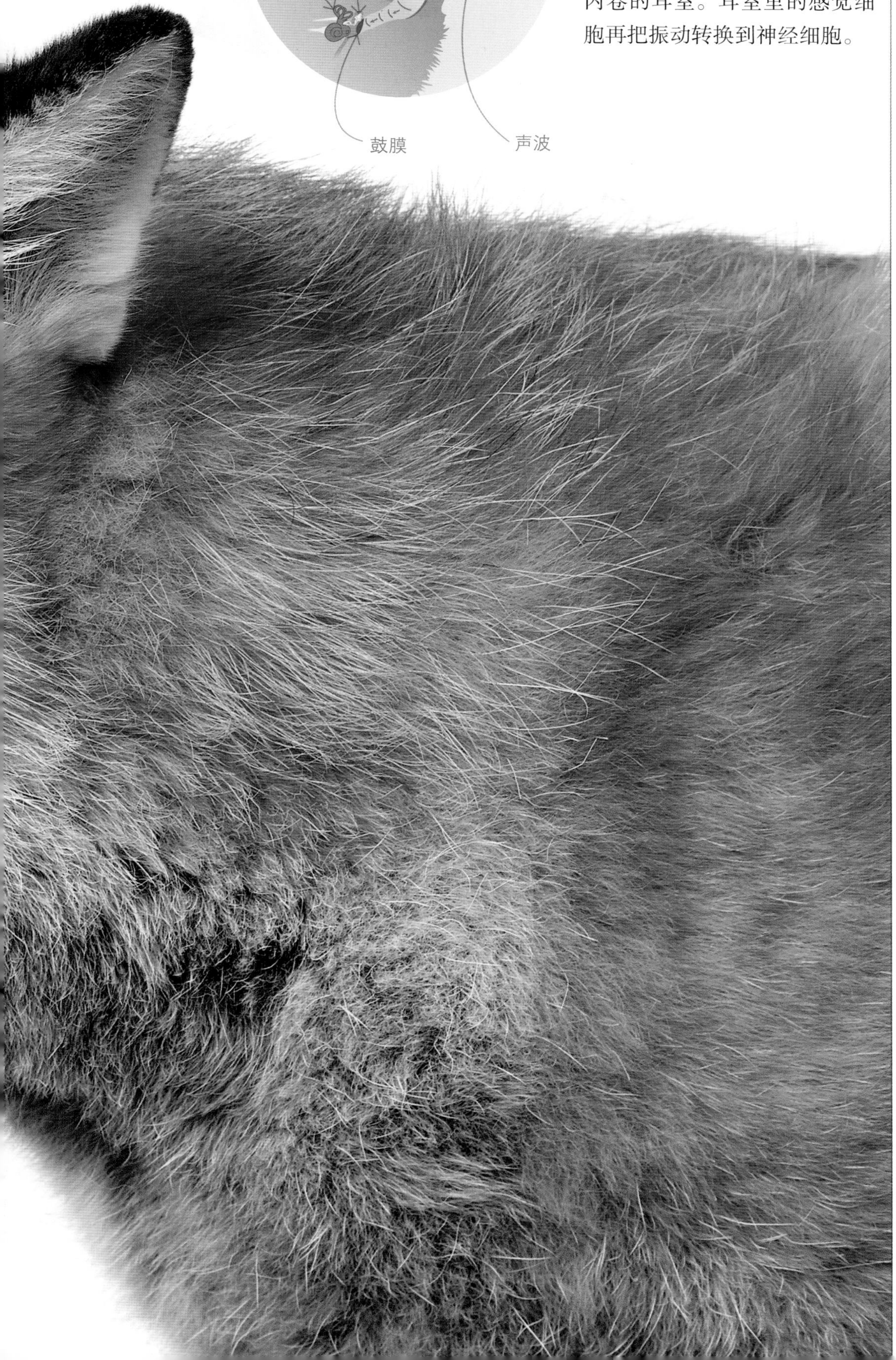

特殊的感知能力

在特定的生活环境中，不少哺乳动物的感知能力会向专门方向进化。有些则会丧失某些感知能力——比如生活在完全黑暗环境中的穴居哺乳动物往往是看不见东西的。也有些拥有其他的感知能力，使它们能够生活在普通的感知能力用处不大的环境中。

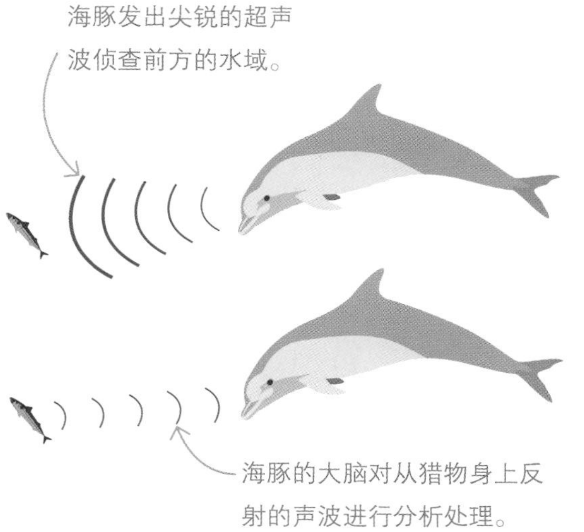

海豚发出尖锐的超声波侦查前方的水域。
海豚的大脑对从猎物身上反射的声波进行分析处理。

回声定位能力

海豚靠声音来感知它的周边环境，不过方式和我们不太一样。海豚发出一连串超声波，通过感知从水中某个物体反射的回声，来感知周围环境，甚至无须使用眼睛。这种能力对于在浑浊的水域中捕猎可是非常关键的。蝙蝠使用的也是类似的回声定位系统。

嘴巴能够接收到来自猎物的电子信号。
嘴巴的前端有约 4 万个微小的感受器。

电感受能力

澳大利亚的鸭嘴兽长着有弹性的、像鸭嘴一样的嘴巴，它有一种在哺乳动物中算得上独一无二的感知能力。它能够感知到猎物控制肌肉发出的电子神经信号。利用这种独特的能力，鸭嘴兽能够在浑浊的池塘深处发现猎物。在那里，靠眼睛是什么都看不见的。

哺乳动物

怎样出生

绝大多数哺乳动物幼崽都会花上很长一段时间在妈妈肚子里长大。它们要靠一个叫作胎盘的器官提供营养。幼崽可以通过一根叫作脐带的管子，从妈妈的血液中获得营养和氧气。当幼崽变得足够大，可以在妈妈肚子外面生存的时候，妈妈就该生产了。不过刚出生的幼崽依然非常脆弱，需要照料，直到它们能够自己照顾自己为止。

▶刚出生的幼崽

就像很多刚出生的哺乳动物幼崽一样，在出生的第一周里，小猫非常依赖它们的妈妈。它们蜷缩在母猫身边取暖，吸吮母猫营养丰富的乳汁。这样它们才能快速成长。许多哺乳动物的妈妈和幼崽会通过独特的气味来辨认对方。

刚出生的小猫身上湿漉漉的，因为它们在母猫肚子里成长的时候，周围都是液体。

刚出生的小猫是看不见东西的，它们的眼睛大概在一周内都不会睁开。
看不见东西的小猫依靠嗅觉来辨认母猫。

一窝

猫通常一窝生 2~5 只小猫。有的哺乳动物一窝能生更多幼崽。野生的哺乳动物幼崽并不是都能在危险的自然界中存活至成年的。

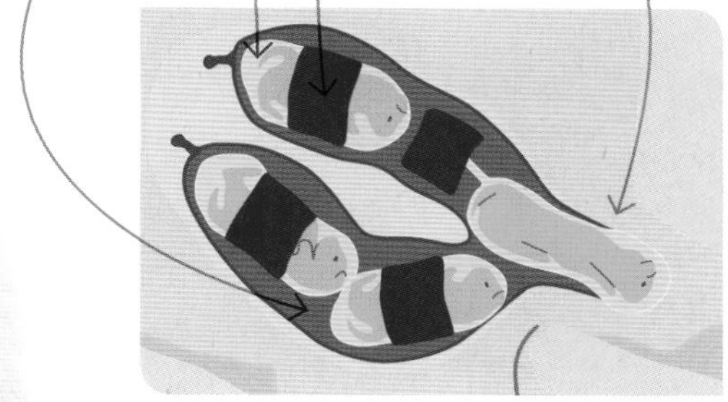

生产

哺乳动物幼崽在子宫里发育成长，它们中的绝大多数都有自己单独的胎盘。上图中的每只小猫都在一个起保护作用的羊膜囊中成长，里面充满了液体。小猫出生前，母猫的子宫壁肌肉会收缩，依次把小猫推入产道。

出生时的体形

很多大型哺乳动物会经历很长的怀孕期，生出来体形较大的幼崽，比如大象和鲸。它们的幼崽一出生就能够自行走动或游动。另一些哺乳动物的幼崽在子宫中待的时间较短，生下来体形较小，眼睛还没睁开，非常脆弱。

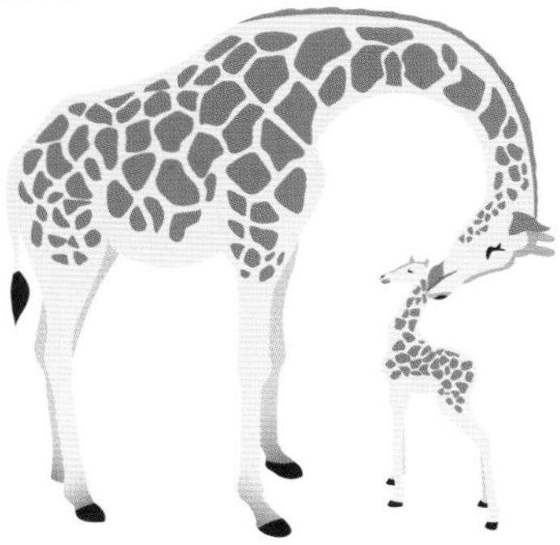

长颈鹿幼崽出生前已经在妈妈肚子里待了一年半的时间，体重已经占妈妈体重的十分之一。出生以后没多久，它们就能自己走路了。

虎鲸（逆戟鲸）出生前会在妈妈的子宫里待上将近 550 天。虎鲸幼崽的体重占妈妈体重的十五分之一。

大熊猫幼崽生下来的时候非常脆弱。

大熊猫出生前只在妈妈肚子里待 160 天，体重只有成年熊猫体重的千分之一。比起绝大多数哺乳动物，它们需要更多的照料。

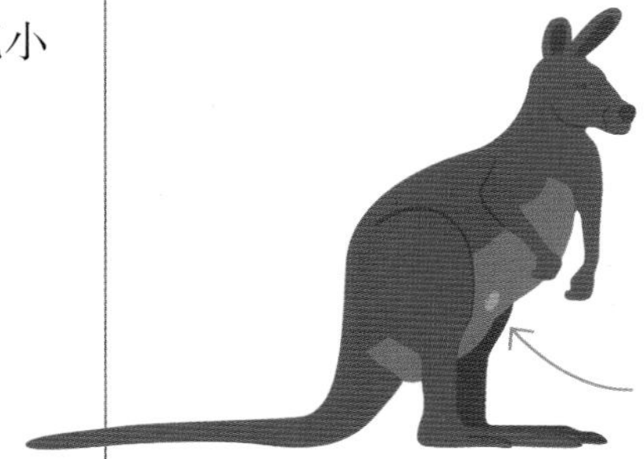

成年袋鼠的体重是袋鼠宝宝的上万倍。

袋鼠是有袋类哺乳动物，没有胎盘。幼崽出生的时候非常瘦小，发育不全，要爬进妈妈的育儿袋里继续发育成长。

哺乳动物怎样喂养幼崽

正在吸吮乳汁的豚鼠幼崽。

与动物界的其他动物不同，雌性哺乳动物用乳腺这种独特的器官分泌乳汁。幼崽连续几周甚至几年食用乳汁，直到它们可以吃成年动物的食物为止。

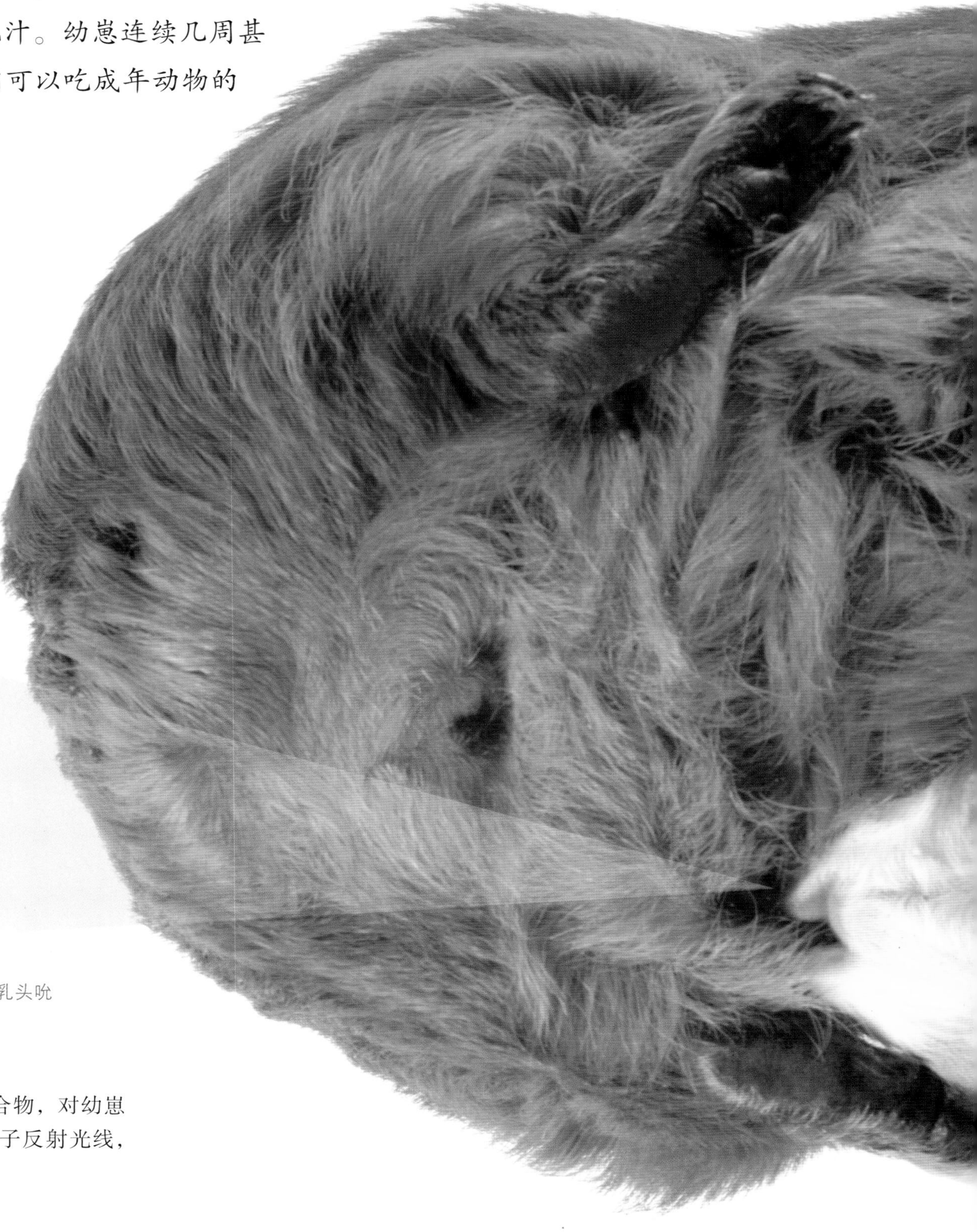

▶胎盘类哺乳动物

大多数哺乳动物，比如这只豚鼠，会直接生下幼崽而不是产卵。在出生前，胎儿处于母亲的子宫里，由胎盘滋养。出生后，它们以乳汁为食，能流出乳汁的乳头与母亲的乳腺相连。

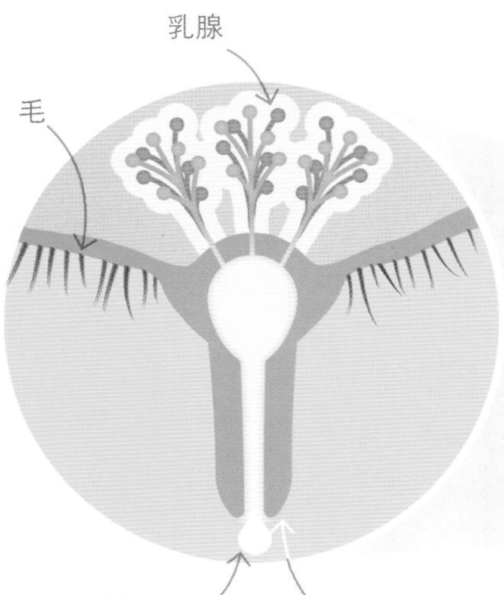

乳腺
毛
乳汁
幼崽从柔软的乳头吮吸乳汁。

特殊混合物

乳汁是脂肪、蛋白质和糖的混合物，对幼崽的发育至关重要。乳汁中的脂肪分子反射光线，使它呈现出乳白色。

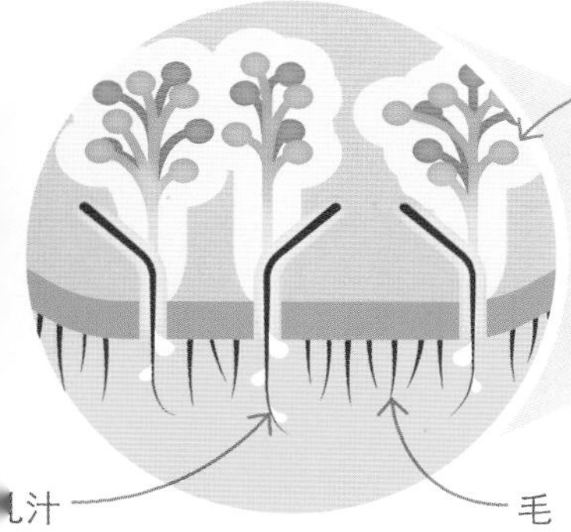

乳汁从鸭嘴兽腹部的乳腺中流出。

单孔目

单孔目哺乳动物包括针鼹和鸭嘴兽，它们产卵生下幼崽。幼崽孵化后，它们的母亲用乳汁喂养它们。单孔目哺乳动物没有乳头，它们的乳腺集中在腹部，乳汁从皮毛中渗出，供幼崽舔吸。

作为胎盘类哺乳动物，这只幼崽出生时发育良好。

有袋类

与胎盘类哺乳动物不同，袋鼠等有袋类在短暂怀孕后会生出体形很小的半成形幼崽。这些幼崽没有自理能力且发育不完全，它们爬进母亲的育儿袋里，并依附在能给它们提供所需营养的乳头旁。幼崽通常会在育儿袋中待上数周甚至数月。

哺乳动物怎样照顾幼崽

哺乳动物照顾幼崽的方式各种各样，包括提供保护、喂食、保暖等。为了尽可能提高幼崽生存的概率，它们会花大量时间和精力来抚养下一代。相比于其他动物，哺乳动物生育的幼崽数量更少，这样它们就能集中精力抚养幼崽。

任何可能对虎崽产生威胁的动静，虎妈妈的耳朵都能听出来。

保护

幼崽很容易成为猎物，得依靠父母的保护，才能对付捕食者。这头野驴妈妈必须坚定地挺身而

喂食

在学会自己捕猎之前，食肉哺乳动物幼崽依赖它们的父母提供食物。猫科动物常常会把活的猎物带回来，这样幼崽们就获得了练习捕猎本领的机会。

保暖

对哺乳动物幼崽来说，保暖非常关键，因为它们太小了，很容易失去热量。父母要确保它们不会着凉，有时候一家子会都挤在一起，就像这些日本猴，它们栖息在被大雪覆盖的地方。

◀迁移和庇护

和绝大多数哺乳动物一样，老虎每次只生下为数不多的幼崽，因此可以尽心尽力地照顾它们，确保它们存活。当虎崽长大了，可以到外面探险了，虎妈妈就会用嘴把它们叼出去，这样可以使它们避开毒蛇等危险。一旦别的捕食者发现了虎穴，老虎一家就会搬家。

带着虎崽脱离危险。

具有伪装效果的条纹有助于幼崽躲避捕食者，因为它们还太小，无法战斗。

老虎将锋利的爪子撑开，防备任何有可能伤害到幼崽的危险。

软软的、像垫子一样的脚可以让老虎悄无声息地陪伴着幼崽一起走动。

虎崽长到足够大的时候，就可以跟着虎妈妈走出虎穴去探索外面的世界了。

1 刚刚出生的狐狸

刚生下来的时候，小狐狸的眼睛是闭着的，它听不到声音，也没有牙齿，唯一的本能是吸吮妈妈的乳汁。狐狸乳汁所含的脂肪是牛奶的三倍。小狐狸长得很快，出生10天后体重就能翻三倍。

松软的黑色毛发。
在最初的两周里，它
的眼睛紧紧闭着。

新生的小狐狸

眼睛起初是蓝色的。

第4周

哺乳动物
怎样成长

和其他动物比起来，哺乳动物要花更长的时间才能独立。不像爬行动物的宝宝，它们一孵出来就能独立生存了。在哺乳动物幼崽逐步学习独立生存所需要的本领的过程中，它们离不开父母的照料。

2 迈出第一步

两周以后，小狐狸的眼睛睁开了，耳朵快能听到声音了，它开始意识到自己的周围环境。到了第4周，它迈出了摇摇晃晃的第一步。除了吸吮乳汁，它也开始吃一点儿爸爸妈妈咀嚼过的食物。

耳朵变大了，能够竖起来，并保持警戒。
眼睛从蓝色变成了金色。

第8周

3 快速学习

长到第8周，小狐狸就开始吃爸爸妈妈带回到洞里的固体食物了。它还不会自己捕猎，不过它已经开始学习追逐，有时候还会观察昆虫和其他小动物。

▶狐狸是怎么成长的

在成长过程中，小狐狸的身体和智力都会发生很大的变化。当它们成年以后，它们就能生育自己的幼崽了。成年的狐狸会变得更大、更强壮，也学会了观察、行走、捕食以及照顾幼崽。

早期的学习

哺乳动物幼崽学会的第一件事就是认识自己的父母。幼崽们会因此对第一个照料它们的动物形成依赖。在它们的成长过程中，需要得到父母的照料，所以这一点非常重要。

观察和学习

通过观察和模仿同伴的行为，哺乳动物们习得了许多技能。最初，小象笨拙地躺下来，用嘴巴喝水。只有在它们观察到成年大象是怎么做的之后，才会学着使用长长的鼻子把水喷到嘴里。

尽管还很年轻，这只狐狸已经拥有了成年狐狸的亮丽皮毛。

4 变成了少年

到了第 12 周，小狐狸们开始形成等级制。它们会在一起玩耍、追踪、偷袭对方，或者彼此追逐，既是为了取乐，也是在练习捕猎和搏斗的本领。这是它们在日后生活中用得到的。

第 12 周

等级制
怎样运作

很多哺乳动物都生活在具有一定社会性的群体当中，里面有若干成年的动物和它们各自的幼崽。在这些群体中，由一只或一对动物指挥着群体中的其他动物。它们可能处于同样的等级，或者它们之间存在各自的等级。

▶管理

大猩猩群体由一只成年雄性大猩猩管理。因为它背上长着银色的毛发，所以被称为“银背”。它决定大猩猩群在哪里觅食、睡觉，还要负责保护大猩猩群体，打败捕食者以及企图接管这个群体的其他雄性大猩猩。

群体

大猩猩群体的其他成员包括若干雌性大猩猩和它们各自的幼崽，有时候也有几只长着黑色毛发的未成年雄性大猩猩，它们被称为“黑背”。在群体当中，它们的地位相似。

为了示威，银背会大声吼叫。

在示威时，银背拍打着自己的胸脯，赶跑准备挑战自己的雄性大猩猩。

群体中所有的大猩猩幼崽都是银背的后代。

主导
服从
处于主导地位的雌性斑鬣狗高高地抬起头，展示着自己的重要地位。
低下头，耳朵顺从地耷拉下来，露出牙齿，这是在表示服从。

长幼强弱的顺序

绝大多数哺乳动物的等级制是由雄性主导的，不过斑鬣狗则是由雌性主导的。和大猩猩不同，它们形成一种长幼强弱的顺序。群体中的每个成员都服从于更高等级的成员，但主导着比自己等级低的成员。通过肢体语言，它们会表达出主导或服从。

掌权的女王

东非的裸鼹形鼠是穴居的啮齿目动物，生活在像蜜蜂群一样的复杂社会当中。每个鼠窝都由一位女王管理，它是所有幼鼠的妈妈。为了生育幼鼠，它会留下 2~3 只雄性裸鼹形鼠，其他多达 300 只裸鼹形鼠则全都是工鼠，负责挖洞、觅食，保卫它们的女王。

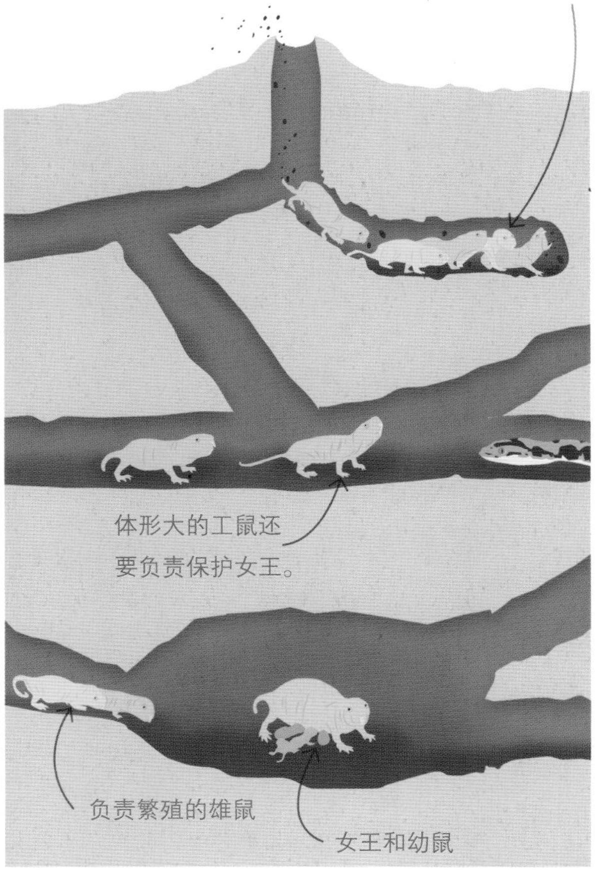

体形小的工鼠负责觅食、照看幼鼠，维护通道。
体形大的工鼠还要负责保护女王。
负责繁殖的雄鼠
女王和幼鼠

▶水下的战术

最为精妙的群体狩猎战术是由大洋中的哺乳动物发展出来的，尤其是海豚、虎鲸等。这些非常聪明的哺乳动物成群地生活在一起，能够持续地沟通交流，这有助于它们组织狩猎。

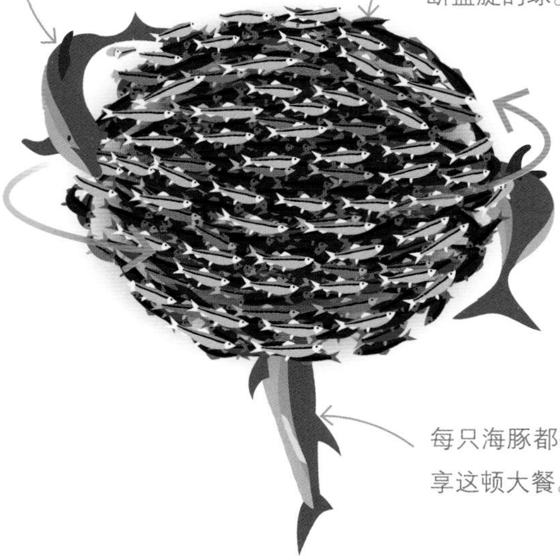

海豚绕着鱼群组成的球游泳，防止它们逃跑。
小鱼被挤压形成一个不断盘旋的球。
每只海豚都有机会分享这顿大餐。

驱赶鱼群

海豚经常使用的狩猎战术之一就是驱赶小鱼，它们绕着鱼群游动，吓得鱼群紧紧地缩成一团。然后海豚就会依次冲入鱼群，尽可能吃到更多的鱼。

群体狩猎是什么

绝大多数哺乳动物都是单独狩猎的，不过有些哺乳动物会结群狩猎，并分享捕获的猎物。采用这种群体狩猎战术可以战胜体形更大、更强壮，靠单打独斗无法战胜的对手。这样它们就可以杀死猎物。群体狩猎还可以把猎物包围起来，或者冲散猎物，把猎物驱赶进伏击圈。只有最聪明、高度社会化的动物才有能力进行团队合作。

海豚组队协作捕食猎物。

致命的波浪

虎鲸是一种大型海洋哺乳动物，经常会捕杀包括海豹在内的其他哺乳动物。在南极的海域中，它们通过一种非常完美的办法捕捉在漂浮的冰块上休息的海豹。虎鲸会排成一个阵型游过来。几头虎鲸朝着浮冰冲过去，潜水钻入浮冰下面，制造一股波浪，把海豹从浮冰上冲进海水中。然后虎鲸把海豹拖入水底淹死，再一道分享美味。

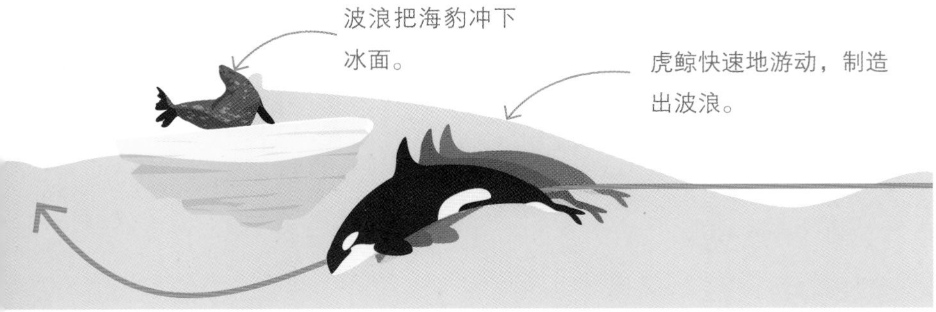

波浪把海豹冲下冰面。
虎鲸快速地游动，制造出波浪。

远距离的追逐

非洲野犬有一种简单的狩猎策略——它们不停地追逐猎物，直到猎物筋疲力尽。到那时，一条野犬就会冲到猎物前方，阻止它进一步逃跑。其他的野犬则会扑向猎物的尾巴，最老练的猎手会一口咬住猎物的上唇。这场狩猎很快就结束了。

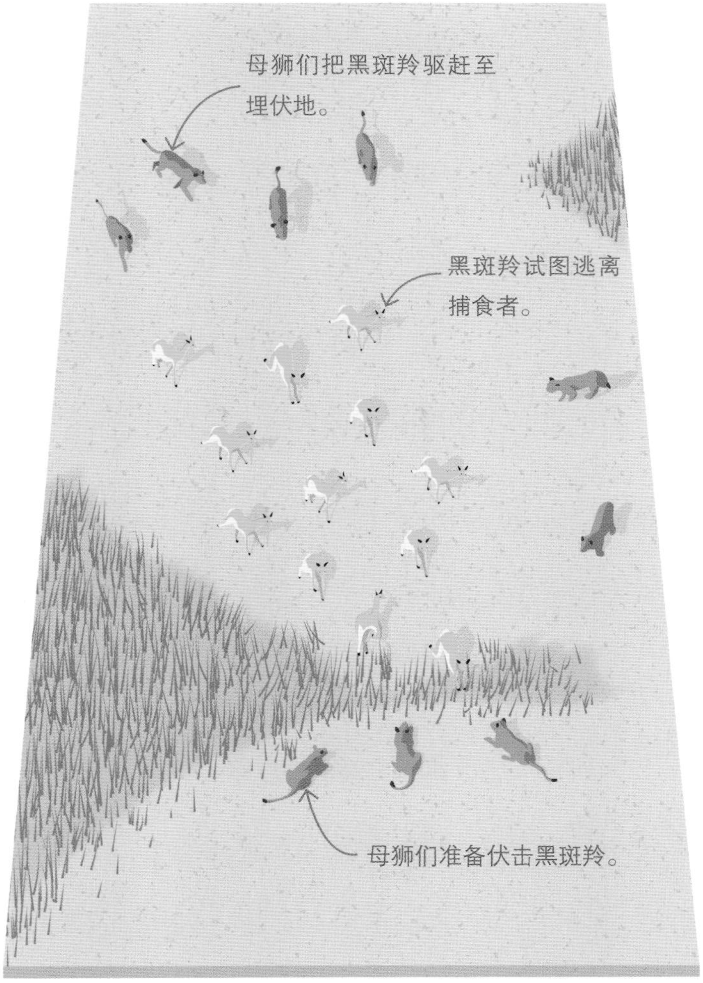

母狮们把黑斑羚驱赶至埋伏地。
黑斑羚试图逃离捕食者。
母狮们准备伏击黑斑羚。

潜伏的猎手

在狮群中，狩猎任务主要由母狮承担。它们组成团队，分成若干组，承担不同的职能。一些母狮会悄悄地潜伏到远离猎物的地方埋伏下来。另一些则悄悄靠近猎物，然后突然冲出来，驱赶猎物奔跑。两边的母狮则不停地恐吓猎物，诱使它们奔进埋伏圈。

海洋巨兽

在地球上的每个大洋中都能发现抹香鲸的身影，它们成群地生活在一起。抹香鲸是地球上现存体形最大的捕食动物，可以下潜到超过 2 千米深的水下，为的是搜寻它们喜爱的猎物——深海里的乌贼。当一头雌抹香鲸潜水找寻食物时，鲸群中的其他成员会看护它的宝宝，防止它们遭到鲨鱼或其他捕食者的攻击。在潜水的间隙，抹香鲸喜欢靠近阳光照耀的海面游动。

冲突怎样发生

哺乳动物们彼此竞争，争取生存机会，获得食物，所以它们会发生冲突。有些冲突发生在不同物种之间，目的是争抢食物，但是绝大多数冲突发生在同一物种内部，而且通常在雄性动物之间爆发，目的是争抢地盘和伴侣。这些冲突常常以表现出攻击性开始，并且很可能以一场战斗结束。

头抵着头

在非洲大草原上，两只汤氏瞪羚为了争夺领地而发生冲突。真要动起手来，肯定风险不小，所以每只瞪羚都试图展示力量，以此来吓跑对手。只有当这么做无效时，它们才会来一场正面交锋。

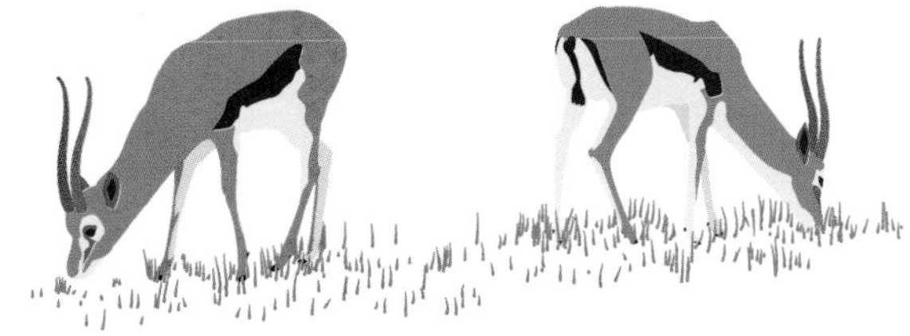

1 为了争夺食物而决斗

争抢地盘主要是为了争夺食物。每只瞪羚都试图把对方赶跑，驱离自己的领地。

2 低头准备决斗

如果两只瞪羚都不肯退让，它们就会把头低下来，向对方展示自己的犄角，表明它们做好了决斗的准备。

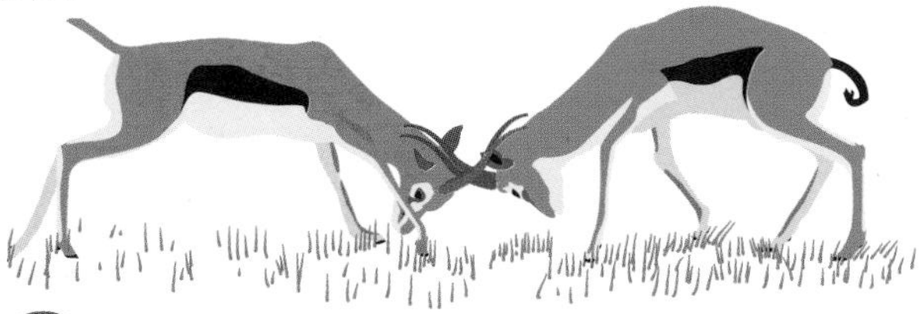

3 正面交锋

到了最后一步，瞪羚就会打起来。通常，决斗比

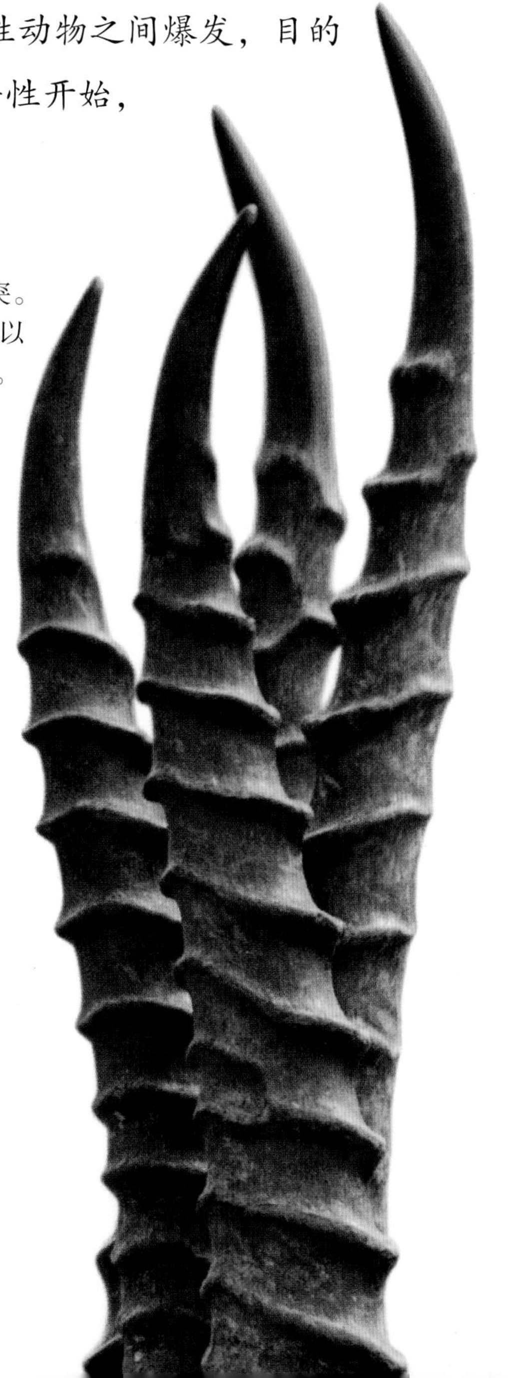

威慑策略

在哺乳动物之间爆发的冲突，绝大多数都是在真正打起来之前，一方已经把另一方给吓跑了。外表看起来越令人生畏，取胜的可能性就越大。因此，一些哺乳动物进化出了一些非常吓人的威慑方式。

令人恐惧的犬牙

雄性狒狒长着锋利的犬牙。为了避免正面交锋，它们会尽可能地长大嘴巴，露出长长的犬牙，以此来吓跑对手。

两倍大小

猞猁放松的时候，它的毛发松松软软地绕着脸部耷拉下来。但是如果它觉得有危险，它的毛发就会立起来，使它看起来比实际大得多，这样敌人就会退让了。

危险的战斗

不同物种间发生冲突时，风险更大。这场冲突就发生在斑鬣狗和狮子之间，它们争抢的是食物。如果威胁没起到作用，接下来的战斗有可能是致命的。

在战斗中，犄角厚厚的基座保护着头骨。
只有雄性瞪羚长着这种厚厚的、有着锋缘的犄角。雌性瞪羚的犄角则要纤细得多，也短得多。
雄性瞪羚靠眼睛下面的腺体释放出来的气味来划定领地边界。

▶针锋相对

在一场头抵头的正面冲突中，汤氏瞪羚的犄角抵住了对手的犄角。它们的犄角长着锋缘，略带曲线。不过，因为犄角的顶端非常锋利，所以输掉的一方在转身逃跑的时候，动作一定要快，免得被对手的犄角刺中。

哺乳动物怎样防御

绝大多数哺乳动物都会被其他动物捕食。遭到捕食者攻击时，有的哺乳动物会逃跑或者躲起来，有些则会坚守在原地，靠防御来保护自己。在诸多防御手段中，有的是物理性的，比如犰狳身上的铠甲，有的则是行为上的，比如细尾獴的防御战术。

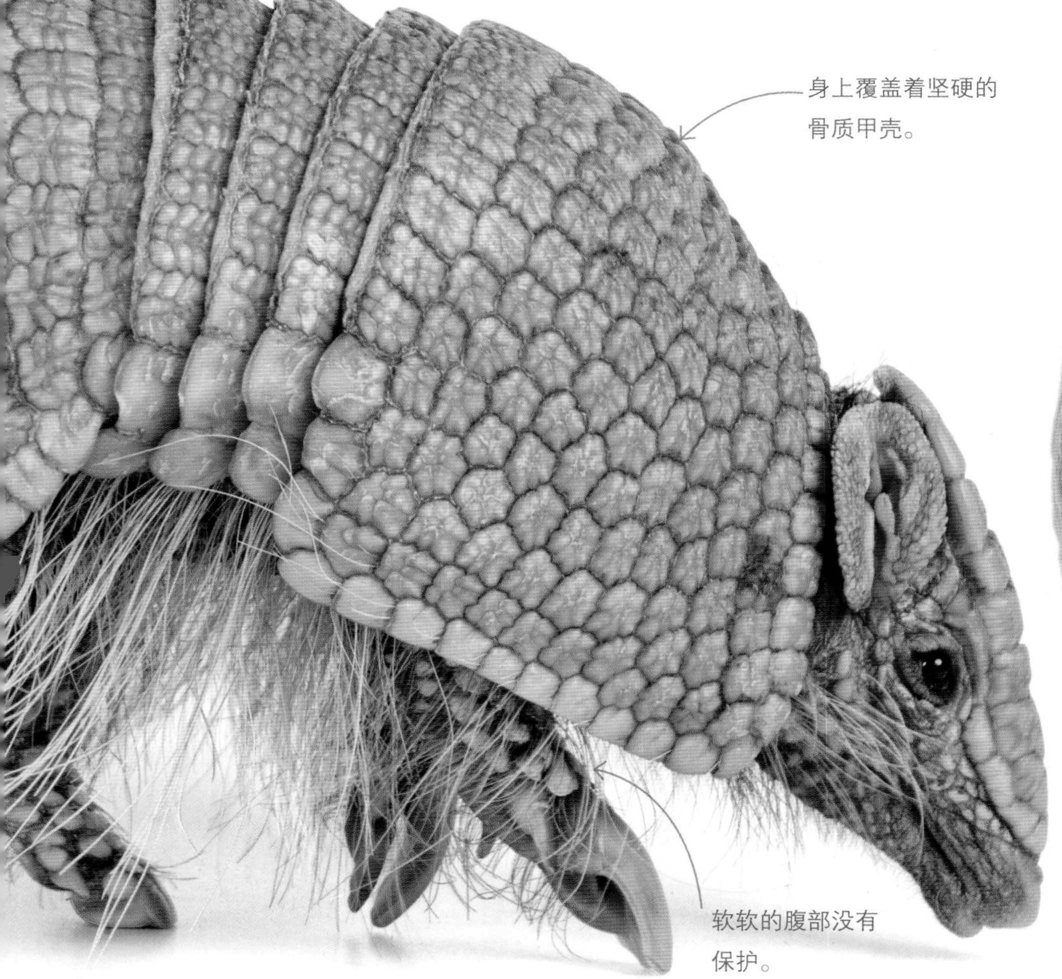

身上覆盖着坚硬的骨质甲壳。

软软的腹部没有保护。

背部和身体两侧柔韧的皮肤上覆盖着灵活的带甲。

群居

很多哺乳动物进化出具有防御作用的行为模式。其中最常见的一种就是成群地生活在一起，比如这些细尾獴。生活在一起就意味着有了更多的眼睛留意危险。当细尾獴外出时，其中一只会起到哨兵的作用。如果它看到了捕食者，就会向群体发出警告，指出有捕食者靠近。

细尾獴依次站起来，担任哨兵。

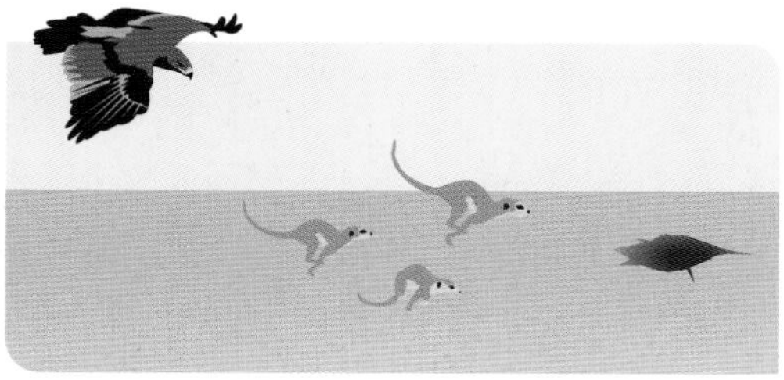

来自空中的攻击

当猛禽靠近时，哨兵发出警报，细尾獴就会冲进洞穴里。这些洞穴是一些特殊的通道，可以容纳很多细尾獴。

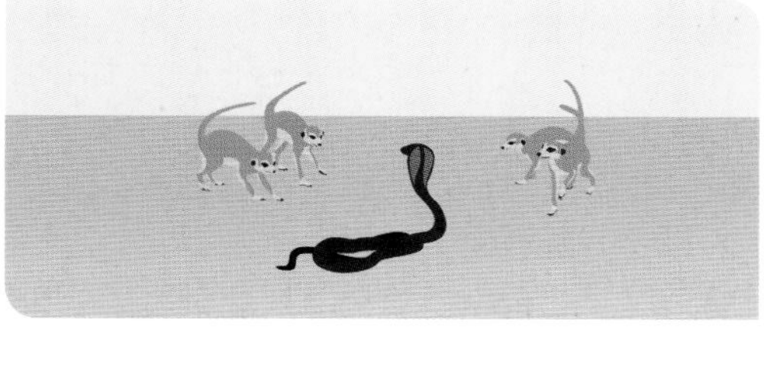

来自地面的攻击

一条眼镜蛇则很可能会遭到细尾獴的反击。一开始，它们可能会站在一起，试图吓跑眼镜蛇。如果这一招不灵，细尾獴们就会试图张嘴咬眼镜蛇。

铠甲球

南美洲的三带犰狳身上覆盖着铠甲般的外壳。它的肩部坚硬的盾甲，被三条灵活的带甲连接在一起。这使得三带犰狳可以蜷成一个球。这样，捕食者就几乎不可能咬到它软的腹部。

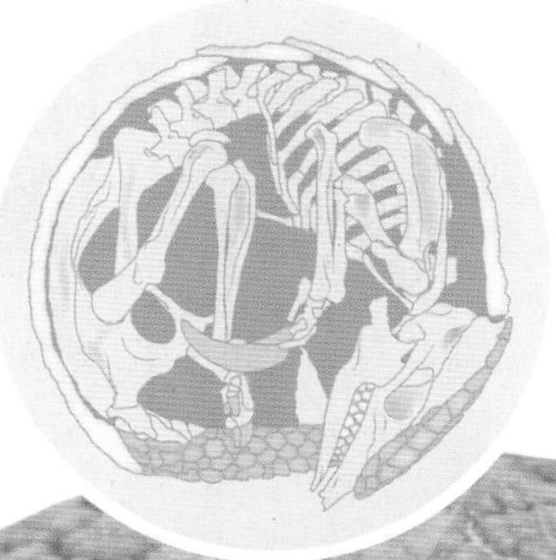

身体内部

三带犰狳的骨质甲壳是由皮肤特化而来的，但是和龟类的背甲不同，这些骨质甲壳和三带犰狳的骨架没有关系。

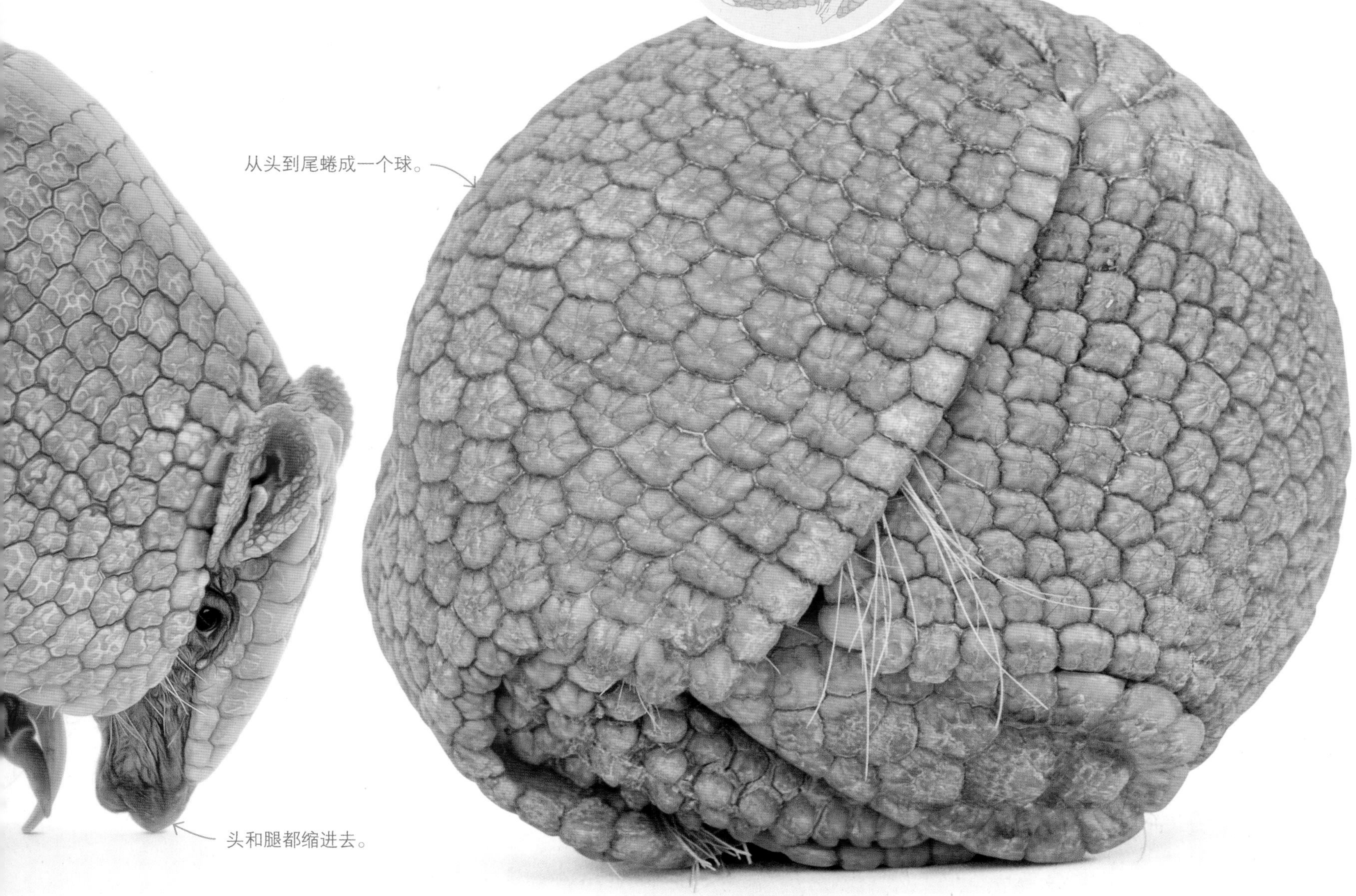

从头到尾蜷成一个球。
头和腿都缩进去。

御墙

遭到捕食的动物如果群居的，就有可能团结来，一起威慑捕食者。北极地区，麝牛会围绕小牛形成一个防御性的环，赶跑进攻的狼群。对一群把脑袋低下来，着长长的、弯弯的犄角麝牛，狼群通常只能选放弃。

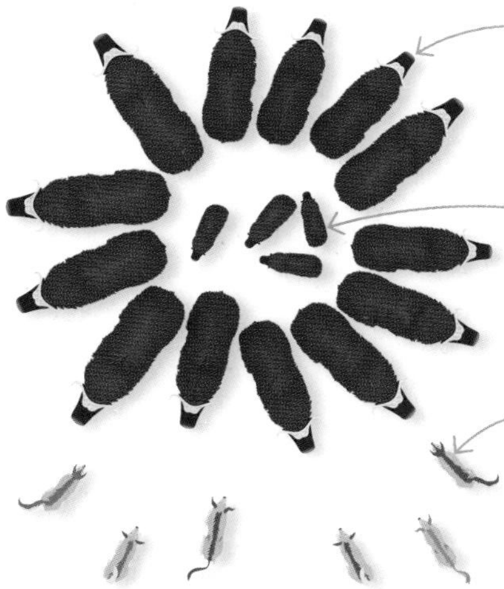

麝牛围成一个圆。
小牛被围在中间。
正在捕猎的狼群。

使用化学物质进行防御

很多哺乳动物都有臭腺，可以起到防御的作用。其中最出名的就是臭鼬。它们保护自己的方式是对着捕食者的脸喷出一股恶臭难闻的液体。臭鼬身上黑白相间的图案也能起到警告的作用——捕食者学会了不去招惹它们。

分泌物被直接喷到捕食者的眼睛上，会造成短暂失明。

食肉哺乳动物

食肉哺乳动物靠吃其他动物的肉生存。在哺乳动物中，猫、狗、熊等都是食肉哺乳动物。它们具备特殊的本领，能够捕捉、猎杀和屠宰它们的猎物，它们的武器有锋利的爪子和足以把肉撕开的牙齿等。它们非常精明，可以智取那些谨慎的猎物，而且足够强壮，能够制服猎物。

厚厚的毛皮在寒冷的环境中能够保暖。

豹的听觉比人类的
听觉敏锐 5 倍。
利用伪装可以悄无声息
地接近猎物。
胡须有助于夜行动物在
黑夜中辨别道路。
舌头表面长着许多角质
化倒生小刺，可以把肉
从骨头上剔除下来。
锋利的犬齿可以
咬穿猎物的肉。

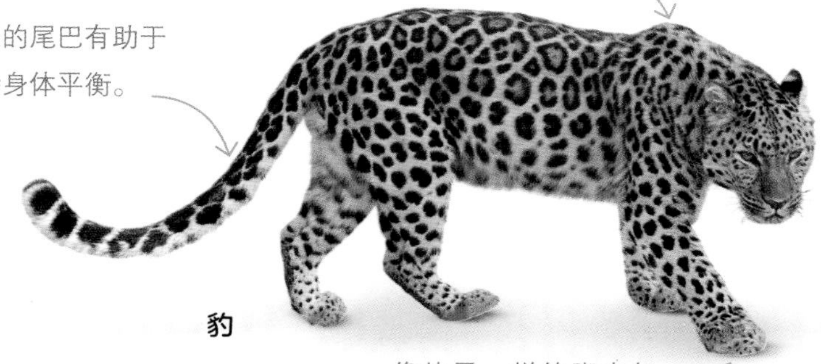
颈部和肩部都长着
强壮的肌肉。
长长的尾巴有助于
保持身体平衡。
像垫子一样的脚走起
路来悄无声息。

豹

◀潜伏高手

和绝大多数猫科动物一样，豹也是偷袭的高手，它们要么躲在伏击处等待猎物靠近，要么悄悄地接近猎物，直到距离足够近了才发起突然袭击。它们会用强壮的四肢和锋利的爪子抓住猎物，然后用锋利的犬齿咬住猎物的颈部，令其窒息死亡。

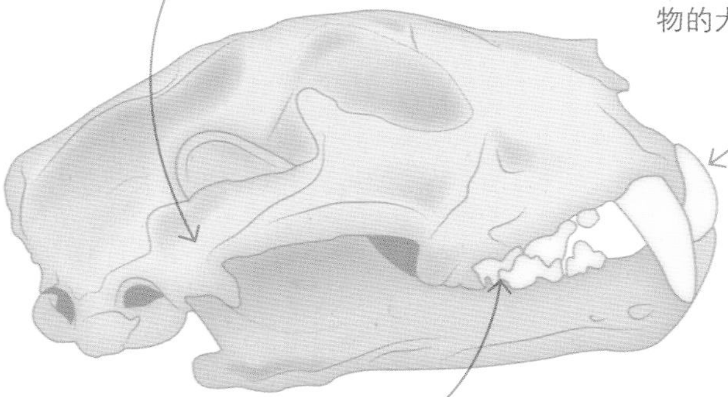
强壮的下颌可以轻易
咬碎猎物的肉。
可以刺穿猎
物的犬齿
用于切割食
物的裂齿

牙齿

很多捕食动物都长着两种不同的牙齿，以便于吃肉。它们的嘴巴前面长着长长的犬齿，可以刺穿并牢牢地咬住猎物。长在后面的裂齿则像刀子一样，可以把肉切碎。

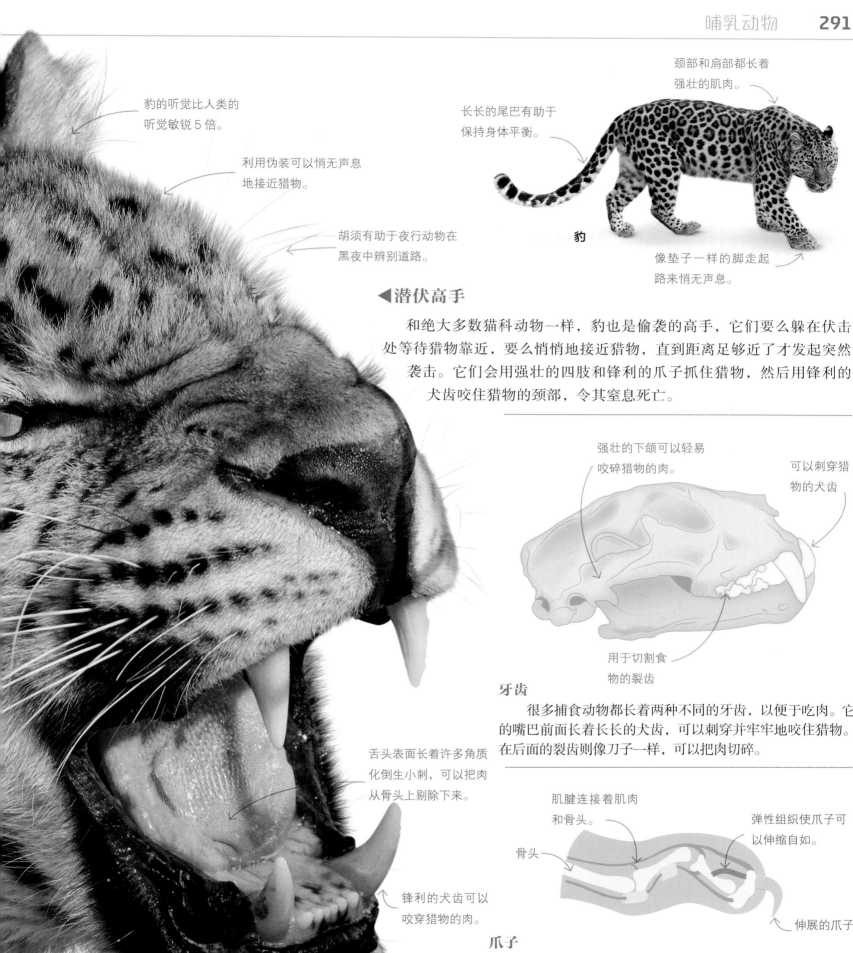

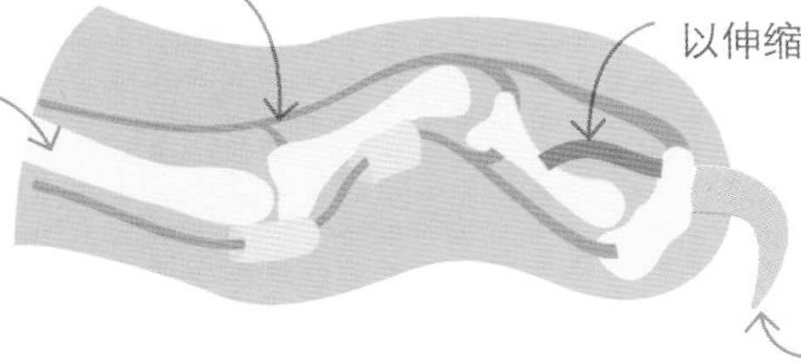
肌腱连接着肌肉
和骨头。
弹性组织使爪子可
以伸缩自如。
骨头
伸展的爪子

爪子

食肉哺乳动物长着爪子，可以用于捕猎、攀爬、挖洞和打斗。猫科动物的爪子可以伸缩，不用的时候会缩起来。这样一来，爪尖就不会磨损。爪子一旦伸展开，就变成了令人望而生畏的武器。

食虫哺乳动物

有些哺乳动物会以昆虫、蜗牛等无脊椎动物为食。它们被称为食虫动物，通常都有着长长的嘴和非常敏感的鼻子，便于搜寻猎物。它们还长着带有利爪的脚，可以把昆虫挖出来，再用锋利的牙齿咬碎它们的外骨骼。绝大多数食虫动物都在夜间活动。它们通常眼睛很小，视力很差，主要依靠嗅觉、听觉和触觉辨别行动的方向。

▼狩猎的刺猬

绝大多数刺猬白天都在洞里睡觉，到了晚上才出来搜寻食物。它们吃的东西不仅包括无脊椎动物，还有蛙类、爬行动物、草莓、菌类和腐肉等。它们强壮的爪子可以轻易敲碎蜗牛的外壳和鸟蛋。

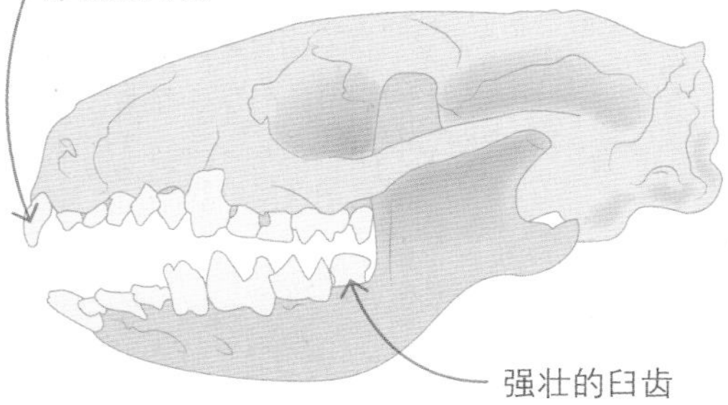
锋利的门齿
强壮的臼齿

刺猬的头骨

和绝大多数食虫动物一样，刺猬的头骨很长，大脑的容量很小。它们长着36颗牙齿，包括可以碾碎坚硬食物的强壮臼齿，以及可以咬穿猎物的锋利门齿。

利用背部的肌肉竖起或放下背上的刺，从而保护自己。
刺猬的听力非常优秀，这弥补了它们糟糕的视力。
刺猬的眼睛很小，视力很差。
长长的嘴上布满了嗅觉接收器。
锋利的门齿用来咬住并刺穿猎物。
甲虫的幼虫

猎技巧

很多哺乳动物会把无脊椎动物当作食物。它们有着五花八门的捕食技巧。尽管一些以蚂蚁为食的哺乳动物连牙齿都没有，但是它们学会了别的本领。

鼹鼠

鼹鼠差不多一生都生活在地底下，它们会用像铲子一样的前肢挖掘出长长的管道，管道彼此连接。它们就生活在其中，吃蠕虫和其他无脊椎动物。

鼩鼱

这是一类个头不大，但是非常灵活的哺乳动物。它们主要依靠速度捕猎，以填饱始终处于饥饿状态的胃。为了生存，鼩鼱每天都得吃和它体重一样重的食物。

食蚁兽

食蚁兽的舌头很长，能从没有牙齿的嘴里伸出去，深深地伸进蚁巢。它的舌头上覆盖着细小的倒钩和有黏性的唾液，可以用来捕捉猎物。

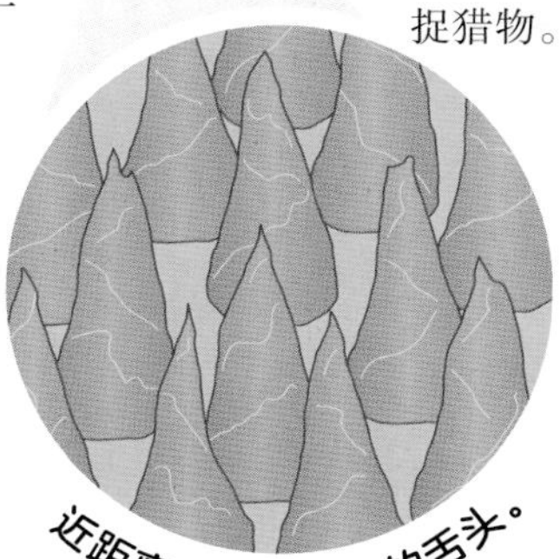

近距离观察食蚁兽的舌头。

起到保护作用的尖刺是特化的毛发，由特殊的蛋白质组成。

锋利的爪子可以用来挖土。

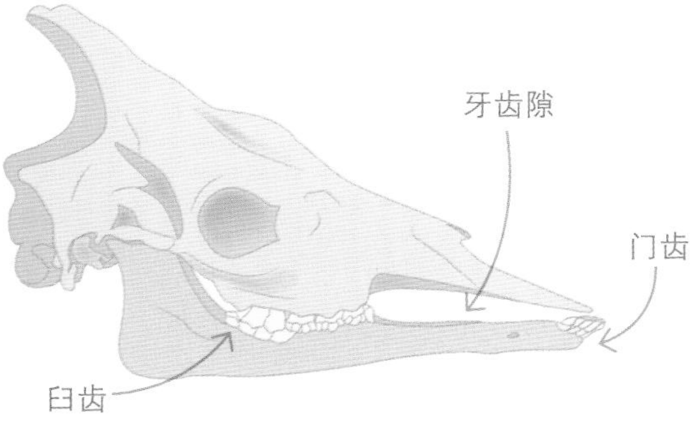
牙齿隙
门齿
臼齿

特殊的牙齿

长颈鹿的下颌前部长着门齿，用来咬断树叶，但它们的上颌没有门齿。后面的臼齿会把树叶碾碎成一团，使之更容易消化。在这两种牙齿的中间有较宽的牙间隙，在咀嚼之前，多余的树叶可以先储存在这里。

角上覆盖着茸毛。
下颌可以向两边移动，以磨碎叶子。
颈部很长，能够吃到高处枝条上的叶子，这是其他动物很难够得到的。

▶有针对地进食

食草哺乳动物主要吃草及其他低矮植物，而像长颈鹿这类以树叶为食的则有着长长的颈部或者腿，有助于它们够到高处的树叶。食物类型不同，生活在同一栖息地的食草哺乳动物就能够避免争夺同类食物。

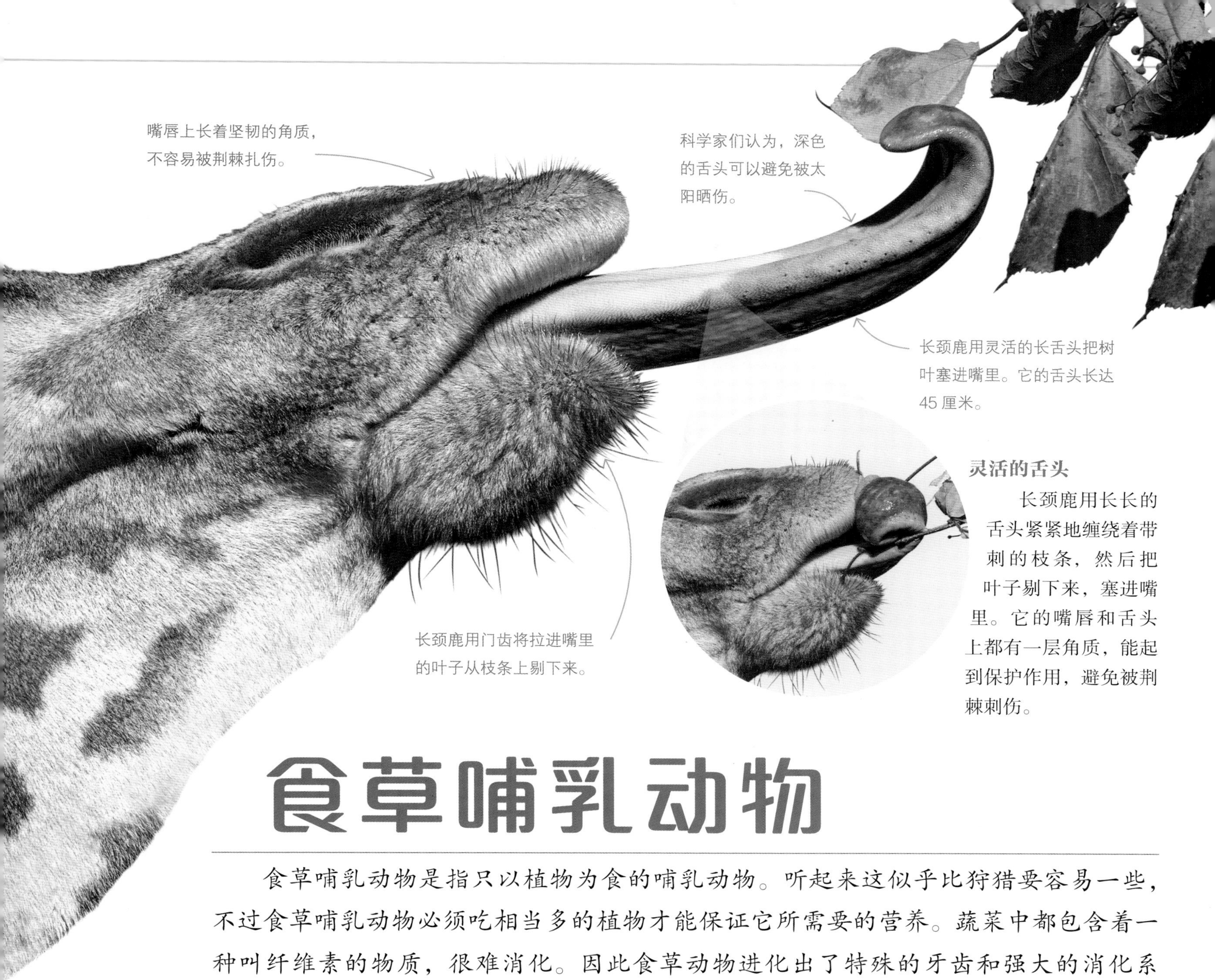
嘴唇上长着坚韧的角质，
不容易被荆棘扎伤。
科学家们认为，深色
的舌头可以避免被太
阳晒伤。
长颈鹿用灵活的长舌头把树
叶塞进嘴里。它的舌头长达
45 厘米。
长颈鹿用门齿将拉进嘴里
的叶子从枝条上剔下来。

灵活的舌头

长颈鹿用长长的舌头紧紧地缠绕着带刺的枝条，然后把叶子剔下来，塞进嘴里。它的嘴唇和舌头上都有一层角质，能起到保护作用，避免被荆棘刺伤。

食草哺乳动物

食草哺乳动物是指只以植物为食的哺乳动物。听起来这似乎比狩猎要容易一些，不过食草哺乳动物必须吃相当多的植物才能保证它所需要的营养。蔬菜中都包含着一种叫纤维素的物质，很难消化。因此食草动物进化出了特殊的牙齿和强大的消化系统，使它们能够食用这类难以消化的、富含纤维的食物。

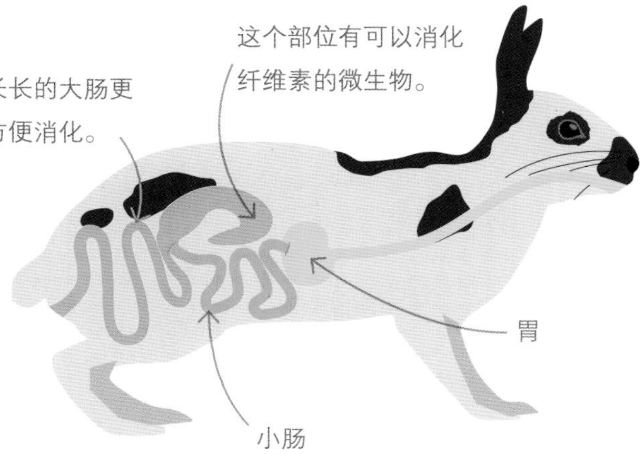
这个部位有可以消化
纤维素的微生物。
长长的大肠更
方便消化。
胃
小肠

大肠消化

食草哺乳动物的大肠里有能够消化纤维素的微生物。兔子甚至会吞下自己的排泄物，以确保营养都被尽可能地吸收。

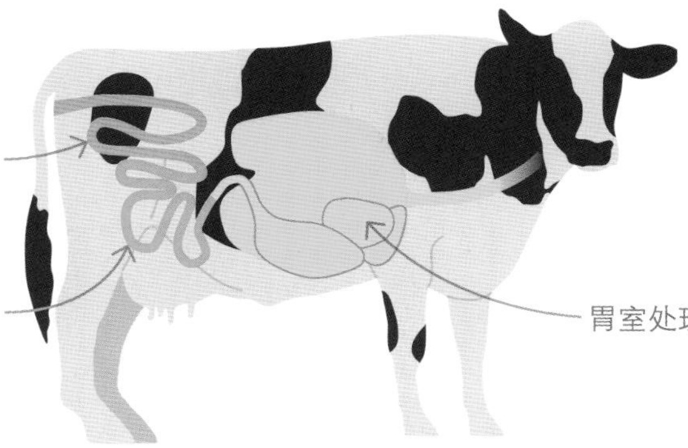
正常的大肠
绝大多数营养
被小肠吸收。
胃室处理食物。

反刍动物

有些反刍动物有多个胃室，里面有可以消化纤维素的微生物。为了帮助消化，吞咽下去的食物会被反刍。

▼银色的鼹形鼠

鼹形鼠一生的绝大多数时间都待在地下。它们会用巨大的门齿挖掘地洞，在里面生活并搜寻食物。这些地洞能够达到1千米长。鼹形鼠的嘴唇能在牙齿后面合拢起来，这样它们在挖洞时就不会把泥土吞下去。

鼹形鼠的眼睛很小，视力很差，不过听力非常好。
一层层的皮肤可以保护鼻孔在挖洞时不吸入泥土。
门齿的根部延伸到了头骨。
嘴唇可以在齿后面闭拢
门齿
鼹形鼠的触觉非常敏锐，可以在黑暗中摸索前进

啮齿类

啮齿类是哺乳动物中物种数量最多的，包括老鼠、沙鼠和鼹形鼠等。它们会用大门齿挖洞，咬开坚硬的食物，以及抵御攻击。在各种环境中，它们都能找到食物和安身之处，所以从北极苔原到炎热干燥的沙漠，几乎任何生境都有啮齿类分布。

面颊塞满了
坚果。

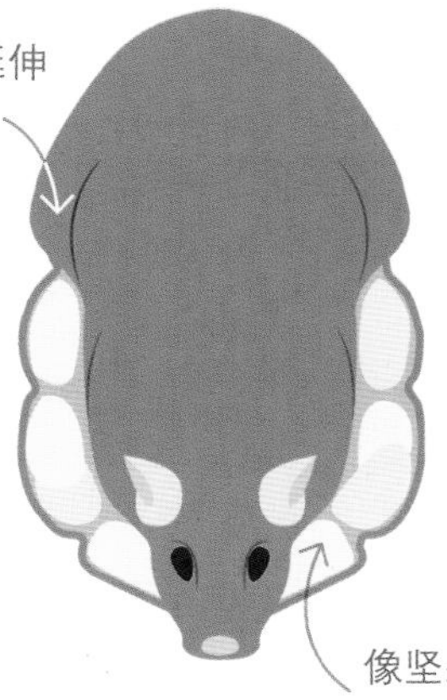
面颊一直延伸
到了肩膀。
像坚果这样的食
物可以储存在颊
囊中运送。

颊囊

除了有锋利的门齿，很多啮齿类还长着颊囊，可以用来运送食物。仓鼠的颊囊可以储存它自身体重一半重的食物，甚至还能运送它们新生的幼崽。仓鼠没有唾液，所以颊囊里面能够保持干燥。

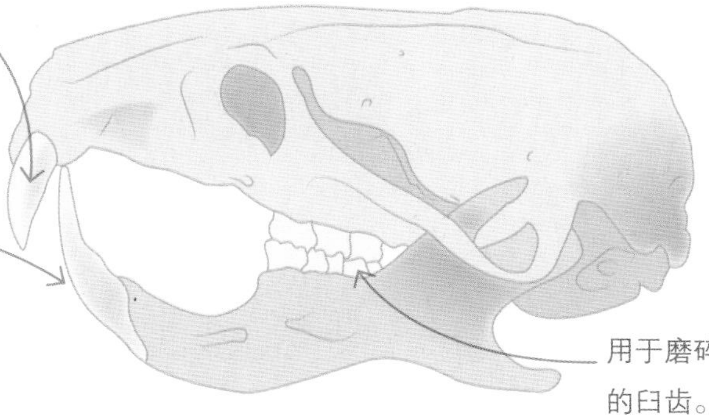
用于啃咬的
门齿。
上下门齿互相碾磨，
形成锋利的边缘。
用于磨碎食物
的臼齿。

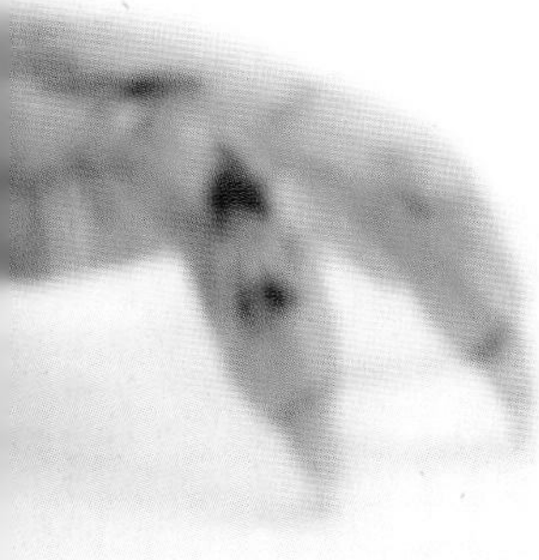

啮齿类的牙齿

啮齿类的门齿会不停地生长，以免在不断啃咬的过程中被磨损。门齿的前面是由坚硬的珐琅质构成的，后面则是由更柔软的象牙质构成。上下门齿会相互摩擦，象牙质会被磨掉，形成锋利的边缘。

啮齿类是怎么利用牙齿的

绝大多数啮齿类都会用它们的臼齿吃坚果、种子，以及其他坚硬的食物，它们用门齿锋利的边缘啃食或咬碎硬壳。有些啮齿类还会用牙齿挖洞、啃断大树，或是抓活的小动物吃。

老鼠

老鼠在吃蚱蜢、蜈蚣等猎物之前，会咬穿它们的骨架，切断它们的神经，使它们瘫痪。

河狸

为了拦河建筑“堤坝”，河狸会咬断树木当材料。“堤坝”拦住了河水，形成池塘，河狸就在里面筑窝。

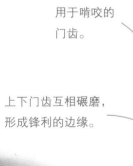

松鼠

松鼠会把坚果埋进土里，这样到了寒冷的冬天，它们也能有足够的食物。它们会用门齿咬开坚果坚硬的外壳。

河狸

野生动物中只有河狸会为了建造家园付出这么多。这种半水生的啮齿目动物是老鼠和松鼠的远亲。它们是天生的工程师，能用牙齿把大树咬断，然后用树干建造一个具有防御功能的家园，周围被水环绕，可以抵御捕食者的进攻。

▶磨牙

河狸生活在北半球的森林中，那里寒冷、潮湿的气候形成了大片沼泽和河流。河狸会建筑堤坝，拦截水流，把河流变成为池塘。这样它们就可以建造家园了。它们主要靠巨大的门齿工作。河狸的门齿呈粗大尖凿状，而且会不停地生长。

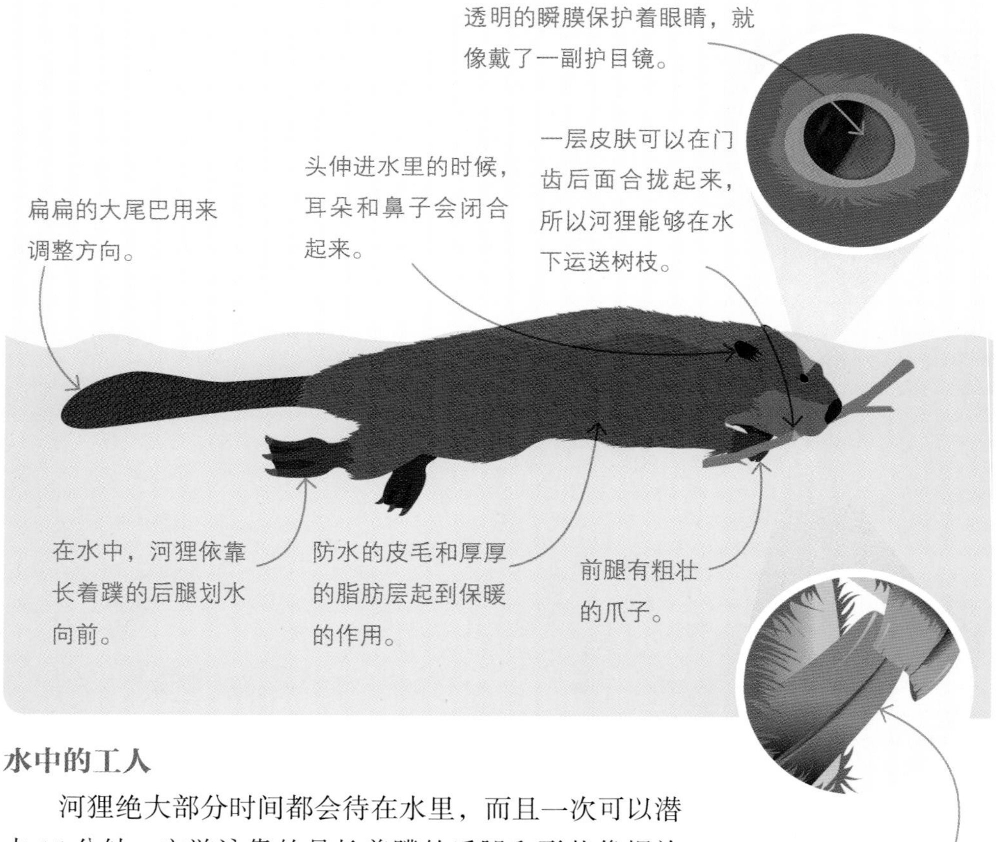

透明的瞬膜保护着眼睛，就像戴了一副护目镜。
扁扁的大尾巴用来调整方向。
头伸进水里的时候，耳朵和鼻子会闭合起来。
一层皮肤可以在门齿后面合拢起来，所以河狸能够在水下运送树枝。
在水中，河狸依靠长着蹼的后腿划水向前。
防水的皮毛和厚厚的脂肪层起到保暖的作用。
前腿有粗壮的爪子。
门齿的后部得到了碾磨，剩下前面十分坚硬的珐琅质，这样就形成了锋利的边缘。

水中的工人

河狸绝大部分时间都会待在水里，而且一次可以潜水 15 分钟。它游泳靠的是长着蹼的后腿和形状像螺旋桨的尾巴。河狸非常适应水中生活，可以很轻松地在水下工作。不过河狸由于体形较胖，而且腿太短，在陆地上动作就不太灵活了。

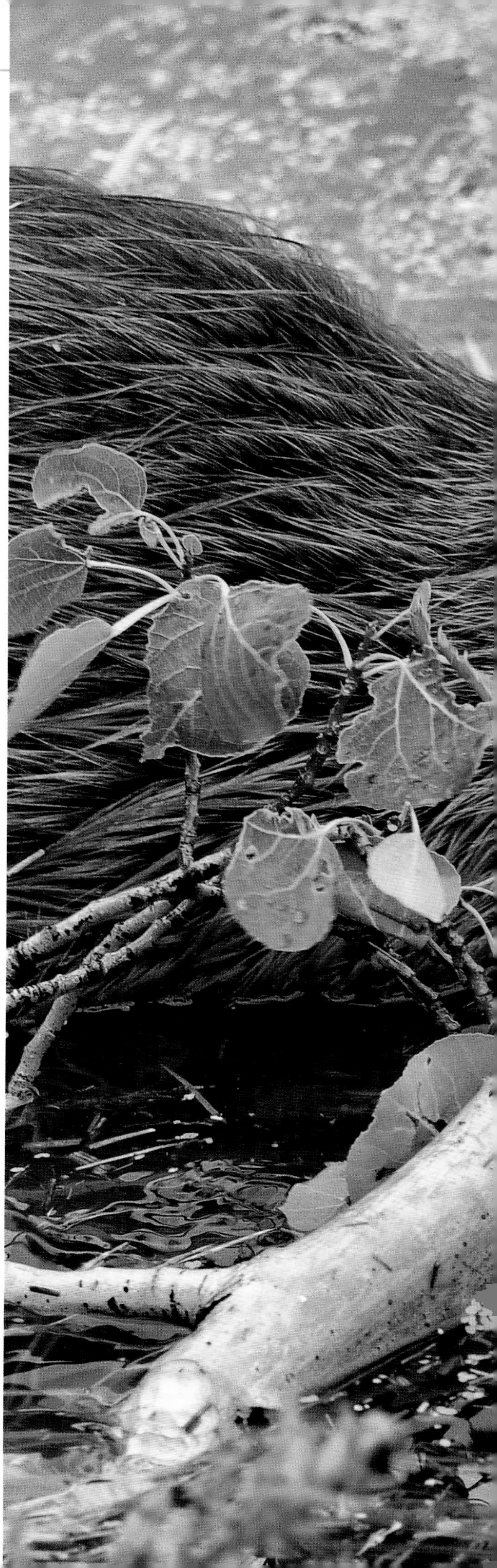

建造家园

河狸非常努力地工作，要拦河建造一道“堤坝”。这样它们就可以制造出一个池塘。它们会在池塘当中建造自己的家园，并在水下修建出入口。

1 弄倒大树

河狸会在河边选一棵树，然后咬断树干，让树倒在河里。它会咬断很多树，建造一道栅栏。

河狸能够咬断周长60厘米的树。

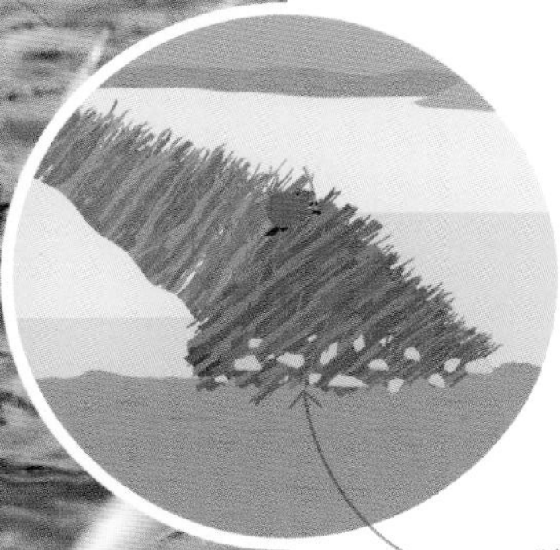

2 “堤坝”

为了建造“堤坝”，河狸会把树枝垂直插入河床，不断地加强栅栏。然后它们再横向添加树枝，用石头、杂草和泥土把当中的缝隙填满。

“堤坝”可以达到4米高。

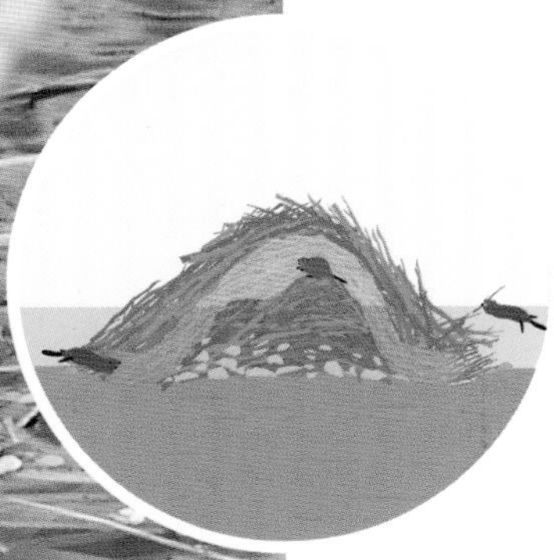

3 家园

一旦“堤坝”建好了，河狸就会用树枝和泥巴搭建一个巢。巢里的地板比水平面要高，可以提供一块干燥的生活空间，稍低一点儿的地方则是用来晾干东西的。

河狸把食物储存在水下，为寒冷的冬天做好准备。

4 安全的庇护所

夏天，河狸的巢周围都是水，河狸待在里面很安全。到了冬天，如果湖面结了冰，涂抹在巢上的泥巴也会结冰，这能保护河狸免遭捕食者的攻击。

哺乳动物
肢体分类

哺乳动物有着共同的祖先，它们长着 4 只脚，每只脚上有 5 个指头。但是绝大多数的哺乳动物逐渐适应了各自不同的生活环境，它们的四肢也随之发生了各种变化。很多哺乳动物的脚趾变少了，前肢演化成了手臂、脚蹼，甚至是翼手。

犀牛的体重主要是靠中间的脚趾来支撑的——两边的小脚趾起到平衡和抓地的辅助性作用。

每个脚趾的末端都是厚厚的角质蹄。

人类的四肢

虽然前肢不再起到腿的作用，不过人类的手臂还是和祖先一样，手指也是 5 根。其他哺乳动物也有手臂、手腕和指骨，当然具体形式不一样。

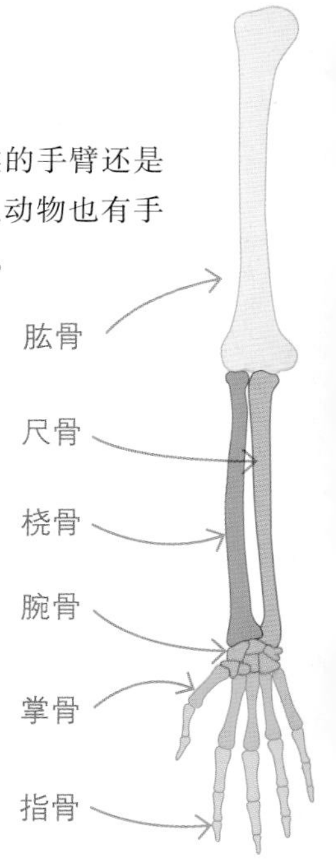

犀牛

犀牛的前肢就像坚固的柱子，长着粗壮的骨头，这样才能支撑起巨大的身躯。它的 3 个脚趾分开，可以分散身体的重量，让它能在柔软的地面行走。

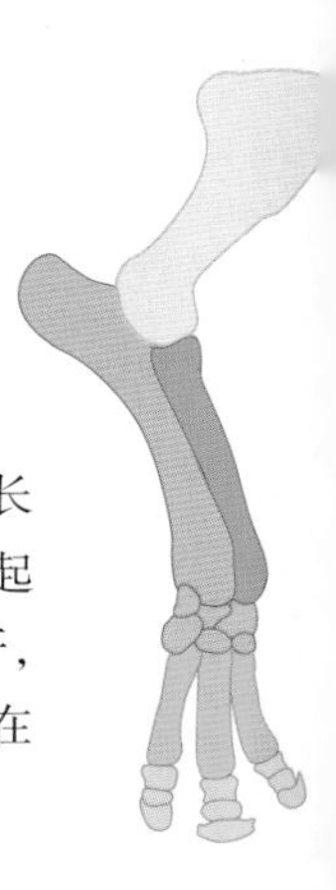

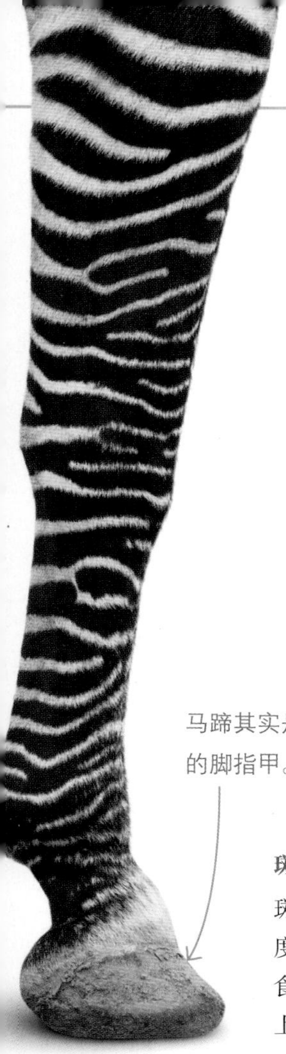

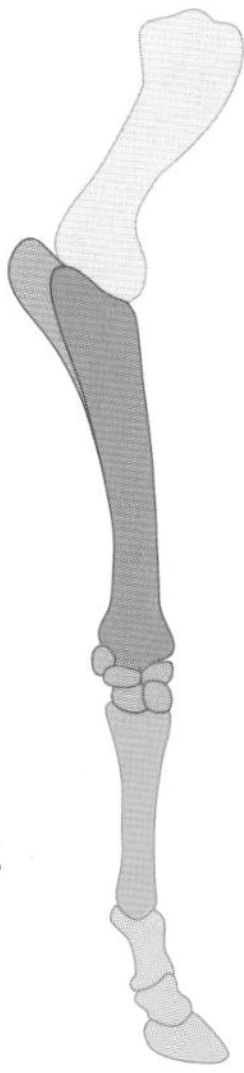

马蹄其实是特化的脚指甲。

斑马

斑马的腿纤细瘦长，这是为了追求速度，使它能够在开阔的平原上逃离捕食者。斑马的每只脚都只有一个脚趾，上面覆盖着一层巨大的马蹄。

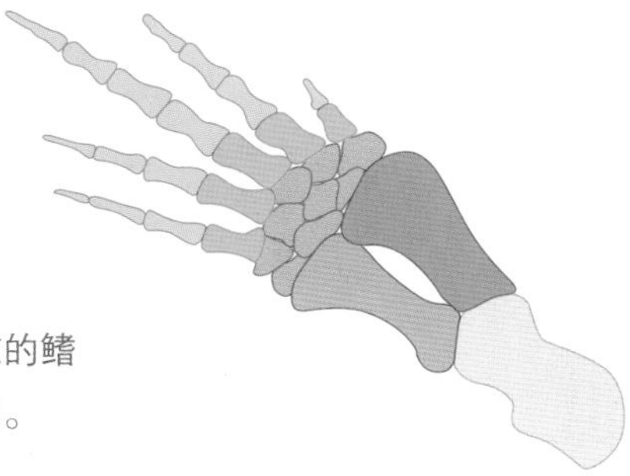

指骨支撑着鲸的鳍状肢上的肌肉。

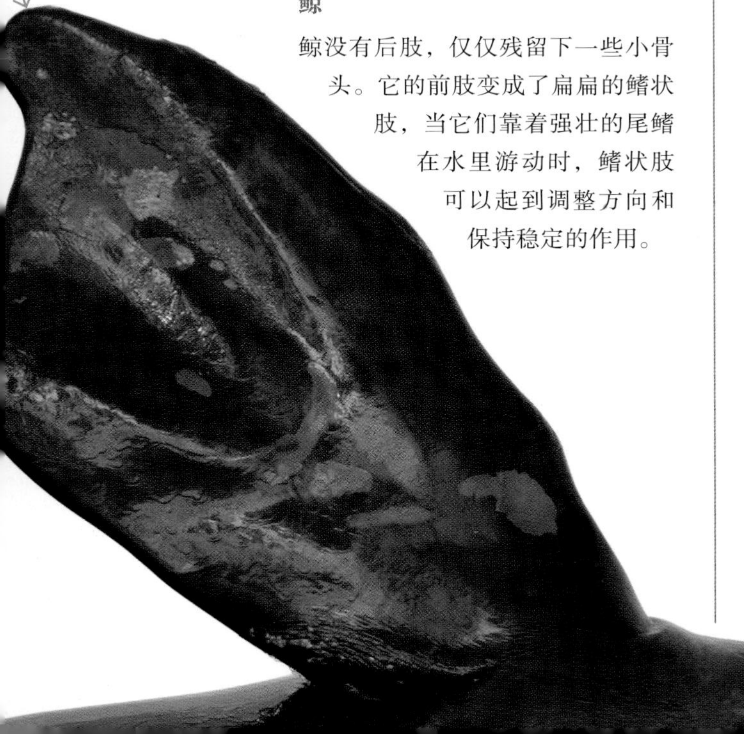

鲸

鲸没有后肢，仅仅残留下一些小骨头。它的前肢变成了扁扁的鳍状肢，当它们靠着强壮的尾鳍在水里游动时，鳍状肢可以起到调整方向和保持稳定的作用。

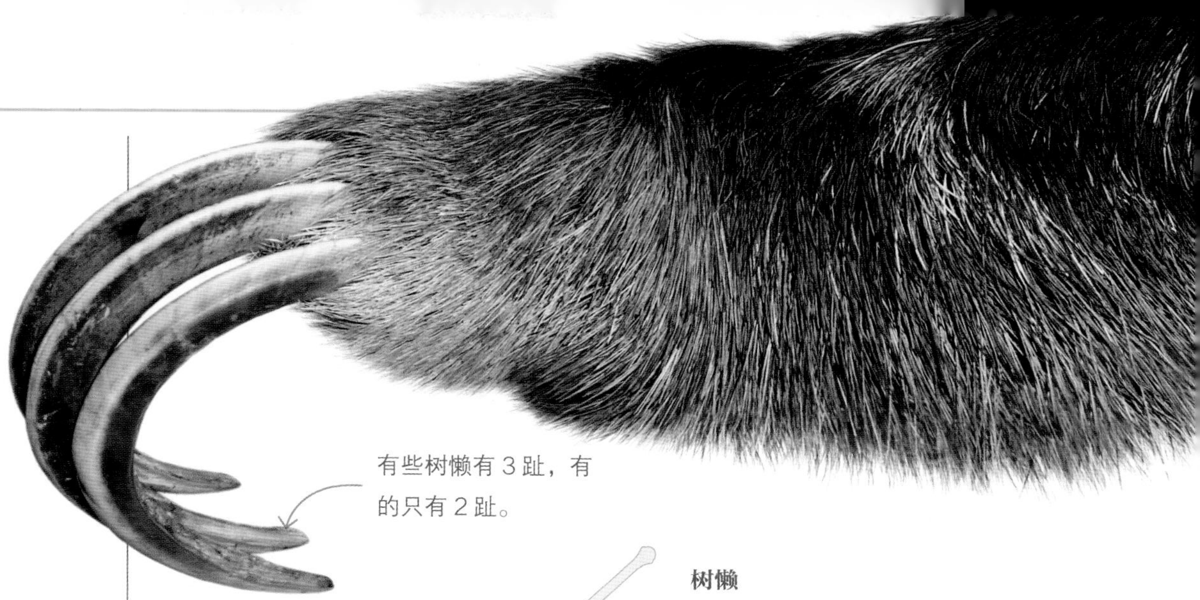

有些树懒有 3 趾，有的只有 2 趾。

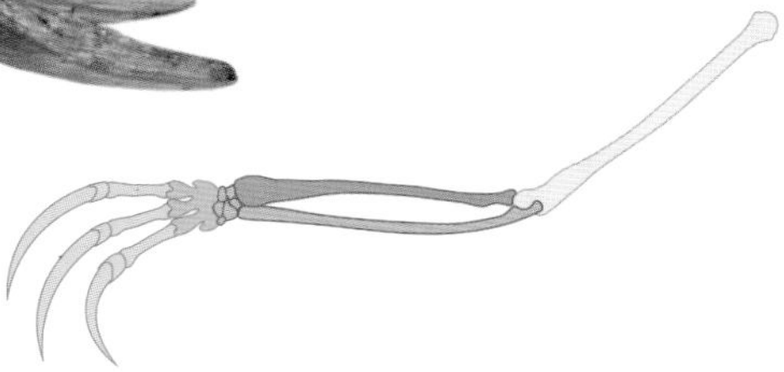

树懒

树懒非常擅长爬树，不过它在地面几乎寸步难行。它的四肢都长着锋利的、弯曲的爪子，就像坚固的钩子，可以把自己挂在树上。

指骨尽可能地伸展出去，和蝙蝠身体的长度相同。

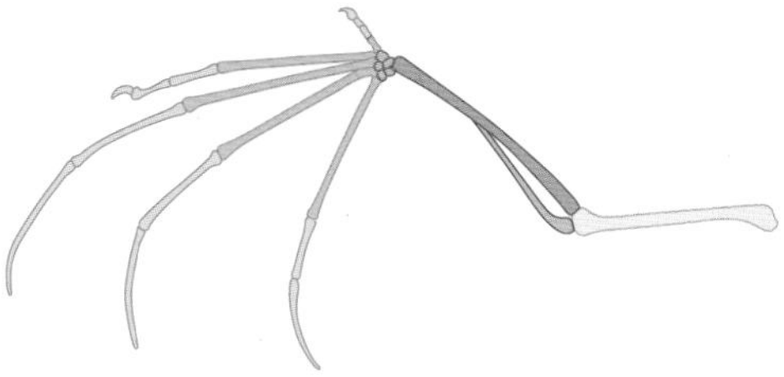

蝙蝠

蝙蝠的前肢已经变成了翼手。指骨变长，撑开皮肤组成的翼膜。蝙蝠的指骨中只有拇指还保留着。

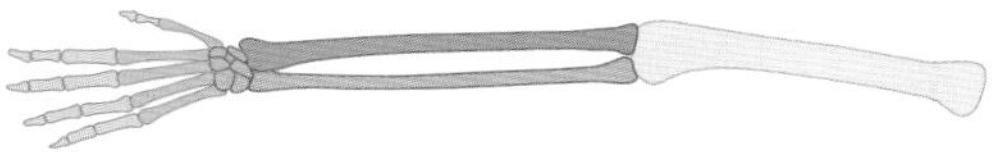

猴子

和我们人类一样，猴子的手也很适合抓握东西。它的拇指运动的方向和其他手指的相反，从而形成了强劲的握力。猴子和猩猩都是靠这种能力爬树的。

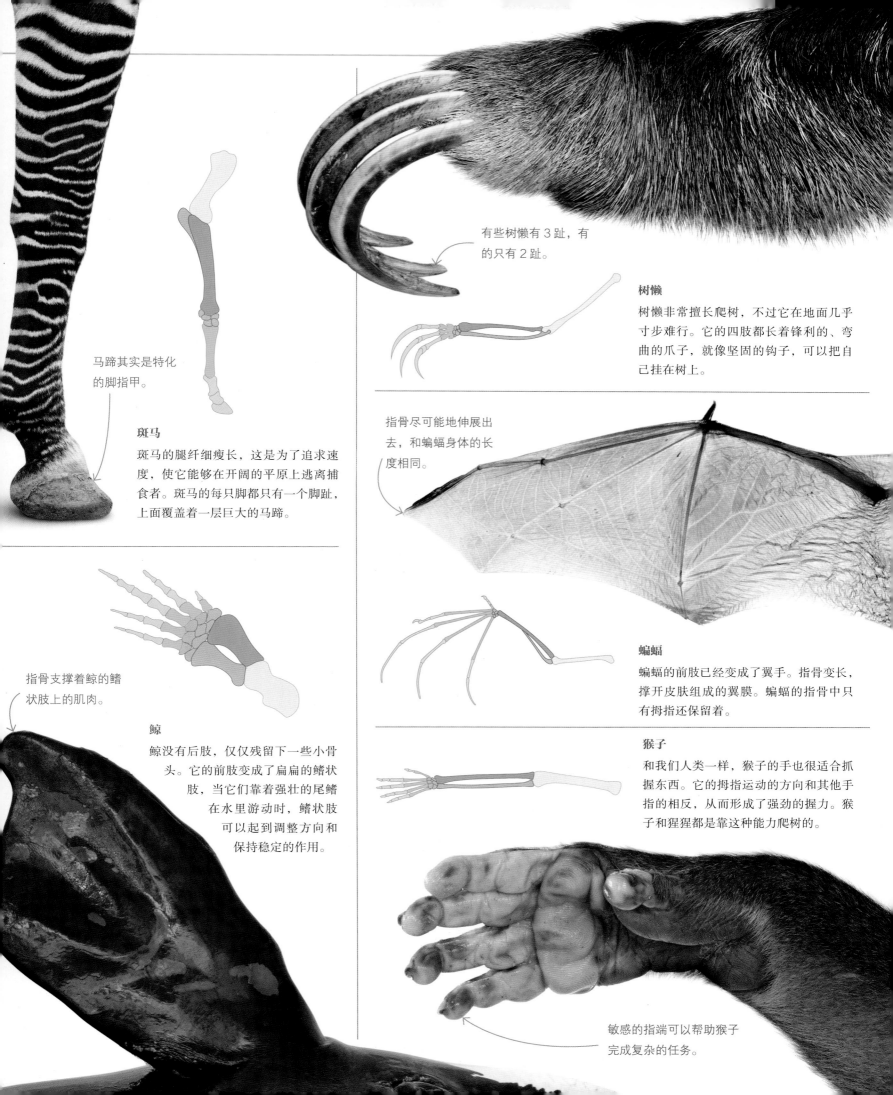

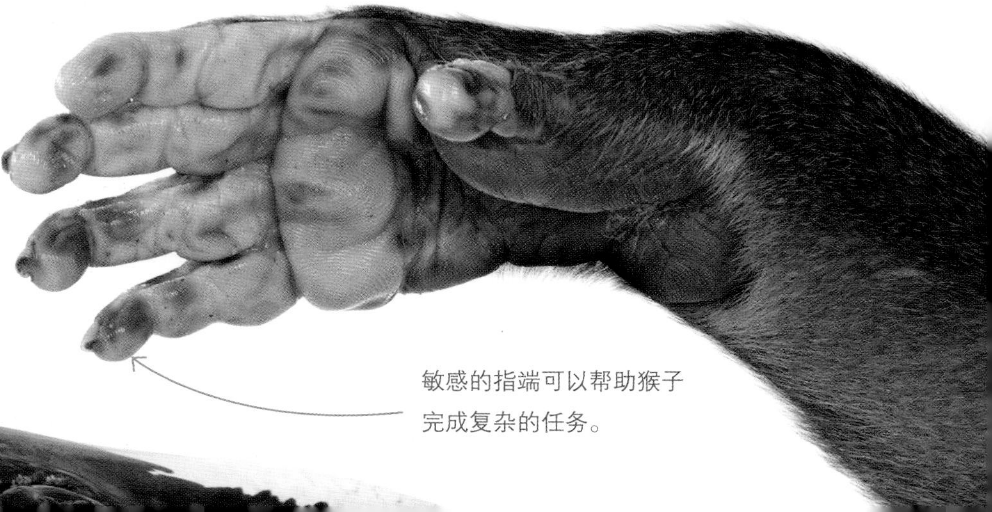

敏感的指端可以帮助猴子完成复杂的任务。

蝙蝠

蝙蝠是唯一会飞的哺乳动物。它们的翼手是富有弹性的皮肤在极度拉伸的指骨上撑开构成的，当中由许多关节连接。这种灵活的、能够调整的翼手与鸟类由羽毛构成的翅膀截然不同。蝙蝠是夜行动物，拥有在黑暗中飞行和捕食的高超本领。

▼夜间飞行

和绝大多数鸟类不同，蝙蝠是在夜间飞行的。以水果为食的蝙蝠长着非常敏锐的大眼睛，可以在黑暗中看见东西。而以昆虫为食的小型蝙蝠则要靠发射声波并接收回声来辨别障碍物和猎物，就像这种小的棕蝠。它们能通过声波定位，在居住的黑暗洞穴中找到方向。

蝙蝠的翼手上有很多关节，使它能够在调整飞行方向时改变翼手的形状。
蝙蝠发出的高频声波使它能够找出障碍物和猎物。
尾巴和腿部之间具有尾膜。
翼手上的指可以动，很像人类的手指。

倒挂

蝙蝠白天都躲在栖息处。它会从某个很高的栖息处倒挂下来，这样便于起飞。它靠身体的重量拉动连接着爪子的肌腱，使爪子能够牢牢地锁住栖息物。只有在让爪子松开时，蝙蝠才需要花费力气。所以即使它在倒挂的时候死去，也不会掉下来。

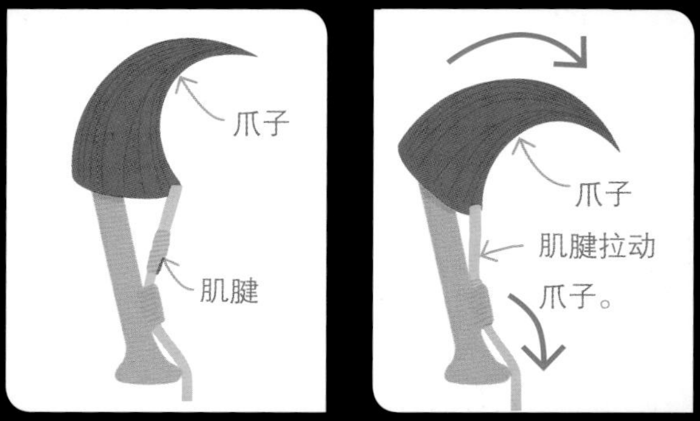

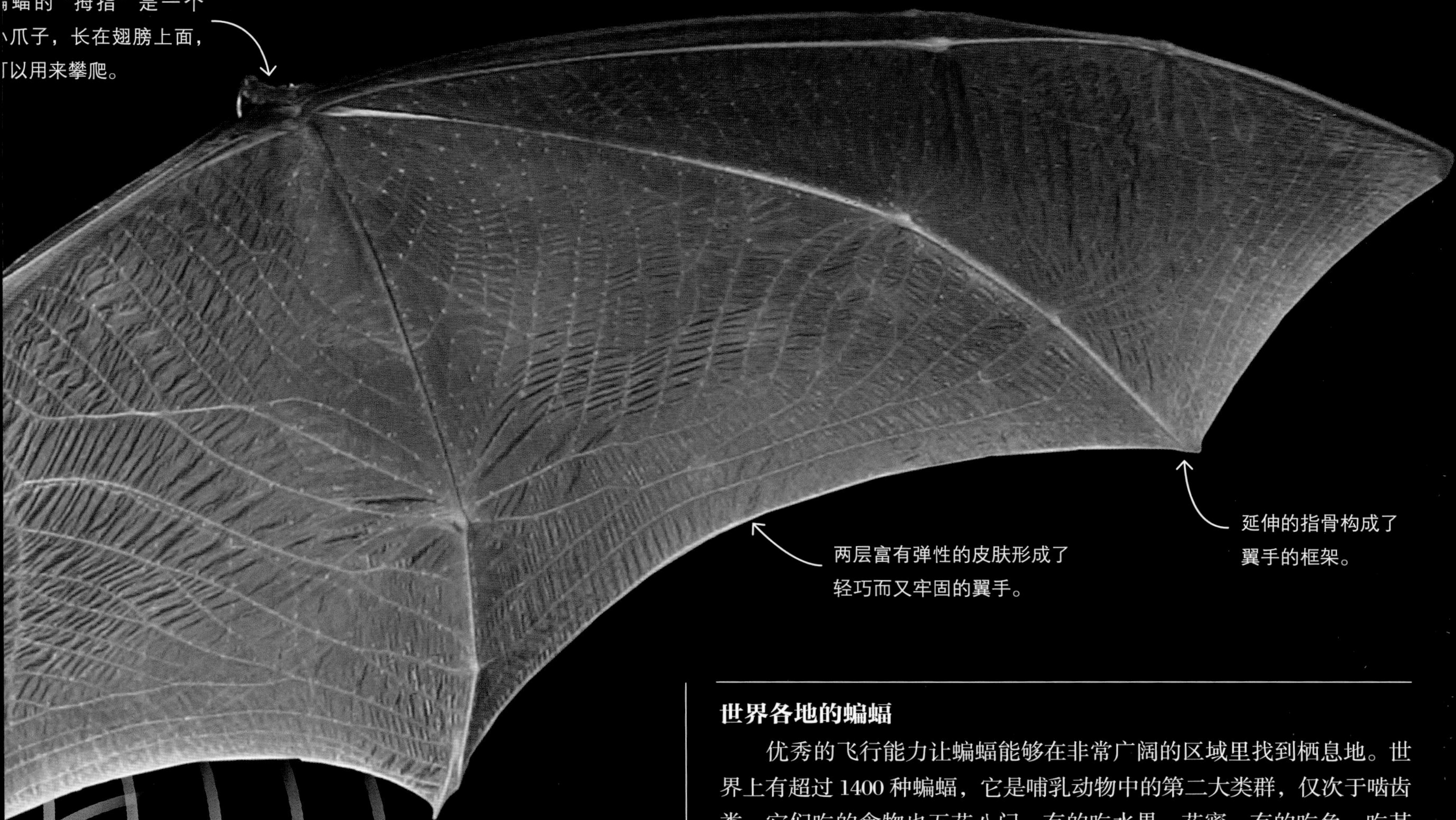
蝠的“拇指”是一个
爪子，长在翅膀上面，
以用来攀爬。
两层富有弹性的皮肤形成了
轻巧而又牢固的翼手。
延伸的指骨构成了
翼手的框架。

从蛾的身上反弹的回
声，被蝙蝠感知到了。
这只蛾绝对是蝙
蝠的美味。

声定位

有些蝙蝠在飞行中会发出一系列短促的高频的声音，然后倾
从物体上反弹的回声，比如这只蛾。它们的大脑会把回声转换
图像，这样蝙蝠就能了解自己周围的环境了。

世界各地的蝙蝠

优秀的飞行能力让蝙蝠能够在非常广阔的区域里找到栖息地。世界上有超过 1400 种蝙蝠，它是哺乳动物中的第二大类群，仅次于啮齿类。它们吃的食物也五花八门，有的吃水果、花蜜，有的吃鱼、吃其他蝙蝠或者吸食血液。绝大多数蝙蝠以昆虫为食。

吸血蝠

生活在美洲的吸血蝠会用它们尖利的牙齿咬开其他哺乳动物的皮肤，喝它们的血。

会筑“帐篷”的蝙蝠

这种筑帐蝠的不同寻常之处在于它们睡在露天，不过躲在防水的“帐篷”下面。“帐篷”其实是一片卷起来的叶子。

果蝠

这类大型蝙蝠生活在热带雨林。在那里，它们会飞来飞去寻找水果，也会栖息在树上。

菊头蝠

菊头蝠的鼻子上长着马蹄形的鼻叶，能够发出超声波进行回声定位。

挂起来睡觉

比起其他哺乳动物，蝙蝠组成的群体规模要大得多。这个位于菲律宾的岩洞里就栖息着约 200 万只棕果蝠。这是一种以水果为食的蝙蝠。它们白天会在岩洞里休息，到了晚上再飞出去找食物。当这些蝙蝠在岩洞附近的森林中寻找果实和花蜜时，它们的身上就会沾上花粉，能够帮助植物繁衍。

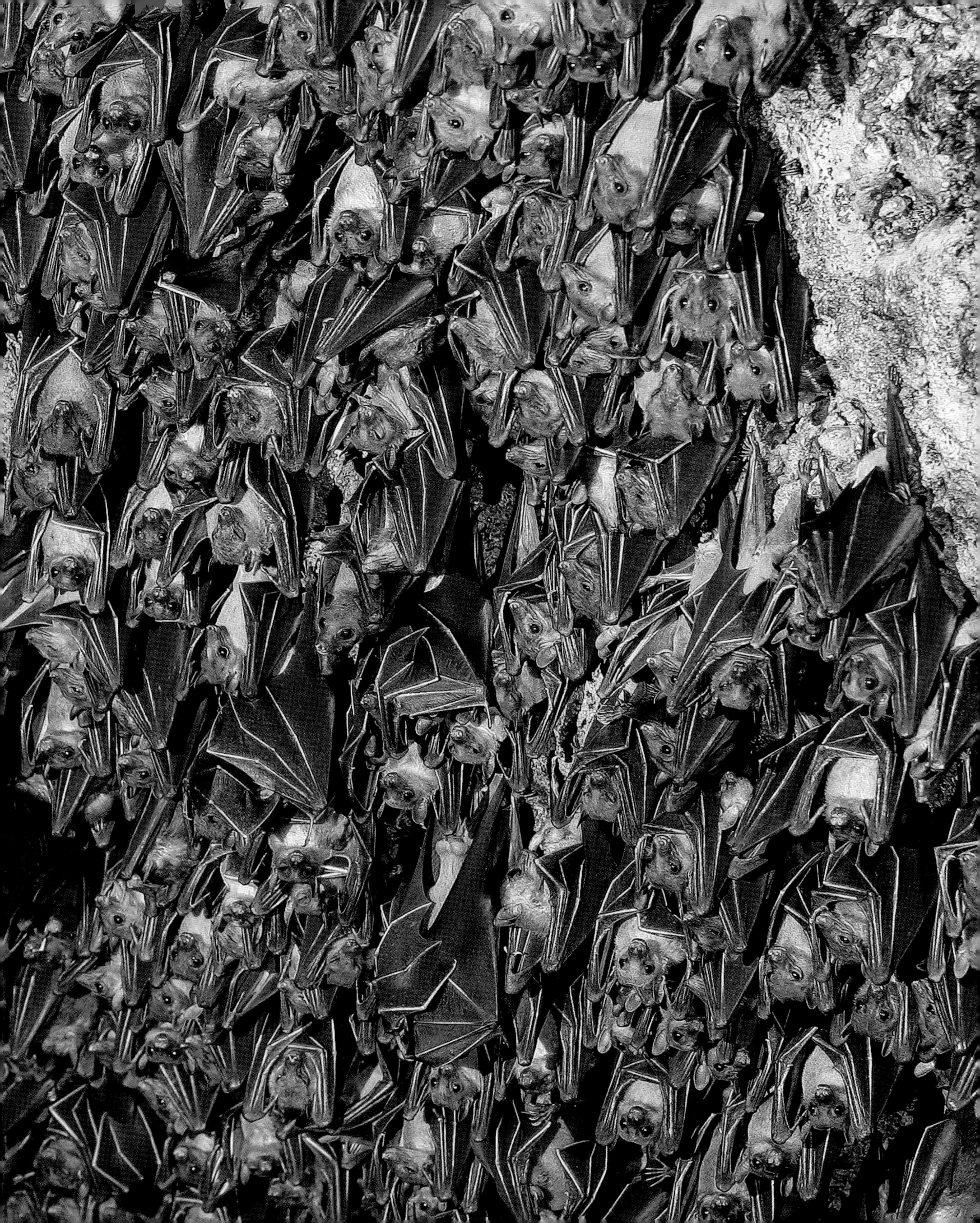

脚着地的时候

蜜袋鼯不在空中滑翔时，它松软的皮肤就会在前后腿之间折叠起来，使它能够行走和攀爬。

蜜袋鼯

▼蜜袋鼯

这种小型有袋类之所以叫这个名字，
因为它特别喜欢吃甜的食物，比如花蜜
桉树的树液。它在原始森林中到处跳跃
滑翔，就是为了收集这些食物。和其他
滑翔的哺乳动物一样，它不能形成动力
自己飞行，因为它没有翅膀。

一旦到达了目的地，长长的尾巴就可以起到刹车的作用。

当蜜袋鼯从一棵树跳到另一棵树的时候，它们会把幼崽装在育儿袋里。

对生的脚趾。

两个后脚趾并在了一起。

哺乳动物怎样滑翔

有些生活在森林里的哺乳动物会从一棵树滑翔到另一棵树上。滑翔的本领让这些动物不用着地，就能在森林里到处旅行，以免撞上捕食者。比起飞行来，这种在树上旅行的方式可以节省很多体力。不少哺乳动物都掌握了这种滑翔的本领，包括鼯鼠、鼯猴和蜜袋鼯等。

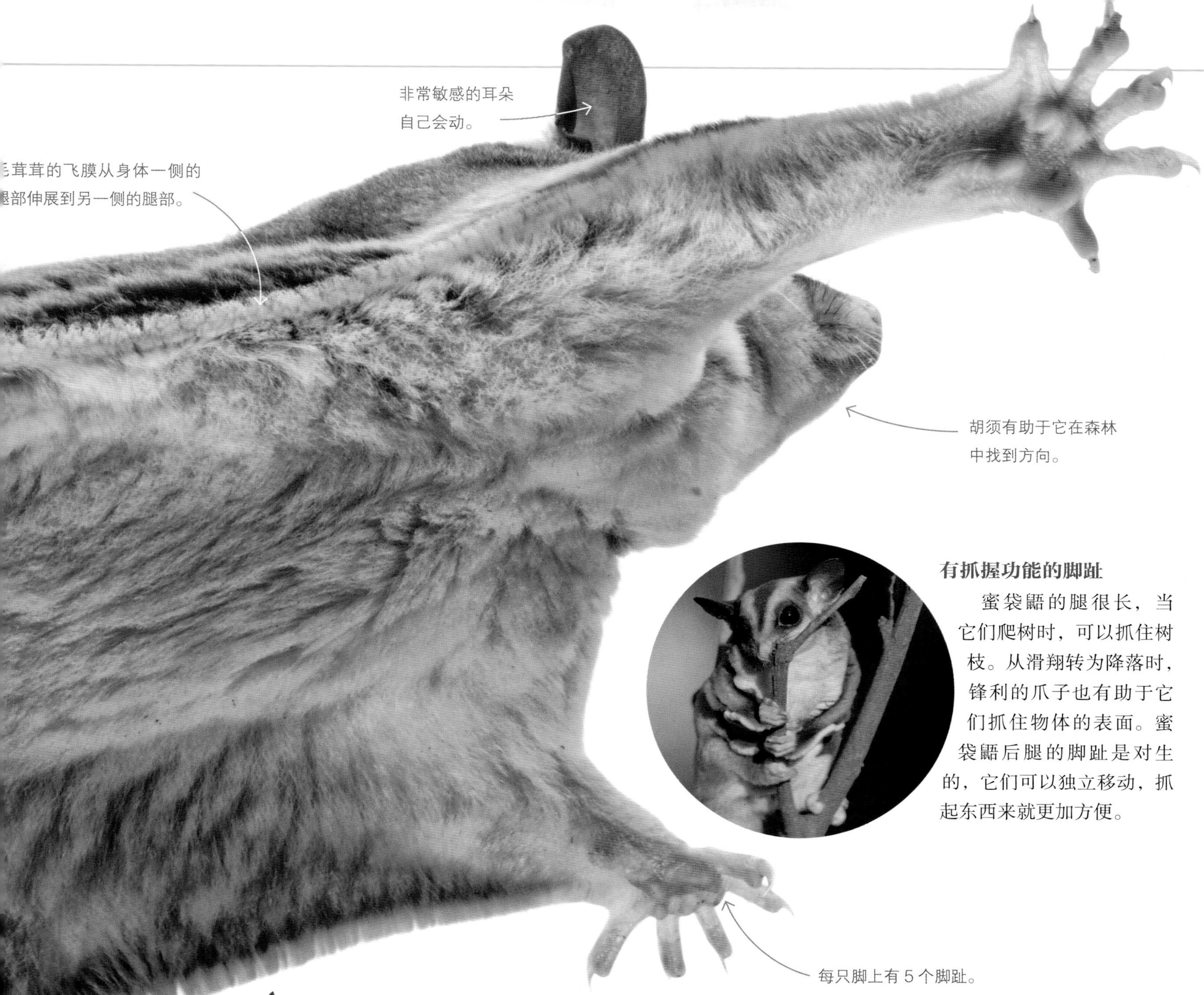
非常敏感的耳朵
自己会动。
毛茸茸的飞膜从身体一侧的
腿部伸展到另一侧的腿部。
胡须有助于它在森林
中找到方向。
每只脚上有 5 个脚趾。

有抓握功能的脚趾

蜜袋鼯的腿很长，当它们爬树时，可以抓住树枝。从滑翔转为降落时，锋利的爪子也有助于它们抓住物体的表面。蜜袋鼯后腿的脚趾是对生的，它们可以独立移动，抓起东西来就更加方便。

怎样滑翔

会滑翔的哺乳动物的前肢和后肢之间展开的扁平皮肤，形成了一面降落伞，减缓了下降的速度，使动物可以滑翔得更远。哺乳动物的最大滑翔距离达到了 150 米。

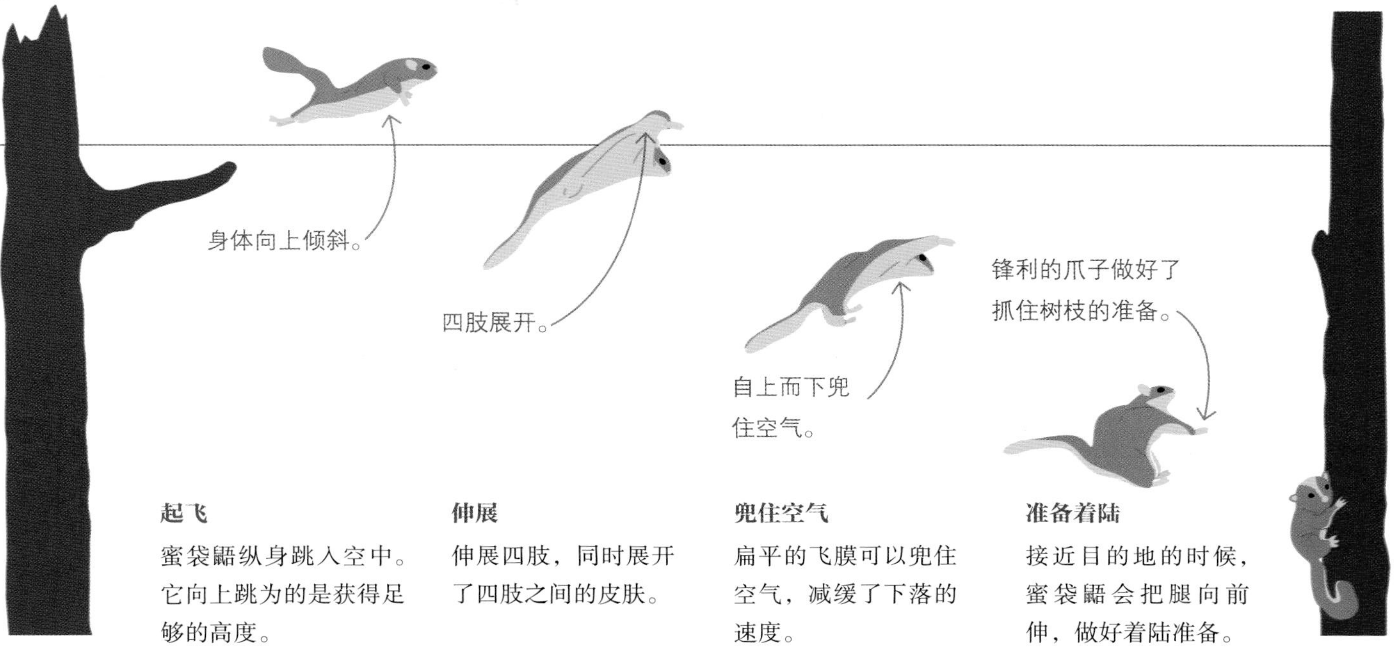
身体向上倾斜。
四肢展开。
自上而下兜
住空气。
锋利的爪子做好了
抓住树枝的准备。

起飞
蜜袋鼯纵身跳入空中。它向上跳为的是获得足够的高度。

伸展
伸展四肢，同时展开了四肢之间的皮肤。

兜住空气
扁平的飞膜可以兜住空气，减缓了下落的速度。

准备着陆
接近目的地的时候，蜜袋鼯会把腿向前伸，做好着陆准备。

长臂猿怎样摆荡

长臂猿是所有会爬树的哺乳动物当中最有杂技才能的，它在树林中穿行的速度和灵巧性是其他任何动物都比不上的。当它们从一根树枝荡到另一根树枝时，拉长的手掌就像钩子一样，它们摆荡的速度可以达到每小时 56 千米，还可以做令人惊叹的跳跃动作。相比其他猿猴，长臂猿的体形更瘦小，所以能够安全地吊在细树枝上荡来荡去，采摘果实。

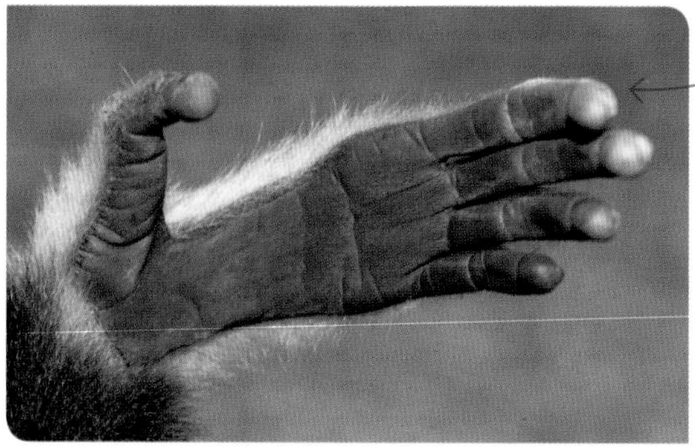
和所有灵长类一样，长臂猿的手脚的指（趾）是分开的。

抓握东西的手

长臂猿是人类的近亲，它们的手和我们人类的手很像。不过，它们的手掌和手指更长，在摆荡时可以形成钩状，而它们的拇指很短，所以很容易松手。和人类的拇指一样，长臂猿的拇指和其他手指是对生的，也就是说拇指和其他手指运动的方向相反，这样就可以抓牢物体。不过，和人类不一样的是，长臂猿的脚趾也是对生的。

手掌上没有毛，抓住树枝时不会打滑。
肌肉发达的强壮手臂可以长时间地承受体重。
摆荡时嘴巴可以叼着东西，

悠然自得

长臂猿生活在雨林中高高的树冠上，很少到地面上去。它们会利用自己强健的身体，悠然自得地在树顶荡来荡去，寻找水果、昆虫和树叶作为食物。

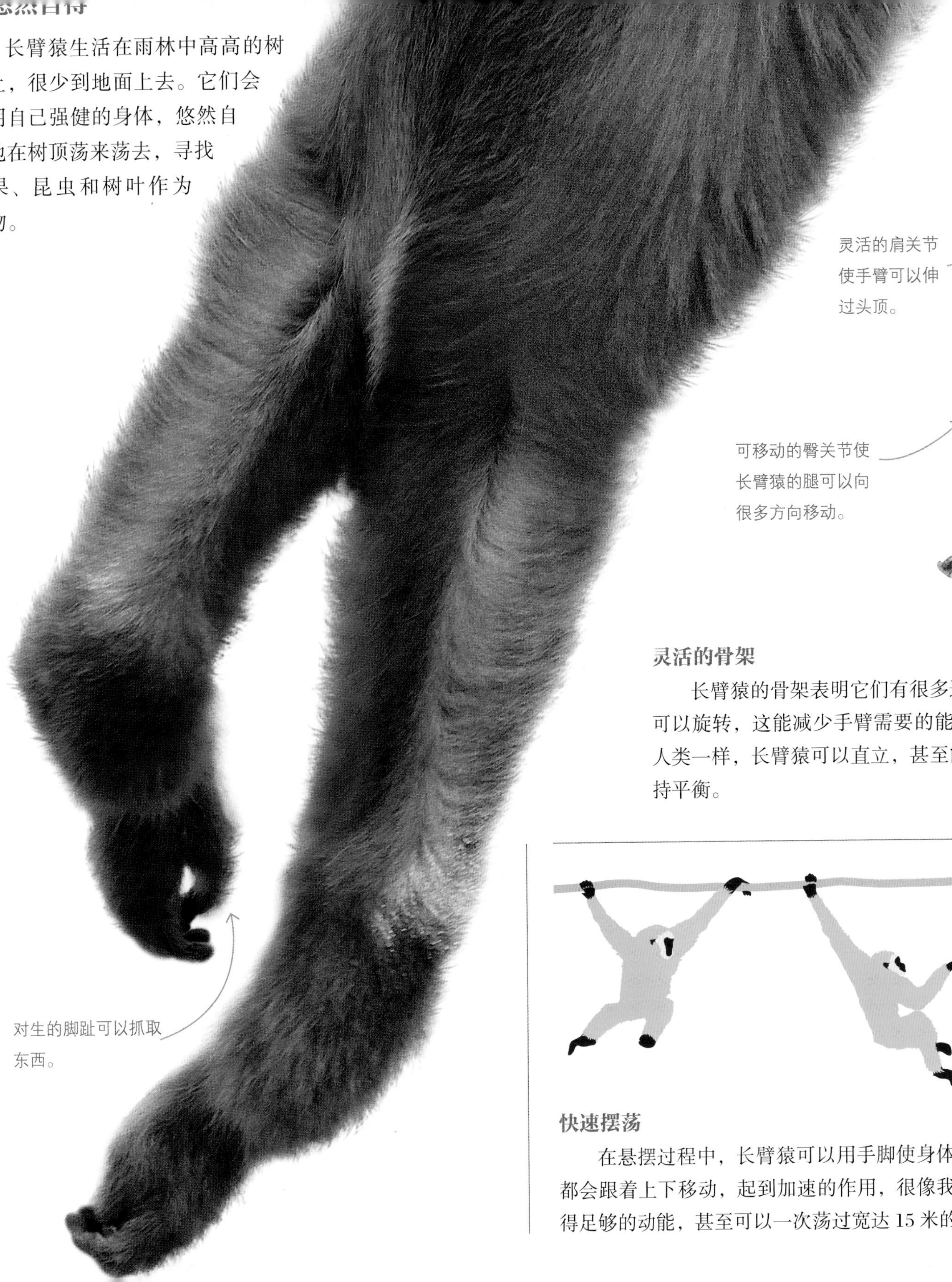

对生的脚趾可以抓取东西。

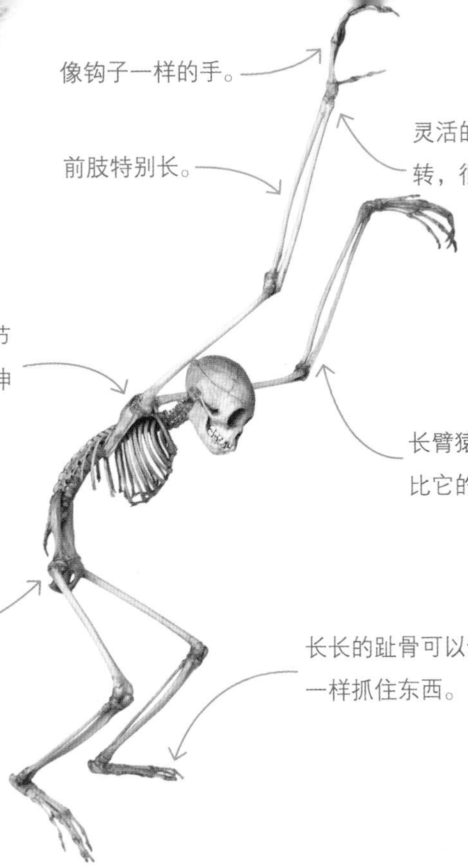

像钩子一样的手。
灵活的腕关节可以旋转，很像人类的腕部。
前肢特别长。
灵活的肩关节使手臂可以伸过头顶。
长臂猿的手臂比它的脚长。
可移动的臀关节使长臂猿的腿可以向很多方向移动。
长长的趾骨可以像手指一样抓住东西。

灵活的骨架

长臂猿的骨架表明它们有很多适应树上生活的特征。它们的腕关节可以旋转，这能减少手臂需要的能量，使它们可以 360° 转动手臂。和人类一样，长臂猿可以直立，甚至能够靠两条腿走路，把手伸向空中保持平衡。

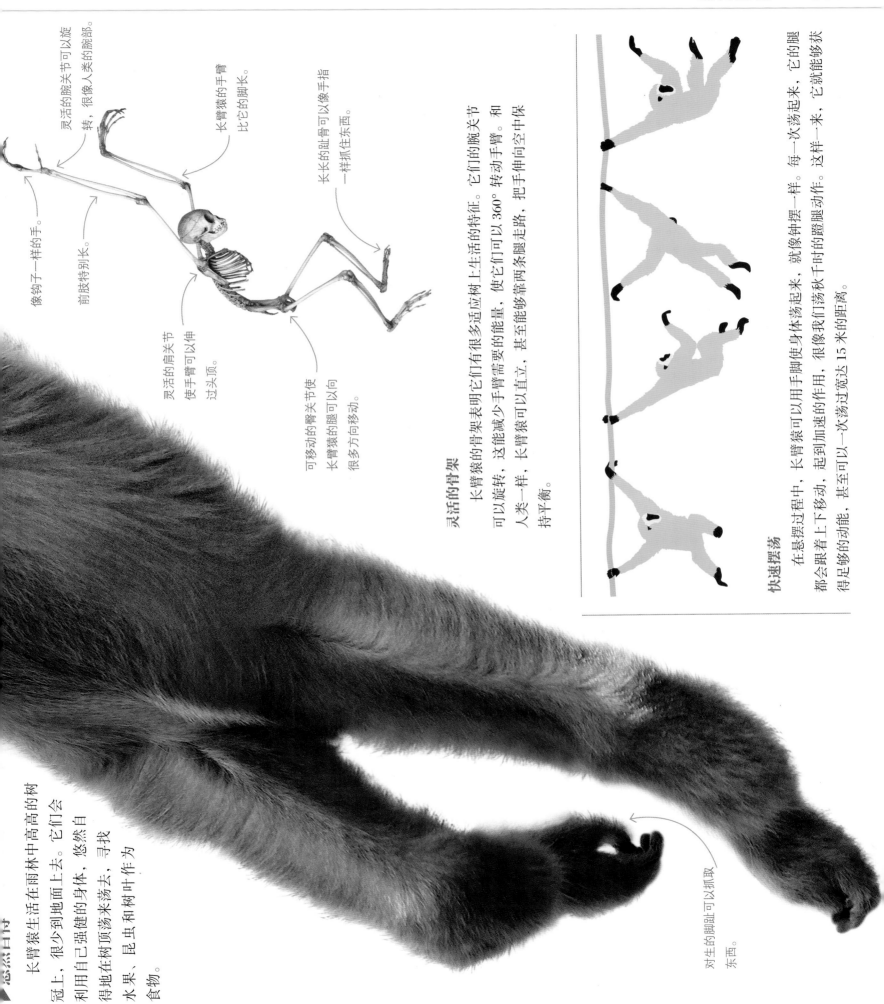

快速摆荡

在悬摆过程中，长臂猿可以用手脚使身体荡起来，就像钟摆一样。每一次荡起来，它的腿都会跟着上下移动，起到加速的作用，很像我们荡秋千时的蹬腿动作。这样一来，它就能够获得足够的动能，甚至可以一次荡过宽达 15 米的距离。

哺乳动物怎样挖洞

动物之所以挖掘洞穴或通道是为了在里面生活、睡觉或者躲避危险。有的哺乳动物会挖洞来躲避灼人的炎热，也有的是为了制造抵御严寒的庇护所。洞穴还可以用来养育幼崽，避开捕食者。有些哺乳动物终生都生活在地下洞穴里。

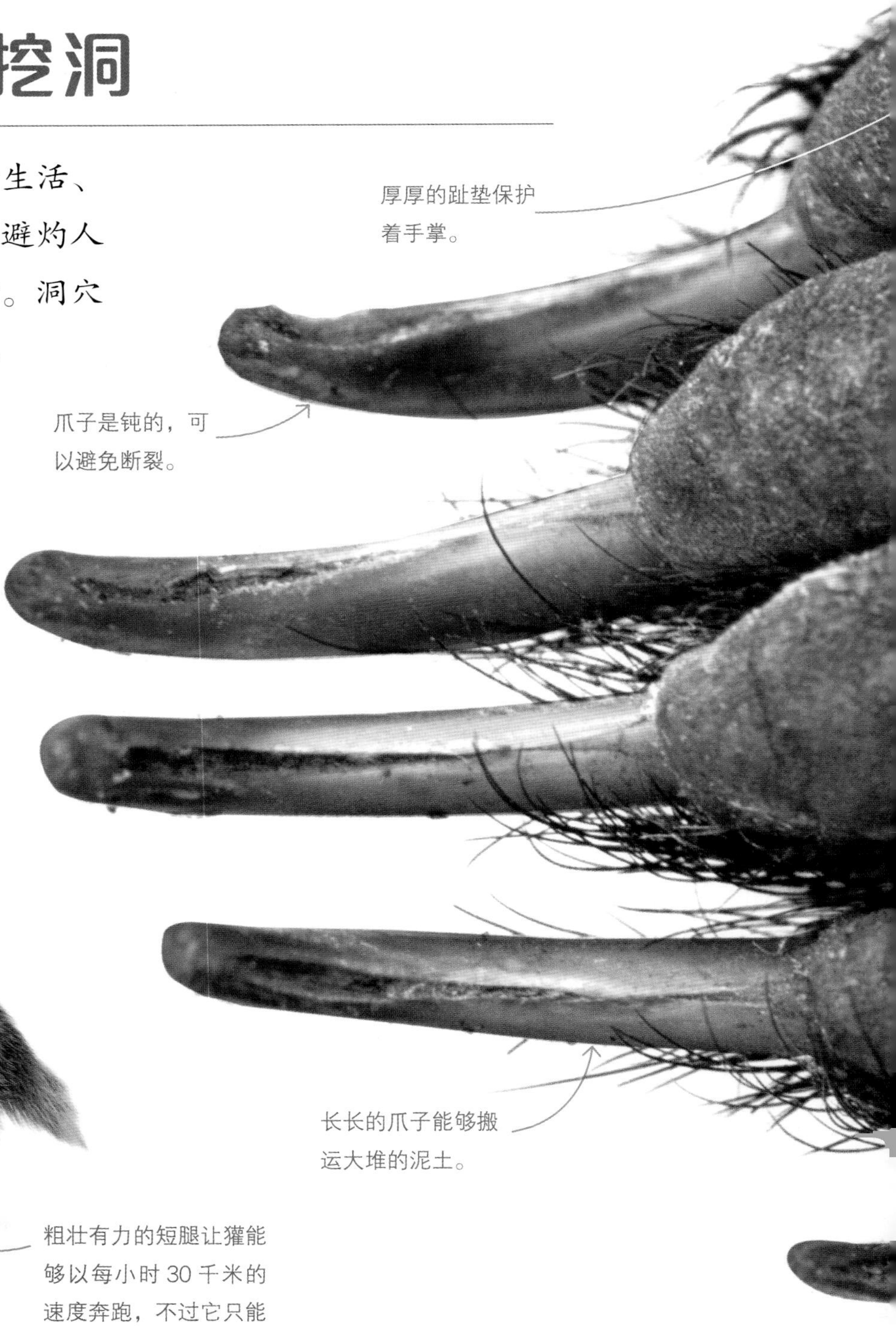
厚厚的趾垫保护着手掌。
爪子是钝的，可以避免断裂。
长长的爪子能够搬运大堆的泥土。

▶用来挖洞的爪子

獾有着像铲子一样的前腿，上面长着长长的爪子，可以用来挖掘复杂的洞穴。獾的体形较小，腿短但肌肉发达，它能够自由地在地下活动。通常獾白天会在洞穴里睡觉，晚上才会现身，寻找食物。

泥土不会粘在短而硬的皮毛上。
粗壮有力的短腿让獾能够以每小时 30 千米的速度奔跑，不过它只能坚持跑一会儿。

獾

地底下的家

獾会在松软的土地里挖洞，洞穴能够延伸数百米，有很多出入口、通道和房间。獾会在大的房间里铺上柔软的草，用来睡觉，或者是在母獾生下幼崽以后充当“育婴室”。獾很爱干净，会定期清理掉旧的材料，换上新鲜的。

“育婴室”
出入口
因为长期使用，通道变得很光滑。
铺着草的卧室

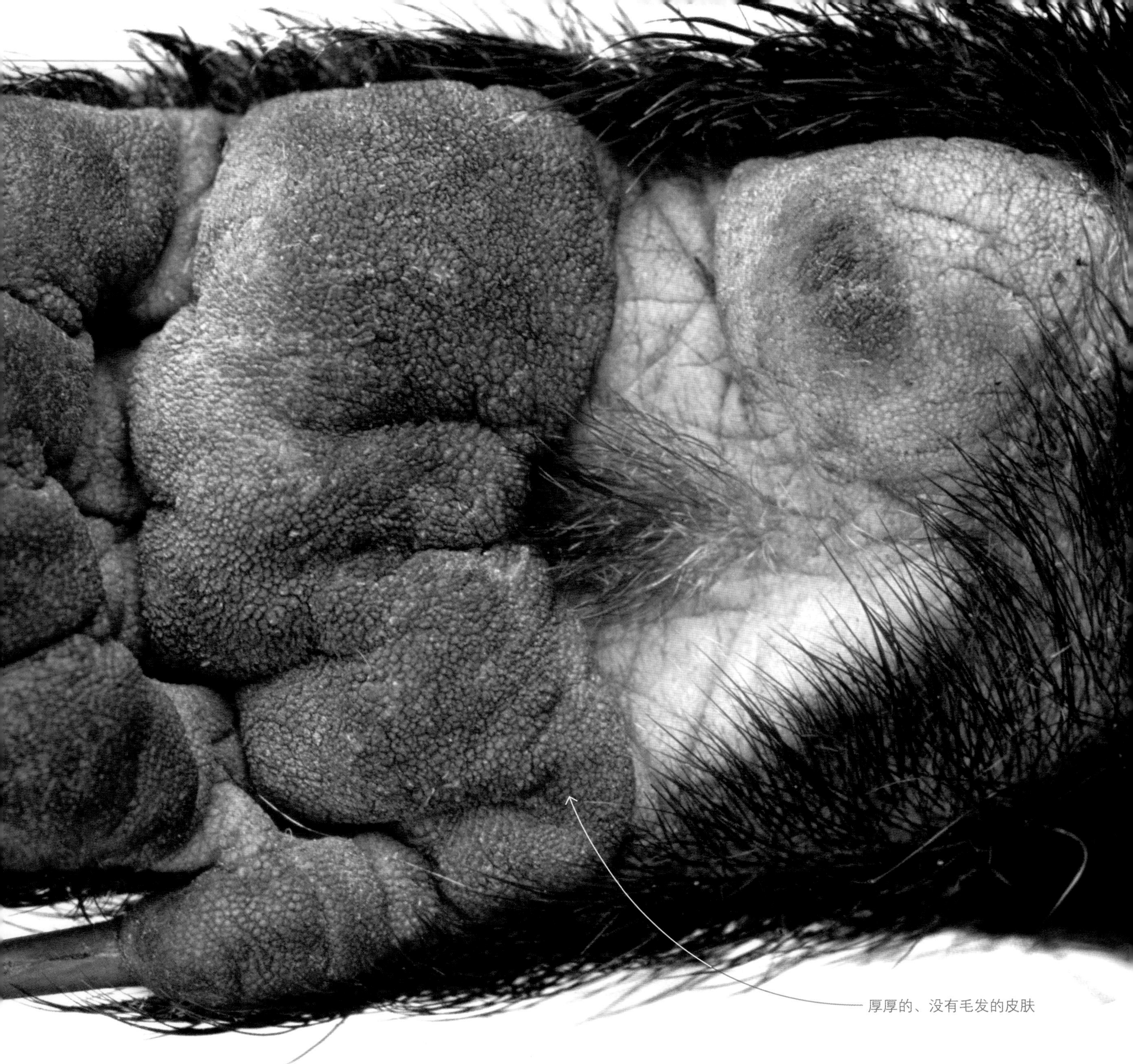

洞高手

蜜獾总是独自生活在穴里，通常洞穴里面有一个睡觉的房间。是挖洞高手，依靠强的、有着长爪子的腿，可以在 10 分钟内就挖一个洞。

雪窝

怀孕的北极熊会在积雪里面挖洞，然后进入一种类似冬眠的状态，不吃东西，一直待在雪窝里，生下并养育幼崽。在小北极熊长得足够大，可以出门探索外面的世界之前，它们都不会走出雪窝。

大象的身体构造

大象的祖先是生活在史前时期的巨型食草动物，如今大象是现存生活在陆地上最大的哺乳动物。除了大块头和大体重之外，大象最突出的特征就是那根灵活的、非常敏感的长鼻子。这是一种非常独特的器官，大象使用鼻子就像人类使用手臂。

▼陆地上的巨人

一头成年的非洲象可以达到 4 米高，7 吨重——差不多是小轿车重量的 5 倍。大象会用它们庞大的身体把树撞翻，以树叶为食物。它们的体型意味着，成年大象不会有天然的捕食者。不过它们的象牙却引来了人类的捕杀，这导致非洲象几近灭绝。

分量轻的头骨

大象的头骨很大，呈圆顶状，里面有很多气孔，这样有利于减轻重量。大象的头骨非常坚固，足以抗住巨大的力量。大象的臼齿也很大，是用来碾磨坚固的纤维食物的。一生当中，它会换 6 次臼齿。

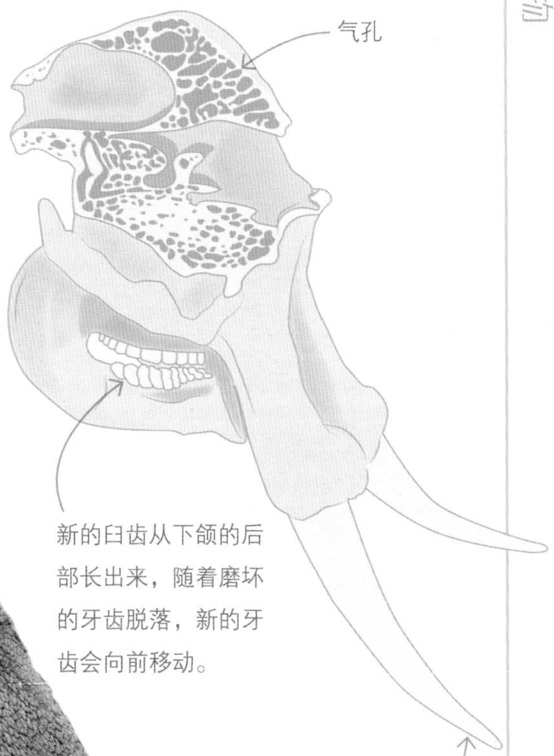

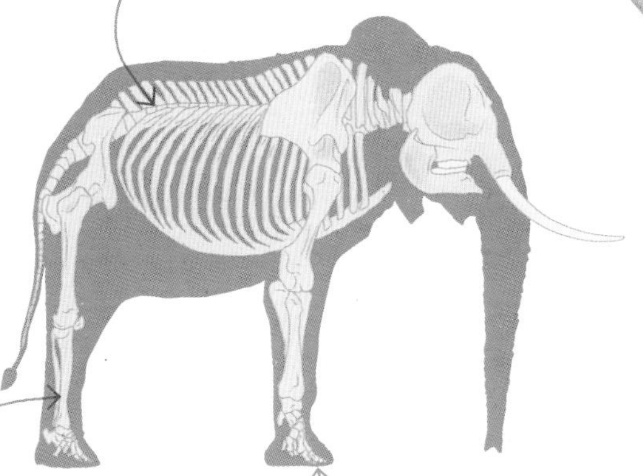

坚固的脊椎骨可以支撑起大象的体重。
大象的腿骨非常粗壮，是所有陆地动物中最粗壮的。
像柱子一样垂直的象腿支撑着大象的身体。

人类的身体有 639 块肌肉，而象鼻是由大约 4000 块肌肉组成的。

巨大的骨架

支撑大象沉重的身体的是一副非常牢固的骨架。它们脊椎的关节不灵活但有力量。大象粗壮的腿骨由一系列内部结构加固。

脚垫

大象长着经过特别演化的腿，可以支撑沉重的身体行动，每条腿的腿骨都得到了一块软组织的保护，把重量分散到巨大的圆形脚垫上。这块脚垫减缓了体重的压力，避免腿骨受伤。

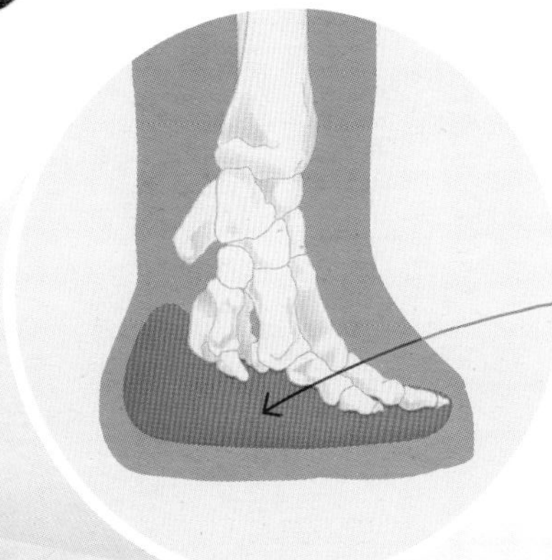

海绵一般的脚垫起到了吸收冲击力的作用。

强壮而敏感

肌肉质的象鼻由上唇和鼻子延伸构成。象鼻的前端对触觉非常敏感，像人类的指头一样。

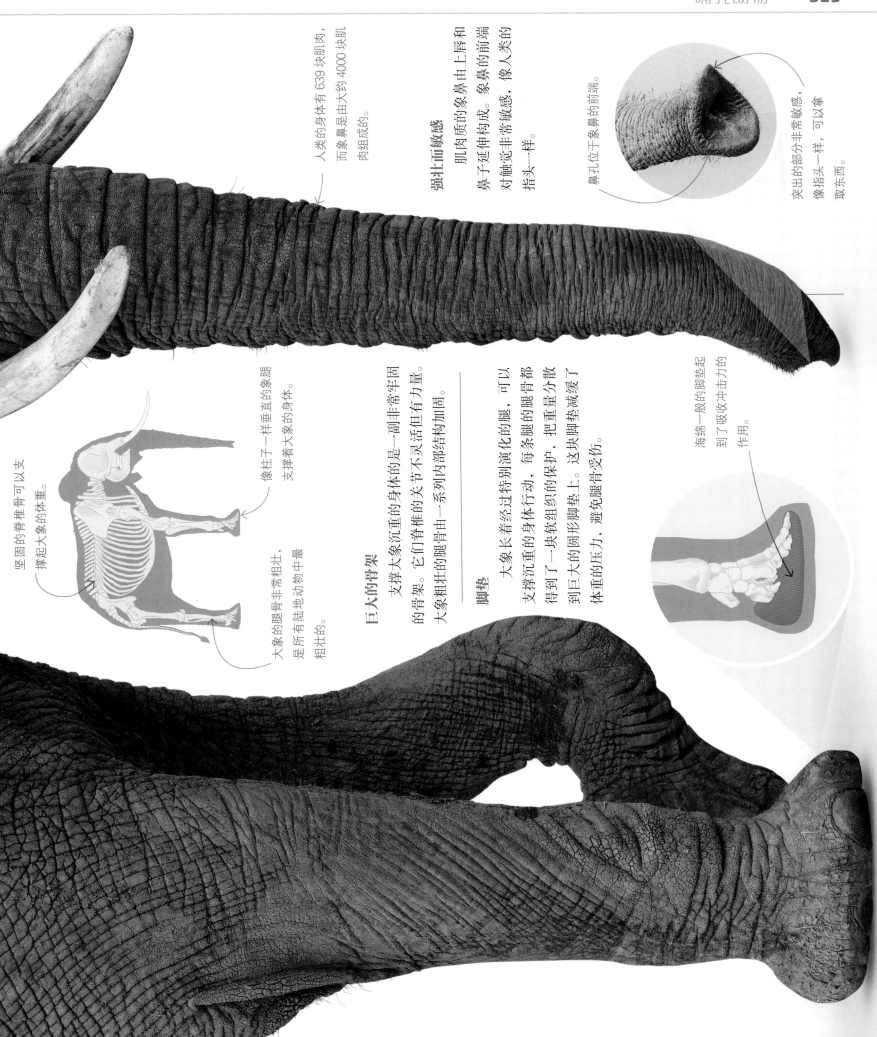

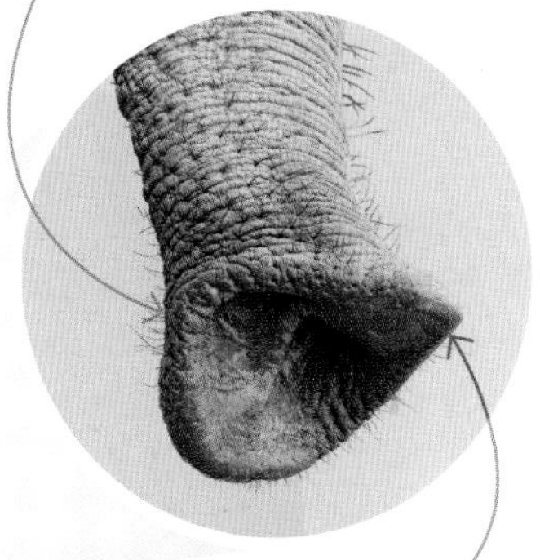

鼻孔位于象鼻的前端。
突出的部分非常敏感，像指头一样，可以拿取东西。

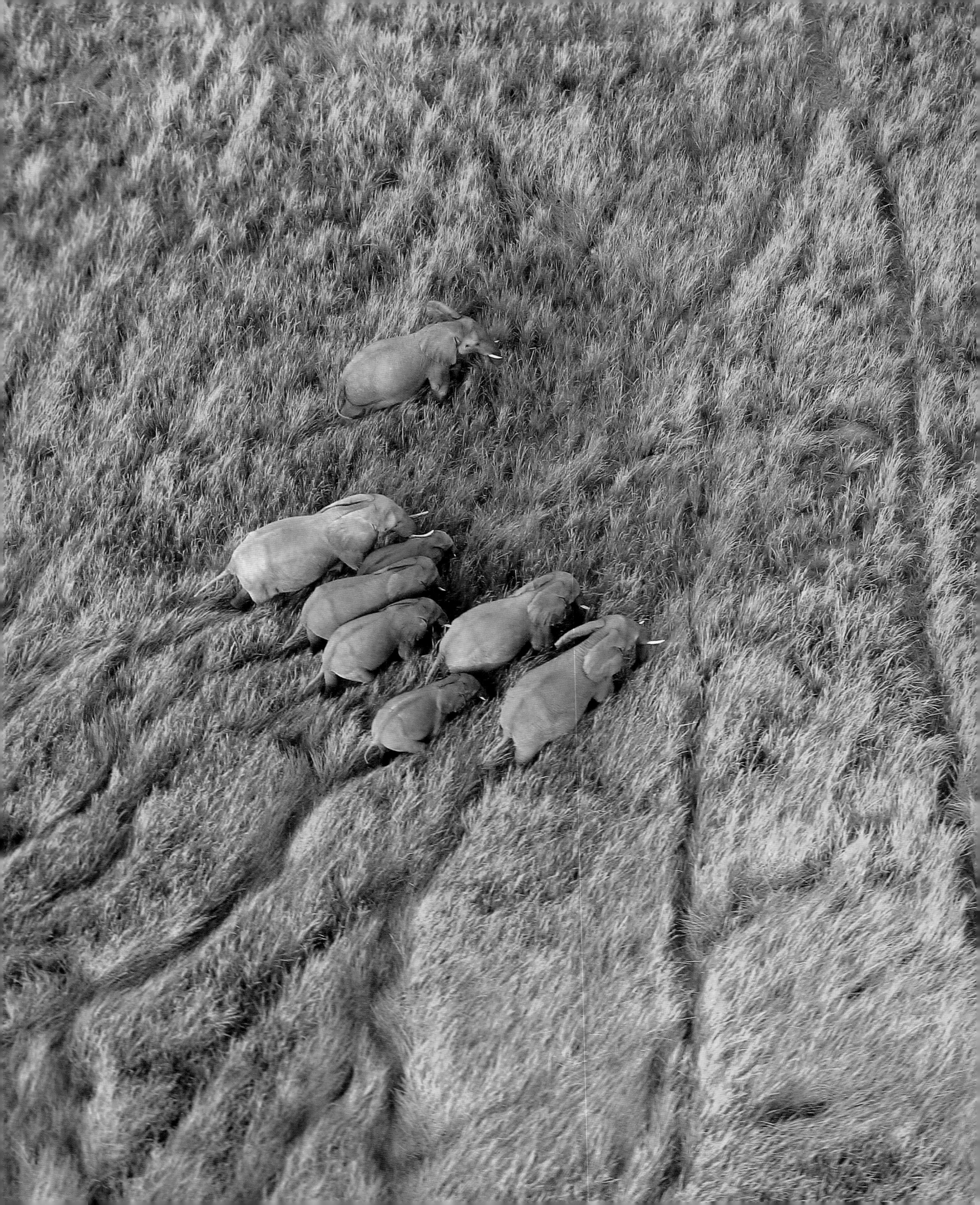

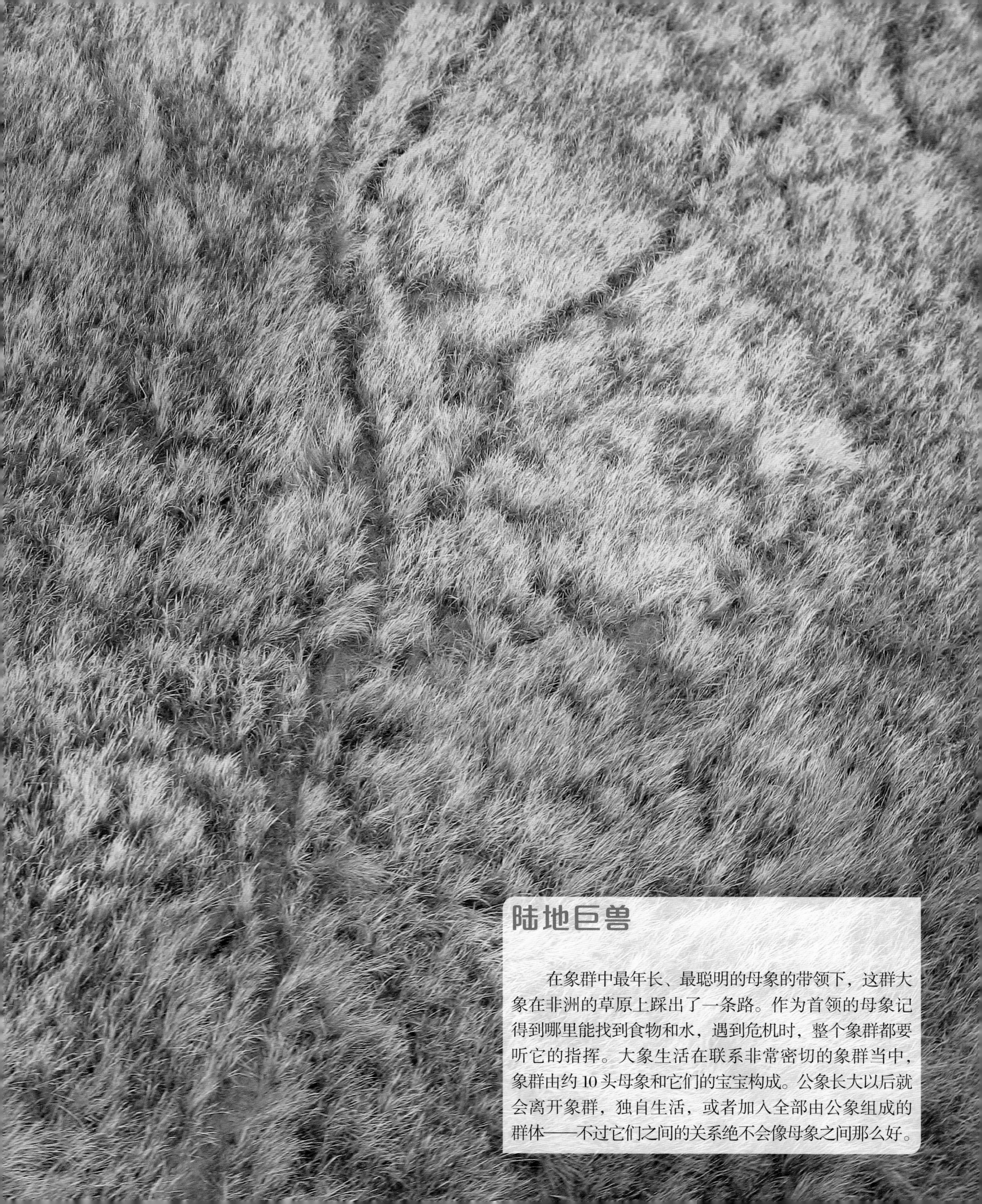

陆地巨兽

在象群中最年长、最聪明的母象的带领下，这群大象在非洲的草原上踩出了一条路。作为首领的母象记得到哪里能找到食物和水，遇到危机时，整个象群都要听它的指挥。大象生活在联系非常密切的象群当中，象群由约 10 头母象和它们的宝宝构成。公象长大以后就会离开象群，独自生活，或者加入全部由公象组成的群体——不过它们之间的关系绝不会像母象之间那么好。

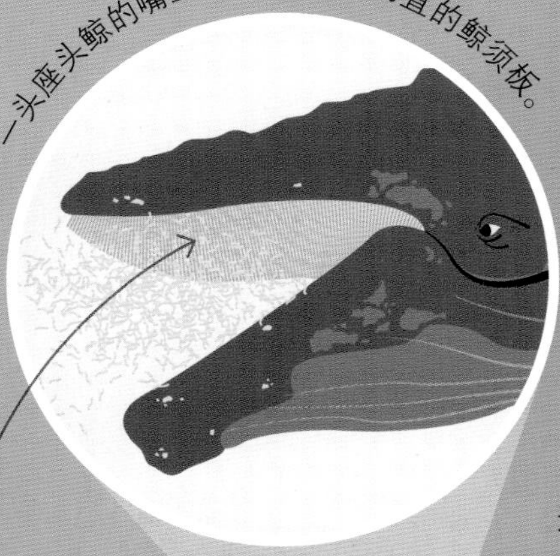

一头座头鲸的嘴里有 400 片短而直的鲸须板。
鲸须从上颌垂下来，能够从海水中滤出小鱼和磷虾。

滤食动物

须鲸这种大型滤食动物的牙齿演化成了刷子一样的鲸须。海水被吸进鲸巨大的嘴里，再通过鲸须挤出去，就能过滤出那些小的海洋生物。

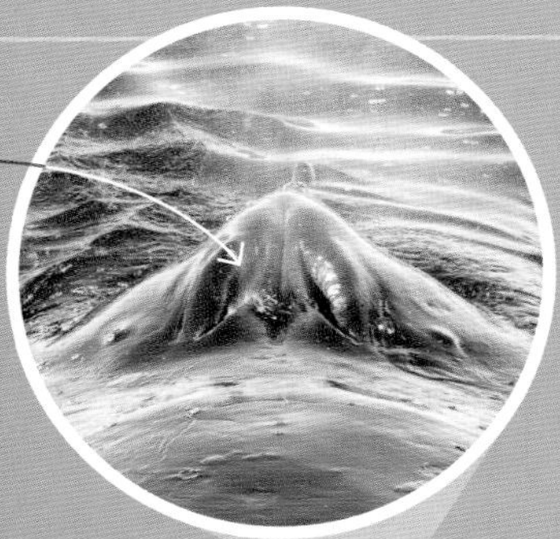

需要呼吸的时候，长须鲸会控制肌肉打开头顶的一对气孔。

浮到水面呼吸

和所有哺乳动物一样，鲸
须呼吸空气。它们的鼻子长在
顶，叫作气孔。鲸每次浮出
面，向外呼气的时候，都会从
孔喷出一团空气，形成水柱。

这头座头鲸幼崽紧紧地贴着母鲸，它要像这样过上一年多的时间。
座头鲸的头上有几十个瘤状突起，每个上面都长着毛。
䲟鱼是一种头上长着吸盘的鱼，会吸附在鲸的皮肤上“搭便车”。
当鲸大口吞咽下巨量的海水过滤食物时，会展开喉部巨大的皮肤沟槽。

▶海洋中的巨人

鲸分为两种类型。有些长着牙齿，主要吃鱼和乌贼，它们称为齿鲸。另一些能够从水里过滤出小的猎物，它们每一口都能吃下数以百计的猎物，称为须鲸，就像这头座头鲸和它的宝宝。须鲸比齿鲸体形大很多，蓝鲸属于须鲸，它是地球上最大的现生动物。

鲸的身体构造

在所有海洋哺乳动物中，鲸是最能适应水中生活的。海豹生育幼崽的时候得回到地面，而鲸目动物，包括海豚、鼠海豚等——则完完全全生活在水里。它们的身体和鱼类的非常相似，它们在穿行于海洋中找寻食物时，也能用和鱼类一样的速度游泳、潜水，效率同样很高。

看鲸身体里面

一头鲸之所以能够长得如此巨大，因为它不是依靠骨头，而是依靠海来托住巨大的体重。这就使得鲸的架只要够用于进食和游泳即可。它壮的骨骼支撑着鳍状肢和下颌，通强有力的肌肉来摆动和坚固的脊椎相连的尾鳍。尽管鲸的祖先生活在地上，有四肢，但鲸不需要后肢，以现在鲸的身体里只保留了一点儿趾的骨头。

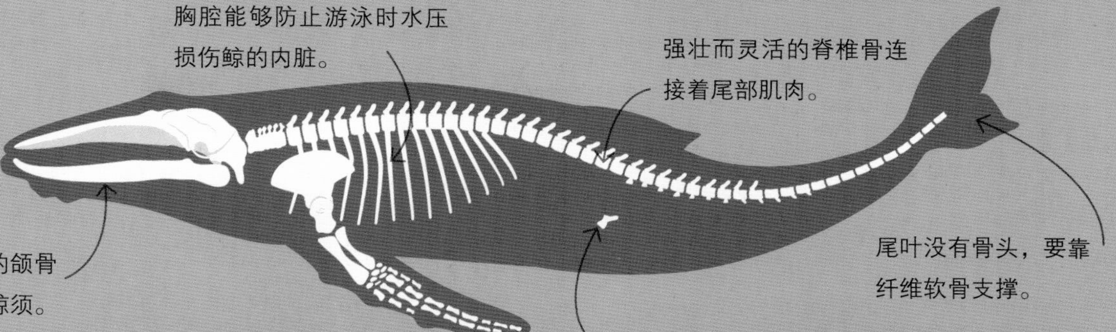

胸腔能够防止游泳时水压损伤鲸的内脏。
强壮而灵活的脊椎骨连接着尾部肌肉。
伸长的颌骨托着鲸须。
尾叶没有骨头，要靠纤维软骨支撑。
臂骨和指骨支撑着长长的、扁扁的鳍状肢。
骨盆和后肢的骨头几乎看不到了。

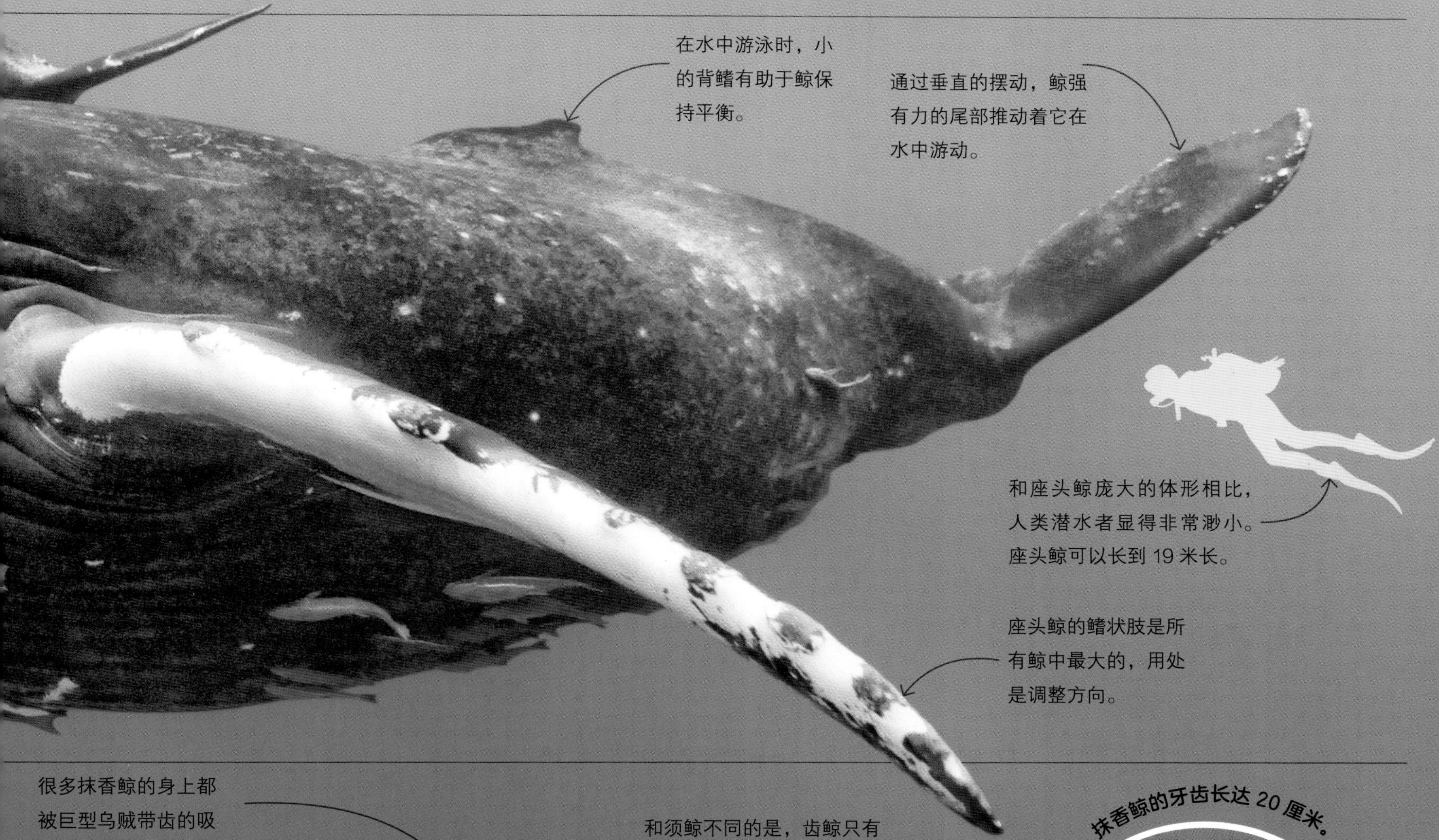

在水中游泳时，小的背鳍有助于鲸保持平衡。
通过垂直的摆动，鲸强有力的尾部推动着它在水中游动。
和座头鲸庞大的体形相比，人类潜水者显得非常渺小。座头鲸可以长到 19 米长。
座头鲸的鳍状肢是所有鲸中最大的，用处是调整方向。

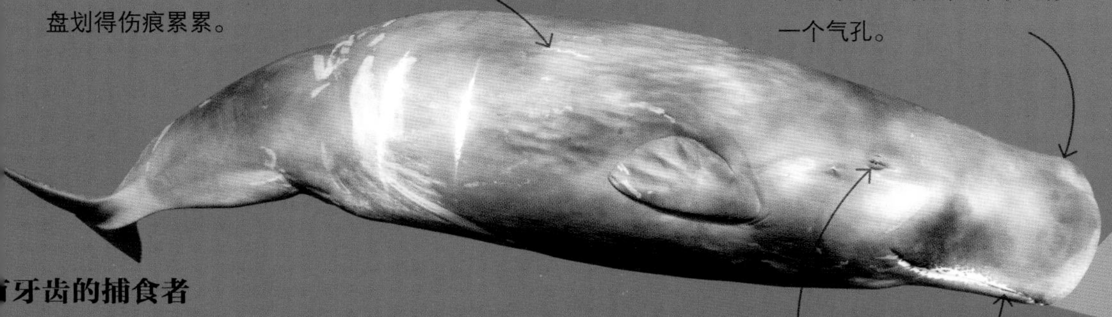

很多抹香鲸的身上都被巨型乌贼带齿的吸盘划得伤痕累累。
和须鲸不同的是，齿鲸只有一个气孔。
眼睛
嘴巴

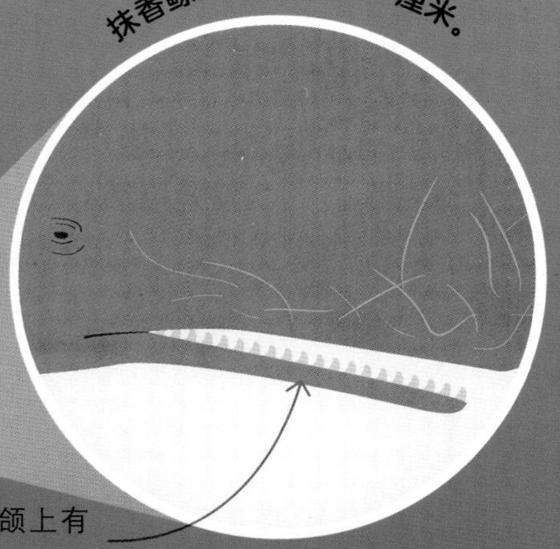

抹香鲸的牙齿长达 20 厘米。
长而窄的下颌上有 52 粒牙齿。抹香鲸没有上齿。

牙齿的捕食者

很多鲸都长着圆锥形的尖牙，便于咬住滑溜溜的。虎鲸通常会猎食海豹，甚至其他鲸类。最大的猎食是巨大的抹香鲸，它主要以生活在深海的乌贼为食。

物种生活的环境被称为它的**生长环境或生境**。生境可以小到只有叶子的背面那么大，也可以大到覆盖整个热带雨林。从森林、海洋到沙漠、冻土，生活在这些主要的生境中的物种通常会面对类似的挑战，不过每个物种都会采用各自独特的方式处理问题。

生境

生物群落

从热带到极地，从最深邃的大洋到最高的山峰，在地上的每个地方都能发现生命。在同一地区自然生存的所种群的集聚，叫作生物群落。生物群落可以按照气候条划分类型。比如气候温暖，终年下雨的热带雨林生物群落。

▶生物群落地图

科学家们区分了至少 16 种主要的生物群落。把地球分为不同的生物群落有助于我们理解为什么植物和动物会发生演化，以适应地球不同地方的类似环境。像非洲的沙漠和澳大利亚的沙漠虽然相隔很远，但都生长着类似的适应干旱环境的植物。

- 热带雨林
- 热带草原
- 干燥林地
- 温带雨林
- 温带草原
- 炎热沙漠
- 寒冷沙漠
- 海洋
- 地中海
- 温带阔叶林
- 北方针叶林
- 苔原
- 极地
- 山地
- 湿地
- 湖泊与河流

温带草原

北美大草原、欧亚草原和南美洲的潘帕斯草原都属于温带草原，夏季凉爽，冬季寒冷。

海洋

海洋覆盖了地球表面大约 71% 的面积，构成了最大的生物群落。海洋内部包括了从热带珊瑚礁到深海的多种生长环境。

湿地

如果陆地经常或始终被各种沼泽所淹没，那里的动植物就会进化出相应的特征，以适应这种半水生的生长环境。

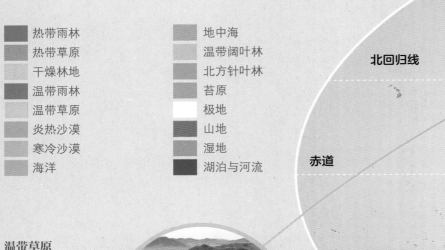

温带阔叶林

在热带和寒带之间就是温带，这里的阔叶林季节变化分明，夏季凉爽，冬季寒冷。

沙漠

沙漠降雨稀少，地表覆盖着沙子和岩石。生活在沙漠的植物和动物演化出了各种在漫长旱季生存的技巧。

北方针叶林

针叶林生长在亚寒带常年潮湿或者冰冻的土地上。这种树长着像针一样的叶子，能够在严寒环境存活。

苔原

在亚欧大陆和北美大陆的北部边缘地带，因为寒冷，土地终年冰冻，植被稀少。夏季的白天和冬季的夜晚都非常漫长。

山地

在高山地区，气温下降，空气稀薄。森林不见了，取而代之的是草地、光秃秃的岩石和冰川，雪线以上的山地会常年积雪，即使在热带地区也是如此。

湖泊与河流

海洋的水蒸发升空，再变成雨水落在陆地上，形成池塘、湖泊、溪流和河流，成为淡水植物和动物的生境。

热带草原

这里的土地非常干燥，树木难以存活，但又不至于干旱成沙漠，所以杂草丛生。热带草原是成群的大型哺乳动物的家园。

极地

地球的极地区域到处是冰盖。北极地区是部分冰冻的北冰洋，南极地区则是白雪皑皑的南极洲。

热带雨林

相比陆地上其他生境，热带雨林包含着更多的物种。这里常年湿润，天气炎热，雨量充沛。

热带雨林

相比陆地上的其他生物群落，在热带雨林中生活的物种数量要多得多。热带雨林中的生物多样性令人惊叹，雨林里林木茂密，树长得很高，上面爬满了藤蔓或攀缘植物。热带雨林有着独特的生物分层，从铺满树叶的地面到直冲云霄的树顶，每一层都生活着独特的植物和动物。热带雨林中的生物多样性也造成了生物为争夺食物和栖身之处的激烈竞争。

▲雨林中的地面

地面上，真菌在分解落叶和其他植物体方面发挥着最重要的作用。它们释放出来的营养会很快被树根所吸收，造成土壤贫瘠。浓荫密布、空气潮湿，雨林的地面是很多喜欢潮湿环境的动物的家园，比如两栖动物。

须野猪

须野猪在雨林的地面到处搜寻食物，从掉落的果实和坚果到真菌、根茎和腐肉，都在它的菜单上。它们根据气味寻找食物，能够通过排泄播撒树种。

▲林下叶层

新生的树苗形成林下叶层，也叫灌木层。它们长得很慢，等到阳光从大树空隙中照射下来，才会开始向上生长。蕨类植物和开花植物在树干上蓬勃生长。绞杀榕的种子是由鸟类携带落在树枝上的。它们的根会环绕着寄生树向下生长，目的是靠近土壤。这种榕树随着生长，它会缠住作为宿主的树，直到杀死宿主。

邦加眼镜猴

它的体重只有 110 克，长着跟身体大小不相称的大眼睛。邦加眼镜猴是夜行动物，它的生活区域是雨林的林下叶层，它会爬树跳跃，捕食像甲虫和蝉这样的昆虫。

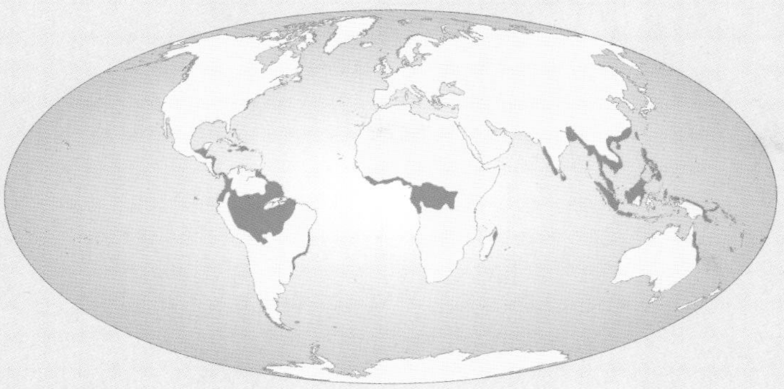

地球上的分布

热带雨林分布在气候温暖潮的地区。它只覆盖地球面积的~7%，却包含着地球上超过% 的植物和动物物种。随着人活动的扩张，地球上的热带雨正面临着面积缩小的威胁。

气候情况

白天气温可达 35 ℃，晚上气温不低于 20℃。

热带雨林地区年平均降水量超过 200 厘米。

热带雨林地区几乎每天都在下雨。

树冠层

向四处伸展的树冠是一个连续的层面，就像一面很厚的地。阳光射向树冠，其中约 75% 被树冠数以亿计的叶子吸收。猴子、昆虫、蛙、鹦鹉……绝大多数生活在热带雨林中的物都在这一层活动，它们以各种树木上的水果、种子和花朵食。

罗洲猩猩

这种濒临灭绝的猩猩一生绝大部分时间都生活在树，它们在树枝上荡来荡去，天晚上都会用长满叶子树枝搭建一个新窝来觉。它们的食物里面 60% 都是大型水果，中无花果最多。

▲露生层

雨林中有些巨树的高度会远远高出于树冠层。在加里曼丹岛的雨林中有一种树，能够长到 88 米高。它要靠向四周延伸的巨大板状根支撑，这种根帮助巨树在狂风暴雨中屹立不倒。

凤头鹰雕

高大的树木为这种生活在雨林中的猛禽提供了理想的观察点。它站在高处搜寻蛇类、鸟类、蜥蜴以及其他猎物。凤头鹰雕将自己巨大的巢筑在靠近树干的粗大侧枝上面。

温带阔叶林

直到几千年之前，地球表面的大片区域还被森林所覆盖，包括热带和寒带之间的中间区域——温带地区。后来，绝大多数温带阔叶林都遭到砍伐而消失了，不过还是有一部分存留了下来。温带阔叶林中的主要树种是阔叶树，它们会在冬季落叶。随着季节的变化，温带阔叶林的生态环境也会发生较大的变化。

▲春季

随着气温上升，冰雪融化，白天的时间开始变长，森林里开满了五颜六色的花朵。冬眠的动物也苏醒过来，很多鸟类和哺乳动物开始成双结对，为繁殖下一代做好了准备。

橙尾鸲莺

这种森莺会在中美洲和南美洲越冬，5月返回北美洲的温带森林繁殖后代。它在树叶间跳动，啄食树叶上的昆虫。

▲夏季

到了夏季，树上长满了叶子，能够吸收阳光，并通过光合作用转化为树木所需要的养分。许多昆虫靠吃这些树叶为生，比如毛虫，而它们又成了很多鸣禽的食物。在树冠下面，还是有很多阳光能够照射到地面，使得灌木、小树和树苗能够生长，形成下层林木。绝大多数动物在这个季节抚育下一代。

北美豪猪

对北美豪猪来说，夏季是一个可以大快朵颐的季节。它的食物种类非常丰富，几乎包括了森林中所有可以吃的植物，从果实、根茎到幼苗。

在地球上的分布

温带阔叶林生物群落有这样的特点：夏季舒适暖和；冬季非常寒冷，而且往往持续时间很长，气温会降至0℃以下。一年当中降雨分布比较平均，冬季降雪。

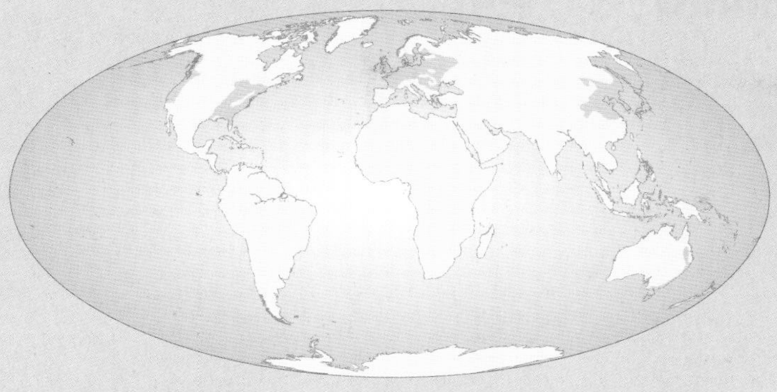

气候情况

温带阔叶林地区年降水量为75~150厘米。

年平均气温是10℃，夏季的平均气温是21℃。

在这个生物群落中，最高的树能长到约30米。

▲秋季

随着白昼变短，光照减少，树叶随之脱落，树木就很难进行光合作用了。落叶形成了一层厚厚的、潮湿的地毯，这里生活着很多无脊椎动物、小型啮齿类和两栖类。很多树木的果实会成为动物的美味食物。

花鼠

花鼠会在落叶上来来回回地跑动，收集种子和坚果作为食物。它长着很大的颊囊，可以把食物运回洞穴里储存起来，为冬天做准备。

▲冬季

到了冬季，树木变得光秃秃的，绝大多数的植物停止了生长，动物寻找食物变得非常困难。像松鼠、松鸦这类动物会在秋天吃很多食物，来熬过这段艰苦的日子。

树蛙

北美树蛙会在落叶下面冬眠，即使它的身体大半都已经冻僵，它也能存活下来。它是最早醒来的冬眠动物之一，早在每年的1月，它们就已经出现在小池塘里，繁衍下一代。

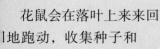

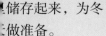

北方针叶林

北方针叶林就像一根绿色的腰带，横跨北半球的大陆，它是地球上最大的陆地生物群落。北方针叶林覆盖了欧亚大陆和北美大陆的北部地区，植被以针叶林为主。它的夏季短且潮湿，冬季漫长多雪，对生活在那里的动物来说，都是严峻的挑战。

▲冬季

北方针叶林的冬季漫长而寒冷，能持续长达 8 个月，气温最低会降至 -70℃。很多动物要么冬眠，要么迁徙到南方更加温暖的地区过冬。这里的冬天没有降雨，只有降雪，所以水资源很稀缺，动物和植物都要熬过一个寒冷的干旱季节。

云杉

北方的针叶树如云杉，树叶细长如针。这有助于它们留住水分，度过缺水的漫长冬季。云杉树身呈圆锥形，树枝下垂，有助于积雪落下。

河狸

河狸会在池塘和河流中建筑临水的住处，水面到了冬天会结冰。不过，水面下进出巢穴的洞口没有被冻住，河狸就可以从冰面下出来搜寻食物。

松貂

松貂的皮毛非常顺滑，能起到很好的保暖作用。到了冬季，它们的毛还会长得更长。此时食物稀缺，它们以腐肉为主要食物。

生地球上的分布

北方针叶林生物群落覆盖了地球上 17% 的陆地，主要分布在加拿大、斯堪的纳维亚地区和俄罗斯。

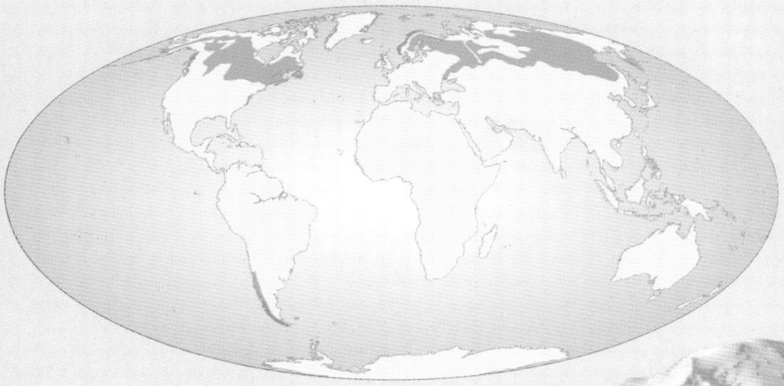

气候情况

北方针叶林的某些地方分布着永久冻土，使得土地排水性变差，形成很多沼泽。

在夏季，这里的白昼可以持续长达 20 小时。

▲夏季

北方针叶林的夏季温暖潮湿，时间很短，差不多持续 3 个月。在这个季节，森林恢复了生机。植物茁壮成长，冬眠的动物苏醒了，走出了洞穴，过冬迁徙的鸟类也飞回来了。融冰形成的沼泽面积大，但水不深，会招来很多苍蝇和蚊子。

交嘴雀

交嘴雀的喙很不寻常，是上下交叉的，可以从松果中啄出种子来。在短暂的夏季，这样的食物来源很丰富。

美洲黑熊

春天，美洲黑熊从冬眠中苏醒过来，通常还会带上新生的宝宝。在夏天，它们会尽可能地多吃东西，为下一个冬眠增加体重。

泥炭藓

很少有开花植物能够在北方针叶林那么寒冷潮湿的土壤中存活，泥炭藓能在这里蓬勃生长，它们在地表形成了一层厚厚的“垫子”。在水中，它的重量可以比干燥时重 20 倍。

热带草原

很多热带地区都会经历漫长的干旱季节，继而
暴雨季节。树木很难熬过几个月的旱季，所以在这
生物群落，草是最主要的植物。在旱季，草会干枯
甚至可能着火，但是一旦降雨，它们就复活了。在
洲的热带草原上，草是成群的食草动物的主要食物
而这些食草动物又是强壮的捕食者的食物来源。

▲旱季

雨停了，草枯萎了。很多食草动物开始往北方迁徙，因为那里的草还在生长。其他的食草动物则会待在塞伦盖蒂草原潮湿的地区，靠近河流或湖泊。在这里，它们很容易成为狮子和斑鬣狗等食肉动物的目标。

长颈鹿

长颈鹿有着长长的脖子，
够用它们坚硬的舌头卷下金
欢灌木多刺的树叶。它们可以
到高高的树冠，在那找到食物
而其他动物连够都够不着。

狮子

狮子会划分各自的领地，然后全年待在同一个地方。它们以来到水塘边喝水的动物为猎物。像鹫这类食腐动物，则以狮子吃剩的腐肉为食。

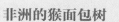

非洲的猴面包树

热带草原上星星点点地点缀着树木，
们已经适应了长达几个月的旱季。在雨季
非洲猴面包树会吸收大量水分，把水分储
在膨胀起来的树干里，这样它才能生存下去

地球上的分布

最广阔的热带草原位于非洲哈拉沙漠以南，被称为非洲大原。热带草原还分布在印度、美洲、东南亚的部分区域，以奥大利亚的北部。

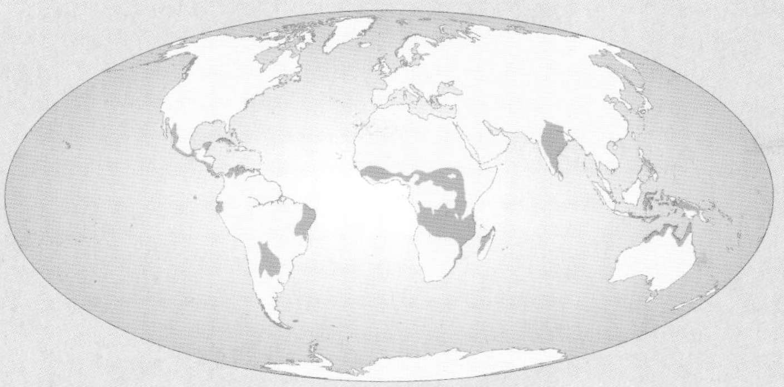

气候情况

这里的气候通常不会低于 17℃。

年降水量为 50~130 厘米。

热带草原主要分布在非洲大陆。

雨季

在雨季，东非的塞伦盖蒂草原上小草正茁壮生长。它们已经适了被饥饿的斑马、羚羊和瞪羚吃掉，所以它们从根部生长，而是像绝大多数植物一样，从顶端开始生长。小草还养活了相当量的昆虫，比如白蚁和蝗虫。

斯氏织雀

织雀是在雨季繁殖后代的。在这个季节，它们可以收集长长的草叶，用来编织鸟巢。它们会把编织好的鸟巢悬挂在树枝上，每棵树最多可以悬挂约 200 个织雀的鸟巢。

角马

雨季开始的时候，角马妈妈会生下宝宝。因为这个时候草原上食物充足，角马妈妈有营养丰富的奶水。小角马一出生就能够自己行走。

蜣螂

成群的蜣螂会绕着食草动物的排泄物转，把排泄物团成一个球，找地方埋起来，在内部产卵。等到卵孵化了，蜣螂的幼虫就会以那些排泄物为食。

温带草原

在北美大陆、欧亚大陆还有南美洲南部的某些寒冷的地方，因为气候干燥，森林无法存活，但是又没有干燥到变成沙漠的程度。在这样的地方，小草欣欣向荣地生长。温带草原的冬季会下雪，寒冷而干燥；夏季炎热而干燥，偶尔会有狂风暴雨。这里生活着很多食草动物。

▲冬季

在北美大陆的草原，冬季的气温会降到0℃以下。这时草都停止了生长，食草动物得挖到积雪下面才能找到食物。很多鸟类都迁徙到了更暖和的地方，而绝大多数哺乳动物都躲到了地下，在冬眠中度过寒冬。

郊狼

郊狼是狼的近亲，它们是善于适应环境的捕猎高手。在冬季，它们以大型动物尸体的腐肉为食，比如死于严寒的鹿。

野牛

野牛成群地生活在一起，熬过寒冷的冬季。为了寻找食物，它们要长途跋涉，穿过草原。它们的大块头还有身上厚厚的皮毛，抵御了冬季刺骨的寒冷。

草原犬鼠

这些犬鼠生活在非常复杂的庞大洞群当中。如果冬季不太寒冷，它们会钻出洞来，用尖尖的牙齿把草和种子拖进洞里；如果天气很冷，它们就会老实实地待在地下。

地球上的分布

温带草原生物群落主要包括美中央大草原、欧亚大草原以南美洲的潘帕斯草原。

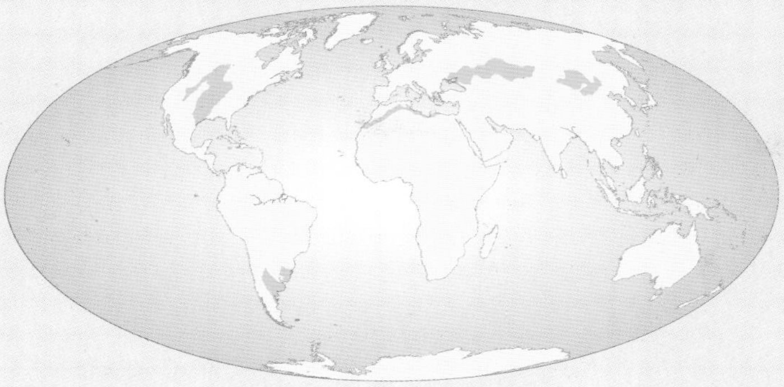

气候情况

夏季气温可以超过 38℃，冬季气温可以低至 -40℃。

冬季，大雪覆盖着草原，起到了保存水分的作用。

这样一来，到了春季，小草就能够发芽、生长。

夏季

到了春季，欧亚大草原焕发着勃勃生机——这个季节草长得为茂盛。炎热干燥的夏季，草会枯萎，有时候闪电还会造成灾。熊熊大火会吞噬掉很多植物，不过草能顽强地生存下来，场大雨之后它们又会再次生长。

草

草的叶片是从它的根部长出来的，而不是末梢。所以即使上面的部分被切断了，它还能够继续生长。草根很长，深入地下，在干旱的季节里也能吸收水分。

高鼻羚羊

高鼻羚羊的鼻子突出，大象的鼻子一样，这有助在夏季给身体降温。它的子非常敏感，能够发现大雨后长得更新鲜茂盛的草。

草原雕

草原雕可以不知疲倦地盘旋在草原的上空，在很大一块区域里搜寻猎物，它能轻而易举地在低矮的草丛里发现猎物。

湿地

绝大多数植物都无法在积水的地域存活，尤其是
在水里还含有大量盐分的情况下。这样的地方会变成
沼泽或池塘，其中生活着很独特的植物和动物。它们
适应了在被水淹没的环境生活。

▲**淡水沼泽**

地球上最大的沼泽位于南美洲的亚马孙雨林。在那里，热带高温促进了植物的生长，植被非常茂盛。在雨季，河流漫过河床，流进周围的森林，也会形成季节性的沼泽。

王莲

这种植物的根扎在浅池塘下面的泥地里，叶子和花浮在水面上。它的叶子像托盘一样，直径宽达3米，可以托起一个小孩。

亚马孙河豚

雨季的时候，河水漫过河床，流进森林，亚马孙河豚就会离开一直生活的河流，游到被淹没的森林中寻找食物。为了寻找鱼、龟和蟹，它会游过被河水淹没的大树的树冠。在混浊的河水中，它们要靠回声定位来发现猎物。

▲**湿地**

湿地的主要植被是低矮的植物。在美国佛罗里达州南部有一片大面积的湿地，在缓缓流动的水流中，茂盛地生长着一种坚韧的、样子像草的植物，它叫作锯齿草。和很多生活在湿地的植物一样，它有着粗大的根部，以保证在旱季水位下降的时候也能够存活下去。

美洲短吻鳄

在美国南部，无论是淡水沼泽还是海水沼泽中，最厉害的捕食动物都要数短吻鳄。在旱季，部分湿地变得干涸，短吻鳄会自己挖掘水坑用来栖身。

地球上的分布

湿地在地球上的分布
常广泛。在降水量充足
地方就会有淡水沼泽；
寒冷地带的河口会形成
水沼泽；在绝大多数热
海滨地区会形成红树林
泽。

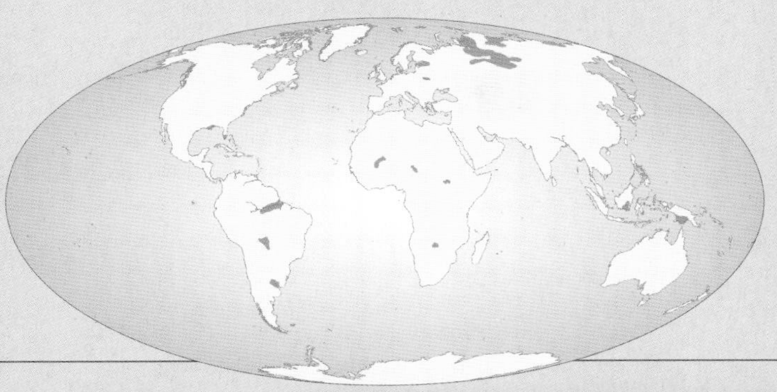

气候情况

很多淡水沼泽在夏季会干涸，不过一旦水位上涨，这里的植物又会复活。

在最近的 100 多年里，地球上约 50% 的湿地都因为人类的开发遭到破坏。

红树林盘根错节的树根形成了一道障碍，保护着土壤不会被热带的暴雨冲走。

▲红树林沼泽

在东南亚的热带地区，分布着很多红树林沼泽。森林位于靠近海滨的地方，涨潮的时候海水会漫进来。红树林的根很特别，能够从空气中吸收氧气，所以树木才能在充满盐分的沼泽里生长。

红琵鹭

粉红琵鹭是众多生活在湿地的涉禽中的
一种。觅食时，它会一边走动，一边把喙伸
水里来回晃动，翻搅河泥，寻找虾、昆虫
两栖类。

红树林蛇

红树林蛇是一种毒蛇，生活在沼泽的大树上。到了晚上，它们会游走于树枝之间，捕食蜥蜴、树蛙、鸟类以及小型哺乳动物。

弹涂鱼

这种鱼像蛙类一样，可以靠湿漉漉的皮肤呼吸，所以能够在退潮后的泥地里生活。它们划动着鱼鳍，在泥地里滑行，寻找诸如小蟹这样的猎物。

山地

对野生动物来说，山地是很有挑战性的生存环境
随着海拔的不断上升，气温会不断下降，所以即便是在
热带地区，高高的山顶也会像北极的苔原一样寒冷。生
活在山地的动物必须适应刺骨的寒冷、复杂的地形以及
稀薄的空气。

▲山林

高山上坡度较为平缓的地方常常覆盖着森林，为动物们提供了食物和栖息地。在中国的九寨沟，针叶树那像针一样细长的叶子有助于它们在冬季保存水分，因为那时候要从结冰的土壤里吸收水分非常困难。

大熊猫

只有在中国中部和西南部的山地才有大熊猫分布，它们吃竹子。竹子会在潮湿的气候里生长。和其他的熊不一样，大熊猫用不着冬眠，而是靠着厚实的、略带油性的皮毛抵御雨水和寒冷。

竹子

在中国亚热带地区山地的山坡上通常可以看到竹林。竹子是一类巨大的、生长迅速的植物。虽然没有针叶林那么顽强，但有些竹子可以在 –29℃的低温中存活。

▲阿尔卑斯山草地

在山林的上方，树木让位给了低矮的
和开着很多花朵的草地牧场。冬季，欧洲
卑斯山的山坡白雪皑皑，而到了夏季，这
成了食草动物的牧场。阿尔卑斯山的花朵
吸引来蝴蝶和其他以花粉为食的昆虫。

胡兀鹫

山地严酷的生存环境会造成动物的高死亡率，这就给胡兀鹫这类的食腐动物带来了大量的食物。作为兀鹫的一种，它会把动物的骨头从高空扔下，使骨头裂开，露出里面富有营养的骨髓。

地球上的分布

山地生物群落在地球
分布广泛。其中较大的
数北美洲的落基山脉、
美洲的安第斯山脉、亚
的喜马拉雅山脉和欧洲
阿尔卑斯山脉。

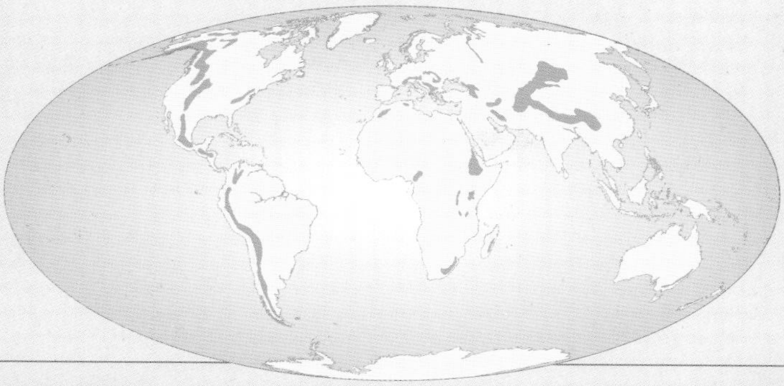

气候情况

气温会随着海拔上升而下降，高度每上升 1000 米，气温就会下降约 6℃。

非洲的乞力马扎罗山虽然靠近赤道，但是它的海拔较高，山顶终年积雪。

比起周围的平原地区，山地通常气候更加潮湿。

▲喜马拉雅山脉

很少有动物能够在高山之巅生存。就像在喜马拉雅山脉，那里除了岩石、碎石和积雪，几乎什么都没有。只有一些昆虫和蜘蛛能够在大雪覆盖的地方生存。捕食者都站在高高的悬崖上，占据有利地形，搜寻下面的猎物。

尔卑斯羱羊

在欧洲的崇山峻岭之中，阿尔卑斯羊能够攀越最为崎岖难行的山地，到高处的牧场。它们能在悬崖峭壁上灵跳跃，如履平地，令人叹为观止。

雪豹

雪豹善于伪装，它们会躲在光秃秃的、到处是岩石的地带。在突然冲下山坡，扑向猎物之前，它们能悄无声息地靠近猎物。

珠穆朗玛跳蛛

这种小型蜘蛛生活在珠穆朗玛峰贫瘠的高海拔坡地岩石洞穴里，以被风吹过来的昆虫为食。在已知动物当中，没有任何动物的生活区域比它的更高。

沙漠

沙漠或许很冷，或许很热，不过几乎所有的沙漠年降水
都不超过 25 厘米，是非常干旱的地方。它们看起来就像是
旷的荒地，不过在覆盖着岩石和沙土的沙漠中，生活着很多
物和植物，它们已经适应了恶劣的气候和缺水的状态。

▲炎热的沙漠

在炎热的沙漠，白天的气温可以飙升到 50℃，而到了晚上气温会陡然下降，甚至降到 0℃以下，比如北美洲的索诺拉沙漠，那里的降雨都集中在特定的季节。降雨给沙漠带来了绿色，使仙人掌这样的植物开花。白天，动物都藏在阴凉处，躲避炎热的太阳，只有到了寒冷的晚上，它们才变得活跃。

沙漠囊鼠

沙漠中食物稀缺。囊鼠到
搜寻植物的种子，把它们储存
洞里，留待以后再吃。它们的
毛颜色和沙子的颜色很接近，
它们躲避捕食者提供了伪装。

柱仙人掌

大雨过后，仙人掌会把水分储存在膨胀起来的茎干里面。柱仙人掌是世界上最高的仙人掌，能够储存足够多的水分，即使沙漠一年不下雨，它们也能存活。

沙漠陆龟

为了保存水分，白天最炎热
时间里，沙漠陆龟都会躲在洞里。
季是它们最活跃的时候，它们会四处
寻仙人掌花和其他植物。

地球上的分布

沙漠覆盖着地球上约五分之一的地，在每个大洲都分布着沙漠。热的沙漠（地图上的橙色部分）分布在地球的赤道区域，而寒的沙漠（黄色部分）则分布在接两极的地方。

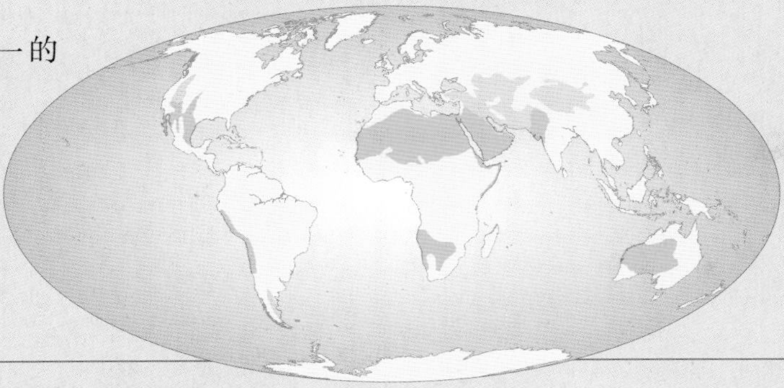

气候情况

最干旱的沙漠一年的降雨量不超过 1 厘米。

在有些沙漠，由于降水量过少，那里的神奇植物甚至可以在好几年滴雨未降的情况下生存。

地球上有记录的最高气温出现在伊朗的卢特沙漠，为 70.7℃。

寒冷的沙漠

像亚洲的戈壁沙漠这样的寒冷沙漠，不仅分布于接南北极圈的地区，也可能分布在海拔更高的地方。那的冬季非常寒冷，冰霜和积雪覆盖着地面。在戈壁沙，冬季的气温会降到 -40℃。这里的植被主要是灌木草丛，很多动物在地下钻洞，以躲避严寒。

中亚野驴

中亚野驴是马科的成员，生活在亚洲。它主要从植物中获得生存所需要的大量水分，到了冬季，它会在干涸的河床中挖洞，找寻地下水或者是吃雪。它的皮毛颜色接近沙子的颜色，有助于躲避捕食者。

栖菜

羊栖菜的根扎得很深，可从干枯的土壤下面吸收水分，能使自己牢牢地扎根在遍布岩和沙子的大地上。羊栖菜富含盐，这能保护它不会被食草动物当成物。

双峰驼

这种骆驼可以数日滴水不进，也能一口气喝掉 50 升水。遇到食物匮乏的时候，它们就靠储存在驼峰里的脂肪提供营养。

苔原

被冰雪覆盖的极地的边缘就是苔原——这种生物群落的表下面都是永久冻土。这里的冬季黑暗、寒冷，而且下着雪。不过到了春季，冰雪融化了，上面的地层也随之融化。北极，大片的苔原变成了积满水的沼泽，里面生活着大量的虫，也因此招来了很多的鸟类。

▲冬季

在冬季的大部分时间里，北极的苔原都处于黑暗之中。大地冻结起来，覆盖着冰雪。植物停止了生长，昆虫也都消失了。绝大多数鸟类都离开了，只有雪鸮和其他捕食者留下来了，它们捕食躲在积雪下面的小型哺乳动物。

麝牛

麝牛长着浓密的皮毛，在苔原成群地游荡。们是野山羊的近亲，不过体形更大。它们会挖开雪，寻找草和苔藓。麝牛会受到成群的北极狼捕猎。

根田鼠

在整个冬季，躲在积雪下面的根田鼠和旅鼠都很活跃。大雪隔离了刺骨的寒风。它们靠吃草和多汁的草根为生，也会吃藏在洞里的种子。

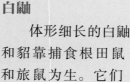

白鼬

体形细长的白鼬和貂靠捕食根田鼠和旅鼠为生。它们会深入洞穴捕猎。在冬季，白鼬的皮毛会变成纯白色，只有尾部的顶端还保留着黑色。

地球上的分布

地球上的绝大多数苔原都分在北半球的大陆上，位于北方叶林带和北冰洋之间。在南极的海岸边以及南半球的一些海岛屿上，也有苔原分布。

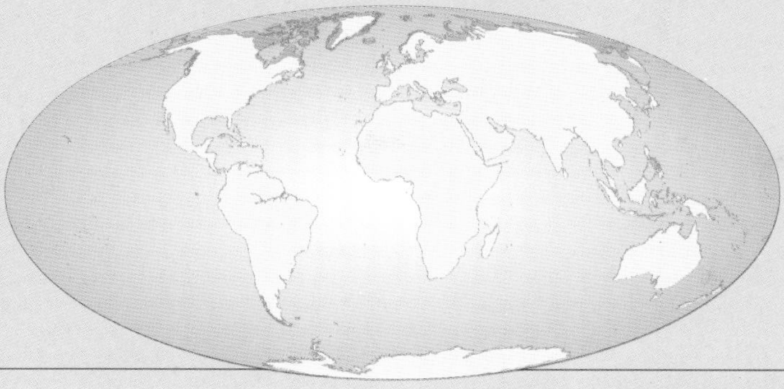

气候情况

冬季，苔原地区的气温会降至 -50℃。

地表下面是永久冻土。

到了夏天，永久冻土阻止了雨水流失，使苔原变成了沼泽。

夏季

夏季，北极的苔原几乎全天都是白昼。地表开始融化，变成了沼，生长缓慢但生命力顽强的植物开始绽放花朵。数以百万计的蚊子其他昆虫在沼泽里孵化，给飞到这里生育下一代的鸟类提供了丰富美食。此后，它们又会再一次飞回南边。

驯鹿

成群的驯鹿会朝北方走，以大雪融化后生长出来的植物为食。临近夏季的时候，驯鹿宝宝出生了，这个时候驯鹿妈妈可以获得大量的食物。

色虎耳草

绝大多数苔原植物都很矮，近地面，长着密密实实的叶片，样可以抵御刺骨的寒风。紫色耳草就很典型，它也是苔原地区季最早开花的植物之一。

翻石鹬

这种鸻鹬类鸟会北迁到北极的苔原繁殖后代。在这里，它可以给自己的幼鸟捕获大量的昆虫作为食物。翻石鹬把窝筑在地面，它身上多彩的夏季羽毛起到了良好的伪装作用。

极地

在地球上，极地是最不适合动植物生存的地方，这里有着刺骨的寒风和极低的气温。极地的夏季很短暂，一天绝大多数时间都是白昼，而到了漫长的、无情的冬季，一天绝大多数时间又会陷入黑暗。这里的气候条件太过恶劣，只有少部分低矮植物和部分野生动物能够生存。绝大多数生活在极地的动物都要在海洋里寻找食物。

▲北冰洋的冰

北冰洋是一片以北极点为中心的冰冻大洋，几乎被陆地所环绕。这里的植物只有藻类，它们紧贴在冰的下层生长。海豹会待在大块的冰面上休息或繁衍，而北极熊则利用浮冰旅行。

格陵兰睡鲨

格陵兰睡鲨生活在结冰的北冰洋水下约 1200 米处。在所有脊椎动物中，它的寿命或许是最长的，超过了 500 岁。

竖琴海豹

在捕食鱼类和贝类时，竖琴海豹一次可以待在水下长达 15 分钟。它们身上有一层非常厚的脂肪，能在刺骨的冰水中起到保暖的作用。

北极熊

北极熊利用浮冰作为捕猎平台，捕杀海豹。它们的爪子短而锋利，可以抓牢冰面；它们的身上有一层厚厚的脂肪，可以抵御寒冷。

地球上的分布

在地球的北极和南极可以找极地生物群落。南极洲降水非少，有观点认为它才是地球上大的沙漠。很多科学家认为，着人类活动导致全球变暖，极生物群落正在受到威胁。

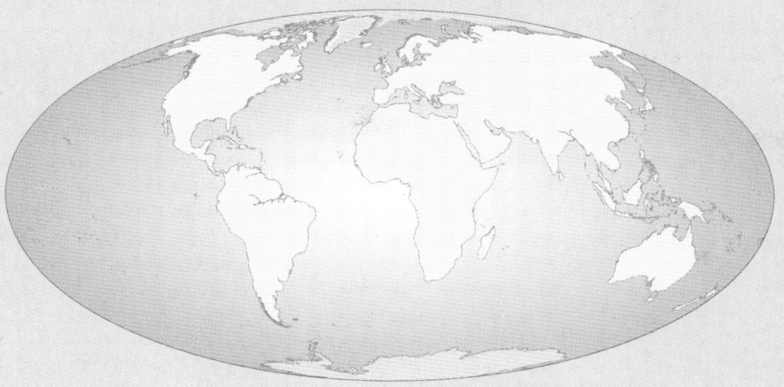

气候情况

地球上有记录的最低气温发生在 1983 年的南极洲，达到了 −89.2℃。

在冬天最寒冷的时候，北冰洋的冰层可以达到 50 米厚。

南极洲

南极洲位于地球最南端，几乎完全被冰雪覆。这里的植物只有生长于冰面和岩石中的藻类、藓和地衣，以及两种开花植物。不过这里还生活很多动物，比如企鹅、海豹和雪海燕等。

帝企鹅

这些企鹅生活在冰面上，但是它们得潜入冰冷的水里捕鱼。流线型的身体能让它们下潜得很深，它们每次潜水可以长达 20 分钟。

极毛草

这是一种生长在南极洲的开花物。为了适应如此恶劣的环境，极毛草能够自行授粉。它的花朵是闭合着的，以免被冻坏了。

南极磷虾

在南极洲的水域里，磷虾这种甲壳动物的繁殖能力极强，是地球上数量最多的动物之一。鲸、海豹、企鹅等动物都以磷虾为食。

河流、湖泊

地球上的水资源中只有 1% 是淡水，主要集中在池塘、湖泊和河流。这些淡水是地球上大约 40% 的鱼类和其他水生动物，以及很多水生植物的家园。雨水给湖泊和河流带来了充分的降水，世界上所有的生物都依赖水而生存

▲池塘和湖泊

洛蒙德湖是大不列颠岛上最大的淡水区域。和其他的湖泊一样，它是静止的水域，填满了地面上的坑坑洼洼。湖泊比池塘更大，更深。在靠近岸边的浅水区域，水生植物长得非常茂盛。有些年代久远、位置偏远的湖泊里，可能生活着在别的地方找不到的物种。

水韭

水韭可以生长在水深超过 4 米的地方，它因长着像韭菜一样的长叶子而得名。在寒冷的清澈湖水中，水韭成群地长出水面。

蛙类

春季，蛙类会聚集在淡水区产卵。它们从不会离开池塘或者湖泊太远。到了冬季，很多成年的蛙类会回到水里，躲在池塘或湖泊底部的淤泥里冬眠。

白斑狗鱼

这类躲在暗处的捕食者长着锋利的牙齿，潜伏在湖岸边浅水区的水草当中，随时准备捕食其他鱼类和蛙类。

在地球上的分布

地球上主要的淡水生物群落分布在北美洲的五大湖区，还有亚马孙河流域和刚果河流域。热带地区的淡水生物群落物种最为丰富，已知的生活在亚马孙河流域的鱼类的种类，比已知的整个大洋当中的还要多。

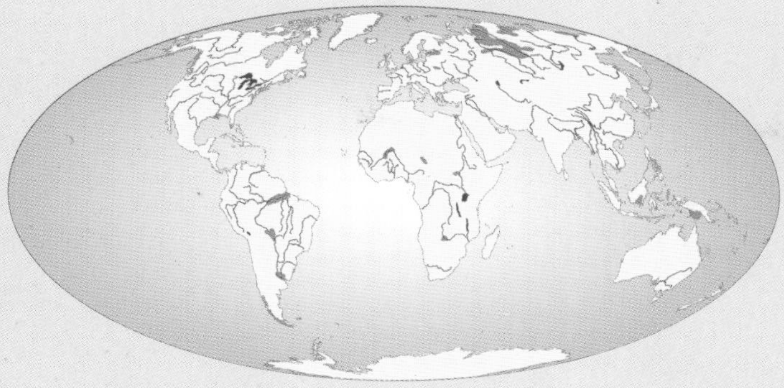

气候情况

世界上的各个地方都分布着河流和湖泊，这些淡水生物群落有着各种各样不同的气候条件。

在冬季，很多温带地区的湖泊和河流会结冰，不过在结冰的湖面以下，动物们依然非常活跃。

▲河水和激流

湄公河（澜沧江）发源于青藏高原，流入南海，沿途不断有支流汇入。在有些地方，河水流动很快，动物们需要特殊的适应本领才能避免被水冲走。在河流入海口，随着河水逐渐与海水相混合，水中的盐分不断提高。

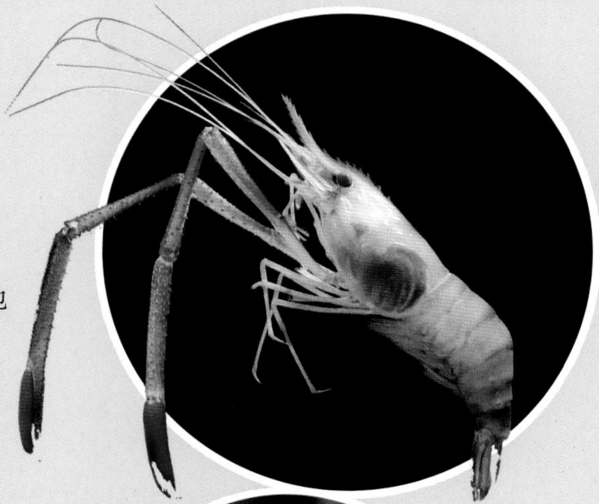

罗氏沼虾

这种甲壳动物幼年时生活在盐分很高的入海口地区，成年后就会逆流而上，在淡水区域度过一生。

欧亚水獭

水獭是一种半水生动物，也就是说，它部分时间待在水里，部分时间待在岸上。它捕食鱼类、甲壳类和蛙类。

岩鳅

这是一种生长在高山激流中的鱼类，有像吸盘一样的宽鳍，可以抓住岩石，抵住激流的冲击。

海洋

海洋覆盖着地球表面超过五分之三的面积。从海滩、岸边
满岩石的池塘，一直到最深、最黑暗的大洋底部，海洋的每个
方都分布着生物，它们已经适应了在各自的生活环境中生存。
些海洋生物群落分布着数量非常丰富的动物，比如珊瑚礁。

▲海岸地区

在海洋和陆地交汇的地方，潮汐的运动会产生强大的影响。生活在这里的动物和海草紧紧地贴在被海浪冲刷的岸边，不时暴露在空气当中。在离海岸更远的地方，各种各样的动物生活在有阳光照耀的近海当中。

海带

海带会利用它们像吸盘一样的钩形构造，吸附在岩石上。这些巨藻有着叶状的结构，就像植物的叶子一样，可以利用阳光制造养分。

珊瑚

珊瑚属于刺胞动物，主要生长在热带浅海区域。经过漫长的时间，它们死亡后石化的骨架会慢慢变成珊瑚礁。在温暖、明亮的近海水域，它们生长得非常茂盛。珊瑚礁里生活着许多海洋生物。

▲大洋

在广阔的大洋里，生活着各种各样
动物，从微小的浮游生物到庞大的鲸。
中绝大多数动物都生活在靠近海平面的
方，这里更温暖、明亮，不过还有不少
物生活在大洋底部，或者接近底部的区域

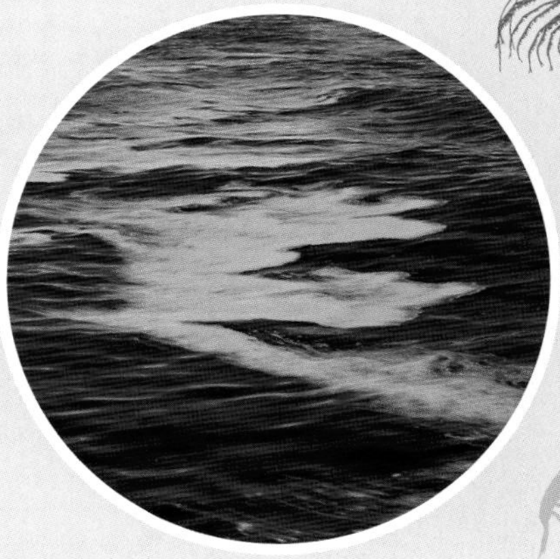

浮游生物

海洋中有很多微小的漂流生物，叫作浮
生物。它们中很多是海藻，生活在接近海平
的海水中，依靠光照的能量来制造食物。

全球海域

超过95%的海洋生物生活在环绕着大陆的浅海区域。在浅海以外，大洋急剧变深，可以达到海平面以下数千米。

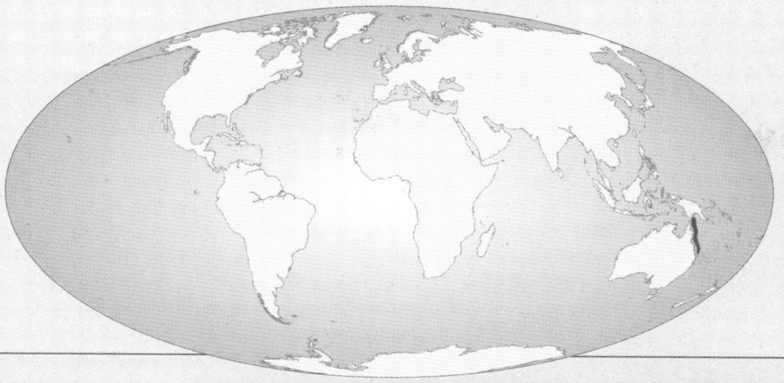

大洋的情况

大洋最深处在海平面以下11034米。

珊瑚群落中生活着约四分之一的海洋生物。

现存最大的动物是蓝鲸，体长可达25米。

▲深海

阳光最多只能照到水面下250米深，再往下的海洋就是一片黑暗。在深海，也就是超过1800米深的区域，动物必须依靠从上方沉下来的食物生存，或者采用特殊的技巧伏击猎物。

鮟鱇

这种鱼长有一个器官，里面充满了会发光的细菌，可以把小鱼吸引过来，它就趁机把小鱼一口吞进嘴里。

座头鲸

这种哺乳动物用口部一排巨大的鲸须过滤水中的食物。和所有其他哺乳动物一样，座头鲸也需要呼吸空气，不过它每次潜水可以屏住呼吸长达数十分钟。

小飞象章鱼

小飞象章鱼依靠扇动像耳朵一样的鳍游动。它在距离海平面3000米深的大洋底下游荡，以蠕虫和其他无脊椎动物为食。

词汇表

孢子
一种由真菌和某些植物产生的生殖细胞，不经受精就可以分裂、生长。

变态
指动物在从幼体到成体的发育过程中，形态结构和生活习性方面所出现的一系列显著变化，多见于无脊椎动物。

变温动物
又称冷血动物，它们体内没有自身调节体温的机制，仅能靠自身行为来调节体热的散发，或是从外界环境中吸收热量，提高自身体温。

捕食动物
靠捕食其他动物为生的动物。

触角
长在昆虫和其他一些无脊椎动物头上的感觉器官。

蛋白质
存在于肉、鱼、奶等食物中，是生命活动的主要承担者，可以构成不同类型的组织，如毛发、蛛丝、肌肉等，主要成分都是蛋白质。

蛋清
也叫蛋白，是包在蛋黄周围，由蛋白质组成的透明胶状物质。

电感受能力
能够通过电感受器接收外界微弱电流的能力，鲨鱼等某些鱼类拥有这种感受能力。

冬眠
部分动物会在冬季休眠，僵卧在洞里，不动不吃。是对不利生活条件的一种适应。

动物伪装
动物通过改变身体的颜色、图案或形状，使自己与所处环境背景相近的行为，达到隐藏自己，躲避捕食者的目的。

毒腺
动物体内分泌毒液的腺体，比如蜜蜂的螫针、蜘蛛的螯肢、蝎子的尾刺等，都长有毒腺。

发芽
种子或孢子开始生长的发育阶段。

反刍
反刍动物将食物从胃返回嘴里咀嚼的消化过程。

反刍动物
偶蹄目哺乳动物中的反刍亚目动物的通称，这类动物长有复杂的反刍胃，可以反刍食物。

分解
真菌或其他微生物将复杂的有机分子还原成较小的化合物和元素的过程。

孵化
昆虫、鱼类、鸟类或爬行动物的卵在一定的温度和其他条件下变成幼虫或幼体。

腐肉
腐烂的肉。是食腐动物主要的食物来源。

复眼
一种由不定数量的小眼组成的视觉器官，多见于节肢动物。

腹部
位于动物身体主体后部的身体部位。哺乳动物的腹部在胸和骨盆之间，昆虫等节肢动物的腹部在胸部之后。

共生
生活在一起的不同种类生物之间形成的紧密互利关系。

光合作用
植物、藻类等有机体利用光能制造"食物"、释放氧气的过程。

虹膜
在动物眼球中，位于角膜和晶状体中间的环状薄膜。虹膜控制瞳孔放大和收缩。

呼吸作用
有机体在细胞内经过一系列的氧化分解，最终生成二氧化碳或其他产物，并释放出能量的过程。

花粉
开花植物产生的细小颗粒状结构，包含雄性生殖细胞，可以通过各种媒介传播。

花蜜
花内或花外组织中的蜜腺分泌的含糖类液体。蜜蜂会采集花蜜制蜂蜜。

声定位
些动物通过口腔或鼻腔把超声发射出去，利用折回的声波定的方法。

常指鸟类的上下颌骨延伸出的质结构。

生
种生物定居在其他生物（宿）体表或体内，吸取宿主的营物质，并对宿主造成损害。

蛋白
构成动物毛发、羽毛、角、蹄、子、指甲的主要蛋白质。动物肤的外层也因为包含角蛋白而得坚硬。

鼻器
种位于动物口腔上部的化学感器，可以辨别气味，以蛇类等行动物的最为发达。

骨突
大多数鸟类的胸骨腹侧正中的突起。

陆生生物
在陆地生活的生物。

卵齿
部分卵生脊椎动物的卵内幼体的喙或上颌顶部，长有凸起，用来破开卵壳。之后，卵齿会自然脱落。

卵黄
也叫蛋黄，是蛋内储存的营养物质，富含脂肪和蛋白质，为成长中的胚胎提供营养。

酶
生物体产生的具有催化能力的蛋白质或 RNA，几乎所有的细胞活动都需要酶的参与。

灭绝
指地球上曾经出现的物种彻底消失。

拟态
昆虫等动物在演化过程中形成的外表或色泽、斑纹等，同其他生物或非生物异常相似的形态。

脐带
联系哺乳动物胚胎和胎盘的结构，状如绳索，使胚胎从母体中获得营养和氧气。

气孔
植物体表面极微小的孔，可以交换气体，以完成光合作用和呼吸作用。

器官
生物体具有功能的身体结构，比如大脑、心脏、胃。

迁徙
动物依季节不同而变更栖息地的一种习性，通常是为了食物、繁殖或越冬。

求偶
有两性区别的动物寻求配偶，进行交配的行为。

软骨
脊椎动物体内的一种结缔组织，存在于大多数脊椎动物的关节处。软骨是软骨鱼纲鱼类骨骼的主要组成部分。

鳃
鱼类、两栖类、甲壳类等动物用来在水体中吸收氧气的呼吸器官。

生境
生物的个体、种群或群落所在的具体地域环境。

生物群落
在同一地区自然生存的所有种群的集聚，是一种区分生物生境的主要方式。

食草动物
以植物或藻类为食的动物。

食虫动物
以昆虫、蠕虫等为食的动物。

食腐动物
以动植物的尸体及其分解物、粪便等为食的动物。

食肉动物
以肉为主要食物的动物。它们的牙齿通常有着特殊的形状，适合撕咬。

视网膜
眼球壁最内的一层膜。

适应性
这是生物能够更好地适应环境或

生活方式的能力。例如，海豚流线型的身体，就是对水中生活的适应。

受精

卵子和精子融合为一体的过程，是个体生命的起点。

授粉

花粉从花朵的雄蕊传到雌蕊的过程。对开花植物来说，授粉是有性繁殖的关键。

水生生物

生活在各类水体中的生物。

水螅体

刺胞动物的两种基本体型之一。水螅体固着在其他物体上。

瞬膜

部分两栖类、爬行类、鸟类特有的半透明眼睑，可以遮住角膜，湿润并保护眼球。

宿主

通常指被寄生物所寄生的人或动植物。

胎盘

哺乳动物胚胎发育期间，胚胎与母体进行物质交换的器官。

蹄

马、牛、羊、鹿等动物趾端的保护物，由特殊的坚硬角质层构成，有助于动物行走或负重。

瞳孔

动物和人类眼睛内虹膜中心的小圆孔，光线通过瞳孔进入眼睛。

蜕皮

昆虫、甲壳类等节肢动物和蛇类等爬行动物，生长期间一次或多次蜕去皮肤的现象。

外骨骼

一种能对动物柔软内部器官提供保护的坚硬外部结构，多见于节肢动物。外骨骼不能生长，需要定期更换。

微生物

形体微小到肉眼不可见的、构造简单的单细胞或多细胞原核生物或真核生物。

物种

具有一定形态特征、生理特性、行为特点和遗传组成，以及一定自然分布区的生物类群，是生物分类的基本单位。

细胞

构成有机体的最小单位。

细胞核

真核生物细胞内起到控制作用的核心，包含染色体。

细胞膜

也叫质膜，是细胞表面由磷脂双分子层与蛋白质组成的薄膜，具有半渗透性，可以控制细胞与外界的物质交换。

细胞质

细胞内部被细胞膜包围的胶状半透明物质。

纤维素

存在于植物中的碳水化合物，是植物细胞壁的主要成分。

腺

由具有分泌功能的细胞构成，可以存在于器官内，也可以构成独立器官。腺依照功能分泌不同的特定物质，比如人体的汗腺会分泌汗液。

小眼

一种结构简单的光感受器，是构成复眼的单元。

信息素

由生物个体分泌到体外，对一距离以外的同物种其他个体产影响，使其生理或心理机制发改变的物质。

胸部

位于动物身体主体中部的身部位。

演化

生物通过对环境的适应和物种的竞争，其遗传性状在世代之的变化。

叶绿素

存在于叶绿体中的绿色色素，吸收太阳光中的能量，进行光作用。

叶绿体

高等植物及藻类细胞中用于光作用的细胞器，包含叶绿素。

夜行性动物

白天休息，晚上活动的动物。

永久冻土

高纬度或高海拔地区持续多年结的土石层。

蛹

一些昆虫从幼虫发育到成虫过程中的过渡形态。

幼虫

完全变态类昆虫的幼体称为幼虫，昆虫的幼虫发育为成虫，需要经历若干次蜕皮和变态。

种子

显花植物发育的初级阶段，种子内包含着胚，还储存着养分。

椎骨

椎骨构成了脊椎动物的脊柱。

子宫

雌性哺乳动物生殖器官的一部分，是胚胎发育生长的场所。

索引

加粗页码为主条目所在页。

E

F

G

H

J

K

L

M

N

X

Y

Z

鸣谢

DK would like to thank consultant Derek Harvey for his support and dedication throughout the making of this book.

In addition, DK would like to extend thanks to the following people for their help with making the book: Jemma Westing for design assistance; Steve Crozier at Butterfly Creative Solutions and Phil Fitzgerald for picture retouching; Victoria Pyke for proofreading; Carron Brown for indexing.

The publisher would also like to thank the following institutions, companies, and individuals for their generosity in allowing DK to photograph their plants and animals or use their images:

Leopold Aichinger

Animal Magic
Eastbourne, East Sussex, UK
www.animal-magic.co.uk

Animals Work
28 Greaves Road, High Wycombe
Bucks, HP13 7JU, UK
www.animalswork.co.uk

Alexander Berg

Charles Ash
touchwoodcrafts.co.uk

Colchester Zoo
Maldon Road, Stanway,
Essex, CO3 0SL, UK
www.colchester-zoo.com

Cotswold Wildlife Park Bradwell Grove, Burford, Oxfordshire, OX18 4JP, UK
www.cotswoldwildlifepark.co.uk

Crocodiles of the World
Burford Road, Brize Norton,
Oxfordshire, OX18 3NX, UK
www.crocodilesoftheworld.co.uk
With special thanks to Shaun Foggett and Colin Stevenson.

Norman and Susan Davis

Stefan Diller
www.stefan-diller.com

Eagle Heights
Lullingstone Lane, Eynsford,
Dartford, DA4 0JB, UK
www.eagleheights.co.uk

The Goldfish Bowl
118-122 Magdalen Road, Oxford,
OX4 1RQ, UK
www.thegoldfishbowl.co.uk

Incredible Eggs South East Ltd
www.incredibleeggs.co.uk

Thomas Marent
www.thomasmarent.com

Waldo Nell

Oxford Museum of Natural History
Parks Road, Oxford, OX1 3PW, UK
www.oum.ox.ac.uk

Lorenzo Possenti

School of Biological Sciences, University of Reading
With special thanks to Dr Geraldine Mulley, Dr Sheila MacIntyre and Agnieszka Kowalik.

Scubazoo
www.scubazoo.com

Snakes Alive Ltd
Barleylands Road,
Barleylands Farm Park,
Billericay, CM11 2UD, UK
www.snakesalive.co.uk
With special thanks to Daniel and Peter Hepplewhite.

Sally-Ann Spence
www.minibeastmayhem.com

Triffid Nursery
Great Hallows, Church Lane, Stoke Ash, Suffolk IP23 7ET, UK
www.triffidnurseries.co.uk
With special thanks to Andrew Wilkinson.

Wexham Park Hospital, Slough
With special thanks to the Microbiology department for assistance with identification of selected bacterial isolates.

Explanatorium of Nature Picture Credits

The publisher would like to thank the following for their kind permission to reproduce their photographs:

(Key: a-above; b-below/bottom; c-centre; f-far; l-left; r-right; t-top)

1 123RF.com: cobalt (circle). **Dreamstime.com:** Christos Georghiou (screws); Mario Lopes. **naturepl.com:** SCOTLAND: The Big Picture (c). **2-3 Dreamstime.com:** Mario Lopes. **2 DK:** Courtesy of Colchester Zoo. **3 123RF.com:** cobalt (circle). **Alamy Stock Photo:** Fernando Quevedo de Oliveira (c). **Dreamstime.com:** Christos Georghiou (screws). **4-5 123RF.com:** cobalt (circles). **Dreamstime.com:** Mario Lopes. **4 123RF.com:** Serg_v (sky). **5 123RF.com:** Serg_v (sky). **6-7 123RF.com:** cobalt (circles); Serg_v (sky). **Dreamstime.com:** Mario Lopes. **6 DK:** Courtesy of The Goldfish Bowl (tl); Courtesy of Snakes Alive Ltd (tr). **7 DK:** Courtesy of Eagle Heights (tl); Courtesy of Cotswold Wildlife Park (tc); Courtesy of Scubazoo (tr). **8-9 Dreamstime.com:** Mario Lopes. **8 Dreamstime.com:** Christos Georghiou (screws). **9 123RF.com:** cobalt (circle); Serg_v (sky). **10-11 Dreamstime.com:** Wong Hock Weng John. **10 123RF.com:** Morley Read (bc). **naturepl.com:** Alex Mustard (br). **11 DK:** Wolfgang Bettighofer / DK (bl). **Dreamstime.com:** Robert Bayer (tr). **Science Photo Library:** Wolfgang Baumeister (bc). **12-13 Warren Photographic Limited. 13 Alexander Hyde: tr. Dreamstime.com:** Dennis Sabo (cr). **Science Photo Library:** David Wrobel, Visuals Unlimited (br). **14 Science Photo Library:** Michael Abbey (br). **16-17 Alamy Stock Photo:** Erich Schmidt / IMAGEbroker. **18 DK:** Dave King / Natural History Museum, London (bl, bc). **18-19 DK:** Jon Hughes (c). **20 123RF.com:** Cathy Keifer (cra/two frogs); Eduardo Rivero (br/toucan). **DK:** Fotolia: fotojagodka (cla/dog); Jerry Young (ftl/red fox, tl/arctic fox, cra/echidna); Fotolia: anyaivanova (cr); Fotolia: Eric Isselee (ca). **21 123RF.com:** Ermolaev Alexander Alexandrovich (fbl/snake); Morley Read (cb); Richard Whitcombe (fcla); smileus (fclb). **DK:** Wolfgang Bettighofer (cra/protozoa); David Peart (ftl/shark); Liberty's Owl, Raptor and Reptile Centre, Hampshire, UK (t); Jerry Young (clb, fbl/crocodile); Chris Hornbecker / Ryan Neil (bl). **naturepl.com:** Alex Mustard (br). **Science Photo Library:** Eye of Science (cra); Dorit Hackmann (tl). **22-23 Dreamstime.com:** Mario Lopes. **22 Dreamstime.com:** Christos Georghiou (screws). **23 123RF.com:** cobalt (circle); Serg_v (sky). **Dreamstime.com:** Christos Georghiou (screws). **24-25 Waldo Nell. 26 iStockphoto.com:** micro_photo (tc). **Science Photo Library:** Gerd Guenther (crb). **27 Getty Images:** Thomas Deerinck, NCMIR (tr); Wim van Egmond / Visuals Unlimited (c); Dr. Stanley Flegler / Visuals Unlimited (cra). **Science Photo Library:** Eye of Science (crb); Frank Fox (cl); Steve Gschmeissner (cb). **28 Science Photo Library:** Eye of Science (tr); Scimat (br). **29 DK:** Courtesy of the School of Biological Sciences, University of Reading (c). **Science Photo Library:** Dennis Kunkel Microscopy (tr); Dennis Kunkel Microscopy (br). **30 Alamy Stock Photo:** Jean Evans (tc). **naturepl.com:** Alex Mustard (tr). **31 Alamy Stock Photo:** Joe Blossom (bl). **naturepl.com:** Visuals Unlimited (tl). **32-33 Joanne Paquette. 35 Science Photo Library:** AMI Images (clb). **37 Dreamstime.com:** smikeymickey (cr). **39 Alexander Hyde:** (bl). **40 Science Photo Library:** Ashley Cooper (bl). **42-43 Dreamstime.com:** Mario Lopes. **42 Dreamstime.com:** Christos Georghiou (screws). **43 123RF.com:** cobalt (circle); Serg_v (sky). **Dreamstime.com:** Christos Georghiou (screws). **44-45 Alamy Stock Photo:** Olga Khomyakova. **46-47 123RF.com:** Dr Ajay Kumar Singh (bc). **46 Alamy Stock Photo:** Nigel Cattlin (cl). **50 Leopold Aichinger:** (c). **51 Leopold Aichinger. 52 DK:** Will Heap / Mike Rose (clb). **53 DK:** Courtesy of Charles Ash. **54-55 DK:** Courtesy of Stefan Diller (c). **59 Alamy Stock Photo:** Arterra Picture Library (cla). **Dreamstime.com:** Elena Frolova (ca). **63 DK:** Emma Shepherd (bc).

-65 Alamy Stock Photo: Kumar iskandan. 67 Science Photo rary: Matteis / Look at Science b); Pan Xunbin (br). 70 eamstime.com: Mikhail Dudarev). 71 Alamy Stock Photo: Chris attison (tc). 74-75 Dreamstime. m: Mario Lopes. 74 Dreamstime. m: Christos Georghiou (screws). 123RF.com: cobalt (circle); rg_v (sky). Dreamstime.com: ristos Georghiou (screws). omas Marent: (c). 76-77 DK: urtesy of Thomas Marent (c). 80 tional Geographic Creative: vid Liittschwager (clb). 80-81 vid Moynahan. 84-85 DK: Frank eenaway / Weymouth Sea Life ntre (c). 85 Gabriel Barathieu. -87 DK: Courtesy of The Goldfish wl (c). 87 Getty Images: Helen wson (tr). 88-89 DK: Courtesy of ubazoo (c). 88 DK: Courtesy of ubazoo (tr). 90-91 Alex Mustard. -93 Alexander Semenov. 94-95 : Courtesy of The Goldfish Bowl . 94 Science Photo Library: drew J, Martinez (ca). 95 Alamy ock Photo: Nature Picture Library VWE (br). 98-99 DK: Courtesy of e Goldfish Bowl (b). 99 Alamy ock Photo: cbimages (crb); ages & Stories (tr); imageBROKER a); National Geographic Creative r). 100-101 Alexander Berg. 102 exander Hyde: (tr). DK: Gyuri oka Cyorgy (cl); Forrest Mitchell / mes Laswel (bc). naturepl.com: ian Partridge (cr). 110-110 exander Hyde: (c). 111 DK: Frank eenaway / Natural History useum, London (tc). 112 DK: Ted nton (tr). 113 DK: Colin Keates / tural History Museum, London); Koen van Klijken (tc). eamstime.com: Digitalimagined). Science Photo Library: Wim n Egmond (ca). 115 DK: Courtesy Scubazoo (c). Science Photo rary: Claude Nuridsany & Marie rennou (tc). 116-117 naturepl. m: MYN / Paul Harcourt Davies (c). 7 Getty Images: Toshiaki Ono / anaimagesRF (bc). iStockphoto. m: Andrea Mangoni (bl). 118-119 PA: Emanuele Biggi (c). 119 ience Photo Library: Pascal etcheluck (tl); Science Picture Co a). 120-121 Thomas Marent. 121 tty Images: Piotr Naskrecki / inden Pictures (cr). naturepl.com: ature Production / naturepl.com). Science Photo Library: Frans nting, Mint Images (br). 125 exander Hyde: (tr, cr). Thomas arent: (br). 126 naturepl.com: go Arndt (bc). Science Photo rary: F. Martinez Clavel (br); illard H. Sharp (bl). 126-127 Andreas Kay: (c). 127 Alexander Hyde: (bl). DK: Frank Greenaway / Natural History Museum, London (crb). naturepl.com: Nature Production (bc). 130 Alamy Stock Photo: Christian Ziegler / Minden Pictures (bc). Dreamstime.com: Yunhyok Choi (cb). 130-131 Nick Garbutt. 131 Nick Garbutt: (ca). 132-133 FLPA: Hiroya Minakuchi / Minden Pictures. 136-137 FLPA: Malcolm Schuyl. 138 naturepl.com: Daniel Heuclin (tr). 143 Science Photo Library: Alexander Semenov (br). 144-145 Dreamstime.com: Mario Lopes. 144 Dreamstime. com: Christos Georghiou (screws). 145 123RF.com: cobalt (circle). DK: Courtesy of The Goldfish Bowl (c). Dreamstime.com: Christos Georghiou (screws). 146-147 DK: Courtesy of The Goldfish Bowl (c). 148-149 DK: Courtesy of The Goldfish Bowl (c). 150-151 naturepl.com: Krista Schlyer / MYN (c). 153 Alamy Stock Photo: blickwinkel (cra). naturepl.com: Jane Burton (br); Tony Wu (tr); Tim MacMillan / John Downer Productions (crb). 154 Alamy Stock Photo: Maximilian Weinzierl (bc). Animals Animals / Earth Scenes: Kent, Breck P (clb). Getty Images: Paul Zahl (cl). 154-155 SeaPics. com: Steven Kovacs (c). 156-157 AirPano images. 158 Alamy Stock Photo: Visual&Written SL (bc). OceanwideImages.com: C & M Fallows (cl). 158-159 Chris & Monique Fallows / Apexpredators.com. 162 Alamy Stock Photo: Hubert Yann (cl). naturepl.com: Alex Mustard (bl). 162-163 OceanwideImages.com. 163 FLPA: OceanPhoto (cr); Norbert Wu / Minden Pictures (crb). naturepl.com: Alex Mustard (cra). OceanwideImages.com. 164-165 FLPA: Reinhard Dirscherl. 166-167 DK: Courtesy of The Goldfish Bowl (c). 166 DK: Courtesy of The Goldfish Bowl (tc). 167 FLPA: Reinhard Dirscherl (cr, br); Colin Marshall (bc). naturepl.com: David Fleetham (tr); Alex Mustard (tl). 168 naturepl. com: David Shale (bl). 168-169 OceanwideImages.com. 170-171 Dreamstime.com: Mario Lopes. 170 Dreamstime.com: Christos Georghiou (screws). 171 123RF. com: cobalt (circle); Serg_v (sky). Dreamstime.com: Christos Georghiou (screws). 173 DK: Twan Leenders (br). 174 iStockphoto. com: GlobalP (tl). 175 Alamy Stock Photo: Michael & Patricia Fogden / Minden Pictures (br). Dreamstime. com: Isselee (c). Warren Photographic Limited: Kim Taylor (tl). 176-177 Biosphoto: Michel Loup. 179 Alamy Stock Photo: Survivalphotos (cla). 180-181 Photoshot: blickwinkel (c). 181 iStockphoto.com: stevegeer (cr). 182-183 DK: Courtesy of Snakes Alive Ltd (c). 182 DK: Jerry Young (cl). FLPA: Jelger Herder / Buitenbeeld / Minden Pictures (bl). Gary Nafis: (tl). 183 DK: Courtesy of Snakes Alive Ltd (tr). 184 Gary Nafis: (cla). 185 naturepl.com: MYN / Paul van Hoof (crb). 188-189 Dreamstime.com: Mario Lopes. 188 Dreamstime.com: Christos Georghiou (screws). 189 123RF. com: cobalt (circle); Serg_v (sky). DK: Courtesy of Snakes Alive Ltd (c). Dreamstime.com: Christos Georghiou (screws). 190-191 DK: Courtesy of Snakes Alive Ltd (b). 191 123RF.com: marigranulla (tr); mnsanthushkumar (tl). 192 Alamy Stock Photo: Ian Watt (cl). 192-193 Chris Mattison Nature Photographics. 194 Science Photo Library: Edward Kinsman (bc). 194-195 Alamy Stock Photo: Tim Plowden (c). 196 iStockphoto.com: Somedaygood (c). 197 iStockphoto. com: Somedaygood (cb). Photoshot: Daniel Heuclin / NHPA (cra). 198-199 Alamy Stock Photo: Michel & Gabrielle Therin-Weise. 200-201 DK: Courtesy of Crocodiles of the World (c). 203 Alamy Stock Photo: Todd Eldred (tr). 206-207 DK: Courtesy of Snakes Alive Ltd (c). 206 Science Photo Library: Power and Syred (bl). 208-209 Getty Images: Joel Sartore / National Geographic Photo Ark. 208 123RF. com: Molly Marshall (bc). 209 John Marris. 212-213 Alamy Stock Photo: Nature Picture Library (tl). Getty Images: Joe McDonald (c). 213 naturepl.com: Guy Edwardes (tr). 216 Alamy Stock Photo: BIOSPHOTO (ca). 216-217 Alamy Stock Photo: BIOSPHOTO (c). 217 iStockphoto.com: babel film (tr). 218-219 Dreamstime.com: Mario Lopes. 218 Dreamstime.com: Christos Georghiou (screws). 219 123RF.com: cobalt (circle); Serg_v (sky). DK: Courtesy of Eagle Heights (c). Dreamstime.com: Christos Georghiou (screws). 220-221 naturepl.com: MYN / JP Lawrence (c). 221 Alamy Stock Photo: blickwinkel (cr). naturepl.com: Klein & Hubert (crb). 222-223 Science Photo Library: GustoImages (c). 224 123RF.com: Jon Craig Hanson (br). DK: Courtesy of Eagle Heights (l). 225 123RF. com: Isselee (br). FLPA: Photo Researchers (tc). 226-227 DK: Courtesy of Eagle Heights. 228-229 DK: Courtesy of Eagle Heights (c). 230 123RF.com: Eric Isselee (tr). 232 123RF.com: Koji Hirando (br). 232-233 iStockphoto.com: Kenneth Canning (c). 233 iStockphoto.com: environmantic (cr). 234-235 FLPA: Martin Willis / Minden Pictures. 236-237 FLPA: Marion Vollborn, BIA / Minden Pictures. 238 123RF.com: BenFoto (cl); John79 (bl). 238-239 123RF. com: BenFoto (c). 239 Getty Images: Per-Gunnar Ostby (cr). Gerhard Koertner: (br). naturepl. com: Tim Laman / Nat Geo Creative (cra). 240-241 FLPA: Jurgen & Christine Sohns (c). 241 Alamy Stock Photo: Arterra Picture Library (tr); Michael DeFreitas North America (cra); blickwinkel (crb). FLPA: Tom Vezo / Minden Pictures (br). Science Photo Library: Frans Lanting, Mint Images (cr). 242-245 DK: Courtesy of Incredible Eggs South East Ltd. 246-247 Alamy Stock Photo: blickwinkel (c). 247 Alamy Stock Photo: blickwinkel (cr, crb). Getty Images: John Watkins / FLPA / Minden Pictures (tr). Justin Schuetz: (bl). 248-249 DK: Courtesy of Eagle Heights (c). 249 DK: Peter Chadwick / Natural History Museum, London (br). 250-251 DK: Courtesy of Eagle Heights (t). 250 Alamy Stock Photo: Marvin Dembinsky Photo Associates (clb). Getty Images: Daniel Hernanz Ramos (bc, br, fbr). 253 naturepl.com: Edwin Giesbers (tl). 254 Science Photo Library: Pat & Tom Leeson (br). 255 Alamy Stock Photo: Arco Images GmbH (br). 256-257 FLPA: Ernst Dirksen / Minden Pictures. 257 Alamy Stock Photo: Cultura RM (crb); Hans Verburg (cr). Dreamstime.com: Alexey Ponomarenko (br). 258-259 DK: Frank Greenaway (cb). 259 123RF. com: Dmytro Pylypenko (tr). Alamy Stock Photo: All Canada Photos (ftr); Steve Bloom Images (tl); Minden Pictures (tc). 260-261 naturepl.com: David Tipling. 262-263 iStockphoto.com: Rocter (c). 262 123RF.com: Alexey Sholom (tr). 263 123RF.com: Andrea Izzotti (cra). Alamy Stock Photo: Minden Pictures (crb). Dreamstime.com: Stephenmeese (cr). 264-265 Dreamstime.com: Mario Lopes. 264 Dreamstime.com: Christos Georghiou (screws). 265 123RF. com: cobalt (circle); Serg_v (sky). DK: Courtesy of Cotswold Wildlife Park (c). Dreamstime.com: Christos Georghiou (screws). 266-267 DK: Courtesy of Animal Magic (c). 266 DK: Fotolia: Eric Isselee (tc); Jerry Young (tl). Science Photo Library:

Ted Kinsman (bl). **268-269 Getty Images:** Joe McDonald (ca). **naturepl.com:** Eric Baccega (tc); Roland Seitre (bc). **269 123RF.com:** Daniel Lamborn (crb). **Alamy Stock Photo:** imagebroker (cra). **Getty Images:** Alex Huizinga / Minden Pictures (tr). **iStockphoto.com:** 2630ben (br). **272-273 naturepl.com:** Jane Burton. **273 Alamy Stock Photo:** Phasin Sudjai (tl). **274-275 DK:** Courtesy of Animal Magic (c). **275 Alamy Stock Photo:** Panther Media GmbH (cr). **National Geographic Creative:** Joel Sartore (tc). **naturepl.com:** John Cancalosi (crb). **276-277 naturepl.com:** Andy Rouse (tc). **276 FLPA:** Klein and Hubert (br). **277 DK:** Thomas Marent / Thomas Marent (bc). **naturepl.com:** Anup Shah (bl). **278-279 naturepl.com:** Jane Burton (bc). **279 FLPA:** Gerry Ellis / Minden Pictures (tr). **naturepl.com:** ARCO (tl). **280 Ardea:** Adrian Warren (bl). **280-281 naturepl.com:** Andy Rouse (c). **282-283 Science Photo Library:** Christopher Swann (tc). **283 naturepl.com:** Jabruson (tr). **284-285 naturepl.com:** Tony Wu. **286-287 FLPA:** Yva Momatiuk &, John Eastcott / Minden Pictures (tc). **naturepl.com:** Denis-Huot. **288 Getty Images:** Joel Sartore / National Geographic (cl). **288-289 123RF.com:** Robert Eastman (c). **288 DK:** Courtesy of Cotswold Wildlife Park (bl). **289 National Geographic Creative:** Joel Sartore, National Geographic Photo Ark (cr). **290-291 DK:** Wildlife Heritage Foundation, Kent, UK. **291 DK:** Wildlife Heritage Foundation, Kent, UK (tr). **292-293 DK:** Courtesy of Animal Magic (c). **293 Alamy Stock Photo:** Edo Schmidt (tc). **DK:** Corbis image100 (tl). **294-295 DK:** Courtesy of Cotswold Wildlife Park (c). **296 National Geographic Creative:** Joel Sartore. 297 Alamy **Stock Photo:** Rick & Nora Bowers (cra); Design Pics Inc (cr); George Reszeter (br). **298-299 Getty Images:** Jeff R Clow (b). **298 Alamy Stock Photo:** Calle Bredberg (bc). **300 DK:** Courtesy of Cotswold Wildlife Park (l). **301 Alexander Hyde:** (cr). **DK:** Courtesy of Colchester Zoo (tl).**FLPA:** Hiroya Minakuchi / Minden Pictures (bl). **naturepl.com:** Daniel Heuclin (tr). **302-303 National Geographic Creative:** Michael Durham / Minden Pictures. **303 DK:** Frank Greenaway / Natural History Museum, London (br); Jerry Young (cb); Jerry Young (bc). **304-305 MerlinTuttle.org. 306-307 DK:** Courtesy of Animal Magic (c). **307 Dreamstime.com:** Junnemui (cr). **308-309 DK:** Courtesy of Colchester Zoo (c). **308 naturepl.com:** Ingo Arndt (bc). **310-311 Ardea:** John Daniels. **311 Alamy Stock Photo:** robertharding (br). **Greg Dardagan. 312-313 DK:** Courtesy of Colchester Zoo. **313 FLPA:** Richard Du Toit / Minden Pictures (cr). **314-315 Getty Images:** Michael Poliza / Gallo Images. **316 Getty Images:** Kent Kobersteen (tr). **316-317 naturepl.com:** Tony Wu (c). **317 naturepl.com:** Tony Wu (bl). **318-319 Dreamstime.com:** Mario Lopes. **318 Dreamstime.com:** Christos Georghiou (screws). **319 123RF.com:** cobalt (circle). **DK:** Courtesy of Scubazoo (c). **Dreamstime.com:** Christos Georghiou (screws). **320 Alamy Stock Photo:** Robert Fried (bc); mauritius images GmbH (clb); David Wall (bl). **Getty Images:** Phil Nelson (br). **321 Alamy Stock Photo:** Hemis (cra); Mint Images Limited (br). **FLPA:** Colin Monteath, Hedgehog House / Minden Pictures (bc). **Getty Images:** Sergey Gorshkov / Minden Pictures (tc); ViewStock (tl); Anton Petrus (tr); Panoramic Images (crb). **Imagelibrary India Pvt Ltd:** James Owler (bl). **322 Alamy Stock Photo:** blickwinkel (cr); Nature Picture Library (cl). **iStockphoto.com:** blizzard87 (bl); Stephane Jaquemet (br). **323 Alamy Stock Photo:** Mint Images Limited (cl); Steve Bloom Images (cr). **DK:** Blackpool Zoo, Lancashire, UK (bl). **iStockphoto.com:** Utopia_88 (br). 324 **Getty Images:** Alan Murphy / BIA / Minden Pictures (bl); Phil Nelson (cr). **iStockphoto.com:** jimkruger (br); Ron Thomas (cl). **325 Alamy Stock Photo:** Andrew Cline (cr); Jon Arnold Images Ltd (cl). **Getty Images:** Joe McDonald (br); Ed Reschke (bl). **326 Dreamstime.com:** Rinus Baak (bc); Jnjhuz (bl); Tt (crb). **Getty Images:** Sergey Gorshkov / Minden Pictures (c). **327 Alamy Stock Photo:** Design Pics Inc (c). **Dreamstime.com:** Radu Borcoman (br); Sorin Colac (bl); Steve Byland (cb). **328 Imagelibrary India Pvt Ltd:** James Owler (ca). **iStockphoto.com:** brytta (cb); MaggyMeyer (bl); memcockers (bc). **329 Alamy Stock Photo:** Frans Lanting Studio (cb); hsrana (c). **Dreamstime.com:** Anke Van Wyk (bl). **iStockphoto.com:** RainervonBrandis (bc). **330 Dreamstime.com:** Denis Pepin (crb). **Getty Images:** Andre and Anita Gilden (bl). **naturepl.com:** Gerrit Vyn (c). **331 Alamy Stock Photo:** mauritius images GmbH (c); Victor Tyakht (bl); Zoonar GmbH (cb). **Getty Images:** M Schaef (br). **332 Alamy Stock Photo:** Robert Fried (cla). **Getty Images:** Kevin Schafer / Minden Pictures (bl); Leanne Walker (c). **332-333 Getty Images:** Jupiterimages (ca). **333 Alamy Stock Photo:** Jan Wlodarczyk (cra). **Dreamstime.com:** Steve Byland (clb); Tinnakorn Srikammuan (crb). **Getty Images:** Ben Horton (bc). **334-335 Getty Images:** Dennis Fischer Photography (ca). **334 Dreamstime.com:** Lynn Watson (bc); Minyun Zhou (clb). **iStockphoto.com:** hackle (cla). **naturepl.com:** David Kjaer (crb). **335 123RF.com:** Christian Musat (cl). **Alamy Stock Photo:** Hemis (cra). **Dreamstime.com:** Kwiktor (cb). **naturepl.com:** Gavin Maxwell (bc). **336 Alamy Stock Photo:** Rick & Nora Bowers (crb); mauritius images GmbH (ca). **FLPA:** Richard Herrmann / Minden Pictures (br). **iStockphoto.com:** KenCanning (bl). **337 Alamy Stock Photo:** Hemis (br). **Dreamstime.com:** Pahham (bl). **Getty Images:** Barcroft (crb); ViewStock (ca). **338 Getty Images:** Patrick Endres / Visuals Unlimited (cb); Anton Petrus (ca). **iStockphoto.com:** mihalizhukov (br). **naturepl.com:** Gerrit Vyn (bl). **339 Getty Images:** Daniel A. Leifheit (bc); Jason Pineau (ca). **iStockphoto.com:** Maasik (bl). **naturepl.com:** Andy Sands (crb). **340 Alamy Stock Photo:** blickwinkel (bl); WaterFrame (crb). **Dreamstime.com:** Outdoorsman (bc). **Getty Images:** Galen Rowell (ca). **341 DK:** Frank Krahmer / Photographers Choice RF (cb). **FLPA:** Colin Monteath, Hedgehog House / Minden Pictures (ca). **Getty Images:** Ralph Lee Hopkins (bl); Visuals Unlimited (br). **342 Alamy Stock Photo:** Nature Photographers Ltd (bc); VPC Animals Photo (crb). **Getty Images:** Alan Majchrowicz (ca). **Science Photo Library:** John Clegg (b). **343 Alamy Stock Photo:** blickwinkel (bl). **Getty Images:** Panoramic Images (ca). **Science Photo Library:** Dante Fenolio (crb); Bob Gibbons (br). **344-345 Alamy Stock Photo:** David Wall (ca). **344 Alamy Stock Photo:** Mark Conlin (crb). **Getty Images:** Daniela Dirscherl (bl); Mauricio Handler (cla). **iStockphoto.com:** NaluPhoto (cb). **345 Alamy Stock Photo:** NOAA (br). **naturepl.com:** David Shale (cb); Tony Wu (clb). **Science Photo Library:** B. Murton / Southampton Oceanography Centre (cra)

Cover images: Front: **123RF.com:** cobalt (inner circle), Kebox (text fill), nick8889 (outer circle), olegdudko cr/ (iguana right arm); **Dreamstime.com:** Amador García Sarduy c, Christos Georghiou (screws), Mario Lopes (background); Back: **123RF.com:** cobalt (inner circle), nick8889 (outer circle), Serg_v c; **Dreamstime.com:** Christos Georghiou (screws), Mario Lopes (background); Spine: **123RF.com:** Kebox (text flll), olegdudko (iguana right arm); **Dreamstime.com:** Amador García Sarduy c, Mario Lopes (background), Pawel Papis (behind iguana)
Endpaper images: Front: **123RF.com:** cobalt cl (inner circle), cr (inner circle), lightpoet cr (monkey), NejroN cra (macaw), nick8889 cl (outer circle), cr (outer circle), olegdudko cl (iguana left arm); **Dreamstime.com:** Amador García Sarduy cl, Christos Georghiou (screws), Mario Lopes (background), Pawel Papis cr; Back: **123RF.com:** cobalt cl (inner circle), cr (inner circle), nick8889 cl (outer circle), cr (outer circle), Serg_v cl (sky), cr (sky); **Dreamstime.com:** Christos Georghiou (screws), Mario Lopes (background);

Jacket
Dorling Kindersley: Liberty's Owl, Rapt and Reptile Centre, Hampshire

All other images © DK For further information see:

www.dkimages.com